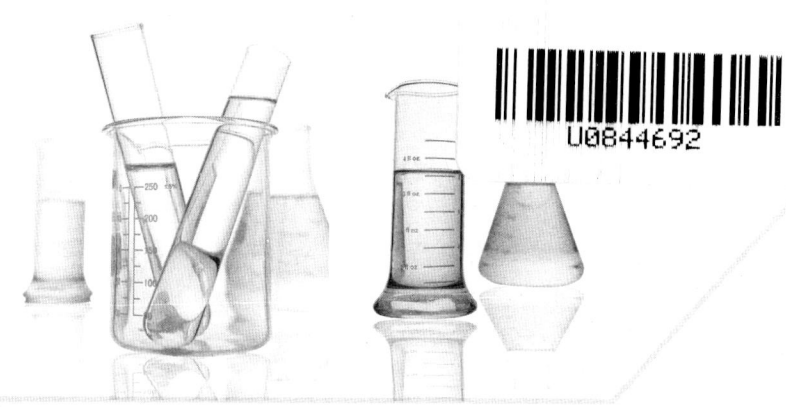

化学实验实训

沈喜海 等 主编

中国农业科学技术出版社

图书在版编目（CIP）数据

化学实验实训/沈喜海等主编. —北京：中国农业科学技术出版社，2016.11
ISBN 978-7-5116-2757-5

Ⅰ.①化… Ⅱ.①沈… Ⅲ.①化学实验 Ⅳ.①O6-3

中国版本图书馆 CIP 数据核字（2016）第 227263 号

责任编辑	闫庆健　鲁卫泉
责任校对	杨丁庆
出 版 者	中国农业科学技术出版社
	北京市中关村南大街 12 号　邮编：100081
电　　话	（010）82106632（编辑室）　（010）82109702（发行部）
	（010）82109709（读者服务部）
传　　真	（010）82106625
网　　址	http://www.castp.cn
经 销 者	各地新华书店
印 刷 者	北京富泰印刷有限责任公司
开　　本	787mm×1 092mm　1/16
印　　张	29.75
字　　数	743 千字
版　　次	2016 年 11 月第 1 版　2016 年 11 月第 1 次印刷
定　　价	50.00 元

版权所有·翻印必究

《化学实验实训》
编委会

主　编　沈喜海　董淑荣　宋爱君　牛少莉　邵丽君
副主编　沈　莉　赵　莹　韩　璐　王利江　胡文斌
　　　　　鲁勘琳　张志伟　张　跃　张建平　田宏燕
　　　　　刘红梅　廉　琪
主　审　彭友舜

内容提要

本书为理工科基础化学实验课适用教材。全书将无机化学、分析化学、有机化学和物理化学实验有机地融合在一起，形成一个新的实验教学体系。全书内容涉及无机化学、有机化学、分析化学、物理化学等二级学科的化学基本原理与技能。本书精选了126个实验，包括化学基础知识实训、基本实验技能实验、元素化学实验、物理常数和性能测定实验、物质合成实验、定性定量分析实验、综合性与设计性实验以及现代化实验仪器使用等内容。本书所选的实训、实验项目，贴近生活和生产实际，注重实验的微型化和绿色环保。

本书可作为综合性大学和高等师范院校的化学、应用化学、化学工程与工艺、生物化学、环境化学等学科或专业的实验课教材，也可供从事化学工作的科技人员参考。

前　言

　　实验实训教学是高等学校化学教育中培养科学思维与方法、创新意识与能力，全面推进素质教育的最基本的教学形式，实验实训教学有其自身的系统性与教学规律，其作用是理论教学所无法取代的。如何保持实验实训自身的独立性和系统性，充分发挥其在人才培养中的巨大作用，是目前实验实训课程改革的研究方向。本教材的编写正是编者经过大量调查和分析研究，并借鉴其他高校在实验教学改革方面的经验，结合多年的教学实践经验，边研究、边实践、边探索和边修正的新型教材。

　　本教材立足于课程的整体性和基础性，着重于培养学生的创新精神和创新能力，将原来彼此独立、条块分割的无机化学、分析化学、有机化学、物理化学实验内容进行综合，形成一套全新的、与后续课程紧密联系的化学实验实训课程体系。

　　在内容编排上，改变了传统上以实验项目为主线的编写方法，而采用以实验基本操作技术为主线。每一节先介绍有关基本原理、基本仪器使用和基本操作规范，再配以相应实验项目，增加了现代实验仪器使用的相关内容，加大了综合性和设计性实验的内容比例。在实验手段的使用上，突出了现代化、微型化和绿色环保化；在实验项目的安排上，做到了贴近生活、生产和教学实际，尽量减少昂贵、有毒试剂的使用，避免对环境的污染和对学生身体的伤害。

　　实验教学改革是一项十分艰巨的任务，需要在长期教学实践中不断探索、总结和提高。编写这样一本教材需要丰富的实践经验，虽然在本书成书之前进行了多次讨论，并广泛征求后续专业课教师的意见，但编者水平有限，教材中不当之处和差错难免出现，希望读者和同行不吝指正。

　　在教材编写过程中，得到各级领导、专家和后续专业课教师的大力支持，并提出很多宝贵意见和建议，在此深表感谢。

编　者

2016 年 5 月

目 录

第一章 绪论 (1)
第一节 化学实验课程的目的 (1)
第二节 化学实验课程的要求 (1)
第三节 化学实验中的测量、数据记录与实验结果的表达 (4)
第四节 化学实验成绩的评定 (20)
第五节 实验室的安全与环保 (20)

第二章 化学实验的基本操作 (25)
第一节 实验室中常用器皿的认识 (25)
第二节 常用玻璃仪器的洗涤和干燥 (33)
第三节 加热、致冷及干燥技术 (35)
第四节 化学试剂的取用 (48)
第五节 温度测量技术 (50)
第六节 压力测量技术 (53)
第七节 氧气钢瓶和氧气减压阀 (57)
第八节 玻璃工操作和塞子钻孔 (61)
实验 1 简单的玻璃工操作和洗瓶的装配 (64)

第三章 元素及化合物的性质 (66)
实验 2 碱金属和碱土金属的性质 (66)
实验 3 过渡金属的性质 (68)
实验 4 常见非金属及其化合物的主要性质 (71)
实验 5 配合物的生成和性质 (73)
实验 6 氧化还原反应和氧化还原平衡 (76)
实验 7 烃的性质 (78)
实验 8 卤代烃的性质 (81)
实验 9 醇、酚的性质 (82)
实验 10 醛、酮的性质 (85)
实验 11 羧酸及其衍生物的性质 (87)
实验 12 胺的性质 (89)
实验 13 糖类的性质 (91)
实验 14 氨基酸、蛋白质的性质 (93)

第四章 物质分离与提纯技术 (96)
第一节 固液分离 (96)

实验 15　碘盐的制备及检验 …………………………………………………（103）
实验 16　苯甲酸的重结晶 ……………………………………………………（105）
第二节　蒸馏 ……………………………………………………………………（106）
实验 17　蒸馏及沸点测定 ……………………………………………………（117）
实验 18　工业乙醇混合物的分馏 ……………………………………………（119）
实验 19　水蒸气蒸馏 …………………………………………………………（120）
实验 20　苯甲酸乙酯的减压蒸馏 ……………………………………………（121）
实验 21　无水乙醇的制备 ……………………………………………………（123）
第三节　物质的萃取与洗涤 ……………………………………………………（124）
实验 22　对甲苯胺、β-萘酚和萘混合物的分离 ……………………………（126）
实验 23　Fe^{3+}、Al^{3+} 离子的分离 ………………………………………………（128）
第四节　升华 ……………………………………………………………………（130）
实验 24　茶叶中提取咖啡因 …………………………………………………（131）
第五节　色谱法 …………………………………………………………………（133）
实验 25　薄层色谱法分离有机色素 …………………………………………（140）
实验 26　菠菜色素的提取和色素分离 ………………………………………（141）
实验 27　纸色谱法分离和鉴定氨基酸 ………………………………………（143）
第六节　离子交换分离法 ………………………………………………………（145）
实验 28　去离子水的制备 ……………………………………………………（148）
实验 29　离子交换法分离 Co^{2+} 和 Cr^{3+} ……………………………………（152）

第五章　物质的分析与鉴定 ………………………………………………………（154）
第一节　定性分析实验 …………………………………………………………（154）
实验 30　阳离子第一组（银组）的分析 ……………………………………（154）
实验 31　阳离子第二组（铜锡组）的分析 …………………………………（156）
实验 32　阳离子第三组（铁组）的分析 ……………………………………（161）
实验 33　阳离子第四组（钙钠组）的分析 …………………………………（164）
实验 34　阳离子未知试液的分析 ……………………………………………（166）
实验 35　阴离子的分组和初步试验 …………………………………………（167）
第二节　滴定分析 ………………………………………………………………（168）
实验 36　溶液的配制 …………………………………………………………（183）
实验 37　实验仪器的基本操作方法 …………………………………………（185）
实验 38　酸碱溶液的配制与标定 ……………………………………………（186）
实验 39　食用碱中 Na_2CO_3 和 $NaHCO_3$ 含量测定 ………………………（189）
实验 40　食醋中总酸量的测定 ………………………………………………（192）
实验 41　EDTA 标准溶液的配制与标定及水硬度测定 ……………………（194）
实验 42　铅、铋混合液中铅、铋含量的连续测定 …………………………（197）
实验 43　铝合金中铝含量的测定 ……………………………………………（199）
实验 44　医用双氧水中过氧化氢含量的测定 ………………………………（201）

实验 45　亚铁盐中亚铁含量的测定 …………………………………………… (204)
实验 46　硫代硫酸钠标准溶液的配制及标定 …………………………………… (205)
实验 47　维生素 C 片剂中 Vc 含量的测定 ……………………………………… (207)
实验 48　胆矾中铜含量的测定 …………………………………………………… (210)
实验 49　$I_3^- \rightleftharpoons I^- + I_2$ 平衡常数的测定 ……………………………………………… (212)
实验 50　生理盐水中氯含量的测定（莫尔法） ………………………………… (215)
第三节　重量分析 ……………………………………………………………………… (217)
实验 51　钡盐中钡含量的测定 …………………………………………………… (223)
实验 52　可溶性钡盐中钡含量的测定（微波干燥法） ………………………… (224)
第四节　电位分析 ……………………………………………………………………… (226)
实验 53　溶液 pH 值的测定 ……………………………………………………… (232)
实验 54　醋酸解离度和解离常数的测定 ………………………………………… (235)
实验 55　氟离子选择性电极测定水样中氟 ……………………………………… (237)
实验 56　硫酸铜电解液中氯离子的电位滴定 …………………………………… (239)
实验 57　自动电位滴定法测定混合酸含量 ……………………………………… (243)
第五节　吸光光度分析 ………………………………………………………………… (246)
实验 58　邻二氮菲分光光度法测定铁 …………………………………………… (251)
实验 59　磺基水杨酸合铁配合物组成及稳定常数测定 ………………………… (254)
实验 60　固体在溶液中的吸附 …………………………………………………… (258)

第六章　物质的物理常数测定 …………………………………………………………… (264)

第一节　密度 …………………………………………………………………………… (264)
实验 61　密度的测定 ……………………………………………………………… (266)
第二节　熔点 …………………………………………………………………………… (267)
实验 62　熔点的测定 ……………………………………………………………… (268)
第三节　沸点的测定 …………………………………………………………………… (272)
实验 63　微量法测定沸点 ………………………………………………………… (272)
第四节　电导率的测定 ………………………………………………………………… (273)
实验 64　$BaSO_4$ 溶度积的测定 …………………………………………………… (276)
实验 65　电导法测定硫酸铅的溶解度 …………………………………………… (279)
实验 66　乙酸乙酯皂化反应速率常数的测定 …………………………………… (281)
实验 67　电导法测定表面活性剂的临界胶束浓度 ……………………………… (284)
第五节　液态化合物折光率的测定 …………………………………………………… (287)
实验 68　折光率的测定 …………………………………………………………… (289)
实验 69　环己烷 - 异丙醇双液系气液平衡相图 ………………………………… (290)
第六节　旋光度的测定 ………………………………………………………………… (293)
实验 70　旋光度的测定 …………………………………………………………… (297)
实验 71　蔗糖水解反应速度常数的测定 ………………………………………… (298)
第七节　相对分子质量与相对原子质量的测定 ……………………………………… (301)

实验72　二氧化碳相对分子质量的测定 …………………………………………（302）
　　实验73　凝固点降低法测定相对分子质量 ……………………………………（304）
　　实验74　黏度法测定高聚物相对分子量 ………………………………………（306）
　第八节　热化学测定 ………………………………………………………………（310）
　　实验75　化学反应速率与活化能的测定 ………………………………………（310）
　　实验76　过氧化氢分解热的测定 ………………………………………………（313）
　　实验77　氯化铵生成焓的测定 …………………………………………………（317）
　　实验78　恒温槽的装配和性能测试 ……………………………………………（320）
　　实验79　溶解热的测定 …………………………………………………………（325）
　　实验80　燃烧热的测定 …………………………………………………………（328）
　　实验81　差热分析 ………………………………………………………………（331）
　　实验82　二组分金属相图的绘制 ………………………………………………（339）
　第九节　物质磁性的测定 …………………………………………………………（342）
　　实验83　磁化率的测定 …………………………………………………………（342）
　第十节　电化学测定 ………………………………………………………………（345）
　　实验84　电极制备及电动势的测定 ……………………………………………（345）
　　实验85　恒电位法测定阳极极化曲线 …………………………………………（348）
　　实验86　溶胶的制备和电泳 ……………………………………………………（354）
　　实验87　B-Z振荡反应 …………………………………………………………（356）
　第十一节　液体表面张力的测定 …………………………………………………（360）
　　实验88　液体表面张力的测定 …………………………………………………（360）
第七章　综合性设计性实验 ……………………………………………………………（365）
　　实验89　碘化铅溶度积的测定 …………………………………………………（365）
　　实验90　由海盐制备试剂级氯化钠 ……………………………………………（368）
　　实验91　废旧干电池的综合利用 ………………………………………………（372）
　　实验92　硫酸亚铁铵的制备（实验设计） ……………………………………（373）
　　实验93　硫酸铜的制备及检验 …………………………………………………（375）
　　实验94　五水合硫酸铜结晶水的测定 …………………………………………（377）
　　实验95　转化法制备硝酸钾 ……………………………………………………（379）
　　实验96　一种钴（Ⅲ）配合物的制备 …………………………………………（380）
　　实验97　碱式碳酸铜的制备 ……………………………………………………（383）
　　实验98　硫代硫酸钠的制备 ……………………………………………………（386）
　　实验99　环己烯的制备 …………………………………………………………（387）
　　实验100　溴乙烷的制备 ………………………………………………………（388）
　　实验101　1-溴丁烷的制备 ……………………………………………………（389）
　　实验102　乙醚的制备 …………………………………………………………（391）
　　实验103　甲基叔丁基醚的制备 ………………………………………………（392）
　　实验104　苯乙酮的制备 ………………………………………………………（393）

实验 105　苯亚甲基苯乙酮（查尔酮）的制备 ……………………………………（394）
实验 106　肉桂酸的制备 …………………………………………………………（395）
实验 107　香豆素 – 3 – 羧酸乙酯的制备 …………………………………………（396）
实验 108　呋喃甲醇和呋喃甲酸的制备 …………………………………………（397）
实验 109　苯片呐醇的制备及重排反应 …………………………………………（399）
实验 110　苯甲酸的制备 …………………………………………………………（400）
实验 111　乙酸异戊酯的制备 ……………………………………………………（401）
实验 112　乙酸乙酯的制备 ………………………………………………………（402）
实验 113　乙酰乙酸乙酯的制备 …………………………………………………（404）
实验 114　2 – 庚酮的制备 …………………………………………………………（405）
实验 115　乙酰苯胺的制备 ………………………………………………………（406）
实验 116　对氨基苯磺酰胺的制备 ………………………………………………（408）
实验 117　己二酸的制备 …………………………………………………………（409）
实验 118　己内酰胺的制备 ………………………………………………………（410）
实验 119　乙酰水杨酸的制备 ……………………………………………………（412）
实验 120　8 – 羟基喹啉的制备 ……………………………………………………（413）
实验 121　2 – 甲基 – 2 – 丁醇的制备 ………………………………………………（414）
实验 122　1，3，5 – 三苯基吡唑啉的合成及表征 ………………………………（415）
实验 123　四氮大环西佛碱及其铜配合物的合成与表征 ………………………（417）
实验 124　巴比妥的合成 …………………………………………………………（420）
实验 125　金属酞菁的制备 ………………………………………………………（422）
实验 126　外消旋 α – 苯乙胺的制备和拆分 ……………………………………（424）
附录一　常用溶剂的纯化方法 ………………………………………………………（428）
附录二　常用有机化合物的物理常数 ………………………………………………（433）
附录三　弱酸、弱碱在水中的电离常数（298K） …………………………………（437）
附录四　实验室常用酸、碱的浓度 …………………………………………………（439）
附录五　难溶化合物的溶度积 ………………………………………………………（440）
附录六　标准电极电势 ………………………………………………………………（442）
附录七　常用指示剂 …………………………………………………………………（447）
附录八　不同温度下水的饱和蒸汽压（kPa） ……………………………………（451）
附录九　常用元素原子量表 …………………………………………………………（452）
附录十　常用溶液的配制 ……………………………………………………………（453）
附录十一　不同温度下水的表面张力 γ ……………………………………………（455）
附录十二　一些液体物质的饱和蒸气压与温度的关系 ……………………………（456）
附录十三　水的黏度（厘泊） ………………………………………………………（457）
附录十四　甘汞电极的电极电势与温度的关系 ……………………………………（458）
附录十五　不同温度下 KCl 在水中的溶解热 ………………………………………（459）
附录十六　KCl 溶液的电导率 ………………………………………………………（460）

附录十七　一些电解质水溶液的摩尔电导率 …………………………………………（461）
附录十八　醋酸的标准电离平衡常数 ………………………………………………（462）
参考文献 ……………………………………………………………………………………（463）

第一章 绪 论

第一节 化学实验课程的目的

基础化学实验课程是化学教育和应用化学专业开设的一门专业基础课。化学是一门实验科学，许多化学理论和规律都来自化学实验，同时，这些理论和规律的应用和评价也要依据实验来开发和检验，所以在高级化学专门人才的培养过程中，化学实验的作用显得特别重要。在全面推进素质教育的形势下，原有无机化学、有机化学、分析化学、物理化学实验等各自分隔的化学实验课程体系逐步被打破，以技术训练、能力培养为目标对课程内容进行科学组合，使之融汇组合为一个独立实验课程体系，正在成为国内实验课教学改革的大趋势，本课程即是在这个前提下形成的。期望通过实验教学达到以下目的。

（1）完成从感性认识到理性认识的过渡。通过实验，可以直接获得大量的化学事实，验证、巩固、加深对基本理论和基础知识的认识和理解，并扩展课堂所获得的知识。

（2）使学生掌握常用的化学实验操作技能，熟悉常用仪器的使用方法。培养学生获得准确的实验数据和结果的能力。

（3）通过实验培养学生独立工作和独立思考的能力。如：观察并正确记录实验现象的能力；分析归纳、综合、合理处理实验数据的能力；正确表述实验结果的能力；用所学理论设计简单实验的能力。

（4）通过实验培养学生求实、求真、存疑的科学精神、创新思维和创新能力，为今后的学习和工作打下坚实的基础。

（5）通过实验使学生获得良好的科研素养和工作习惯。平时要注意细节：严肃认真，有条不紊，爱护财物，节约水电；干燥清洁，整齐有序；实验结束，做好善后工作等。逐步养成良好的实验素养和习惯。

第二节 化学实验课程的要求

为达到本课程的学习目标，学生在学习时应注意以下环节。

一、实验前的准备

1. 实验前要充分预习

一次成功的实验，开始于实验前的充分准备，没有准备就盲目地到实验室现看现做，照方抓药，一定不会收到好的效果。预习工作可以归纳为"看、查、写"。

（1）看。认真阅读本书有关章节、有关教科书、参考资料，观看操作录像、CAI课件。使基本操作规范化，力求做到目的明确，理论透彻，做法清楚。必须掌握实验原理及数学关系；熟悉实验内容、主要操作步骤及数据的处理方法；预习（或复习）基本操作和仪器的使用；指出实验中注意事项，合理安排实验工作的顺序；回答实验教材中的思考题。只有这样，才可以避免机械地履行手续，照方抓药，知其然不知其所以然的现象。

（2）查。从手册或资料中查出实验中所需数据或常数。

（3）写。在充分预习的基础上写好实验提纲（或称预习实验报告）。实验提纲不是照抄实验教材的内容，而是它的提炼、简化，是通过自己的理解写出来的，能使自己一目了然。一般可以写在实验记录本上，并留下一些准备添入实验现象和数据的空间，以便省去在实验室作记录的麻烦。有关提纲的格式可自行拟定，在实践中不断完善。

2. 进入实验室后，按照预习要求清点所需仪器、试剂是否齐全，将所需仪器、试剂有秩序地摆放好；有需要刷洗的仪器可以进行刷洗，做好实验前的准备。

二、实验中的工作

实验的成败和效率高低，同实验者的科学习惯和操作技术有直接的关系。初学者由于不注意这些问题而导致失败的现象屡见不鲜。为此，要求实验者做到以下几点。

1. 清洁整齐，有条不紊

化学反应的灵敏度是很高的，物质含量在百万分之几都可反映出来，无意中带入了少量杂质，会给实验现象带来很大的影响。所以要求实验时使用的仪器或环境都必须清洁。要求有条不紊的工作秩序，把各种试液放到固定位置；对不能混用的仪器要严格分开使用；各种试剂的取用规则、各种仪器的操作要严格遵守规范。

实验台面应保持整洁有序，所用仪器按次序摆放在台面里侧，药匙、滴管、玻棒等小件用具放入净物杯中，随时清洗和擦拭。

2. 细致观察，深入思考

按拟定的实验步骤独立操作，既要大胆，又要细心，仔细观察实验现象，认真测定数据，并做到边实验、边思考、边记录。细致的观察，是掌握和积累知识的重要手段，没有直接观察，仅仅记熟了书本上的描述，还不算完全的知识。例如，同样是白色沉淀，$AgCl$、$BaSO_4$、$Al(OH)_3$ 都各不相同。他们的区别，只有通过实际的细致观察才可以得到正确的结论。

观察也是发现问题、解决问题的开始。有了问题就要深入思考，实事求是地去解决。在实验室中进行实验时，由于种种难以一一列举的原因，所观察到的现象有时可能与书上记载的不尽相同。对于这种差异绝不可忽视，更不可简单地照着书上写的去更改自己的实验记录。这时候，要运用自己各方面的知识去设法弄清楚原因。应当知道，每弄清一次这种不一致的原因，都会取得知识上的更大进步。

3. 尊重事实，准确记录

观察的现象，测定的数据，要记录在记录本上。不要用铅笔记录，不要记在草稿纸、小纸片上。实验记录要忠于观察到的实验事实，如实反映实验中的重要操作、发生的现象、得到的数据和结果等。不可凭主观意愿删去自己认为不对的数据，不杜撰原始数据。原始数据不得涂改或用橡皮擦拭，如有记错可在原始数据上划一道杠，再在旁边写上正确值。既要避免繁琐，又要防止空洞。太空洞的记录日后无法据其写好实验报告、复习实验内容、总结实验的经验，从而也就失去了实验记录的作用。

4. 勤于思考

实验中要勤于思考，仔细分析，力争自己解决问题。碰到疑难问题，可查资料，亦可与教师讨论，获得指导。如对实验现象有怀疑，在分析和查找原因的同时，可以做对照实验、空白实验、或自行设计实验进行核对，必要时应多次实验，从中得到有益的结论。如果实验失败，要检查原因，经教师同意后重做实验。

三、实验后的结束工作

完成了规定的实验内容，仅是完成实验的一半，结束工作包括：

1. 清洗、整理好仪器、试剂

完成实验后，要把用过的仪器清洗干净，放回原处；试剂架上的试剂都要放回原来的位置；检查试剂瓶塞、滴管有无缺损；如有缺损要及时更换，用完的试剂也要及时添足。

2. 清理环境，检查安全

将实验台擦拭干净，实验室要认真清扫，按要求处理好废液。然后检查水、电开关是否关好，再关好门窗后离开实验室。

3. 及时完成实验报告

写好实验报告，是科学训练的重要内容。对实验报告的要求是：正确而又清晰，简明而又深入。实验步骤是必不可少的，重要的是分析实验现象，整理实验数据，把直接的感性认识提高到理性思维阶段。要做到：

（1）认真、独立完成实验报告。对实验现象进行解释，写出反应式，得出结论，对实验数据进行处理（包括计算、作图、误差分析）。

（2）分析产生误差的原因。对实验现象以及出现的一些问题进行讨论，敢于提出自己的见解；对实验提出改进的意见或建议。

化学实验报告的格式因实验类型而定，要自己设计完成。

写好实验报告是对有关内容的一次很好的复习、巩固和提高。一定要认真写，及时交。

第三节 化学实验中的测量、数据记录与实验结果的表达

一、化学实验中的测量

在化学实验中，经常需要量取或者测量物质的各种物理量和参数。常见的测量方法可以归纳为直接测量法和间接测量法两类。使用各种量器量取物质和使用某种仪器直接测定出物理量的结果都称为直接测量。直接测量是最基本的测量操作，例如用量筒量取某液体的体积、用温度计测定反应温度等。某些物理量需要进行一系列直接测量后，再根据化学原理、计算公式或图表经过计算才能得到结果，如平衡常数、反应速率、定量分析结果等都属于间接测量。

在测量实践中，一个结果是经过多次测量（如称量质量或测量体积）或一系列的操作步骤而获得的。由于测试方法本身的局限性，使用的测量仪器不可能是绝对精密的，试剂也不是绝对纯净，加之环境条件和个人操作技术的限制，测定结果和真实值之间总是存在差值，这个差值称为误差。即使同一个人用同一方法和仪器，对同一试样进行多次平行测定，测定结果也不会完全一样。这就是说，误差是客观存在的。因此既要掌握各种测定方法又要对测量结果进行评价，分析测量结果的精密度，误差的大小及其产生的原因，才能不断提高测量结果的准确度。

（一）误差的分类

根据误差的性质和产生的原因，将误差分为系统误差和随机误差两大类。

1. **系统误差**

系统误差是由某些经常的、固定的原因所引起的误差，如实验方法、所用仪器、试剂、实验条件的控制以及实验者本身的一些主观因素造成的。它对分析结果的影响比较固定，在同一条件下重复测定时会重复出现，误差的正负、大小一定，具有重复性和单向性。因此系统误差是可测的，有时又叫可测误差。

2. **随机误差**

随机误差是由一些不易预测的偶然因素所引起的误差，因此也叫偶然误差。例如测量时环境的温度、湿度、气压的微小波动、仪器性能的微小变化等引起的误差。这类误差对分析结果的影响不固定，时大时小，时正时负，难以预测和控制，所以又叫不可测误差。表面看来，随机误差似乎没有规律可循，但如果在消除系统误差以后，对同一试样进行多次重复测定，便会发现随机误差的分布遵从如下统计规律。

（1）大小相等的正负误差其出现的概率相等。

（2）小误差出现的概率大，大误差出现的概率小，特大误差出现的概率更小。

应该指出的是，系统误差和随机误差都是指正常操作情况下产生的。由于实验人员操作不正确或粗心大意而造成的过失，例如，溶液溅失、加错试剂、读错刻度、记录错误等，这些都是不应有的过失，不属于误差讨论的范畴。只要分析人员加强责任感，严格遵守操作规程，认真仔细地进行实验，做好原始记录，反复核对，这些过失是完全可

以避免的。

（二）误差的表示方法

1. 真实值、平均值和中位值的含义

（1）真实值。是一个客观存在的真实数值，但又不能直接测定出来。如一个物质中的某一组分含量，应该是一个确切的真实数值，但又无法直接确定。由于真实值无法知道，往往都是进行许多次平行实验，取其平均值或中位值作为真实值，或者以公认的手册上的数据作为真实值。

（2）平均值。是指算术平均值（$\bar{X}$），即测定值的总和除以测定总次数所得的商。

$$\bar{X} = \frac{X_1 + X_2 + X_3 + \cdots + X_n}{n} = \frac{\sum_{i=1}^{n} X_i}{n} \tag{1}$$

式中　X_i——各次测定值；n——测定次数。

（3）中位值。将一系列测定数据按大小顺序排列时的中间值。若测定的次数是偶数，则取正中两个值的平均值。

2. 准确度和精密度

（1）准确度。准确度是指测定值（X_i）与真实值（简称真值）（T）之间符合的程度。准确度用误差来表示，测定值与真值之差称绝对误差（E）。

$$E = X_i - T \tag{2}$$

误差除用绝对误差表示外，也可用相对误差来表示。相对误差（E_r）是指绝对误差与真值的比值：

$$E_r(\%) = \frac{X_i - T}{T} \times 100\% \tag{3}$$

误差小，说明测定结果与真值接近，测定准确度高；误差大，说明测定结果准确度低。若测定值大于真值，则误差为正值；反之，误差为负值。

（2）精密度。精密度是指在相同条件下多次测量结果互相吻合的程度，表现了测定结果的再现性。精密度用"偏差"来表示，偏差愈小，说明测定结果的精密度愈高。

①偏差：偏差分绝对偏差（d）和相对偏差（d_r）。绝对偏差是某个测定值（X_i）与多次测定结果的平均值（$\bar{X}$）之差。

$$d_i = X_i - \bar{X} \tag{4}$$

相对偏差则是绝对偏差占平均值的百分数：

$$d_r(\%) = \frac{d_i}{\bar{X}} \times 100\% \tag{5}$$

绝对偏差和相对偏差都是表示单次测量结果对平均值的偏差。为了衡量一组数据的精密度，可用平均偏差。平均偏差是指各次偏差的绝对值的平均值：

$$\bar{d} = \frac{|d_1| + |d_2| + |d_3| + \cdots + |d_n|}{n} = \frac{\sum_{i=1}^{n} |d_i|}{n} \tag{6}$$

相对平均偏差则是平均偏差占平均值的百分数。

$$\bar{d_r}\% = \frac{\bar{d}}{\bar{X}} \times 100\% \tag{7}$$

②标准偏差（或标准差、均方差）：在一系列测定结果中，总是小偏差占多数，大偏差占少数，如果按总的测定次数求平均偏差，所得结果会偏小，大偏差得不到应有的反映。为了更好地说明数据的分散程度，就应采用标准偏差来衡量精密度。

$$S = \sqrt{\frac{\sum_{i=1}^{n}(X_i - \bar{X})^2}{n-1}} = \sqrt{\frac{\sum_{i=1}^{n} d_i^2}{n-1}} \tag{8}$$

用标准偏差更能反映测定结果的精密度。因为将各次测定的偏差平方以后，较大的偏差更显著地反映出来。因而能更清楚地说明数据的离散度。

准确度和精密度是两个不同的概念，它们是实验结果好坏的主要标志。在工作中，最终的要求是测定准确，要做到准确，首先要做到精密度好，没有一定的精密度，也就很难谈得上准确。但是，精密度高的不一定准确，这是由于可能存在系统误差。控制了偶然误差，就可以使测定的精密度好，只有同时校正了系统误差，才能得到既精密又准确的分析结果。

（三）提高测量结果准确度的方法

在测量过程中，提高准确度的关键是尽可能地减少系统误差。系统误差总是以相同的符号出现，在相同的条件下重复实验无法消除。可以通过选择合适的方法，如测量前对仪器进行校正、使用标准样品修正计算公式等方法消除。

1. 选择合适的实验方法

根据对实验结果准确度的要求，选择不同的实验方法。例如，合成化学实验经常使用化学纯试剂；对准确度要求不高时，可以使用普通度量仪器。分析化学和物理化学常数测定实验要求实验结果有很高的准确度，因此对实验方法的选择有很高的要求。例如在分析化学中，依据试样中有效成分含量的高低，要选择不同的分析方法。通常试样的含量大于1%时，可以选用容量分析法和重量分析法，这些方法的准确度可以达到相对误差≤±0.1%；当试样的含量小于1%时，采用仪器分析方法，可以达到的相对误差为≤±2%。

2. 减小测量误差

容量分析方法的主要误差来源是称量误差和滴定误差。尽可能减小称量误差和滴定误差，就能提高容量分析法的准确度。减小称量误差和滴定误差，保证容量分析方法有足够的准确度（即相对误差≤0.1%），要求试样的称样量或者试液的滴定消耗体积不得低于一个最小值。

对于滴定误差，读取一个体积，至少产生±0.02mL的误差，因此，滴定所消耗的体积是：

$$\frac{\pm 0.02\text{mL}}{V} \times 100\% \leq \pm 0.1\% \qquad V \geq 20\text{mL}$$

对于称量误差，读取一个质量，至少产生 ±0.000 2g 的误差，因此，称量所需的质量为：

$$\frac{\pm 0.000\ 2g}{W} \times 100\% \leqslant \pm 0.1\% \qquad W \geqslant 0.2g$$

由此可知，容量分析中，称样量不得少于 0.2g，滴定消耗体积不得低于 20mL，才能保证分析误差小于 0.1%。

3. 校准仪器

仪器不准所引起的误差，可通过校准仪器来减免。如移液管和容量瓶的相对校准，滴定管的体积校准，砝码的质量校准等。一般情况下，准确度要求不高时（相对允许误差 ≥ ±1%），正常工作的仪器、器具的精度能够满足我们的要求，可不必校准。但是对于有特殊要求的实验及准确度要求较高的测量，要对选用的仪器，如天平及砝码、滴定管、移液管、容量瓶、温度计等进行校正。

4. 空白试验

在不加待测组分的情况下，按分析方法所进行的试验称为空白试验。空白试验所测得的值叫空白值。空白试验可以检验和减免由试剂、蒸馏水不纯，或仪器带入的杂质所引起的误差。从试样的分析结果中扣除空白值，就可以得到比较准确的结果。空白值一般不应很大，否则应采用提纯试剂或改用适当试剂和选用适当仪器的方法来减小空白值。

5. 对照试验

常用已知准确含量的标准试样代替试样，在完全相同的条件下进行测定，从而估计分析方法的误差，同时引入校正系数来校正分析结果。

也可用国家颁布的标准方法或公认的经典方法与所拟定的方法进行对照，或不同实验室、不同分析人员分析同一试样来进行对照。

$$校正系数 = \frac{标准试样含量}{标准试样分析结果} \qquad (9)$$

6. 增加测定次数

由随机误差的性质可知，在减免了系统误差的情况下，测定的次数越多，则分析结果的算术平均值越接近真实值。因此，随机误差可以用多次测定取平均值的方法来减免。在定量分析中，通常要求平行测定 3~4 次。

利用空白、对照实验是消除系统误差的主要办法，也是解决分析实验中出现问题的主要方法。而严格遵守操作规程和娴熟的实验技能是消除随机误差的关键。

二、数据的记录与有效数字

（一）数据的记录

化学实验中的测量数据，既包含了量的大小、误差，又能反映出仪器的精密度，因而是具有物理意义的数值，与纯数学上的数值有很大区别。例如，在数学上，人们不关心 2.5 和 2.500 0 的区别，但是在化学实验中，绝不能将 2.5g 与 2.500 0g 等同，这不仅仅反映出测量误差不同（±0.1g，±4%与±0.000 1g，±0.004%），而且说明所用仪器的精密度差别很大。表1-1中是常用仪器的精度及数据表示形式的示例。

表1-1　常用仪器的精度及数据表示

仪器名称	仪器平均偏差	记录数据示例	有效数字位数
托盘天平	±0.1g	(13.2±0.1) g	3
电光天平	±0.1mg	(14.800 0±0.000 1) g	6
10mL量筒	±0.1mL	(10.0±0.1) mL	3
100mL量筒	±1mL	(100±1) mL	3
25mL移液管	±0.01mL	(25.00±0.01) mL	4
50mL滴定管	±0.01mL	(50.00±0.01) mL	4
100mL容量瓶	±0.1mL	(100.0±0.1) mL	4

在读取体积数据时，一般应在最小刻度后再估读一位。例如，常用的滴定管最小的刻度是0.1mL，读取数据为28.54mL，其中，前3位数是准确读取的，第四位数为存疑数据，有人可能估读为5，有人可能估读为3。前面的准确数字连同最后1位存疑数字统称为有效数字。因此，在记录测量数据时，任何超过或低于仪器精确程度的有效位数的数字都是不恰当的。如果在台秤上称得某物质量为6.2g，不可记为6.200g，在分析天平上称得某物质质量恰为6.200 0g，亦不可记为6.2g，因为前者夸大了仪器的精确度，后者缩小了仪器的精确度。

表示误差时无论是绝对误差还是相对误差，只取1位有效数字。

记录数据时，有效数字的最后1位与误差的最后1位在位数上相对齐。

例如，2.34±0.01是正确的，而2.342±0.01和2.3±0.01都是错误的。

（二）有效数字

有效数字是指在分析工作中实际可以测量的数字，它包括确定的数字和最后一位估计的不确定的数字。它不仅表示测量值的大小，还能表达测量的精度。例如，用万分之一分析天平称得坩埚的质量为18.428 5g，则表示该坩埚质量为18.428 4~18.428 6g。因为分析天平有±0.000 1g的误差。18.428 5为6位有效数字，前五位是确定的，最后1位"5"是不确定的可疑数字。如将此坩埚放在百分之一台秤上称，其质量应为18.43±0.01g，因为百分之一台秤的称量精度为±0.01g。18.43为四位有效数字。再如，用刻度为0.1mL的滴定管测量液体体积为24.00mL，表示可能产生±0.01mL的误差。"24.00"数字中，前3位是准确的，后一位"0"是估计的、可疑的。但它们都是实际测量到的，应全部有效，是4位有效数字。有效数字的位数可用下列几个数据说明。

　　1.204 0　　25.302　　0.123 54　　5位有效数字
　　0.100 0　　23.63　　23.56　　4位有效数字
　　0.012 0　　18.4　　1.65×10^{-7}　　3位有效数字
　　0.004 5　　6.4　　2.0　　2位有效数字

可见，数字"0"是否为有效数字取决于它在数据中的作用和所处的位置。当用来表示与测量精度有关的数值时,是有效数字;当用来指示小数点位置,只作小数点定位用,与测量精度无关时,则不是有效数字。在上列数据中,数字中间的"0"和数字末尾的"0"均为有效数字,而数字前面的"0"只起定位作用,不是有效数字。

在分析化学中,经常遇到一些自然数、常数、倍数、分数等非测量所得的数据,在计算时将其视为无限多位有效数字;对数关系以及幂指数形式,有效数字的位数仅取决于其小数部分的位数,如 pH 值 = 3.25 为 2 位有效数字。

在实际工作中,数据的记录和运算应遵循如下规则。

(1) 记录测定结果时,只保留一位可疑数字。

(2) 有效数字位数确定后,多余的位数应舍弃。舍弃方法一般采用"四舍六入,五留双"的规则进行修约。即当尾数≤4 时舍去;≥6 时进位;尾数是 5 时,则 5 后有数就进位,若无数或为零时,则尾数 5 前一位为偶数就弃去,若为奇数则进位。如将下列数据修约为 4 位有效数字:

3.272 4 ⟶ 3.272　　　　5.376 6 ⟶ 5.377

4.281 52 ⟶ 4.282　　　　2.862 50 ⟶ 2.862

(3) 计算有效数字位数时。如第一位有效数字≥8,则其有效数字可多算一位。如 9.65 可按四位有效数字进行运算。

(4) 加减运算。几个数字相加或相减时,它们的和或差的有效数字的保留应以小数点后位数最少(即绝对误差最大)的数为准,将多余的数字修约后再进行加减运算。例如将 0.012 1、25.64、1.057 82 三数相加:

```
    正确的计算              不正确的计算
     0.01                   0.012 1
    25.64                  25.64
  + 1.06                 + 1.057 82
  ──────                 ──────────
   26.71                  26.709 92
```

(5) 乘除运算。几个数相乘或相除时,它们的积或商的有效数字的保留应以有效数字位数最少(即相对误差最大)的数为准。将多余的数字修约后再进行乘除。例如将 0.012 1,25.64,1.057 82 三数相乘,应为:

$$0.012\ 1 \times 25.6 \times 1.06 = 0.328$$

(6) 在大量数据运算过程中。运算前各数据的有效数字位数可多保留一位,称为安全数字,计算完成后再舍去多余的数字。

三、实验数据表达与处理

(一) 可疑值的取舍

在实验测定过程中,一组平行测定值之间存在一定差异,这是正常现象,但也会遇到个别实验数据与平均差值较大的情况,这种与其他测定值有明显差异的测定值称为可疑值或离群值。可疑值的取舍对平均值影响较大,当数据少时影响更大,应持慎重态度,仔细查明可疑值出现的原因,确定是由随机误差还是由过失引起的。在确知可疑值的出现是由过失造成的才能舍去,否则就要根据随机误差分布规律决定取舍。比较严格而又使用方便的取舍方法是 Q 检验法。Q 检验法按下列步骤进行。

（1）求出最大值与最小值之差（极差）。$X_{max} - X_{min}$

（2）求出可疑值（X_i）与其临近值（$X_{i\pm1}$）之间的差。$X_i - X_{i\pm1}$

（3）求出 Q 值。

$$Q = \frac{X_i - X_{i\pm1}}{X_{max} - X_{min}} \tag{10}$$

（4）根据测定次数和要求的置信度（90%）查表 1-2 的值 $Q_{0.90}$ 若 $Q \geq Q_{0.90}$ 则应舍去,否则应予保留。

表 1-2　$Q_{0.90}$ 值

测定次数	3	4	5	6	7	8	9	10
$Q_{0.90}$	0.94	0.76	0.64	0.56	0.51	0.47	0.44	0.41

（二）实验数据的表示方法

在化学实验中,如数据的精密度较好,一般一个数据只要求重复测定 2~3 次,用平均值作为结果。测定的精密度用偏差、相对平均偏差或相对标准偏差表示。

为了表示实验结果和分析其中的规律,需要将实验数据进行归纳整理,化学实验数据的表示方法主要有列表法、图解法和数学方程式法 3 种。现分述如下。

1. 列表法

这是表达实验数据的最常用的方法。把实验数据列入简明合理的表格中,使得全部数据一目了然,便于进一步的处理、运算与检查。作表格时要注意以下几点。

（1）每一完整的数据表必须有表的序号、名称、项目、说明及数据来源。原始数据表格,应记录包括重复测量结果的每个数据,表内或表外适当位置应注明温度、大气压、日期与时间、仪器与方法等条件,叙述简明扼要。

（2）表格的横排称为"行",竖排称为"列"。每个变量占表中一行,一般先列自变量,后列应变量。每一行的第一列应写出变量的名称和量纲。自变量的选择有一定灵活性。通常选择较简单的变量（例如,温度、时间、浓度等）作为自变量。自变量要有规律的递增或递减,最好为等间隔。

（3）每一行所记数据,应注意其有效数字位数。同一列数据的小数点要对齐。数据应按自变量递增或递减的次序排列,以显示出变化规律。

2. 作图法

实验数据常需要用作图来处理,作图可直观地表示出数据的规律性和特点。根据作图还可求得斜率、截距、内插值、外推值、确定经验方程中的常数等。因此,作图好坏与实验结果有着直接的关系。以下简要介绍一般的作图方法。

（1）表示变量间的定量依赖关系。将主变量作横轴,应变量作纵轴,所得曲线表示二变量间的定量关系。在曲线所示范围内,对应于任意主变量的应变量值均可方便地从曲线上读得。如温度计校正曲线、比色法中的吸光度—浓度曲线等。

（2）求外推值。对一些不能或不易直接测定的数据，在适当的条件下，可用作图外推的方法取得。所谓外推法，就是将测量数据间的函数关系外推至测量范围以外，以求得测量范围以外的函数值。但必须指出，只有在有充分理由确信外推所得结果是可靠时，外推法才有实际价值。即外推的那段范围与实测的范围不能相距太远，且在此范围内被测变量间的函数关系应呈线性或可认为是线性。外推值与已有的正确经验不能相抵触。如测定反应热时，两种溶液刚混合时的最高温度不易直接测得，但可测得混合后随时间变化的温度值，通过作温度—时间图，外推得最高温度。

（3）求直线的斜率和截距。对直线 $y = mx + b$ 来说，m 是直线的斜率，b 是截距。二个变量间的关系如符合此式，都可用作图法来求得 m 和 b。如一级反应速率公式是：$\lg c = \lg c_o - \dfrac{k}{2.303}t$，以 $\lg c$ 对 t 作图，得一直线，其斜率是 $-\dfrac{k}{2.303}$，即可求算出反应速率常数 k。又如电极电势与浓度和温度间的关系可用能斯特方程表示：$\varphi = \varphi^\Theta + \dfrac{RT}{nF}\ln\dfrac{[氧化型]}{[还原型]}$，同样 φ 对 $\ln\dfrac{[氧化型]}{[还原型]}$ 作图也是一条直线，其截距就是这电对的标准电极电势 φ^Θ，从斜率可求得得失电子数 n。

若测量数据间的函数关系不符合线性关系，则可变换函数，使新的函数关系符合线性关系。

3. 一般作图技术

利用作图法能否得到良好的结果，这与作图技术的高低有十分密切的关系。下面简单地介绍用直角坐标纸作图的要点。

（1）一般以主变量作横轴，应变量作纵轴。

（2）坐标轴比例选择的原则如下：首先要使图上读出的各种量的准确度和测量得到的准确度一致，即使图上的最小分度与仪器的最小分度一致，要能表示出全部有效数字。其次是要方便易读，例如，用1cm（即一大格）表示1、2、5这样的数比较好，而表示3、7等数字则不好。还要考虑充分利用图纸，不一定所有的图均要把坐标原点作为0，可根据所作的图来确定。

（3）把所测得的数值画到图上，就是代表点，这些点要能表示正确的数值。若在同一图纸上画几条直（曲）线时，则每条线的代表点需用不同的符号表示。

（4）在图纸上画好代表点后，根据代表点的分布情况，做出直线或曲线。这些直线或曲线描述了代表点的变化情况，不必要求它们通过全部代表点，而是能够使代表点均匀地分布在线的两边。

（5）图作好后，要写上图的名称，注明坐标轴代表的量的名称、所用单位、数值大小以及主要的测量条件。

（6）目前随着微机的普及，各种软件均有作图功能，应尽量使用。但在利用微机作图时，也要遵循上述原则。

4. 实验数据的计算机处理

随着计算机的飞速发展，用计算机处理实验数据已是必然的趋势。常见的数据处理软件有 Excel、Origin、Matlab 等，其基本功能有公式计算、绘制图形、相关分析、回归分析、（非）线性拟合等等。使用这些软件处理物理化学实验数据可使原本复杂的数据处理过程变得简单、快捷，同时还可避免因手工绘图而引入的误差，提高实验结果的准确度和精确度。

（1）Excel 在化学实验数据处理中的应用。Microsoft Excel 软件因为具有简单、易学，操作简便，易于学生掌握等优点而成为学生处理实验数据首选的方法之一。Microsoft Excel 是一个功能强大、使用方便的表格式数据综合管理和分析系统，在处理实验数据的过程中经常要用到的 Excel 功能有：函数计算功能；制图功能；表格制作功能。以下简单介绍在物理化学实验数据处理过程中经常要用到的 Excel 的图表制作功能，即利用 Excel 软件功能对实验数据进行作图，然后从图象中获取相关的信息，经过进一步的分析最后得出实验结果。所制作的图形主要分为两种类型，第一类图象为直线，如"液体饱和蒸气压的测定""黏度法测定高聚物相对分子量"等实验；第二类图象为曲线，如"二组分金属相图的绘制""恒温槽装配和性能测试"等实验。

①求两直线的交点——黏度法测定高聚物相对分子量　实验原理：高聚物与一般的无机物或低分子的有机物不同，高聚物多是分子量不等的混合物，因此通常测得的分子量是一个平均分子量。高聚物分子量的测定方法很多，采用不同的方法测得的分子量的表示方法不同，其中黏度法测得的分子量为高聚物的黏均分子量。

黏度法测定高聚物分子量所依据的原理：当聚合物、溶剂、温度确定以后，高聚物的平均分子量 M 与溶液的特性黏度 [η] 之间满足半经验关系式：$[\eta] = KM_v^{\alpha}$，因此高聚物分子量的测定最后归结为溶液 [η] 的测定。

根据 [η] 的定义，其为溶液无限稀释时比浓黏度的极限值，即：$[\eta] = \lim(\eta_{sp}/c)$，主要反映高聚物分子与溶剂分子之间的内摩擦作用。又因在溶液无限稀释的条件下，$\lim(\eta_{sp}/c) = \lim(\eta_r/c) = [\eta]$，所以通过实验测得溶剂与溶液流过毛细管的时间 t_0 和 t，根据公式：$\eta_r = \eta/\eta_0 = t/t_0$，$\eta_{sp} = \eta_r - 1$，求 η_r，η_{sp}，然后作 $\eta_{sp}/c \sim c$，$\ln\eta_r/c \sim c$ 图，两直线外推到 c→0 时应相交于一点，截距即为 [η]，根据半经验公式最后求出高聚物的平均分子量 M。

利用 Excel 的图表功能求解实验结果（表 1-3），其操作步骤如下。

（A）创建工作表

打开 Excel 软件，将下表中所示的浓度、η_{sp}/c 和 $\ln\eta_r/c$ 等各项数值在 Excel 电子表格中列出。

表 1-3　"黏度法测定高聚物相对分子量"实验的图解数据

A	B	C
浓度	ln ηr/c	ηsp/c
c	11.19	12.85
5/6c	11.25	12.62
2/3c	11.33	12.43
1/2c	11.34	12.16

(B) 建立图表

(a) 单击工具栏中的"图表向导"按钮,启动"图表向导"。

(b) 在"图表类型"列表框中选择"XY 散点图",然后在"子图表类型"选择框中单击"平滑线散点图"。

(c) 单击"数据区域"输入框,用鼠标在工作表中拖拽,选定作图所需的数据(不同浓度对应的 η_{sp}/c 和 $\ln\eta_r/c$ 的值),选择将数据系列产生在列。

(d) 在"图表选项"对话框的"标题"标签中分别输入 X 轴和 Y 轴的标题:c 和 (η_{sp}/c) $\ln\eta_r/c$;在"网格线"标签中选择不显示 X、Y 轴的网格线。

(e) 确定图表的位置。在"图表位置"对话框中,单击"作为新工作表插入"单选钮,点击"完成"按钮完成图表的创建。

(C) 添加趋势线

右击图表中的一根直线,单击"添加趋势线",出现"添加趋势线"对话框。在对话框中选取"类型"标签,选择回归分析类型为"线性";在"选项"标签中选择"显示公式"与"显示 R 平方值"选项,在"趋势预测"中填入"倒推"数值(0.5)。采用同样步骤线性回归另外一根直线,可得两根趋势线的线性方程分别为:y = 1.362 1x + 11.493 和 y = -0.318 6x + 11.516(如图 1 - 1 所示)。

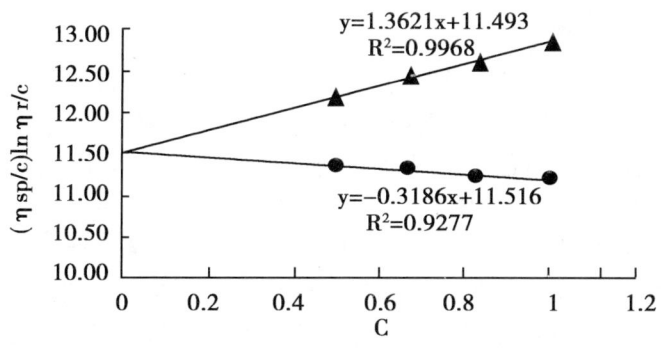

图 1 - 1 用外推法求 [η] 示意

通过计算可求得 [η] = 11.505。也可用右键点击纵坐标轴,单击"坐标轴格式",选取"刻度"标签对"主要刻度单位"和"次要刻度单位"进行重新设置,这时可从图中纵坐标轴上读取两趋势线在纵坐标上的交点的纵坐标值为:[η] = 11.510。最后根据原始溶液的浓度 c 值求出 [η] 的真实值,再把 K、α 的数值代入公式 [η] = KM_v^{α},即可求得高聚物的平均分子量 M。

②曲线的绘制——恒温槽装配和性能测试 实验原理:温度是确定物质状态的一个基本参量,物质的许多物理化学性质都与温度有着密切的关系,因此,温度的准确测量、控制和恒温技术在化学实验中显得十分重要。实验室常使用恒温槽来达到恒温的目的,恒温槽控制的温度有一个波动范围,并不是控制在某一固定不变的温度,控温效果可以用灵敏度 Δt 表示:$\Delta t = \pm (t_1 - t_2)/2$。其中:$t_1$ 为恒温过程中水浴的最高温度,t_2 为恒温过程中水浴的最低温度。

恒温槽灵敏度可通过灵敏度曲线来测量。灵敏度曲线反映的是恒温槽温度随时间的波动情况，它是以时间为横坐标，测得的相应温度为纵坐标而作的温度－时间曲线。

利用 Excel 软件绘制恒温槽灵敏度曲线。将表 1－4 所列的恒温槽中靠近加热器位置不同时间（t）和所对应的由贝克曼温度计测得的实际温度与设定温度之间的温差值（$\triangle t$）在 Excel 工作表中制成两列数据表。

表 1－4 "恒温槽装配和性能测试"实验的图解数据*

t/min	Δt/℃	t/min	Δt/℃	t/min	Δt/℃
0.5	0.004	5.0	0.000	9.5	0.003
1.0	0.006	5.5	－0.002	10.0	0.006
1.5	0.004	6.0	0.000	10.5	0.004
2.0	0.000	6.5	0.005	11.0	0.000
2.5	－0.002	7.0	0.006	11.5	－0.002
3.0	0.001	7.5	0.005	12.0	0.000
3.5	0.005	8.0	0.002	12.5	0.005
4.0	0.006	8.5	－0.001	13.0	0.006
4.5	0.004	9.0	－0.002		

*注：取自学生实验数据

选中这两列数据，打开工具栏中的"图表向导"，在"图表类型"的对话框中选择"XY散点图"，在"子图表类型"选择框中选择"平滑线散点图"；单击"下一步"按钮，进入"图表数据源"对话框，在"系列产生在"单选项中勾选将系列产生在列；单击"下一步"按钮，进入"图表选项"对话框，输入 X 轴和 Y 轴的名称，再单击"下一步"按钮，在"图表位置"对话框中，选择"作为新工作表插入"单选项，点击"完成"按钮完成图表的创建，最后对"网格线""绘图区格式"等各项进行合理设置后就得到了如图 1－2 所示的恒温槽中靠近加热器位置处的灵敏度曲线（即温度－时间曲线）。

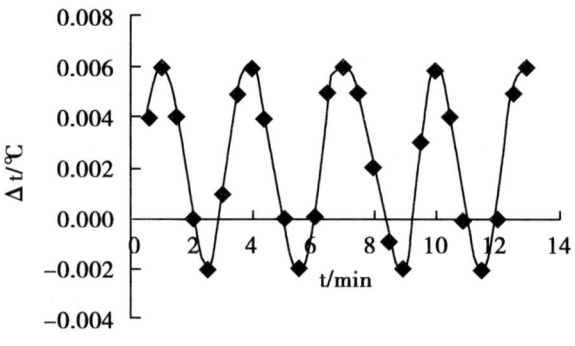

图 1－2 恒温槽灵敏度曲线

图中曲线的变化规律直观地显示出该恒温槽的加热器功率太大，加热与散热的速度不等，故应重新合理地装配恒温槽的各个组成部分。

目前，Excel 软件已成为一种日趋普及的处理实验数据的便捷工具，但该软件功能也存在着一定的局限性，如应用 Excel 软件难以作出曲线的切线等，因此该软件的一些应用功能有待进一步的改善。

（2）Origin 在实验数据处理中的应用。Origin 是美国 OriginLab 公司（Microcal 公司）推出的数据分析和绘图软件。该软件不仅包括计算、统计、直线和曲线拟合等各种完善的数据分析功能，而且提供了几十种二维和三维绘图模板，其功能强大，是当今世界上最著名的科技绘图和数据处理软件之一。用 Origin 软件处理化学实验数据，不用编程，只要输入测量数据，然后再选择相应的菜单命令，点击相应的工具按钮，即可方便地进行有关计算、统计、作图、曲线拟合等处理，操作简便快速。

下面以物理化学实验中"溶液表面张力的测定"实验为例，介绍 Origin 软件绘制图形的方法，以及对所作的图形进行线性拟合、非线性曲线拟合等操作。

①实验原理与传统数据处理方法简介　当液体中加入溶质时，其表面张力就会升高或降低，导致溶质在表面层的浓度与溶液内部浓度不同，这种现象被称为溶液表面的吸附作用。单位溶液表面积上溶质的过剩量称为表面吸附量 Γ。在一定温度下，溶液的表面吸附量 Γ 与表面张力 γ 及溶液本体浓度 c 之间的关系符合吉布斯吸附等温式：

$$\Gamma = -\frac{c}{RT}\left(\frac{\mathrm{d}\gamma}{\mathrm{d}c}\right)_T \tag{11}$$

式中：Γ 为表面吸附量（$mol \cdot m^{-2}$）；T 为热力学温度（K）；c 为稀溶液浓度（$mol \cdot L^{-1}$）；γ 为表面张力（$N \cdot m^{-1}$）；R 为气体常数。

由于溶液表面张力与溶液浓度之间不存在明显的数学关系，在这种情况下，一般采用手工法作 $\gamma - c$ 关系曲线，然后取不同的浓度点作切线，求出所对应浓度点的表面张力对溶液浓度的导数值 $\mathrm{d}\gamma/\mathrm{d}c$。根据式（11）计算不同浓度溶液的 Γ，并计算出 c/Γ 值，再次手工绘制 $c/\Gamma - c$ 线性图，由直线斜率求出 Γ_∞（单位：$mol \cdot m^{-2}$），并根据式（12）计算分子的截面积 a_m（单位：m^2）。

$$a_\mathrm{m} = \frac{1}{\Gamma_\infty L} \tag{12}$$

式中，L 为阿佛加德罗常数。

用上述方法处理实验数据，不仅费时费力，而且人为引入的误差较大。而 Origin 软件在线性拟合和非线性曲线拟合时，可屏蔽个别偏差较大的数据点，以降低曲线的偏差，且能够提供迅速、准确的信息和参数以及图形，得到的结果更为准确。

②以"最大气泡法测正丁醇溶液的表面张力"的实验数据处理为例　其线性与非线性拟合功能在 Origin 软件中的实现过程如下。

实验数据录入与处理：在工作表中输入溶液浓度 c 与最大气泡法测得的附加压 Δp（应平行测 3 次），分别为 A、B、C、D 四列，在其右侧添加两列数据，分别为 E 和 F 列，其值相应的设置分别为："row"处填写 1→9，col（E）=（col（B）+ col（C）+ col（D））/3，即得 E 列值；"row"处填写 2→9，col（F）=（col（E）/598.67）×71.97，即得 F 列值（见表 1 – 5）。由于溶液的 γ 与 c 之间没有明显的数学关系存在,首先绘制散点图,根据散点图的趋势线判断拟合方式。其步骤如下:选择数据窗口菜单命令[Plot]→[Scatter]→出现[Plot setup]对话框,分别点击"A[X]"和"F[Y]",单击OK即可绘制γ-c关系的散点图,如图1-3所示。

非线性函数拟合:由图1-3、表1-5可知,第六个数据点发生较大偏离,为了提高结果的准确性,先屏蔽该点,即在图形窗口单击"Mask Point Toggle"按钮,选中该点即可。然后采用多项式回归与非线性函数自定义拟合对比,再根据拟合结果选择较优者为拟合模型(表1-5)。其步骤如下。

表1-5 试验数据记录与处理(25 ℃)

编号	A (X) c/mol·L^{-1}	B (Y) p_1/Pa	C (Y) p_2/Pa	D (Y) p_3/Pa	E (Y) Δp	F (Y) $\gamma \times 10^3$/N·m^{-1}	G (Y) $d\gamma/dc \times 10^3$	H (Y) $c/\Gamma \times 10^{-6}$/mol·m^{-2}
1	0.00	598	600	598	598.67	71.97		
2	0.02	571	570	572	571.00	68.64	-281.53	8.80
3	0.04	542	539	541	540.67	65.00	-204.73	12.11
4	0.06	498	498	497	497.67	59.83	-158.81	15.61
5	0.08	480	479	479	479.33	57.62	-129.71	19.11
6	0.10	459	459	457	458.33	55.10	-109.63	22.61
7	0.12	425	425	426	425.33	51.13	-94.93	26.11
8	0.16	416	417	415	416.00	50.01	-74.86	33.11
9	0.24	373	373	373	373.00	44.84	-52.83	46.92

(A) 多项式回归:激活图形窗口1,选择菜单命令[Analysis]→[Fitting]→[Fitting Polynomial...]→出现[Pol-ynomial Fit]对话框,设置参数和采用试验法得出多项式合适的级数(该实验合适的级数为3)。其拟合方程如下(图1-3、图1-4):

$$\gamma = 74.36 - 299.61c + 1293.91c^2 - 2324.77c^3 \tag{13}$$

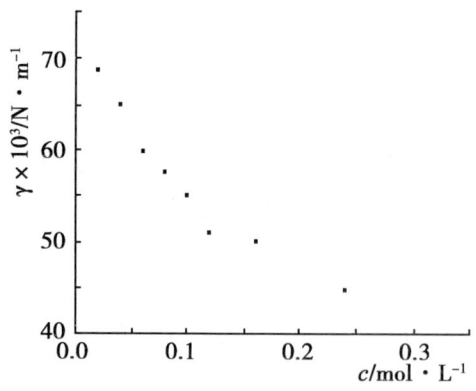

图1-3 溶液的表面张力与浓度关系的散点

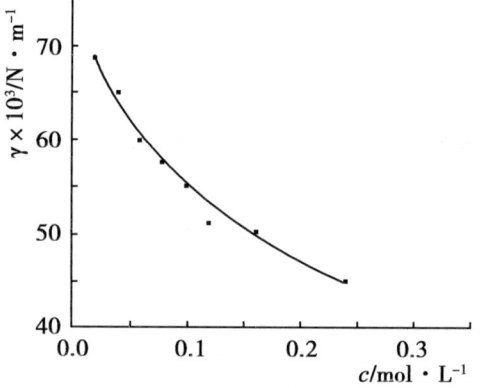

图1-4 自定义模型拟合

(B) 非线性函数自定义拟合及初始化:激活图形窗口1,采用F9快捷键或选择菜单命令［Tools］→［Fitti Function Organizer］→单击"New Category"→出现新建自定义函数对话框，输入自定义函数 y = a + bexp（x + c）→单击"compile"进行公式的调试，调试成功后，单击"Reture to Dialogy"→单击"Save"保存自定义拟合函数→菜单命令［Analysis］→［Fitting］→［Nonlinear Curve Fit］→打开［NLFit］对话框，在"Function"中选择自定义拟合函数，其次在"Parameter"中的"Value"处输入初始值→单击"Fit"拟合，达到要求后单击"OK"即可。其拟合方程如下。

$$\gamma = 22.26 + 14.16\ln(c + 0.029) \tag{14}$$

（C）拟合模型对比：选择菜单命令［Analysis］→［Fitting］→［Copare Datesets...］→出现［Fitting：fitcmpdate］对话框→选择"Fit Result1"和"Fit Result2"→单击"OK"即可完成数据集对比并输出数据比较报表，并自动生成拟合参数分析表（表1-6）。由表1-6可知模型（14）优于内置模型（13）。

表1-6 拟合参数分析

	R^2	F	E	P	AIC
Model（13）	0.9947	378.64	1.03	2.29×10^{-4}	56.87
Model（14）	0.9948	22 378.19	1.18	7.99×10^{-9}	16.70

注：R^2、F、S 和 P 分别为拟合方程的判定系数、Fischer 检验值、标准偏差、显著性水平；AIC：Akaike's Information of Criterion Test（赤池信息量准则：AIC 值越小拟合模型越优）。

曲线数值微分。单击激活拟合图 Graph1-4（图1-4），选择菜单［Analysis］→［Mathematics］→［Differentiate］→打开［Open Dialog...］对话框：微分窗口处填1级并选择输出图形→单击"OK"，即输出图形（图1-5），激活 Graph1-5，在窗口工具栏选取"Read Date"，在 Graph1-5 上直接读取一定 c 对应的 dγ/dc 值［见表1-5的 G（Y）列］，用上述方法增加 H（Y）列，即 c/Γ 的值。

直线拟合

选择 A（X）列和 H（Y）列，绘出散点图后，选择菜单命［Analysis］→［Fitting］→［Fit Linear］，即可对图形进行线性拟合（图1-6）。直线拟合结果如下。

$$\frac{c}{\Gamma} = 173.83c + 5.23 \quad R^2 = 0.9997$$

$$F = 259\,579.18 \quad S = 0.16 \quad P = 3.88 \times 10^{-15} \tag{15}$$

从回归结果来看，判定系数 $R^2 = 0.9997$（99.97%），说明模型中的样本只有约 0.03% 的未知因素不能揭示，即属优秀级，则该模型是有效的且预测能力强；其次拟合模型的 F 值远远大于10，$P = 0.05$ 水平上的显著性检验小于 0.0005（文中为 $P = 3.88 \times 10^{-15}$），而且自变量都大于因变量的5倍，因此以上方程从统计学的意义上讲也是成立的，模型真实可靠。

根据式（12）和式（15）的斜率即可求得正丁醇分子的截面积为：$\alpha_m = 173.83 \times 10^3 \div 6.02 \times 10^{23} = 2.88 \times 10^{-19}\,m^2$（文献正丁醇分子横截面积为 $2.4 \times 10^{-19} \sim 3.2 \times 10^{-19}\,m^2$），计算结果与理论值基本一致。因此用上述方法处理数据测定正丁醇分子横截面积

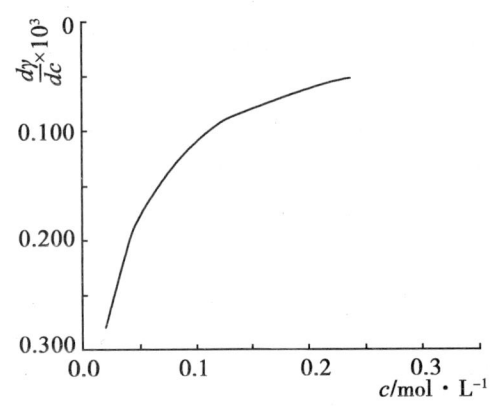
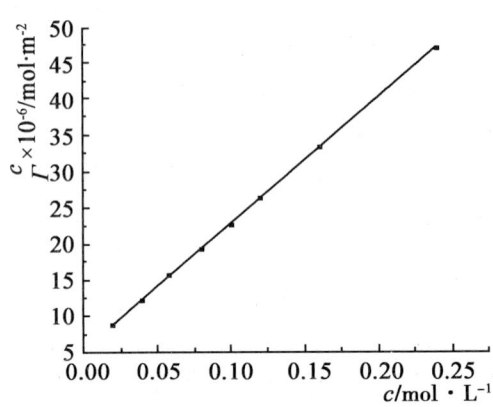

图 1-5　溶液的 γ 与 c 的一级微分关系　　　　图 1-6　溶液的 c/Γ 与 c 的关系

是可取的。

Origin 软件在数据处理相对较难的"最大气泡法测溶液的表面张力"实验中的应用表明，使用 Origin 软件处理试验数据，可大大简化数据处理过程并能获得更多的信息量，充分发挥软件处理数据客观、直观、快捷、高效、精度高等特点。因此，以计算机软件处理数据和绘制图形，将是物理化学试验的必然趋势。

（3）Matlab 在物理化学实验数据处理中的应用。Matlab 也是数据处理软件之一，而且还是一个很好的开发环境。其可以与仪器端口连接，能实时地获得实验数据，对实验数据进行自动记录和处理，避免学生在实验记录数据中出现的误差，和防止学生对实验原始数据的修改。

以下运用 Matlab 处理了一些物理化学实验数据，获得了较好结果。

Matlab 线性拟合程序简介。

语句	注释
clear all；clc	清除内存及清屏
p =［x1 x2 x3…］	把 x1，x2，x3，…，存入向量 p 中
k = log（k）	将 k 中向量取以自然对数 e 为底的对数运算
p = polyfit（t，k，1）	以 t 为横坐标，以 k 为纵坐标直线拟合
ti = linspace（t（1），t（end），n）	从 t 向量始终点间取 n 个等间距点存入向量 ti
ki = polyval（p，ti）	以 ti 为横坐标带入拟合方程，将得出值存入向量 ki
plot（t，k，'o'，ti，ki，'-'）	作图：以（t，k）点描点，并描绘出拟合直线
title（'xxx'）	以 xxx 作为标题
xlabel（'xxx'）	以 xxx 作为 x 坐标名称
ylabel（'xxx'）	以 xxx 作为 y 坐标名称

应用实例。例 1：在 OH^- 离子作用下，硝基苯甲酸乙酯的水解反应为：$NO_2C_6H_4COOC_2H_5 + OH^- = NO_2C_6H_4COO^- + C_2H_5OH$ 在 15 ℃时，测得动力学数据（表 1-7），两反应物的初始浓度皆为 $0.05 mol \cdot dm^{-3}$，计算二级反应的速率系数。

第一章 绪论

表 1-7 硝基苯甲酸乙酯水解反应的转化率随时间的变化（15 ℃）

t/s	$\alpha^*/\%$	t/s	$\alpha^*/\%$
120	32.95	330	58.05
180	41.75	530	69.00
240	48.80	600	70.35

注：α 为酯水解转化率。

解：由二级反应速率微分公式 $-dc_A/dt = k_A \cdot c_A^2$，分离变量积分可得：$\alpha/c_{A,0}(1-\alpha) = k_A t$，$\alpha/c_{A,0}(1-\alpha) - t$ 为线性关系，可线性拟合，由斜率获得该二级反应的速率系数。数据处理结果见表 1-8。

表 1-8 硝基苯甲酸乙酯水解反应的 $\alpha/c_{A,0}(1-\alpha)$ 随时间变化数据（15 ℃）

t/s	$\dfrac{\alpha}{c_{A,0}(1-\alpha)}/dm^3 \cdot mol^{-1}$	t/s	$\dfrac{\alpha}{c_{A,0}(1-\alpha)}/dm^3 \cdot mol^{-1}$
120	9.828	330	27.68
180	14.34	530	44.51
240	19.06	600	47.45

运用 Matlab 编程线性拟合如下。

```
clear all; clc
t = [120 180 240 330 530 600];
y = [9.828 14.34 19.06 27.68 44.51 47.45];
p = polyfit (t, y, 1)
ti = linspace (t (1), t (end), 100);
yi = polyval (p, ti);
plot (t, y, 'o', ti, yi, '-')
```

计算结果如下：

斜率（k）= 0.081267

保留 4 位有效数字，得反应速率系数 $k = 0.08127 dm^3 \cdot mol^{-1} \cdot s^{-1}$。

随着计算机科学的发展，Matlab 语言的普及程度也越来越高。Matlab 编程语言简单易学，利用其强大的函数运算功能，可快速而准确地处理实验数据，同时可检验需拟合数据的显著性，自动抛弃误差大的离散数据点。Matlab 更擅长处理非线性、高次方程的拟合，对更加复杂的数据，Matlab 强大的数据处理功能优势将更加明显，如目前已在氧弹量热计测定燃烧焓、溶液表面张力测定、双液系液相图绘制等物理化学实验的数据处理方面，以及非线性化学动力学等科学研究中进行了尝试，并取得了良好效果。

第四节　化学实验成绩的评定

学生实验成绩的评定主要依据如下。

（1）对实验原理和基本知识的理解和掌握情况，主要从学生的预习报告、实验课的讨论、提问以及最后的实验报告中考察。

（2）对基本操作、基本技术的掌握，对实验方法的掌握和熟练情况，主要从实验过程及专门的操作考查中体现。

（3）实验结果（合理的产量、纯度、准确度、精密度等）。

（4）原始数据的记录（及时、正确，包括表格的设计），数据处理的正确性，有效数字、作图技术的掌握，实验报告的书写与完整性。

（5）实验过程中的综合能力、科学品德和科学精神。

（6）每学期实验结束，进行综合的实验笔试，成绩以一定比例计入总成绩，比例系数视具体情况而定。

根据化学实验课程中实验的特点，成绩评定的着重点有所不同，但实验结果决不是唯一的决定因素。

第五节　实验室的安全与环保

化学实验室是开展实验教学的主要场所。化学实验教学不同于传统的理论教学。为了使学生尽快熟悉这种教学方式，规范教学秩序，必须制定相关的规章制度。

化学实验室涉及许多仪器、仪表，化学试剂中有很多易燃、易爆、强腐蚀性或有毒药品。为了保证教学人员的安全、实验室设备的完好，安全问题和保护环境是贯穿整个实验过程中的十分重要的任务，也是要求学生掌握的重要课程内容。

一、化学实验室一般规则

实验室规则是保持正常从事实验的环境和工作秩序，防止意外事故，做好实验的一个重要前提，人人必须做到，必须遵守。

（1）实验前一定要做好预习。明确实验目的，了解实验的基本原理、方法、步骤，以及有关的基本操作和注意事项。实验前，先检查实验所需的药品、仪器是否齐全，如发现破损，立即向指导教师声明补领。如在实验过程中损坏仪器，应及时报告，并填写仪器破损报告单，经指导教师签字后交实验室工作人员处理。做规定以外的实验，应先经教师允许。

（2）实验时要集中精神。认真操作，仔细观察，积极思考，如实详细地做好记录。

（3）实验中必须保持肃静，不准大声喧哗，不得到处乱走。不得无故缺席，因故缺席未做的实验应该补做。

（4）爱护国家财物。小心使用仪器和实验室设备，注意节约水、电和煤气。每人应取用自己的仪器，不得动用他人的仪器，公用仪器和临时共用的仪器用毕应洗净，并立即送回原处。如有损坏，必须及时登记补领并且按照规定赔偿。

（5）加强环境保护意识。采取积极措施，减少有毒气体和废液对大气、水和周围环境的污染。

（6）剧毒药品必须有严格的管理。遵守使用制度，实验人员领用时要登记，用完后要回收或销毁，并把落过毒物的桌子和地面擦净，洗净双手。

（7）实验中。废纸、火柴梗和碎玻璃等应随时放入废品杯中，待实验结束后，集中倒入垃圾箱。酸性溶液应倒入废液缸，切勿倒入水槽，以防腐蚀下水管道。碱性废液倒入水槽并用水冲洗。

（8）按规定的量取用药品，注意节约。称取药品后，及时盖好原瓶盖。放在指定地方的药品不得擅自拿走。

（9）使用精密仪器时。必须严格按照操作规程进行操作，细心谨慎，避免粗枝大叶而损坏仪器。如发现仪器有故障，应立即停止使用，报告教师，及时排除故障。

（10）实验后。应将仪器洗净摆放整齐，关好水、电、煤气。每次实验后由学生轮流值日，负责打扫和和整理实验室，并检查水电门窗等是否关好，以保持实验室的整洁与安全。

（11）发生意外事故时。应保持镇静，不要惊慌，报告老师及时处理。

二、实验室安全守则

进行化学实验时，要严格遵守关于水、电、煤气和各种仪器、药品的使用规定。化学试剂中，很多是易燃、易爆、有腐蚀性和有毒的，因此，重视安全操作，熟悉一般的安全知识是非常必要的。在实验前应了解仪器的性能和药品的性质以及本实验中的安全事项。在实验过程中，应集中注意力，并严格遵守实验安全守则，以防意外事故的发生。一旦发生意外事故，要及时处理。最后，对于实验室的废液，也要掌握一些处理的方法，以保持实验室环境不受污染。为保证实验室人员和财物安全应遵守如下规定。

（1）不要用湿的手、物接触电源。水、电、煤气一经使用完毕，就立即关闭水龙头、煤气开关，拉掉电闸。点燃的火柴用后立即熄灭，不得乱扔。

（2）严禁在实验室内大声喧哗、打闹、饮食、吸烟，或把食具带进实验室。实验完毕，必须洗净双手。实验室应穿工作服，不得赤脚、穿拖鞋、穿背心。

（3）绝对不允许随意混合各种化学药品，以免发生意外事故。

（4）金属钾、钠和白磷等暴露在空气中易燃烧，所以金属钾、钠应保存在煤油中，白磷则可保存在水中，取用时要用镊子。一些有机溶剂（如乙醚、乙醇、丙酮、苯等）极易引燃，使用时必须远离明火、热源，用毕立即盖紧瓶塞。

（5）含氧气的氢气遇火易爆炸，操作时必须严禁接近明火。在点燃氢气前，必须先检查并确保纯度符合要求。银氨溶液不能留存，因久置后会变成氮化银，也易爆炸。某些强氧化剂（如氯酸钾、硝酸钾、高锰酸钾等）或其混合物不能研磨，否则将引起爆炸。

（6）应配备必要的护目镜。倾注药剂或加热液体时，容易溅出，不要俯视容器。尤其是浓酸、浓碱具有强腐蚀性，切勿使其溅在皮肤或衣服上，眼睛更应注意防护。稀释酸（特别是浓硫酸）、碱时，应将它们慢慢倒入水中，而不能反向进行，以避免迸溅。加热试管时，切记不要使试管口向着自己或别人。

（7）不要俯向容器去嗅放出的气味。面部应远离容器，用手把溢出容器的气体慢慢地扇向自己的鼻孔。能产生有刺激性或有毒气体（如 H_2S、HF、Cl_2、SO_2、CO、NO_2 等）的实验必须在通风橱内进行。

（8）有毒药品（如重铬酸钾、钡盐、铅盐、砷的化合物、汞的化合物，特别是氰化物）不得进入口内或接触伤口。剩余的废液也不能随便倒入下水道，应倒入废液缸或教师指定的容器里。

（9）金属汞易挥发，并通过呼吸道而进入人体内，逐渐积累会引起慢性中毒。所以做金属汞的实验应特别小心，不得把金属汞洒落在桌上或地上。一旦洒落，必须尽可能收集起来，并用硫黄粉盖在洒落的地方，使金属汞转变成不挥发的硫化汞。

（10）实验室所有药品不得携出室外。用剩的有毒药品应交还给教师。

三、化学实验室事故的处理

（1）创伤。伤处不能用手抚摸，也不能用水洗涤。若是玻璃创伤，应先把碎玻璃从伤处挑出。轻伤可涂以紫药水（或红汞、碘酒），必要时撒些消炎粉或敷些消炎膏，用绷带包扎。

（2）烫伤。不要用冷水洗涤伤处。伤处皮肤未破时，可涂擦饱和碳酸氢钠溶液或用碳酸氢钠粉调成糊状敷于伤处，也可抹獾油或烫伤膏；如果伤处皮肤已破，可涂些紫药水或1%高锰酸钾溶液。

（3）受酸腐蚀致伤。先用大量水冲洗，再用饱和碳酸氢钠溶液（或稀氨水、肥皂水）洗，最后再用水冲洗。如果酸液溅入眼内，用大量水冲洗后，送医院诊治。

（4）受碱腐蚀致伤。先用大量水冲洗，再用2%醋酸溶液或饱和硼酸溶液洗，最后用水冲洗。如果碱液溅入眼中，用硼酸溶液洗。

（5）受溴腐蚀致伤。用甘油洗涤伤口，再用水洗。

（6）受磷灼伤。用1%硝酸银，5%硫酸铜或浓高锰酸钾溶液清洗伤口，然后包扎。

（7）吸入刺激性或有毒气体。吸入氯气、氯化氢气体时，可吸入少量酒精和乙醚的混合蒸气解毒。吸入硫化氢或一氧化碳气体而感到不适时，应立即到室外呼吸新鲜空气。但应注意氯气、溴中毒不可进行人工呼吸，一氧化碳中毒不可施用兴奋剂。

（8）若有毒物进入口腔。将5～10mL稀硫酸铜溶液加入一杯温水中，内服后，用手指伸入咽喉部，促使呕吐，吐出毒物，然后立即送医院。

（9）触电。首先切断电源，然后在必要时进行人工呼吸。

（10）起火。起火后，要立即一面灭火，一面防止火势蔓延（如采取切断电源，移走易燃药品等措施）。灭火的方法要针对起因选用合适的方法和灭火设备（见表1-9）。一般的小火可用湿布、石棉布或沙子覆盖燃烧物，即可灭火。也可使用泡沫灭火器。但电器设备所引起的火灾，只能使用二氧化碳或四氯化碳灭火器灭火，不能使用泡沫灭火器，以免触电。实验人员衣服着火时，切勿惊慌乱跑，赶快脱下衣服，或用石棉布覆盖着火处。火势较大时则应立即报警（表1-9）。

表 1-9　燃烧物质与可使用的灭火器

燃烧物质	可使用的灭火器	注意事项
木材、纸张、棉花	水、酸碱式和泡沫式灭火器	
可燃性液体如石油化工产品、食品油脂	泡沫灭火器、二氧化碳灭火器、干粉灭火器、"1211"灭火器	
可燃性气体如煤气、石油液化气	1211灭火器、干粉灭火器	用水、泡沫式灭火器均无效
可燃性金属如钾、钠、钙、镁等	干沙土、7150灭火器	禁止用水、酸碱式、泡沫式灭火器。二氧化碳、干粉、1211等灭火器均无效

注：①四氯化碳、"1211"均属卤代烷灭火剂，遇高温时可形成剧毒的光气，使用时要注意防毒。但它们有绝缘性能好、灭火后在燃烧物上不留痕迹，不损坏仪器设备等特点，适用于扑灭精密仪器、贵重图书资料和电线等的火情；

②"7150"灭火剂主要成分三甲氧基硼氧六环受热分解，吸收大量热，并在可燃物表面形成氧化硼保护膜，隔绝空气，使火窒息

四、实验室"三废"处理与保护环境的措施

实验中经常会产生某些有毒的气体、液体和固体，特别是某些剧毒物质，如果直接排出就可能污染周围空气和水源，损害人体健康。

产生少量有毒气体的实验应在通风橱内进行。通过排风设备将少量有毒气体排到室外，使排出气体在外面大量空气中稀释，以免污染室内空气。产生毒气量大的实验必须备有吸收和处理装置，如二氧化氮、二氧化硫、氯气、硫化氢、氟化氢等可用导管通入碱液中，使其大部分吸收后排出。一氧化碳可点燃转化成二氧化碳。少量有毒的废渣集中分类存放，统一处理。在人口集中的大城市和有条件的情况下，经过处理或浓缩的废弃物要分类存放在贴有标签的固定容器中，定期交给专门处理废弃化学物品的专业公司，按照国家规定处理。在不具备专业公司处理的条件下，少量废弃物也必须在远离水源和人口聚集区域深埋，不允许随意丢弃或掩埋。实验室的废液采取以下处理方法。

（1）废酸缸中废酸液可先用耐酸塑料网纱或玻璃纤维过滤，滤液加碱中和，调pH至6~8后就可排出。少量滤渣集中分类存放，统一处理。

（2）废铬酸洗液可以用高锰酸钾氧化法使其再生，重复使用。氧化方法：先在110~130℃下不断搅拌、加热、浓缩，除去水分后，冷却至室温，缓缓加入高锰酸钾粉末。每1 000mL洗液加入10g左右高锰酸钾粉末，边加边搅拌，直至溶液呈深褐色或微紫色，不要过量。然后直接加热至有三氧化硫出现，停止加热。稍冷，通过玻璃砂芯漏斗过滤，除去沉淀；冷却后析出红色三氧化铬沉淀，再加适量硫酸使其溶解即可使用。少量的废铬酸洗液可加入废碱液或石灰使其生成氢氧化铬（Ⅲ）沉淀，集中存放，统一处理。

（3）氰化物是剧毒物质，少量的含氰废液，可先加氢氧化钠调至pH值>10，再加入高锰酸钾使CN^-氧化分解。大量的含氰废液可用碱性氧化法处理。先用碱将废液调至pH值>10，再加入漂白粉，使CN^-氧化成氰酸盐，并进一步分解为二氧化碳和

氮气。

（4）含汞盐废液应先调 pH 值为 8～10，然后加适当过量的硫化钠生成硫化汞沉淀，并加硫酸亚铁生成硫化亚铁沉淀，从而吸附硫化汞共沉淀下来。静置后分离，再离心，过滤。清液中汞含量降到 $0.02\text{mg}\cdot\text{L}^{-1}$ 以下可排放。少量残渣，集中分类存放，统一处理。大量残渣可用焙烧法回收汞，但要注意一定要在通风橱内进行。

（5）含重金属离子的废液，最有效和最经济的处理方法是，加碱或加硫化钠把重金属离子变成难溶性的氢氧化物或硫化物沉积下来，然后过滤分离，少量残渣集中分类存放，统一处理。

（6）金属汞易挥发，并通过呼吸道进入人体内，逐渐积累会引起慢性中毒。所以做金属汞的实验应特别小心，不得把金属汞洒落在桌上或地上。一旦洒落，必须尽可能收集起来，并用硫黄粉覆盖在洒落的地方，使金属汞转化为不挥发的硫化汞。

（7）有机溶剂如果废液量较大，有回收价值的溶剂应经蒸馏回收使用。无回收价值的少量废液可用水稀释排放；若废液量较大，可用焚烧法处理；不易燃烧的有机溶剂，可用易燃溶剂稀释后再焚烧。

处理少量废液最简单的方法是用大量水稀释后排放。根据污物排放最高允许浓度以及废物的量，估算应用水稀释的倍数，以免稀释度不够使污物排放超标，或过量稀释造成水的浪费。

切记：剩余的有毒药品废液，不能随便倒入下水道，应倒入废液缸或老师指定的容器里。实验室所有药品不得携带出实验室外。用剩的有毒药品应一律交还给老师。

第二章 化学实验的基本操作

第一节 实验室中常用器皿的认识

在化学实验中,离不开各种规格的玻璃仪器和瓷质器皿。目前,国内玻璃仪器品种很多,按照用途可分为容器类、量器类和其他常用器皿三大类;按照材质可分为硬质玻璃仪器、软质玻璃仪器两大类;还可分为薄壁玻璃仪器、厚壁玻璃仪器、常量玻璃仪器、微量玻璃仪器等。了解常用玻璃仪器的规格和用途,将有助于规范、高效地开展实验工作。常用的化学实验仪器列于表2–1。

表2–1 常用的化学实验仪器简介

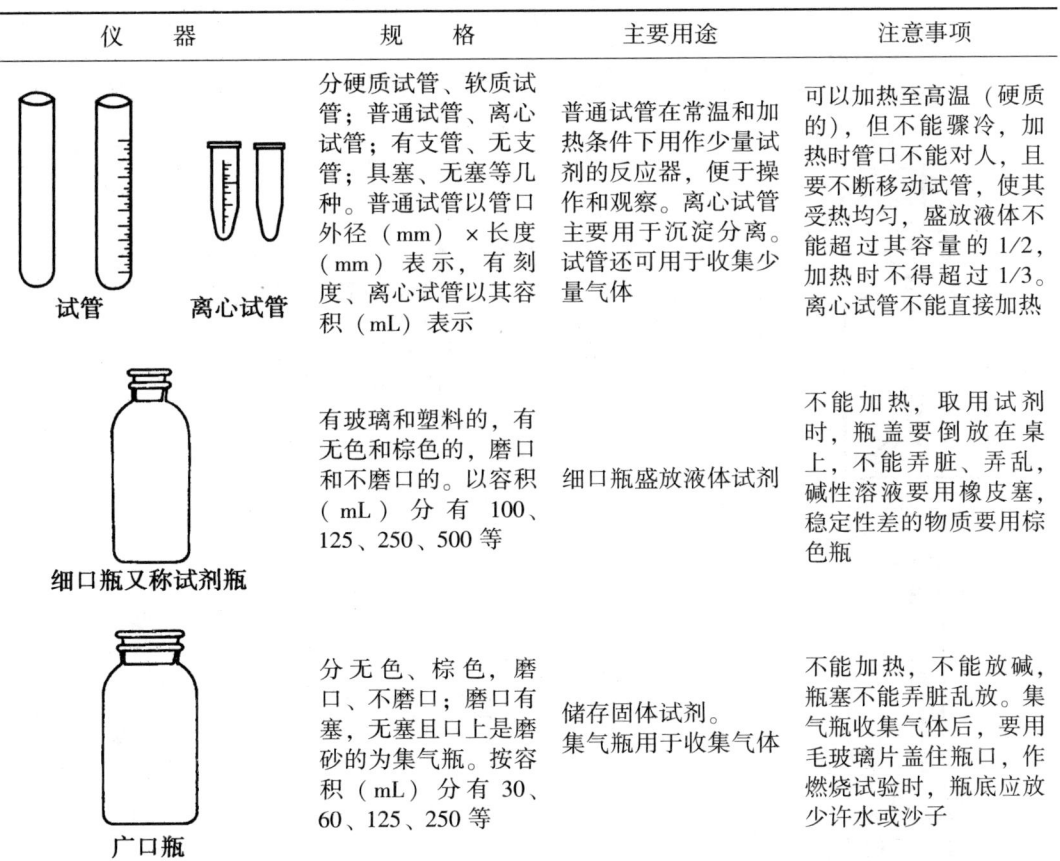

仪 器	规 格	主要用途	注意事项
试管 离心试管	分硬质试管、软质试管;普通试管、离心试管;有支管、无支管;具塞、无塞等几种。普通试管以管口外径(mm)×长度(mm)表示,有刻度、离心试管以其容积(mL)表示	普通试管在常温和加热条件下用作少量试剂的反应器,便于操作和观察。离心试管主要用于沉淀分离。试管还可用于收集少量气体	可以加热至高温(硬质的),但不能骤冷,加热时管口不能对人,且要不断移动试管,使其受热均匀,盛放液体不能超过其容量的1/2,加热时不得超过1/3。离心试管不能直接加热
细口瓶又称试剂瓶	有玻璃和塑料的,有无色和棕色的,磨口和不磨口的。以容积(mL)分有100、125、250、500等	细口瓶盛放液体试剂	不能加热,取用试剂时,瓶盖要倒放在桌上,不能弄脏、弄乱,碱性溶液要用橡皮塞,稳定性差的物质要用棕色瓶
广口瓶	分无色、棕色,磨口、不磨口;磨口有塞,无塞且口上是磨砂的为集气瓶。按容积(mL)分有30、60、125、250等	储存固体试剂。集气瓶用于收集气体	不能加热,不能放碱,瓶塞不能弄脏乱放。集气瓶收集气体后,要用毛玻璃片盖住瓶口,作燃烧试验时,瓶底应放少许水或沙子

（续表）

仪　器	规　格	主要用途	注意事项
烧杯	分硬质软质，有一般型和高型，有刻度和无刻度的几种；按容量（mL）分，有1、5、10 微型和50、100、150、200、250、500 等烧杯	配制溶液用、常温或加热条件下作大量物质反应容器。容量较大者可代替水槽或作简易水浴等盛水容器	反应液体不得超过烧杯容量的2/3。加热前要将烧杯外壁擦干，烧杯底要垫石棉网
滴瓶	分无色、棕色，按容积（mL）分为15、30、60、125 等	用于盛放少量液体试剂或溶液	棕色瓶盛放见光易分解或不太稳定的试剂，碱性试剂用带橡皮塞的滴瓶，不能长期盛放浓碱液。用滴管吸液时不能吸得太满，也不能倒置。滴加试剂时滴管要垂直
点滴板	有有机玻璃和瓷质两种；分白色、黑色；六凹穴、九凹穴、十二凹穴等	用于点滴反应，尤其是显色反应	不能加热；白色沉淀用黑色点滴板，有色沉淀用白色点滴板
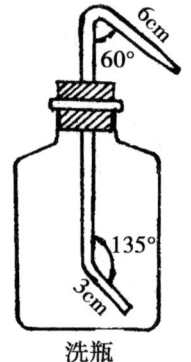洗瓶	分塑料和玻璃的。以容积（mL）表示	用蒸馏水洗涤沉淀和容器时使用。塑料洗瓶使用方便，故广泛使用	洗瓶不能加热
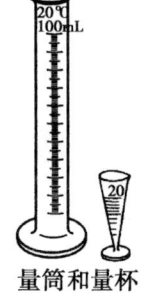量筒和量杯	以其最大容积（mL）表示，如 20、50、100、500 等	量取一定体积（粗略量取）的液体用	使用时应竖直放于实验台上，读数时视线应与液面水平，读取与弯月面相切的刻度，不可量热的溶液或液体，不能直接加热，也不可作为反应器使用

(续表)

仪　器	规　格	主要用途	注意事项
称量瓶	分扁形和高形，以外径（mm）×高（mm）表示，如高形 25×40，扁形 50×30	扁形用作测定水分或干燥基准物质；高形用于称量基准物质或样品	不可盖紧磨口塞烘烤，磨口塞要原配套，不可互换
容量瓶	有玻璃塞和塑料塞两种，以刻度以下的容积（mL）表示规格有 5、10、25、50、100、150、250 等	用来配制准确浓度的溶液	不能受热，不得贮存溶液，不能在其中溶解固体，瓶塞与瓶是配套的，不能互换
滴定管（a）（b）	滴定管分酸式（a）和碱式（b），无色和棕色，容积（mL）分为 1、2、3、4、5、10 微量滴定管和 25、50、100 常量滴定管	滴定或量取准确体积的溶液时使用	碱式滴定管盛碱性或还原性溶液；酸式滴定管盛酸性或氧化性溶液。见光易分解的滴定液宜用棕色滴定管。酸管旋塞应擦凡士林油，碱管中橡皮管不能用洗液洗
锥形瓶	分硬质和软质，有塞和无塞，广口、细口和微型几种。按容量（mL）分，有 50、100、150、200、250 等	反应容器，振荡方便，适用于滴定操作或做接受器	盛液体不能太多，加热时应放置在石棉网上或置于水浴中
表面皿	以口径（mm）分，有 45、65、75、90 等	盖在烧杯上防止液体迸溅或作其他用途	不能用火直接加热，直径要略大于所盖容器

（续表）

仪　器	规　格	主要用途	注意事项
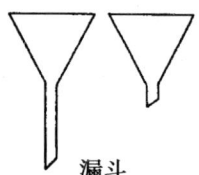 布氏漏斗和吸滤瓶	布氏漏斗瓷质，规格以直径（mm）分为60、100、150、200等。吸滤瓶为玻璃制品，按容积（mL）可分为250、500等。两者配套使用	用于减压过滤	不能直接加热，滤纸要略小于漏斗的内径。使用时要先开抽气泵，后过滤；过滤完毕，先拔掉抽滤瓶接管，后关抽气泵
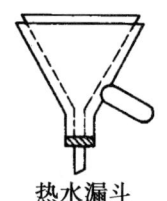 漏斗	以口径（mm）大小表示。分30、40、60等，锥体为60°	用于过滤液体；倾注液体	不能用火加热；过滤时尖端必须紧靠承接滤液的容器壁；长颈漏斗作加液使用时，一般应插入液面下
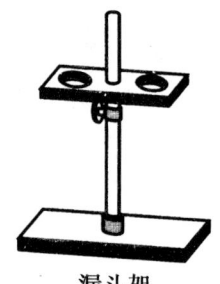 热水漏斗	由普通玻璃漏斗和金属外套组成，以口径（mm）大小表示，如30、60等	用于热过滤操作	加水不超过其容积的2/3
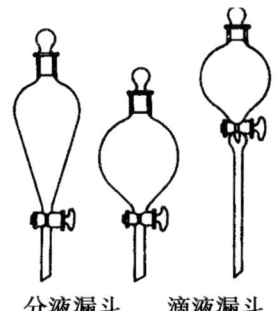 漏斗架	木制，有螺丝可固定于支架上，可移动位置，调节高度	过滤时承放漏斗用	固定漏斗板时，不要将其倒放
分液漏斗　滴液漏斗	以容积（mL）和形状（球形、梨形）表示	用于分离互不相溶的液体、萃取，或用作发生气体装置中的加液漏斗	不得加热，漏斗塞子、旋塞不得互换。加入的液体量不得超过漏斗容积的3/4

第二章　化学实验的基本操作

（续表）

仪　器	规　格	主要用途	注意事项
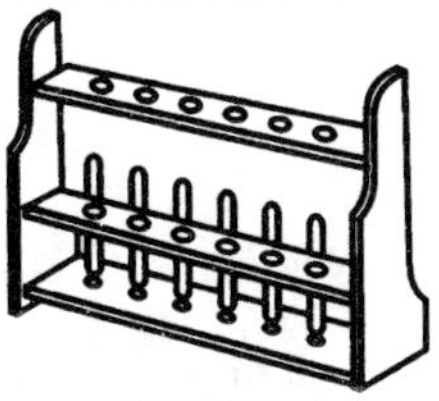 试管架	有木制、铝制和有机玻璃制的，有不同大小和形状的	放试管用	加热后的试管应用试管夹夹住悬放在架子上避免骤冷或遇到架子上的水使之炸裂
 研钵	以铁、瓷、玻璃、玛瑙制作，以内径大小表示	用于研磨固体物质。大块物质不能舂碎，只能压碎	不能用于加热，按固体的性质和硬度选用不同的研钵。放入量不宜超过容积的1/3。易爆物质只能轻轻压碎，不能研磨
 蒸发皿	有瓷、铂、石英等制品，分有柄和无柄，按容积（mL）分，有75、100、200等	蒸发、浓缩溶液用，还可以作为反应容器用	可耐高温，可直接加热，但高温时不能骤冷。随液体性质不同可选用不同质地的蒸发皿
 水浴锅	铜或铝制品	用于间接加热，也可以用于粗略控制温度实验	所选择的圈环正好使加热器皿浸入锅中2/3，不要让锅中的水烧干，用完后应将锅擦干保存
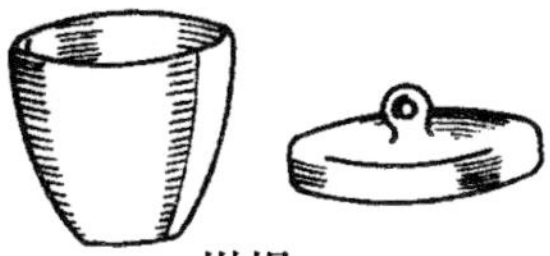 坩埚	材质有瓷、石英、铁、镍、铂等。按容积（mL）分，有10、15、25、50等	用于强热、煅烧固体	依试剂的性质选用不同材质的坩埚，放在泥三角上或马弗炉中直接强热、煅烧，加热或反应完毕后应用预热的坩埚钳夹取，放于石棉网上
 泥三角	有大小之分	支撑灼烧坩埚	一般直立放置，灰化样品时坩埚底应横着斜放在3个瓷管中的1个瓷管上

29

（续表）

仪　器	规　格	主要用途	注意事项
 坩埚钳	铁制品，有大小长短的不同	夹持坩埚加热或往马福炉中放、取坩埚	坩埚钳用后，应尖端向上平放在实验台上（如果温度很高，则应放在石棉网上）
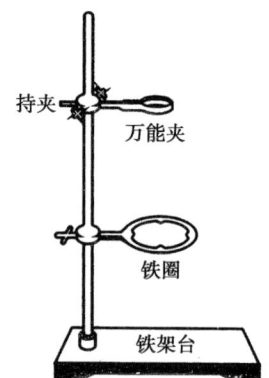 持夹　万能夹　铁圈　铁架台	铁制品，铁夹现在也有铝制的。铁架台有长方形，也有圆形	用于固定反应容器。铁圈还可代替漏斗架使用	仪器固定在铁架台上时，仪器和铁架的重心应落在铁架台底盘中部。夹持仪器时，应以仪器不能转动为宜，不能过紧和过松
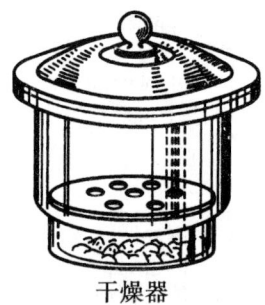 干燥器	以外径表示大小，分普通干燥器和真空干燥器，内放干燥剂	保持物品干燥	防止盖子滑动打碎，热的物品待稍冷后才能放入，盖子的磨口处涂适量的凡士林，干燥剂要及时更换
 启普发生器	以球形漏斗的容积大小区别，常用为250mL或500mL	用于块状固体和液体不加热制难溶于水（或微溶于水）的气体	使用前要检查装置气密性；移动时要握住球形容器的蜂腰处；不能用于制乙炔；不能加热，也不能用于强烈的放热反应和剧烈放出气体的反应

使用玻璃仪器时应注意：
(1) 使用玻璃仪器时要轻拿轻放。
(2) 加热玻璃仪器时要垫石棉网（试管加热有时可例外）。
(3) 厚壁玻璃仪器（如吸滤瓶、广口瓶等）不耐热，不能用来加热；广口容器（如烧杯等）不能贮存有机溶剂；计量容器（如量筒、滴定管等）不能高温烘烤。
(4) 使用玻璃仪器后要及时清洗、干燥（不急用的一般应以晾干为好）。
(5) 具塞的玻璃器皿清洗后，在旋塞与磨口之间应垫一小纸片，以防黏结。
(6) 不能用温度计当搅拌棒用；温度计用后应缓慢冷却，更不能用冷水冲洗热的温度计，以免炸裂。

二、常见标准磨口玻璃仪器简介

在化学实验中，常常用到由硬质玻璃制成的标准磨口玻璃仪器，由于玻璃仪器的大小及用途不同，标准磨口的大小也不同。通常应用的标准磨口系列编号有 10、14、19、24 等多种，它们表示锥形磨口最大端直径（mm）。有的标准磨口也常用两个数字表示磨口大小，例如 10/30，表示此磨口大端直径为 10mm，磨口长度为 30mm。属同类规格的标准内外磨口均可互相紧密连接，因此根据需要选配和组装各种类型的成套仪器。常用标准磨口仪器如表 2-2 所示。

表 2-2 常见的标准磨口仪器

仪　器	主要用途	注意事项
 恒压滴液漏斗	用于合成反应的液体加料操作，也可用于简单的连续萃取	上下磨口按标准磨口配套使用
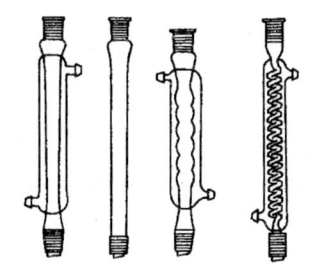 直形、空气、球形、蛇形冷凝管	用于回流和冷凝	上下磨口按标准磨口配套使用。140℃以上时用空气冷凝管。回流时应直立使用
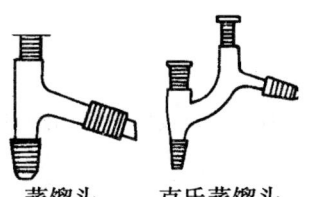 蒸馏头　克氏蒸馏头	蒸馏使用。克氏蒸馏头作减压蒸馏用	上下磨口按标准磨口配套使用

(续表)

仪　　器	主要用途	注意事项
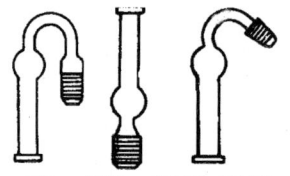 U形、直形、斜形干燥管	防止空气中的潮气进入反应体系	磨口按标准磨口配套使用
 梨形烧瓶、圆底烧瓶 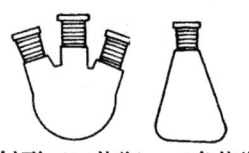 斜形三口烧瓶、三角烧瓶	圆底烧瓶最常用于有机合成和蒸馏。 梨形烧瓶用途与圆底烧瓶相似，其特点是在合成少量有机物时，烧瓶内可保持较高液面，蒸馏时残留在烧瓶中的液体量少。 三角烧瓶常用于重结晶操作。 三口烧瓶有直形、斜形、梨形三种，最常用于进行搅拌的实验	应在石棉网上或热浴中加热。按标准磨口配套使用
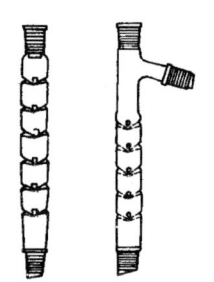 韦氏分馏柱、韦氏分馏柱（具支）	用于分馏分离多组分沸点相近的物质	磨口按标准磨口配套使用
　 真空接液管　真空三叉接液管	用于引导馏液，真空三叉接液管用于减压蒸馏，可收集不同馏分而又不中断蒸馏	磨口按标准磨口配套使用
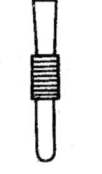　 温度计套管　搅拌器套管	温度计套管用于连接反应器与温度计。搅拌器套管用于连接反应器与搅拌器	磨口按标准磨口配套使用

使用标准磨口玻璃仪器的注意事项：

（1）组装仪器之前，磨口接头部分应用洗涤剂清洗干净，再用纸巾或滤纸擦干，以防止磨口对接不紧密，导致漏气。洗涤时，应避免使用去污粉等固体磨擦粉，以免损坏磨口。

（2）组装仪器时，应将各部分分别夹持好，排列整齐，角度和高度调节适当后，再进行组装，以免磨口连接处受力不均衡而折断。

（3）仪器使用后，应尽快清洗并分开放置。否则容易造成磨口接头的黏结，难以拆开。对于带活塞、塞子的磨口仪器，活塞、塞子不能随意调换，应垫上纸片配套存放。

（4）常压下使用磨口仪器，一般不涂润滑脂，以免沾污反应物和产物。但当反应中有强碱存在时，则应在磨口处涂抹润滑脂，以防止磨口处受碱腐蚀而黏结。

减压蒸馏时，磨口仪器必须涂润滑脂。涂润滑脂之前，必须干燥磨口表面。

从内磨口涂有润滑脂的仪器中倾出物料前，需用脱脂棉或滤纸蘸有机溶剂（如石油醚、乙醚、丙酮等易挥发物质）将磨口表面的润滑脂擦拭干净，以免污染物料。

（5）如遇玻璃磨口黏结难以拆开时，可用小木棒轻轻敲击接头处，使其松开或用电吹风对着粘接处加热，然后再试着拆卸。

第二节 常用玻璃仪器的洗涤和干燥

一、仪器的洗涤

化学实验室使用的各种玻璃仪器必须保持洁净，一般要求以仪器内残存的杂质不干扰实验而影响实验的结果为原则。洗涤玻璃仪器的方法很多，应根据实验的要求、污物性质和沾污的程度来选用。一般说来，附着在仪器上的污物可能是不溶性物质，也可能是油污或有机物质。应针对情况，分别采用下列洗涤方法。

1. 用水刷洗

用毛刷和水刷洗，既可以使可溶物溶去，也可以使附着在仪器上的尘土和不溶物脱落下来。洗涤时器皿内盛 1/3~1/2 的清水，选择合适的毛刷，洗涤 3~4 次，最后再用蒸馏水洗涤 2~3 次。用水刷洗往往洗不去油污和有机物。

2. 用去污粉、皂粉或合成洗涤剂洗涤

去污粉是由碳酸钠、白土、细沙等混合而成。使用时，首先要把要洗的仪器用水润湿，加入少许去污粉，然后用毛刷擦洗。碳酸钠是一种碱性物质，具有强的去油污能力，而细沙的摩擦作用以及白土的吸附作用则增强了仪器的清洗效果。待仪器的内外壁都经过仔细的擦洗后，用自来水冲去仪器内外的去污粉，要冲洗到没有微细的白色颗粒状粉末留下为止。最后，用蒸馏水冲洗仪器 3 次，把由自来水中带来的钙、镁、铁、氯等离子洗去。如果是大量油脂粘污，可用热碱液或适当的有机溶剂浸泡，然后把碱液或有机溶剂倒出，再用水清洗。

3. 用铬酸洗液洗涤

（1）铬酸洗液的配制。将 30g 研细的重铬酸钾加于 100mL 水中，加热使之溶解，冷却后在不断搅拌下慢慢注入 800mL 浓硫酸即可。这种洗液具有很强的氧化性，对有机物和油污的去污能力特别强。在进行精确的定量实验时，往往遇到一些口小、管细的仪器很难用上述的方法洗涤，就可用铬酸洗液来洗。

（2）洗涤方法。往仪器内加入少量洗液，使仪器倾斜并慢慢转动，让仪器内壁全部为洗液湿润，转几圈后，把洗液倒回原瓶内，然后用自来水把仪器内壁残留的洗液洗去，最后用蒸馏水洗 3 次。

如果用洗液把仪器泡一段时间，或者用热的洗液洗，则效果更好，但要注意安全，不要让热洗液灼伤皮肤。

洗液的吸水性很强，应该随时把装洗液的瓶子盖严，以防吸水，降低去污能力。当洗液洗用到出现绿色时（重铬酸钾还原成硫酸铬的颜色），就失去了去污能力。

使用铬酸洗液时应注意，不能用毛刷刷洗；碱式滴定管的胶管要取下（或换上废胶管）；酸式滴定管要关闭活塞；仪器内的水要尽量倒尽。

4. 特殊物质的去除

应该根据沾在器壁上的这种物质的性质，对症下药，采用适当的药品来处理它。例如沾在器壁上的氧化铁等氧化物用浓盐酸处理时就很容易除去；附着有硫可用煮沸的石灰水洗涤；铜或银可用硝酸洗涤；二氧化锰可用经盐酸酸化的 5% 的草酸洗涤。

5. 用超声波洗涤

用过的仪器，放在配有合适洗涤剂的溶液中，接通电源，利用超声波振动的能量，就可以将其清洗干净。省时方便，适用于大量器皿同种污物的清洗。

凡是已洗净的仪器，不能再用布或纸去擦拭，否则，至少布或纸的纤维将会留在器壁上而沾污仪器。

二、仪器的干燥

仪器洗净后有时还需要干燥，特别是用于高温加热的仪器，以及用于精确称量的器皿和准备盛放准确浓度溶液的容器等，都必须充分干燥。视情况不同，可采用以下方法。

1. 加热烘干

洗净的仪器可以放在电烘箱中（控制在 105℃）或者气流烘干器中烘干。使用时应先尽量把水倒干，然后再烘。一些常用的烧杯、蒸发皿可置于石棉网上用小火烤干。试管则可用火直接烤干，但必须把试管口向下，以免水珠倒流炸裂试管。不断来回移动试管，烤到不见水珠后，将管口朝上，赶尽水汽。

2. 晾干和吹干

不急等用的而要求一般干燥的仪器在洗净后倒出积水，可以放置于干燥无尘处，任其自然晾干。带有刻度的计量仪器，不能用加热的方法进行干燥，否则会影响精密仪器的精密度。也可以加一些易挥发的有机溶剂（最常用的是酒精或酒精与丙酮按体积比 1∶1 的混合物）倒入洗净的仪器中，倾斜并转动仪器，使器壁上的水与这些有机溶剂互相溶解混合,然后倾出它们。少量残留在仪器中的混合物,很快就挥发而干燥。如果利用吹风机往仪器中吹风,则干得更快。

第三节 加热、致冷及干燥技术

一、加热

有些化学反应,往往需要在较高温度下才能进行。化学实验的基本操作,如溶解、蒸发、灼烧、蒸馏、回流等过程也都需要加热。加热是化学实验基本操作的重要部分。不同的温度需要不同的加热器具,因此要根据实验要求选择适宜的加热器具。不同的化学反应要求不同的加热方式,因此需要选择合适的加热方法。

实验室中的加热器具可分为燃料加热器、电加热器和微波加热器 3 种。

(一)燃料加热器

燃料加热器是最传统的加热器具。使用的燃料一般为酒精或煤气、天然气(液化气)。燃料器具使用明火加热,不适于有较高蒸汽压、易燃、易爆的有机气氛中使用。

1. 酒精灯

酒精灯由灯罩、灯芯和灯壶 3 部分组成。使用时先要加酒精,即应在灯熄灭情况下,牵出灯芯,借助漏斗将酒精注入,最多加入量为灯壶容积 2/3。必须用火柴点燃,绝不能用另一个燃着的酒精灯去引燃,以免洒落酒精引起火灾。熄灭时,用灯罩盖上即可,不要用嘴吹。片刻后,应将灯罩再打开一次,以免冷却后盖内产生负压使以后打开困难。加热时应使用外焰加热,试管加热必须用试管夹,不要用手拿着加热。酒精灯的加热温度通常为 400~500℃,适用于不需太高加热温度的实验。

2. 酒精喷灯

酒精喷灯有挂式和座式两种,构造如图 2-1 所示。使用方法相同,如图 2-2 所示。

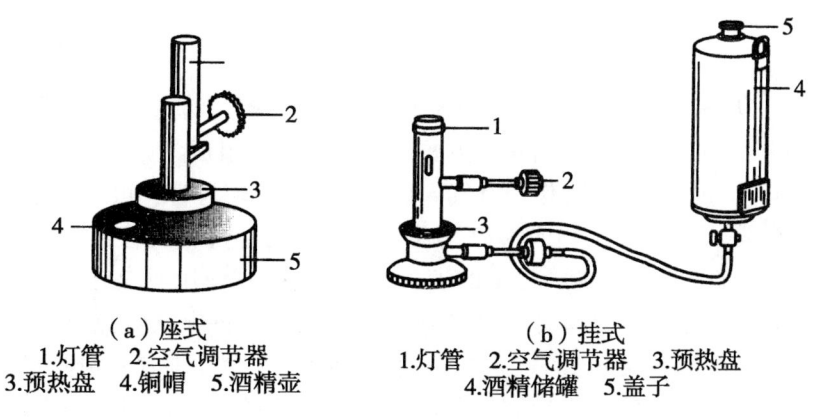

(a)座式
1.灯管 2.空气调节器
3.预热盘 4.铜帽 5.酒精壶

(b)挂式
1.灯管 2.空气调节器 3.预热盘
4.酒精储罐 5.盖子

图 2-1 酒精喷灯的构造

①添加酒精

注意关好下口开关,座式喷灯内储酒精量不能超过2/3壶

②预热

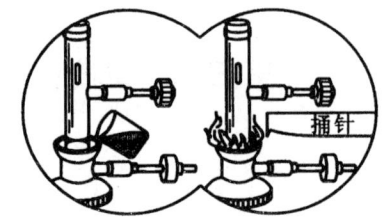

预热盘中加少量酒精点燃,可多次试点。但两次不出气,必须在火焰熄灭后加酒精,并用通针疏通酒精蒸气出口后,方可再预热。

③调节

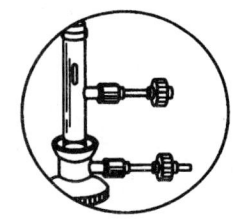

旋转调节器

④熄灭

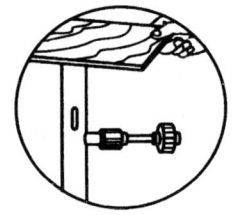

可盖灭,也可旋转调节器熄灭

图 2-2 酒精喷灯的使用

使用时应先在酒精灯壶或储罐内加入酒精,注意在使用过程中不能续加,以免着火。预热盘中加满酒精并点燃（挂式喷灯应将储罐下面的开关打开,从灯管口冒出酒精后再关上；在点燃喷灯前先打开）,等酒精燃烧完将灯管灼热后,打开空气调节器用火柴将灯点燃（否则易造成液体酒精喷出造成火灾）。酒精喷灯是靠汽化的酒精燃烧,所以温度较高,可达 700~900℃。用完后关闭空气调节器,或用石棉板盖住灯口即可将灯熄灭。挂式喷灯不用时,应将储罐下面的开关关闭。座式喷灯最多使用半小时,挂式喷灯也不可将罐里的酒精一次用完。若需继续使用,应将喷灯熄灭,冷却,添加酒精后再次点燃。

3. 煤气灯

在有煤气（天然气）、液化石油气的地方,煤气灯是化学实验室中最常用的加热装置。样式虽多,但构造原理基本相同,主要由灯管和灯座组成,如图 2-3 所示,灯管下部有螺旋与灯座相连,并开有作为空气入口的圆孔。旋转灯管,可关闭或打开空气入口,以调节空气进入量。灯座侧面为煤气入口,用橡皮管与煤气管道相连；灯座侧面（或下面）有螺旋形针阀,可调节煤气的进入量。煤气灯在使用时应先关闭煤气灯的空气入口,将燃着的火柴移近灯口时再打开煤气管道开关,将煤气灯点燃（切勿先开气后点火）。然后调节煤气和空气的进人量,使二者的比例合适,得到分层的正常火焰。火焰大小可调节煤气灯上的针阀控制。关闭煤气管道上的开关,即可熄灭煤气灯（切勿吹灭）。

煤气灯的火焰分3层（图2-4）：外层1煤气完全燃烧，称为氧化焰，呈淡紫色；中层2煤气不完全燃烧，分解为含碳的化合物，火焰有还原性，称为还原焰，呈淡蓝色；内层3煤气和空气进行混合并未燃烧，称为焰心。正常火焰的最高温度在还原焰顶部上端与氧化焰之间（图中4），温度可达800~900℃。

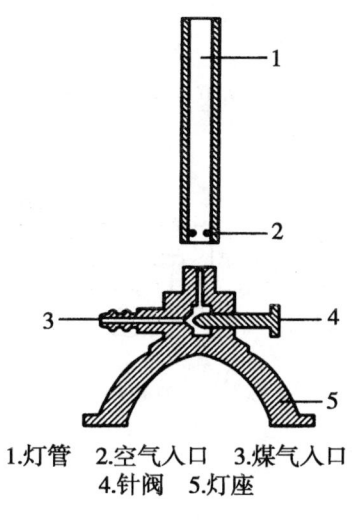

1.灯管　2.空气入口　3.煤气入口
4.针阀　5.灯座

图2-3　煤气灯的构造

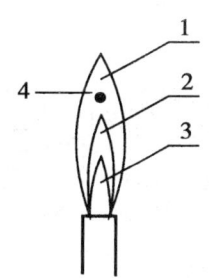

1.氧化焰　2.还原焰　3.焰心
4.最高温度点

图2-4　正常火焰的构造

当空气和燃料气的比例不合适时，会产生不正常火焰。如果火焰呈黄色或产生黑烟，说明燃料气燃烧不完全，应调大空气进入量；如果燃料气和空气的进入量过大，火焰会脱离灯管在管口上方临空燃烧，称临空火焰（图2-5a），这种火焰容易自行熄灭；若燃料气进入量很小而空气比例很高时，燃料气会在灯管内燃烧，在灯口上方能看到一束细长的火焰并能听到特殊的嘶嘶声，这种火焰叫侵入火焰（图2-5b），片刻即能把灯管烧热，不小心易烫伤手指。遇到后两种情况时，应关闭燃料气阀，重新调节后再点燃。

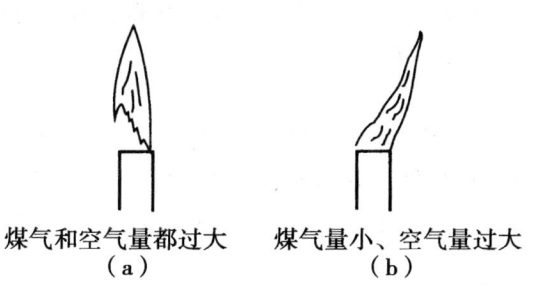

煤气和空气量都过大　　煤气量小、空气量过大
　　　（a）　　　　　　　　　（b）

图2-5　临空（a）和侵入（b）火焰示意

使用煤气、天然气和石油液化气的灯具略有差别，主要表现在空气入口的空气通入量不同。因此要改用不同燃料时，要改造或重购相应的灯具。

安全注意事项：煤气中CO有毒，使用时要注意安全。一般煤气中都含有带特殊臭味的报警杂质,漏气时使人很容易觉察。一旦发现漏气,应关闭煤气灯,及时查明漏气的原因并加以处理。另外由于煤气中常夹杂未除尽的煤焦油,久而久之,它会把煤气阀门和煤气孔内孔道堵塞。因此,要常把金属灯管和螺旋针阀取下,用细铁丝清理孔道。堵塞严重时,可用苯洗去焦油。

(二) 电加热器具

实验室中常用的电加热装置主要有电炉、电加热套以及管式炉和马福炉等,如图 2-6 所示。它们的加热元件是各种电热丝,根据升温要求选择电热丝,温度在 1 000 ℃ 以下,可选镍铬丝;1 300 ℃ 选用钽丝;1 600 ℃ 选用碳硅棒。

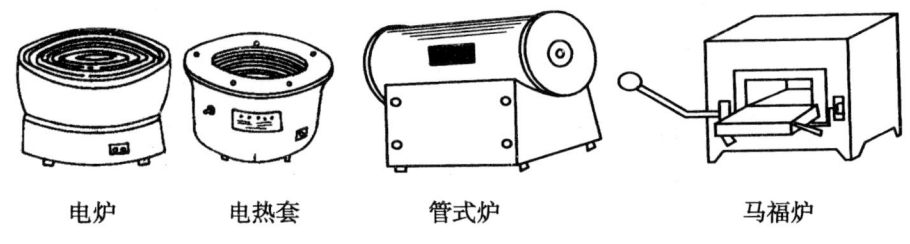

电炉　　　电热套　　　管式炉　　　马福炉

图 2-6　常用电加热设备

1. 电炉

电炉可代替酒精灯和煤气灯用于一般加热。按功率大小有 500 W、800 W、1 000 W 等规格,温度高低可通过调节电阻来控制。加热时容器与电炉间隔一块石棉网,保证受热均匀。

2. 电热套

电热套是一种较好的热源,它是由玻璃纤维包裹着电热丝织成的,有控温装置可调节温度。有 50 mL、100 mL、500 mL、1 000 mL 等多种规格,由于它不是明火加热,因此可以加热和蒸馏易燃有机物,也可以加热沸点较高的化合物,适用加热温度范围较宽。

3. 管式炉

具有管状炉膛,炉膛中插入一根耐高温的瓷管和石英管,将被加热物体放在小瓷舟中于管中加热,管中可以设定反应气氛。

4. 马福炉

马福炉又称箱形电炉,炉膛呈长方形,用电热丝或硅碳棒来加热,最高温度可达 1 300 ℃,使用时将物质放在坩埚内送入炉膛中加热,温度由温度控制器控制。用于灰化滤纸或有机物成分,不允许加热液体和其他易挥发的腐蚀性物质,也不可用来熔炼金属。

5. 微波加热

微波炉也可以作为实验室中的加热热源。目前微波炉的使用频率都是 2 450 MHz 或 915 MHz,功率为 500~1 000 W。微波加热基本上属于介电加热效应,与灯具和电炉加热的热辐射机理不同。微波能量转换加热模式的效率依赖于分子的性质。表 2-3、表 2-4 列出不同液体和不同固体与微波作用的加热情况。非极性溶剂几乎不吸收微波能,升温很小；水、醇类、羧酸类等极性溶剂被迅速加热。有些固体物质能强烈吸收微波能而迅速被加热升温，而另一些物质几乎不吸收微波能。影响微波加热速率的因素除了与物质本身的性质有关以外，还与下列因素有关。

（1）密度较大的样品升温速率通常比密度较小的样品慢。

（2）样品的热容越大，升温速率越慢。

（3）样品量越多加热速率越慢；但是样品量也不能太少，样品量太少，可能引起微波炉中的磁控管损坏，因此选择适宜的样品量是必要的。

由于玻璃、陶瓷和聚四氟乙烯等非极性材料可以透过微波，因此多作为微波加热容器。金属材料反射微波，其吸收的微波能为零，因此不能作为微波加热容器。在实验中，可以将加热吸收微波能量弱的物质盛入一刚玉坩埚中，再把坩埚放入 CuO 浴或活性炭浴中，将其置于微波炉中。利用 CuO 或活性炭能强烈吸收微波，瞬时达到很高温度的性质，来加热吸收微波能量弱的物质。目前，微波炉主要通过控制加热时间和微波功率来调整反应条件。

表 2-3 50mL 溶剂在微波功率 500W 时作用 1min 的升温情况

物质	升温（℃）	沸点（℃）	物质	升温（℃）	沸点（℃）
水	81	100	乙酸	110	119
甲醇	65	65	乙酸乙酯	73	77
乙醇	78	78	氯仿	49	61
正丙醇	97	97	丙酮	56	56
正丁醇	109	117	DMF	131	153
正戊醇	126	137	乙醚	32	35
正己醇	92	158	正己烷	25	68
1-氯丁烷	76	78	正庚烷	26	98
1-溴丁烷	95	101	CCl_4	28	77

表 2-4 固体物质的微波加热升温速率

物质	$\Delta T/\Delta t$ (K/s)	物质	$\Delta T/\Delta t$ (K/s)	物质	$\Delta T/\Delta t$ (K/s)
铝	1.53	硫化锌	0.23	碳酸钙	1.33
铜	0.48	硫化铜	0.54	硫酸钠	0.12
铁	1.77	硫化汞	0.19	氯化铁	0.07
汞	0.04	硫化锡	7.92	六水氯化铁	0.72
镁	0.23	硫化亚铁	5.02	氯化钡	0.08
硫	0.38	氧化钙	1.01	二水氯化钡	0.56
锑	6.08	氧化铜	2.63	氯化锌	1.39
锡	0.75	石英	0.32	氯化锡	0.05
锌	3.09	氧化镁	0.43	五水氯化锡	0.31
钨	1.77	氧化铁	0.40	氯化钠	0.14
硫化铅	3.00	二氧化锰	10.8	氯化钾	0.10

(三) 加热方法

某些化学反应在常温下很难发生或进行得很慢。因此为了增加反应速度，往往需要在加热下进行反应。一般情况下，化学反应的速度随温度的升高而加快。大体上反应温度每升高10℃，反应速度就会增加一倍。此外，化学实验中的许多基本操作如回流、蒸馏、溶解、重结晶、熔融等都需要加热。

由于物质的性质不同，加热物质的器具与方法也不同。一般分为直接加热、间接加热、液体加热与固体的加热。玻璃仪器一般很少用火焰直接加热，因为剧烈的温度变化和加热的不均匀会造成玻璃仪器的损坏。同时，由于局部过热，还可能引起有机化合物的部分分解，甚至可能发生爆炸事故。因此，实验中常常根据具体情况采用不同的间接加热方式。最简便的是通过石棉网进行加热，但这种加热仍很不均匀，在减压蒸馏或回流低沸点易燃物等操作中就不能应用。为了保证加热均匀和操作安全，经常选用合适的热浴来进行间接加热。

1. 直接加热

直接加热是将被加热物直接放在热源中进行加热，适合于对加热温度无严格要求的状况，如在煤气灯或在酒精灯上加热试管或在马弗炉内加热坩埚等，见图2-7。

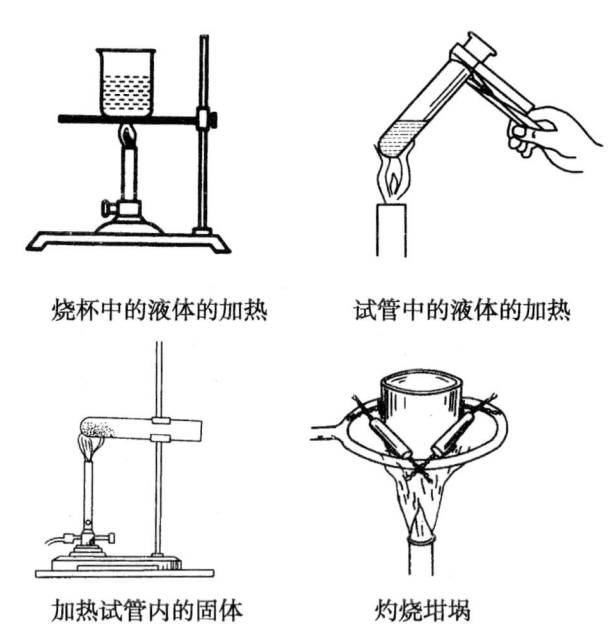

图2-7 直接加热

试管中的液体一般可在火焰上直接加热。但易分解的物质或沸点低的液体仍需在水浴中加热。加热试管中的液体时，应注意以下几点。

（1）应该用试管夹夹住试管的中上部，不能用手拿住试管加热。

（2）试管应稍微倾斜，管口向上。

（3）应使液体各部分受热均匀，先加热液体的中上部，再慢慢往下移动，不时地上下移动，不要集中加热某一部分，否则容易引起暴沸。

（4）不要把试管口对着别人或自己，以免发生意外。

（5）试管中所盛液体不能超过试管高度的1/3。

固体的加热应注意以下几点。

①试管的加热　所盛固体样品不得超过试管容量的1/3。块状或粒状固体，一般应先研细，并尽量将其在管内铺平。但必须注意应使试管口稍微向下倾斜，以免凝结在管口的水珠回流至灼热的管底，使试管炸裂。加热时，先来回将整个试管预热，然后用氧化焰集中加热。一般随着反应进行，灯焰从试管内固体试剂的前部慢慢往后部移动。

②在蒸发皿中加热　当加热较多固体时，可把固体放在蒸发皿中进行。但应注意充分搅拌，使固体受热均匀。

③在坩埚中灼烧　当需要在高温加热固体时，可以把固体放在坩埚中灼烧。注意无论大火还是小火，都应该用煤气灯的氧化焰加热坩埚，而不要让还原焰接触坩埚底部（还原焰温度不高且会造成坩埚底部结上炭黑，致使坩埚破裂）。开始时，火不要太大，使坩埚均匀地受热，然后逐渐加大火焰，将坩埚烧至红热。灼烧一定时间后，停止加热，在泥三角上冷却后，用坩埚钳夹持放在干燥器内。要夹持处在高温下的坩埚，必须先将坩埚钳放在火焰上预热一下。坩埚钳用后应将其尖端向上平放在石棉网上。

2. 间接加热

间接加热的特点是避免明火，加热均匀。热源有酒精灯、电炉等，传热介质有水、油、有机液体、熔融的盐（等量硝酸钾和硝酸钠装在铁锅内，用后冷却于干燥器中保存）、金属等。表2-5为常见热浴。

（1）水浴。适应要求加热温度均匀、而温度又不能超过100℃时，可利用煤气灯（或电炉）把水浴锅（或烧杯）中的水煮沸，或采用电热恒温水浴锅，以水或水蒸气（即水蒸气浴）来加热。水浴锅或电热恒温水浴锅有大小不同的铜（铝）圈，可以用于不同规格的器皿。普通电热恒温水浴锅后侧插有温度计，恒温温差为±1℃。分两孔、四孔、六孔等不同规格。每孔最大直径为120mm。除了普通电热恒温水浴锅外，还有用于精密实验的超级恒温水浴锅，它有电动循环泵进行搅拌，并有良好的自动控温系统，恒温波动度为±0.1℃。

使用水浴时应注意下列问题。

①水浴锅内存水量应保持在总体积的2/3。

②受热玻璃器皿不能触及锅壁和锅底。

③水浴锅不能作油浴和砂浴用。

（2）空气浴。空气浴就是让热源把局部空气加热，空气再把热能传导给反应容器。沸点在80℃以上的液体均可采用空气浴加热。直接利用煤气灯隔着石棉网对容器加热，这是最简单的空气浴，但受热不均匀，因此不适合低沸点易燃液体或减压蒸馏。电热套是比较好的空气浴，能从室温加热到200℃左右。安装电热套时，要使反应瓶外壁与电热套内壁保持2cm左右的距离，以防止局部过热。为了便于控制温度，可用连续调压的变压器。

表 2-5 常见热浴

热浴种类	浴温（℃）	注意事项
水浴	<100	①除水浴外，可用于沸点大于100℃试样的加热及干燥
水蒸气浴	<95	②石蜡浴、油浴、甘油浴应放在通风橱中进行
石蜡浴	<220	③油浴、石蜡浴内不得有水溅入
甘油浴	<220	④热浴干燥一般不适合于直接称量的试样
油浴	<250	⑤热浴操作应注意使温度逐步升高，使试样受热均匀
空气浴	<300	
沙浴	<400	
盐浴	220~680	

（3）油浴和沙浴。用于需要加热温度高于100℃、受热均匀的物质。油浴除使用专用油外，还可以使用蓖麻油、猪油、菜籽油等，常加入1%的对苯二酚等抗氧化剂，便于久用，油浴温度可达到250℃左右。

沙浴是一个铺有一层均匀细沙的铁盘。用煤气灯或电炉加热铁盘，被加热的器皿放在沙上或部分埋入沙层中。测量沙浴温度时，应将温度计水银球埋在靠近被加热的器壁近处的沙中。由于沙的导热性较慢，所以沙浴温度不好控制，也可用铁沙取代之，它传热效果好，同时也便于控制温度。

使用油浴时应特别小心防止着火，当油受热冒烟，温度达到闪点时可能会燃烧；油量应适量，不可过多，以免油受热膨胀而溢出；浴锅外不能沾油，如若外面有油，应立即擦去，还应注意，不要把水溅入油浴锅内，以免产生泡沫或爆溅。油浴中应放置温度计（温度计不要碰到油浴锅底），以便随时观察和调节温度。如油浴起火，应立即拆除热源，并用石棉网等盖灭火焰。

二、致冷

在化学实验中，有些反应、分离和提纯要求在低温下进行，通常根据不同的要求，需要选用合适的致冷技术。

1. 自然冷却

热的液体在空气中放置一定时间，任其自然冷却至室温。

2. 吹风冷却和流水冷却

当实验需要快速冷却时，可将盛有溶液的器皿放在冷水流中冲淋或使用鼓风机吹风冷却。

3. 冷冻剂冷却

要使溶液的温度低于室温时，可使用冷冻剂冷却。最简单的冷冻剂是冰盐溶液。表2-6列出常用冷却剂组成及最低冷却温度。冷却剂的选择应根据冷却时所需要的的温度和吸收的热量来决定。

注意：在低于 -38℃时，不能用水银温度计，需使用有机液体低温温度计。

表 2-6　常用冷却剂组成及最低冷却温度

冷却剂组成	最低冷却温度（℃）
氯化铵 + 碎冰 (1:4)	-15
氯化钠 + 碎冰 (1:3)	-21
六水氯化钙 + 碎冰 (1:1)	-29
六水氯化钙 + 碎冰 (1.4:1)	-55
干冰 + 乙醇	-72
干冰 + 丙酮	-78
干冰 + 乙醚	-100
冰水	0
液氮	-196

4. 回流冷凝

许多有机化学反应需要使反应物在较长时间内保持沸腾才能完成。为了防止反应物以蒸气逸出，常用回流冷凝装置，使蒸气不断地在冷凝管内冷凝成液体，返回反应器中。为了使冷凝管的套管内充满冷却水，应从下面的入口通入冷却水，水流速度能保持蒸气充分冷凝即可。进行回流操作时，也要控制加热，蒸气上升的高度一般以不超过冷凝管的 1/3 为宜。

5. 制冷

有些化学反应需要在低温恒定温度下进行，可以采用半导体制冷块为冷源，配合温度控制系统进行低温（恒温）控制。

三、干燥

干燥是指除去固体、液体或气体中所含少量水分或溶剂的过程。物质在进行定性定量分析、波谱分析前均须干燥才会有准确的结果。为防止少量液体有机物生成共沸混合物，或少量水在加热下与物质发生化学反应而影响产品的纯度。因此在蒸馏前必须干燥以除去水分。另外，有些反应需在无水的条件下进行，不但所有原料及溶剂需要干燥，而且要防止空气中的潮气进入反应器。因此，在化学制备中，试剂和产品的干燥具有十分重要的意义。

干燥方法有物理方法和化学方法。如加热、真空干燥、冷冻、分馏、共沸蒸馏及吸附等都属物理方法；离子交换树脂和分子筛也常用于脱水干燥，他们是利用分子中多孔穴或空隙吸附水分子，加热后又释放出水分子的特性，也是物理方法。化学方法是利用干燥剂进行脱水，一类是利用干燥剂与水生成水合物而除去水（如无水氯化钙、无水硫酸钠、无水硫酸镁等）；另一类是利用干燥剂与水形成新的产物以除去水（如金属钠、五氧化二磷等），实验室中经常用的是第一类干燥剂。

(一) 干燥剂

1. 气体的干燥

气体干燥剂一般分为3类：酸性干燥剂，如浓硫酸、五氧化二磷等；碱性干燥剂，如烧碱、石灰、碱石灰等；中性干燥剂，例如无水氯化钙等，见表2-7。酸性干燥剂可除去碱性杂质；碱性干燥剂可除去酸性杂质；高锰酸钾、醋酸铅等氧化剂能除去硫化氢及砷化氢等还原性杂质。

表2-7 干燥气体常用的干燥剂

干燥剂	可干燥的气体
碱石灰、CaO、NaOH、KOH	NH_3、胺类
无水氯化钙	H_2、HCl、CO_2、CO、N_2、O_2、SO_2、烷、烯、醚、卤代烷
五氧化二磷	H_2、HCl、CO_2、CO、N_2、O_2、Cl_2、SO_2、烷、烯
浓硫酸	H_2、HCl、CO_2、N_2、O_2、Cl_2、CO、甲烷、链烷烃
$CaBr_2$、$ZnBr_2$	HBr
CaI_2	HI

常见气体干燥装置见图2-8。固体干燥剂置于干燥管、U形干燥管或干燥塔内，后两种仪器管颈粗，适用于较大量气体的干燥。液体干燥剂置于洗气瓶中。在洗气瓶中盛放硫酸，可以驱除气体中的水分、碱性物质及一些还原性物质。另外一种干燥气体的方式是固体和液体干燥装置联用的方法。

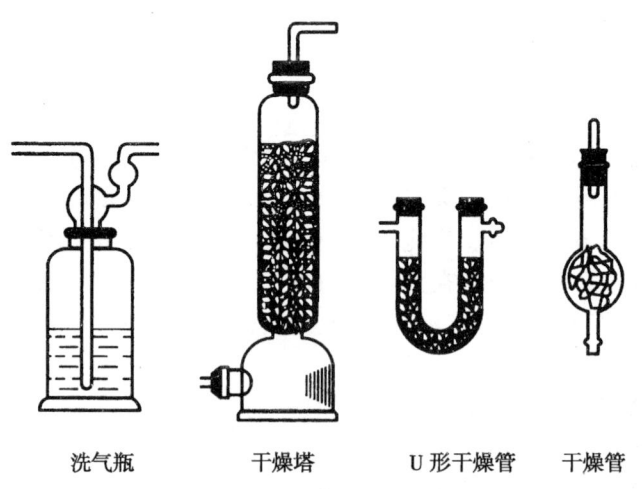

洗气瓶　　　干燥塔　　U形干燥管　　干燥管

图2-8 常见气体干燥装置

2. 液体的干燥

(1) 干燥剂的选择。干燥液体时，一般是将干燥剂直接投入其中，因此选用干燥剂时，要求：

①干燥剂不可与被干燥的液体发生化学反应；也不能溶解于其中。例如，碱性干燥剂不能用于干燥酸性物质；氯化钙易与醇、胺及某些醛、酮形成配合物；氧化钙、氢氧化钠等强碱性干燥剂能催化某些醛、酮的缩合及氧化等反应，使酯类发生水解反应等；氢氧化钠（钾）可显著溶解于低级醇。

②干燥剂的吸水容量、干燥效能：吸水容量指单位重量的干燥剂所吸收的水量；干燥效能使之达到吸附平衡时液体被干燥的程度。

③干燥剂质量：干燥速度和价格等。

常用干燥剂的性能和应用范围见表 2-8。

（2）干燥剂的用量。干燥剂的用量可根据干燥剂的吸水容量和水在被干燥液体中的溶解度来估算。由于在萃取或水洗时，难以把水完全分净，所以在一般情况下，干燥剂的实际用量都大于理论值。另外，对于极性物质和含亲水性基团的化合物，干燥剂需过量一些。但是，干燥剂的用量也不宜过多，因为干燥剂的表面吸附会造成产物的部分损失。干燥剂的一般用量为每 10mL 液体大约加 0.5~1.0g，但因液体的含水量不等，干燥剂的质量、颗粒大小和干燥温度等都有所不同，所以很难规定具体的用量。需要根据具体情况和实际经验，选用适宜的用量。

表 2-8 常用干燥剂的性能和应用范围

干燥剂	吸水原理	吸水容量	干燥速度	干燥效能	适用范围
氯化钙	$CaCl_2 \cdot nH_2O$ $n = 1, 2, 4, 6$	0.97	较快	中等	烃、烯烃、丙酮、醚、中性气体，能与醇、酚、胺、酰胺及某些醛、酮形成配合物，不能干燥这些化合物；工业品中可能含有 $Ca(OH)_2$ 和 CaO，故不能用于干燥酸
硫酸镁	$MgSO_4 \cdot nH_2O$ $n = 1, 2, 4, 5, 6, 7$	1.05	较快	较弱	代替氯化钙，可用于干燥酯、醛、酮、腈、酰胺等不能用氯化钙干燥的物质
硫酸钠	$Na_2SO_4 \cdot 10H_2O$	1.25	缓慢	弱	有机液体的初步干燥
硫酸钙	$2CaSO_4 \cdot H_2O$	0.06	快	强	常与硫酸镁或硫酸钠配合使用，作最后干燥用
氢氧化钾（钠）	溶于水		快	中等	胺、杂环等碱性化合物
碳酸钾	$K_2CO_3 \cdot 1/2H_2O$	0.02	慢	较弱	用于醇、酮、酯、胺及杂环等碱性物质，不适于酸、酚及其他酸性物质
金属钠	$2Na + 2H_2O$ $\rightarrow 2NaOH + H_2$		快	强	醚、叔胺中痕量水
氧化钙、碱石灰类	$CaO + H_2O$ $\rightarrow Ca(OH)_2$		较快	强	中性及碱性气体、胺、醇、乙醚
五氧化二磷	$P_2O_5 + 3H_2O$ $\rightarrow 2H_3PO_4$		快	强	适用于醚、烃、卤代烃、腈等中的痕量水分，不适用醇、酰胺、酮

(续表)

干燥剂	吸水原理	吸水容量	干燥速度	干燥效能	适用范围
浓硫酸					中性及酸性气体
硅胶					干燥器中使用
分子筛	物理吸附	0.25	快	强	流动气体、各类化合物

（3）操作。选择合适的干燥剂，在不断振荡下使水被干燥剂吸收。具体操作中应注意以下几点。

①干燥前应尽可能把液体中的水分除净。

②干燥应在收口容器中进行。

③干燥剂的颗粒要大小适度，太大则表面积小，吸水缓慢；太细又会吸附较多的被干燥液体，且难以分离。

④对于含水分较多的液体，干燥时常出现少量水层，必须将此水层分去或用吸管吸去，再补加一些新的干燥剂。加入适量干燥剂后，应摇荡片刻，然后加瓶塞静置。

⑤若发现干燥剂互相黏结，或被干燥液体仍呈浑浊，则应补加干燥剂。若液体在干燥前呈浑浊，干燥后变澄清，则可认为已基本干燥。

⑥将已干燥的液体用倾析法或通过塞有棉花的玻璃漏斗倒入干燥的容器中。

3. 固体物质的干燥

固体干燥主要是除去固体表面的水分及有机溶剂。最简单的方法是采用自然晾干或吸附的方法。晾干是将要干燥的样品放在表面皿或敞开的容器中，使其在空气中慢慢晾干。吸附是将样品放在装有各种类型干燥剂的干燥器中进行干燥。

干燥器是实验室最常用的仪器。其下部装有干燥剂，上面是一块带有圆形的瓷板，以承放待干燥样品，磨口处涂有一层很薄的凡士林，使之密封。表 2 - 9 为干燥器中常用干燥剂。

表 2 - 9 干燥器内常用的干燥剂

干燥剂	吸去的杂质和溶剂
CaO	水、酸、氯化氢
$CaCl_2$	水、醇
NaOH	水、酸、氯化氢、酚、醇
H_2SO_4	水、酸、醇
P_2O_5	水、醇
石蜡片	醇、醚、石油醚、苯、甲苯、氯苯、四氯化碳
硅胶	水

（二）干燥方式

1. 常压加热干燥

常用的加热设备有电烘箱（常在 100～120℃ 的温度下烘干试样）、红外线（适用于 100℃ 以上试样的干燥，常采用 250W 红外灯）以及各种热浴。加热干燥的效果与加热时间、温度有关，同时，也与被干燥试样的性质、数量、铺排厚度、含水量的多少以及通风条件等因素有关。

2. 在干燥器中干燥

干燥器分为普通型、真空干燥器和真空恒温干燥器（图 2-9）。

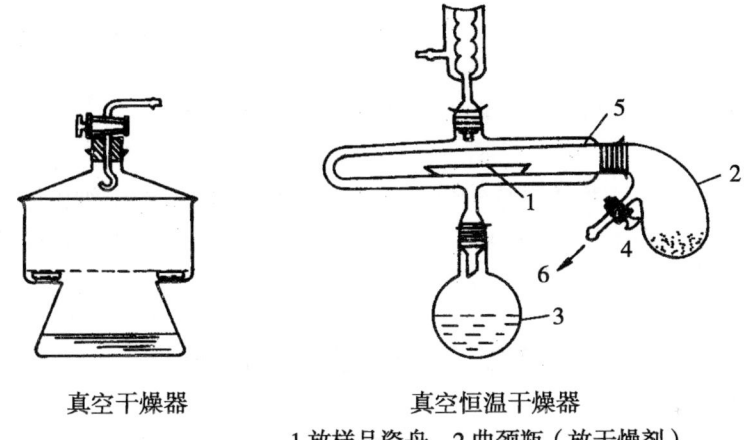

真空干燥器　　　　　真空恒温干燥器
1.放样品瓷舟，2.曲颈瓶（放干燥剂），
3.盛溶剂的烧瓶，4.活塞，5.夹层，6.接抽气泵

图 2-9　真空干燥器和真空恒温干燥器

普通干燥器干燥效率不高且需较长时间，一般只用于保存易吸湿的药品。真空干燥器干燥效率较好，它是在干燥器盖子中央装有玻璃活塞，用于抽真空，活塞下端呈弯曲状，口向上，防止在通向大气时因空气流入太快将固体冲散。使用时真空度不宜太高，一般用水泵抽气。它适用于少量物质的干燥（若干燥数量较大的物质时，可用真空恒温干燥箱）。使用时将待干燥的物质放在样品小舟中，曲颈瓶中放干燥剂（一般为 P_2O_5），烧瓶中放有机溶剂（选择的有机溶剂应使其沸点低于被干燥物质的熔点而与欲干燥的温度接近）。经活塞将仪器抽真空，加热回流烧瓶中的有机溶剂，使有机溶剂的蒸气充满加热套，从而使试样在恒温、恒压中得到干燥。在干燥过程中，每隔一段时间，应抽气减压以保持一定的真空度。被干燥样品在减压干燥器中的蒸发速度比在常压干燥器中要快的多，可以达到快速干燥的目的，这种方法也适用于高温下易分解变质的样品。

干燥器操作应注意以下几个问题。

（1）打开干燥器时，以一只手轻轻扶住干燥器，另一只手沿水平方向移动盖子，以便把它打开或盖上。当干燥器由于长期放置而打不开时，可将整个干燥器均匀受热，再用薄的铁片在缝中轻轻撬开；真空干燥器的活塞转不动时，可以用布包裹该部位，而后慢慢淋些热水，再扭动活塞。

（2）温度很高的物体（如灼烧后的坩埚），应冷却后（不必放到室温）再放入干燥器中，并要在短时间内把干燥器的盖子打开一二次，以防止因干燥器内空气受热而增大压力将盖子掀掉，或因干燥器内的空气冷却而使其中压力降低，致使盖子难以打开。

（3）使用新的真空干燥器前，应检验是否耐压，试压时，用铁丝或布包裹干燥器，以防止玻璃炸裂伤人。

（4）使用水泵抽气减压时，水泵与干燥器之间要连接一缓冲瓶，以防止水的倒吸。真空干燥器内部恢复常压时，不要一下将活塞全部打开，应缓慢鼓入空气，否则干燥的试样会被气流吹得飞溅。

（5）对于易吸湿的试样，最好在干燥器的活塞口接连一氯化钙干燥管，以避免已干燥的试样再吸湿。

（6）真空干燥不得使用强腐蚀性的干燥剂，如硫酸等。

3. 冷冻干燥

生物活性物质（对热敏感物质如酶、多糖等）的脱水，微生物菌种的保存可以采用冷冻干燥法。一般先用固体干冰进行预冻，再减压至高真空状态，使活性物质中的冰升华，从而得到干燥的活性物质。

第四节 化学试剂的取用

化学试剂依据其中杂质含量的多少，通常分为4种规格。使用时根据不同的要求选择不同规格的化学试剂，见表2–10。

表2–10 试剂常用规格和表示方法

试剂规格	优级纯 一级试剂	分析纯 二级试剂	化学纯 三级试剂	实验及工业试剂 四级试剂
符号表示	G. R.	A. R.	C. P.	L. R.
标签颜色	绿色	红色	蓝色	黄色或棕色

一、固体试剂的取用

（一）用试剂匙

固体试剂通常用干净的试剂匙取用，而且最好每种试剂专用一个试剂匙，否则用过的试剂匙必须洗净擦干后才能再用，以免沾污试剂。

常用的试剂匙有塑料匙、牛角匙和不锈钢匙。取大量试剂使用大匙，取小量试剂使用小匙，不要多取。

试剂从试剂匙倒入受器时，如果是大块试剂，应把受器倾斜，让块体沿着器壁滑下，以免击碎受器；如果是粉状试剂，可用试剂匙直接将粉状试剂送入受器底部，勿使粉末沾在受器壁上。如受器为管状容器，可借助于一张对折的硬纸条将粉末送进管底。

（二）用台秤称取

要求取用一定质量的固体时，可把固体试剂放在纸上或表面皿上，在台称上称量。具有腐蚀性或易潮结的固体不能放在纸上，而应放在玻璃容器内进行称量。

（三）用分析天平称取

要求准确称取一定量的固体试剂时，可把固体试剂放在称量瓶中按差减法在分析天平上称量。

二、液体试剂的取用

液体试剂一般用量筒、移液管（吸量管）量取或用滴管吸取。

（一）滴管

从滴瓶中取液体试剂时，要用滴瓶中的滴管，不要用别的滴管。先用手指捏紧滴管上部的橡皮乳头，赶走其中的空气，然后将滴管插入试液中，放松手指即可吸入试液。取出后不要使滴管与接收容器的器壁接触，更不应使滴管深入到其他液体中，以免沾污滴管（图2-10）。与滴瓶配套使用的滴管的管口不能向上倾斜，以免腐蚀胶帽，污染试剂。

（二）量筒

量筒的容量有5mL、10mL、100mL、1 000mL等，实验中可根据所取溶液的量来选用。量取液体时，先取下试剂瓶塞倒放在实验台上，一手拿量筒，一手拿试剂瓶（注意不要让瓶上的标签朝下），倒出所需量的试剂，最后再将瓶口在量筒上靠一下，再使试剂瓶竖直，以免留在瓶口的试剂流到瓶的外壁（注意倒出的试液决不允许再倒回试剂瓶）。观看量筒内液体体积时，使视线与量筒内液面的弯月形最低处保持水平，偏高或偏低都会造成较大的误差。

（三）从细口试剂瓶取用液体试剂

取下瓶塞，左手拿住容器（如试管、量筒等），右手握住试剂瓶（标签向着手心），倒出所要求量的试剂。倒完后应将试剂瓶口往容器上靠一下，再使瓶子竖直，以免液滴沿外壁流下。把试剂瓶中的液体倒入烧杯，可使用玻璃棒，棒的下端斜靠在烧杯壁上，瓶口靠在玻璃棒上，使液体沿玻璃棒流下（图2-11）。

（四）移液管和吸量管

要求准确移取一定体积的液体时，可用各种不同容量的移液管或吸量管。用移液管和吸量管取用一定体积的液体。

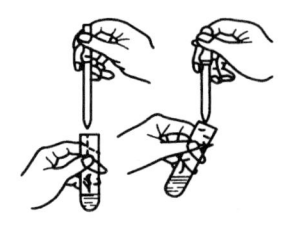

（a）正确　（b）不正确

图 2-10　用滴管滴加液体

图 2-11　从细口瓶向外倾倒液体

三、特种试剂的取用

剧毒、强腐蚀性、易爆、易燃试剂的取用需要特别小心，必须采用相应的适当方法来处理，如浓 HCl、浓 HNO_3、溴等应在通风橱中操作。请参看有关书籍。

注意：在取用试剂前，要核对标签，确认无误后才能取用；各种试剂瓶的瓶盖取下不能随意乱放，顶部是扁平的瓶塞要仰放在实验台上，其他形状瓶塞可放在清洁的表面皿上或用食指和中指将瓶塞夹住；取用试剂要注意节约，用多少取多少，多余的试剂不应倒回原试剂瓶内，有回收价值的，可放入回收瓶中。

第五节　温度测量技术

温度是很重要的物理量，自然界中任何物理、化学过程都紧密地与温度相联系。物理化学实验中，有很多都要用到测温和控温装置。并且其温度的测量或者对升温、降温温度曲线的控制，是准确获取实验数据的关键所在。

以下介绍两种物理化学实验中常用的温度测量装置。

一、水银温度计

水银温度计是膨胀式温度计的一种，水银的凝固点是 -39℃，沸点是 356.7℃，用来测量 -39~357℃ 以内范围的温度，如果采用石英玻璃，并充以 $80 \times 10^5 Pa$ 的氮气，则可将上限温度提高至 800℃。高温水银温度计的顶部有一个安全泡，防止毛细管内的气压压强过大而引起贮液泡的破裂。水银温度计只能作为就地监督的仪表。用它来测量温度，不仅比较简单直观，而且还可以避免外部远传温度计的误差。

（一）水银温度计的构成

实验室中常用的水银温度计，是由一个盛有水银的玻璃泡，毛细管，刻度和温标等组成。

（二）水银温度计的测量原理

水银温度计的工作原理其实就是利用了物体热胀冷缩的原理，当温度上升时，水银

第二章 化学实验的基本操作

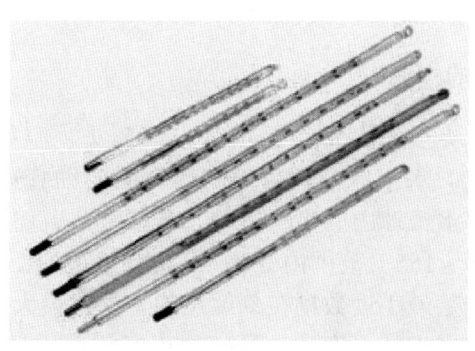

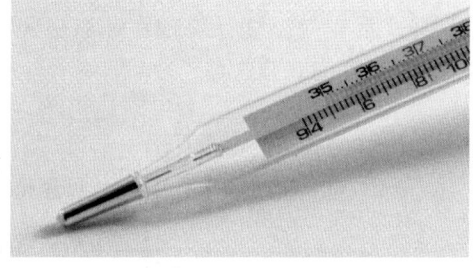

图 2-12 水银温度计

的体积变大，虽然玻璃泡里水银的量很少，但是由于毛细管的作用，即使是微小的体积变化，也可以在毛细管中上升一定的高度；反之温度降低时，水银的体积变小，毛细管中的水银柱就会下降。

(三) 水银温度计的使用

(1) 使用温度计时，首先要看清它的量程，然后看清它的最小分度值。要选择适当的温度计测量被测物体的温度。

(2) 使用前应进行校验（可以采用标准液温多支比较法进行校验或采用精度更高级的温度计校验）。

(3) 测量时温度计的液泡应与被测物体充分接触，且玻璃泡不能碰到被测物体的侧壁或底部。

(4) 温度计有热惯性，应在温度计达到稳定状态后读数。读数时应在温度凸形弯月面的最高切线方向读取，目光直视。

(5) 水银温度计常常发生水银柱断裂的情况，消除方法如下。

①冷修法：将温度计的测温包插入干冰和酒精混合液中（温度不得超过 -38℃）进行冷缩，使毛细管中的水银全部收缩到玻璃泡中为止。

②热修法：将温度计缓慢插温度略高于测量上限的恒温槽中，使水银断裂部分与整个水银柱连接起来，再缓慢取出温度计，在空气中逐渐冷至室温。

二、贝克曼温度计

贝克曼（Beckmann）温度计是一种用来精密测量体系始态和终态温度变化差值的

水银温度计。由德国化学家恩斯特·奥托·贝克曼发明,因而得名。

(一) 贝克曼温度计的构成

如图 2-13 所示,贝克曼温度计由毛细管末端弯头、温度标尺、水银贮槽、毛细管、水银球、刻度等组成。水银球与贮汞槽由均匀的毛细管连通,其中除水银外是真空。水银贮槽是用来调节水银球内的水银量的。借助水银贮槽的调节,贝克曼温度计可用于测量介质温度在 -20~155℃ 范围内变化不超过 5℃ 或 6℃ 的温度差。贝克曼温度计的刻度有两种标法:一种是最小读数刻在刻度尺的上端,最大读数刻在下端,用来测量温度下降值,称为下降式贝克曼温度计;另一种正好相反,最大读数刻在刻度尺上端,最小读数刻在下端,称为上升式贝克曼温度计。现在还有更灵敏的贝克曼温度计,刻度标尺总共为 1℃ 或 2℃,最小的刻度为 0.002℃。

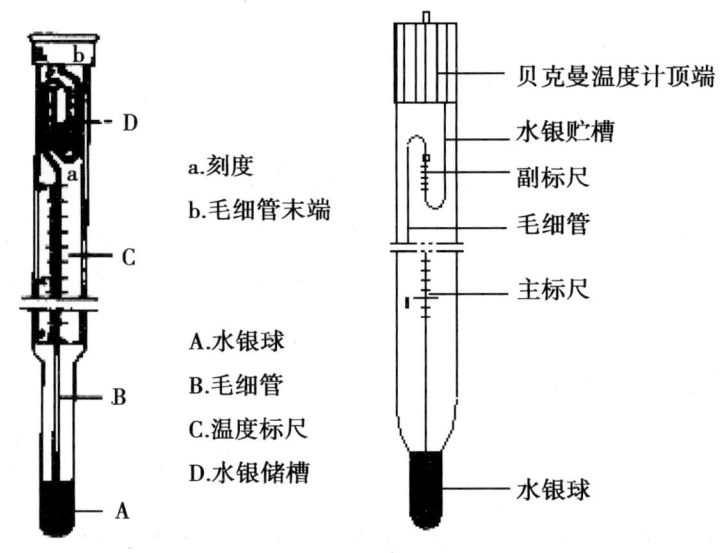

图 2-13 贝克曼温度计

(二) 贝克曼温度计的使用

1. 根据被测温度高低,调节水银球的汞量

调节汞量的目的是使温度计在测量起始温度时,毛细管中的水银面位于刻度尺的合适的位置上。例如用下降式贝克曼温度计测凝固点降低时,起始温度(即纯溶剂的凝固点)的水银面应在刻度尺的 1℃ 附近。这样才能保证在加进溶质而使凝固点下降时,毛细管中的水银面仍处在刻度标尺的范围之内。因此在使用贝克曼温度计时,首先应该将它插入一个与所测的起始温度相同的体系内。待平衡后,如果毛细管内的水银面在所要求的合适刻度附近,就不必调整,否则应按下述步骤进行调整:

(1) 水银丝的连接。要调节水银球中的汞量,必须使贮汞槽中的水银和毛细管中的水银相连接。若水银球内的水银量过多,毛细管内的水银面已过 b 点(如图 2-13 所示),此时将温度计慢慢倒置,并用手指轻敲贮汞槽处,使贮汞槽内的水银与 b 点处的

水银相连接，然后将温度计倒转过来。若水银球内的水银量太少，可用右手握住温度计中部，将温度计倒置，用左手轻敲右手的手腕（注意：不能用劲过猛，切勿使温度计与桌面等相撞），此时水银球内的水银就会自动流向贮汞槽，再使之与贮汞槽中的水银相连。

（2）调节水银球中的汞量。调节的方法很多，现以下降式贝克曼温度计为例，介绍一种常用的方法。

设 T_0 为实验欲测的起始摄氏温度（例如纯液体的凝固点），在此温度下欲使贝克曼温度计中毛细管的水银面恰在1℃附近，则需将已经连接好水银丝的贝克曼温度计悬于一个温度为 T 的水浴中，T 值可由下式求得：

$$T = T_0 + 1 + R \tag{1}$$

其中 R 为贝克曼温度计中 a 到 b 一段所相当的温度。一般情况下，R 值约为2℃，准确的 R 值可由下法测得，将贝克曼温度计和普通温度计同时插入盛水的烧杯中，加热水浴，使贝克曼温度计中的水银丝逐渐上升，通过普通温度计读出 a 到 b 段所相当的温度差，便是 R 值。

待贝克曼温度计在 T℃水浴中达到平衡后，用右手握住温度计中部，由水浴中取出，立即用左手沿温度计的轴向轻敲右手的手腕，使水银丝在 b 点处断开（注意在 b 点处不得留有水银）。这样就使得体系的起始温度（T_0）正好在贝克曼温度计的1℃附近，若不在1℃附近，应重新调整。

若是上升式贝克曼温度计，水银量的调节方法同上，在 T_0 温度时，调整后的温度计水银面应在4℃附近。

调好后的贝克曼温度计应注意不要倒置，最好将之插在冰水溶液中，以免毛细管中的水银与贮汞槽中的水银相连。

2. 读数

读数时，贝克曼温度计必须垂直，而且水银球就全部浸入所测温度的体系中。由于毛细管中的水银面上升或下降时有黏滞现象，所以读数前必须先用手指轻敲水银面处，消除粘滞现象后用放大镜读取数值。读数时应注意眼睛要与水银面水平。

第六节　压力测量技术

压力是描述体系状态的重要参数之一，许多物理化学性质，如蒸汽压、沸点、熔点等都与压力密切相关。因此，正确掌握测量压力的方法、技术十分重要。

物化实验中会涉及到高压（钢瓶）、常压和真空系统（负压）。对于不同压力系统，测量方法和技术也不尽相同，所用仪器的精确度也不同。

一、常用测压仪器

以下介绍几种常用的测压仪器。实际上，测压仪表大部分是测压差的，都是将被测压力与大气压力相比较，而测出两个压力的差值，以此来确定被测压力的大小。

(一) 气压表

气压表是一种测量气压所用的仪器,分类有很多种,有测量轮胎气压用的轮胎气压表、福庭式气压计、固定槽式气压计、空盒气压计(又叫固体金属气压表)等。下一部分将单独介绍气压计,在此不再赘述。

(二) 压力计

压力计一般用于直接测量体系的内外压差,或体系内部的绝对压力与外界大气压力差。种类有液柱压力计、弹簧管压力计、电测压力计等。以下分别进行介绍:

1. 液柱压力计

利用液柱自重产生的压力与被测压力平衡并由其高度表示被测压力的仪表。

特点:使用机动灵活,但不能用于压力较大的实验,一般小于 1.3~1.5 个大气压。

分类:如图 2-14 所示,分为单管液柱压力计和双管液柱压力计。

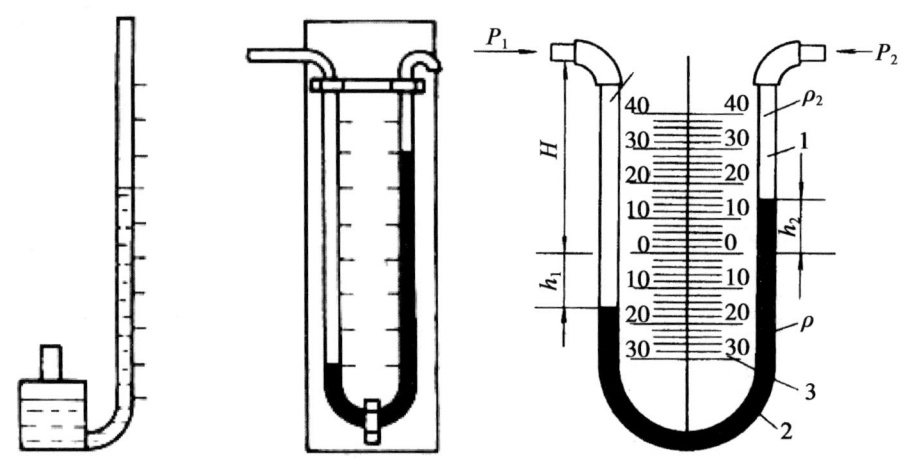

图 2-14 水银液柱压力计

2. 弹簧管压力计

弹簧管压力计为指针式压力表。其特点就是使用了弹性元件的弹力来测量压力。分为真空表和正压力表,刻度分别为 mmHg 和 atm。结构简单,读数方便,测压范围广,价格便宜。

3. 电测压力计

电测压力计是由压力传感器、测量电路和电性指示剂三部分组成。压力传感器感受压力,并把压力参数转变为电信号传输到测量电路,测量值再由指示仪表显示或记录。

种类:霍尔压力变送器(由弹性元件受压变化时自由端的位移,转换成电压信号输出)、压电式压力传感器(压电晶体把压力效应转换成电信号)、压阻式压力传感器(外压变化,电阻变化,电桥平衡破坏,产生相应的电信号)等。

二、气压计

气压计是根据托里塞利（Evangelista Torricelli，1608－1647）的实验原理而制成，用以测量大气压强的仪器。气压计的种类有水银气压计及无液气压计。

可用来预测天气的变化，气压高时，天气晴朗；气压降低时，将有风雨天气出现。也可用于测高度。每升高 12m，水银柱即降低大约 1mm，因此可测山的高度及飞机在空中飞行时的高度。

测量原理及使用方法：

（一）水银气压计

利用托里塞利管来测定大气压的一种装置。玻璃管底部的水银槽是用一个皮囊所代替，并附有可以调准的象牙针使其指示水银面，叫做"福廷式水银气压计"，在玻璃管外面加上一个金属护套，套管上刻有量度水银柱高度的刻度尺。在水银槽顶上另装一只象牙针，针尖正好位于管外刻度尺的零点，另用皮袋作为水银槽底（图 2 - 14）。

使用时，轻转皮袋下的螺旋，使槽内水银面恰好跟象牙针尖接触（即与刻度尺的零点在一水平线上），然后由管上刻度尺读出水银柱的高度。此高度示数即为当时当地大气压的大小。另外还有不需调准象牙针的观测站用气压计，可测低气压山岳用的气压计，以及对船的摇动不敏感的航海用气压计。大气压强不同支持的水银柱的高度不同，根据 P = p（水银密度）hg，计算出的压强就等于大气压强，当然这个计算制造气压计时就算出来标到气压计上了，通过水银面对准的刻度，就可以知道气压的大小了。

（二）无液气压计

无液气压计是气压计的一种，最常见的是金属盒气压计。它的主要部分是一种波纹状表面的真空金属盒。为了不使金属盒被大气压所压扁，用弹性钢片向外拉着它（图 2 - 15）。大气压增加，盒盖凹进去一些；大气压减小，弹性钢片就把盒盖拉起来一些。盒盖的变化通过传动机构传给指针，使指针偏转。从指针下面刻度盘上的读数，可知道当时大气压的值（图 2 - 16）。它使用方便，便于携带，但测量结果不够准确。如果在无液气压计的刻度盘上标的不是大气压的值，而是高度，于是就成了航空及登山用的高度计。

三、真空技术

真空技术是建立低于大气压力的物理环境，以及在此环境中进行工艺制作、物理测量和科学试验等所需的技术。真空技术包括真空获得、真空测量、真空检漏和真空应用四个方面。

真空是指低于大气压力的气体的给定空间，即每立方厘米空间中气体分子数大约少于两千五百亿亿个的给定空间。真空是相对于大气压来说的，并非空间没有物质存在。用现代抽气方法获得的最低压力，每立方厘米的空间里仍然会有数百个分子存在。

气体稀薄程度是对真空的一种客观量度，最直接的物理量度是单位体积中的气体分子数。气体分子密度越小，气体压力越低，真空就越高。但由于历史原因，量度真空通

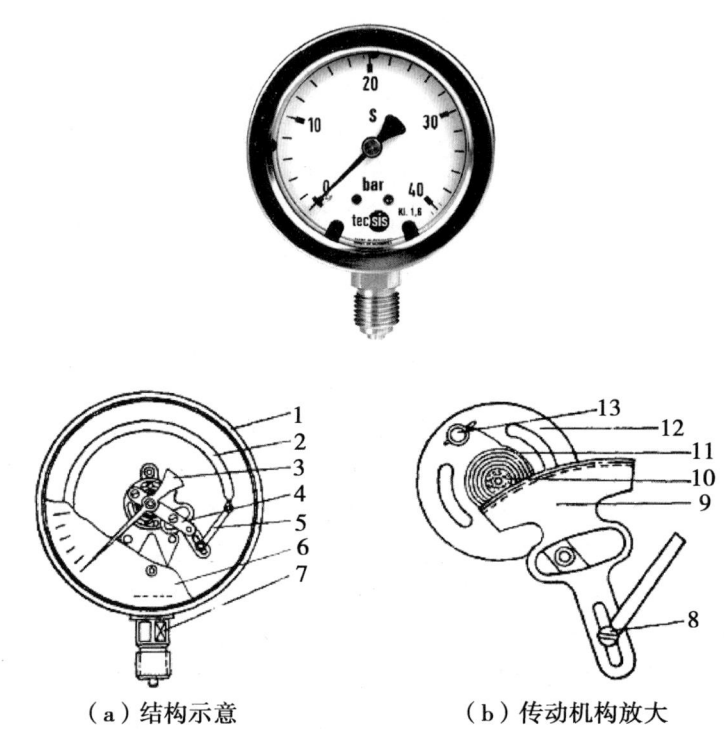

（a）结构示意　　　　（b）传动机构放大

1. 表壳；2. 弹簧管；3. 指针；4. 上夹板；5. 连杆；6. 表盘；7. 接头；
8. 活节螺丝；9. 扇形齿轮；10. 中心齿轮；11. 游丝；12. 下夹板；13. 支柱

图 2-15　弹簧管压力计结构示意

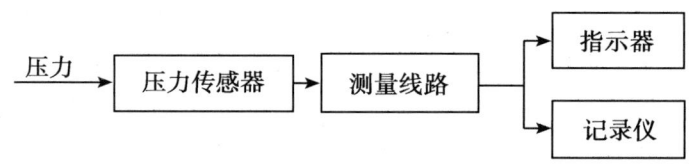

图 2-16　无液气压计示意

常都用压力表示，常用帕斯卡（Pascal）或托尔（Torr）做为压力的单位。

1. 真空获得

在地球上，通常是对特定的封闭空间抽气来获得真空，用来抽气的设备称为真空泵。目前，低温泵的抽气速率可达 60 000L/s，极限真空可达千亿分之一的帕数量级。

2. 真空测量

真空测量是根据气体分子作用在弹性元件上的力与压强有关的原理而测量气体压强。

显然，很少用一种真空计来测量所有真空度范围的压强，而是采用不同类型的真空计分别进行相应范围内压强的测量。常用的真空计有：静态变形真空计、静态液体真空计、热传导真空计、电离真空计等。

3. 真空检漏

为了保证真空系统能达到和保持工作需要的真空,除需要配备合适的、抽气性能良好的真空泵以外,真空系统或其零部件还必须经过严格的检漏,以便消除破坏真空的漏孔。

低(粗)真空、中真空和高真空系统一般用气压检漏;对于超高真空系统,在采取一般检漏法检漏之后,还要采用灵敏度较高的检漏仪,如卤素检漏仪和质谱检漏仪来检漏。

4. 真空应用

真空的应用范围极广,主要分为低真空、中真空、高真空和超高真空应用。

低真空是利用低(粗)真空获得的压力差来夹持、提升和运输物料,以及吸尘和过滤,如吸尘器、真空吸盘。

中真空一般用于排除物料中吸留或溶解的气体或水分、制造灯泡、真空冶金和用作热绝缘。如真空浓缩生产炼乳,不需加热就能蒸发乳品中的水分。

真空冶金可以保护活性金属,使其在熔化、浇铸和烧结等过程中不致氧化,如活性难熔金属钨、钼、钽、铌、钛和锆等的真空熔炼;真空炼钢可以避免加入的一些少量元素在高温中烧掉和有害气体杂质等的渗入,可以提高钢的质量。

高真空可用于热绝缘、电绝缘和避免分子电子、离子碰撞的场合。高真空中分子自由程大于容器的线性尺寸,因此高真空可用于电子管、光电管、阴极射线管、X射线管、加速器、质谱仪和电子显微镜等器件中,以避免分子、电子和离子之间的碰撞。这个特性还可应用于真空镀膜,以供光学、电学或镀制装饰品等方面使用。

第七节 氧气钢瓶和氧气减压阀

气相反应在实验学习过程中并不少见,而且许多固相反应也需要用到氧化还原性气体,因此需要对各种储存气体的钢瓶掌握一定的知识。

一、氧气钢瓶

氧气钢瓶的外文名称是 Oxygen Cylinder。使用氧气钢瓶时室内换气次数每小时不得少于3次。钢瓶的一般工作压力都在 $150kg/cm^2$ 左右。按国家标准规定,钢瓶涂成各种颜色以示区别,例如:氧气钢瓶为天蓝色、黑字;氮气钢瓶为黑色、黄字;压缩空气钢瓶为黑色、白字;氯气钢瓶为草绿色、白字;氢气钢瓶为深绿色、红字;氨气钢瓶为黄色、黑字;石油液化气钢瓶为灰色、红字;乙炔钢瓶为白色、红字等(图2-17)。

(一)使用方法

(1)使用前要检查连接部位是否漏气,可涂上肥皂液进行检查,确认不漏气后才进行实验。

(2)在确认减压阀处于关闭状态(T调节螺杆松开状态)后,逆时针打开钢瓶总阀,并观察高压表读数,然后逆时针打开减压阀左边的一个小开关,再顺时针慢慢转动

图 2-17 氧气瓶

减压阀调节螺杆（T字旋杆），使其压缩主弹簧将活门打开。使减压表上的压力处于所需压力，记录减压表上的压力数值。

（3）使用结束后，先顺时针关闭钢瓶总开关，再逆时针旋松减压阀。

(二) 注意事项

氧气钢瓶运输和储存期间不得暴晒，不能与易燃气体钢瓶混装、并放。瓶嘴、减压阀及焊枪上均不得有油污，否则高压氧气喷出后会引起自燃。

（1）室内必须通风良好，保证空气中氢气最高含量不超过1%（体积比）。室内换气次数每小时不得少于3次，局部通风每小时换气次数不得少于7次。

（2）氧气瓶与盛有易燃、易爆物质及氧化性气体的容器和气瓶的间距不应小于8m。

（3）与明火或普通电气设备的间距不应小于10m。

（4）与空调装置、空气压缩机和通风设备等吸风口的间距不应小于20m。

（5）与其他可燃性气体贮存地点的间距不应小于20m。

（6）禁止敲击、碰撞氧气钢瓶。气瓶不得靠近热源，夏季应防暴晒。

（7）必须使用专用的氧气减压阀，开启气瓶时，操作者应站在阀口的侧后方，动作要轻缓。

（8）阀门或减压阀泄漏时，不得继续使用。阀门损坏时，严禁在瓶内有压力的情况下更换阀门。

(9) 瓶内气体严禁用尽，应保留 0.5MPa 以上的余压。

(10) 氧气瓶及其专用工具严禁与油类接触，氧气瓶附近也不得有油类存在，操作者必须将手洗干净，绝对不能穿用沾有油脂或油污的工作服、手套及油手操作，以防氧气冲出后发生燃烧甚至爆炸。在氧气瓶检验场所要严禁烟火，严禁存放易燃易爆物质；开阀应缓慢，以防瓶内有高压氧冲出，产生静电火花；不能与其他可燃性气瓶同时存放或排放。

二、氧气减压阀

氧气减压阀的工作由阀后压力进行控制。当压力感应器检测到阀门压力指示升高时，减压阀阀门开度减小；当检测到减压阀后压力减小，减压阀阀门开度增大，以满足控制要求。本类阀门在管道中一般应当水平安装。适用于水、蒸汽、空气介质管路上（图 2-18）。

（一）氧气减压阀原理

减压阀出厂时，调节弹簧处于未压缩状态，此时主阀瓣和付阀瓣处于关闭状态，使用时按顺时针转动调节螺钉，压缩调节弹簧，使膜瓣移顶开付阀瓣，介质由进入孔通过副阀座到进口孔进入活塞上方，活塞在介质压力的作用下，向下移动推动主阀瓣离开主阀座，使介质流向阀后面。同时由侧孔进入膜片下方，当阀后压力超过调定压力时，推动膜片上移压缩调节弹簧，副阀瓣随之向关闭方向移动，使流入活塞上方的介质减小，压力也随之下降，此时的主阀瓣在主阀瓣弹簧力的推动上下移，使主阀瓣与主阀座的间隙减小，介质流量也随之减小使阀后压力也随之下降到新的平衡，反之当阀后压力低于调定压力时，主阀瓣与主阀座的间隙增大，介质流量也随之增加，使阀后压力也随之增高达到新的平衡。

该阀门的减压比必须在一定程度上高于系统值；即使在最大或者最小流量时它也应该能够对正作用或者反作用控制信号做出响应。这些阀门应该针对有用控制范围选择，即最大流量的 20% 到 80%。正常为等比型或者具有等比特性。这些类型的阀门本身具有比例控制所要求的最佳流量特性及流量范围。

（二）氧气减压阀分类

减压阀的种类很多，常见的有先导活塞式减压阀、薄膜式减压阀、波纹管式减压阀、比例式减压阀、自力式减压阀、直接作用活塞式减压阀、背压调节阀等。它们分别适用于不同的工作介质。

不同的形式有不同的具体工作原理。但总的原理是：减压阀是通过启闭件的节流，将进口压力减至某一需要的出口压力，并使出口压力保持稳定。但一般减压阀都要求进出口压差必须≥0.2MPa。

（三）部件组成

由主阀和导阀两部分组成。主阀主要由阀座、主阀盘、活塞、弹簧等零件组成。导

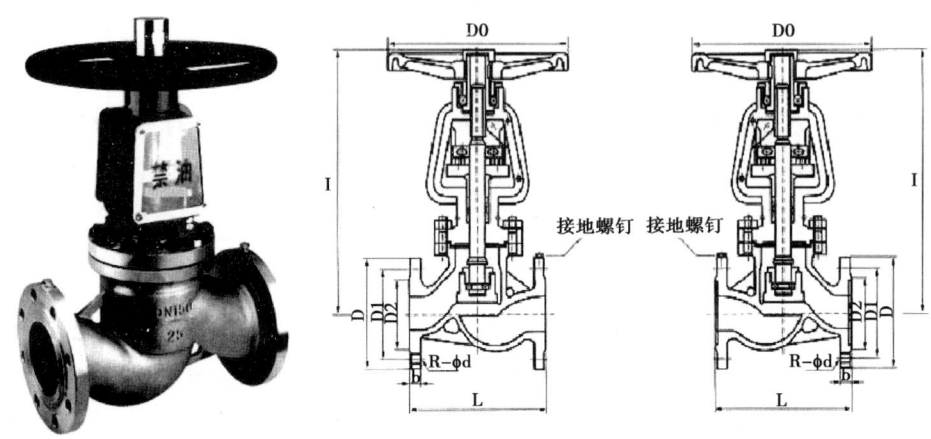

图 2-18 氧气减压阀（氧气表）

阀主要由阀座、阀瓣、膜片、弹簧、调节弹簧等零件组成。通过调节调节弹簧压力设定出口压力、利用膜片传感出口压力变化，通过导阀启闭驱动活塞调节主阀节流部位过流面积的大小，实现减压稳压功能。

（四）安装使用

（1）减压阀 Y43H-16，备有 0.05~0.4MPa，Y43H-25，备有 1~1.6MPa，Y43H-40，备有 1~1.6MPa，1.6~2.5MPa 调节弹簧，Y43H-64，备有 1~3MPa 调节弹簧，出厂时阀内装有 0.1-1 MPa，弹簧，其余随阀附带，用户可根据所量的出口压力值选装。

（2）安装减压阀之前必须对管路系统进行冲洗清理。以防焊渣，氧化皮等赃物流入阀内，影响阀门正常工作。

（3）减压阀应安装在便于操作和维修的地方，并且必须直立安装在水平管道上（见安装示意图），应注意使管路中介质的流向与阀体上箭头所示方向一致，切勿反装。

（4）减压阀在安装使用时，应把旁通管道的截止阀打开，排除管路中的冷凝水和汽水的混合物，以防减压阀开启时产生水圾现象损坏减压阀，当无异常现象后，按顺时针方向缓慢旋转调节螺钉，将出口压力调至所需的压力（以阀后表压为准），调整后，将锁紧螺母背紧，拧上防护罩。

（5）减压阀前应安装过滤器，以防介质中的杂物进入减压阀，影响其性能。

（6）安装的减压阀前后应有一段直管，阀前的直管长度约为 600mm，阀后的直管长度约为 1mm。

（7）氧气减压阀的高压腔与钢瓶连接，低压腔为气体出口，并通往使用系统。高压表的示值为钢瓶内贮存气体的压力。低压表的出口压力可由调节螺杆控制。

（五）操作方法

（1）使用时先打开钢瓶总开关，然后顺时针转动低压表压力调节螺杆，使其压缩主弹簧并传动薄膜、弹簧垫块和顶杆而将活门打开。这样进口的高压气体由高压室经节流减压后进入低压室，并经出口通往工作系统。

（2）转动调节螺杆，改变活门开启的高度，从而调节高压气体的通过量并达到所需的压力值。

（3）减压阀都装有安全阀。它是保护减压阀并使之安全使用的装置，也是减压阀出现故障的信号装置。如果由于活门垫、活门损坏或由于其他原因，导致出口压力自行上升并超过一定许可值时，安全阀会自动打开排气。

（六）注意事项

氧气减压阀的安装使用的注意事项：

（1）按使用要求的不同，氧气减压阀有许多规格。最高进口压力大多为，最低进口压力不小于出口压力的 2.5 倍。

（2）安装减压阀时应确定其连接规格是否与钢瓶和使用系统的接头相一致。减压阀与钢瓶采用半球面连接，靠旋紧螺母使二者完全吻合。因此，在使用时应保持两个半球面的光洁，以确保良好的气密效果。安装前可用高压气体吹除灰尘。必要时也可用聚四氟乙烯等材料作垫圈。

（3）氧气减压阀应严禁接触油脂，以免发生火警事故。

（4）停止工作时，应将减压阀中余气放净，然后拧松调节螺杆以免弹性元件长久受压变形。

（5）减压阀应避免撞击振动，不可与腐蚀性物质相接触。

第八节　玻璃工操作和塞子钻孔

在实验中经常遇到对玻璃管、棒等的加工问题，如制作玻璃弯管、滴管、毛细管、玻璃棒等。因此，简单的玻璃工操作是必备的实验技能之一。

一、玻璃管、棒的切割

第一步：选择干净、粗细合适的玻璃管（棒）平放在台面上，用锉刀的棱或破瓷片的端口在左手拇指按住玻璃管（棒）的地方用力锉出一道凹痕，如图 2-19 所示。应该向一个方向锉，不要来回锉，锉出的凹痕应与玻璃管（棒）垂直，这样才能保证截断后的玻璃管（棒）的界面是平整的。然后双手持玻璃管（棒）（凹痕向外），用拇指在凹痕的后面轻轻向外推，同时拇指和食指把玻璃管（棒）向外拉，如图 2-20 所示，以折断玻璃管（棒）。

第二步：玻璃管（棒）的截断面很锋利，容易把手划破，且难以插入塞子的圆孔内，所以必须在氧化焰中熔烧。把截断面斜插入氧化焰中熔烧时，要慢慢转动玻璃管（棒）使熔烧均匀，直到熔烧光滑为止称为圆口（又称熔光）。灼热的玻璃管（棒）应放在石棉网上冷却，不要放在台上，以免烧焦台面或骤冷炸裂，也不要用手去摸，以免烫伤。

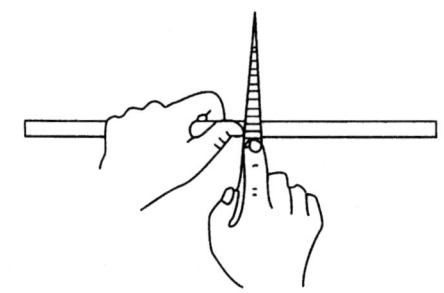

图 2-19　锉痕

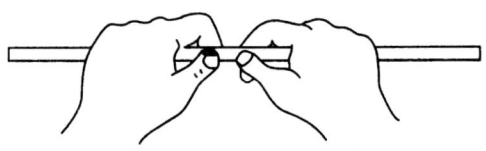

图 2-20　拇指齐放于锉痕的背后

二、弯曲玻璃管（棒）的操作

第一步：先将玻璃管（棒）用小火预热一下。然后双手持玻璃管（棒），把要弯曲的地方斜插入氧化焰中，以增大玻璃管（棒）的受热面积，缓慢而均匀的转动玻璃管（棒），如图 2-21 所示。两手用力要均等，转速要一致，以免玻璃管（棒）在火焰中扭曲。加热到发黄变软。

第二步：自火焰中取出玻璃管（棒），稍等 1~2s，使各部温度均匀，准确地把它弯成所需的角度。弯管的正确手法是"V"字形，两手在上边，玻璃管（棒）的弯曲部分在两手中间的下部。弯好后，待其冷却变硬后才撒手，如图 2-22 所示，把它放在石棉网上继续冷却。冷却后应检查其角度是否准确，整个玻璃管（棒）是否处在同一平面上。120°以上的角度可以一次弯成，较小的锐角可分几次弯成。先弯成一个较大的角，然后在第一次受热部位偏左、偏右处进行第二次、第三次加热和弯曲，直到弯成所需的角度为止弯管好坏标准见图 2-23。

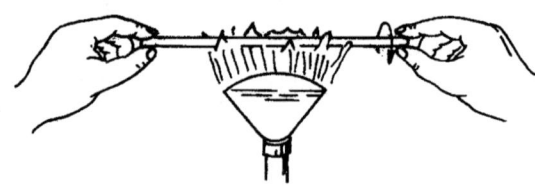

图 2-21　烧管手法

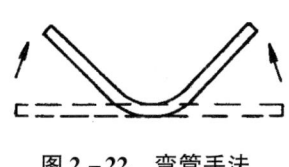

图 2-22 弯管手法

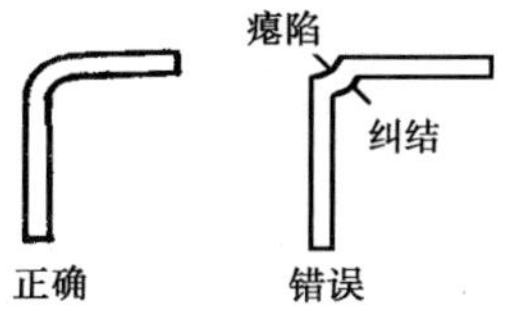

图 2-23 弯管好坏的标准

三、拉玻璃管的操作

拉玻璃管时加热玻璃管的方法与弯曲玻璃管时基本一样，不过要烧得更软一些，受热面积也不要那样大。玻璃管应烧到红黄色时才从火焰中取出，顺着水平方向边拉边来回转动玻璃管如图 2-24 所示，拉到所需的细度时，一手持玻璃管，使玻璃管垂直下垂。冷却后，可按需要截断。

图 2-24 拉管手法

四、塞子钻孔

容器上常用的塞子有：软木塞、橡皮塞和玻璃磨口塞。软木塞易被酸、碱所损坏，但与有机物作用较小。橡皮塞可以把瓶子塞得很严密，并可以耐强碱性物质的腐蚀，但它易被酸和某些有机物质（如汽油、苯、氯仿、丙酮、二硫化碳等）所腐蚀。玻璃磨口塞子把瓶子也塞得很严，它适用于除碱以外的一切盛放液体或固体物质的瓶子。

实验时，有时需要在塞子上安装温度计，有时需要插入玻璃管（棒），所以要学会软木塞和橡皮塞的钻孔。

钻孔要用钻孔器，如图 2-25 所示。它是一组直径不同的金属管，一端有柄，一端很锋利，可用来钻孔。另外还有一个带圆头的铁条，用来捅出钻孔时进入钻孔器中的橡皮或软木。钻孔的步骤如下。

选择一个比要插入橡皮塞子的玻璃管（棒）略粗一点（不要太粗）的钻孔器。将塞子的小头向上放置在台面上，用左手拿住塞子，右手按住钻孔器的手柄，在选定的位置上，沿着一个方向垂直地边转边往下钻如图 2-26 所示，直到打通为止，把钻孔器中的橡皮条捅出。

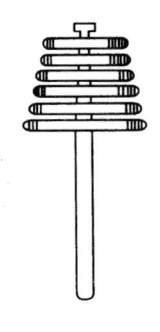

图 2-25 打孔器

图 2-26 钻孔法

实验 1　简单的玻璃工操作和洗瓶的装配

一、实验目的

(1) 掌握酒精喷灯（煤气灯）的构造和使用方法。
(2) 掌握简单的玻璃工操作和塞子钻孔的基本操作。
(3) 学会按规格制作搅棒、滴管、装配洗瓶。

二、预习与思考

(一) 预习内容

(1) 酒精喷灯（煤气灯）的构造和使用方法。
(2) 玻璃工操作和塞子钻孔的基本操作。

(二) 思考以下问题

(1) 用三角锉截断玻璃管（棒）时不能来回锉，为什么？
(2) 如何正确地弯成小角度的玻璃管？
(3) 塞子钻孔时应如何选择钻孔器的大小？

三、仪器与材料

酒精喷灯（或煤气灯）、钻孔器、三角锉、尺子、玻璃管、玻璃棒、橡皮塞等。

四、实验步骤

1. 酒精喷灯（或煤气灯）的结构和使用方法
点燃喷灯，使火焰呈淡紫色，使之温度最高（800~900℃）。
2. 截断玻璃管或玻璃棒
(1) 练习截断玻璃管和玻璃棒的基本操作。

（2）制作长 16cm、14cm、12cm 的玻璃棒各一根，并熔烧好断面。

3. 拉细玻璃管和玻璃棒

（1）练习拉细玻璃棒和玻璃管的基本操作。

（2）制作滴管　截取 18~20cm 的玻璃管一根，拉制成 2 支滴管。管口用火圆口时，注意受热时间不宜过长，以免管嘴收缩甚至封死。滴管粗的一端应在火焰中充分烧软，并随即垂直地在石棉网上轻压一下，使管口变厚并向外翻，以便套上橡皮胶帽。

4. 弯曲玻璃管

练习玻璃管的弯曲，弯成 120°、90°、60° 等角度。

5. 塞子钻孔

按塑料瓶口径的大小，选取一个合适的橡皮塞（塞子以能塞入瓶口 1/3 为宜）。根据玻璃管的直径，在所选橡皮塞的中间钻一孔。

6. 装配洗瓶

（1）制作一根带尖嘴的 60° 弯管，将其插入已钻孔的橡皮塞中（操作时要小心，可以用水来润滑）。

（2）把已插入橡皮塞中的玻璃管再进一步加工，在距离玻璃管下端 3cm 处弯出一个 135° 的角，此角和 60° 角必须在同一个平面上。

（3）熔烧断面后，插入塑料瓶中即成洗瓶。如图 2-27 所示。

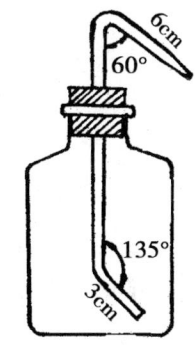

图 2-27　塑料洗瓶

第三章 元素及化合物的性质

实验 2 碱金属和碱土金属的性质

一、实验目的

(1) 掌握碱金属及碱土金属的还原性。
(2) 了解少数碱金属盐的微溶性,比较钙、镁、钡氢氧化物及盐的溶解性。
(3) 练习焰色反应的操作并鉴定锂、钠、钾、钙、锶、钡。
(4) 练习离心分离操作。
(5) 练习钾、钠的安全取用。

二、预习与思考

(一) 预习内容

(1) 碱金属和碱土金属的性质。
(2) 离心分离的操作要点。
(3) 焰色反应的操作。
(4) 钾、钠的安全使用方法。

(二) 思考下列问题

(1) 金属钾、钠、镁的活性变化有何规律?
(2) 怎样分离和鉴定溶液中的 Na^+、Mg^{2+}、Ca^{2+}、Ba^{2+} 离子?

三、仪器与试剂

电动离心机,镍丝棒,钴玻璃,试管,烧杯。

$SrCl_2$ (0.1 mol·L^{-1}),Na_2HPO_4 (0.2 mol·L^{-1}),HAc (6.0 mol·L^{-1}),NaOH (2.0 mol·L^{-1}),HCl (2.0 mol·L^{-1}),NaCl (1.0 mol·L^{-1}),KCl (1.0 mol·L^{-1}),LiCl (1.0 mol·L^{-1}),NaF (1.0 mol·L^{-1}),$MgCl_2$ (0.5 mol·L^{-1}),$CaCl_2$ (0.5 mol·L^{-1}),$BaCl_2$ (0.5 mol·L^{-1}),Na_2SO_4 (0.5 mol·L^{-1}),Na_2CO_3 (0.5 mol·L^{-1}),K_2CrO_4 (0.5 mol·L^{-1}),NH_4Cl (饱和),$(NH_4)_2C_2O_4$ (饱和),酒石酸氢钠(饱和),$KSb(OH)_6$ (饱和),浓硝酸,浓盐酸,酚酞(0.1%),K,Na,Mg。

四、实验内容

(一) 金属钠、钾、镁的性质

1. 与氧的反应

(1) 金属钠的燃烧。用镊子从煤油中夹取一块金属钠,迅速用滤纸吸干其表面的煤油,并用小刀切下绿豆大小的一块(观察切口的色泽),立即放入蒸发皿(或坩埚)中,微微加热,当钠开始燃烧时停止加热,观察反应情况和产物的颜色及状态。冷却后,将产物转入干燥试管中,加入 2mL 蒸馏水,立即检察管口有无氧气放出,用试纸检验溶液的酸碱性。

通过实验确定金属钠在空气中燃烧的产物,写出反应方程式。

(2) 金属镁的燃烧。取一小段镁条,用砂纸擦去表面的氧化膜,点燃,观察燃烧情况和产物的颜色、状态,写出反应方程式。

2. 与水的反应

(1) 金属钠、钾与水的反应。取两支 250mL 烧杯,各加入 150mL 水和几滴酚酞溶液。将绿豆大小的两块钠、钾(用滤纸吸去煤油)分别同时放入两个烧杯中,观察现象,比较反应的异同,写出反应方程式。

(2) 金属镁与水的反应。取一小段镁条用砂纸擦去表面氧化膜,放入盛有冷水和 2 滴酚酞溶液的试管里,观察现象。加热至沸又有何变化?写出反应方程式。

综合上述实验,比较碱金属和碱土金属的活泼性。

(二) 碱金属的微溶盐

1. 微溶性锂盐的生成

在三支试管中各加入 1mL $1.0\text{mol}\cdot\text{L}^{-1}$ 的 LiCl 溶液,再分别加入 1mL $1.0\text{mol}\cdot\text{L}^{-1}$ 的 NaF 溶液、1mL $0.5\text{mol}\cdot\text{L}^{-1}$ 的 Na_2CO_3 溶液、1mL $0.2\text{mol}\cdot\text{L}^{-1}$ 的 Na_2HPO_4。观察产物的颜色和状态,写出反应式。

2. 微溶性钠盐的生成

在一支试管中加入 1mL $1.0\text{mol}\cdot\text{L}^{-1}$ 的 NaCl 溶液,再加入 1mL 饱和的六羟基锑(V) 酸钾 $[KSb(OH)_6]$ 溶液。如无晶体析出,可用玻璃棒摩擦试管内壁。观察产物的颜色和状态。写出反应式。

3. 微溶性钾盐的生成

在一支试管中加入 1mL $1.0\text{mol}\cdot\text{L}^{-1}$ 的 KCl 溶液,再加入 1mL 饱和的酒石酸氢钠溶液。如无晶体析出,可用玻璃棒摩擦试管内壁。观察产物的颜色和状态。写出反应式。

(三) 碱金属和碱土金属的焰色反应

取一顶端弯成小圈的镍丝,蘸以浓盐酸,在灯上烧至无色。然后分别蘸以 LiCl、NaCl、KCl、$SrCl_2$、$CaCl_2$、$BaCl_2$ 溶液,放在氧化焰中灼烧,观察和比较它们的焰色有何不同。观察钾盐的焰色时应该用钴玻璃滤光。

(四) 镁、钙、钡的氢氧化物及其盐的性质及溶解性

1. 镁、钙、钡的氢氧化物性质及溶解性

取 3 支试管，分别加入 2mL 新配制的 2.0mol·L^{-1}的 NaOH 溶液，再分别加入等体积的浓度均为 0.1mol·L^{-1}的 MgCl$_2$、CaCl$_2$、BaCl$_2$溶液，观察沉淀生成的情况，排出它们溶解性的大小顺序。在上述有氢氧化镁沉淀的试管中加入饱和氯化铵溶液，观察有何现象，写出反应方程式。

2. 镁、钙、钡的盐的性质及其溶解性

（1）硫酸盐。取 3 支试管，分别加入 1mL 0.5mol·L^{-1}的 Na$_2$SO$_4$溶液，再分别加入 5~6 滴浓度均为 0.5mol·L^{-1}的 MgCl$_2$、CaCl$_2$、BaCl$_2$溶液，观察产物的颜色和状态，如有沉淀，检验沉淀与浓硝酸溶液的作用情况。

（2）碳酸盐。将上述实验中的硫酸钠改用碳酸钠作同样的实验，观察产物的颜色和状态。分别检验沉淀与 2.0mol·L^{-1}的 HAc 溶液的作用。

（3）钙、钡的铬酸盐。取两支试管，分别加入 1mL 0.5mol·L^{-1}的 K$_2$CrO$_4$溶液，再分别加入数滴浓度均为 0.5mol·L^{-1}的 CaCl$_2$、BaCl$_2$溶液，观察现象，分别检验沉淀与 2.0mol·L^{-1}的 HAc、HCl 溶液的作用情况。

（4）草酸钙。取 0.5mol·L^{-1}的 CaCl$_2$溶液 1 滴，然后加 1 滴饱和草酸铵溶液，观察沉淀的颜色、状态。试验沉淀与 6.0mol·L^{-1}的 HAc、2.0mol·L^{-1}的 HCl 溶液的作用情况。此反应常用于鉴定 Ca^{2+}。

实验3　过渡金属的性质

一、实验目的

（1）了解铜、银、锌、镉、汞的氧化物和氢氧化物的酸碱性。
（2）了解铜、银、锌、镉、汞的价态变化和配位能力。
（3）了解钒、钼、钨某些重要化合物的性质。
（4）着重掌握三价铬和六价铬化合物的特征。

二、预习与思考

（一）预习内容

（1）铜、银、锌、镉、汞单质及其化合物性质及递变规律。
（2）钒、钼、钨、铬重要化合物的性质。

（二）思考下列问题

（1）使用汞的时候应注意哪些问题？为什么要把汞储存在水面以下？
（2）怎样分离和鉴定 Ag$^+$、Cd^{2+}、Hg^{2+}、Cu^{2+}、Zn^{2+}离子的混合物？

三、仪器与试剂

电动离心机，离心试管，坩埚。

$CuSO_4$（$0.2mol \cdot L^{-1}$），NaOH（40%、$2.0mol \cdot L^{-1}$、$6.0mol \cdot L^{-1}$），葡萄糖（10%），$AgNO_3$（$0.1mol \cdot L^{-1}$），HNO_3（$2.0mol \cdot L^{-1}$），H_2SO_4（$1.0mol \cdot L^{-1}$），$NH_3 \cdot H_2O$（浓、$2.0mol \cdot L^{-1}$），NaCl（$0.1mol \cdot L^{-1}$），NaBr（$0.1mol \cdot L^{-1}$），KI（$0.1mol \cdot L^{-1}$），$Na_2S_2O_3$（$0.1mol \cdot L^{-1}$），$Hg(NO_3)_2$（$0.1mol \cdot L^{-1}$），$ZnSO_4$（$0.2mol \cdot L^{-1}$），$CdSO_4$（$0.2mol \cdot L^{-1}$），HCl（$2.0mol \cdot L^{-1}$），NaOH（40%），浓硫酸，浓盐酸，$K_2Cr_2O_7$（$0.1mol \cdot L^{-1}$），K_2CrO_4（$0.1mol \cdot L^{-1}$），$BaCl_2$（$0.1mol \cdot L^{-1}$），$Pb(NO_3)_2$（$0.1mol \cdot L^{-1}$），$CrCl_3$（$0.1mol \cdot L^{-1}$），Na_2WO_4（饱和），NH_4VO_3（固），$NaNO_2$（固），Na_2SO_3（固），$(NH_4)_2Cr_2O_7$（固），$(NH_4)_2MoO_4$（固），锌粒。

四、实验内容

1. 铜的化合物

(1) 氢氧化铜的生成和性质。向 $0.2mol \cdot L^{-1}$ 的 $CuSO_4$ 溶液中逐滴加入 $2.0mol \cdot L^{-1}$ 的 NaOH 溶液，观察沉淀的颜色和状态。把沉淀分为3份，一份加热，一份加入 $1.0mol \cdot L^{-1}$ 的 H_2SO_4，另一份加入过量的 $6.0mol \cdot L^{-1}$ 的 NaOH 溶液，观察各有何变化？

(2) 铜氨配合物的生成和性质。向 $0.2mol \cdot L^{-1}$ 的 $CuSO_4$ 溶液中逐滴加入 $2.0mol \cdot L^{-1}$ 的 $NH_3 \cdot H_2O$ 溶液，直到沉淀完全溶解。把所得清液分为两份，一份加热至沸，另一份逐滴加入 $1.0mol \cdot L^{-1}$ 的 H_2SO_4，观察各有何变化？加以解释，写出反应式。

(3) 氧化亚铜的生成和性质。向 $0.2mol \cdot L^{-1}$ 的 $CuSO_4$ 溶液中加入过量的 $6.0mol \cdot L^{-1}$ 的 NaOH 溶液，使起初生成的沉淀完全溶解。再往此清液中加入10%葡萄糖溶液，混匀后微热，观察现象。

离心分离后用蒸馏水洗涤沉淀，分别试验沉淀与浓氨水和 $1.0mol \cdot L^{-1}$ 的 H_2SO_4 溶液的作用。写出反应式。

2. 银的化合物

(1) 氧化银的生成和性质。向 $0.1mol \cdot L^{-1}$ 的 $AgNO_3$ 溶液中逐滴加入新配制的 $2.0mol \cdot L^{-1}$ 的 NaOH 溶液，观察沉淀的颜色和状态。离心分离，弃去溶液，用蒸馏水洗涤沉淀。然后将其分成两份，分别试验它与 $2.0mol \cdot L^{-1}$ 的 HNO_3 溶液和 $2.0mol \cdot L^{-1}$ 的 $NH_3 \cdot H_2O$ 溶液的作用，写出反应式。

(2) 银配合物的生成和性质。分别制备少量氯化银、溴化银和碘化银沉淀，再各分成两份，使之分别与 $2.0mol \cdot L^{-1}$ 的 $NH_3 \cdot H_2O$ 和 $0.2mol \cdot L^{-1}$ 的 $Na_2S_2O_3$ 的作用。观察沉淀溶解的情况，写出反应式。

3. 锌、镉、汞的化合物

(1) 锌、镉的氢氧化物的生成和性质。向盛有 $0.2mol \cdot L^{-1}$ 的 $ZnSO_4$ 溶液的离心试管中逐滴加入 2.0 mol·L^{-1} 的 NaOH 溶液,直到大量沉淀生成为止(不要过量)。离心分离后,把沉淀分为两份,一份加入 2.0 mol·L^{-1} 的 HCl,另一份加入 2.0 mol·L^{-1} 的 NaOH 溶液,观察各有何变化?写出反应式,并加以解释。

用同样的方法试验镉的氢氧化物的生成和性质,并与氢氧化锌作比较,写出有关反应式。

(2)汞的配合物的生成。向盛有 0.1 mol·L^{-1} 的 Hg(NO$_3$)$_2$ 溶液的离心试管中逐滴加入 0.1 mol·L^{-1} 的 KI 溶液,直至起初生成的沉淀又溶解,观察现象,写出反应式。

4. 钒的化合物

取少量偏钒酸铵固体放在坩埚中,用小火加热并不断搅拌,观察固体颜色的变化。

$$2\ NH_4VO_3 \xrightarrow{\Delta} V_2O_5 + 2\ NH_3 + 2\ H_2O$$

把固体产物分成 4 份,一份加浓硫酸,观察固体是否溶解?用水稀释后(如何解释?)颜色有何变化?第二份加入 6.0 mol·L^{-1} 的 NaOH 溶液,加热后有何变化?第三份加蒸馏水,煮沸,冷却后试其 pH 值。第四份加入浓盐酸,加热,观察有何变化?

5. 铬的化合物

(1)重铬酸钾的氧化性。将 0.1 mol·L^{-1} 的 K$_2$Cr$_2$O$_7$ 用 1.0 mol·L^{-1} 的硫酸酸化后分成两份,一份加入少量固体亚硝酸钠,一份加入少量固体亚硫酸钠,观察有何变化?写出反应式。

(2)微溶性铬酸盐。在 3 支试管中分别试验铬酸银、铬酸钡和铬酸铅的生成,观察它们的颜色和状态。写出反应式。

(3)三氧化二铬的生成和性质。在试管中加入少量重铬酸铵固体,加热使之完全分解。观察产物的颜色和状态。分为 3 份,分别加入 2 mL 水、浓硫酸、40% NaOH 溶液,加热至沸,观察固体是否溶解,解释现象并写出反应式。

(4)氢氧化铬的生成和性质。由 0.1 mol·L^{-1} 的 CrCl$_3$ 溶液和稀碱溶液制备氢氧化铬,并试验其两性性质。

6. 钼和钨的化合物

(1)MoO$_3$ 的生成与性质。取少量钼酸铵固体在坩埚中灼烧,观察固体颜色的变化。将产物分成 3 份,分别试验它与浓盐酸、氢氧化钠溶液和水的作用。

(2)低价钼和钨化合物的生成。将饱和钼酸铵溶液用盐酸酸化后,加一粒锌,振荡,观察溶液的颜色有什么变化?放置一段时间后(再进一步反应过程中可补加几滴浓盐酸),又有何变化?

$$2\ MoO_4^{2-} + Zn + 8\ H^+ = 2\ MoO_2^+ + Zn^{2+} + 4\ H_2O$$
$$2\ MoO_2^+ + Zn + 8\ H^+ = 2\ Mo^{4+} + Zn^{2+} + 4\ H_2O$$
$$2\ Mo^{4+} + Zn = 2Mo^{3+} + Zn^{2+}$$

用饱和的钨酸钠溶液代替钼酸铵溶液进行同样的试验,观察现象,写出反应式。

实验 4　常见非金属及其化合物的主要性质

一、实验目的

(1) 掌握常见非金属的性质及递变规律。
(2) 掌握常见非金属化合物的主要性质。
(3) 了解几种常见非金属化合物的制备方法。

二、预习与思考

(一) 预习内容

(1) 非金属的性质及递变规律。
(2) 非金属化合物的制备方法。

(二) 思考下列问题

(1) 不慎将次氯酸钠和氯酸钾标签丢失，能用哪些方法把它们区分开来？
(2) 如何用简单的方法区分溴化钾、碘化钾、氯化钾和氯酸钾？

三、仪器与试剂

研钵，试管，烧杯，启普发生器。

KBr ($0.1 mol \cdot L^{-1}$)，KI ($0.1 mol \cdot L^{-1}$)，氯水，溴水（3%），四氯化碳，浓硫酸，KI（固），KBr（固），NaCl（固），浓氨水，浓盐酸，KClO ($0.1 mol \cdot L^{-1}$)，$MnSO_4$ ($0.1 mol \cdot L^{-1}$)，$KClO_3$（固），H_2SO_4 ($3.0 mol \cdot L^{-1}$)，H_2O_2（10%）、$KMnO_4$ ($0.1 mol \cdot L^{-1}$)，H_2S（饱和），$K_2Cr_2O_7$ ($0.1 mol \cdot L^{-1}$)，HCl（浓），$(NH_4)_2SO_4$（固），NH_4NO_3（固），$(NH_4)_2CO_3$（固），NH_4Cl（固），$AgNO_3$（固），$Cu(NO_3)_2$（固），KNO_3（固），石灰水，醋酸铅试纸，淀粉碘化钾试纸，pH 试纸。

四、实验内容

(一) 卤素的性质

1. 卤素的氧化性

(1) 取数滴 $0.1 mol \cdot L^{-1}$ 的 KBr 溶液和 5 滴四氯化碳，再滴加氯水，边加边振荡，观察四氯化碳层的颜色变化。
(2) 用 $0.1 mol \cdot L^{-1}$ 的 KI 代替 KBr 作同样的实验，说明什么问题？
(3) 用 $0.1 mol \cdot L^{-1}$ 的 KI、四氯化碳、溴水作同样的实验，说明溴的氧化特性。

2. 卤素离子的还原性

(1) 向盛有少量 KI 固体的试管中加入 1mL 浓硫酸，观察反应产物的颜色和状态。

把湿的醋酸铅试纸移近管口以检验气体产物。

（2）向盛有少量 KBr 固体的试管中加入 1mL 浓硫酸，观察反应产物的颜色和状态。把湿的淀粉碘化钾试纸移近管口以检验气体产物。

（3）向盛有少量 NaCl 固体的试管中加入 1mL 浓硫酸，观察反应产物的颜色和状态。用玻璃棒蘸一些浓氨水，移近管口以检验气体产物。

3. 次氯酸盐与氯酸盐的性质

（1）次氯酸钾的氧化性。在 3 支试管中分别加入次氯酸钾溶液 1mL，再分别滴加浓盐酸、$0.1mol \cdot L^{-1}$ 的 $MnSO_4$ 溶液、$0.1mol \cdot L^{-1}$ 的 KI 溶液，观察各有什么现象，写出反应式。

（2）氯酸钾的氧化性

①与浓盐酸的作用。取少量氯酸钾晶体，滴加浓盐酸，观察现象（如现象不明显，可微热），写出反应式。

②与 KI 溶液作用。在试管中加入少许氯酸钾晶体，加蒸馏水溶解后，分成两份。一份中加几滴 $3.0mol \cdot L^{-1}$ 的硫酸酸化，另一份不加；然后各加 0.5mL 四氯化碳，再滴加 $0.1mol \cdot L^{-1}$ 的 KI 溶液，振荡，观察现象，解释原因。

（二）过氧化氢和硫化氢的性质

1. 过氧化氢的性质

（1）氧化性。取一支试管加入 0.5mL $0.1mol \cdot L^{-1}$ 的 KI 溶液和几滴淀粉溶液，加一滴 $1.0mol \cdot L^{-1}$ 的硫酸酸化，然后再滴加 0.5mL 10% H_2O_2 溶液，观察现象，写出反应式。

（2）用 1mL $0.1mol \cdot L^{-1}$ 的 $KMnO_4$ 溶液代替 KI 溶液进行同样的实验，滴加过氧化氢溶液时，要随时振荡试管，直至溶液的颜色消失。写出反应式。

2. 硫化氢的性质

（1）酸性。用 pH 试纸检验饱和硫化氢水溶液的 pH 值。

（2）还原性。在两支试管中分别加入 1mL $0.1mol \cdot L^{-1}$ 的 $K_2Cr_2O_7$ 溶液和 $0.1mol \cdot L^{-1}$ 的 $KMnO_4$ 溶液，加一滴 $3.0mol \cdot L^{-1}$ 的硫酸酸化，再分别滴加硫化氢溶液，观察各有什么现象，写出反应式。

（三）铵盐、硝酸盐的性质

1. 铵盐的性质

在 3 支试管中分别放入 1g 固体硝酸铵、硫酸铵和碳酸铵，加少量水，振荡使之溶解，注意他们的溶解情况，用 pH 试纸检验它们的酸碱性，并加以解释。

2. 硝酸盐的热分解反应

在 3 支干燥的试管中分别放入少量固体硝酸银、硝酸铜、硝酸钾，加热，观察反应产物的状态和颜色，并比较它们之间分解的难易。写出反应式。

（四）二氧化碳、碳酸盐和碳酸氢盐之间的转化

（1）在新配制的透明石灰水中通入二氧化碳，观察沉淀的生成。再继续通入二氧

化碳,有何变化?把溶液分成两份,再进行下述实验。

(2) 在上述一份溶液中加入稀盐酸,有何现象发生?

(3) 加热上述另一份溶液,又有何变化?

根据实验结果,总结它们之间相互转化的关系。

实验 5 配合物的生成和性质

一、实验目的

(1) 加深对配合物特性的理解,比较并解释配离子的稳定性。
(2) 了解配位离解平衡及其移动与其他平衡之间的关系。
(3) 了解配合物的一些应用。
(4) 培养独立设计实验步骤并进行实验的能力。

二、预习与思考

(一) 预习内容

(1) 教材中有关配合物的组成、键的特征、稳定性等基本理论。
(2) 影响配位离解平衡的因素。
(3) 常压过滤。

(二) 思考下列问题

(1) 配离子是怎样形成的?
(2) 简单离子和配离子有何区别?
(3) 衣服上沾有铁锈时,常用草酸去洗,试说明原理。
(4) 可用哪些不同类型的反应,使 $[FeNCS]^{2+}$ 配离子的红色褪去?
(5) 在印染业的染浴中,常因某些离子(如 Fe^{3+},Cu^{2+})使染料颜色改变,加入 EDTA 可纠正此弊,试说明原理。

三、仪器与试剂

试管,烧杯(50mL、100mL),量筒(10mL)。

H_2SO_4($1mol \cdot L^{-1}$),硫化氢饱和水溶液,氨水($2mol \cdot L^{-1}$、$6mol \cdot L^{-1}$),NaOH($0.1mol \cdot L^{-1}$、$2mol \cdot L^{-1}$),NH_4F($2mol \cdot L^{-1}$,固),NH_4SCN($0.1mol \cdot L^{-1}$,饱和),NH_4Ac($3mol \cdot L^{-1}$),NaCl($0.1mol \cdot L^{-1}$),$Na_2S_2O_3$($0.1mol \cdot L^{-1}$),KBr($0.1mol \cdot L^{-1}$),$K_3[Fe(CN)_6]$($0.1mol \cdot L^{-1}$),KI($0.1mol \cdot L^{-1}$),$BaCl_2$($0.1mol \cdot L^{-1}$),$CoCl_2$($0.1mol \cdot L^{-1}$、$1mol \cdot L^{-1}$),$CuSO_4$($1mol \cdot L^{-1}$),$FeCl_3$($0.1mol \cdot L^{-1}$),$NiSO_4$($0.2mol \cdot L^{-1}$),$AgNO_3$($0.1mol \cdot L^{-1}$),EDTA

($0.1mol \cdot L^{-1}$),酒精(无水),锌粒,戊醇,丁二酮肟(1%)的酒精溶液。

四、实验内容

(一)配离子的生成和组成

(1) 在两支试管中分别加入 $0.5mL$ $0.1mol \cdot L^{-1}$ $CuSO_4$ 溶液,然后在其中一支试管中加入几滴 $0.1mol \cdot L^{-1}$ $BaCl_2$ 溶液,另一支试管内加入 $0.1mol \cdot L^{-1}$ NaOH 溶液,观察现象。

(2) 铜氨配合物的制备。在小烧杯中加入 $5mL$ $1mol \cdot L^{-1}$ $CuSO_4$,逐滴加入 $6mol \cdot L^{-1}$ 氨水,直至最初生成的 $Cu_2(OH)_2SO_4$ 沉淀后又溶解为止,再多加几滴,然后加入 $6mL$ 无水酒精。观察晶体的析出。将制得的晶体过滤,晶体再用少量酒精洗涤两次。观察晶体的颜色。写出反应方程式。

(3) 取上面制备的 $[Cu(NH_3)_4]SO_4$ 适量,溶于 $4mL$ $2mol \cdot L^{-1}$ $NH_3 \cdot H_2O$ 中。

在两只试管中分别加入上述溶液 10 滴(其余部分留用),一份加 $0.1mol \cdot L^{-1}$ $BaCl_2$,另一份加 $0.1mol \cdot L^{-1}$ NaOH。观察现象。

根据实验结果,分析说明此配合物的内界和外界的组成。

(二)简单离子和配离子的区别

在试管中加入 $0.1mol \cdot L^{-1}$ $FeCl_3$ 溶液两滴,观察溶液的颜色,在此溶液中逐滴加入 $2mol \cdot L^{-1}$ NH_4F 溶液,观察颜色的变化。然后再逐滴加入 $0.1mol \cdot L^{-1}$ NH_4SCN 溶液,观察溶液颜色的变化,解释此现象。

在试管中加入 $0.1mol \cdot L^{-1}$ $FeCl_3$ 溶液,然后逐滴加入少量 $2mol \cdot L^{-1}$ NaOH 溶液,观察现象。以 $0.1mol \cdot L^{-1}$ $K_3[Fe(CN)_6]$ 溶液代替 $FeCl_3$,做同样实验观察现象有何不同,并解释原因。

(三)配离子稳定性比较

在盛有 5 滴 $0.1mol \cdot L^{-1}$ $AgNO_3$ 溶液试管中,加入 5 滴 $0.1mol \cdot L^{-1}$ NaCl 溶液,观察白色沉淀生成,边滴加 $6mol \cdot L^{-1}$ $NH_3 \cdot H_2O$ 边振摇至沉淀刚好溶解,再加 5 滴 $0.1mol \cdot L^{-1}$ KBr 溶液,观察浅黄色沉淀生成。然后再滴加 $0.1mol \cdot L^{-1}$ $Na_2S_2O_3$ 溶液,边加边摇,直至刚好溶解。滴加 $0.1mol \cdot L^{-1}$ KI 溶液,又有何沉淀生成?

通过以上实验,比较各配合物的稳定性大小,同时比较各沉淀溶度积大小,写出有关反应方程式。

(四)配位离解平衡的移动(设计实验)

利用本实验中自制含 $[Cu(NH_3)_4]^{2+}$ 的溶液,自行设计实验步骤并进行实验,破坏该配离子。

(1) 利用酸碱反应破坏 $[Cu(NH_3)_4]^{2+}$

(2) 利用沉淀反应破坏 [Cu(NH$_3$)$_4$]$^{2+}$

(3) 利用氧化还原反应破坏 [Cu(NH$_3$)$_4$]$^{2+}$

(4) 利用生成更稳定配合物方法破坏 [Cu(NH$_3$)$_4$]$^{2+}$

(五) 配合物的水合异构现象

在试管中加入约 1mL 浓度为 1mol·L^{-1} 的 CoCl$_2$ 溶液,观察溶液颜色,将溶液加热,观察溶液变为蓝色,然后将溶液冷却,观察溶液又变成紫红色。

$$[Co(H_2O)_6]^{2+} + 4Cl^- \rightleftharpoons [Co(H_2O)_2Cl_4]^{2+} + 4H_2O$$

(六) 配合物的某些应用

1. 利用生成有色配合物鉴定某些离子

在试管中,加几滴 0.2mol·L^{-1} Ni^{2+} 溶液和二滴 3mol·L^{-1} NH$_4$Ac 溶液,混匀后,再加入两滴丁二酮肟(又名二乙酰二肟)的酒精溶液,生成鲜红色沉淀。反应式如下。

丁二酮肟是弱酸,当 H$^+$ 浓度太大时,Ni^{2+} 沉淀不完全或不生成沉淀,但 OH$^-$ 浓度也不宜太大,否则会生成 Ni(OH)$_2$。合适的酸度是 pH 值 = 5~10。

2. 利用生成配合物掩蔽某些干扰离子

在试管中加 0.1mol·L^{-1} CoCl$_2$ 和 0.1mol·L^{-1} FeCl$_3$ 溶液各两滴,然后滴加饱和 NH$_4$SCN 溶液 8~10 滴,观察现象,边逐滴加入 2mol·L^{-1} NH$_4$F 溶液边振摇,有何现象?最后加 0.5mL 戊醇,振荡试管观察戊醇层颜色([Co(NCS)$_4$]$^{2-}$ 配离子易溶于有机溶剂戊醇呈现蓝绿色。若有 Fe^{3+} 离子存在,蓝色会被 [Fe(SCN)]$^{2+}$ 的血红色掩蔽,这时可加入 NH$_4$F,使 Fe^{3+} 离子生成无色的 [FeF$_6$]$^{3-}$ 离子,以消除 Fe^{3+} 离子的干扰)。

3. 硬水软化

取两只 100mL 烧杯,各盛 50mL 自来水(用井水效果更明显),在其中一只烧杯中加入 3~5 滴 0.1mol·L^{-1} EDTA 二钠盐溶液。然后将两只烧杯中的水加热煮沸 10min。可以看到,未加 EDTA 二钠盐溶液的烧杯中有白色悬浮物(何物?)生成,加 EDTA 二钠盐溶液的烧杯中则没有,解释该现象。

(七) 设计实验:利用配位反应分离混合离子

取 0.1mol·L^{-1} AgNO$_3$、0.1mol·L^{-1} CuSO$_4$、0.1mol·L^{-1} FeCl$_3$ 各 5 滴,混合并设法分离 Ag$^+$、Cu^{2+}、Fe^{3+}。画出过程示意图。

实验6 氧化还原反应和氧化还原平衡

一、实验目的

(1) 学会装配原电池。
(2) 掌握电极的本性、电对的氧化型或还原型物质的浓度、介质的酸度等因素对电极电势、氧化还原反应的方向、产物、速率的影响。
(3) 通过实验了解化学电池电动势。

二、预习与思考

(一) 预习内容

(1) 氧化还原反应的概念、影响氧化还原反应的因素。
(2) 能斯特方程式。

(二) 思考下列问题

(1) 利用浓差电池作电源电解水溶液 Na_2SO_4,实质是什么物质被电解?使酚酞出现红色的一极是什么极?为什么?
(2) 酸度对 Br_2/Br^-、I_2/I^-、Fe^{3+}/Fe^{2+}、Cu^{2+}/Cu、Zn^{2+}/Zn 电对的电极电势有无影响?为什么?
(3) 为什么 H_2O_2 既具有氧化性,又具有还原性?试从电极电势予以说明。
(4) 介质对 $KMnO_4$ 的氧化性有何影响?用本实验事实及电极电势予以说明。

三、仪器与试剂

试管,烧杯,伏特计或酸度计,表面皿,U 形管,电极(铜片、锌片),回形针,红色石蕊试纸(或酚酞试纸),导线,砂纸,滤纸。

NH_4F (s),琼脂 (s),HCl (浓),HNO_3 ($2mol \cdot L^{-1}$、浓),HAc ($6mol \cdot L^{-1}$),H_2SO_4 ($1mol \cdot L^{-1}$),NaOH ($6mol \cdot L^{-1}$,40%),氨水 ($6mol \cdot L^{-1}$),$ZnSO_4$ ($0.1mol \cdot L^{-1}$),$CuSO_4$ ($0.01mol \cdot L^{-1}$、$0.1mol \cdot L^{-1}$),KI ($0.1mol \cdot L^{-1}$),KBr ($0.1mol \cdot L^{-1}$),$FeCl_3$ ($0.1mol \cdot L^{-1}$),$Fe_2(SO_4)_3$ ($0.1mol \cdot L^{-1}$),$FeSO_4$ ($0.1mol \cdot L^{-1}$),H_2O_2 (3%),KIO_3 ($0.1mol \cdot L^{-1}$),溴水,碘水 ($0.1mol \cdot L^{-1}$),KCl (饱和),CCl_4,酚酞指示剂,淀粉溶液 (0.4%)。

四、实验内容

(一) 氧化还原反应和电极电势

(1) 在试管中加入 0.5mL $0.1mol \cdot L^{-1}$ KI 溶液和 2 滴 $0.1mol \cdot L^{-1}$ $FeCl_3$ 溶液,摇匀

后加入 0.5mL CCl_4，充分振荡，观察 CCl_4 层颜色有无变化。

（2）用 $0.1mol·L^{-1}$ KBr 溶液代替 KI 溶液进行同样的实验，观察现象。

（3）往两支试管中分别加入 3 滴碘水、溴水，然后加入约 0.5mL $0.1mol·L^{-1}$ $FeSO_4$ 溶液，摇匀后，加入 0.5mL CCl_4，充分振荡，观察 CCl_4 层有无变化。

根据以上实验结果，定性的比较 Br_2/Br^-、I_2/I^-、Fe^{3+}/Fe^{2+} 三个电对电极电势的相对高低，写出有关的反应方程式。

（二）浓度对电极电势的影响

（1）往一只小烧杯中加入约 30mL $0.1mol·L^{-1}$ $ZnSO_4$ 溶液，在其中插入锌片；往另一只小烧杯中加入约 30mL $0.1mol·L^{-1}$ $CuSO_4$ 溶液，在其中插入铜片。用盐桥将二烧杯相连，组成一个原电池。用导线将锌片和铜片分别与伏特计（或酸度计）的负极和正极相接。测量两极之间的电压（如图 3-1 所示）。

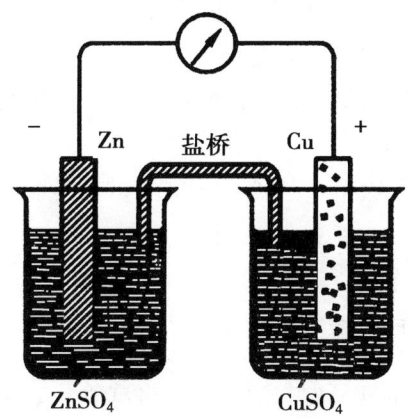

图 3-1　Cu-Zn 原电池

在 $CuSO_4$ 溶液中滴加 $6mol·L^{-1}$ 氨水至生成的沉淀溶解为止。形成深蓝色的溶液：
$$Cu^{2+} + 4NH_3 =\!=\!= [Cu(NH_3)_4]^{2+}$$ 观察原电池的电压变化。

再在 $ZnSO_4$ 溶液中滴加 $6mol·L^{-1}$ 氨水至生成的沉淀溶解为止，形成无色透明溶液：
$$Zn^{2+} + 4NH_3 =\!=\!= [Zn(NH_3)_4]^{2+}$$

观察原电池的电压变化。

利用能斯特方程式来解释实验现象。

（2）自行设计并测定下列浓差电池电动势，将实验值与计算值比较。

$$Cu\ |\ CuSO_4\ (0.01mol·L^{-1})\ \|\ CuSO_4\ (1mol·L^{-1})\ |\ Cu$$

在浓差电池的两极各连一个回形针，然后在表面皿上放一小块滤纸，滴加 $1mol·L^{-1}$ Na_2SO_4 溶液，使滤纸完全湿润，再加入酚酞 2 滴。将两极的回形针压在纸上，使其相距 1mm，稍等片刻，观察所压处，哪一端出现红色。

（三）酸度和浓度对氧化还原反应的影响

1. 酸度的影响

（1）在 3 支试管中，各加入 0.5mL 0.1mol·L^{-1} Na$_2$SO$_3$ 溶液，分别加入 0.5mL 1mol·L^{-1} 的 H$_2$SO$_4$ 溶液、蒸馏水 0.5mL 和 0.5mL 6mol·L^{-1} NaOH 溶液，混合均匀后，再各滴入 2 滴 0.01mol·L^{-1} KMnO$_4$ 溶液，观察反应产物有何不同，写出反应式。

（2）在试管中加入 0.5mL 0.1mol·L^{-1} KI 溶液和 2 滴 0.1mol·L^{-1} KIO$_3$ 溶液，再加几滴淀粉溶液，混合后观察溶液颜色有无变化。然后加 2～3 滴 1mol·L^{-1} 的 H$_2$SO$_4$ 溶液酸化混合液，观察有什么变化，最后滴加 2～3 滴 6mol·L^{-1} NaOH 使混合液显碱性；又有什么变化。写出有关反应式。

2. 浓度的影响

（1）往盛有 H$_2$O、CCl$_4$ 和 0.1mol·L^{-1} Fe$_2$(SO$_4$)$_3$ 各 0.5mL 的试管中加入 0.5mL 0.1mol·L^{-1} KI 溶液，振荡后观察 CCl$_4$ 层的颜色。

（2）往盛有 CCl$_4$、1mol·L^{-1} FeSO$_4$ 和 0.1mol·L^{-1} Fe$_2$(SO$_4$)$_3$ 各 0.5mL 的试管中，加入 0.5mL 0.1mol·L^{-1} KI 溶液，振荡后观察 CCl$_4$ 层的颜色。与上一实验中 CCl$_4$ 层颜色有何区别？

（3）在实验（1）的试管中，加入少许 NH$_4$F 固体，振荡，观察 CCl$_4$ 层颜色的变化。

说明浓度对氧化还原反应的影响。

（四）酸度对氧化还原反应速率的影响

在两支各盛 0.5mL 0.1mol·L^{-1} KBr 溶液的试管中，分别加入 0.5mL 1mol·L^{-1} H$_2$SO$_4$ 和 6mol·L^{-1} HAc 溶液，然后各加入 2 滴 0.01mol·L^{-1} KMnO$_4$ 溶液，观察 2 支试管中紫红色褪去的速度。分别写出有关反应方程式。

（五）氧化数居中的物质的氧化还原性

（1）在试管中加入 0.5mL 0.1mol·L^{-1} KI 和 2～3 滴 1mol·L^{-1} H$_2$SO$_4$，再加入 1～2 滴 3% H$_2$O$_2$，观察试管中溶液颜色的变化，写出反应方程式。

（2）在试管中加入 2 滴 0.01mol·L^{-1} KMnO$_4$ 溶液，再加入 3 滴 1mol·L^{-1} H$_2$SO$_4$ 溶液，摇匀后滴加 2 滴 3% H$_2$O$_2$，观察溶液颜色的变化，写出反应方程式。

实验 7 烃的性质

一、实验目的

（1）验证烃类的一般性质，掌握烯、炔的制备方法。
（2）比较烷、烯、炔之间的性质差异，掌握鉴别烯、炔的方法。

二、预习与思考

（1）烷烃、烯烃、炔烃、芳香烃的物理和化学性质。
（2）烷烃、烯烃、炔烃、芳香烃的制备方法。
（3）烷、烯、炔的性质和烷、烯、炔的鉴别的反应依据是什么？
（4）实验中如何正确制备烯、炔？应注意什么问题？

三、仪器与试剂

试管、具支试管、试管架、滴液漏斗、烧瓶等。

液体石蜡、溴的四氯化碳溶液（3%）、高锰酸钾溶液（1%）、乙醇（95%）、浓硫酸、氢氧化钠、碳化钙（电石）、饱和氯化钠溶液、硫酸铜、硝酸银氨溶液和氯化亚铜氨溶液、苯、甲苯、萘、氯仿、无水三氯化铝、氯苯、甲醛、石油醚。

四、实验内容

1. 烷烃的性质

（1）卤代反应。取 2 支干燥试管，分别加 1mL 液体石蜡，再分别加 3 滴 3% 溴的四氯化碳溶液，摇动试管，使其混合均匀。把一试管放入暗处，另一支试管放在阳光下或日光灯下。半小时后观察颜色变化，有何区别？并解释。

（2）氧化试验。取 1 支干燥试管，分别加 1mL 液体石蜡，再分别加 3 滴 1% 高锰酸钾溶液，摇动试管，使其混合均匀。观察颜色有无变化，并解释。

2. 乙烯的制备及性质

（1）乙烯的制备。取 2 支带支管的试管组装成图 3-2 的装置。在第一支试管中装 2mL 95% 乙醇，边摇动边慢慢地加 6mL 浓硫酸，再加沸石 5 粒，装上温度计。在第三支试管中加 5mL 10% NaOH 溶液，做洗涤乙烯气之用。开始用稍大一点的火加热，温度升高 170℃ 后，用小火加热，温度控制在 160~170℃，使乙烯气均匀地外逸。

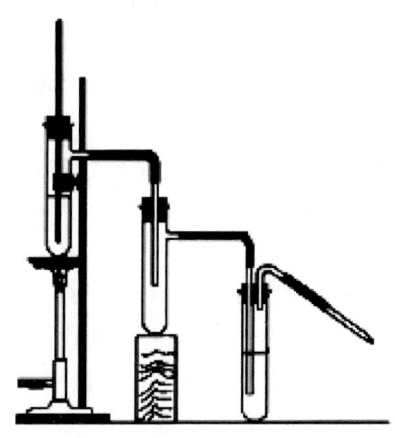

图 3-2 乙烯的制备装置

（2）乙烯的性质。用前面自己制备的乙烯做下面的实验。

加成反应　取1支试管，加1mL溴的四氯化碳溶液。通乙烯于溶液中，溶液有何变化，说明什么问题？

氧化反应　取1支试管，加1mL环己烯和4滴高锰酸钾溶液。摇动试管，溶液有何变化，说明什么问题？以环己烷重复以上实验，有何不同，写出反应式。

3. 乙炔的制备及性质

（1）乙炔的制备。在250mL蒸馏烧瓶中装5g碳化钙（电石），装上滴液漏斗，在滴液漏斗中装40mL饱和氯化钠溶液，蒸馏烧瓶支管连接盛有饱和硫酸铜溶液的洗气瓶，装置如图3-3所示。小心旋开滴液漏斗活塞，使氯化钠溶液缓慢滴入烧瓶中。乙炔开始生成。用自己制的乙炔做以下实验。

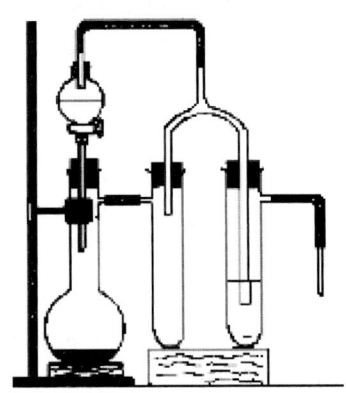

图3-3　乙炔的制备装置

（2）乙炔的性质。

①加成反应：取1支试管，加1mL溴的四氯化碳溶液。通入乙炔于溶液中，溶液有何变化，说明什么问题？

②氧化反应：取1支试管，加4滴高锰酸钾溶液，通入乙炔于溶液中。溶液有何变化，说明什么问题？以环己烷重复以上实验，有何不同，写出反应式。

③炔金属化合物的生成：取2支试管，分别加入2mL硝酸银氨溶液和氯化亚铜氨溶液，通入乙炔，注意溶液有何变化。

用玻璃棒挑出少许（小米粒大即可）炔金属化合物沉淀，放在石棉网上，用小火加热，观察其爆炸情况。

4. 芳香烃的性质

（1）溴代反应。取4支干燥洁净的试管，编号。在1、2两支试管里各加10滴苯；在3、4两支试管里各加10滴甲苯。然后在这4支试管里各加3滴3%溴的四氯化碳溶液，摇动试管。混合均匀后，在试管2、4中各加少量铁粉。将4支试管随时摆动，观察有何现象。如果温度过低，反应困难，可将试管放在沸水浴中加热几分钟再观察现象。

（2）硝化反应。取2支试管，各加1mL浓硝酸和2mL浓硫酸，摇匀，制成混酸。

稍冷后，在每支试管中分别慢慢滴加 1mL 苯、甲苯，不断地摇动试管，数分钟后观察有何现象。将 2 支试管内的混合液分别倾入 50mL 冷水中，观察现象。

（3）氧化反应。取 3 支干净的试管，各加 5 滴 0.5% 高锰酸钾溶液和 25% 稀 H_2SO_4 溶液。然后分别加 10 滴苯、甲苯和 0.1g 萘的粉末，用力摇动试管，放在 50~60℃ 的水浴中加热 3~5min，比较这三种芳烃的氧化情况。试解释之。

（4）氯仿试验。取 1 支干燥洁净的试管，加入约 0.1g 无水三氯化铝，用强火灼热试管，试管口装好干燥装置，冷却至室温。在另一支干燥洁净的试管里加入 8 滴氯仿和 5 滴无水苯，将所得溶液沿第一支试管壁倒入。有何现象？用甲苯、二甲苯、氯苯为样品，做上述试验，结果如何？

（5）甲醛-硫酸试验。取 4 支干净的试管，各加 5 滴无芳烃的溶剂（如氯仿、四氯化碳、己烷等），再分别加 5 滴苯、甲苯、萘和石油醚；摇动试管，都呈清亮溶液。然后将这 4 支试管里的溶液分别倒入另 4 支各装有 10 滴甲醛-硫酸试剂的试管里。静置片刻，观察 4 支试管里甲醛-硫酸试剂表面显色情况有何不同。

实验 8　卤代烃的性质

一、实验目的

(1) 验证卤代烃的一般性质。
(2) 掌握鉴别卤代烃的化学方法。

二、预习与思考

(1) 卤代烃的物理和化学性质。
(2) 卤代烃取代和消除反应的影响因素。
(3) 卤代烃的结构对性质的影响。
(4) 如何用实验区别不同卤代烃的活性？

三、仪器与试剂

试管、试管架。

溴乙烷、1-氯丁烷、2-氯丁烷、叔丁基氯、氯化苯、氯化苄、碘化钠丙酮溶液、NaOH 溶液（5%）、氯仿、$AgNO_3$ 水溶液（5%）、氨水、高锰酸钾。

四、实验内容

1. 卤代烃的取代反应

取 5 支干燥试管，分别加 3 滴（约 0.2mL）1-氯丁烷、2-氯丁烷、叔丁基氯、氯化苯和氯化苄。然后，在每支试管中各加 1mL15% 碘化钠丙酮溶液，边加边摇动试管，同时注意观察每支试管里的变化，记下产生沉淀的时间。大约过 5min 后，再把没有出现沉淀的试管放在 50℃ 的水浴里加热（注意，水浴温度不要超过 50℃，以免影响实验结果）。加热6min后，将试管取出并冷却到室温。从加热到冷却都要注意观察试管里的变化并记下产生沉淀的时间。有没有沉淀的产生能说明什么问题？请从结构和反应历程上简单地予以解释。

2. 卤代烃与硝醋银溶液的反应

取5支干燥洁净的试管，分别加3滴（约0.2mL）1-氯丁烷、2-氯丁烷、叔丁基氯、氯化苯和氯化苄。然后，在每支试管里各加1mL 1% $AgNO_3$乙醇溶液。边加边摇动试管，注意每支试管里是否有沉淀出现，记下出现沉淀的时间。大约过5min后，再把没有出现沉淀的试管放在水浴里加热至微沸，要注意观察这些试管里有没有沉淀出现并记下出现沉淀的时间。如何解释本实验所发生的现象。

3. 卤代烃的水解反应

（1）溴乙烷的水解。取1支试管加2滴溴乙烷和2mL 5% NaOH溶液。溴乙烷的沸点（38℃）较低，为了减少溴乙烷的蒸发，加热要缓慢，先用水浴加热几分钟后再直接放在石棉网加热。边加热边不断摇动试管。冷却至室温后，从中取出一部分水溶液，滴加3mol/L硝酸，边滴加边用pH试纸检查，一直滴加到溶液呈中性或弱酸性为止。再滴加几滴5% $AgNO_3$水溶液。有何变化？

（2）氯仿的水解。取1支试管加3滴氯仿和3mL 5% NaOH溶液。小火加热几分钟，边加热边摇动试管，直到溶液沸腾后停止加热。冷却至室温，然后分装3支试管，继续做以下3个实验。

检验氯离子：在第一支试管里滴加3mol·L^{-1}硝酸使溶液呈中性或弱酸性。然后再滴加3滴5% $AgNO_3$水溶液，观察溶液中有何现象，说明什么问题？

①与托伦试剂反应：取1支洁净稍大的试管，加0.5mL 5%硝醋银溶液和0.5mL 5% NaOH溶液，试管里立即有棕黑色的沉淀出，用力摇动试管，使反应完全。然后向试管里滴加氨水，边滴加边用力摇动试管，滴到棕黑色沉淀刚好全部溶解为止。这时溶液呈无色清亮状，即得托伦试剂。在第二支装有水解溶液的试管里加入刚配制好的托伦试剂，注意观察有无银镜生成，并解释之。实验完后应即时倒反应液，加硝酸洗涤干净。

②高锰酸钾反应：在第三支装有水解溶液的试管中加2滴0.5%高锰酸钾溶液。观察溶液的变化。

通过实验，分析、解释氯仿的水解。

实验9　醇、酚的性质

一、实验目的

（1）验证醇类的一般性质，比较醇、酚之间的性质差异。
（2）掌握鉴别醇、酚的化学方法。

二、预习与思考

（1）醇、酚的物理和化学性质。

(2) 醇羟基和酚羟基的酸性差别。

(3) 醇、酚的结构对性质的影响。

(4) 醇、酚性质有什么异同？为什么？

三、仪器与试剂

试管、试管架。

无水乙醇、乙醇（95%）、正丁醇、仲丁醇、叔丁醇、乙二醇、甘油、饱和甘露醇、饱和环己二醇、浓盐酸、高锰酸钾溶液（0.5%）、碳酸钠溶液（5%）、高碘酸溶液（5%）、希夫试剂、氯化汞溶液（2%）、正辛硫醇-乙醇溶液（5%）、2,3-二巯基丙醇-乙醇溶液（5%）、亚硝酸钠、苯酚、对苯二酚、间苯二酚、1,2,3-苯三酚、α-萘酚、苦味酸、饱和溴水、三氯化铁、乙醚、氢碘酸（45%）、浓硫酸、金属钠、硝酸铈铵。

四、实验内容

1. 醇的化学性质

（1）醇与金属钠作用。取2支干燥的试管，于一支试管中加入1mL无水乙醇，于另一支试管里加入1mL正丁醇。然后分别向两支试管里加1~2粒绿豆大小的金属钠。用大姆指按住试管口，待气体平稳放出并增多时，将试管口靠近灯焰，放开大拇指，有何现象发生？

醇与钠作用，溶液逐渐变稠，金属钠的外面包上一层固体的乙醇钠，反应逐渐变馒。这时，稍微加热和摇动试管，可使反应加快。

将制得的溶液加入5mL水，摇动试管，加入2滴酚酞指示剂，有何现象发生，并说明原因。

（2）硝酸铈铵试验。取5支试管，编号后，分别加入5滴95%乙醇、乙二醇、甘油、饱和甘露醇水溶液和饱和环己二醇水溶液。然后各滴加2滴硝酸铈铵试剂，摇动试管，观察溶液颜色的变化。

（3）卢卡氏试验。取3支干燥试管，分别加入1mL正丁醇、仲丁醇、叔丁醇，然后各加入2mL卢卡氏试剂，软木塞塞住试管口，摆动试管后静止（最好保持在26~27℃），观察变化，并记下混合液变混浊和出现两个液层的时间。

用1mL浓盐酸代替卢卡氏试剂做上述的同样试验。比较结果。

（4）醇的氧化反应。取3支试管，各加入5滴0.5%高锰酸钾溶液和5滴5%碳酸钠溶液；然后在每支试管里加入5滴正丁醇、仲丁醇、叔丁醇。摇动试管，观察混合液的颜色有何变化？

（5）多元醇的反应。氢氧化铜试验：取4支试管，分别加入3滴5%硫酸铜溶液和6滴5% NaOH溶液，有何现象发生？然后，在每支试管里分别加入5滴10%乙二醇、10% 1,3-丙二醇、10%甘油、10%甘露醇水溶液。摇动试管，有何现象？最后，在每支试管里各加入1滴浓盐酸，混合液的颜色又有什么变化？为什么？

高碘酸试验：取4支试管，分别加入3滴10%乙二醇、10% 1,3-丙二醇、10%甘油、10%甘露醇水溶液,然后,在每支试管里各加入3滴5%高碘酸溶液。将混合物静置5min,在每支试管中各加入3~4滴饱和亚硫酸钠溶液以还原过量的高碘酸。最后,再各加入1滴希夫试剂,将混合物静置数分钟后,观察混合液的颜色变化。

取4支小试管(也可以在黑色点滴板上做此实验),分别加1滴10%乙二醇、10%1,3-丙二醇、10%甘油、10%甘露醇水溶液。然后,在每支试管里各加1滴高碘酸—硝酸银试剂,注意观察每支试管滴加后的变化。

2. 酚和醚的化学性质

(1) 酚的酸性。水溶液的试纸检验:取5支试管,贴上标签,编号。在5支试管里分别加入0.1g苯酚、对苯二酚、间苯二酚、1,2,3-苯三酚、α-萘酚,再各加4mL水。摇动试管,观察酚的溶解情况。将不溶者加热煮沸,然后放冷,有何变化?分别各取1滴所制得的溶液在蓝色的石蕊试纸上,有何现象?

氢氧化钠试验:取2支试管,分别加入0.3g苯酚、α-萘酚,再各加1mL水。摇动试管。然后在两支试管里滴加5%氢氧化钠溶液至酚全部溶解为止。特制得的清亮溶液用15%稀硫酸酸化,观察有何现象发生。

碳酸钠试验:取2支试管,各加0.3g苯酚(或α-萘酚)。然后在一支试管里加1~2mL 5%碳酸钠溶液;在另一支试管里加入同体积的饱和碳酸氢钠溶液。时而摇动试管。比较这两支试管中的现象有何不同,试说明原因。

(2) 酚的取代反应。酚与饱和溴水的反应取5支试管,贴上标签,编号。在5支试管里分别加入苯酚、对苯二酚、间苯二酚、1,2,3-苯三酚、α-萘酚的饱和水溶液,再各加入2滴饱和溴水,摇动试管。观察有何变化。

将苯酚与溴水的反应的试管取出,在振摇下继续向试管里加入饱和溴水至白色沉淀变为淡黄沉淀时为止。将制得的混合液用小火加热煮沸1~2min后冷却。在冷的混合液滴加5滴5%碘化钾溶液和1mL苯,用力摇动试管,观察有何现象。

(3) 酚和三氯化铁的反应。取5支试管,贴标签编号。在5支试管里分别加入苯酚、对苯二酚、间苯二酚、1,2,3-苯三酚、α-萘酚的饱和水溶液,再各加3滴1%三氯化铁溶液,试管里有何现象?

将前面苯酚、间苯二酚得到的有色溶液各分成三份。在第一份中加入同体积的乙醇,第二份中加几滴5% HCl;在第三份中加几滴5% NaOH溶液。观察有何现象发生。

常见酚和三氯化铁的显色反应如下:

苯酚	间苯二酚	对苯二酚	邻苯三酚	α-萘酚	β-萘酚
蓝紫	蓝紫	暗绿结晶	棕红	紫色沉淀	紫色沉淀(缓慢析出)

(4) 酚的氧化。取5支试管,贴上标签编号。在5支试管里分别加入5滴苯酚、对苯二酚、间苯二酚、1,2,3-苯三酚、α-萘酚的饱和水溶液,再各加5滴5%碳酸钠溶液和1~2滴0.5%高锰酸钾,观察有何变化,为什么?

(5) 醚键的断裂。取2支大试管,一支试管中加入1mL乙醚和2mL氢碘酸

(45%),再加一粒沸石。另一支试管中只加入 2mL 氢碘酸和沸石。离试管口 4cm 处塞好特制药棉,并在试管口放一块沾有硝酸汞试剂的滤纸,用油浴加热,慢慢升温,至 130~140℃时,观察滤纸的颜色有何变化。

(6)镁盐的生成。取 2 支干燥试管,在一支试管里加入 2mL 浓硫酸;另一支试管里加入 2mL 浓盐酸、将两个试管都放入冰水中冷却至 0℃后,在每支试管里小心加入 1mL 预先量好并已冷却的乙醚,要分几次加入,并时而摇动试管,保持冷却。观察有何变化,试嗅一嗅所得的均匀溶液是否有乙醚味。

将上面两支试管里的液体分别小心倾入另外两支各盛有 5mL 冷水和一块冰的试管里,倾倒时也要加以摇动和冷却。此时是否有乙醚的气味出现?水层上是否有乙醚层?小心加入几滴 10% NaOH 溶液,中和掉部分酸,观察乙醚层是否增多。

实验 10 醛、酮的性质

一、实验目的

(1)验证醛、酮的化学性质,比较醛、酮之间的性质差异。
(2)掌握鉴别醛、酮的化学方法。

二、预习与思考

(1)醛、酮的物理和化学性质。
(2)醛、酮在合成中的应用。
(3)有时碘仿反应需要加热,能否用沸水浴加热,为什么?
(4)如何比较醛、酮之间的性质差异?

三、仪器与试剂

试管、试管架。

甲醛(5%)、乙醛(5%)、丙酮(5%)、丁醛、苯甲醛、3-戊酮、环己酮、乙醇、异丙醇(5%)、2,4-二硝基苯肼、碘-碘化钾溶液、希夫试剂、菲林试剂 A、菲林试剂 B、$AgNO_3$(2%)、氨水(5%)。

四、实验内容

1. 与 2,4-二硝基苯肼的反应

取 6 支试管,贴上标签并编号。按编号的顺序分别在 1~6 号试管里滴加 2 滴甲醛、乙醛、丙酮、3-戊酮、环己酮、苯甲醛,然后分别滴加 2,4-二硝基苯肼试剂,边滴加边摇动试管,一般滴 10 滴即可,观察滴加过程有无沉淀产生,每个试管里出现的沉淀各什么颜色,颜色不同又说明什么问题?

2. 与亚硫酸氢钠的反应

取 6 支试管,贴上标签并编号。按编号的顺序分别在 1~6 号试管里滴加 2 滴甲醛、乙醛、丙酮、3-戊酮、环己酮、苯甲醛，然后再各加 1mL 新配制的饱和亚硫酸氢钠溶液，边加边用力摇动试管，注意观察有没有晶体产生，如果没有晶体产生，可将试管放置 5~10min 后再观察。

取几支试管，分为两组。分别加少量上面反应后产生的晶体，编号，做下面实验：

（1）每支试管里各加 2mL 10% 碳酸钠溶液，用力摇动试管，在不超过 50℃ 的水浴加热，继续不断地摇动试管，注意观察有何现象。

（2）在每支试管里各加 2mL 5% HCl，用力摇动试管，放在不超过 50℃ 的水浴加热，继续不断地摇动试管。这时，又有何现象。

3. 与希夫试剂反应

取 3 支试管，各加 1mL 希夫试剂，再分别滴加 1 滴丙酮、甲醛、乙醛，滴后摇动试管，注意观察它们的现象有何不同。

另取 2 支试管，分别取出 1 滴与希夫试剂反应后的甲醛、乙醛溶液。继续对应地滴加 4 滴甲醛、乙醛；边滴加边摇动试管，然后各加 4 滴浓硫酸，观察颜色有何变化。

4. 碘仿反应

取 5 支试管，贴标签，编号。按编号顺序分别加入 3 滴甲醛、乙醛、丙酮、乙醇、异丙醇。然后，又各加 7 滴碘溶液，溶液呈深红色。加完后，接着滴加 5% NaOH 溶液、边滴边摇动试管。直滴到深红色刚好消失为止，注意观察试管里的溶液，当深红色消失后有没有沉淀立即产生，是否能嗅到碘仿的气味？如果有的试管里是出现白色乳浊液，还不能说是碘仿，应该将含乳浊液的试管放到 50~60℃ 水浴中温热几分钟，再观察有何现象。

5. 托伦试验

按照实验 8 的方法加大 4 倍量配制托伦试剂。将制得的托伦试剂分装于 6 支试管里并编号。

（1）在 1 至 5 号的试管里分别滴 1 滴甲醛、乙醛、丙酮（化学纯）、苯甲醛、柠檬醛，边加边用力摇动试管。注意每支试管里溶液发生了什么变化。

在第 6 号试管里加 5 滴或者再多加一点化学纯丙酮，边滴边用力摇动试管。注意观察试管里溶液的变化与前面实验有何不同，并解释之。

（2）在托伦试剂的配制中，把 2mL 5% NaOH 溶液分别改成 1mL 和 0.5mL 做实验 5（1）如果反应不明显，可用水浴（50~60℃）微热片刻。分别观察这两次实验的结果，试与第一次实验比较，说明什么问题。

实验完毕后，应将试管中反应物及时倒尽并加入硝酸，煮沸洗涤干净。

6. 菲林试验

取 4 支试管各加 1mL 菲林试剂 A 和 1mL 菲林试剂 B，用力摇匀。然后分别加 10 滴（0.5mL）甲醛、乙醛、丙酮及苯甲醛，边加边摇动试管。摇匀后，将 4 支试管一起放入沸水浴中加热 3~5min，观察有何现象并解释。

实验 11　羧酸及其衍生物的性质

一、实验目的

(1) 验证羧酸及其衍生物的性质，比较羧酸及其衍生物之间的性质差异。
(2) 掌握鉴别羧酸及其衍生物的化学方法。

二、预习与思考

(1) 羧酸及其衍生物的物理和化学性质。
(2) 羧酸及其衍生物与醛和酮之间化学性质的差别。
(3) 比较羧酸及其衍生物反应活性。
(4) 怎样用实验证明乙酰乙酸乙酯常温下存在互变平衡？

三、仪器与试剂

试管、试管架。

酚酞溶液、刚果红试纸、红色石蕊试纸、甲酸、草酸、乙酰乙酸乙酯、乙酸酐、乙酰氯、苯甲酰氯、乳酸、苯甲酸、水杨酸、氢氧化钠、三氯化铁、浓硫酸、高锰酸钾溶液（0.5%）、溴水、亚硫酸氢钠、醋酸铜。

四、实验内容

1. 羧酸的酸性

(1) 刚果红试纸试验。取 3 支试管，分别加入 5 滴甲酸、冰醋酸和 0.5g 草酸。再各加 2mL 蒸馏水。摇动试管，然后分别用干净的玻璃棒沾取酸的溶液在刚果红试纸上画线。比较各条线的颜色深浅，并解释之。

(2) 甲酸根的形成与分解。取 1 支大试管，加 3 滴甲酸，用 1mL 蒸馏水稀释，小心地滴加 5 滴 NaOH 溶液，中和至溶液刚好显中性或弱碱性（不断地用 pH 试纸检查）。然后加 5 滴 2% $AgNO_3$ 溶液，有何现象出现，再加热有何变化？

(3) 醋酸铁的形成与分解。取 1 支试管，加 3 滴冰醋酸和 2mL 水，用 5% NaOH 溶液中和至中性（注意碱不要过量，否则生成氢氧化铁红棕色沉淀影响实验现象的观察），然后加 1 滴三氯化铁溶液，并时时摇动试管，观察呈何颜色？加热煮沸 1~2min 观察又有何变化

2. 甲酸的氧化

取 1 支带有导气管的试管，加入 1mL 甲酸和 1mL 浓硫酸及 1mL 0.5% 高锰酸钾溶液、放 1 粒沸石，加热，迅速塞好试管。并把导气管插入装石灰水（或氢氧化钡水溶液）的小试管，观察气体通入后溶液的变化，并解释之。

3. 羧酸的分解

(1) 加热分解。取 1 支试管，加入 4mL 甲酸和一粒沸石。按图 3-4 装好仪器。用

强火加热试管，并将小回流冷凝管下端的带支管试管的导气管插入盛有 1mL 石灰水的小试管里、观察小试管里水溶液有何现象。

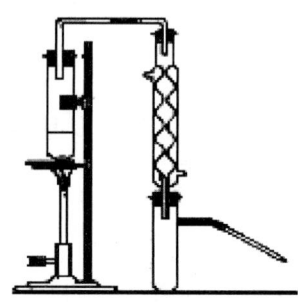

图 3-4 羧酸分解装置

用 0.5g 草酸代替甲酸做以上实验。

（2）与浓硫酸共热分解。取 2 支带有导气管的试管，分别加入 1mL 甲酸，0.5g 草酸，再各加 1mL 浓硫酸，混合均匀，分别加热。将导气管插入石灰水中，有何现象，然后在导气管口点火，燃烧情况如何。

4. 醇酸的氧化

取 1 支带支管的试管，加入 1mL 乳酸，再加 1mL 15%硫酸和 1mL 0.5%高锰酸钾溶液及一粒沸石，将试管斜夹在台支架上，塞好试管。支管接导气管，插入另一支盛有 1mL 水的试管里，导气管末端要插入水里，且盛水的试管要放在冰水浴中冷却。

小心加热支架上的试管，待混合液快要沸腾时，注意观察混合液的颜色如何变化。加热几分钟后，用托伦试剂检验已吸收了气体的水溶液，有何现象，并解释之。

5. 酚酸的反应

（1）氧化反应。取 2 支试管，分别加入 5 滴饱和苯甲酸溶液、饱和水杨酸溶液，再各加入 1mL 5%碳酸钠溶液和 1 滴 0.5%高锰酸钾熔液。摇动试管，仔细观察各试管有何现象发生。

（2）和溴水反应。取 2 支试管，分别加入 5 滴饱和苯甲酸溶液、饱和水杨酸溶液，再各加入 2 滴饱和溴水。观察各试管有何变化？

6. 乙酸乙酯的生成

取 2 支试管，各加入 2mL 乙醇和 2mL 冰醋酸，摇匀。在第一支试管里再加入 5 滴浓硫酸。摇动试管后，将两支试管同时放在热水浴中（60~70℃）加热 10min。不要煮沸。然后将两支试管放在冷水里冷却，在每支试管里加入 2mL 水。注意是否有酯的香味生成。观察两支试管液面有何变化，为什么？

7. 乙酰乙酸乙酯的反应

（1）与亚硫酸氢钠的反应。取 1 支干燥试管，加入 10 滴纯净干燥的乙酰乙酸乙酯和 1mL 新配制的饱和亚硫酸氢钠溶液。摇动试管，放置 10min 后观察有何现象。

（2）与饱和溴水反应。取 1 支试管，加入 5 滴乙酰乙酸乙酯和 3~5 滴饱和溴水。摆动试管，观察反应液的颜色有何变化，为什么？

（3）与三氯化铁反应。取 1 支试管，加入 5 滴乙酰乙酸乙酯和 3 滴 1% 三氯化铁溶液。观察反应液颜色有何变化，为什么？

（4）烯醇式铜盐的生成。取 1 支试管，加入 10 滴乙酰乙酸乙酯和 10 滴饱和醋酸铜溶液。摇动试管，静置后有何现象？再加入 2mL 氯仿，又有何现象？

（5）酮式与烯醇式的互变异构。取 1 支试管，加入 5 滴乙酰乙酸乙酯和 1 滴乙醇、混合均匀后滴加 1 滴 1% 三氯化铁溶液，反应液里何种颜色？再加入数滴饱和溴水，变化如何？放置后又会怎样？前后的颜色变化说则什么问题？

8. 酰氯的反应

（1）水解反应。取 1 支试管，加入 3mL 水和 5 滴苯甲酰氯及一粒沸石。将混合物在石棉网上加热 5min。经常摇动试管至溶液澄清。冷却，有何现象？

（2）醇解反应。取 1 支干燥试管，加入 1mL 无水乙醇，慢慢滴加 1mL 乙酰氯。不断摇动并用冷水冷却试管，再加入 2mL，所得溶液酸性。用 3% NaOH 小心中和至红色石蕊试纸变蓝色为止，有无酯味出现？并观察有无酯层出现，加入固体氯化钠使其溶解，静置。再观察现象。

（3）酰化作用。取 1 支试管，加 5 滴苯胺和 5 滴乙酰氯，待猛烈反应后，加入 5mL 水，有何现象？

实验 12　胺的性质

一、实验目的

（1）验证胺的一般性质，比较不同胺的性质差异。
（2）掌握鉴别胺的化学方法。

二、预习与思考

（1）胺的物理和化学性质。
（2）胺在有机合成中的应用。
（3）比较不同胺的反应活性。
（4）比较不同胺的碱性，用电子效应说明。

三、仪器与试剂

试管、试管架。

苯胺、二苯胺、N-甲基苯胺、N,N-二甲基苯胺、异丙胺、丙胺、苯甲酰氯、氢氧化钠、对甲苯苯磺酰氯、亚硝酸钠、β-萘酚、溴水、次溴酸钠、重铬酸钾、高锰酸钾、无水乙醇、浓盐酸、苦味酸。

四、实验内容

1. 碱性试验

取 2 支试管,第一支试管里加 1 滴苯胺,第二支试管里加数粒二苯胺和 10 滴(约 0.5mL)无水乙醇。摇动试管后,使二苯胺溶解呈透明状溶液。

(1) 在第一支试管里加 10 滴(约 0.5mL)水,摇动试管,观察有何现象?然后滴加 1~2 滴浓盐酸,摇动试管,再看试管里液体是否呈清亮的溶液。最后用水稀释,注意稀释后的溶液是否还清亮。

(2) 在第二支试管里加 10 滴(约 0.5mL)水、摇动试管,观察原来透明状溶液有何变化。然后把试管放在热水中,滴加 2~3 滴浓盐酸,边加边摇动试管,直至溶液清亮(冷至室温后仍然清亮)为止。最后再加 1mL 水,摇动试管。注意又有什么变化,这些变化能说明什么问题?

把两支试管里的变化加以比较,并解释原因。

2. 成盐试验

取 3 支试管,各加 1mL 饱和苦味酸水溶液,分别滴加苯胺、N-甲基苯胺、N,N-二甲基苯胺。边加边摇动试管,并注意溶液里的变化。

3. 兴斯堡反应

取 3 支试管,分别加入 0.1mL 胺、N-甲基苯胺、N,N-二甲基苯胺。再在每支试管里加 0.2g 对甲苯磺酰氯。用力摇动试管,手触试管底,哪支试管发热,说明什么?然后加 5mL 10% 氢氧化钠溶液,塞好试管,将试管摇动 3~5min。打开塞子,边摇动试管边用水浴加热 1min。冷却溶液并用 pH 试纸检验之,直到呈碱性。加氢氧化钠后,生成的沉淀用 5mL 水稀释,并用力摇动试管。不溶解的是什么胺?溶解的又是什么胺?最后各用 5% HCl 滴加到刚好是酸性,注意观察每步所出现的现象,并加以解释。

4. 与亚硝酸反应

(1) 取 1 支大试管,加 3 滴(0.1mL)异丙胺和 2mL 30% 硫酸溶液,放在冰水浴里冷却溶液到 5℃ 或更低些。另取 1 支试管,加 2mL 10% 亚硝酸钠水溶液,同样放在冰水浴里冷却。再取 1 支试管,加 2mL 10% NaOH 水溶液,并将 0.1g β-萘酚溶于其中,也放在冰水浴里冷却。当这 3 支试管里的溶液的温度冷到 5℃ 以下后,边摇动边把冷的亚硝酸钠溶液滴加到冷的异丙胺溶液中,注意此时有何现象出现?滴加完毕后,再加 β-萘酚溶液,又有什么现象出现?

(2) 用 0.1mL 苯胺代替异丙胺做上述实验。注意,在滴加冷的亚硝酸钠溶液时所出现的现象与上实验有何不同?边加边摇动试管,加完后继续摆动到固体全部溶解,然后倒出 0.5mL 溶液放在试管架上,让温度升高到室温,其现象如何?在剩余的反应液里加入冷的 β-萘酚溶液,现象与碱性试验有什么不同。

5. 苯胺的反应

(1) 溴代反应。取 1 支试管加 1mL 苯胺水溶液,然后滴加 3 滴溴水,边滴边摇动试管,每加 1 滴时,注意观察试管里溶液有何变化。

(2) 氧化反应。取 3 支试管，各加 1mL 苯胺水溶液。然后做下面 3 个实验。

在第一支试管里滴加 2 滴次溴酸钠水溶液，摇动试管。观察有何现象出现。

在第二支试管里滴加 2 滴饱和重铬酸钾溶液和 0.5mL 5% 硫酸，摇动试管，放置 10min。注意观察溶液颜色的变化。

在第三支试管里滴加 2 滴 0.5% 高锰酸钾水溶液，摇动试管。观察溶液颜色的变化。

实验 13　糖类的性质

一、实验目的

(1) 掌握糖类的主要化学性质。
(2) 熟悉糖类的某些鉴定方法。

二、预习

(1) 糖类的物理和化学性质。
(2) 通过核磁共振氢谱鉴定糖类的构象。
(3) 为什么可以用碘液定性地了解淀粉的水解程度？
(4) 试设计鉴别葡萄糖、果糖、麦芽糖、蔗糖、淀粉的方案，并说明理由。

三、仪器与试剂

试管、试管夹、酒精灯、显微镜等。

葡萄糖（2%）、果糖（2%）、蔗糖（2%）、麦芽糖（2%）、淀粉（1%）、菲林试剂 A、菲林试剂 B、α-萘酚乙醇溶液（15%）、蒽酮浓硫酸溶液（0.2%）、间苯二酚浓盐酸溶液、浓硫酸、HCl（浓）、饱和氯化钠、I_2（0.1%）、NaOH（20%）、苯肼试剂、$AgNO_3$（2%）、氨水（5%）、硫酸铜、浓硝酸、乙醛（2%）、丙酮（2%）、脱脂棉。

四、实验内容

1. α-萘酚反应（Molish 反应）

取 6 支试管，编号后，分别加 1mL 2% 葡萄糖、果糖、蔗糖、麦芽糖、1% 淀粉溶液和 2% 丙酮水溶液。再向各试管中加 4 滴新配制的 α-萘酚试剂。混合均匀，放在试管架上，将试管架倾斜一定角度，并小心地向每个试管中徐徐注入 1mL 浓硫酸，切勿摇动。然后，小心竖起试管使硫酸与糖溶液之间清楚的分为两层。静置 10~15min，注意观察两液界面之间色环的出现。

如无色环出现，可将试管放在热水浴中温热 3~5min。切勿摇动！再行观察。记录各试管中所出现色环的颜色。

2. 间苯二酚反应（seliwanoff 反应）

取 3 支试管，编号后，分别加 10 滴间苯二酚 – 盐酸试液。再各加 1 滴 2% 葡萄糖、果糖、蔗糖溶液，混合均匀后．将 3 支试管同时放入沸水浴中加热 2min。比较各试管出现颜色的顺序。

3. 氧化反应（还原性）

（1）银镜反应。按照前述的方法（见醛酮的性质），加大四倍量，配制托伦试剂。将已配制好的托伦试剂分装成 4 支试管，编号后，分别加入 2 滴 2% 乙醛（或甲醛）水溶液、2% 葡萄搪溶液、2% 丙酮水溶液、2% 果糖溶液。将各试管摇动均匀后，在室温下静置 5～10min，如没有银镜形成，可将试管放入沸水浴中微热 1～2min（加热时间不可太久！）观察各试管中有无银镜生成。

（2）与菲林试剂的反应。取 4 支试管，各加 1mL 菲林试剂 A 和 1mL 菲林试剂 B，混合均匀后，分别加 4 滴 2% 葡萄糖、蔗糖、麦芽糖及 1% 淀粉溶液。摇动均匀，将各试管同时放入沸水浴中加热 2～3min，然后取出放在试管架上冷却。注意观察各试管中溶液颜色的变化，是否有红色沉淀生成。

4. 糖脎的生成

取 4 支试管，分别加 2mL 2% 葡萄糖、麦芽糖、乳糖和蔗糖溶液。再各加 1mL 新配制的苯肼试剂，摇动均匀，取少量棉花塞住试管口，同时放入沸水中加热煮沸，随时将出现沉淀的试管取出，并记录时间。加热 20～30min 以后，将所有试管取出，让其自行冷却（为什么？），比较各试管产生糖脎的顺序。最后取出少量沉淀，放在载玻片上，用盖玻片盖好后，在显微镜下，观察糖脎的结晶形状。

5. 蔗糖的水解

取 2 支试管，编号后，分别加 0.1mL 2% 蔗糖和 1～2mL 蒸馏水。向 1 号管中加 3～5 滴 2% 硫酸，2 号管中加 3～5 滴蒸馏水混合均匀，然后，将两支试管同时放入沸水浴中加热 10～15min，取出两支试管放在试管架上冷却，1 号管用 10% NaOH 溶液中和至中性！再向 1 号、2 号管中各加 1mL 菲林试剂，摇动均匀，将两支试管同时放入沸水浴中加热 2～3min。观察 1、2 号两管中颜色的变化，说明什么问题。

6. 淀粉与碘的作用

取 1 支试管加 10 滴 1% 淀粉溶液和 1 滴 0.1% 碘液，溶液立即出现蓝色。将试管放在沸水浴中加热 5～10min。观察有何现象发生，然后取出试管，冷却，又有何变化？

7. 淀粉的水解

取 1 个小烧杯加 10mL 1% 淀粉溶液和 8 滴浓盐酸，放在沸水浴中加热。每隔 2～5min 取出 1 小滴淀粉水解液在白瓷滴板上，滴 1 滴 0.1% 碘液，注意观察其颜色的变化，直到无蓝色出现为止。

冷却后，向小烧杯中逐滴加入 20% NaOH 溶液呈弱碱性。此时，取出 1mL 淀粉水解液于 1 支试管中，另取 1 支试管加 1mL 1% 淀粉溶液。在此 2 支试管中分别加入 4 滴菲林试剂或本尼迪特试剂，摇动均匀后，将 2 支试管同时放入沸水浴中加热 2～5min。观察颜色变化，说明什么问题。

8. 纤维素与铜氨试剂的作用

取 1 支试管加 3mL 铜氨试剂,加一小块脱脂棉或滤纸,摇动试管,并用玻璃棒不断搅拌 5~10min。当棉花或滤纸溶完后,取出 0.1mL 溶液倒入 1 支盛有 5mL 水的试管中,然后,再将其倒入盛有 10mL 10% 硫酸的试管或烧杯中。观察有何现象。

9. 硝酸纤维素酯的制备

取 1 个小烧杯加 3mL 浓硝酸(相对密度 1.4),在搅拌下小心加入 6mL 浓硫酸(相对密度 1.84)配制成混酸,再称取 0.4g 脱脂棉浸入混酸里,用水浴加热,用玻璃棒轻轻搅动约 5~10min。然后,挑出棉花放入大烧杯中用水洗涤,再在水龙头下冲洗,把水挤出,用滤纸吸干,将棉花放在表面皿上,用沸水浴加热干燥,即得硝酸纤维素酯,待用。

10. 硝酸纤维素酯的性质

(1) 燃烧。用镊子夹取少许干燥的硝酸纤维素酯点燃,立即烧完。用棉花做同样实验,比较其燃烧的快慢。

(2) 爆炸。取 1 支干燥的大试管横置固定在铁架上,再取少量干燥的硝酸纤维素酯用镊子放入试管中间。在试管口(背人的方向)放进一个小软木塞(不要太紧),然后,在放有干燥纤维素酯的地方用小火加热,瞬间软木塞就被爆炸的气流冲出。

(3) 溶于有机溶剂。取 2 支试管各加 10mL 丙酮,再分别加少量棉花和硝酸纤维素酯,然后,用玻璃棒搅动 5~10min。观察有何现象发生。

(4) 制备火棉胶。取 1 支大试管加 1mL 酒精和 3mL 乙醚,混合均匀后,加入少许干燥硝酸纤维素酯,用玻璃棒搅动使之溶解。然后,将溶解液倒在玻璃片或表面皿上,让其形成火棉胶薄膜,放置 10~20min 以后,用镊子从玻璃片或表面皿上取下此薄膜,并放在酒精灯上点燃,极易燃烧。

实验 14 氨基酸、蛋白质的性质

一、实验目的

(1) 验证氨基酸和蛋白质的主要化学性质。
(2) 掌握氨基酸和蛋白质某些鉴定方法。

二、预习

(1) 氨基酸和蛋白质的物理和化学性质。
(2) 多肽的固相合成方法。
(3) 蛋白质变性和沉淀因素有那些?有什么意义?
(4) 氨基酸是否有二缩脲反应,为什么?二缩脲反应硫酸铜过量将导致什么结果?

三、仪器与试剂

试管、试管夹、酒精灯等。

甘氨酸（1%）、酪氨酸（1%）、色氨酸（1%）、鸡蛋白溶液、浓硫酸、HCl（浓）、饱和氯化钠、I_2（0.1%）、NaOH（20%）、$AgNO_3$（2%）、氨水（5%）、饱和硫酸铜溶液、硫酸铵晶体、饱和苦味酸溶液、饱和鞣酸溶液、醋酸溶液（5%）、茚三酮、浓硝酸。亚硝基铁氰化钠（$Na_2[Fe(CN)_5NO]·2H_2O$）、精氨酸、米伦试剂、$Pb(Ac)_2$（0.5%）、三氯乙酸、磺基水杨酸。

四、实验内容

1. 亚硝基铁氰化钠反应

取1块点滴板，在板孔中加1滴0.3%半胱氨酸溶液，1滴10% NaOH溶液和2滴5% $Na_2[Fe(CN)_5NO]$溶液，观察紫红色的出现，该紫红色容易消褪。

2. 茚三酮反应

（1）取1张小滤纸片，滴加1滴0.5%甘氨酸溶液，风干后，加1滴0.1%茚三酮乙醇溶液。小火烘干，观察变化。

（2）取3支试管，编号后分别加4滴0.5%甘氨酸溶液，0.5%酪蛋白和蛋白质溶液，各加2滴0.1%三酮/乙醇溶液，混合均匀后，放在沸水浴中加热1~2min，观察并比较3支试管显色的先后顺序。

3. 双缩脲反应

取1支试管，加10滴蛋白质溶液和15~20滴10% NaOH溶液，混合均匀。再加3~5滴5% $CuSO_4$溶液，边加边摇动，观察有何现象产生。

4. 黄蛋白反应

（1）取1支试管，加4滴蛋白质溶液，2滴浓硝酸，由于强酸作用，蛋白质出现白色沉淀。将沉淀放在水浴中加热，沉淀变成黄色，冷却后，再逐滴加10% NaOH溶液，当反应液呈碱性时，颜色由黄色变成橙黄色（皮肤接触到硝酸，产生黄色就是这个原因）。

（2）取1支试管，加4滴0.1%苯酚溶液。代替蛋白质溶液，重复上述操作，注意颜色的变化。

（3）取1支试管，加一些指甲。再加5~10滴浓硝酸，放置10min后，观察指甲的颜色变化。

5. 蛋白质的可逆沉淀——盐析作用

取1支试管，加5mL蛋白质氯化钠溶液和5mL饱和硫酸铵溶液，混合均匀，静置10min，观察球蛋白沉淀析出，过滤。然后，在滤液中逐渐加固体硫酸铵，边加边摇，直至饱和（需硫酸铵1~2g）。此时，清蛋白沉淀析出。

另取1支试管加10滴浑浊的清蛋白溶液，再加2~3mL蒸馏水，摇动均匀，观察清蛋沉淀是否溶解。

6. 蛋白质的不可逆沉淀反应

（1）重金属沉淀蛋白质。取3支试管，各加1mL蛋白质溶液，然后，分别加2滴1% $CuSO_4$溶液，2% $AgNO_3$溶液，0.5% $Pb(Ac)_2$溶液，立即产生沉淀。再分别逐滴加过量（2~3mL）的1%硫酸铜溶液，2% $AgNO_3$溶液，0.5% $Pb(Ac)_2$溶液，边滴加边摇动。观察加入过量的 $CuSO_4$ 和 $AgNO_3$ 溶液的试管与硝酸银的试管有何不同。

另取 1 支试管，加 10 滴硝酸银蛋白质溶液，再加 2～3mL 蒸馏水，摇动均匀。观察硝酸银蛋白质的沉淀是否溶解。

（2）加热沉淀蛋白质。取 1 支试管，加 2mL 蛋白质溶液，然后，持试管放在沸水浴中加热 5～10min，蛋白质凝固成白色絮状沉淀，沉淀不再溶于水中。

（3）有机酸沉淀蛋白质。取 2 支试管，各加 5～10 滴蛋白质溶液，然后，分别加 5～10 滴 10% 三氯乙酸溶液和 0.5% 磺基水杨酸溶液，观察沉淀析出。

（4）无机酸沉淀蛋白质。取 3 支试管，各加 6 滴蛋白质溶液，再分别加 4 滴浓盐酸、浓硫酸和浓硝酸，不要摇动试管，观察各试管中白色沉淀的出现。然后，再分别加 2～5 滴浓盐酸、浓硫酸和浓硝酸，摇动均匀后，观察加过量的酸的试管中有何不同现象产生。

（5）苦味酸沉淀蛋白质。取 1 支试管，加入 1mL 蛋白质溶液及 4～5 滴 0.1% 滴醋酸溶液，再加入 5～10 滴饱和苦味酸溶液，观察有何现象产生。

第四章 物质分离与提纯技术

物质的分离和提纯是制备纯净物质的重要方法。物质分离的方法主要是依据被分离对象的物理或化学性质上的差异，有效地将它们分离开来。随着现代科学技术的发展，分离和提纯的技术将越来越重要，因此，一个自然科学工作者必须熟练地掌握物质的分离与提纯的操作技术。

第一节 固液分离

固体物质的分离和提纯通常是依据固体物质在溶解性上的差异达到分离和提纯的目的。其过程中常常用到溶解、蒸发（浓缩）、结晶（重结晶）和固液分离等基本操作。

一、固体溶解

首先要根据被提纯固体物质的性质选好溶剂，再考虑温度对该物质溶解度的影响和实际需要而取用适量的溶剂。在溶解过程中可采取加热和搅拌的方法以加速物质的溶解。加热时，应根据物质对热的稳定性，选用直接用火加热或用水浴等间接加热方法。

用搅拌棒搅动时，应手持搅拌棒并转动手腕使搅拌棒在液体中均匀地转圈，不要用力过猛，不要使搅拌棒碰在器壁上，以免损坏容器。

固体颗粒太大不易溶解时，应先在洁净干燥的研钵中将固体研细，研钵中盛放固体的量不要超过其容量的1/3。

溶液若含有带色杂质，可加入适量活性炭脱色，活性炭可吸附色素及树脂状物质。使用活性炭应注意以下几点。

（1）加活性炭以前，首先将待结晶化合物加热溶解在溶剂中。

（2）待热溶液稍冷后，加入活性炭，搅拌，使其均匀分布在溶液中。再加热至沸，保持微沸5~10min。切勿在接近沸点的溶液中加入活性炭，以免引起暴沸。

（3）活性炭的加入量视杂质多少而定，一般为粗品质量的1%~5%，加入量过多，活性炭将吸附一部分产品。加入量过少，若仍不能脱色可补加活性炭，重复上述操作。过滤时选用的滤纸要紧密，以免活性炭透过滤纸进入溶液中。若发现透过滤纸，加热微沸后应换好滤纸重新过滤。

（4）活性炭在水溶液中或在极性溶剂中进行脱色效果最好，也可在其他溶剂中使用，但在烃类等非极性溶剂中效果较差。

除用活性炭脱色外，也可采用层析柱来脱色，如氧化铝吸附色谱等。

二、蒸发与浓缩

蒸发浓缩一般在水浴上进行，若溶液浓度太稀，也可先放在石棉网上直接加热蒸发，再放在水浴上加热蒸发。蒸发的快慢不仅和温度的高低有关，而且和被蒸发的液体的表面积大小有关。常用的蒸发容器是蒸发皿，它能使被蒸发的液体有较大的表面积，有利于蒸发的进行。蒸发皿内所盛液体的量不应超过其容量的 2/3。随着水分的不断蒸发，溶液逐渐被浓缩。浓缩到什么程度，则取决于溶质溶解度的大小及结晶对浓度的要求。如果溶质的溶解度较小或其溶解度随温度变化较大，则蒸发到一定程度即可停止，如果溶解度较大则应蒸发得更浓一些。另外，如结晶时希望得到较大的晶体，就不宜浓缩到太大的浓度。

三、重结晶

重结晶是提纯固体物质的重要方法之一。它主要是利用不同化合物在某溶剂中溶解度不同，重结晶达到分离提纯的目的。重结晶提纯法的一般步骤为：选择溶剂→溶解固体→除去杂质→晶体析出。如果析出晶体纯度还不符合要求，可以再次反复操作，直至达到要求。

选择适宜的溶剂是重结晶操作的关键，通常应根据"相似相溶"的一般原理，但所选的溶剂必须具备下列条件。

（1）不与被提纯物质起反应。

（2）待提纯物质的溶解度随温度的变化有明显的差异。

（3）杂质的溶解度很大（结晶时留在母液中）或很小（趁热过滤即可除去）。

（4）溶剂沸点应低于待提纯物质的熔点，且不可太高。因为太高时，附着于晶体表面的溶剂不易除去。

把待提纯的物质溶解在适当的溶剂中，滤去不溶物后，进行蒸发浓缩。浓缩到一定浓度的溶液，经冷却就会析出溶质的晶体。析出晶体颗粒的大小与条件有关，如溶液浓度较高、溶质的溶解度较小、冷却速率较快、不时搅拌溶液、摩擦器壁等，这些因素都能使析出的晶体较小。如果溶液浓度适当，投入小粒晶种后静置溶液，缓慢冷却，就能得到较大的晶体。

晶体颗粒的大小要适当。颗粒较大且均匀的晶体挟带母液较少，易于洗涤；晶体太小且大小不匀时，能形成稠厚的糊状物，挟带母液较多，不易洗净；只得到几粒大晶体时，母液中剩余的溶质较多，影响产率，所以结晶颗粒大小适宜且较为均匀有利于物质的提纯。如果剩余母液太多，还可再次进行浓缩、结晶，但所得晶体的纯度不如第一次高。

四、固液分离

固液分离方法有 3 种：倾析法、过滤法和离心分离法。

(一) 倾析法

当沉淀的相对密度较大或晶体的颗粒较大，静置后能很快沉降至容器的底部时，倾斜容器，将沉淀上部的溶液倾入另一容器中而使沉淀与溶液分离。如需洗涤沉淀时，只要向盛沉淀的容器内加入少量洗涤液，将沉淀和洗涤液充分搅均匀。待沉淀沉降到容器的底部后，再用倾析法，倾去溶液。如此反复操作两三遍，即能将沉淀洗净。

(二) 过滤法

过滤法是最常用的固—液分离方法之一。当沉淀和溶液经过过滤器时，沉淀留在过滤器上，溶液通过过滤器而进入容器中，所得溶液称作滤液。

过滤时，溶液的温度、黏度、压力、沉淀的状态和颗粒大小都会影响过滤速度，因而应根据不同的影响因素选用不同的过滤方法。常用的过滤方法有常压过滤（普通过滤）、减压过滤（吸滤）和热过滤3种。通常热的溶液黏度小，采用热过滤法比冷的溶液容易过滤。溶液黏度越小，过滤越快。因产生负压强，减压过滤比在常压下过滤快。如果沉淀是胶状的，可在过滤前加热破坏溶胶，促使胶体聚沉，以免胶状沉淀透过滤纸。

1. 常压过滤

此法最为简单常用。选用的漏斗大小应以能容纳沉淀为宜。滤纸有定性滤纸和定量滤纸两种，定量滤纸灼烧后其每张灰分的质量小于0.1mg，在重量分析中可以忽略不计，故称为无灰滤纸，使用时根据需要加以选择使用。在一般实验中常用定性滤纸，按孔隙大小分为"快速""中速"和"慢速"3种；按直径大小分为7cm、9cm、11cm等几种。应根据沉淀的性质和实验要求选择滤纸的类型，如$BaSO_4$细晶形沉淀，应选用"慢速"滤纸；NH_4MgPO_4粗晶形沉淀，宜选用"中速"滤纸；$Fe_2O_3 \cdot nH_2O$为胶状沉淀，需选用"快速"滤纸过滤。根据沉淀量的多少选择滤纸的大小，一般要求沉淀的总体积不得超过滤纸锥体高度的1/3。滤纸的大小还应与漏斗的大小相适应，一般滤纸上沿应低于漏斗上沿0.5~1cm。重量法定量分析应使用定量滤纸。

漏斗按材质有玻璃漏斗、有机玻璃漏斗和搪瓷漏斗之分，按颈长有长颈漏斗和短颈漏斗之分。普通漏斗的规格按漏斗径（深）划分，常用的有30mm、40mm、60mm、100mm、120mm等几种。

(1) 准备工作。将滤纸轻轻地对折后再对折（暂不压紧），然后展开成圆锥体（图4-1），放入预先洗净的漏斗中。若滤纸圆锥体与漏斗不密合，可改变滤纸折叠的角度，直到与漏斗密合为止，为了使滤纸三层的那边能紧贴漏斗，常把这三层的外面两层撕去一角。用手指按住滤纸中三层的一边，以少量的水润湿滤纸，使它紧贴在漏斗壁上。轻压滤纸，赶走气泡。加水至滤纸边缘，使之形成水柱（即漏斗颈中充满水）。若不能形成完整的水柱，可一边用手指堵住漏斗下口，一边稍掀起三层那一边的滤纸，用洗瓶在滤纸和漏斗之间加水，使漏斗颈和锥体的大部分被水充满，然后一边轻轻按下掀起的滤纸，一边断续放开堵在出口处的手指，即可形成水柱。将准备好的漏斗安放在漏斗架上，盖上表面皿，下接一洁净烧杯，烧杯的内壁与漏斗出口尖处接触，收集滤液的烧杯也用表面皿盖好。

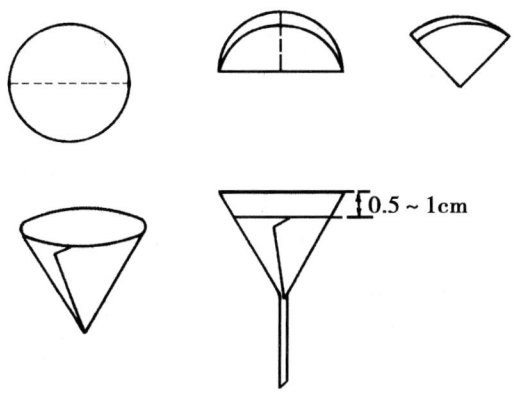

图 4-1　滤纸的安放与折叠

（2）过滤。一般采用倾泻法进行过滤：首先过滤上层清液，尽可能让沉淀留在烧杯内，倾泻时，溶液应沿着一支玻璃棒流入漏斗中，如图 4-2 所示。玻璃棒的下端应对着滤纸三层的一边，并尽可能接近滤纸。随着溶液的倾入，应将玻璃棒逐渐提高，以免触及液面，待漏斗中液面到达离滤纸边缘 5mm 处，应暂时停止倾注，以免少量沉淀因毛细作用越过滤纸上缘，造成损失。暂停倾注时，应将烧杯嘴沿玻璃棒向上提，并逐渐扶正烧杯，这样可以避免烧杯嘴上的液滴流到烧杯外壁，再将玻璃棒放回烧杯中。应注意玻璃棒绝对不可放在桌上或其他任何地方，也不可放在烧杯嘴处，以免使粘在玻璃棒上的少量沉淀丢失和污染。如此继续进行，直至沉淀上方的清液几乎全部倾入漏斗为止。用滴管将洗涤液沿杯壁四周淋洗，使粘着在杯壁的沉淀集中到烧杯底部，约需 10mL，用玻璃棒搅动沉淀，充分洗涤，待澄清后再滤去上层清液，如此重复 3~4 次洗涤即可。

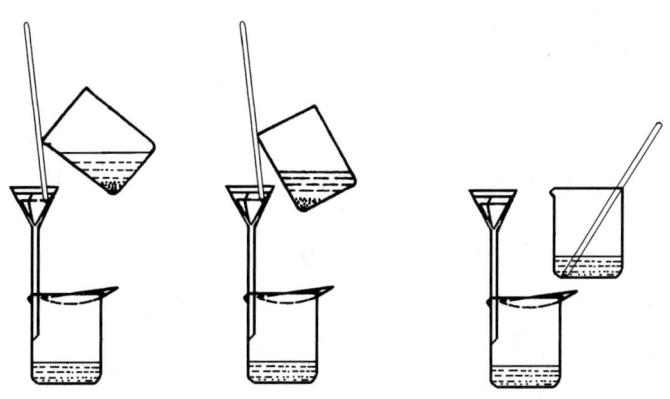

图 4-2　倾泻法过滤

初步洗涤后，即可进行沉淀的定量转移。向盛有沉淀的烧杯中加入少量洗涤液，用玻璃棒将沉淀充分搅动，并立即将悬浮液转移到滤纸上，然后用洗瓶冲下杯壁和玻棒上的沉淀，再进行转移。如此反复多次，尽可能将沉淀全部转移到滤纸上，对于残留在烧杯内的最后少量沉淀，可按图4-3所示的方法将其完全转移到滤纸上。即用左手拿住烧杯，玻璃棒放在杯嘴上，以食指按住玻棒，烧杯嘴朝向漏斗倾斜，玻棒下端指向滤纸三层部分，右手持洗瓶吹出液流冲洗烧杯内壁，使杯内残留的沉淀随液流沿玻棒流入滤纸内，注意勿使溶液溅出，仍黏附在烧杯内壁和玻棒上的沉淀，可用原撕下的滤纸角进行擦拭，擦拭过的滤纸角放在漏斗中的沉淀内。沉淀完全移转至滤纸上后，在滤纸上进行最后洗涤，用洗瓶吹出细小缓慢的液流，从滤纸上部沿漏斗壁螺旋式向下吹洗，如图4-4所示，使沉淀集中到滤纸锥体的底部直到沉淀洗净为止。

图4-3 沉淀的转移

图4-4 漏斗中沉淀的洗涤

洗涤的目的是为了洗出沉淀表面所吸附的杂质和残留的母液，获得纯净的沉淀。为了提高洗涤效率，尽量减少沉淀的溶解损失，洗涤时应遵循："少量多次"的原则，即同体积的洗涤液应尽可能分多次洗涤，每次使用少量洗涤液（没过沉淀为度），待沉淀沥干后，再进行下一次洗涤。洗涤数次后，用洁净的表面皿承接约1mL滤液，选择灵敏、快速的定性反应来检验沉淀是否洗净。

2. 减压过滤

又称吸滤法过滤，吸滤漏斗又称布氏漏斗。减压原理是真空泵带走空气使吸滤瓶内的压力减小。瓶内与布氏漏斗液面上的负压加快了过滤速度。减压过滤装置如图4-5所示。

（1）吸滤操作。将滤纸剪成比布氏漏斗内径略小，但又能把全部瓷孔盖住的大小。把滤纸放入漏斗内，用少量水润湿滤纸，开启真空泵，滤纸便吸紧在漏斗上。如果有缝隙一定要除去。先开启真空泵，再把橡皮管接在吸滤瓶上。过滤时，一般先将溶液沿着玻璃棒流入漏斗（注意：溶液不要超过漏斗总容量的2/3），最后转移沉淀，继续抽吸至沉淀比较干燥为止。当过滤完毕后关闭真空泵，由于滤瓶内压力低于外界压力，自来水（循环水真空泵）或油（油泵）倒流入吸滤瓶，这一现象称为倒吸。所以，在吸滤时应随时注意有无倒吸现象。过滤完毕，必须先拔掉橡皮管，再关真空泵，防止倒吸。

（2）沉淀洗涤。洗涤沉淀时，拔掉橡皮管，关闭真空泵，加入洗涤液润湿沉淀，

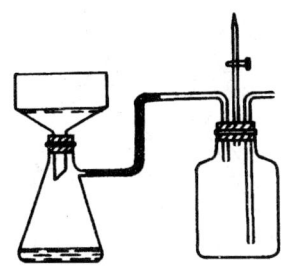

图 4-5 减压过滤装置

让洗涤液慢慢透过全部沉淀。最后打开真空泵,抽吸干燥。如沉淀需洗涤多次,则重复以上操作,洗至达到要求为止。

(3) 具有强酸性、强碱性或强氧化性溶液的过滤。这些溶液会与滤纸作用,而使滤纸破坏。若过滤后只需要留用溶液,则可用石棉纤维代替滤纸。将石棉纤维在水中浸泡一段时间,搅匀,然后倾入布氏漏斗内,减压,使它紧贴在漏斗底部。过滤前要检查是否有小孔,如有则在小孔上补铺一些石棉纤维,直至无小孔为止。石棉纤维要铺得均匀,不能太厚。过滤操作同减压过滤。过滤后,沉淀和石棉纤维混在一起,只能弃去。

若过滤后要留用的是沉淀,则用玻璃砂芯漏斗代替布氏漏斗(强碱不适用)过滤操作同减压过滤。常见的砂芯漏斗规格见表 4-1 所示。

表 4-1 常见砂芯漏斗规格

滤板型号	滤板孔径(μm)	一般用途
G_1	20~30	过滤胶状沉淀
G_2	10~15	滤除较大颗粒沉淀物
G_3	4.5~9	滤除细小颗粒沉淀物
G_4	3~4	滤除细小颗粒或较细颗粒沉淀物

3. 热过滤(保温过滤)

当需要除去热、浓溶液中的不溶性杂质,而又不能让溶质析出时,一般采用热过滤,装置如图 4-6 所示。过滤前把布氏漏斗放在水浴中预热,使热溶液在趁热过滤时,不致于因冷却而在漏斗中析出溶质。

(三) 离心分离法

1. 少量沉淀与溶液的分离

少量的沉淀和溶液分离时不能用过滤法,因沉淀会粘在滤纸上难以取下,此时用离心分离。将盛有溶液和沉淀的离心试管在离心机中离心沉降后,用滴管把清液和沉淀分开。先用手指捏紧橡皮头,排除空气后将滴管轻轻插入清液(切勿在插入溶液以后再捏橡皮头),缓缓放松手,溶液则慢慢进入管中,随试管中溶液的减少,将滴管逐渐下移至全部溶液吸入滴管为止。滴管末端接近沉淀时要特别小心,勿使滴管触及沉淀,如

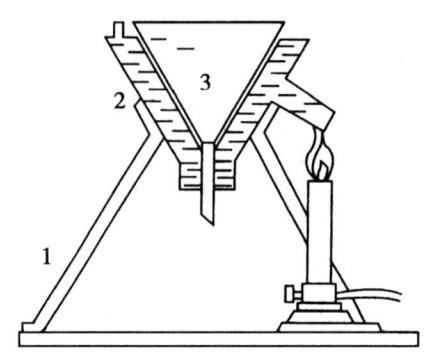

1. 铁三角架；2. 热水漏斗；3. 玻璃漏斗

图 4-6　保温过滤装置

图 4-7 所示。

2. 沉淀的洗涤

如果沉淀溶解后再做鉴定，则在溶解之前，必须将沉淀上的溶液和吸附的杂质洗去。常用蒸馏水作洗涤剂，用滴管加数滴蒸馏水（应沿离心管内壁周围流下，但滴管下端不要碰到内壁），使沉淀刚好浸没在水中，用玻棒充分搅拌如图 4-8 所示，离心分离，溶液用滴管吸出，并尽可能吸尽。一般洗涤 2~3 次即可。必要时可检验是否洗净（取 1 滴分离后的洗涤液，加入适当试剂，检查应洗去的离子是否存在），以决定是否要继续洗涤。此外，还应根据实验需要，决定是否应将第一次洗涤液并入离心液中。

图 4-7　吸出溶液

图 4-8　沉淀的洗涤

3. 沉淀的转移

如需将沉淀分成几份，可在洗净后的沉淀上加少许蒸馏水，用玻棒搅匀后，用滴管吸出混浊液，转移至另一干净的试管中。

实验 15 碘盐的制备及检验

一、实验目的

（1）了解我国推广食用加碘盐的意义。
（2）掌握碘盐的制备和检验方法。
（3）理解正确使用碘盐的方法。

二、预习与思考

（一）预习内容

（1）固体溶解、加热蒸发、结晶的基本操作。
（2）减压过滤（包括热过滤）的基本操作。

（二）思考下列问题

（1）食盐重结晶过程中为什么溶液不能全部蒸干？
（2）抽滤过程中，有哪些注意事项？
（3）碘剂为什么不直接加入浓缩液中，而是加入精盐结晶中？
（4）若碘剂是 KI，可用什么方法检验？如何半定量检验 KI 含量？请设计方法。
（5）炒菜时，应先、中间，还是最后放碘盐？为什么？

三、实验原理

（一）重结晶

重结晶是提纯固体物质的重要方法。其基本点是将提纯物质如粗食盐溶解在适当溶剂（如水）中，经分离除去不溶性杂质（如砂子等），溶液经蒸发浓缩成过饱和溶液，冷却析出溶质晶体。这时大量可溶性杂质由于总量少未达到结晶条件，留在溶液中，经过滤，分离可获得较纯的结晶，从而达到提纯物质的目的。母液的数量和结晶的大小是影响提纯物质产率和纯度的主要因素。

（二）碘盐的碘剂——碘酸钾 KIO_3

国际上制备碘盐的材料有 KI 和 KIO_3 两种碘剂。我国使用碘酸钾加工食用碘盐，因为 KIO_3 化学性质稳定，常温下不易挥发，不吸水，易保存，用来加工碘盐具有良好的防病效果。KI 有苦味浓、易挥发和潮解、见光分解析出游离碘而显黄色等缺点。

KIO_3 为无色结晶，其含碘量为 59.3%，且无臭、无味、可溶于水，不溶于醇和氨水。其晶体常温下较稳定，加热至 560℃ 开始分解：

$$2KIO_3 = 2KI + 3O_2\uparrow$$

或 $12KIO_3 + 6H_2O \rightleftharpoons 6I_2\uparrow + 12KOH + 15O_2\uparrow$

在酸性介质中，KIO_3 是较强的氧化剂，遇到还原剂，例如食品中常含有的 Fe^{2+}，$C_2O_4^{2-}$ 和有机物等，容易发生反应而析出单质碘。

食盐中添加纯的 KIO_3 或 KI，其含碘量（以元素碘计）为 $20\sim25mg\cdot kg^{-1}$。若每人每日摄入食盐 $10\sim15g$，即可满足机体对碘的需要（$0.1\sim0.2mg\cdot d^{-1}$）。

(三) 碘盐的检测

碘酸钾加碘盐的检测试剂是由酸性介质中加还原剂 KCNS 或 NH_4CNS 组成，其反应如下：

$$6IO_3^- + 5SCN^- + H^+ + 2H_2O \rightleftharpoons 3I_2 + 5HCN\uparrow + 5SO_4^{2-}$$

用 1% 淀粉溶液显色，可半定量检测碘酸钾含量。

四、仪器与试剂

台秤，酒精灯，烧杯（150mL）2 个，试管及试管架，布氏漏斗，坩埚，抽滤瓶，抽滤真空泵，蒸发皿，点滴瓷板，量筒（50mL），玻璃棒。滤纸，火柴。

粗食盐，食用加碘盐，NaOH（$2mol\cdot L^{-1}$），$BaCl_2$ 溶液（$1mol\cdot L^{-1}$），饱和 $(NH_4)_2C_2O_4$ 溶液，无水酒精，镁试剂，含碘量 $200mg\cdot L^{-1}$ 的标准碘（KIO_3）溶液，检测试剂。

标准碘（KIO_3）溶液：称取 KIO_3（GR）0.0338g，配制成 100mL 标准溶液，使其含碘量为 $200mg\cdot L^{-1}$。

系列标准碘盐：

取 5 个 100mL 干净烧杯，各放入在 500℃ 烘干 2h 的无碘精盐 10g，分别加入标准碘溶液 0.5mL，1.0mL，1.5mL，2.0mL，2.5mL。搅匀后，放入干燥箱内 100℃ 烘干 2h，取出冷却，研细，放入密封的棕色玻璃瓶中保存，则该系列标准碘盐含碘量分别为 $10mg\cdot kg^{-1}$，$20mg\cdot kg^{-1}$，$30mg\cdot kg^{-1}$，$40mg\cdot kg^{-1}$，$50mg\cdot kg^{-1}$。

检测试剂：由 1% 淀粉指示剂 400mL，85% H_3PO_4 4mL 和 KSCN 固体 7g 混合并溶解而制得。

五、实验内容

1. 粗盐重结晶制精盐

用台秤称取 15g 粗盐，放入 150mL 烧杯中，加 50mL 去离子水，边加热，边搅拌，待粗食盐全部溶解后，趁热快速减压过滤。把所得滤液倒入洗净的 150mL 烧杯中，继续一边加热一边搅拌，待溶液浓缩到原体积的 1/2（$20\sim25mL$），停止加热，切不可将溶液全部蒸干，冷却结晶后减压过滤，所得母液倒回原烧杯中供分析用；所得精盐产品转移到干净的蒸发皿中，加热烘干，干燥后冷却称其质量，并计算精盐产率。

2. 精盐加碘

用台秤称 5.0g 自制精盐放入干净干燥的坩埚中，逐滴加入 1mL 含碘量 $200mg\cdot L^{-1}$

标准 KIO_3 溶液,搅拌均匀,加入 3mL 无水酒精搅匀后,将坩埚放在白瓷板上,点燃酒精,燃尽后,冷却,即得加碘盐。试计算此自制碘盐的碘含量。

3. 精盐质量检验

取约 0.5g 自制精盐加约 10mL 去离子水,配成精盐检验液。对重结晶母液和自制精盐检验液进行下列几项定性检验。

(1) Ca^{2+} 离子检验。各取约 1mL 试液,分别加入 5 滴饱和 $(NH_4)_2C_2O_4$ 溶液,过一会儿,对比观察是否有白色 CaC_2O_4 沉淀产生。

(2) Mg^{2+} 离子检验。各取约 1mL 试液,分别加入 2mol·L^{-1} NaOH 和 1 滴镁试剂,对比观察溶液有无蓝色沉淀生成。若有 Mg^{2+} 离子存在,显天蓝色,否则为红色或紫色。

(3) SO_4^{2-} 离子检验(自行设计)。

(4) 半定量分析法测定碘盐的含碘量。

①标准含碘色板的制备:从 KIO_3 含量(按碘计)分别为 10mg·kg^{-1},20mg·kg^{-1},30mg·kg^{-1},40mg·kg^{-1},50mg·kg^{-1} 的碘盐中各取 1.0g,分别放入多孔点滴瓷板的孔中,压实后,各加入 2 滴检测试剂,制成标准色板。

②测定:从粗盐、自制碘盐和市售碘盐中各取 1g,分别放入多孔点滴瓷板的孔中,压实后,各加入 2 滴检测试剂,显色后约 30s,用目视比色法确定这 3 种盐的含碘浓度。计算自制碘盐的理论含碘量,并与实验值比较,分析产生差别的原因。

实验 16　苯甲酸的重结晶

一、实验目的

(1) 学习结晶、重结晶、减压过滤、热过滤的基本原理及方法。
(2) 掌握结晶、重结晶操作,正确安装、使用加热装置、减压抽滤装置。

二、预习与思考

(1) 结晶、重结晶的基本原理及方法。
(2) 减压过滤、热过滤的基本操作。
(3) 溶解样品时,为什么加入的溶剂应略少于计算量,然后再补加溶剂到样品恰好溶解,最后再多加少量溶剂?
(4) 结晶、重结晶的目的是什么?
(5) 结晶时,长时间未析出结晶,用什么办法加速结晶的形成?
(6) 怎样选择重结晶的溶剂?
(7) 使用有毒或易燃的溶剂时,应注意什么?
(8) 如何证实重结晶后的晶体是纯净的?
(9) 重结晶溶剂用量如何控制?为什么?
(10) 活性炭为什么要在固体物质完全溶解后加入?又为什么不能在溶液沸腾时加入?加入量过大有什么影响?

三、仪器与试剂

减压过滤装置、保温漏斗、烧杯、锥形瓶、表面皿、量筒、布氏漏斗等。
苯甲酸、活性炭。

四、实验步骤

（1）组装好抽滤装置和热过滤装置，叠好滤纸，将漏斗放入80℃烘箱内预热。

（2）制备热溶液。称取3.0g苯甲酸粗品，放入150mL烧杯中，加入80mL H_2O 和2粒沸石，盖上表面皿，在石棉网上加热至沸，并用玻璃棒不断搅拌，使固体溶解。若尚有未溶解的固体，可补加少量水（应注意分辨未溶物是未溶的固体还是不溶性杂质）。溶剂过量2%~5%，记录所用溶剂的体积。

（3）脱色。待溶液稍冷，加入活性炭（预先计算并称量好），搅拌均匀，盖上表面皿，继续加热至微沸，保持5~10min。

（4）过滤。将折叠好的滤纸放入在烘箱中预热的漏斗中，将热溶液分几次倒入漏斗内。过滤过程中，未倒入漏斗的溶液可用小火加热，以免溶液冷却。溶液过滤结束后，用少量的水洗涤漏斗和烧杯。

（5）结晶的析出、抽滤、干燥。将滤液在室温下放置，自然冷却。结晶析出完全后，减压过滤，使结晶与母液分离。用玻璃瓶塞将晶体压实，尽量抽干母液。打开安全瓶上旋钮，关闭真空泵。用小铲或玻璃棒将晶体松动，然后用少量水湿润布氏漏斗中的苯甲酸，再压紧抽干。将结晶和滤纸从布氏漏斗边缘揭起，放在表面皿上晾干或烘干。

（6）称量质量，计算回收率。

表4-2 苯甲酸在水中的溶解度

温度（℃）	0	20	30	40	60	70	80	90	95
溶解度（g/L）	1.7	2.9	4.2	6.0	12.0	17.7	27.5	45.5	68.0

第二节 蒸 馏

蒸馏是分离和纯化液体物质最常用和最重要的方法。在混合液中，若各组分的相对挥发能力存在差异，就能够借助蒸馏来进行分离。纯液态有机化合物在蒸馏过程中沸点范围很小，因此通过蒸馏还可以测定物质的沸点，定性地检验物质的纯度。根据有机化合物性质的不同，蒸馏可分为常压蒸馏、分馏、水蒸气蒸馏和减压蒸馏等。

一、常压蒸馏

常压蒸馏就是在常压下将液态物质加热到沸腾变为蒸汽，又将蒸汽冷凝为液体这两个过程的联合操作。如蒸馏沸点差别较大的液体混合物时，沸点较低者首先蒸出，沸点较高者随后蒸出，不挥发的留在蒸馏器中，这样可以达到分离和提纯的目的。常压蒸馏一般适用于液体混合物中各组分的沸点有较大差别时的分离。不过，只有当组分沸点相差在 30℃ 以上时，蒸馏才有较好的分离效果。如果组分沸点差异不大，就需要采用分馏操作对液态混合物进行分离和纯化。

需要指出的是，具有恒定沸点的液体并非都是纯化合物，因为有些化合物相互之间可以形成二元或三元共沸混合物，而共沸混合物不能通过蒸馏操作进行分离。通常，纯化合物的沸程（沸点范围）较小（0.5~1℃），而混合物的沸程较大。因此，蒸馏操作既可用来定性地鉴定化合物，也可判断化合物的纯度。

(一) 实验方法

根据热源高度固定铁架台上铁圈的位置，其高度以加热时灯外焰能燃及石棉网为宜。安装好蒸馏烧瓶、蒸馏头、冷凝管、接液管和接受瓶，如图 4-9 所示，调整冷凝管的位置和角度，使之与蒸馏支管同轴，然后沿着此轴线方向将冷凝管和蒸馏头紧密连接。整个装置要求端正，无论从正面或者侧面观察，装置中各仪器的轴线都要成一直线，安装牢固。除接液管与接受瓶之间外，整个装置中的各部分都应装配紧密，防止有蒸汽漏出而造成产品损失或其他危险。

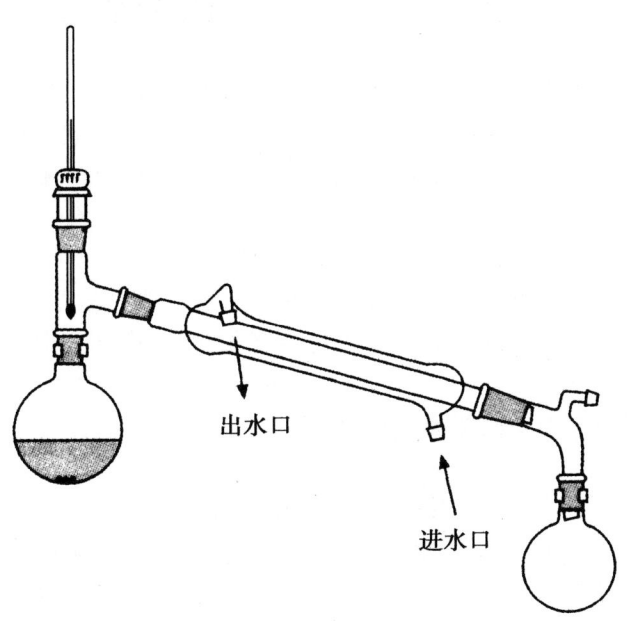

图 4-9 简单蒸馏装置

然后将待蒸馏液体通过漏斗从蒸馏烧瓶颈口加入到瓶中，投入 1~2 粒沸石，再配置温度计，使得水银球的上沿恰好与蒸馏瓶支管的下沿在同一水平线上。

接通冷凝水，开始加热，瓶中液体沸腾时，可以看到蒸汽慢慢上升，同时液体开始回流。当蒸气的顶端到达温度计水银球部位时，温度急剧上升，这时，应注意控制温度，使温度计水银球上总保持有液珠，此时，液体和蒸汽保持平衡，温度计所指示的温度才是真正的液体沸点。当蒸气过热时，水银球上的液珠就会消失，此时，温度计所示的温度较液体沸点高，所以，控制蒸馏速度是蒸馏效果好坏、测得沸点是否准确的关键,因而,控制蒸馏速度,以 1~2 滴/s 为宜。在蒸馏过程中,注意温度计读数的变化,记下第一滴馏出液流出时的温度。当温度计读数稳定后,另换一个接受瓶收集馏分。如果仍然保持平稳加热,但不再有馏分流出,而且温度会突然下降,这表明该段馏分已近蒸完,需停止加热,记下该段馏分的沸程和体积(或质量)。馏分的温度范围越小,其纯度就越高。

蒸馏完毕,先停止加热,待温度降至约 40℃ 时停止通冷凝水,按与安装蒸馏装置相反的顺序拆下仪器,产品称重并记录。

(二) 注意事项

(1) 蒸馏烧瓶大小的选择依待蒸馏液体的量而定。通常,待蒸馏液体的体积占蒸馏烧瓶体积的 1/3~2/3。

(2) 当待蒸馏液体的沸点在 140℃ 以下时,应选用直形冷凝管;沸点在 140℃ 以上时,就要选用空气冷凝管,若仍用直形冷凝管则易发生爆裂,蒸馏高挥发性物质时应选用较长冷凝管。

(3) 如果蒸馏装置中所用的接液管无侧管,则接液管和接受瓶之间应留有空隙,以确保蒸馏装置与大气相通,否则,封闭体系受热后会引发事故。

(4) 沸石是一种多孔性的物质,也可用素烧瓷片或毛细管代替。当液体受热沸腾时,沸石内的小气泡就成为气化中心,使液体保持平稳沸腾。如果蒸馏已经开始,但忘了投沸石,此时千万不要直接投放沸石,以免引发暴沸。正确的做法是,先停止加热,待液体稍冷片刻后再补加沸石。

(5) 蒸馏低沸点易燃液体(如乙醚)时,千万不可用明火加热,此时可用水浴加热,水浴中水面一般高于烧瓶中液面 1cm 左右,瓶底应距水浴锅底 1cm 左右。在蒸馏沸点较高的液体时,可以用明火加热。明火加热时,烧瓶底部一定要放置石棉网,以防因烧瓶受热不匀而炸裂。

(6) 无论何时,都不要使蒸馏烧瓶蒸干,以防意外。

二、分馏

常压蒸馏只能对沸点差异较大的混合物作有效的分离,而采用分馏柱进行蒸馏则可对沸点相近的混合物进行分离和提纯,这种操作方法称为分馏。分馏的基本原理与蒸馏相类似。不同之处是在装置上多一个分馏柱,使气化、冷凝的过程由一次改进为多次;简单地说,分馏就是借分馏柱实现多次蒸馏的过程。如果用多次反复蒸馏的办法,显然是手续烦、费时多、损耗大,实际上很少采用。在分馏柱中进行多次的部分气化和冷凝,既能克服多次普通蒸馏的缺点,又可有效地分离沸点相近的混合物。

为了简化,仅从混合物为二组分的理想溶液来进行讨论。理想溶液就是指各组分在混合时无热效应产生、体积没有变化,遵守拉乌尔定律的溶液。这时,溶液中每一组分的蒸气压等于此纯物质的蒸气压和它在溶液中摩尔分数的乘积:

$$p_A = p_A^* x_A \qquad p_B = p_B^* x_B$$

式中,p_A、p_B 分别为溶液中 A 和 B 组分的分压;p_A^* 和 p_B^* 分别为纯 A 和纯 B 的蒸气压，x_A 和 x_B 分别表示 A 和 B 在溶液中的摩尔分数。

溶液的蒸气压：$p = p_A + p_B$

根据道尔顿分压定律，气相中每一组分的蒸气压和它的摩尔分数成正比。所以在气相中各组分蒸气的成分为：

$$x_A^{气} = \frac{p_A}{p_A + p_B} \qquad x_B^{气} = \frac{p_B}{p_A + p_B}$$

从上式可以推知，组分 B 在气相中的相对摩尔分数为：

$$\frac{x_B^{气}}{x_B} = \frac{p_B}{p_A + p_B} \cdot \frac{p_B^*}{p_B^*} = \frac{1}{x_B + \frac{p_A^*}{p_B^*} \cdot x_A}$$

溶液中 $x_A + x_B = 1$，若 $p_A^* = p_B^*$，则 $x_B^{气} = x_B$，表明此时液相与气相组成成分相同。所以 A 和 B 不能用蒸馏（或分馏）的方法进行分离。如果 $p_A^* > p_B^*$ 则 $x_B^{气} > x_B$，表明沸点较低的 B 在气相中的摩尔分数比在液相中为大（在 $p_A^* < p_B^*$ 时可作类似的讨论），在将此蒸气冷凝后所得到的液体中，B 的组成比在原来的液体中多。如果将所得的液体再行气化、冷凝，B 组分的摩尔分数又会有所提高。如此多次反复，最终即可将两组分分开（能形成共沸混合物者除外）。所以，分馏就是借分馏柱来实现这种多次重复的蒸馏过程。分馏柱是一较长的直玻璃管，柱身为空管或在管中填以特制的填料，其目的是增大气—液接触面积，提高分离效果。在同一分馏柱不同高度的各段，其组分是不同的。低沸点的物质，受热气化不断上升，先被蒸馏出来，高沸点的组分，则不断流回加热的容器中，从而使沸点不同的组分达到分离的目的。

利用分馏技术甚至可以将沸点相距 1~2℃ 的混合物分离开来。

（一）分馏柱的选择

分馏柱种类较多，其效率高低与柱的长径比、填料类型及绝热性能等有关。实验室常用的有韦氏分馏柱、赫姆帕（Hempl）分馏柱和球形分馏柱。韦氏分馏柱的柱体由多组倾斜的刺状管组成，赫姆帕分馏柱和球形分馏柱可填充填料，以增加柱效率。常用的填料有短玻璃管、玻璃珠、瓷环或金属丝制成的圈状填料和网状填料，使用金属丝作填料时，要选择与待蒸馏物不发生作用的物质。

对沸点差距较小的化合物用长的分馏柱或高效率分榴柱可获得令人满意的效果。当分馏少量液体时，经常使用韦氏分馏柱；当分馏较低沸点的液体时，可在柱外缠石棉绳来保持柱内温度；若沸点较高，则需安装真空外套或电热外套管。

（二）实验方法

将待分馏物质装入圆底烧瓶，并投放几粒沸石，然后依序安装分馏柱、温度计、冷凝管、接液管及接受瓶，如图 4 - 10 所示。接通冷凝水，开始加热，使液体平稳沸腾。当蒸气缓缓上升时，注意控制温度，当蒸气到达顶部时（还未到达水银球）使之全回流，冷凝的液体使柱身及填料表面润湿，这样维持 5min，尽量减少分馏柱的热量散失和温度波动。使馏出速度维持在 2~3s 一滴。记录第一滴馏出液滴入接受瓶时的温度，然后根据具体要求分段收集馏分，并记录各馏分的沸点范围及体积。

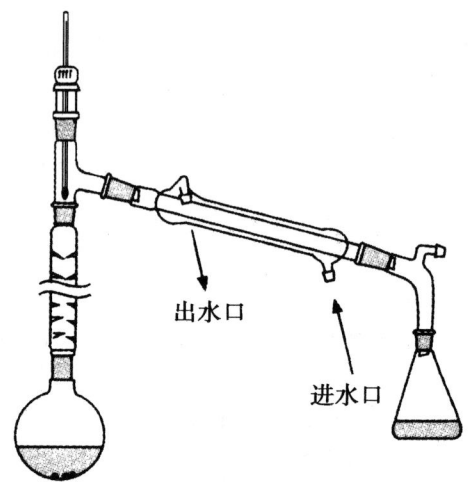

图 4-10 分馏装置

(三) 注意事项

(1) 蒸馏瓶大小及冷凝管的选择参见常压蒸馏。

(2) 分馏柱柱高是影响分馏效率的重要因素之一。一般来讲，分馏柱越高，上升蒸气与冷凝液之间的热交换次数就越多，分离效果就越好。但是，如果分馏柱过高，则会影响馏出速度。

(3) 分馏柱内的填充物也是影响分馏效率的一个重要因素。填充物在柱中起到增加蒸气与回流液接触的作用，填充物比表面积越大，越有利于提高分离效率。不过，需要指出的是，填充物之间要保持一定的空隙，否则会导致蒸馏困难。实验室中常用的韦氏分馏柱是一种柱内呈刺状的简易分馏柱，无须另加填料。

(4) 当室温较低或待分馏液体的沸点较高时，分馏柱的绝热性能就会对分馏效率产生显著影响。在这种情况下，如果分馏柱的绝热性能差，其散热就快，因而难以维持柱内气液两相间的热平衡，从而影响分离效果。为了提高分馏柱的绝热性能，可用玻璃布等保温材料将柱身裹起来。

(5) 在分馏过程中，要注意调节加热温度，使馏出速度适中。如果馏出速度太快，就会产生液泛现象，即回流液来不及流回至烧瓶，并逐渐在分馏柱中形成液柱。若出现这种现象，应停止加热，待液柱消失后重新加热，使气液达到平衡，再恢复分馏操作。

三、水蒸气蒸馏

常压蒸馏和分馏技术适用于分离完全互溶的液体混合物，而要分离完全不互溶物系，水蒸气蒸馏是一种较简便的方法。根据分压定律，当水与有机物混合共热时，其蒸气压为各组分之和。即

$$P_{混合物} = P_{水} + P_{有机物}$$

混合物沸腾时，有机物和水就会一起被蒸出。混合物沸腾时的温度要低于其中任一组分的沸点。即有机物可以在低于其沸点的温度条件下被蒸出。从理论上讲，馏出液中有机物（$W_{有机物}$）与水（$W_水$）的重量之比，应等于两者的分压（$P_{有机物}$ 和 $P_水$）与各自分子量（$M_{有机物}$ 和 $M_水$）乘积之比：

$$\frac{W_{有机物}}{W_水} = \frac{P_{有机物} \cdot M_{有机物}}{P_水 \cdot M_水}$$

由于有机物与水共热沸腾的温度总在100℃以下，因此，水蒸气蒸馏操作特别适用于在该温度下不发生变化的有机物分离。当然，有机物还须具有至少 0.7kPa（100℃）的蒸气压，且不溶或难溶于水。此外，含有大量树脂状或不挥发性杂质，采用普通蒸馏或萃取等方法难于分离的混合物、从较多固体反应物中分离出被吸附的液体、从天然产物中提取有效成分等都适宜采用水蒸气蒸馏操作。

（一）实验方法

依序安装水蒸气发生器、圆底烧瓶、克氏蒸馏头、温度计、冷凝管、接液管和接受瓶，如图 4-11 所示。

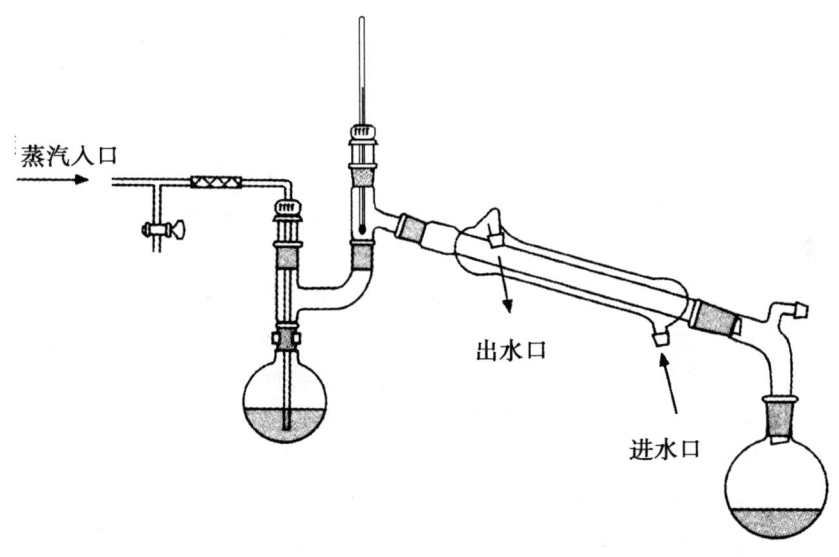

图 4-11 水蒸气蒸馏装置

将待分离混合物转入烧瓶中，将 T 形管活塞打开，加热水蒸气发生器，如图 4-12 所示，使水沸腾。当有水蒸气从 T 形管支口喷出时，将支管口关闭，使水蒸气通入烧瓶。接通冷却水，使混合蒸气能在冷凝管中迅速冷凝而流入接受瓶。馏出速度以 2 滴/s 为宜，通过调节火焰加以控制。当馏出液清亮透明、不再含有油状物时，即可停止蒸馏。先打开 T 形管支口，然后停止加热。将收集液转入分液漏斗，静置分层，除去水层，即得分离产物。

不用水蒸气发生器也可以正常地进行水蒸气蒸馏操作。其操作方法也很简单，先将待分离有机物和适量的水置入圆底烧瓶中，再投入几粒沸石，接通冷凝水，开始加热，保持平稳沸腾。其他操作与前叙述相同，当烧瓶内的水经连续不断地蒸馏而减少时，可通过蒸馏头上配置的滴液漏斗补加水。

（二）注意事项

（1）水蒸气发生器中一定要配置安全管。可选用一很长玻璃管作安全管，管子下端要接近水蒸气发生器底部。使用时，注入的水不要过多，一般不要超出其容积的2/3。

（2）水蒸气发生器与烧瓶之间的连接管路应尽可能短，以减少水蒸气在导入过程中的热损耗。

（3）导入水蒸气的玻璃管应尽量接近圆底烧瓶底部，以利提高蒸馏效率。

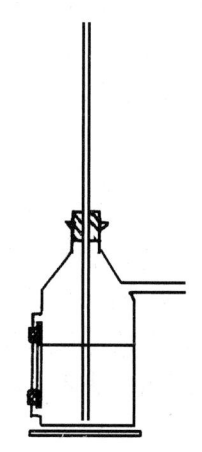

图 4-12 水蒸气发生器

（4）在蒸馏过程中，如果有较多的水蒸气因冷凝而积聚在圆底烧瓶中，可以用小火隔着石棉网在圆底烧瓶底部加热。

（5）实验中，应经常注意观察安全管。如果其中的水柱出现不正常上升，应立即打开T形管，停止加热，找出原因，排除故障后再重新蒸馏。

（6）停止蒸馏时，一定要先打开T形管，然后停止加热。如果先停止加热，水蒸气发生器因冷却而产生负压，会使烧瓶内的混合液发生倒吸。

四、减压蒸馏

减压蒸馏用来分离某些具有高沸点（200℃以上）的有机化合物，或在常压蒸馏时容易分解、氧化或聚合的物质。

液体的沸点是随着外界压力的变化而变化的。如果外界压力降低，液体的沸点也就相应的降低。因此，降低蒸馏系统的压力，即可降低液体的沸点，可在较低的温度下蒸出所需的物质。这种在降低压力下进行的蒸馏操作就是减压蒸馏。

物质在不同压力下的沸点可通过查阅文献或计算获得。另外，依据图 4-13 也可推测出物质在某一压力下的沸点（近似值）。例如，某一化合物在常压下的沸点为200℃，若要在4.0kPa（30mmHg）的减压条件下进行蒸馏操作，那么其蒸出沸点是多少呢？首先在图中常压沸点刻度线上找到200℃标示点，在系统压力曲线上找出4.0kPa（30mmHg）标示点，然后将这两点连接成一直线并向减压沸点刻度线延长相交，其交点所示的数字就是该化合物在4.0kPa（30mmHg）下的沸点，即100℃。在没有其他资料来源的情况下，由此法所得估计值对于实际减压蒸馏操作具有一定的参考价值。

（一）减压蒸馏的实验方法

按图 4-14 所示安装好减压蒸馏装置，需先检查系统是否漏气，以及装置能减压到何种程度。而后在蒸馏烧瓶中倒入待蒸馏液体，其量控制在烧瓶容积的1/3～1/2。先旋紧毛细管上的螺旋夹子，打开安全瓶上的二通旋塞，然后开泵抽气。逐渐关闭二通旋塞，系统压力能达到所需真空度且保持不变，说明系统密闭。否则应检查各连接处是否

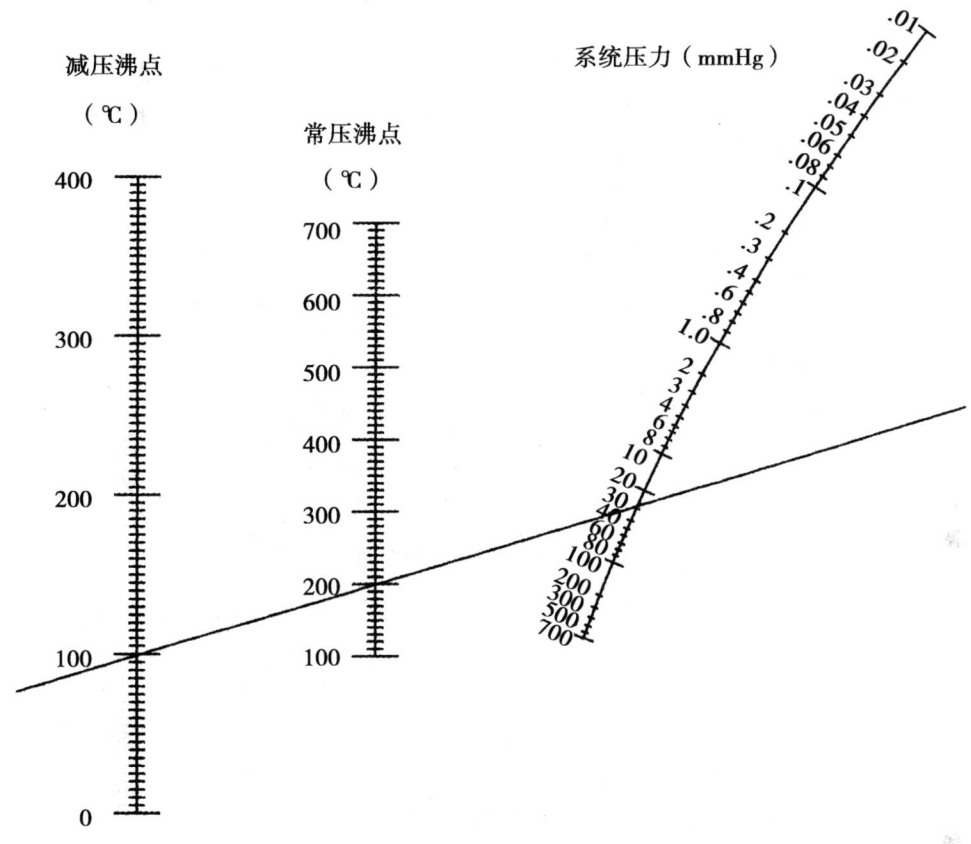

图4-13 液体在常压和减压下的沸点近似关系（1mmHg≈133Pa）

漏气，必要时可在磨口接口处涂少量真空脂密封。进气量可通过螺旋夹调节，使能冒出一连串小气泡为宜。

当系统达到所要求的压力时，开启冷凝水，选用合适的热浴加热。密切注意蒸馏的温度和压力，若有不符，则应调节。先接收前馏分，当沸点达到所需温度时，更换接受器（只需转动多头接液管的位置，使馏出液流入不同接受器中）。控制馏出速度1~2滴/s。

蒸馏完毕，撤去热源，慢慢打开毛细管上的螺旋夹子，并缓缓地打开安全瓶上的活塞（以避免因系统内的压力突增使水银柱冲破玻璃管），平衡系统内外压力，然后关闭油泵，再拆卸仪器。

(二) 注意事项

（1）在减压蒸馏系统中切勿使用有裂缝的或薄壁的玻璃仪器。尤其不能用不耐压的平底瓶（如锥形瓶）。因为内部压力小于装置外部的压力，不耐压的部分可引起内向爆炸。

（2）为防止暴沸、保持稳定沸腾，常用一根细而柔软的毛细管尽量伸到蒸馏瓶底部。空气的细流经过毛细管引入瓶底，作为气化的中心。在减压蒸馏中，加入沸石对防

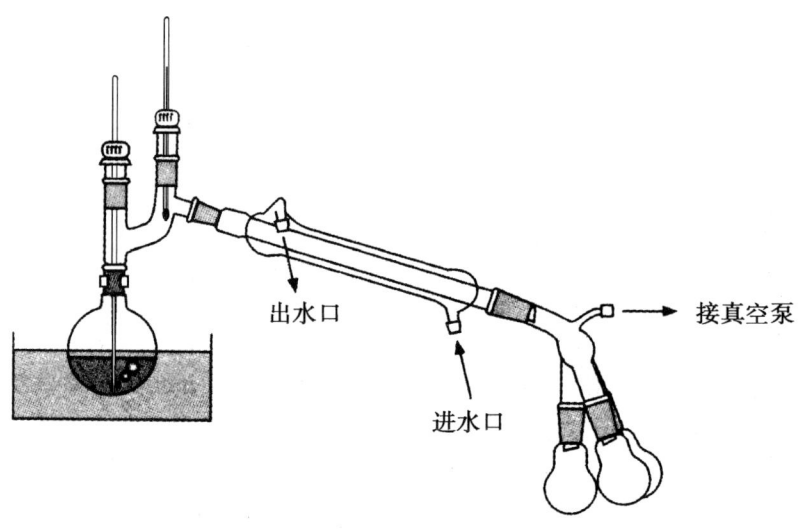

图 4-14 减压蒸馏实验装置

止暴沸是无效的。有些化合物易氧化，在减压时，可由毛细管通入氮气或二氧化碳保护。

(3) 减压蒸馏时，可用水浴、油浴、空气浴等加热，浴温需较蒸馏物沸点高 30℃ 以上。

(4) 如果在减压条件下，液体沸点低于 140~150℃，可用冷水浴对接受瓶冷却，对于那些被抽出来的沸点较低的组分，可视具体情况将冷却阱浸入到盛有液氮、干冰、冰—水、冰—盐等冷却剂的广口保温瓶中进行冷却。

(5) 使用油泵时，应注意防护与保养，不可使水分、有机物质或酸性气体侵入泵内，否则会严重降低油泵的效率。在蒸馏装置与油泵之间所安装的安全瓶、冷却阱、气体吸收塔及缓冲瓶，目的就是为了保护油泵，如图 4-15 所示。倘若在蒸馏时，突然发生暴沸或冲料，安全瓶就起到防护作用。有时，由于系统内压力发生突然变化，从而导致泵油倒吸，缓冲瓶的设置就可以避免泵油冲入气体吸收塔。另外，装在安全瓶口上的带旋塞双通管可用来调节系统压力或放气。

五、回流

为使反应尽可能快些进行，常常需要使反应物和溶剂长时间加热并保持沸腾。为了减少溶剂和原料的损耗，避免易燃、易爆和有毒物质引起事故和污染，保证产品的产率，需要在反应容器上方垂直装上一冷凝管，使反应过程中产生的蒸气在冷凝管中被冷凝成液体，再流回到反应容器中。这种连续不断地蒸发或沸腾气化与冷凝流回的操作就叫作回流或加热回流。

(一) 实验方法

回流装置主要包括反应瓶和冷凝器，如图 4-16 所示。反应器通常为耐热的圆底或

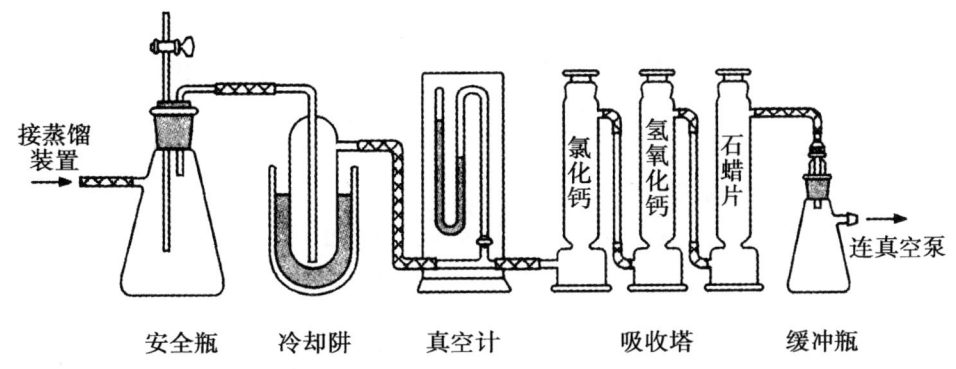

图 4-15 减压蒸馏油泵防护装置

平底烧瓶，原料在此进行反应。如果反应需要控温、搅拌或滴液时，可选择两颈、三颈或四颈瓶。其容积的选择可参照蒸馏时的标准，反应过程中如有大量气体或泡沫产生，应选用容量大些的烧瓶。选择冷凝器时，应根据反应混合物的沸点的高低来确定。高于140℃时，选用空气冷凝管，低于140℃时，选用水冷凝管。回流时多采用球形冷凝管。反应物料的沸点很低或含有毒物质时，可选用蛇形冷凝管，以提高回流冷凝的效率。

带有特殊装置的回流操作，如图 4-16 所示。

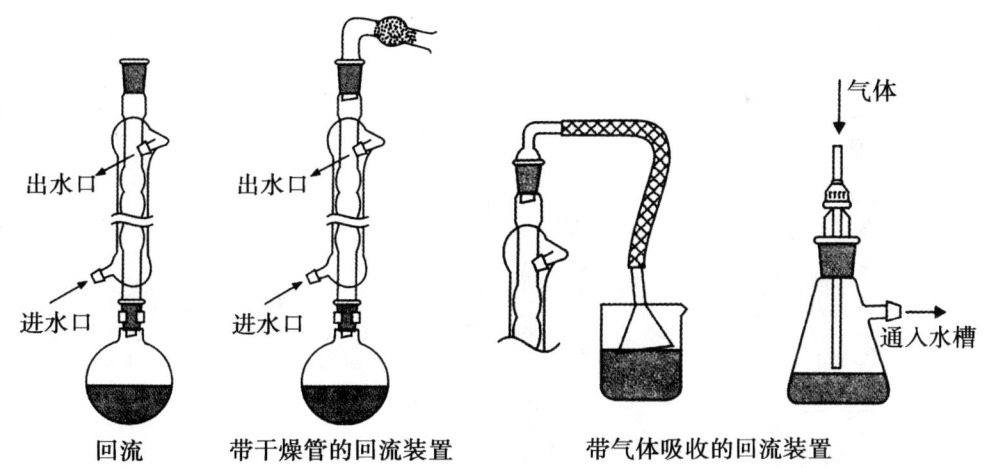

图 4-16 回流和带有特殊装置的回流装置

1. 带干燥管的回流装置

如果水气的存在影响反应的正常进行，可在冷凝管的上口装一含有干燥剂的干燥管，用来防止空气中的湿气侵入。

干燥管的装填方法：在干燥管的靠细玻璃管一端处塞上脱脂棉或玻璃丝。然后填装颗粒状的干燥剂（如无水氯化钙），最后再在干燥剂上塞上脱脂棉或玻璃纤维。注意干燥剂不要装得太紧，脱脂棉也不得塞得太紧，以免因堵塞使整个装置封闭而造成事故。为防止体系封闭，不能填装粉末状干燥剂，也不要将干燥管竖直地装在冷凝管上端。

2. 带气体吸收的回流装置

如果反应时产生氯化氢、二氧化硫、二氧化氮等有害的气体,在回流装置中安装一气体吸收装置。需要注意的是导出气体的导管,若使用漏斗,要使漏斗倾斜一定的角度,漏斗口部分伸入到溶液中。若水气的存在对反应有不利影响,可在冷凝管与气体吸收装置之间加装一个装有干燥剂的干燥管。

3. 带油水分离器的回流装置

这种装置比普通回流装置增加了一个分水器,适用于符合下列条件的反应。
(1) 反应为可逆反应。
(2) 反应生成物之一是水。
(3) 反应物与产物都不溶或难溶于水,且比重大于或小于水。
(4) 反应在回流状态下进行或反应温度高于或接近100℃。

反应物和产物的蒸气与水蒸气一起上升,经回流冷凝管被冷凝成液体,流到分水器中,分层,反应物与产物由侧管流回反应瓶中,而水则从分水器中不断地被分离出来。

4. 带有搅拌器和滴加液体反应物的回流装置

这种装置增加了搅拌装置和滴液漏斗。如需测量反应温度,还要安装温度计。通过使用滴液装置将物料逐滴加入,对有些反应比较剧烈,放热很多的反应,可以避免由于将反应物一次加入,反应失去控制。

常用的滴加装置有分液漏斗、恒压滴液漏斗如图4-17所示。

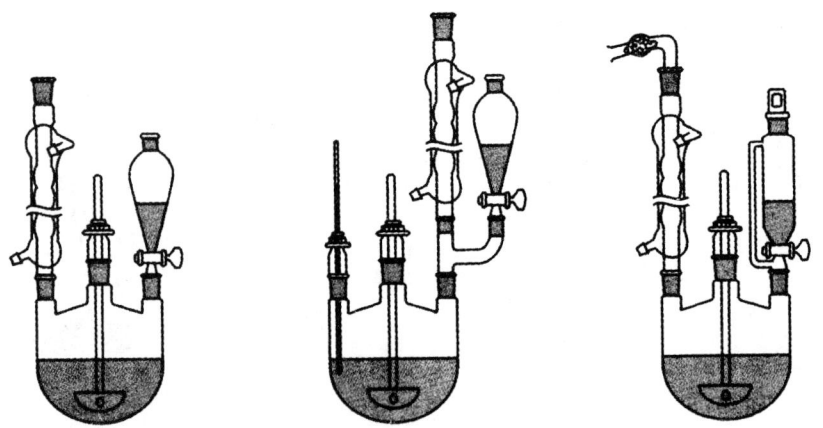

分液漏斗滴加装置　　带有温度计的分液漏斗滴加装置　　恒压滴液漏斗滴加装置

图4-17　带有搅拌器和滴加液体反应物的回流装置

用分液漏斗滴加物料时,分液漏斗上口的小孔须和塞子的缺口对正,以便和大气相通。否则漏斗内的压力会随着滴加液的减少而减小,难以顺利滴加。恒压漏斗的支管使反应体系与漏斗上部相通,可以保持压力平衡,使滴料顺利进行。如果反应必须在无水条件下、惰性气体保护下进行,或者有气体参与反应时,则必须使用恒压漏斗,若反应属于非均相反应,还须使用搅拌器进行搅拌,特别是当有固体参与反应或反应有固体产生时,有效地搅拌尤为重要;即使是均相反应,为避免局部过浓、过热而产生副反应,也需进行搅拌。实验中，常用的搅拌装置有电动搅拌器和磁力搅拌器。

(二) 注意事项

根据实验需要选用适合的回流装置。整个装置的高度以热源高度为基准，热源的选择依据与蒸馏相同。首先固定圆底烧瓶，调整铁架台铁夹的位置，使冷凝管与圆底烧瓶在一条直线上并垂直于实验台面。使用时应注意：

(1) 将反应物与溶剂放在圆底烧瓶中，加入3~4粒沸石。
(2) 在直立的冷凝管夹套中自下而上通入冷水，使夹套充满水。
(3) 加热。先用小火，然后逐渐加大火力，使混合液沸腾或达到指定的反应温度。
(4) 控制加热的程度和调节冷凝水流量，保持蒸气充分冷凝，使蒸气上升的高度不超过冷凝管的1/3。
(5) 反应完毕后，停止回流。先停止加热，再关闭冷凝水，整个反应过程中，不得中断冷凝水。

实验17　蒸馏及沸点测定

一、实验目的

(1) 了解测定沸点的意义、掌握常量法测定沸点的原理和方法。
(2) 正确掌握蒸馏的原理和方法。

二、预习

(1) 什么是蒸馏？它的原理和意义是什么？
(2) 蒸馏装置由哪几部分组成？在安装时应注意什么？
(3) 蒸馏时加入沸石的目的是什么？使用时应注意哪些问题？
(4) 水银球位置上下的改变对温度测量有什么影响？
(5) 利用沸点测定，怎样判断一种液体是否为纯净物？

三、实验原理

当液态物质受热时，其蒸气压增大。当蒸气压等于大气压时，液体沸腾，即达到沸点。每种纯液态有机物在一定压力下具有固定的沸点。利用蒸馏可将沸点相差较大（如相差30℃）的液态混合物分开。所谓蒸馏就是将液态有机物加热到沸腾变为蒸气，再将蒸气冷凝成液体这两个过程的联合操作。如将沸点差别较大的液体蒸馏时，沸点较低者先蒸出，沸点较高的随后蒸出，不挥发的留在蒸馏容器内。这样可达到分离和提纯的目的。但在蒸馏沸点比较接近的液态有机物时，各种物质的蒸气将同时被蒸出，只不过低沸点的组分多一些，难于达到分离和提纯的目的，需要借助分馏（多级蒸馏）操作。纯液态有机物在蒸馏过程中沸点范围很小（0.5~1℃），因此可以利用蒸馏的方法测定有机物的沸点（常量法），此法用量较大，需要10mL以上。

为了消除在蒸馏过程中的过热现象和保证沸腾的平稳状态，常加入素烧瓷片或沸石以防止加热时的暴沸现象。沸石应在蒸馏加热前加入。

四、仪器与试剂

电热套、圆底烧瓶（100mL）、蒸馏头、接液管、冷凝管、漏斗、温度计、比轻计、烧瓶夹、万能夹等。

工业乙醇、沸石。

五、实验内容

1. 仪器装置

蒸馏装置主要由热源、蒸气发生、蒸气冷凝3部分组成。

安装一般先从热源开始，然后遵循"自下而上"的原则，依次在铁架台上安好升降架、放好电热套、再将圆底烧瓶用烧瓶夹垂直固定好并装上有温度计的蒸馏头，把冷凝管固定在另一铁架台上，并调整好它的位置和倾斜度，使之与蒸馏头支管同轴，然后将冷凝管沿此轴线与蒸馏头相接。冷凝管进水口与出水口分别用橡胶管与自来水或下水道相接，最后安装接液管和接受器。

2. 蒸馏操作

（1）加料。蒸馏装置安装好后，将待蒸馏液经漏斗加入到圆底烧瓶内（应避免液体流进冷凝管），加入2～3粒沸石，然后装好温度计，检查各部分连接是否紧密。

（2）加热。缓慢通入冷却水，然后加热，开始时，可使加热速度较快。加热至沸后，温度计读数会快速上升，调节加热速度，使馏出液每秒钟流出1～2滴为宜。

（3）接收与记录。接受器至少准备2个，在达到所要馏分沸点以前，常有沸点较低的液体先蒸出，这部分液体称为前馏分。当温度升至所需物的沸点并恒定时，更换另一接受器收集。记下开始到停止接收该馏分的温度，这就是此馏分的沸点范围。收集馏分的沸点范围越窄，馏分的纯度就越高，一般收集馏分的温度范围在1～2℃。

（4）结束。当温度上升到要求温度时即可停止加热。蒸馏较纯物质时，可能残留液较少，温度变化不大，但一定不要蒸干，以免发生意外。待温度降至40℃左右时，关闭冷却水，拆卸仪器。拆卸仪器的顺序与安装顺序正好相反。

3. 效果检验

分离混合物　取乙醇-水溶液（1∶1），用比轻计测其相对密度。然后取50mL溶液加入100mL的烧瓶中，按以上蒸馏操作步骤进行蒸馏，收集温度范围在77～79℃的馏分。合并各组同学收集的馏分，测定该馏分的相对密度，比较蒸馏前后乙醇相对密度和含量的变化。

实验18　工业乙醇混合物的分馏

一、实验目的

(1) 了解分馏的原理和意义，学习分馏操作仪器的选用及装配方法。
(2) 熟练掌握常压下的简单分馏操作方法。
(3) 学习鉴定有机化合物纯度的方法。

二、预习与思考

(一) 预习内容

(1) 拉乌尔定律的意义。
(2) 分馏操作的原理、步骤、注意事项。

(二) 思考内容

(1) 预泛液的目的是什么？
(2) 柱内温度梯度过大和过小，对分馏有什么影响？
(3) 如何控制好回流比？
(4) 如何防止泛液的产生？
(5) 在分馏时通常用水浴或油浴加热，它比明火加热有什么优点？

三、仪器与试剂

圆底烧瓶、韦氏分馏柱、温度计（150℃）及温度计套管、蒸馏头、直形冷凝管、双头接液管、茄形瓶、水浴锅（加热套）、量筒、密度计。

工业乙醇（60%）、沸石。

四、实验步骤

(1) 安装好分馏装置，将100mL工业乙醇加入到烧瓶中。加入几粒沸石，通入冷凝水。

(2) 缓慢加热至沸腾，蒸气慢慢进入分馏柱，观察蒸气沿分馏柱上升的情况，注意控制好温度，使温度慢慢上升，以保持分馏柱中有一个均匀的温度梯度。

(3) 当冷凝管中有馏分滴出时，迅速记下温度计所示的温度。控制加热速度，使馏出液滴出速率为2～3s一滴。当柱顶温度维持在78℃时，更换新的已干燥的洁净接受瓶，收集馏出液。

(4) 当蒸气温度持续上升（约1℃），可停止加热。待系统冷却后，拆除分馏装置。

(5) 用量筒量出馏出液体积，测定其相对密度，折算出纯度，并计算收率。

实验19　水蒸气蒸馏

一、实验目的

（1）学习和掌握水蒸气蒸馏的原理及其应用。
（2）认识水蒸气蒸馏的主要仪器，掌握水蒸气蒸馏的操作方法。

二、预习与思考

（1）水蒸气蒸馏的原理、主要仪器和操作的注意事项。
（2）水蒸气蒸馏的的应用范围和特点。
（3）道尔顿气体分压定律。
（4）用水蒸气蒸馏时，蒸气导入管末端为什么要插入到接近于容器底部？
（5）与水互溶的有机物（如甲醇、乙醇等）能否用水蒸气蒸馏？

三、仪器与试剂

水蒸气发生器、电炉、圆底烧瓶（250mL）、T形管、直形冷凝管、玻璃导管、接液管、锥形瓶、长玻璃管等。

异戊醇和水杨酸混合物、$K_2Cr_2O_7$（5%）、H_2SO_4（16%）、$FeCl_3$（1%）。

四、实验内容

1. 水蒸气蒸馏装置
安装水蒸气蒸馏装置，加入待蒸馏物。
2. 操作步骤
先打开T形橡皮管上的螺旋夹，加热水蒸气发生器。大量水蒸气产生后，再用螺旋夹夹紧T形管上的橡皮管，让蒸气导入蒸馏瓶中。在水蒸气蒸馏过程中，由于水蒸气的冷凝而使蒸馏瓶内液体增加时，可将蒸馏烧瓶用小火加热。同时，还应随时从T形管的支管处放出冷凝下来的水，以防止导入管堵塞或冷凝水过多地进入蒸馏瓶中。水蒸气蒸馏速度一般控制在每秒钟2~3滴为宜。

当馏出液中无明显油珠，澄清透明时，便可停止蒸馏。先打开T形管橡皮管上的螺旋夹，然后再停止加热，以免蒸馏瓶中的液体倒吸入水蒸气发生器中。

3. 异戊醇和水杨酸混合物的分离与鉴定
（1）混合物中各组分的检查。取两支试管，分别滴入混合液10滴。在一支试管中加入1滴0.1% $FeCl_3$溶液，溶液呈显紫色，证明混合液中有水杨酸存在；在另一支试管中加入10滴5% $K_2Cr_2O_7$溶液，加入5滴16% H_2SO_4，摇匀并在酒精灯上加热，溶液呈绿色，证明混合液中有异戊醇存在。

（2）水蒸气蒸馏。将25mL异戊醇和水杨酸混合物倒入100mL圆底烧瓶中，按上述操作步骤进行。当馏出液澄清透明不再有油状物时，蒸馏结束。

(3) 分离物的检验。取两支试管，各取 10 滴馏出液，证明馏出液中仅含有异戊醇。另取两支试管，各取 10 滴剩余液，证明其中仅含有水杨酸。

表 4-3　异戊醇与水杨酸的有关数据表

项目＼名称	异戊醇	水杨酸
100℃时蒸气压（kPa）	31.8	0.115
沸点（℃）	131.5	258（分解）
溶解度［g/（100gH$_2$O）］	2.6	0.16（4℃），2.8（75℃），6.6（98℃）

实验 20　苯甲酸乙酯的减压蒸馏

一、实验目的

(1) 学会减压蒸馏装置的安装和拆卸。
(2) 熟练掌握减压蒸馏的基本操作。
(3) 学会使用压力计，准确测定体系压力。
(4) 掌握保护油泵的装置的安装方法。

二、预习与思考

(一) 预习以下内容

(1) 减压蒸馏的原理及装置的安装和拆卸方法。
(2) 油泵在使用时应注意的事项。

(二) 思考以下问题

(1) 如何检验减压系统的气密性？
(2) 用油泵减压时，为什么要安装保护装置？
(3) 停止抽气时，应先做哪些准备？
(4) 减压蒸馏时，是先加热还是先抽真空？

三、仪器与试剂

圆底烧瓶、克氏蒸馏头、直形冷凝管、三叉真空接液管、茄形瓶（3 只）、温度计、温度计套管、抽滤瓶、固定槽式大气压力计、油泵、冷（却）阱、吸收瓶（3 只）、封闭式水银压力计、热浴等。
冰-水混合物、无水氯化钙、液体石蜡、氢氧化钠、石蜡片、苯甲酸乙酯。

四、实验步骤

安装减压蒸馏装置

1. 蒸馏系统

(1) 依热源高度,将圆底烧瓶用铁夹固定在热源上方,使烧瓶的圆球部分有 2/3 浸入到浴液中。

(2) 将克氏蒸馏头磨口接头均匀地涂上一薄层真空脂,安装在烧瓶上并旋转,使之严密。从克氏蒸馏头上口,插入一根下端拉成毛细管的玻璃管,毛细管下端应尽量靠近烧瓶底部。

(3) 在玻璃管上口套一乳胶管,在乳胶管内插一细铁丝,并用螺旋夹夹住乳胶管。通过调节螺旋夹的松紧,可控制体系的进气量。

(4) 温度计固定在温度计套管上,插入克氏蒸馏头的支管内。温度计水银球的上沿应与克氏蒸馏头的侧支管的下沿平齐。

(5) 将冷凝水进出口套上乳胶管,用铁架台上的铁夹固定冷凝管中部,不要夹紧,以便调整冷凝管的位置,将冷凝管与克氏蒸馏头的侧支管连接,并旋动冷凝管,使接口封严,然后用铁夹固定好冷凝管。

(6) 在接液管的支管口上接一根耐压橡皮管,将接液管与冷凝管连接,并旋动使之密封。

(7) 将茄形瓶与接液管连接,旋动茄形瓶使接口密封。

2. 保护系统

(1) 将吸收塔分别用氯化钙、氢氧化钙、石蜡片填装,填装量不超过吸收瓶容积的 2/3。

(2) 将冷却阱放在盛有冰-水混合物的杜瓦瓶里或大烧杯中。

(3) 用耐压橡皮管连接抽滤瓶、冷却阱、封闭式水银压力计、氯化钙吸收塔、氢氧化钙吸收塔、石蜡吸收塔等进行连接。

(4) 把接液管的支管口用耐压橡皮管与安全瓶连接起来。

3. 空试系统的密封性

将真空泵打开,把安全瓶上的放空阀关闭,拧紧毛细管上的螺旋夹,待压力稳定后,观察压力计(表)上的读数是否达到约 1.3KPa(10mmHg),并能稳定;若不稳定,说明系统有漏气,应排除漏气,重新空试,直到压力稳定并达到所要求的真空度。

4. 减压蒸馏操作

(1) 经检查,实验装置符合要求以后,慢慢旋开安全瓶上活塞(一定要小心打开,否则封闭式压力计中水银急剧上升,有冲破压力计的危险),使系统恢复到常压状态,关泵。取下毛细管,将 20mL 苯甲酸乙酯通过长颈漏斗加入圆底烧瓶中,小心插上毛细管。开泵抽气,再缓慢关闭安全瓶上的活塞,调整毛细管上的螺旋夹,使毛细管在液体中产生连续平稳的小气泡。

(2) 开启冷凝水,调节安全瓶上活塞,使系统内压力达到所需要的真空度。用热源加热,控制浴温比蒸馏液体的沸点高出 20~30℃,使流出速度为每秒 1~2 滴,当系统达到稳定时,立即记下压力和温度。密切注意蒸馏情况并记录压力、沸点等数据,及时收集不同沸点范围的馏分。

(3) 停止蒸馏时,先移去热源,待稍冷后,打开毛细管上的螺旋夹,然后缓慢打开安全瓶上的活塞,使真空慢慢解除,当水银压力计恢复原状时,再关闭油泵,将装置拆卸、洗净、放好。

表 4-4 苯甲酸乙酯压力与沸点的关系

压力/kPa	0.13	0.67	1.33	2.66	5.32	7.98	13.3	26.6	53.2	101
沸点/℃	44.0	72.0	86.0	101	118	129	143	165	188	213

实验 21 无水乙醇的制备

一、实验目的

(1) 掌握无水乙醇的制备方法。
(2) 掌握普通回流的操作方法。
(3) 掌握带有特殊装置的回流操作方法。
(4) 掌握加热回流操作的安全注意事项。

二、预习与思考

(一) 预习以下内容

(1) 回流装置的选择原则。
(2) 干燥管的使用方法。

(二) 思考以下问题

(1) 回流操作应注意哪些问题?
(2) 加氯化钙干燥管的目的是什么?

三、仪器与试剂

圆底烧瓶、冷凝管、干燥管、蒸馏头、接液管等。
95%的乙醇、生石灰、氢氧化钠、无水氯化钙。

四、实验步骤

按普通回流装置安装仪器。
(1) 在 500mL 圆底烧瓶中,放入 200mL 95% 的乙醇和 80g 生石灰和 1.0g 氢氧化钠,装上回流冷凝管,其上端接一氯化钙干燥管,在水浴上回流加热 2~3h。
(2) 稍冷后取下冷凝管,改成蒸馏装置,在接液管支管处装一氯化钙干燥管,使回流系统与大气相通。用水浴加热,蒸去前馏分后,再换上一干燥接受瓶,继续蒸馏至几乎无液滴流出为止。
(3) 称量无水乙醇的质量或量其体积,计算回收率。

第三节　物质的萃取与洗涤

用溶剂从固体或液体混合物中提取所需要的物质，这一操作过程就称为萃取。萃取不仅是提取和纯化有机化合物的一种常用方法，而且还可有用来洗去混合物中的少量杂量。

一、基本原理

物质在不同溶剂中有着不同的溶解度。在一定温度下，某物质在两种互不相溶的溶剂中的浓度之比为一常数，称为分配系数 K，表示为：

$$K = \frac{c_A}{c_B}$$

其中 c_A、c_B 分别为该物质在两种溶剂中的浓度。

一般来说，有机物在有机溶剂中的溶解度要比在水中大，因此常利用有机溶剂来提取溶解在水中的有机物。除非分配系数极大，否则只通过一次萃取很难将所需要的化合物从溶液中完全提取出来，因而必须更换新鲜的溶剂再进行多次萃取。假设在体积为 V 的溶剂中溶解的物质质量为 m_0，每次萃取溶剂的体积为 S，经 n 次萃取后，则该物质的残留量为 m_n：

$$m_n = m_0 \left[\frac{KV}{KV+S}\right]^n$$

由于 $\frac{KV}{KV+S}$ 总是小于1，n 越大，m_n 就越小。所以，用同量溶剂分多次萃取比一次萃取的效率高。实际操作中，一般将同量溶剂分为 3~5 次萃取。每次所用萃取剂约相当于被萃取溶液体积的1/3。

此外，萃取效率还与溶剂的选择密切相关。一般来讲，选择溶剂的基本原则是，对被提取物质溶解度较大；与原溶剂不相混溶；沸点低、毒性小。例如，从水中萃取有机物时常用氯仿、石油醚、乙醚、乙酸乙酯等溶剂，若从有机物中洗除其中的酸或碱或其他水溶性杂质时，可分别用稀碱或稀酸或直接用水洗涤。

以上所述是针对液-液萃取而言。如果要从固体中提取某些组分，则是利用样品中被提取组分和杂质在同一溶剂中具有不同溶解度的性质进行提取和分离的。在实验室中，通常用索氏提取器（也称脂肪提取器）从固体中作连续提取操作。其工作原理是通过对溶剂加热回流并利用虹吸现象，使固体物质连续被溶剂所萃取。

二、实验方法

（一）液-液萃取

溶液中物质的萃取通常用分液漏斗来进行。在活塞上涂少许凡士林，转动活塞使其均匀透明。检查玻璃塞与活塞是否严密。然后将分液漏斗放在固定的铁环中，关好活塞，装入待萃取物和溶剂，盖好玻璃塞，振荡漏斗，使液层充分接触，振荡方法是先把分液漏斗倾斜，使上口略朝下，活塞部分向上并朝向无人处，右手捏住上口颈部，并用食指压紧玻璃塞，左手握住活塞如图 4-18 所示。握持方式既要防止振荡时活塞转动或脱落，又要便于灵活地旋转活塞。振荡后，令漏斗仍保持倾斜状态，旋开活塞，放出因溶剂挥发或反应产生的气体，使内外压力平衡，如图 4-19 所示。如此重复数次，然后将分液漏斗静置于铁环上，使乳浊液分层，然后旋转顶端玻璃塞，对好放气口，再慢慢旋开下端活塞，将下层液体自活塞放出。当液面的界线接近活塞时，关闭活塞，静置片刻或轻轻振摇，这时下层液体往往增多，再把下层液体仔细地放出。然后将上层液体从分液漏斗上口倒出。切不可经活塞放出，以免被漏斗活塞部所附着的残液污染。在萃取中，上下两层液体都应该保留到实验完毕，以防中间操作发生错误，无法补救。

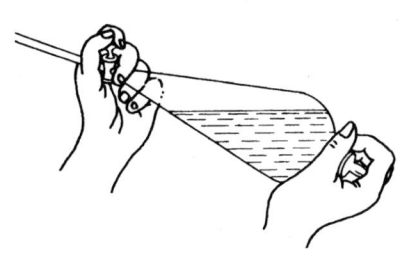

图 4-18　分液漏斗的振荡方法

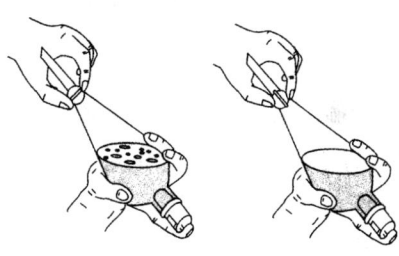

图 4-19　分液漏斗的放气方法

（二）液-固萃取

实验室中常用索氏提取器进行液-固萃取。索氏提取器由烧瓶、抽提筒、回流冷凝管三部分组成，装置如图 4-20 所示。

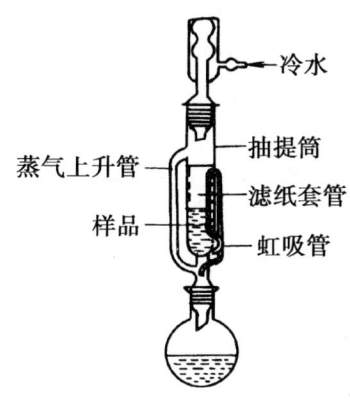

图 4-20　索氏提取器

索氏提取器是利用溶剂的回流及虹吸原理，使固体物质每次都被纯的热溶剂所萃取，减少了溶剂用量，缩短了提取时间，因而效率较高。萃取前，应先将固体物质研细，以增加溶剂浸溶的面积。然后将研细的固体物质装入滤纸筒内，再置于抽提筒中。

烧瓶内盛溶剂,并与抽提筒相连,抽提筒上端接冷凝管,溶剂受热沸腾,其蒸气沿抽提筒侧管上升至冷凝管,冷凝为液体,滴入滤纸筒中,并浸泡筒内样品。当液面超过虹吸管最高处时,发生虹吸,液体流回烧瓶,从而萃取出溶于溶剂的部分物质。如此多次重复,把要提取的物质富集于烧瓶内。提取液经浓缩除去溶剂后,即得产物,必要时可用其他方法进一步纯化。

三、注意事项

(1) 所用分液漏斗的容积一般比待处理的液体体积大 1~2 倍。

(2) 使用低沸点溶剂或用碳酸氢钠溶液洗的含酸液体时,应注意在振摇过程中放气。否则液体易从上口塞处喷出。

(3) 如果在振荡过程中,液体出现乳化现象,可以通过加入强电解质(如食盐)破乳。

(4) 分液时,如果一时不知哪一层是萃取层,则可以通过再加入少量萃取剂来判断:当加入的萃取剂穿过分液漏斗中的上层液溶入下层液,则下层是萃取相,反之,则上层是萃取相。为了避免出现失误,最好将上下两层液体都保留到操作结束。

(5) 如果打开活塞却不见液体从分液漏斗下端流出,首先应检查漏斗上口塞是否打开。如果上口塞已打开,液体仍然放不出,那就该检查活塞孔是否被堵塞。

(6) 使用分液漏斗时,应防止几种错误的操作方法:用手拿住分液漏斗进行液体的分离;上层液体经漏斗的下端放出,上口玻璃塞未打开就旋开活塞。

(7) 滤纸筒的直径要略小于抽提筒的内径,其高度一般要超过虹吸管,但是样品不得高于虹吸管。如无现成的滤纸筒,可自行制作,其方法为:取脱脂滤纸一张,卷成圆筒状(其直径略小于抽提筒内径),底部折起而封闭(必要时可用线扎紧)装入样品,上口盖以滤纸或脱脂棉,以保证回流液均匀地浸透待萃取物。

(8) 以索氏提取器来提取物质,最显著的优点是节省溶剂。不过,由于被萃取物要在烧瓶中长时间受热,对于受热易分解或易变色的物质就不宜采用这种方法。此外,应用索氏提取器来萃取,所使用的溶剂的沸点也不宜过高。

实验 22　对甲苯胺、β-萘酚和萘混合物的分离

一、实验目的

(1) 学习萃取分离的基本原理。
(2) 学习萃取分离的操作技术。
(3) 进一步巩固蒸馏的操作技术。

二、预习与思考

(1) 萃取的原理及方法。
(2) 蒸馏的操作技术要点。

(3) 此三组分分离实验中,利用了什么性质?在萃取过程中各组分发生的变化是什么?

(4) 若分别用乙醚、氯仿、己烷、苯等溶剂萃取水溶液时,它们将在上层还是在下层?

(5) 影响萃取效率的因素有哪些?怎样才能选择好萃取溶剂?

三、实验原理

对甲苯胺(m. p. 45℃)是一种碱,β-萘酚(m. p. 123℃)是一种弱酸,萘(m. p. 80℃)是一种中性化合物,它们均溶于乙醚。对甲苯胺溶于盐酸而不溶于氢氧化钠,β-萘酚不溶于盐酸而溶于氢氧化钠,利用它们酸碱性的不同可以将它们分离出来。

根据其性质和溶解度,分离流程如下(图4-21):

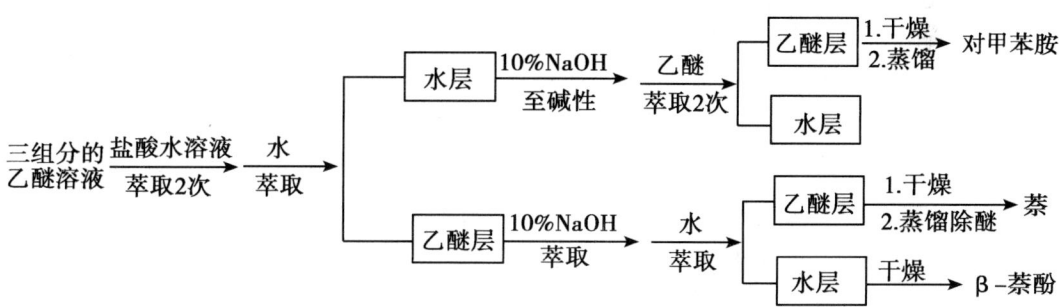

图4-21 对苯甲胺、β-萘酚和萘混合物的分离

四、仪器与试剂

圆底烧瓶、蒸馏头、直形冷凝管、接液管、锥形瓶、温度计、温度计套管、烧杯、恒温水浴锅等。

混合物样品、盐酸、乙醚、氢氧化钠、石蕊试纸、无水氯化钙等。

五、实验步骤

取1.0g三组分混合物样品溶于8mL乙醚中,将溶液转入25mL分液漏斗中,加入9mL盐酸(盐酸:水=1:8),并充分摇荡,静置分层后,放出下层液体(水溶液)于锥形瓶中。再用第二份酸溶液萃取一次。最后用4mL水萃取,以除去可能溶于乙醚层过量的盐酸,合并三次酸性萃取液。在搅拌下向酸性萃取液中滴加10%氢氧化钠溶液至其对石蕊试纸呈碱性。然后用乙醚(8mL×2)萃取碱液。合并醚萃取液,用粒状氢氧化钠干燥15min。然后将乙醚溶液滤入一已称重的圆底烧瓶或锥形瓶中,用水浴蒸馏并回收乙醚。称重残留物,并测定其熔点。

剩下的乙醚溶液用10%氢氧化钠溶液萃取(3mL×2),再用4mL水萃取一次,合并在碱性萃取液中。在搅拌下向碱性溶液中逐滴滴加浓盐酸,直到溶液对石蕊试纸呈酸性为止。在中和过程中外部用冷水浴冷却,至终点时有白色沉淀析出,减压过滤,回收 β-萘酚,干燥后称重并测定熔点。

剩下的乙醚溶液从分液漏斗上部倒入一锥形瓶中,加适量无水氯化钙,振荡 15min。然后将乙醚溶液滤入一已知质量的圆底烧瓶中,用水浴蒸馏并回收乙醚,称重残留物。

实验 23　Fe^{3+}、Al^{3+} 离子的分离

一、实验目的

(1) 学习萃取分离法的基本原理。
(2) 初步了解铁、铝离子不同的萃取行为。
(3) 学习萃取分离和蒸馏分离两种基本操作。

二、预习与思考

(一) 预习内容

(1) 萃取的原理及方法。
(2) 蒸馏的操作技术要点。

(二) 思考下列问题

(1) 此分离实验中,利用了物质的什么性质?
(2) 萃取操作中如何注意安全?
(3) 实验室中为什么严禁明火?蒸馏乙醚时,为了防止中毒,应该采取什么措施?此实验采取了哪两种分离方法?这两种方法各自依据的基本原理是什么?
(4) Tl^{3+} 在高酸性条件下,能够与 Cl^- 结合成配离子 $[TlCl_4]^-$。根据这些性质,选择一个离子缔合物体系,将 Al^{3+} 和 Tl^{3+} 混合液分离,并设计分离步骤。

三、实验原理

在 $6mol \cdot L^{-1}$ HCl 溶液中,Fe^{3+} 离子与 Cl^- 离子生成了 $[FeCl_4]^-$ 配离子。在强酸—乙醚萃取体系中,乙醚(Et_2O)与 H^+ 离子结合,生成了离子($Et_2O \cdot H^+$)。由于 $[FeCl_4]^-$ 离子与 $Et_2O \cdot H^+$ 离子都有较大的体积和较低的电荷。因此,容易形成离子缔合物 $Et_2O \cdot H^+ \cdot [FeCl_4]^-$,在这种离子缔合物中,$Cl^-$ 离子和 Et_2O 分别取代了 Fe^{3+} 离子和 H^+ 离子的配位水分子,并且中和了电荷,具有疏水性,能够溶于乙醚中。因此,就从水相转移到有机相中了。

Al^{3+} 离子在 $6mol \cdot L^{-1}$ 盐酸中与 Cl^- 离子生成配离子的能力很弱,因此,仍然留在水相中。

将 Fe^{3+} 离子由有机相中再转移到水相中去的过程叫作反萃取。将含有 Fe^{3+} 离子的乙醚相与水相混合，这时体系中的 H^+ 离子浓度和 Cl^- 离子浓度明显降低。离子 $Et_2O \cdot H^+$ 和配离子 $[FeCl_4]^-$ 解离趋势增加，Fe^{3+} 离子又生成了水合铁离子，被反萃取到水相中。由于乙醚沸点较低（35.6℃），因此，采用普通蒸馏的方法，就可以实现醚水的分离。这样 Fe^{3+} 又恢复了初始的状态，达到了 Fe^{3+}、Al^{3+} 分离的目的。

四、仪器与试剂

圆底烧瓶（250mL），直管冷凝器，接液管，抽滤瓶，烧杯，梨形分液漏斗（100mL），量筒（100mL），铁架台，铁环，乳胶管，橡皮塞，玻璃弯管，滤纸，pH试纸。

$FeCl_3$（5%），$AlCl_3$（5%），浓盐酸（化学纯），乙醚（化学纯），$K_4Fe(CN)_6$（5%），NaOH（2mol·L^{-1}、6mol·L^{-1}），茜素 S 酒精溶液，冰水，热水等。

五、实验内容

1. 制备混合溶液

取 10mL 5% $FeCl_3$ 溶液和 10mL 5% $AlCl_3$ 溶液混入烧杯中。

2. 萃取

将 15mL 混合溶液和 15mL 浓盐酸先后倒入分液漏斗中，再加入 30mL 乙醚溶液，按照萃取分离的操作步骤进行萃取。

3. 检查

萃取分离后，水相若呈黄色，则表明 Fe^{3+}、Al^{3+} 没有分离完全。可再次用 30mL 乙醚重复萃取，直至水相无色为止。每次分离后的有机相都合并在一起。

4. 蒸馏

向有机相中加入 30mL 水，并转移至圆底烧瓶中。以 80℃ 热水浴为热源，接收瓶用冰水混合物冷却，蒸出乙醚。

5. 分别鉴定未分离的混合液和分离开的 Fe^{3+}、Al^{3+} 溶液并加以比较。

离子鉴定方法：

（1）将待测试液调至 pH 值 =4。

（2）向滤纸中心滴上一滴 5% $K_4[Fe(CN)_6]$ 溶液，再将滤纸晾干。

（3）将一滴待测试液滴到滤纸中心，再向滤纸中心滴上一滴水，然后滴上一滴茜素 S 酒精溶液，$Fe_4[Fe(CN)_6]_3$ 被固定在滤纸中心，生成蓝斑。Al^{3+} 被水洗到斑点外围，并与茜素 S 生成红色环。

利用这个方法可以分别鉴定出 Fe^{3+} 和 Al^{3+}。

六、注意事项

（1）乙醚沸点低（35.6℃），燃点也低（343℃），并且与空气混合有较宽的爆炸区间（1.8%~40%）。因此，实验室内严禁明火。

（2）为了防止乙醚蒸气在实验室大量弥散，接受器和冷凝管之间必须通过接液管紧密相连，并且把接受器的出气口导入下水管道中。整个蒸馏体系绝不可封闭。

（3）乙醚在光的作用下容易生成过氧化物。蒸馏时，若乙醚中有过氧化物，则可能爆炸。因此，每次实验前，实验教师要检验乙醚中是否有过氧化物生成，必须在确证不含过氧化物的前提下才能进行蒸馏。

（4）检验过氧化物的方法

向试管中加入 1mL 新配制的 2%（NH_4）$_2$Fe（SO_4）$_2$ 溶液和 2~3 滴 NH_4SCN 溶液，摇匀后，再加入 1mL 所要试验的醚，剧烈振荡。如果醚中有过氧化物存在时，溶液即变成红色。

第四节 升 华

升华是纯化固体有机物的方法之一。某些物质在固态时有较高的蒸气压，当加热时，不经过液态而直接气化，蒸气遇冷又直接冷凝成固体，这个过程叫作升华。利用升华可除去不挥发性杂质，或分离不同挥发度的固体混合物。升华常可得到纯度较高的产品，但操作时间长，损失也较大，在实验室里只用于较少量（1~2g）物质的纯化。

一、常压升华

常用的常压升华装置如图 4-22 所示。

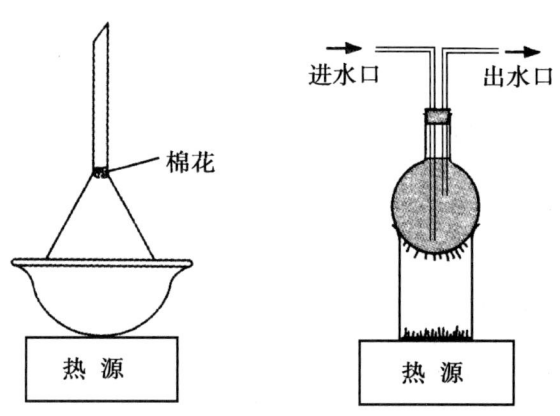

图 4-22 常压升华装置

将预先粉碎好的待升华物质均匀地铺放于蒸发皿中，上面覆盖一张穿有许多小孔的滤纸，然后将与蒸发皿口径相近的玻璃漏斗倒扣在滤纸上，漏斗颈口塞一小棉球或少许玻璃棉，以减少蒸气外逸。隔石棉网或用油浴、沙浴等缓慢加热蒸发皿，小心调节火焰，控制浴温低于升华物质的熔点，使其慢慢升华。蒸气通过滤纸孔上升，冷却后凝结在滤纸上或漏斗壁上。必要时漏斗外可用湿滤纸或湿布冷却。

较大量物质的升华，可在烧杯中进行。烧杯上放置一个通冷水的烧瓶。使蒸气在烧瓶底部凝结成晶体并附着在烧瓶底部。

升华完毕，可用不锈钢刮匙将凝结在漏斗壁上以及滤纸上的结晶小心刮落并收集起来。

二、减压升华

减压条件下的升华操作与上述常压升华操作大致相同。首先将待升华物质置放在吸滤管内，然后在吸滤管上配置指形冷凝管，内通冷凝水，用油浴加热，吸滤管支口接水泵或油泵，如图 4-23 所示。

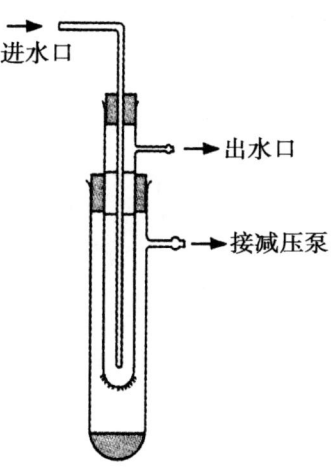

图 4-23　减压升华装置

三、注意事项

（1）待升华物质要经充分干燥，否则在升华操作时部分有机物会与水蒸气一起挥发出来，影响分离效果。

（2）在蒸发皿上覆盖一层布满小孔的滤纸，主要是为了在蒸发皿上方形成一温差层，使逸出的蒸气容易凝结在玻璃漏斗壁上，提高物质升华的收率。必要时，可在玻璃漏斗外壁上敷上湿布，以助冷凝。

（3）为了达到良好的升华分离效果，最好采取砂浴或油浴而避免用明火直接加热，使加热温度控制在待纯化物质的三相点温度以下。如果加热温度高于三相点温度就会使不同挥发性物质一同蒸发，从而降低分离效果。

实验 24　茶叶中提取咖啡因

一、实验目的

（1）了解从茶叶中提取咖啡因的原理和方法。
（2）学习用索氏提取器提取物质的操作技术。
（3）学会升华法提纯有机物。

二、预习与思考

（1）液、固萃取的原理及方法。
（2）常压条件下升华的基本操作方法。

三、实验原理

咖啡因是杂环化合物嘌呤的衍生物，化学名称是 1，3，7 - 三甲基 - 2，6 - 二氧嘌呤，其结构式如下（图 4 - 24）：

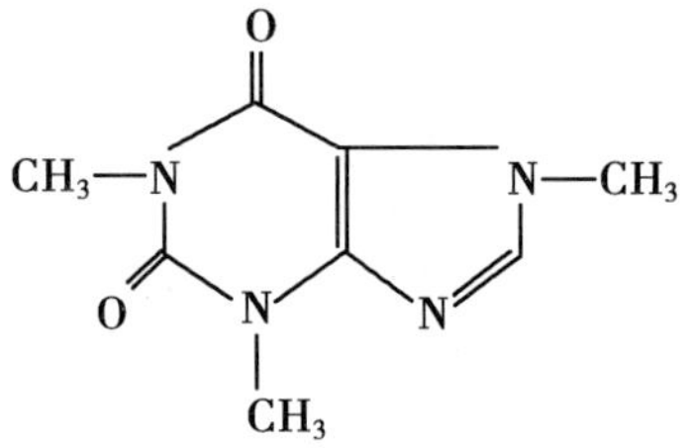

图 4 - 24　咖啡因结构式

咖啡因是弱碱性化合物，易溶于热水、氯仿、乙醇等。含结晶水的咖啡因是无色针状晶体，味苦，在 100℃ 时即失去结晶水，并开始升华，120℃ 时升华显著，至 178℃ 时升华很快。无水咖啡因的熔点为 238℃。

咖啡因具有刺激心脏、兴奋中枢神经和利尿等作用，可作为中枢神经兴奋剂，它也是复方阿司匹林（APC）的重要成分。工业上，咖啡因主要通过人工合成制得。

茶叶中咖啡因的含量为 3% ~ 5%。本实验从茶叶中提取咖啡因是用乙醇作溶剂，在索氏提取器中连续抽提，然后浓缩粗咖啡因，焙炒粗的咖啡因，再通过升华法提纯。

四、仪器与试剂

索氏提取器、圆底烧瓶（250mL）、水浴锅、直形冷凝管、蒸发皿、表面皿、玻璃漏斗、接液管、锥形瓶、温度计、烧杯、滤纸、脱脂棉等。

茶叶、乙醇（95%）、生石灰、鞣酸（5%）、盐酸（10%）、H_2O_2（30%）、浓氨水、碘 - 碘化钾。

五、实验内容

1. 咖啡因的提取

称取 10.0g 干茶叶装入索氏提取器的滤纸筒内，轻轻压实，滤纸筒上口盖一圆型滤纸或一团脱脂棉，置于抽提筒内，向 250mL 圆底烧瓶中加入 150mL 95% 乙醇，两粒沸石，装好仪器。加热乙醇至沸腾，连续抽提 2 ~ 3h。待抽提筒内溶液刚刚虹吸下去时，立即停止加热。稍冷后，将仪器改装成蒸馏装置，蒸馏回收大部分乙醇（剩余大约 5mL）。然后将残液趁热倒入盛有 4.0g 碱石灰的蒸发皿中，搅拌均匀，在电热套上小心蒸发至干，焙烧片刻，除去全部水分。将一张刺有许多小孔的滤纸盖在装有粗咖啡因的蒸发皿上，取一支大小合适的玻璃漏斗罩于其上，漏斗颈部疏松地塞一团棉花，用电热套或酒精灯小心加热蒸发皿，慢慢升高温度，使咖啡因升华，咖啡因通过滤纸孔遇到漏斗内壁凝为固体，附着于漏斗内壁和滤纸上。当纸上出现白色针状结晶时，暂停加热，冷至100℃左右，揭开漏斗和滤纸，仔细用小刀把附着于滤纸及漏斗壁上的咖啡因刮入表面皿中。将蒸发皿中的残渣加以搅拌，重新放好滤纸和漏斗，用较高的温度再加热升华一次。此时的温度也不宜太高，否则蒸发皿中大量冒烟，产品即遭污染，又遭损失。合并两次升华所收集的咖啡因。

2. 咖啡因的鉴定

（1）与生物碱试剂作用。取咖啡因结晶的一半放入小试管中，加4mL水，微热，使晶体溶解。分装于2支试管中，一支加入1~2滴5%鞣酸溶液，另一支加1~2滴10%盐酸，再加入1~2滴碘-碘化钾溶液，观察现象。

（2）氧化。在表面皿剩余的咖啡因中，加入30% H_2O_2 8~10滴，置于水浴上蒸干，观察残渣颜色。再加一滴浓氨水于残渣上，观察现象。

六、注意事项

（1）碱石灰起中和及吸水作用。

（2）如留有少量水分，升华开始时将产生一些烟雾，污染器皿和产品。

（3）蒸发皿上覆盖刺有小孔的滤纸是为了避免已升华的咖啡因落回蒸发皿中，纸上的小孔应保证蒸气通过，漏斗颈塞棉花是为了防止咖啡因蒸气溢出。

（4）在升华过程中必须始终严格控制加热温度，温度过高，将导致被烘物和滤纸炭化，一些有色物质也会被带出来，影响产品的质量。进行再升华时，加热温度亦应严格控制，100℃使产品失去结晶水并开始升华，120℃时升华显著，178℃时升华很快，但不得超过180℃。

（5）咖啡因属嘌呤类衍生物，可被生物碱试剂（如鞣酸、碘-碘化钾试剂等）沉淀。

（6）咖啡因可被过氧化氢、氯酸钾等氧化剂氧化，生成四甲基偶嘌呤（将其用水浴蒸干，呈玫瑰红色），后者与氨作用即生成紫色的紫脲铵。该反应是嘌呤类生物碱的特性反应。

第五节 色谱法

一、概述

色谱法也称色层法或层析法，可以分离、提纯和鉴定结构及物理性质和化学性质相近的化合物，尤其适用于少量物质的分离、纯化和鉴定。色谱法最初源于对有色物质的分离，因而得名。后来，随着各种显色、鉴定技术的引入，其应用范围早已扩展到无色物质。色谱法有许多种类，但基本原理是一致的，即利用待分离混合物中的各组分在某一物质中（此物质称作固定相）的亲和性差异，如吸附性差异、溶解性（或称分配作用）差异等,让混合物溶液（此相称作流动相）流经固定相,使混合物在流动相和固定相之间进行反复吸附或分配等作用,从而使混合物中的各组分得以分离。

二、色谱法分类

（一）按分离过程的物理化学原理分类

1. 吸附色谱

固定相起吸附剂的作用,利用固定相对混合物中各组分吸附能力的差异而进行分离。

2. 分配色谱

利用混合物中各组分在固定和流动两相间分配系数的差异进行分离。

3. 离子交换色谱

利用混合物中各组分在离子交换剂（固定相）上的交换亲和力的差异进行分离。

4. 凝胶色排（排阻色谱）

利用凝胶对混合物中各组分分子的大小所产生的阻滞作用的差异进行分离。

（二）按流动相和固定相性质分类

在色谱分离中,按流动相和固定相性质不同分类如表 4-5 所示。

表 4-5 按流动相和固定相所处的状态分类

色谱分离方法		固定相	流动相
气相色谱法	气固色谱法	固体	气体
	气液色谱法	液体	
液相色谱法	液固色谱法	固体	液体
	液液色谱法	液体	

（三）按固定相的使用形式可分为三类

1. 纸色谱

利用滤纸作为固定相,把试样点在滤纸上,然后用溶剂将其展开,各组分在纸上的不同位置以斑点形式出现,从而达到分离。

2. 薄层色谱

将固定相铺在平滑的玻璃板上做成薄层或做成薄膜,由于吸附剂（固定相）对混合物中的各组分的吸附能力不同,当展开剂（流动相）流经吸附剂时,发生无数次的吸附和解吸过程,吸附力弱的组分随流动相迅速向前移动,吸附力强的组分滞留在后,然后用与纸色谱类似的方法进行色谱分离。由于各组分具有不同的移动速度,最终得以在固定相薄层上分离。

3. 柱色谱

将固定相填装在玻璃（或其他材料）制成的管中，样品沿一个方向移动而进行分离的色谱法，称为柱色谱。

在此介绍薄层色谱、纸色谱和柱色谱。

三、薄层色谱

(一) 原理

薄层色谱（TLC）的特点是所需的样品少（几 μg 到几十 μg），分离时间短，效率高，是一种微量、快速和简便的分离分析方法。可用于精制样品、鉴定化合物、跟踪反应进程和柱色谱的摸索最佳条件等方面。

它通常是将吸附剂均匀地涂在玻璃板（或某些高分子薄膜）上作为固定相，经干燥、活化后用毛细管点上待分离的样品，用适当极性的有机溶剂作为展开剂（即流动相）。当展开剂在吸附剂上展开时，由于样品中各组分的吸附能力不同，发生无数次吸附和解吸过程，吸附能力弱的组分（即极性较弱）的随流动相迅速向前移动。吸附能力强的组分（即极性较强的）移动慢。利用各组分在展开剂中溶解能力和被吸附剂吸附能力的不同，最终将各组分彼此分开，薄层板上将显示出各种有色斑点（若本身无色则还须加显色剂显色，以确定斑点位置）。在薄板上混合物的每个组分上升的高度与展开剂上升的前沿之比称为该化合物的比移值，又称 R_f 值。

$$R_f = \frac{溶质的最高浓度中心至原点的距离}{前沿离} = \frac{d_{斑点}}{d_{溶剂}}$$

比移值 R_f 在一定条件下和溶质的分子结构、性能有关，所以不同的溶质在色谱分离过程中比移值是不同的。但对同一溶质在相同条件下进行色谱分离时，比移值就是一个特有的常数，因而可作为定性分析的依据。

图 4-25 给出物质 1 和 2 色谱展开图，由图中可以计算出两种物质的比移值。

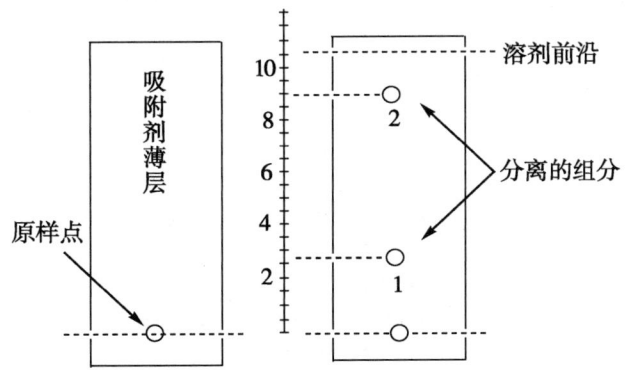

图 4-25 色谱展开示意

$$R_f^1 = \frac{2.7}{10.5} = 0.26$$

$$R_f^2 = \frac{8.9}{10.5} = 0.85$$

(二) 吸附剂

薄层色谱中常用的吸附剂有氧化铝、硅胶、纤维素（聚酰胺）等，吸附剂颗粒的大小一般以通过 200 目左右的筛孔为宜。硅胶是无定型多孔物质，略显酸性，适用于酸性和中性物质的分离和分析。薄层色谱用硅胶有：

硅胶 H——不含黏合剂和其他添加剂；

硅胶 G——含黏合剂、锻烧石膏；

硅胶 HF_{254}——含荧光物质，可在波长 254nm 紫外光下观察荧光；

硅胶 GF_{254}——含锻烧石膏及荧光物质；

与硅胶相似氧化铝也因含黏合剂和荧光剂而分为氧化铝 G，氧化铝 GF_{254} 及氧化铝 HF_{254}，氧化铝的极性比硅胶大，比较适合于分离极性小的化合物。

常用的黏合剂除锻烧石膏外，还有淀粉、羧甲基纤维素钠（CMC）等。

化合物的吸附能力与它们的极性成正比，极性大则与吸附剂的作用强，随展开剂移动慢，R_f 值小，反之极性小则其 R_f 值大，因此利用硅胶或氧化铝薄层色谱可把不同极性的化合物分开，甚至结构相近的顺、反异构物体也可分开，各类有机化合物与上述两类吸附剂的亲和力大小次序大致如下：

羧酸 > 醇 > 伯胺 > 酯、醛、酮 > 芳香族硝基化合物 > 卤代烃 > 醚 > 烷。

(三) 薄层板的制备

薄层板制备得好坏，直接影响到分离效果。吸附剂应尽可能涂得牢固、均匀，厚度为 0.25 ~ 1mm。薄层板分为干板和湿板，干板一般用氧化铝做吸附剂，涂层时不加水。对湿板按铺层的方法可分为平铺法、倾注法及浸涂法 3 种。

制湿板前首先要制备浆料，称取 3.0g 硅胶 G，搅拌下慢慢加入到盛有 6 ~ 7mL，0.5% ~ 1% CMC 清液的烧杯中，调成糊状（3.0g 硅胶约可铺 10cm × 3cm 载玻片 2 ~ 3 块）。

平铺法：用薄层涂布器（如图 4 – 26 所示），进行制板，涂层既方便又均匀，是较常用的方法。

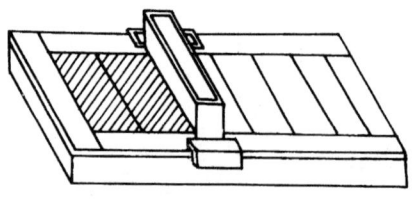

图 4 – 26 薄层涂布器

倾注法：将调好的浆料倒在玻璃板上，用手摇晃，使其表面均匀平整，然后放在水平的桌子上晾干（约 0.5h）。

浸渍法：将两块干净的载玻片对齐紧贴在一起，浸入浆料中。使玻片上涂上一层均匀的吸附剂，取出分开、晾干。

（四）活化

晾干后的薄层板需要活化，硅胶板活化一般在 105～110℃烘 30min。氧化铝板活化一般在 150～160℃烘 4h。薄层板的活性与含水量有关，其活性随含水量的增加而下降。活化后的薄层板放在干燥器内备用，以防止吸湿失活，影响分离效果。

（五）点样

在距薄层板一端 1cm 处用铅笔轻轻划一横线作为起始线，用内径 1mm 管口平齐的毛细管吸取 1% 样品溶液，垂直地轻轻接触到起点线上，待第 1 次点的溶剂挥发后，再在原处重复点第二次，点样斑点直径一般不超过 2mm。样品的用量对物质的分离有很大的影响，若样品量太小，有的成分不易显出；若样品量太多，斑点过大，易造成交叉和拖尾现象。一块薄层板可以点多个样，但点样点之间距离以 1～1.5cm 为宜。

（六）展开剂的选择和展开

展开剂的选择主要是由样品的极性、溶解度和吸附剂活性等因素决定的。溶剂的极性越大，则对化合物解吸的能力越强（样品对吸附剂的吸附能力越小），也就是 R_f 值也越大。如果样品中各组分的 R_f 值都较小，则可适量增加极性较大的溶剂。常用展开剂极性大小次序如下：

己烷、石油醚＜环己烷＜四氯化碳＜三氯乙烯＜二硫化碳＜甲苯＜二氯甲烷＜氯仿＜乙醚＜乙酸乙酯＜丙酮＜丙醇＜乙醇＜水＜吡啶＜乙酸。

展开剂根据需要选择，也可选择混合溶剂，原则上只要能使样品各组分分离即可。薄层色谱的展开需要在密闭容器内进行，将选择的展开剂倒入层析缸中（液层高度约为 0.5cm），待层析缸中充满溶剂蒸气后，再将点好样的薄层板放入缸中展开（含黏合剂的板可倾斜 45°～60°角），注意点样的位置必须要在展开剂的液面之上。当展开剂沿着薄层板展开至前沿为板顶端 0.5～1cm 处时，取出薄层板用铅笔划出前沿的位置，晾干。

（七）显色

晾干后若分离的化合物本身有色，在薄层板上可看到分开的各组分斑点。如果本身无色但有紫外吸收，可将板置于紫外灯下看到有色的斑点。若用含荧光剂的薄层板，样品无紫外吸收，在紫外灯下一般呈暗色斑点；有时可用腐蚀性的显色剂，如浓硫酸、浓盐酸和浓磷酸等显色；也可待溶剂挥发后的薄层板放入几粒碘并充满碘蒸气的密闭容器中（简称碘缸），许多化合物都能与碘形成黄色斑点，但要注意当碘蒸气挥发后，斑点易消失。也可用显色剂喷雾显色，不同类型化合物可选用不同的显色剂。用各种显色方法使斑点出现后，应立即用铅笔或小针划出斑点的位置，并计算 R_f 值。

四、纸色谱

纸色谱（纸上层析）属于分配色谱的一种。它利用滤纸作为固定相，让样品溶液在纸上展开，以达到分离的目的。

纸色谱的溶剂是由有机溶剂和水组成。当有机溶剂和水部分互溶时，产生两相，其中一相是以水饱和的有机溶剂相，另一相是以有机溶剂饱和的水相。纸上层析就是用滤纸作为载体，因为纤维和水有较大的亲和力，而对有机溶剂的亲和力较差。水相称静止相，有机相称为流动相，也称为展开剂。展开时，由于被层析样品内的各组分在两相中的分配系数不同而可达到分离的目的。所以，纸色谱是液－液分配色谱。

纸色谱的点样、展开及显色与薄层色谱类似。

五、柱色谱

（一）原理

柱层析是通过色谱柱（图4-27）来实现分离和提纯复杂有机化合物的。色谱柱内装有经活化的吸附剂（固定相），如硅胶、氧化铝等。从柱顶加入样品溶液，当溶液流经吸附柱时，各组分在柱的顶部被吸附剂吸附。然后从柱的顶部加入有机溶剂（洗脱剂），由于各组分吸附能力不同，所以各组分随着洗脱剂向下移动的速度也不同，于是就形成了不同的色带，吸附能力最弱

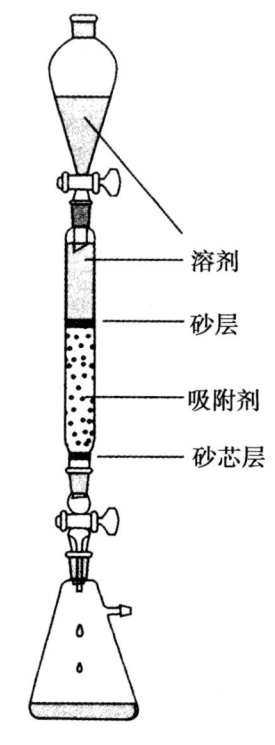

图4-27 层析柱装置

的组分，首先随溶剂流出，吸附能力强的后流出，分别收集溶剂。如各组分为有色物质，则可按色带分开，若为无色物质，可用紫外光照射后是否出现荧光来检查，也可通过薄层色谱逐个鉴定。

（二）吸附剂

常用的吸附剂有氧化铝、硅胶、氧化镁、碳酸钙和活性炭等。选择的吸附剂绝不能与被分离的物质和展开剂发生化学作用，要求吸附剂颗粒大小均匀。颗粒太小，表面积大，吸附能力高，但溶剂流速太慢。若颗粒太粗，流速快，分离效果差，因此颗粒大小要适当。柱色谱中应用最广泛的是氧化铝，其颗粒大小，以通过100~150目筛孔为宜。柱色谱用的氧化铝可分为酸性、中性和碱性3种。酸性氧化铝是用1%盐酸浸泡后，用蒸馏水洗至悬浮液pH值为4~4.5，适用于分离酸性物质，如有机酸类的分离；中性氧化铝pH为7.5，适用于分离中性物质，如醛、酮、醌和酯等类化合物；碱性氧化铝为9~10，适用于分离碳氢化合物、生物碱、胺等化合物。吸附剂氧化铝的活性与其含水量有关，可分为5级，如表4-6所示。

表 4-6　吸附剂的活性等级及其对应的含水量

活性等级	1	2	3	4	5
氧化铝加水量（%）	0	3	6	10	15
硅胶加水量（%）	0	5	15	25	38

制备吸附剂的方法是将氧化铝放在高温炉（350~400℃）内烘 3h 制备成无水氧化铝，然后加入不同量的水分即得不同活性的氧化铝。化合物的吸附性与分子的极性有关，分子极性越强，吸附能力越大。氧化铝对各类化合物的吸附性按以下次序递减：

酸、碱 > 醇、胺、硫醇 > 酯、醛、酮 > 芳香族化合物 > 卤代物、醚 > 烯。

(三) 溶剂

溶剂的选择通常是从被分离化合物中各组分的极性、溶解度和吸附剂的活性等因素来考虑，溶剂选择的好坏直接影响到柱层析的分离效果。

先将样品溶解在非极性或极性较小的溶剂中，从柱顶加入，然后用稍有极性的溶剂，使各组分在柱中形成若干条色带，再用极性较大的溶剂或混合溶剂洗脱被吸附的物质，常用洗脱剂的极性次序与薄层色谱的展开剂的极性大致相同。

(四) 操作方法

1. 装柱

色谱柱的大小按处理样品量及吸附剂的性质而定，柱子长度与直径比一般为 7.5:1。吸附剂的量一般为样品的 30~40 倍。将洁净干燥的色谱柱垂直的固定在铁架上，柱底铺一层玻璃棉，再盖一层 0.5~1cm 厚的石英砂。装柱一般有湿法与干法两种：a) 湿法：先将溶剂倒入柱内约 3/4，然后用一定量溶剂将吸附剂调成糊状，从柱上面倒入，同时打开柱下活塞，控制流速 1 滴/s，用木棒轻轻敲柱子，使吸附剂慢慢而均匀地下沉，装完后再覆盖 0.5~1cm 厚的沙子（注意，柱内的液面始终要高出吸附剂）。b) 干法：装柱是在柱子上套上一个干燥的漏斗，使吸附剂均匀连续地倒入柱内，同时轻轻击打柱子，使装填均匀、结实。加完后，再加溶剂，使吸附剂全部润湿，盖上 0.5~1cm 厚沙子，并浸泡一段时间再用。一般湿法比干法装得结实均匀。

2. 加样及洗脱

当溶剂降至吸附剂表面时，把已配成适当浓度的样品，沿着柱壁加入柱内（可用滴管或长针头滴加），用少量溶剂洗涤柱壁几次，打开活塞，使液面慢慢流出，当溶液液面至吸附剂表面时，即可打开安置在柱上方的滴液漏斗，控制洗脱液流出速度，如洗脱速度太慢可用加压方法加速（即柱上方接两通，再与双链球相连，对柱施加一定的压力）。样品各组分有颜色时，可直接观察收集各组分的洗脱液。反之，若样品各组分为无色，则采用等分收集。然后用薄层色谱分析各收集组分是哪个组分，一样的组分合并后蒸出溶剂，即可得纯组分。

实验 25　薄层色谱法分离有机色素

一、实验目的

（1）通过实验让学生初步掌握薄层色谱法的实验技术。
（2）学会用薄层色谱法分离有机色素。
（3）学会计算 R_f 值。

二、预习与思考

（1）色谱分离的基本原理。
（2）薄层板的制备方法。
（3）点样时，样斑过大或过小会产生什么结果？
（4）为什么要对吸附剂进行"活化"？
（5）薄层板铺制薄厚不均匀，对分离产生什么影响？
（6）展开剂的高度超过点样线，对薄层色谱有什么影响？

三、仪器与试剂

层析用玻璃板、研钵、层析柱等、布氏漏斗、抽滤装置。

硅胶 G、正庚烷、乙酸乙酯、苏丹红、偶氮苯。中性氧化铝、甲醇、乙醇、丁醇、石油醚（60～90℃）、丙酮、菠菜叶。

四、实验方法

薄层色谱法

（1）制板。取 2.5cm×8cm 左右的玻璃片 3～4 块，洗净晾干。在一洗净的研钵中，取 3g 硅胶与 6～7mL 0.5%～1%的羧甲基纤维素钠的水溶液调成糊状物，用牛角匙将此糊状物倾倒于上述玻璃片上，用食指和拇指拿住玻璃片。做前后、左右振摇摆动，使流动的糊状物均匀地铺在玻璃片上。将已涂好硅胶 G 的薄层板放置在水平的玻璃片上，室温放置半小时后，入烘箱，缓慢升温至 110℃，恒温半小时。取出稍冷放入干燥器中备用。

（2）点样。在小试管中，分别取少量 0.5%～1%苏丹红、偶氮苯的氯仿溶液及以上 3 个样品的混合溶液为试样。

离薄层板一端约 1cm 处，用铅笔轻轻画一直线。取管口平整的毛细管，插入试样溶液中（注意毛细管必须专用，不可弄混），吸取溶液，于画线处轻轻点样。样点间距应为 0.5～1.5cm，斑点直径一般不超过 2mm。样品浓度太稀时，可待前一次溶剂挥发后，在原点上重复一次。每块板点样 2～3 个。先点纯试样，再点混合试样。晾干、备用。

（3）展开。以体积比 9∶1 的正庚烷与乙酸乙酯为展开剂，倒入层析缸（或大的广口瓶)。加入展开剂高度不超过 1cm；将点好样的薄层板小心放入层析缸中，点样一端朝下，浸入展开剂约 0.5cm。盖好瓶盖，观察展开剂前沿上升到一定高度时取出，尽快在展开剂的前沿画出标记，晾干，观察混合试样斑点出现的位置及相应样品斑点是否相符。计算出相应样品比移值。

用石油醚-丙酮（体积比 7:3）溶液作洗脱剂，分出第二个黄色带，它是叶黄素。再用丁醇-乙醇-水（体积比 3:1:1）溶液洗脱叶绿素 a（蓝绿色）和叶绿素 b（黄绿色）。

【注意事项】
（1）薄层板制板时，一定要将吸附剂逐渐加入到溶剂中，边加边搅拌。如果颠倒添加顺序，把溶剂加到吸附剂中，容易产生结块。薄层板要求薄厚均匀，制板硅胶 G 调成糊状略稀为宜。
（2）点样时，所用毛细管管口要平整，毛细管刚接触薄板即可，点与点之间应相距 1cm 左右。否则易使斑点过大，点样过量，产生拖尾、扩散等现象，影响分离效果。
（3）展开剂不超过点样线，取出薄板应立即在展开剂前沿画出标记，如不注意，展开剂挥发后无法确定其上升的高度，也可先画出前沿，待展开剂到达立即取出。

实验 26　菠菜色素的提取和色素分离

一、实验目的

（1）通过绿色植物色素的提取和分离，了解天然物质分离提纯方法。
（2）通过柱色谱和薄层色谱分离操作，加深对微量有机化合物色谱分离鉴定原理的了解。
（3）学会计算 R_f 值。

二、预习与思考

（1）色谱分离的基本原理。
（2）薄层板的制备方法。
（3）色谱柱的装填方法。
（4）点样时，样斑过大或过小会产生什么结果？
（5）为什么要对吸附剂进行"活化"？
（6）薄层板铺制薄厚不均匀，对分离产生什么影响？
（7）展开剂的高度超过点样线，对薄层色谱有什么影响？

三、实验原理

绿色植物如菠菜叶中含有叶绿素（绿）、胡萝卜素（橙）和叶黄素（黄）等多种天然色素。叶绿素存在两种结构相似的形式，即叶绿素 a（$C_{55}H_{72}O_5N_4Mg$）和叶绿素 b（$C_{55}H_{70}O_5N_4Mg$），其差别仅是 a 中一个甲基被 b 中的甲酰基所取代。它们都是吡咯衍生物与金属镁的络合物，是植物进行光合作用所必需的催化剂。植物中叶绿素 a 的含量通常是叶绿素 b 的 3 倍。尽管叶绿素分子中含有一些极性基团，但大的烃基结构使它易溶于醚、石油醚等一些非极性的溶剂。

胡萝卜素（$C_{40}H_{56}$）是具有长链结构的共轭多烯，它有 3 种异构体，即 α-胡萝卜素、β-胡萝卜素和 γ-胡萝卜素，其中 β 异构体含量最多也最重要。生长期较长的绿色植物中，异构体中 β 体的含量多达 90%。β 体具有维生素 A 的生理活性，其结构是两分子维生素 A 在链端失去两分子水结合而成的。在生物体内，β 体受酶催化氧化即形成维生素 A。目前 β 体已可进行工业生产，可作为维生素 A 使用，也可作为食品工业中的色素。

叶黄素（$C_{40}H_{56}O_2$）是胡萝卜素的羟基衍生物，它在绿叶中的含量通常是胡萝卜素的 2 倍。与胡萝卜素相比，叶黄素较易溶于醇而在石油醚中溶解度较小。

本实验将从菠菜中提取上述几种色素，并通过薄层层析和柱层析进行分离。

四、仪器与试剂

层析用玻璃板、滤纸、研钵、布氏漏斗、抽滤装置、层析柱等。

硅胶 G、中性氧化铝、甲醇、乙醇、丁醇、石油醚（60~90℃）、丙酮、乙酸乙酯、菠菜叶。

五、实验步骤

1. 菠菜色素的提取

称取 2.0g 洗净后的新鲜（或冷冻）的菠菜叶，用剪刀剪碎并与 10mL 甲醇拌匀，在研钵中研磨约 5min，然后用布氏漏斗抽滤菠菜汁，弃去滤液。将菠菜渣放回研钵，每次用 10mL 3:2（体积比）的石油醚-甲醇混合液提取两次，每次需加以研磨并且抽滤。合并深绿色萃取液，转入分液漏斗，每次用 5mL 水洗涤两次，以除去萃取液中的甲醇。洗涤时要轻轻旋荡，以防止产生乳化。弃去水-甲醇层，石油醚层用无水硫酸钠干燥后滤入圆底烧瓶，在水浴上蒸去大部分石油醚至体积约为 1mL 为止。

2. 薄层层析

取 4 块显微载玻片，用硅胶 G 加 0.5% 羧甲基纤维素调制后制板，晾干后在 110℃ 活化 1h。

展开剂：(a) 石油醚：丙酮 = 8:2（体积比）
　　　　(b) 石油醚：乙酸乙酯 = 6:4（体积比）

取活化后的薄层板，点样后，小心放入预先加入选定展开剂的广口瓶内，盖好瓶盖。待展开剂上升至规定高度时，取出层析板，在空气中晾干，用铅笔做出标记，并进行测量，分别计算出 R_f 值。

分别用展开剂（a）和（b）展开，比较不同展开剂系统的展开效果。观察斑点在板上的位置并排列出胡萝卜素、叶绿素和叶黄素的 R_f 值的大小次序。注意更换展开剂时，须干燥层析瓶。

3. 柱层析

在层析柱中，加 3cm 高的石油醚。另取少量脱脂棉，先在小烧杯中用石油醚浸湿，挤压以驱除气泡，然后放在层析柱底部，轻轻压紧，塞住底部。将 3.0g 层析用的中性氧化铝（150~160 目），从玻璃漏斗中缓缓加入，小心打开下端活塞，保持石油醚高度不变，流下的氧化铝在柱子中堆积。必要时用橡皮锤轻轻在层析柱的周围敲击，使吸附剂装得均匀致密。柱中溶剂面由下端活塞控制，既不能满溢，更不能干涸。装完后，上面再加一片圆形滤纸，打开下端活塞，放出溶剂，直到氧化铝表面溶剂剩下 1~2mm 高时关上活塞（注意：在任何情况下，氧化铝表面不得露出液面）。

将上述菠菜色素的浓缩液，用滴管小心地加到层析柱顶部，加完后，打开下端活塞，让液面下降到柱面以上 1mm 左右，关闭活塞，加数滴石油醚，打开活塞，使液面下降，经几次反复，使色素全部进入柱体。

待色素全部进入柱体后，在柱顶小心加约 1.5cm 高度的洗脱剂——石油醚-丙酮溶液（体积比为 9∶1），然后在柱顶装一滴液漏斗，内装洗脱剂。打开活塞，让洗脱剂逐滴放出，层析开始进行，用锥形瓶收集。当第一个有色成分即将滴出时，取另一锥形瓶收集，得橙黄色溶液，它就是胡萝卜素。

用石油醚-丙酮（体积比 7∶3）溶液作洗脱剂，分出第二个黄色带，它是叶黄素。再用丁醇-乙醇-水（体积比 3∶1∶1）溶液洗脱叶绿素 a（蓝绿色）和叶绿素 b（黄绿色）。

实验 27　纸色谱法分离和鉴定氨基酸

一、实验目的

(1) 掌握纸色谱法对物质进行鉴定与分离的操作。
(2) 了解色谱法的基本原理。
(3) 学会计算 R_f 值。

二、预习与思考

(1) 色谱分离的基本原理及操作技术。
(2) R_f 值的计算方法。
(3) 纸色谱属于吸附色谱还是分配色谱？
(4) 点样时，样斑过大或过小会产生什么结果？
(5) 在滤纸上记录原点位置时，为什么用铅笔而不用钢笔或圆珠笔？
(6) 单独的氨基酸的比移值与在混合液中该氨基酸的比移值是否相同？为什么？

三、实验原理

当氨基酸混合试样在滤纸上点样后，试样溶解于固定相中，采用上行法将滤纸末端浸入展开剂（正丁醇、冰醋酸和水的混合物）中，由于滤纸的毛细管作用，展开剂沿着滤纸上行，试样中各种氨基酸在固定相和流动相中不断地进行分配，由于它们的分配系数不同，随流动相移动的速度也不相同。形成距原点（点样处）不等的斑点，从而达到彼此分离的目的。

在一定条件下，物质的比移值是一定的，可以据此进行物质的定性分析。但影响比移值的因素较多，为此，应用各组分相应的标准试样同时作对照试验。

本实验进行胱氨酸、甘氨酸和酪氨酸的分离和鉴定，其比移值依次增大。氨基酸为无色，在层析后需在纸上喷洒显色剂茚三酮，斑点呈蓝紫色。其显色反应（如图4-28）：

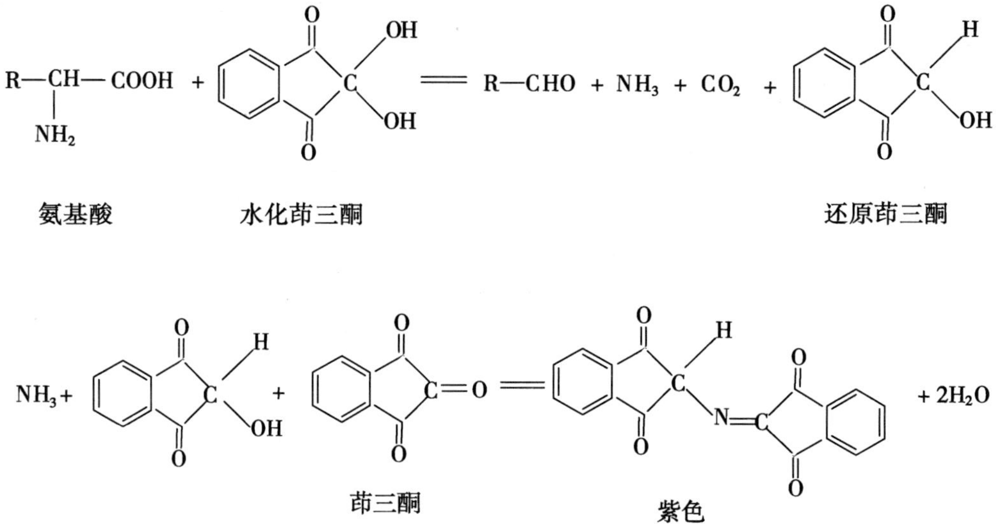

图4-28 氨基酸显色反应式

四、仪器与试剂

层析筒150mm×300mm（$\phi \times h$）；毛细管；喷雾器；层析纸（新华中速色层纸）；展开剂（正丁醇：冰醋酸：水）= 4:1:2；氨基酸标准溶液（胱氨酸、甘氨酸和酪氨酸均为$5g \cdot L^{-1}$水溶液）；氨基酸混合溶液，由上述3种氨基酸标准溶液等量混合而成；茚三酮$2g \cdot L^{-1}$水饱和过的正丁醇溶液。

五、实验步骤

1. 点样

于层析纸条一端3cm处用铅笔轻轻划一条横线为起始线a，在横线上做4个记号作为原点，原点间距离为2cm，在滤纸另一端1cm处中间穿挂钩，在层析纸条另一端2cm处用铅笔轻轻划一条横线为终点线。如图4-29所示。用毛细管蘸取3种氨基酸标准溶液及氨基酸混合试液依次在4个原点处点样，斑点直径为2~2.5mm，晾干。

2. 展开

在干燥的层析筒中加入60mL展开剂，把点好样的纸条挂在层析筒盖上，滤纸下端

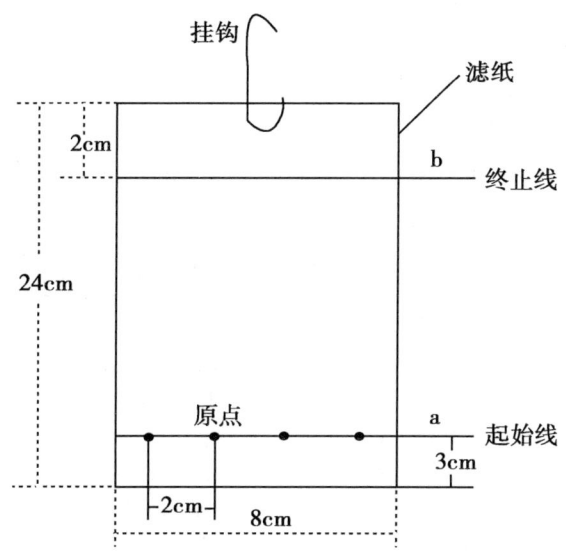

图 4-29 点样滤纸示意

浸入展开剂约 0.5cm，但原点必须离开液面，盖上层析筒，当溶剂前沿上升至终止线 b 时，取出滤纸。

3. 显色

将展开后的滤纸悬挂在空气中自然晾干或烘干后，用喷雾器将茚三酮溶液均匀喷洒在滤纸上，稍干后，放入烘箱中（90℃左右）烘 3~5min，滤纸上即显出红紫色斑点。

4. 用尺量出各组分的起始线到终点线的距离，计算出它们相应的 R_f，用 $R_{f样品}$ 与 $R_{f已知}$ 进行比较，鉴定混合物中的氨基酸。

第六节 离子交换分离法

离子交换分离法主要用于溶液中离子的分离与富集，它利用离子交换剂与溶液中离子间发生的交换反应来实现离子的分离，该法不但可分离异性离子，也可以分离同性且性质相近的离子混合物。元素的提取、有机物的纯化精制及水的净化中都用到这种分离技术。

一、离子交换剂及分离性能

许多物质如无机氧化物、难溶盐、天然与人工合成泡沸石以及具有活性功能的有机聚合物都具有一种离子与另一种离子发生交换的能力。实验室典型的无机离子交换剂是采取把具有交换活性基团通过化学方法键合在硅胶的—OH 上；典型的有机离子交换剂是离子交换树脂，它是通过化学方法在聚苯乙烯、酚醛、聚甲基丙烯酸等聚合物的网状骨架结构上键合上具有交换作用的官能基，这些聚合物有的呈凝胶态，有的呈大孔态固相，它们不溶于水、酸、碱和大多数有机溶剂，与弱氧化剂或还原剂不发生作用，仅是键合的活性官能基与外界离子发生交换反应。离子交换剂的交换容量是指每克树脂可交换的离子的物质的量（mol）。

常用离子交换树脂据其活性官能基的性质及化学活性可分为阳离子、阴离子、两性和特殊性能离子交换树脂等，详见表4-7所示。

离子交换剂对离子的交换亲合力一般随离子电荷的增大、水合离子的半径变小、极化度的增大而增大。

表4-7 离子交换树脂的分类

名称	官能团性质	官能基团	pH值应用范围
阳离子交换树脂	强酸性	磺酸基	0~14
阳离子交换树脂	弱酸性	羧酸基、磷酸基	5~14
阴离子交换树脂	强碱性	季铵基	0~12
阴离子交换树脂	弱碱性	伯、仲、叔胺基	0~9
两性离子交换树脂	强碱—弱酸性	季铵基+羧酸基	5~12
两性离子交换树脂	弱酸—弱碱性	伯胺基+羧酸基	5~9
螯合性离子交换树脂	配位	胺羧基	0~9
氧化还原性交换树脂	电子转移	硫醇基、对苯二酚基	

如强酸性阳离子交换树脂对阳离子的亲合序为：

一价阳离子 $Li^+ < H^+ < Na^+ < NH_4^+ < K^+ < Rb^+ < Cs^+ < Tl^+ < Ag^+$

二价阳离子 $Mg^{2+} < Zn^{2+} < Co^{2+} < Cu^{2+} < Ni^{2+} < Ca^{2+} < Cr^{2+} < Pb^{2+} < Ba^{2+}$

强碱性阴离子交换树脂对阴离子的亲合序为：

$F^- < OH^- < CH_3COO^- < HCOO^- < Cl^- < NO_2^- < CN^- < Br^- < C_2O_4^{2-} < NO_3^- < HSO_4^- < I^- < CrO_4^{2-} < SO_4^{2-}$

显然，若将离子混合物注入离子交换柱中，在流动条件下交换时，亲合力强的离子必然不断与亲合力弱的离子竞争交换，置换取代弱亲合力离子的位置并造成不同的迁移速度，在交换柱的上下形成了被交换离子按亲合力大小排布的分层排布的梯度，这就是离子交换分离离子的依据。

当然也可以利用高浓度的弱亲合力离子逆向取代被交换于树脂上的高亲合力离子，这正是利用了离子交换反应的可逆特性，即交换反应条件改变时，交换的方向可以被改变。通过改变条件，被交换上的离子又能据其亲合力从小到大而被依次脱洗下来，达到最后的分离。这也是离子交换剂可再生、反复使用的原因所在。

螯合物离子交换树脂对离子的交换作用则是由于其活性基团具有与阳离子配位的作用，使离子形成螯合物被分离。但螯合物稳定性一般随pH值变化而改变，通过改变洗脱剂pH值，可使螯合物解离而被洗出。

二、离子交换分离的操作

离子交换分离一般采用流动法，其操作方法与吸附色谱柱分离法基本相同。待分离混合液由柱上口缓缓加入进行交换反应，再用同酸度溶剂洗涤未交换离子，最后加洗脱剂洗脱分离出交换离子。洗脱实际上是交换的逆过程。

操作中值得注意的是离子交换剂的选择。一般来说，若分离物质是金属离子或有机碱类，则选用阳离子交换剂；若是无机阴离子或有机酸类，则选用阴离子交换剂。有时对金属离子可先与配位剂形成带负电荷的配合物离子，再选用阴离子交换剂实施分离。

三、洗脱剂及洗脱的方法和原理

被交换于树脂上的离子的洗脱分离是离子交换分离法中的重要步骤。常用的洗脱分离方法有以下几种。

（一）利用亲合力的差异分离

由于被交换结合的各种离子与交换剂的亲合力不同，故当采用洗脱剂洗脱时，亲合力小的离子先被分离出来。但随着洗脱剂浓度的不断增大，使离子按与交换剂亲合力的大小由小到大依次被洗脱分离。如采用二价乙二胺阳离子为洗脱剂分离二价和三价金属离子时，在 $0.1mol·L^{-1}$ 浓度下，二价离子依次洗脱分离；在 $0.5mol·L^{-1}$ 浓度下，三价离子依次洗脱分离。

（二）改变洗脱剂酸度的洗脱分离

改变酸度的方法实际上对阴、阳离子交换剂来说就是通过改变洗脱剂的 H^+ 或 OH^- 的浓度使被交换结合离子逆向交换脱出，来达到分离离子的目的。对螯合物或氧化还原性交换剂来说，则是利用 pH 值的改变，使原交换反应产物稳定性下降，分解洗脱出待分离的离子。例如，α-羟肟螯合剂树脂可在 pH 值 = 3.5 的乙酸盐溶液中交换螯合溶液的铜（Ⅱ）离子，当采用 $0.1mol·L^{-1}$ 乙酸洗脱时，可使螯合物分解，分离出铜（Ⅱ）离子。

（三）利用配位剂洗脱分离

许多有机酸和无机酸对金属离子有选择性配位作用，形成不同稳定性的配合物离子，当其配合离子稳定性大于被交换结合的离子稳定性时，就可利用配位剂作洗脱剂从交换剂上洗脱并夺取已被交换结合的离子，一般能与配位剂形成最稳定配合物的离子优先被洗脱下来。例如利用 $0.1 \sim 0.6mol·L^{-1}$ 氢溴酸的配位作用，可依次洗脱出汞（Ⅱ）、铋（Ⅲ）、铜（Ⅰ）、锌（Ⅱ）和铜（Ⅱ）离子，形成它们与溴的配合物。其他阳离子则仍留在交换柱上。具配合作用的无机酸有 HF、HCl、HBr、HI、HSCN 及 H_2SO_4，有机酸则大多具有配合作用。

（四）利用有机溶剂增强洗脱分离能力

与水溶液相比，有机溶剂可大大提高金属离子与配位剂形成配合物的稳定性，有利于实施离子的有效分离。例如，在稀盐酸洗脱时，逐步加入丙酮（从 40% 到 95%），可在阳离子交换柱中依次分离出锌（Ⅱ）、铁（Ⅱ）、钴（Ⅱ）、铜（Ⅱ）和锰（Ⅱ）离子，这是因为在有机溶剂中金属阳离子与无机阴离子形成配合物比在水中要容易且稳定得多。

实验 28　去离子水的制备

一、实验目的

（1）了解离子交换法制备去离子水的原理和方法。
（2）练习使用离子交换树脂的基本操作。
（3）掌握水质检验的原理和方法。
（4）学会正确使用电导率仪。

二、预习与思考

（一）预习内容

（1）离子交换法制备去离子水的原理和方法。
（2）电导率仪的使用说明。
（3）离子交换柱的基本操作方法。

（二）思考下列问题

（1）蒸馏水与去离子水有何区别？
（2）自来水中主要无机杂质离子有哪些？如何鉴别？
（3）阳离子交换树脂柱、阴离子交换树脂柱和阴阳离子混合交换树脂柱各起什么作用？能否将前两者颠倒顺序安装？
（4）为什么可由水样的电导率估计它的纯度？电导率数值越大，水样的纯度是否越高？
（5）如何筛分阴阳离子交换树脂？

三、实验原理

天然水或自来水中常含有无机和有机杂质。可溶性杂质主要是 Na^+、Ca^{2+}、Mg^{2+}、SO_4^{2-}、Cl^- 等。

1. 纯水的制备方法

纯水是化学实验室中最常用的纯净溶剂和洗涤剂。洗涤仪器、配制溶液、产品洗涤以及分析测试等都需要纯水，水的纯度直接会影响到实验结果。化学实验室中所用的纯水，有以下几种制备方法。

（1）蒸馏法。将自来水（或天然水）在蒸馏装置中加热汽化，水蒸气冷凝后即得蒸馏水。该方法可除去非挥发性杂质、细菌等，但不能除去溶解在水中的气体。蒸馏装置通常是硬质玻璃、铜、石英材料制成的。金属或铜蒸馏器所得蒸馏水，金属含量高于原水，对痕量金属的分析测定是不适合的。硬质玻璃蒸得的水，含硼量较高，因而不适合硼测定。石英玻璃所蒸馏的蒸馏水，适合所有痕量元素的测定，但不适合于大量水的制备。

(2) 电渗析法。电渗析法制纯水,是利用离子交换膜在直流电场的作用下,使水中的阴、阳离子透过阴、阳离子交换膜达到除去杂质离子、净化水的目的。此方法去除的杂质只能是电解质,对弱电解质如硅酸根等去除效率低,水质比蒸馏水略低,因此电渗析法不适于单独制取纯水,通常与离子交换法联用。

(3) 离子交换法。离子交换法是基于阴、阳离子交换树脂能与其他离子进行选择性的离子交换反应而去除离子的方法。水中所含的阴、阳离子经离子交换后得到净化,这种净化的水叫作去离子水。

阳离子交换树脂如聚乙烯磺酸钠型离子交换树脂 RSO_3Na 经 HCl 转型后,可与水样中的 Na^+,Mg^{2+},Ca^{2+} 等阳离子进行交换。例如:

$$2RSO_3H + Mg^{2+} = (RSO_3)_2Mg + 2H^+$$

阴离子交换树脂如季胺盐型碱性阴离子交换树脂经 NaOH 转型后形成 RNOH,可与水样中 Cl^-,SO_4^{2-} 等阴离子进行交换。例如:

$$RNOH + Cl^- = RNCl + OH^-$$

经阴、阳离子交换后产生的 H^+ 与 OH^- 结合又生成水。

制取去离子水的流程是:高位槽中的自来水──→阳离子交换柱──→阴离子交换柱──→阴阳离子混合交换柱。

高位槽中的自来水必须先进入阳离子交换柱,再进入阴离子交换柱,次序不能颠倒,否则大量 Mg^{2+},Ca^{2+} 流过阴离子交换树脂会产生 $Mg(OH)_2$、$Ca(OH)_2$ 沉淀,大大降低阴离子树脂的交换能力。实际生产中,常把阳离子树脂与阴离子树脂串联起来使用。为了进一步提高水质,可在阴离子交换柱后接一个阴阳离子树脂混合柱。为了保证一定水压,各柱应从上部进水,下部出水。失效的阴、阳离子交换树脂,可分别用稀 NaOH、稀 HCl 溶液再生。

这种方法容易制得大量的水,且成本低,水的纯度高,操作技术易于掌握,但不能除去原水中的非电解质和有机质,要获得无电解质、无微生物的纯水,还须将去离子水再蒸馏一次。一般实验室制备纯水,通常采用离子交换法制取的去离子水,其纯度可以满足一般分析的要求。

2. 纯水的质量检验

去离子水(纯水)并不是绝对不含杂质,只是杂质含量极微少而已。根据制备方法和所用仪器的材料不同,其杂质的种类和含量也有所不同。纯水的质量可以通过水质鉴定,检查水中杂质离子含量的多少来确定。水质的检验方法主要有:化学检验法、光度检验法、电导检验法等。通常采用操作最为简便的电导检验法。

(1) 电导检验法。电导检验法通过测定水的电导率(或电阻率)来检验水的纯度。利用水中所含导电杂质与电导率之间的关系,来确定水的纯度。以电导率(电阻率的倒数,单位是西门子(s))或电阻率表示。水的纯度越高,杂质离子越少,水的电导率就越低(电阻率越高)。在 25℃时,纯水的电导率为 $0.0548\mu S/cm$。若测得水的电导率≤$0.10\mu S/cm$ 时,为一级水;二级水电导率≤$1.0\mu S/cm$;电导率≤$5.0\mu S/cm$ 时为三级水。一般实验室用水电导率≤$5.0\mu S/cm$,而对于精确分析工作,应使用二级水。在

25℃时普通蒸馏水的电导率在 10.0μS/cm 左右，电渗析法制得的纯水电导率一般为 10~100μS/cm，离子交换法制得的纯水电导率可小于 0.2μS/cm。

（2）化学检验法。

① pH 值的检验。用精密 pH 试纸（或酸度计）进行检验，pH 值应在 6.5~7.5 为合格。

② 离子定性检验。用镁试剂检验 Mg^{2+}：取样品水 2 滴放进点滴板中，加入 1 滴 $2mol \cdot L^{-1}$ NaOH 和 1 滴镁试剂，观察是否出现天蓝色混浊。用钙指示剂检验 Ca^{2+}：取样品水 2 滴放进点滴板中，加入 1 滴 $2mol \cdot L^{-1}$ NaOH 和 1 滴钙试剂，观察是否出现红色溶液。（钙指示剂呈蓝色，在 pH>12 的碱性溶液中，它能与 Ca^{2+} 结合显红色）。用 $AgNO_3$ 溶液检验 Cl^-：取水样 1mL，加入 2 滴 $0.5mol \cdot L^{-1}$ HNO_3 使之酸化，然后加入 1 滴 $0.1mol \cdot L^{-1}$ $AgNO_3$，观察是否出现白色混浊。用 $BaCl_2$ 溶液检验 SO_4^{2-}：取水样 1mL，加入 5 滴 $1mol \cdot L^{-1}$ $BaCl_2$，观察是否出现白色混浊。

四、仪器与试剂

离子交换装置，铁架台，蝴蝶夹，乳胶管，T 形玻璃管，弯玻璃管，玻璃纤维，电导仪（带电极），烧杯（50mL，5 只），点滴板。

HNO_3（$0.5mol \cdot L^{-1}$），HCl（5%），NaOH（4%、$2mol \cdot L^{-1}$），钙试剂（0.1%），镁试剂（0.1%），$AgNO_3$（$0.1mol \cdot L^{-1}$），$BaCl_2$（$1mol \cdot L^{-1}$），强酸型阳离子交换树脂，强碱型阴离子交换树脂。

五、实验内容

1. 树脂的预处理、转型和再生（由实验室准备）

（1）预处理。用清水分别清洗钠型阳离子树脂和氯型阴离子树脂，直至清洗液中无污浊为止。用清水浸泡 2~4h，使树脂充分膨胀，然后将水倒去。

（2）转型。用 4% NaOH 溶液浸泡阴离子树脂 8h，用 5% HCl 溶液浸泡阳离子树脂 8h。分别将酸、碱倒去，用水反复冲洗，直至清洗阴、阳离子树脂的水的 pH 值为 7。用蒸馏水浸泡树脂备用。

（3）再生。树脂使用一段时间后，当从阴离子树脂柱流出来的水的电导率大于 10μS/cm 时就应再生。阴、阳离子的再生方法与转型相同。混合柱中树脂的再生是将混合树脂浸泡于饱和 NaCl 溶液中，搅拌，静置分层。由于阴离子树脂的密度（1.1）小，在上层。将它们分离后，分别进行转型处理。

2. 装柱（流程如图 4-30 所示）

在 3 支交换柱底部塞入少量玻璃纤维，关闭活塞，先各加入数毫升去离子水（或蒸馏水）。用小烧杯盛上约 1/4 烧杯已转型的带水阳离子交换树脂，用玻棒充分搅拌混匀成"糊状"，边搅拌边注入第一柱中（若在装柱过程中水不够时，再加些蒸馏水），至交换树脂高度为 15cm（注意：装柱过程中，柱内水面始终要高于树脂，才可能使树脂填充紧密，不留气泡。若在装柱过程中发现树脂层中有少量气泡，应及时用玻棒搅动树脂，赶走气泡，赶不净时，应重新装柱）。用同样方法往第二柱中注入已转型的阴离子树脂,第三柱中注入体积比为1∶1的已转型的混合阴、阳离子树脂。

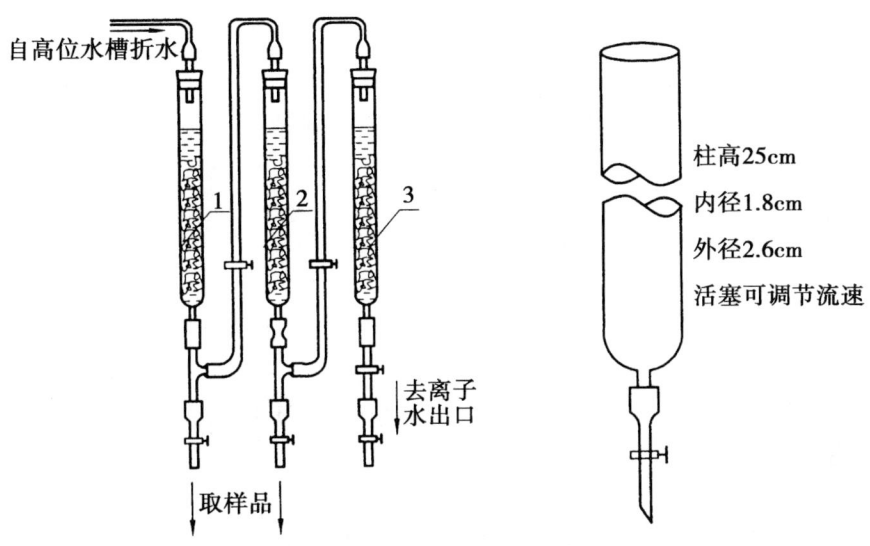

1. 阳离子交换柱;2. 阴离子交换柱;3. 阴阳离子混合交换柱

图 4-30　离子交换法制备纯水装置示意

3. 离子交换

将自来水首先注入第一柱并拧开活塞,调节活塞使流出液以每分钟 15～20 滴的流速通过交换柱。用 50mL 小烧杯盛各交换柱流出来的水。

开始流出的 30mL 水应弃去,重新控制流速为每分钟 15～20 滴,收集水样 30mL,待检验。

4. 水质的检验

对 3 个交换柱流出来的水,连同自来水、蒸馏水,分别进行下列检验,并将检验结果填于表 4-8 中。

表 4-8　水质检验实验结果

样品名称	检测项目						结论
	电导率 μS/cm	pH	Ca^{2+}	Mg^{2+}	Cl^-	SO_4^{2-}	
自来水							
阳离子交换柱流出水							
阴离子交换柱流出水							
蒸馏水							

实验 29　离子交换法分离 Co^{2+} 和 Cr^{3+}

一、实验目的

（1）了解离子交换技术分离金属离子的实验方法和基本原理。
（2）学会离子交换法的基本操作技术。

二、预习与思考

（一）预习内容

（1）离子交换柱的基本操作方法。
（2）了解离子交换技术分离金属离子的实验方法和基本原理。

（二）思考以下问题

（1）在交换过程中，柱中产生的气泡对分离有什么影响？
（2）若溶液层的顶部未达到树脂层的顶部时，就将 HCl 淋洗剂滴加到交换柱中，会产生什么结果？

三、实验原理

由于强酸型阳离子交换树脂（RSO_3H）对不同的阳离子具有不同的吸附亲和力，且吸附亲和力的大小主要取决于阳离子（M^{n+}）所带电荷的多少，一般为：$M^+ < M^{2+} < M^{3+}$。因此，把带有不同电荷阳离子的混合液加入阳离子交换树脂柱内时，由于树脂对不同电荷阳离子的吸附亲和力不同，在交换柱上形成了不同的谱带。所以，Co^{2+} 和 Cr^{3+} 混合液可以在树脂上形成两个谱带。在酸性条件下，树脂和被吸附的阳离子之间有如下平衡：

$$nRSO_3H + M^{n+} \rightleftharpoons (RSO_3)_nM + nH^+$$

该平衡主要由阳离子的浓度和电荷数量以及体系的酸度来决定。如果增大体系的酸度，上述平衡向左移动，被吸附的阳离子将根据它们与树脂结合程度的不同而先后被 H^+ 取代下来。通常 M^+ 最容易被淋洗剂中的 H^+ 取代下来而最先从交换柱的底部流出。M^{2+} 需要提高淋洗剂的酸度才能从树脂上被淋洗下来。如果取代与树脂结合最紧密的 M^{3+}，则淋洗剂的酸度要比前两者大得多。对于 Co^{2+} 和 Cr^{3+} 体系，用不同浓度的 HCl 溶液淋洗，即可将两种分离。

四、仪器和试剂

离子交换柱、烧杯、玻璃漏斗、试管、量筒等。

阳离子强酸型树脂、HCl（$0.8mol \cdot L^{-1}$、$2mol \cdot L^{-1}$）、含 Co^{2+} 和 Cr^{3+} 混合液、双氧水（3%）、NaOH（40%）、乙酸（$6mol \cdot L^{-1}$）、乙酸铅（$0.1mol \cdot L^{-1}$）。

五、实验步骤

1. 准备离子交换柱

准备一支直径1cm、长约20cm的交换柱,底部塞上玻璃纤维,下部用一段约为4cm的乳胶管连接一玻璃尖嘴,用螺旋夹夹住乳胶管。在交换柱中加入约为1/2的水,打开夹子排除管中的空气。然后将处理好的阳离子交换树脂与水混合,搅拌均匀后从交换柱的上部倾入(树脂随水一起倾入),当下沉的树脂高度达到约8cm时,停止加入树脂,把柱中的多余水放出,直至水面高出树脂1cm左右时停止,用10mLHCl溶液($2mol·L^{-1}$)淋洗树脂,再用蒸馏水淋洗,直至流出液的pH值为6~7。

2. 含Co^{2+}和Cr^{3+}混合液的制备

在16mlpH=1~2的水中分别加入$1.0gCoCl_2·6H_2O$和$1.0gCrCl_3·6H_2O$,加热,微沸10min(加热时要盖上表面皿),冷却至室温。

3. 混合液装柱

放出交换柱中多余的水,当交换柱内的水层几乎接近树脂时,加入1mL混合液,打开螺旋夹,直至溶液层接近树脂层的高度。

4. Co^{2+}、Cr^{3+}的分离

当溶液层和树脂层的顶部接近时,由交换柱的上部滴加$0.8mol·L^{-1}$HCl淋洗剂,淋洗速度为每滴2~3s。在交换柱的底部先用小烧杯收集淋出液,当树脂层的粉红色接近底部时,改用小量筒收集淋出液,并以约每5mL一份分别转移到小试管中。观察淋出液颜色的变化。当流出液的颜色消失后,用NaF及NH_4SCN-戊醇的饱和溶液检查Co^{2+}是否全部被淋洗下来。

当确认Co^{2+}已被全部淋洗出后,改用$2mol·L^{-1}$HCl淋洗树脂,淋洗速度为每滴4~5s,当蓝紫色层接近底部时,改用小量筒收集淋出液,并以约每3mL一份分别转移到小试管中。观察淋出液颜色的变化并不断用40% NaOH、3% H_2O_2、$0.1mol·L^{-1}$Pb(Ac)$_2$检验Cr^{3+}是否全部淋出。当确认离子被全部淋出后,用水淋洗树脂,淋洗速度约为1滴/s,直至流出液的pH=6~7。

5. Co^{2+}、Cr^{3+}的检验方法

(1)用小试管取约1mL淋出液,加入约黄豆粒大小的固体NaF,再加入0.5mL NH_4SCN-戊醇的饱和溶液,摇动。如果戊醇层呈蓝色,则证明有Co^{2+}存在。

(2)用小试管取约1mL淋出液,加入10滴40% NaOH和10滴3% H_2O_2溶液,摇动。在水浴上煮沸5min,冷却到室温。加$6mol·L^{-1}$HAc溶液至pH值=5~6,再加2~3滴$0.1mol·L^{-1}$Pb(Ac)$_2$溶液,如果出现黄色沉淀,则有Cr^{3+}存在。

第五章 物质的分析与鉴定

第一节 定性分析实验

实验 30 阳离子第一组（银组）的分析

一、实验目的

（1）掌握银组离子的主要化学性质和分别鉴定方法。
（2）学会银组混合物的系统分析。

二、预习与思考

（一）预习内容

（1）银组离子的主要化学性质。
（2）银组离子的鉴定反应。
（3）银组混合物的系统分析方法。

（二）思考以下问题

（1）沉淀第一组阳离子为什么要在酸性溶液中进行？若在碱性条件下进行，将会发生什么后果？
（2）向未知试液中加入第一组组试剂 HCl 时，未生成沉淀，是否表示第一组阳离子都不存在？
（3）如果以 KI 代替 HCl 作为第一组组试剂，将产生哪些后果？

三、仪器与试剂

离心机，离心试管，水浴锅。

Ag^+，Hg_2^{2+}，Pb^{2+}，HCl（$6mol \cdot L^{-1}$、$3mol \cdot L^{-1}$），HAc（$6mol \cdot L^{-1}$），K_2CrO_4（$0.1mol \cdot L^{-1}$），HNO_3（$6mol \cdot L^{-1}$），NaOH（$6mol \cdot L^{-1}$），$NH_3 \cdot H_2O$（$6mol \cdot L^{-1}$），H_2SO_4（$3mol \cdot L^{-1}$），TAA，NH_4Ac（s）。

四、实验内容

(一) 银组离子的主要性质

1. 组试剂的作用

在 3 支离心管中,分别放 Ag^+、Hg_2^{2+} 试液各 2 滴,Pb^{2+} 试液 4 滴,然后加入 $6mol·L^{-1}$ HCl 1 滴,搅拌,观察生成沉淀的现象,如沉淀不生成,以玻棒摩擦管壁。沉淀生成后离心沉降,再在上部清液上加 1 滴 $6mol·L^{-1}$ HCl,观察是否仍有沉淀生成。

2. 氯化物对水的溶解性

将 1 中所得沉淀离心分离,弃去离心液,沉淀以 3 滴 $1mol·L^{-1}$ HCl (临时以 $3mol·L^{-1}$ HCl 按滴数比例配制) 洗 2 次,然后各加冷水 5 滴,搅拌,观察有无沉淀溶解现象。

继续将 3 支离心管加热,搅拌,观察哪种氯化物溶解。如不溶,再加几滴水并加热,又如何?

在溶解的一支离心管中,加 1 滴 $6mol·L^{-1}$ HAc 酸化,然后加 K_2CrO_4 1 滴,观察沉淀的生成及其颜色性状。

3. 氯化物与氨水的反应

对于未溶于热水的氯化物沉淀,将其上部溶液倾泻弃去,在沉淀上各加氨水数滴,搅拌,观察有何种现象发生?

4. $Ag(NH_3)_2^+$ 溶液与 $6mol·L^{-1}$ HNO_3 的作用

在 3 项所得的溶液中加几滴 $6mol·L^{-1}$ HNO_3 酸化,观察是否有沉淀生成,颜色如何?

5. 研究各离子与几种常用试剂的作用

分别取 Ag^+、Pb^{2+}、Hg_2^{2+} 试液数滴,置于离心管中,然后分别观察它们同下列试剂的作用:

(1) NaOH 适量与过量。

(2) 氨水适量与过量。

(3) TAA (加热)。生成硫化物后,观察它们是否溶于 $6mol·L^{-1}$ HNO_3 和 Na_2S。

(二) 银组离子的鉴定反应

1. Pb^{2+} 的鉴定

取 Pb^{2+} 的试液 2 滴于离心管中,加 $3mol·L^{-1}$ H_2SO_4 1 滴,搅拌。离心沉降,吸出离心液,在沉淀上加几滴水和一小颗固体 NH_4Ac (或 $6mol·L^{-1}$ NaOH 溶液),搅拌、加热,使沉淀溶解,然后以 $6mol·L^{-1}$ HAc 酸化,加 K_2CrO_4,如有黄色 $PbCrO_4$ 沉淀生成,示有 Pb^{2+}。

2. Ag^+ 的鉴定

取 Ag^+ 的试液 2 滴于离心管中,加 $6mol·L^{-1}$ HCl 1 滴,搅拌,离心沉降,弃去离心液，以 6mol·L^{-1} 氨水 1~2 滴溶解沉淀，再以 6mol·L^{-1} HNO$_3$ 酸化后又得到白色沉淀，示有 Ag$^+$。

3. Hg$_2^{2+}$ 的鉴定

取 Hg$_2^{2+}$ 的试液 2 滴，置于离心管中，加 6mol·L^{-1} HCl 1 滴，若有白色沉淀，加 6mol·L^{-1} NH$_3$ 后变为黑色，示有 Hg$_2^{2+}$。

(三) 银组混合物的分析

1. 本组的沉淀

取 Ag$^+$、Hg$_2^{2+}$ 试液各 2 滴，Pb^{2+} 试液 10 滴，放在一支离心管中，加 2 滴 6mol·L^{-1} HCl，充分搅拌，约 2min，离心沉降，吸出离心液，弃去，沉淀以 3 滴 1mol·L^{-1} HCl 洗涤两次，然后按 2 下一步继续。

在分析未知试液时，应首先检查试液的酸碱性，若为碱性，应先以 6mol·L^{-1} HNO$_3$ 酸化后，然后加 6mol·L^{-1} HCl 1 滴，充分搅拌，等 2min 后，观察有无沉淀。如无沉淀，表明银组（Pb^{2+} 除外）不存在，不必再加，如有沉淀，再补加 1 滴，以便使沉淀完全。离心沉降后，离心液中含有 II~IV 组阳离子，应保留，以便以后研究。沉淀以 1mol·L^{-1} HCl 洗涤后按 2 研究。

2. 铅的分离和鉴定

向所得氯化物沉淀上加水 1mL，然后在水浴中加热近沸、搅拌，1~2min 后，趁热离心沉降，并迅速吸出离心液于另一离心管中。此项手续要避免长时间加热沸腾，以免在 6mol·L^{-1} HNO$_3$ 存在下将亚汞盐沉淀氧化为二价汞盐而溶解。向离心液加 6mol·L^{-1} HAc 1 滴，K$_2$CrO$_4$ 3 滴，如生成黄色 PbCrO$_4$ 沉淀，示有 Pb^{2+}。

3. 亚汞的鉴定及银的分离

在 2 项中如已鉴定有 Pb^{2+}，则在所得残渣上加水 1mL，加热并搅拌，离心分离后弃去洗涤液。在分析未知物时，Pb^{2+} 可能不存在，此时洗涤手续可以省去。

向 2 项的残渣加 5~10 滴 6mol·L^{-1} 氨水，搅拌。如残渣变黑（HgNH$_2$Cl + Hg），表示有汞。离心沉降，吸出离心液，按 4 进行处理。

4. 银的鉴定

在 3 项的离心液中加几滴 6mol·L^{-1} HNO$_3$ 酸化后，如有白色 AgCl 沉淀生成，示有 Ag$^+$ 存在。

实验 31　阳离子第二组（铜锡组）的分析

一、实验目的

（1）掌握铜、锡组离子的主要化学性质和分别鉴定方法。

（2）学会铜、锡组混合物的系统分析。

二、预习与思考

(一) 预习内容

(1) 铜、锡组离子的主要性质。
(2) 铜、锡组离子的鉴定反应。
(3) 铜、锡组混合物的分析。

(二) 思考以下问题

(1) 沉淀本组硫化物时,在调节酸度上发生了偏高或偏低现象,将会引起哪些后果?
(2) 在本实验中为沉淀硫化物而调节酸度时,为什么先调至 $0.6 mol \cdot L^{-1}$ HCl 酸度;然后再稀释一倍,使最后的酸度为 $0.2 mol \cdot L^{-1}$?
(3) 以 TAA 代替 H_2S 作为第二组组试剂时,为什么可以不加 H_2O_2 和 NH_4I?
(4) 已知某未知试液不含第三组阳离子,在沉淀第二组硫化物时是否还要调节酸度?
(5) 设原试液中砷、锑、锡高低价态的离子均存在,试说明它们在整个系统分析过程中价态的变化。

三、仪器与试剂

离心机,离心试管,水浴锅。

Pb^{2+}、Bi^{3+}、Cu^{2+}、Cd^{2+}、Hg^{2+}、Sn(II)、Sn(IV)、Sb(III)、Sb(V)、As(III)、As(V)、HCl(浓、$8mol \cdot L^{-1}$、$6mol \cdot L^{-1}$、$3mol \cdot L^{-1}$)、$(NH_4)_2CO_3$(12%)、甲基紫($1g \cdot L^{-1}$)、HAc($6mol \cdot L^{-1}$)、K_2CrO_4($0.1mol \cdot L^{-1}$)、HNO_3(浓、$6mol \cdot L^{-1}$)、NaOH($6mol \cdot L^{-1}$)、$NH_3 \cdot H_2O$($6mol \cdot L^{-1}$)、H_2SO_4($3mol \cdot L^{-1}$)、NaAc 溶液、罗丹明 B 溶液、甘油 (1:1)、$K_4Fe(CN)_6$、$SnCl_2$、$HgCl_2$、TAA、NH_4Ac (s)、NH_4Cl (s)、NH_4NO_3 (s)、$KClO_3$ (s)、HNO_2 (s)、铝片。

四、实验内容

(一) 铜锡组离子的主要性质

1. 与组试剂的反应

分别取 Pb^{2+}、Bi^{3+}、Cu^{2+}、Cd^{2+}、Hg^{2+}、Sn(II)、Sn(IV)、Sb(III)、Sb(V)、As(III)、As(V) 试液各4滴于11支离心管中(在 Pb^{2+}、Cu^{2+}、Cd^{2+}、Hg^{2+} 等4支离心管中各补加 $1mol \cdot L^{-1}$ HCl 1滴),然后分别加 TAA 2~3滴,加热10min,观察每支离心管中生成硫化物的颜色。离心沉降,弃去离心液,沉淀分别按2~5研究。

2. 硫化物沉淀与硫化钠（或 TAA – 碱溶液）的反应

取由 1 项中所得各硫化物沉淀少许于点滴板上，分别加 Na_2S 溶液 2~3 滴，搅拌，观察各硫化物沉淀的溶解情况。若使用 TAA – 碱溶液，则将沉淀分取在离心管中，加入试剂后需加热 10min。

3. 硫代酸盐与酸的反应

取由 2 项中所得各种硫代酸盐溶液，分别加 $3mol·L^{-1}$ HCl 至沉淀完全，观察并比较重新生成的沉淀的颜色是否都与原来沉淀相同（SnS 溶解后再重新生成时如变黄，表示它已被氧化为 SnS_2）。

4. 硫化物沉淀与稀硝酸的反应

取 PbS、Bi_2S_3、CdS、CuS 四种硫化物沉淀少许于离心管中，分别加 $3mol·L^{-1}$ HNO_3 5 滴，搅拌并加热，观察硫化物的溶解。

5. 硫化物沉淀与盐酸的反应

取 As_2S_3、Sb_2S_5、Sb_2S_3、SnS_2、HgS 等沉淀各少许于离心管中，加 $8mol·L^{-1}$ HCl，搅拌，加热，观察哪些沉淀溶解。

6. 硫化物沉淀与碳酸铵的反应

取 HgS 和 As_2S_3 于 2 支离心管中，分别加 12%$(NH_4)_2CO_3$ 3 滴，搅拌、加热，观察哪种沉淀溶解。

（二）铜锡组混合物的分析

1. 铜锡组的沉淀

（1）将试液调至中性。取 Pb^{2+}、Bi^{3+}、Cu^{2+}、Cd^{2+}、Hg^{2+}、Sn(II)、Sn(IV)、Sb(III)、Sb(V)、As(III)、As(V) 试液各 4 滴混合。此时溶液应为酸性，因为 Bi^{3+}、Sn(II)、Sn(IV)、Sb(III)、Sb(V)、As(III)、As(V) 离子的试液中已加入了足够量的酸。在未知物分析中，此时溶液中有过量的 HCl，也是酸性的。向此酸性溶液加 $6mol·L^{-1}$ 氨水至刚呈碱性，再以 $3mol·L^{-1}$ HCl 中和至恰变酸性。此时的溶液可认为是近中性的。这时如有白色沉淀生成，系 Bi、Sb、Sn 等离子的水解产物，不妨碍分析。它们以后会转化为硫化物沉淀。

（2）将试液调至 $0.6mol·L^{-1}$ HCl 酸性。为了更有利于 As_2S_3 沉淀完全，首先将试液调至 $0.6mol·L^{-1}$ HCl 酸性。为此，在白色点滴板的凹槽中，取 $0.6mol·L^{-1}$ HCl 标准溶液 1 滴，加 $1g·L^{-1}$ 甲基紫指示剂 1 滴搅拌，应呈黄绿色即 pH 值约为 0.22。此时以稀 HCl 和稀 $NH_3·H_2O$ 调节（1）中试液的酸度，然后取 1 滴于点滴板上，加指示剂 1 滴，搅拌，与标准色比较，至相同为止。

（3）加硫代乙酰胺（TAA）。在已调至 $0.6mol·L^{-1}$ HCl 酸性的试液中加 TAA 溶液 10~15 滴，搅拌后放在水浴上加热 10min。离心沉降，保留沉淀，离心液按下述步骤处理。

（4）试液的稀释。为使 CdS、PdS 等较难沉淀的硫化物完全沉出，试液须稀释一倍，以降低酸度。此时的酸度应低于 $0.3mol·L^{-1}$，接近于 $0.2mol·L^{-1}$。所得沉淀经离心分离后与以前得到的合并，按（5）处理。在系统分析中，离心液按第三组阳离子研究。本实验中弃去。

（5）沉淀的洗涤。所得两份沉淀合并后，用含 NH_4Cl 的水洗涤，按 2 项方法研究。

2. 铜组与锡组的分离

在铜锡组沉淀上加 TAA－碱溶液 6～8 滴，搅拌，加热 10min 边加热边搅拌，以加速溶解。离心沉降后，吸出清液，残渣再以 TAA－碱溶液处理一次，两次的清液合并，按 8 研究。沉淀以含 NH_4NO_3 或 NH_4Cl 的水洗涤两次，然后按 3 项方法继续研究。

3. 铜组沉淀的溶解

在 2 所得沉淀中加 $6mol·L^{-1}$ HNO_3 2～4 滴和 $KClO_3$ 少许，加热，搅拌。沉淀溶解时应有硫析出，并且其表面可能因吸附有某些硫化物沉淀而呈黑色。离心沉降，离心液按 4 项方法继续研究。铜组的分析步骤见图 5－1。

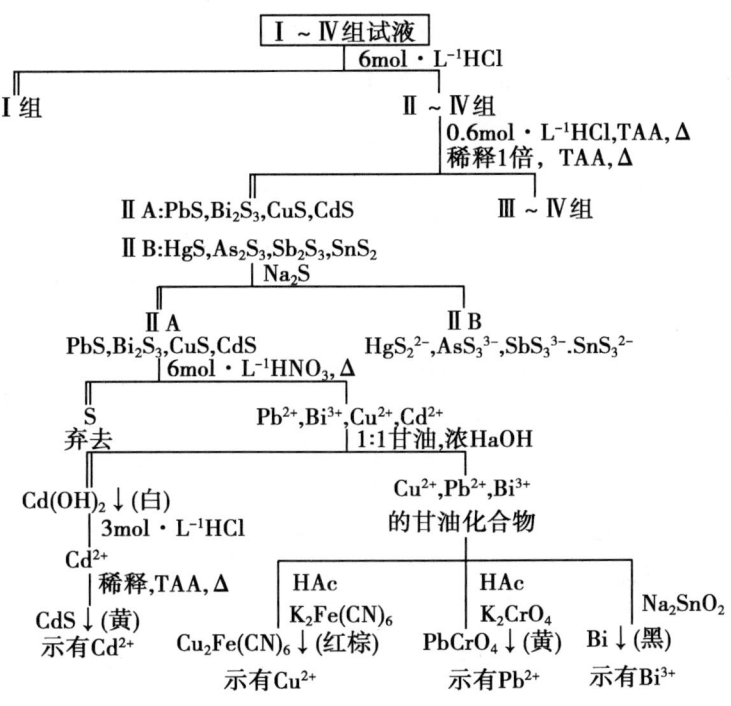

图 5－1 铜组的分析

4. 镉的分离和鉴定

取由 3 所得离心液，加入甘油溶液（1∶1）5～6 滴，然后滴加 $6mol·L^{-1}$ NaOH 至 Cd$(OH)_2$ 沉淀完全，充分搅拌，加热 1min，离心沉降，离心液按 5、6、7 项继续研究。沉淀以稀的甘油－碱溶液（以 6 滴 NaOH，4 滴 1∶1 甘油，10 滴水配成）洗净后，以 $3mol·L^{-1}$ HCl 数滴溶解，然后重新加入甘油溶液和碱溶液，使 Cd$(OH)_2$ 再次沉出，离心沉降，沉淀用 $3mol·L^{-1}$ HCl 3 滴溶解，加 NaAc 4 滴降低酸度，然后加 TAA 数滴并加热，如有黄色至橙黄色沉淀生成，示有镉。

5. 铜的鉴定

如由 4 项所得离心液显蓝色，已表示铜存在。如颜色不明显或无色，可在点滴板上取 1 滴离心液,以浓 HAc 酸化,加 $K_4Fe(CN)_6$ 1 滴,如有红 $Cu_2Fe(CN)_6$ 沉淀生成,示有铜。

6. 铅的鉴定

取由 4 项得到的离心液 1 滴于表面皿(或黑色点滴板)上,以 2 滴浓 HAc 酸化,加 1 滴 K_2CrO_4,生成黄色 $PbCrO_4$ 沉淀并溶于 $6mol \cdot L^{-1}$ NaOH,示有铅。

7. 铋的鉴定

取 2 滴 $SnCl_2$ 于点滴板上,加 3~5 滴 $6mol \cdot L^{-1}$ NaOH,搅拌,使生成 Na_2SnO_2。然后在所得溶液中,逐滴加入由 4 项所得到的离心液。黑色金属铋的出现,示有铋。

8. 锡组的沉淀

向由 2 项所得到的锡组硫代酸盐溶液中,逐滴加入 $3mol \cdot L^{-1}$ HCl,至呈酸性为止,加热数分钟,离心沉降,离心液上再加 1 滴 $3mol \cdot L^{-1}$ HCl,检查沉淀是否完全。沉淀完全后,沉淀以含 NH_4Cl 的水洗涤,按 9 项继续研究。如沉淀仅呈乳白色,是反应中析出的硫,表示锡组不存在。锡组的分析步骤见图 5-2 所示。

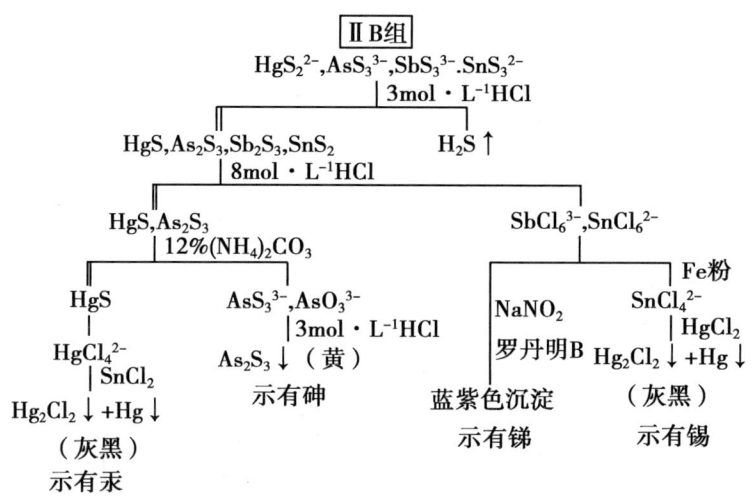

图 5-2 锡组的分析

9. 汞、砷与锑、锡的分离

在由 8 项所得到的沉淀上加 6~8 滴 $8mol \cdot L^{-1}$ HCl,加热 3~5min,不时搅拌。离心沉降,沉淀以含 NH_4Cl 的水洗涤后按 10 研究,离心液按 13、14 项继续研究。

10. 汞与砷的分离

在 9 项所得的沉淀中加 5~7 滴 12% $(NH_4)_2CO_3$,微热,搅拌 1min,离心沉降。沉淀以含 NH_4Cl 的水洗涤,按 11 项继续研究,离心液按 12 项继续研究。

11. 汞的鉴定

在 10 项所得的沉淀上加 4 滴浓 HCl 和 1 滴浓 HNO_3,加热数分钟,至将干(勿干!),以除去过量王水。然后加几滴水,吸取澄清溶液,滴加 $SnCl_2$。如生成由白变为灰黑的沉淀(Hg_2Cl_2 + Hg),示有汞。

12. 砷的鉴定

取 10 项所得的离心液，小心地滴加 3mol·L^{-1} HCl 至呈酸性，生成黄色 As_2S_3 沉淀，示有砷。

13. 锡的鉴定

取由 9 项所得的离心液 1/2 于离心管中，加 1 滴浓 HCl 及洁净的铁粉（或铁丝、镁片、铝片），加热 5min，在所得清液中加 1 滴 $HgCl_2$，生成白色、灰色或黑色 Hg_2Cl_2 + Hg 沉淀，示有锡。

14. 锑的鉴定

取 9 项所得的离心液 2 滴于点滴板上，加入少许 $NaNO_2$ 晶粒使其氧化成 Sb（V），加入 2 滴罗丹明 B，析出蓝色或紫色细微沉淀，示有锑。

注释：

① 50g·L^{-1} TAA 溶液与 6mol·L^{-1} NaOH 溶液按 1∶3 混合而成。

② 在几滴 Br_2 水中加 6mol·L^{-1} NaOH 溶液使红棕色褪去即可。

实验 32　阳离子第三组（铁组）的分析

一、实验目的

（1）掌握第三组阳离子的主要化学性质和分别鉴定方法。

（2）学会第三组阳离子混合物的系统分析。

二、预习与思考

（一）预习内容

（1）第三组阳离子的主要性质。

（2）第三组阳离子的鉴定反应。

（3）第三组阳离子混合物的分析。

（二）思考以下问题

（1）在系统分析中，沉淀本组离子时可否用 Na_2S 代替 $(NH_4)_2S$？

（2）用 $(NH_4)_2S$ 或 TAA 沉淀本组离子为什么要加足够的 NH_4Cl？

（3）在系统分析中，本组硫化物沉淀生成后，与母液放置过夜才离心沉降，是否可以？

（4）以 6mol·L^{-1} HNO_3 溶解本组沉淀时，为什么加 KNO_2 或 $KClO_3$ 晶粒少许可以加速溶解？

（5）已知 NiS、CoS 在 0.3mol·L^{-1} HCl 溶液中不能被 H_2S 沉淀，但为什么生成的 NiS、CoS 又难溶于 1mol·L^{-1} HCl？

三、仪器与试剂

离心机，离心试管，水浴锅。

Al^{3+}、Cr^{3+}、Fe^{2+}、Fe^{3+}、Mn^{2+}、Zn^{2+}、Co^{2+}、Ni^{2+}、HCl（6mol·L^{-1}、3mol·L^{-1}、0.1mol·L^{-1}），$NH_3·H_2O$（浓、6mol·L^{-1}），HNO_3（6mol·L^{-1}），NaOH（6mol·L^{-1}），H_2O_2（30g·L^{-1}），邻二氮菲，NH_4SCN，$(NH_4)_2HPO_4$（浓），丁二酮肟，戊醇，$SnCl_2$、$(NH_4)_2Hg(SCN)_4$，$CoCl_2$（0.02g·L^{-1}），NH_4F，HAc（3mol·L^{-1}、6mol·L^{-1}），$NaNO_2$（s）或 $KClO_3$（s），TAA，$K_4Fe(CN)_6$，$K_3Fe(CN)_6$，NH_4Cl，$NaBiO_3$，$KClO_3$。

四、实验内容

（一）铁组离子的主要性质

1. 与组试剂的反应

在8支离心管中，分别放入 Al^{3+}、Cr^{3+}、Fe^{2+}、Fe^{3+}、Mn^{2+}、Zn^{2+}、Co^{2+}、Ni^{2+} 试液各2～3滴，加3mol·L^{-1}HCl 各1滴，然后以水补至10滴。各加TAA 3滴，加热10min，观察有无沉淀生成。

向各支离心管加浓氨水1～2滴，至呈氨性，加热，然后加TAA 3～4滴，搅拌，再加热10min，观察沉淀的状态、颜色。

离心沉降，离心液弃去，沉淀按下一步2研究。

2. 沉淀与稀硝酸的反应

在各硫化物或氢氧化物沉淀上加6mol·L^{-1} HNO_3 3～4滴，加热，观察沉淀的溶解情况。离心沉降后，取清液按下一步3观察研究，残渣（s）弃去。

3. 各离子与氨水的反应

取各离子试液加浓氨水至过量，观察其溶解性及颜色变化。

4. 各离子与碱-过氧化物的反应

另取各离子试液1～2滴，分别加入6mol·L^{-1}NaOH-H_2O_2（或Na_2O_2）至过量，加热，搅拌，观察其溶解性及颜色变化。

（二）铁组离子的鉴定反应

1. Fe^{2+}的鉴定

（1）$K_3Fe(CN)_6$试法　取试液1滴于点滴板上，加3mol·L^{-1}HCl溶液1滴，$K_3Fe(CN)_6$ 1滴，生成深蓝色KFe[Fe(CN)$_6$]沉淀，示有Fe^{2+}。

（2）邻二氮菲试法　在点滴板上放1滴试液，加3mol·L^{-1} HCl 1滴，邻二氮菲试剂1滴，溶液如显红色，示有Fe^{2+}存在。

2. Fe^{3+}的鉴定

（1）NH_4SCN试法　在点滴板上放试液1滴，加NH_4SCN 1滴 0.1mol·L^{-1} HCl 1

滴，溶液显红色，示有 Fe^{3+}。同时作空白试验1份。

（2）$K_4Fe(CN)_6$ 试法　在点滴板上，放试液1滴，加 $3mol \cdot L^{-1}$ HCl 1滴，$K_4Fe(CN)_6$ 1滴，生成深蓝色 $KFe[Fe(CN)_6]$ 沉淀，示有 Fe^{3+}。

3．Mn^{2+} 的鉴定

在点滴板上放试液1滴，加 $6mol \cdot L^{-1}$ HNO_3 1滴，$NaBiO_3$ 粉末少许，搅拌，溶液呈紫红色，示有 Mn^{2+}。

4．Cr^{3+} 的鉴定

取含 Cr^{3+} 试液2滴于离心管中，加 $6mol \cdot L^{-1}$ NaOH 2滴，$30g \cdot L^{-1}$ H_2O_2 2滴，煮沸除去过量的 H_2O_2，溶液变为 CrO_4^{2-} 的黄色，初步表示有 Cr^{3+}。

取上面制得的 CrO_4^{2-} 溶液2滴于另一支离心管中，加戊醇数滴、$6mol \cdot L^{-1}$ HNO_3 2滴酸化，H_2O_2 2滴，振荡，戊醇层显蓝色，示有 Cr^{3+}。

5．Ni^{2+} 的鉴定

在滤纸上放1滴浓 $(NH_4)_2HPO_4$ 溶液，加试液1滴，在湿斑点的边缘处加丁二酮肟试剂1滴，然后在氨气上熏，斑点外缘变红，示有 Ni^{2+}。

另取 Fe^{2+} 同法操作，观察其干扰情况。在混合离子分析中，若有 Fe^{2+} 存在时，可事先在酸性试液中加 $1\sim2$ 滴 H_2O_2，加热煮沸，除去过量的 H_2O_2，然后按上法处理。

6．Co^{2+} 的鉴定

取试液1滴放在点滴板上，加一小块 NH_4SCN 晶体和戊醇（或丙酮）1滴。如有红色或棕色出现，加 $SnCl_2$ 1滴，溶液显蓝色或绿色，示有 Co^{2+}。

7．Zn^{2+} 的鉴定

在点滴板上，放 $(NH_4)_2Hg(SCN)_4$ 试剂1滴，$0.02g \cdot L^{-1}$ $CoCl_2$ 1滴，搅拌，并无沉淀生成。此时加入试液1滴，如迅速（半分钟）生成天蓝色沉淀，示有 Zn^{2+}。

另取 Zn^{2+} 3滴，Fe^{3+}、Cu^{2+}、Cd^{2+}、Co^{2+} 等试液各1滴混合，加过量 $6mol \cdot L^{-1}$ NaOH，至沉淀完全。吸取离心液（ZnO_2^-），以 $6mol \cdot L^{-1}$ HCl 酸化，加 NH_4F 1滴（掩蔽因微溶于 NaOH 而未分离完全的 Fe^{3+}），按上法鉴定 Zn^{2+}。若所得沉淀带有紫色，表示有微量 Cu^{2+} 未分离完全，对鉴定无影响。

8．Al^{3+} 的鉴定

在离心管中取试液 $2\sim3$ 滴，以 $3mol \cdot L^{-1}$ HAc 酸化，加铝试剂2滴，再加 $6mol \cdot L^{-1}$ 氨水化为氨性，在水浴上加热，如生成红色絮状沉淀，示有 Al^{3+}。

在做混合离子未知试液分析时，为了排除干扰，须取试液 $5\sim6$ 滴，加 $6mol \cdot L^{-1}$ KOH 及 1:10 H_2O_2 各4滴，搅拌，加热，离心沉降。离心液转移至另一离心管中，以 $6mol \cdot L^{-1}$ HAc 中和至酸性，然后再按上法鉴定 Al^{3+}。

（三）铁组混合物的分析

1. 铁组的沉淀

取本组阳离子试液各4滴，混合成分析试液。向此试液加 NH_4Cl $6\sim8$ 滴，再以 $6mol \cdot L^{-1}$ 氨水化为氨性。加 TAA $8\sim10$ 滴，加热 10min。离心沉降后，在上部清液中再加 2 滴 TAA，加热，证实沉淀确已完全。离心分离后，沉淀以含 NH_4NO_3 的热水洗 3~4 次，然后按下一步 2 处理。

在系统分析中，离心液含有第四组阳离子，应保留备用。但必须立即加浓 HAc 酸化，在微坩埚中蒸发至将干，然后补充 1mL 水，离心沉降，除去硫黄，吸取离心液，保留作第四组阳离子分析用。

2. 铁组沉淀的溶解

在沉淀上加 $6mol \cdot L^{-1}$ HNO_3 4~5 滴，加热 2~3min。为加速沉淀溶解，可加 $NaNO_2$ 或 $KClO_3$ 晶体数粒，继续加热。沉淀溶解后，剩有胶状的硫，有时它由于包藏痕量硫化物而显灰色，但不妨碍分析。离心沉降，弃去不溶物，离心液按下一步 3 研究。

3. 铁组离子的分别鉴定

本组离子因相互干扰较少，鉴定反应的选择性较高，因此一般不必进行组内的分离，而直接用分别分析的方法鉴定各离子。鉴定方法见（二）中所述。

注释：

氨水在放置中可能吸附空气中 CO_2，因而含有 CO_3^{2-}，它能使第四组的 Ba^{2+} 等离子沉出，这样的氨水应避免使用。

实验 33　阳离子第四组（钙钠组）的分析

一、实验目的

（1）掌握第四组离子的主要化学性质和分别鉴定方法。
（2）学会第四组离子混合物的系统分析。

二、预习与思考

（一）预习内容

（1）第四组离子的主要性质。
（2）第四组离子的鉴定反应。
（3）第四组混合物的分析。

（二）思考以下问题

（1）在系统分析中，引起第四组中二价离子丢失的可能原因有哪些？
（2）以 K_2CrO_4 试法鉴定时 Ba^{2+} 时，为什么要加 HAc 和 NaAc？
（3）以镁试剂鉴定 Mg^{2+} 时，在以 $(NH_4)_2S$ 消除干扰离子的手续中，如果加得不足，将产生什么后果？

三、仪器与试剂

离心机，离心试管，水浴锅。

Ba^{2+}、Ca^{2+}、Mg^{2+}、K^+、Na^+、NH_4^+，$(NH_4)_2CO_3$溶液，$(NH_4)_2C_2O_4$溶液，K_2CrO_4（$0.1mol \cdot L^{-1}$），玫瑰红酸钠，HCl（浓、$0.5mol \cdot L^{-1}$），NH_4F、Fe^{3+}，$(NH_4)_2C_2O_4$，$Na_3Co(NO_2)_6$（饱和），四苯硼化钠，EDTA，Ag^+，醋酸铀酰锌，$Ba(OH)_2$，乙醇，Zn粉，镁试剂，$NH_3 \cdot H_2O$（$6mol \cdot L^{-1}$），HNO_3（$6mol \cdot L^{-1}$），NaOH（浓、$6mol \cdot L^{-1}$），HAc（$6mol \cdot L^{-1}$），H_2SO_4（$3mol \cdot L^{-1}$），TAA、NaAc。

四、实验内容

（一）钙钠组离子与常用试剂的反应

分别取 Ba^{2+}、Ca^{2+}、Mg^{2+}、K^+、Na^+、NH_4^+ 等离子的试液，研究它们与下列试剂的反应（观察反应产物的颜色、形状和溶解性等）。

（1）$(NH_4)_2CO_3$
（2）$(NH_4)_2C_2O_4$
（3）K_2CrO_4
（4）H_2SO_4

（二）钙钠组离子的鉴定方法

1. Ba^{2+} 的鉴定

（1）玫瑰红酸钠试法。取 Ba^{2+} 的中性或微酸性试液1滴于滤纸上，加新配制的玫瑰红酸钠1滴，如出现红紫色斑点，加 $0.5mol \cdot L^{-1}$ HCl 后转为桃红色，示有 Ba^{2+}。

在分析混合离子试液时，为消除干扰离子，可将试液转为氨性，以 Zn 粉除去。Fe^{3+} 的干扰可加 NH_4F 掩蔽。

（2）K_2CrO_4 试法。取 Ba^{2+} 试液1滴于黑色点滴板上，以 $6mol \cdot L^{-1}$ HAc 1滴酸化，加 NaAc 1滴，K_2CrO_4 1滴，如生成黄色结晶形 $BaCrO_4$ 沉淀，示有 Ba^{2+}。

以铂丝蘸取沉淀及浓 HCl，在无色火焰上灼烧，火焰显黄绿色，进一步证实 Ba^{2+} 的存在。

其他干扰离子可在氨性条件下以 Zn 粉除去。

2. Ca^{2+} 的鉴定

在离心管中放试液数滴，加 $(NH_4)_2C_2O_4$ 2~3滴，生成白色 CaC_2O_4 沉淀，示有 Ca^{2+}。以铂丝蘸取 CaC_2O_4 及浓 HCl，焰色反应为砖红色，进一步证实 Ca^{2+} 的存在。

3. NH_4^+ 的鉴定

在气室（由两块表面皿合成）中，放试液少许于下部表面皿，上部表面皿贴以湿润的红色石蕊试纸（或滴加奈氏试剂的试纸）。然后在试液上加浓 NaOH，于水浴上加热，注意勿使气室内液体沸腾，以免把碱液溅到试纸上。若石蕊试纸变蓝（或奈氏试剂斑点变棕时），示有 NH_4^+。

4. K^+ 的鉴定

（1）$Na_3Co(NO_2)_6$ 试法。于点滴板上放试液1滴，以 $6mol \cdot L^{-1}$ HAc 酸化，加1

滴 $Na_3Co(NO_2)_6$ 试剂，搅拌，如有黄色 $K_2NaCo(NO_2)_6$ 沉淀生成，示有 K^+ 存在。

在混合离子试液分析中，如原试液中有 NH_4^+ 及其他干扰离子，则须先取试液于坩埚中，加热蒸发至干，然后灼烧至不冒白烟（NH_4NO_3 除外）以除去铵盐，并使其他干扰物质变为不溶氧化物，加水数滴煮沸，离心沉降。吸取部分离心液，检查 NH_4^+ 是否已完全除净。如已除净，则按上法鉴定。

（2）四苯硼化钠试法。取试液1滴于黑色点滴板上，加四苯硼化钠2滴，生成白色沉淀，示有 K^+。

NH_4^+ 存在时用灼烧法除去，其他重金属离子的干扰可在 $pH=5$ 时加 EDTA 掩蔽。Ag^+ 的干扰加 HCl 析出或加 NaCN 掩蔽。

5. Na^+ 的鉴定

在离心管中放试液1滴，中和到接近中性，加 $6mol \cdot L^{-1}$ HAc 1滴，醋酸铀酰锌试剂8滴，乙醇5~6滴搅拌。如生成柠檬黄色 $NaAc \cdot Zn(Ac)_2 \cdot 3UO_2(Ac)_2 \cdot 9H_2O$ 沉淀，示有 Na^+。

在系统分析中，若有大量干扰离子存在时，可取原试液加饱和 $Ba(OH)_2$ 至呈碱性，然后加 $(NH_4)_2CO_3$，离心沉降，离心液在坩埚中灼烧除去铵盐，并使其他干扰物质变为不溶氧化物，残渣以水煮沸，吸出后离心沉降，取离心液按上述方法进行鉴定。

6. Mg^{2+} 的鉴定

取 Mg^{2+} 试液1滴于点滴板上，加 $6mol \cdot L^{-1}$ NaOH 1滴，镁试剂1滴，如出现天蓝色沉淀，示有 Mg^{2+}。

在系统分析中，如有其他干扰离子存在，可取试液4~5滴，加 Zn 粉少许共热，离心分离后，在离心液中加 NH_3 至呈氨性，然后加 NH_4Cl 2滴，以 pH 试纸检查，pH 值应调至9~10，滴加 TAA 5~8滴，加热 10min，离心沉降。取1滴离心液于点滴板上，加 $6mol \cdot L^{-1}$ NaOH 1滴，搅拌，尽量使 NH_3 逸出，然后加镁试剂1滴，如出现天蓝色沉淀，示有 Mg^{2+}。

（三）钙钠组混合物的分析

1. 钙钠组分析试液的制备

在讨论第三组分析时已经提到，将第三组阳离子以 TAA 沉出后，应立即处理可能含有本组的溶液。方法是向溶液中加入 HAc 使之酸化，在微坩埚中蒸发除去 H_2S。如当时不准备立即进行本组的分析，可将溶液蒸发至一半，离心沉降后，吸取离心液保存。用时取离心液继续蒸发至干，灼烧除去铵盐，冷却，加2滴 HCl 和10滴水。搅拌，移于离心管中。另以10滴清水洗蒸发容器，洗液与离心管中的溶液合并。如果溶液不清，可离心沉降，吸取清液按一研究。

2. 钙钠组离子的鉴定见（二）项。

实验34　阳离子未知试液的分析

向教师领取 3mL 包括阳离子第一组银组、第二组铜锡组、第三组铁组和第四组钙钠组阳离子的未知混合试液，取其 1mL 进行分析，报告所鉴定的离子及其估计含量。

实验 35　阴离子的分组和初步试验

一、实验目的

(1) 掌握阴离子的主要化学性质和分别鉴定方法。
(2) 学会阴离子分组方法。

二、预习与思考

(一) 预习内容

(1) 阴离子的主要性质。
(2) 阴离子的鉴定反应。

(二) 思考以下问题

1. 在阴离子分组试验中
(1) $BaCl_2$ 试验得出否定结果，能否将第一组阴离子整组排除？
(2) $AgNO_3$ 试验得出肯定结果，能否认为第二组阴离子中至少有一种存在？
2. 在氧化还原性试验中
(1) 以稀 HNO_3 代替稀 H_2SO_4 酸化试液是否可以？
(2) 以稀 HCl 代替稀 H_2SO_4 是否可以？
(3) 以浓 H_2SO_4 作酸化试液是否可以？

三、仪器与试剂

离心机，离心试管，水浴锅。
SO_4^{2-}，SiO_3^{2-}，PO_4^{3-}，CO_3^{2-}，SO_3^{2-}，$S_2O_3^{2-}$，S^{2-}，Cl^-，Br^-，I^-，NO_2^-，NO_3^-，Ac^-，HCl ($6mol·L^{-1}$)，HNO_3 ($3mol·L^{-1}$)，$AgNO_3$，H_2SO_4 ($3mol·L^{-1}$)，KI-淀粉，$KMnO_4$ ($0.3g·L^{-1}$)，I_2-淀粉，Na_2CO_3 (s)，Na_2SO_3 (s)，$Na_2S_2O_3$ (s)，$NaNO_2$ (s)，Na_2S (s)。

四、实验内容

(一) 分组试验

阴离子的分组试验，是阴离子初步试验的重要内容。经过分组试验之后，可能存在的阴离子范围、往往可以大为缩小。

1. 与 $BaCl_2$ 的反应（第一组存在的试验）
(1) 在 13 支离心管中，分别放 SO_4^{2-}、SiO_3^{2-}、PO_4^{3-}、CO_3^{2-}、SO_3^{2-}、$S_2O_3^{2-}$、S^{2-}、

Cl^-、Br^-、I^-、NO_2^-、NO_3^-、Ac^-等试液各2滴以 pH 试纸检查，应为中性或微碱性。

（2）分别向每支离心管加 $BaCl_2$ 1滴，观察每支管中是否生成沉淀及沉淀生成的速度、沉淀的形状等。BaS_2O_3 容易形成过饱和溶液，应以玻棒摩擦管壁，加速其沉出。

（3）向已生成沉淀的各离心管中，加入 $6mol \cdot L^{-1}$ HCl 1~2滴，搅拌，观察沉淀有何变化？特别注意 SiO_3^{2-}、$S_2O_3^{2-}$ 两支离心管中的变化情况。

2. 与 $AgNO_3$ 的反应（第二组存在的试验）

（1）如前在13支离心管中，分别放入各阴离子试液2滴，以 $3mol \cdot L^{-1}$ HNO_3 化为酸性，加 $AgNO_3$ 1滴，观察沉淀的生成及其形状。

（2）单独取 $S_2O_3^{2-}$ 试液5滴，用毛细滴管逐滴加入 $AgNO_3$ 试剂，观察其变化过程。

（二）挥发性试验

（1）在13支离心管中，分别放入各阴离子试液3滴，各加 $3mol \cdot L^{-1}$ H_2SO_4 1~2滴，观察有无小气泡生成，以及溶液发生的变化（注意 SiO_3^{2-}、$S_2O_3^{2-}$），加热，又如何？

（2）单独取生成气体的各离子的固体试样，加 $3mol \cdot L^{-1}$ H_2SO_4，闻气味并观察其颜色，以燃烧的火柴试一试 CO_2 的灭燃性等。

第二节　滴定分析

定量分析根据操作原理和方法的不同，可分为化学分析法和仪器分析法。待测成分若为高含量成分，叫作常量分析（组分含量>1%），主要包括重量分析法和滴定分析法两种，是经典的分析方法。

一、滴定分析的基本概念

将一种已知准确浓度的试剂溶液，通过滴定管滴加到待测物质溶液中，直到所加试剂恰好与待测组分按化学计量定量反应为止；根据滴加试剂的体积和浓度，计算待测组分的含量，这种分析方法称为滴定分析法。

应用滴定分析必须有一种已知准确浓度的试剂和指示终止滴定的试剂或仪器。如要分析食用白醋的酸度，可以采用下述方法：取25.00mL 已稀释的食醋溶液于锥形瓶中，加2滴无色酚酞试剂，将已知准确浓度的 NaOH 溶液装入滴定管，滴加于食醋溶液中，当溶液中酚酞变为浅红色时终止滴定，根据 NaOH 的浓度和所消耗体积计算食用白醋的酸度。在上述滴定分析中，已知准确浓度的 NaOH 溶液，称为标准溶液，酚酞称为指示剂。当滴加的标准溶液与被测组分恰好与化学计量关系相符时，称作化学计量点；但是，化学计量点在滴定过程中很难直接根据溶液外观进行判断，而是根据在化学计量点附近当被测物质的浓度突然减少时，某些与溶液浓度有关的性质，例如溶液的颜色、pH 值、旋光度、电位、电导值等会随之发生突然变化，因此借助仪器或指示剂显示某种信号发生突变时，终止滴定，这一点称滴定终点。滴定终点是滴定时求得的实验值，与理论计算的化学反应计量点不一定完全吻合,它们的差值称为终点误差,也叫作滴定误差,这是滴定分析中误差的主要来源。

二、滴定分析的基本条件

根据滴定反应类型的不同,滴定分析方法可分为四类:酸碱滴定法(又称中和法)、氧化还原滴定法、沉淀滴定法、配位滴定法。但无论哪一类滴定分析法,滴定反应必须满足下列条件。

①滴定反应按化学计量关系定量进行,无副反应;
②反应必须进行完全,即当滴定达到终点时,反应至少已完成了 99.9%;
③滴定速率小于或等于反应速率;
④能选择合适指示剂或仪器简便可靠地确定滴定终点。

由于各类滴定分析的性质特点有较大差异,所以在满足上述 4 个要求时会有所侧重。

对酸碱滴定来说,酸碱反应是快速进行的反应,一般都能满足滴定速率的要求,酸碱反应的完全程度与酸碱强弱和浓度等因素有关,酸和碱越弱、浓度越稀,反应进行得越不完全。滴定分析时一般采用强酸或强碱作滴定剂,使滴定反应进行得更完全。但当被分析组分是弱酸或弱碱时,弱酸或弱碱的解离常数 $K_a^{\ominus}$ 或 $K_b^{\ominus}$ 与其浓度 c 的乘积应该达到 $cK^{\ominus} \geqslant 10^{-8}$,否则将不能满足滴定分析要求,即此弱酸或弱碱不能用滴定分析法测定其浓度。如果被测组分是多元酸(或多元碱)时,欲进行分步滴定,不仅应满足 $cK^{\ominus} \geqslant 10^{-8}$,还应满足相邻离解常数比值 $K_{a1}^{\ominus}/K_{a2}^{\ominus} \geqslant 10^4$ ($K_{b1}^{\ominus}/K_{b2}^{\ominus} \geqslant 10^4$)。

对于氧化还原反应,为满足滴定分析条件,在 25℃时氧化剂与还原剂的条件电极电势差应满足 $\Delta E_f^{\ominus} \geqslant \dfrac{3(n_1 + n_2) \times 0.059}{n_1 \times n_2}$,其中 n_1、n_2 是氧化剂、还原剂各自半反应中的电子转移数。

当氧化剂与还原剂的条件电极电势差值满足上式时,滴定反应的条件平衡常数就足够大,滴定反应就可以达到完全,使滴定误差 ≤ 0.1%,氧化还原滴定分析就可以准确进行。

由于氧化还原滴定反应一般分步进行,反应的机理比较复杂,速率一般较慢,常有副反应发生,所以在满足上述条件的前提下,还应根据氧化还原反应性质,通过控制反应温度、溶液酸度、加催化剂等措施,加快反应速率和抑制副反应发生。

配位滴定分析是以配位反应为基础的滴定分析法,常用配合剂是乙二胺四乙酸,简称 EDTA,常用 H_4Y 表示。EDTA 可与 70 多种金属离子形成稳定的配合物,其稳定程度用稳定常数 K^{MY} 表示,K^{MY} 值越大,金属与 EDTA 形成的配合物越稳定,反应进行得越完全。

在配位滴定中除了金属离子 M 与 EDTA 发生反应以外,金属离子、EDTA 以及它们的配合物 MY 均可以与介质 H^+、OH^- 或其他配合剂发生不同程度的副反应,因此在一定滴定条件下,必须考虑各种副反应对配合滴定的影响,需采用校正后的稳定常数—条件稳定常数 $K_{MY}^{\ominus'}$ 表示配合物的实际稳定性。在配位滴定分析中为了使金属离子与 EDTA

的配合反应的程度达到99.9%以上，被分析的金属离子浓度c与其条件稳定常数$K_{MY}^{\ominus'}$乘积应满足$\lg cK_{MY}^{\ominus'} \geq 6$，在此条件下，确定被测金属离子溶液的酸度及消除其他副反应的影响。

当用配位滴定分析多组分的浓度时，如果待分析的各金属离子稳定常数相互关系能满足$\Delta \lg K_{MY}^{\ominus'} \geq 5$，则可以调节不同酸度，分别测定它们的含量，否则就只能采用化学掩蔽或分离的方法减小或消除其他离子的干扰，使待测离子的滴定能准确进行。

沉淀滴定法是以沉淀反应为基础的滴定分析的方法，适合沉淀滴定的沉淀反应必须具备下列条件。

①反应能定量完成并能迅速进行；
②反应生成的沉淀溶解度要小，不易形成过饱和溶液；
③能有适当的方法或指示剂确定滴定终点；
④沉淀的吸附现象不影响滴定终点的确定。

目前比较有实际意义的沉淀滴定反应是生成难溶性银盐（如氯化银等）的反应，以这类反应为基础的沉淀滴定法称为银量法，可以测定Ag^+、Cl^-、Br^-、I^-、SCN^-等的含量。

银量法根据指示剂指示滴定终点方法的不同，可分为莫尔法（以铬酸钾为指示剂）、佛尔哈德法（以硫酸铁铵为指示剂）、法扬司法（吸附指示剂）等。各种方法有其不同的适用范围，应根据实际情况加以选择。

三、标准溶液和基准物

在滴定分析中，必须用一个已知准确浓度的溶液作滴定剂——标准溶液，标准溶液浓度一般用物质的量浓度$c(B)$或滴定度$T_{A/B}$来表示。

能用于直接配制标准溶液或标定未知溶液浓度的物质称为基准物质。基准物质应该具备以下条件。

（1）物质的纯度要高，杂质的总含量一般应低于0.01% ~ 0.02%，或至少低于滴定分析所允许的误差限度。市售的基准试剂或优级纯（一级）试剂均可用作基准物。

（2）物质的组成（包括结晶水）应与化学式完全相符。

（3）物质的性质要稳定，不易被空气氧化，不吸收空气中的CO_2和水分等。

（4）为减少称量误差，基准物质的相对分子质量尽可能大。

配制标准溶液常用的方法有两种。

直接配制法：凡具备基准物条件的试剂可直接配制标准溶液，具体方法如下：准确称取一定量的基准试剂，用一定方式溶解，溶解后定量转入容量瓶，用蒸馏水稀释至刻度，根据基准试剂的质量和容量瓶的容积，算出标准溶液的准确浓度。

间接配制—标定法：当配制标准溶液的物质不完全符合基准物条件时，就必须采用间接配制法，即先配制成一种近似所需的标准溶液浓度，再用基准物或已知准确浓度的另一溶液通过滴定确定其准确浓度，这一过程称为标定。

为了提高标定的准确度，在标定过程中应该注意以下几个问题。一般标定需作3次平行测定，为了提高标定的准确度，尽可能采用基准物质，若用已知准确浓度的标准溶液来标定,在确定标准溶液浓度和标定时两次引入误差,由于误差的传递对结果的影响,有可能使其准确程度不如用基准物标定时高。当标定标准溶液的基准物不止一个时,应选易于制备、性质稳定、相对分子质量较大的一个。

如标定 NaOH 标准溶液的浓度时,基准物可以是邻苯二甲酸氢钾($KHC_8H_4O_4$)、草酸($H_2C_2O_4 \cdot 2H_2O$)、草酸氢钾(KHC_2O_4)等。其中邻苯二甲酸氢钾具有晶体纯度高、不含结晶水、不吸潮、性质稳定、相对分子质量较大等性质,所以实验室常用它作基准物。

在标定时,还应考虑到测定时的实验条件,尽可能与标定条件一致。例如配位滴定中 EDTA 标准溶液是间接配制的。标定 EDTA 溶液基准物有 Zn,ZnO,$CaCO_3$,$MgSO_4 \cdot 7H_2O$ 等。选用被测元素的纯金属或化合物作基准物,可以减少系统误差,提高测量准确度。

在间接配制中要尽可能使标准溶液的浓度达到稳定后再进行标定。如 $KMnO_4$ 固体试剂中一般含有少量的 MnO_2 等杂质,去离子水中也常有少量有机物质,它们都会加快 $KMnO_4$ 分解,在间接配制 $KMnO_4$ 标准溶液时,一般将 $KMnO_4$ 溶于去离子水后,加热煮沸 20~30min,暗处放置 2~3 天,使 $KMnO_4$ 组成达到恒定后,再过滤标定。

四、滴定终点判断

无论哪一类滴定分析,在滴定过程中,随着标准溶液的加入,溶液的性质不断发生变化,而且遵循从量变到质变这一规律。从实验或计算表明,在化学计量点前后的很小范围内(大约 ±0.02mL),被测组分浓度突然减小,至使溶液的 pH 值、电位值或 pM 值发生最大变化,称为滴定突跃。通常把等量点前后 ±0.1% 范围内 pH 值(酸碱滴定)或 pM 值(配合滴定、沉淀滴定)或电位值(氧化还原滴定)的急剧变化范围称滴定突跃范围。当通过仪器或指示剂指示出滴定突变时,就可以终止滴定。

(一)酸碱指示剂

通常是有机弱酸或弱碱,当溶液的 pH 值改变时,其本身结构发生变化而引起颜色改变。通常用 HIn 表示弱酸指示剂,用 InOH 表示弱碱指示剂。下面以弱酸型指示剂为例,进一步讨论指示剂的颜色变化与溶液酸度的关系。

弱酸型指示剂在溶液中的电离平衡为:

$$\underset{(酸式色)}{HIn} \rightleftharpoons H^+ + \underset{(碱式色)}{In^-}$$

根据化学平衡定律:
$$K_{HIn} = \frac{[H^+][In^-]}{[HIn]}$$

可知:
$$[H^+] = K_{HIn} \cdot \frac{[HIn]}{[In^-]}$$

(1)在溶液中,指示剂的两种不同颜色的粒子是同时共存的,仅浓度的相对大小不同而已。

(2)在一定温度下,每种指示剂的电离常数 K_{HIn} 为定值,因而 $\frac{[HIn]}{[In^-]}$ 的比值的变化仅取决于[H$^+$]，即指示剂的颜色变化决定于溶液的 pH 值变化。但由于人眼辨别颜色的能力有限，一般来说，$\frac{[HIn]}{[In^-]} \geq 10$ 时，只能看到酸式（HIn）的颜色；当 $\frac{[HIn]}{[In^-]} \leq 0.1$ 时，只能看到碱式（In$^-$）的颜色；$10 > \frac{[HIn]}{[In^-]} > 0.1$ 时指示剂呈混合色；当 $\frac{[HIn]}{[In^-]} = 1$ 时，两者浓度相等，此时 pH = pK_{HIn}，称为指示剂的理论变色点。

$$\frac{[HIn]}{[In^-]} \geq 10, \quad [H^+] \geq 10 K_{HIn}, \quad pH \leq pK_{HIn} - 1$$

$$\frac{[HIn]}{[In^-]} \leq 0.1, \quad [H^+] \leq 0.1 K_{HIn}, \quad pH \geq pK_{HIn} + 1$$

因此当溶液的 pH 值由 pK_{HIn} − 1 变化到 pK_{HIn} + 1、或由 pK_{HIn} + 1 变化到 pK_{HIn} − 1 人们才能明显地观察到指示剂颜色的变化。所以 pK_{HIn} ± 1 就是指示剂的变色范围。不同指示剂由于 pK_{HIn} 值不同，则它们的变色范围也就不同。应当指出，指示剂的实际变色范围与理论推算之间是有差别的。这是由于人眼对各种颜色的敏感程度不同，加之两种颜色之间相互掩盖所造成的。例如，甲基橙的的 pK_{HIn} = 3.4，其理论变色范围应该为 2.4 ~ 4.4，但实际测得的变色范围是 3.1 ~ 4.4。

指示剂的变色范围越窄越好，因为 pH 值稍有改变，指示剂就立即由一种颜色变成另一种颜色，即指示剂变色敏锐，有利于提高测定结果的准确度。

（二）配位滴定指示剂

配位滴定所用的指示剂能随溶液中金属离子的浓度变化而改变颜色，称为金属离子指示剂。它具有以下特点。

（1）金属指示剂本身既是配位剂，又是显色剂，能与金属离子形成有色配合物，而配合物的颜色与指示剂本身的颜色有显著的区别；

（2）指示剂与金属离子形成的配合物具有一定的稳定性（通常要求 $K_{稳} > 10^4$），但其稳定性应小于金属离子与 EDTA 配合物的稳定性（至少相差 100 倍）；

（3）指示剂的金属离子配合物易溶于水；

（4）指示剂与金属离子的配位反应具有选择性，即在一定条件下，只与某一种（或少数几种）金属离子形成配合物。

滴定前将少量指示剂加入试液中，指示剂 In 即与部分待测金属离子 M 作用，生成有色配合物 MIn（均省略其电荷），溶液显指示剂配合物的颜色。

$$M + \underset{(甲色)}{In} \rightleftharpoons \underset{(乙色)}{MIn}$$

当滴入 EDTA 后，EDTA 首先与未被指示剂结合的游离金属离子配位生成无色配合物，继续滴入 EDTA 溶液，由于 M − EDTA 配合物的稳定性大于 M − In 配合物，EDTA 将逐步夺取 M − In 配合物中金属离子，即发生置换作用，使指示剂游离出来，溶液由指示剂配合物的颜色转变为游离指示剂的颜色，以示终点到达。

$$\underset{(乙色)}{MIn} + EDTA \rightleftharpoons \underset{(无色)}{M - EDTA} + \underset{(甲色)}{In}$$

(三) 氧化还原滴定指示剂

这类指示剂可分为 3 种类型。

1. 自身指示剂

这类指示剂是利用标准溶液（滴定剂）或被测物质的氧化态与还原态离子颜色有明显差异直接指示终点。如滴定剂 $KMnO_4$ 溶液是深紫红色的，在酸性介质中，它的还原产物 Mn^{2+} 离子几乎是无色的，所以当用 $KMnO_4$ 滴定 Fe^{2+}、$C_2O_4^{2-}$、H_2O_2 时，可以利用化学计量点后稍过量 $KMnO_4$ 的颜色指示滴定终点。

2. 专属（特殊）指示剂

淀粉在 I^- 存在下能与 I_2 形成深蓝色的吸附配合物，而与 I^- 不发生显色反应，所以在碘量法中用淀粉作指示剂，蓝色生成或消失指示终点到达。

3. 氧化还原指示剂

指示剂本身是氧化剂或还原剂，氧化态与还原态有不同的颜色，在滴定中，指示剂被氧化或还原导致颜色变化，而指示终点。选择这类指示剂时，指示剂变色的电势变化范围应处于滴定曲线的电势突跃范围之内。

(四) 其他指示终点的方法

根据滴定分析的化学原理，滴定突跃可通过仪器指示出来。如酸碱滴定可用酸度计指示 pH 值，配合滴定、沉淀滴定可用离子选择性电极指示离子浓度的 pM 值，氧化还原滴定可用电位计监测滴定过程中电位的变化等。

五、滴定分析的误差

滴定分析的准确度一般要求在 0.1%～0.2% 以内，其误差来源主要有：

(一) 称量误差

分析天平每次称量有 ±0.000 1g 的误差，称量一份试样要称量两次，则称量的绝对误差为 ±0.000 2g。称量的相对误差则取决于试样的称取质量。$\frac{\pm 0.2 \text{mg}}{W} \leqslant \pm 0.1\%$，所以称取质量 $W \geqslant 0.2\text{g}$。

(二) 体积误差

滴定管读数的绝对误差是 ±0.02mL，如果要求相对误差在 0.1% 以内，$\frac{\pm 0.02 \text{mL}}{V} \leqslant \pm 0.1\%$，所以标准溶液用量 $V \geqslant 20\text{mL}$，一般应在 20～30mL。

(三) 方法误差

主要是为确定终点而产生的误差，一般有以下几个方面。

1. 指示剂

一是指示剂的终点与化学计量点不符合，二是指示剂的用量，指示剂一般与标准溶液或被测定物质作用，因而带来一定误差。

2. 滴定一般不能恰好在化学计量点时结束

溶液是一滴一滴地加入，不可能正好在化学计量点结束滴定。因此，在接近化学计量点时要半滴半滴地加入。

3. 副反应

某些杂质在滴定过程中会消耗标准溶液或产生副反应等，因此在滴定前应采用掩蔽、分离等方法加以减免。

六、滴定分析结果的计算

滴定分析中分析结果是根据滴定剂的浓度和所消耗的体积来计算的。设滴定剂为 A，被测组分为 B，反应式为：

$$aA + bB = cC + dD$$

根据反应等物质的量原则：$\dfrac{n_A}{n_B} = \dfrac{a}{b}$ 即：

$$n_B = \dfrac{b}{a} n_A$$

根据滴定剂的浓度 c_A 和所消耗的体积 V_A 以及被测物质的体积 V_B 可得到：

$$c_B V_B = \dfrac{b}{a} c_A V_A$$

$$\therefore \quad c_B = \dfrac{b c_A V_A}{a V_B}$$

若已知被测 B 物质样品的总质量 m，就可以计算 B 物质的质量分数

$$\omega_B = \dfrac{b c_A V_A M_A \times 10^{-3}}{am}$$

七、滴定分析的基本操作技能

（一）滴定管及其使用

滴定管是滴定时准确测量流出标准溶液体积的量器。常量分析用的滴定管标称体积为 50mL 及 25mL，它们的最小分度值为 0.1mL，读数可估计到 0.01mL。此外，还有容积为 10mL，5mL，2mL 和 1mL 的半微量和微量滴定管，最小分度值为 0.05mL，0.01mL 或 0.005mL。它们的形状各异。

滴定管一般分为两种：一种是酸式滴定管，另一种是碱式滴定管，如图 5-3 所示。

酸式滴定管下端装有玻璃旋塞开关，用来盛放酸性或氧化性溶液，不宜盛放碱性溶

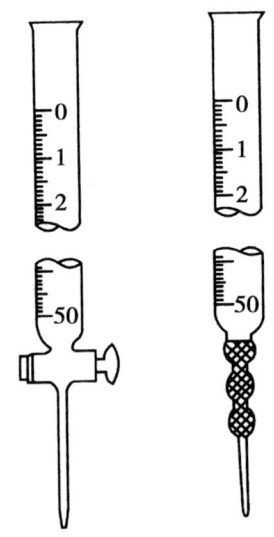

图 5-3 常用滴定管

液（避免腐蚀磨口和旋塞）。碱式滴定管下端用乳胶管连接一个带尖嘴的小玻璃管，乳胶管内有一玻璃珠，用于控制溶液的流出，碱式管用来装碱性溶液和无氧化性溶液，不能用来装对橡胶有侵蚀作用的液体如 HCl、H_2O_2、$KMnO_4$、$AgNO_3$ 溶液等。

滴定管的使用包括：洗涤、检漏、润洗、排气泡、读数、滴定等步骤。

1. 洗涤

滴定管如无明显油污，可直接用自来水冲洗或用滴定管刷蘸洗涤剂刷洗（但不能用去污粉），而后再用自来水冲洗。刷洗时应注意不要划伤内壁。如有明显油污，则需用洗液浸洗。洗涤时向管内倒入 10mL 左右铬酸洗液（碱式滴定管将乳胶管换成乳胶滴头），再将滴定管逐渐向管口倾斜，并不断旋转，使管壁与洗液充分接触，管口对着废液缸，以防洗液洒出。若油污较重，可装满洗液浸泡，浸泡时间的长短视沾污的程度而定。洗毕，洗液应倒回洗液瓶中，洗涤后用大量自来水淋洗，并不断转动滴定管，至流出的水无色，再用去离子水洗 3 遍，洗净后的滴定管内壁应不挂水珠。

2. 检漏

滴定管在使用前必须检查是否漏液。碱式管应选择大小合适的玻璃珠和乳胶管，玻璃珠过小会漏液或使用时上下滑动，过大则在放出液体时手指过于吃力，且操作不方便；若酸式管漏液或旋塞转动不灵则应重新涂抹凡士林。其方法是：将滴定管中的液体倒掉，平放于实验台上，取下旋塞，用滤纸擦净或拭干旋塞及旋塞套，在旋塞孔两侧周围涂上薄薄一层凡士林，再将旋塞平行插入旋塞套中，单方向转动旋塞，直至旋塞转动灵活且外观为均匀透明状态为止，如图 5-4 所示。用橡皮圈套在旋塞小头一端的凹槽上，固定旋塞，以防其滑落打碎。

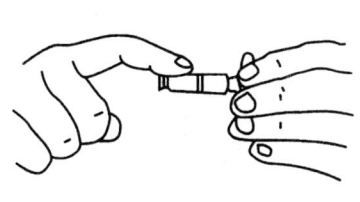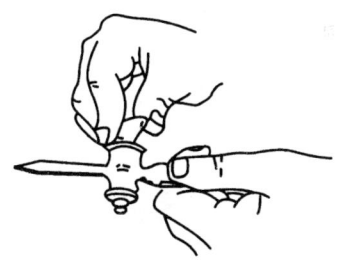

图 5-4 旋塞涂油和插入旋塞

如遇凡士林堵塞了尖嘴玻璃小孔，可将滴定管装满水，用洗耳球鼓气加压，或将尖嘴浸入热水中，再用洗耳球鼓气，便可以将凡士林排除。

3. 润洗

洗净后的滴定管在装液前，应先用待装溶液清洗内壁称为润洗，一般润洗至少 3 次，每次用量大约为 10mL。

4. 排气泡

装入操作溶液的滴定管，应检查出口下端是否有气泡，如有应及时排除。其方法是：取下滴定管倾斜成约 30°角。若为酸式管，可用手迅速打开旋塞（反复多次），使溶液冲出并带走气泡。若为碱式管，则将橡皮管向上弯曲，捏起乳胶管使溶液从管口喷出，即可排除气泡，如图 5-5 所示。将排除气泡后的滴定管补加操作溶液到零刻度以

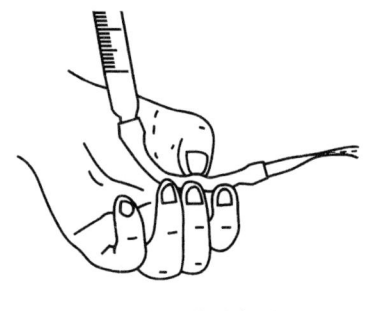

图 5-5 排除气泡

上，然后再调整至零刻度线位置。

5. 读数

读数前，滴定管应垂直静置 1~2min 使附着在内壁上的溶液流下来，再读数。读数时，管内壁应无液珠，管出口的尖嘴内应无气泡，尖嘴外应不挂液滴，否则读数不准。读数方法是：取下滴定管用右手大拇指和食指捏住滴定管上部无刻度处，使滴定管保持垂直，并使自己的视线与所读的液面处于同一水平上如图 5-6 所示。不同的滴定管读数方法略有不同。对无色或浅色溶液，有乳白板蓝线衬背的滴定管读数应以两个弯月面相交的最尖部分为准，如图 5-7（a）。一般滴定管应读取弯月面最低点所对应的刻度。对深色溶液，则一律按液面两侧最高点相切处读取，如图 5-7（b）所示。

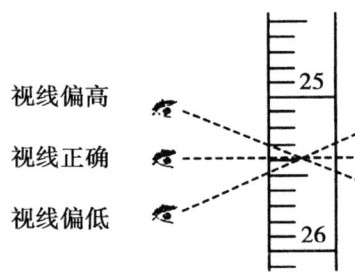

图 5-6 无色及浅色溶液的读数

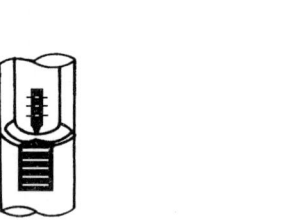

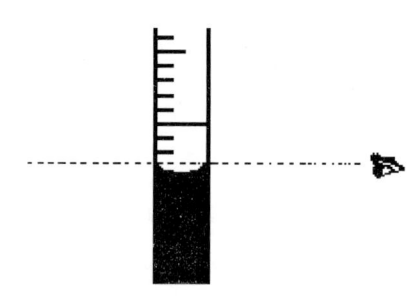

（a）有乳白板蓝线衬背的滴定管读数　　（b）深色溶液的滴定管读数

图 5-7 滴定管读数方法

6. 滴定

读取初读数之后，将滴定管垂直地夹在滴定管夹上，滴定管下端插入锥形瓶（或烧杯）口内约 1 cm 处，用左手控制滴定管，右手拿锥形瓶进行滴定，如图 5-8 所示。使用酸式滴定管时，左手控制滴定管的旋塞，拇指在前，食指和中指在后。手指略微弯曲，轻轻向内扣住旋塞，转动旋塞时要注意勿使手心顶着旋塞，以防旋塞松动，造成溶液渗漏。边滴定边摇动，使瓶内溶液混合均匀，反应及时完全。摇动时应作同一方向的圆周运动。开始滴定时，溶液滴加的速度可以稍快些，但也不能成流水状放出。滴定时，左手不要离开旋塞。并要注意观察滴定剂落点处周围颜色的变化，以判断终点是否临近。临近终点时，滴定速度要减慢，应一滴或半滴地滴加，滴一滴，摇几下，并以洗瓶吹入少量纯水冲洗锥形瓶内壁，使附着的溶液全部流下；然后再半滴半滴地滴加，直到溶液颜色发生明显的变化，迅速关闭旋塞，停止滴定。即为滴定终点。半滴的滴法是将旋塞稍稍转动，使有半滴溶液悬于管口，将锥形瓶与管口接触，使液滴流出，并用洗瓶以纯水冲下。使用碱式滴定管时，左手拇指在前，食指在后，其余三指夹住出口管。用拇指与食指的指尖捏挤玻璃珠周围右侧的乳胶管，使胶管与玻璃珠之间形成一小缝隙，溶液即可流出，如图5-9所示。应当注意，不要用力捏玻璃珠，也不要使玻璃珠上下移动；不要捏挤玻璃珠下部胶管，以免空气进入而形成气泡；停止加液时，应先松开拇指和食指，然后才松开其余三指。滴定结束应立即读取终读数，立即记录。在滴定过程中左手不应离开滴定管，以防流速失控。为减少误差平行滴定时，每次将初刻度调整到"0"刻度或其附近，这样可减少滴定管刻度的系统误差。

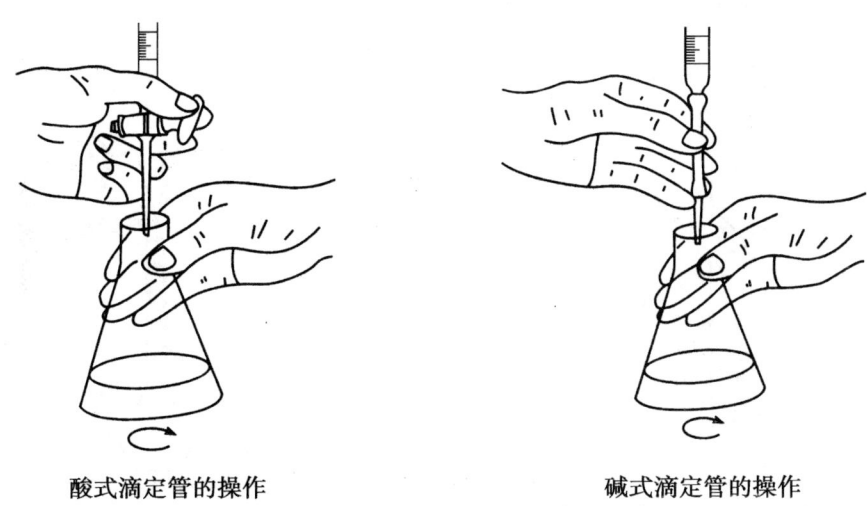

酸式滴定管的操作　　　　　　　碱式滴定管的操作

图5-8　滴定管的操作

（二）容量瓶及其使用

在配制标准溶液或将溶液稀释至一定浓度时，往往要使用容量瓶。容量瓶的外形是一平底、细颈的梨形瓶，瓶口带有磨口玻璃塞或塑料塞。颈上有环形标线，瓶体标有体积，一般表示20℃时液体充满至刻度时的容积。常见的有10mL、25mL、50mL、100mL、250mL、500mL和1 000mL等各种规格。

容量瓶的使用，主要包括如下几个方面。

（1）检漏。使用容量瓶前必须检查瓶塞是否漏液。检查时加自来水近刻度，盖好瓶塞用左手食指按住，将瓶倒立2min，如不漏水，将瓶直立，把瓶塞转动180°，再倒立2min，若仍不渗水即可使用。

（2）洗涤。可先用自来水刷洗，洗后，如内壁有油污，可用适量的铬酸洗液洗涤。

（3）配制。将准确称量好的试剂，倒入干净的小烧杯中，加入少量溶剂将其完全溶解后再定量转移至容量瓶中。注意，如使用非水溶剂则小烧杯及容量瓶都应事先用该溶剂润洗2~3次。定量转移时，右手持玻璃棒悬空放入容量瓶内，玻璃棒下端靠在瓶颈内壁（但不能与瓶口接触），左手拿烧杯，烧杯嘴紧靠玻璃棒，使溶液沿玻璃棒流入瓶内沿壁而下，如图5-10所示。烧杯中溶液流完后，将烧杯嘴沿玻璃棒上提，同时使烧杯直立。将玻璃棒取出放入烧杯内，用少量溶剂冲洗玻璃棒和烧杯内壁，也同样转移到容量瓶中。如此重复操作3次以上。然后补充溶剂，当容量瓶内溶液体积至2/3左右时，可初步摇荡混匀。再继续加溶剂至近标线，最后改用滴管逐滴加入，直到溶液的弯月面恰好与标线相切。若为热溶液应冷至室温后，再加溶剂至标线。盖上瓶塞，将容量瓶倒置，待气泡上升至底部，再倒转过来，使气泡上升到顶部，如此反复数次，使溶液混匀。

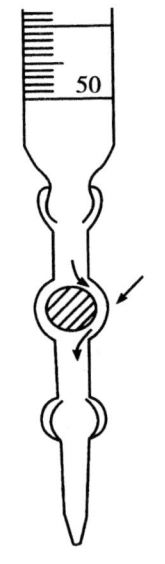

图5-9 碱管中液体的流出

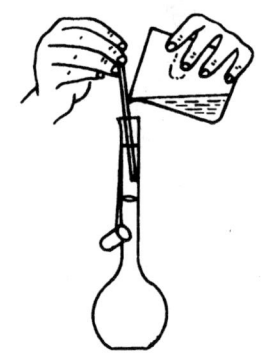

图5-10 定量转移操作

容量瓶不宜长期贮存试剂，配好的溶液如需长期保存应转入试剂瓶中。转移前须用该溶液将洗净的试剂瓶润洗3次。用过的容量瓶，应立即用水洗净备用，如长期不用，应将磨口和瓶塞擦干，用纸片将其隔开。此外，容量瓶不能直接加热或烘烤。

（三）移液管及其使用

移液管是用来准确移取一定体积溶液的量器，正规名称是"单标线吸量管"，准确度与滴定管相当。移液管有两种，一种中部具有"胖肚"结构，无分刻度，两端细长，只有一个标线；"胖肚"上标有指定温度下的容积。常见的规格为5mL、10mL、25mL、50mL、100mL等。另一种是标有分刻度的直型玻璃管，通常又称吸量管或刻度吸管，在管的上端标有指定温度下的总容积。吸量管的容积有1mL、2mL、5mL、10mL等，可用来吸取不同体积的溶液，一般只量取小体积的溶液。移液管使用前要进行洗涤和润洗,先吸入1/3体积液体,平放并转动移液管,用液体润湿内壁,洗净后的移液管移液前必须用吸水纸吸净尖端内、外的残留水。然后用待取液润洗2~3次,以防改变溶液的浓度,润洗后将溶液从下端放出;将润洗好的移液管插入待取溶液的液面下1~2cm处,不能太浅以免吸空,也不能插至容器底部以免吸起沉渣,右手的拇指与中指拿住移液管标线以上部分,左手拿洗耳球,排出洗耳球内空气,将洗耳球尖端插入移液管上端,并封紧管口,逐步松开洗耳球,以吸取溶液,如图5-11a所示。当液面上升至标线以上时,拿掉洗耳球,立即用食指堵住管口,将移液管提出液面,倾斜容器,将管尖紧贴容器内壁成约45°角,稍待片刻,以除去管外壁的溶液,然后微微松动食指,并用拇指和中指慢慢转动移液管,使液面缓慢下降,直到溶液的弯月面与标线相切。此时应立即用食指按紧管口,使液体不再流出。将接受容器倾斜45°角,小心把移液管移入接受溶液的容器,使移液管的下端与容器内壁上方接触,如图5-9b所示。松开食指,让溶液自由流下,当溶液流尽后,再停15s,并将移液管向左右转动一下,取出移液管。注意,除标有"吹"字样的移液管外,不要把残留在管尖的液体吹出,因为在校准移液管容积时,没有算上这部分液体。具有双标线的移液管,放溶液时应注意下标线。

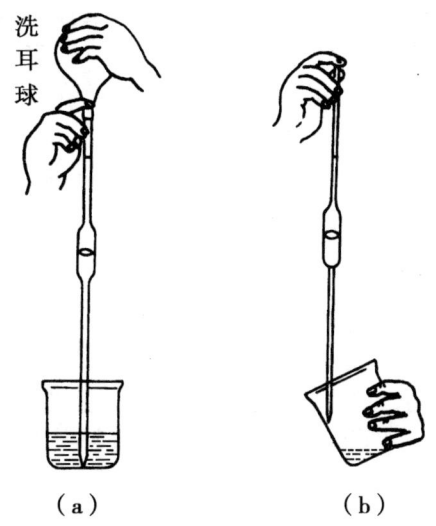

图5-11 移液管的使用

(四) 容量器皿的校准

容器的实际体积与之所标注的往往不完全相同,此外,通常的仪器校准以20℃标准。但使用时的温度不一定是20℃。温度改变时,容器的容积及溶液的体积都会发生变化。因此,精密分析需进行容量器皿的校准。容器校准时,根据具体情况可采用相对校准和称量校准方法。

1. 相对校准

在实际工作中,容量瓶和移液管常常配合使用。例如,要用25mL移液管从250mL容量瓶中量取1/10容积的溶液,则移液管与容量瓶的容积比达到1:10即可。此时可采用相对校准的方法，其步骤是：使用移液管准确移取 25mL 蒸馏水，放入已洗净、干燥的 250mL 容量瓶中。重复移取 10 次后，观察溶液的弯月面是否与标线正好相切。否则，应另作一标号。相对校准后的容量瓶和移液管，应贴上标签，以便以后更好地配套使用。

2. 称量校准

滴定管、容量瓶、移液管的实际容积的校正经常采用称量校准方法。其原理为：称取容器中所放出或所容纳水的质量。并根据该温度下水的密度，计算出该量器在 20℃（玻璃器皿的标准温度）时的容积。但是，由质量换算成容积时必须考虑水的密度、空气浮力、玻璃的膨胀系数 3 个方面的影响。为了方便起见，表 5-1 列出了 3 种因素综合校准后的换算系数。根据表中的换算系数（f），即可算出某一温度（t）下一定质量（m）的纯水在 20℃ 时所占的实际体积（V）。例如校准移液管时，在 15℃ 称得纯水质量为 24.94g，查表得 15℃ 时的综合换算系数为 1.002 1，由此算得它在 20℃ 时的实际体积为：

$$V = f \cdot m = 1.002\ 1 \text{mL} \cdot \text{g}^{-1} \times 24.94\text{g} = 24.99 \text{mL}$$

表 5-1　在不同温度下纯水体积的综合换算系数（f）

t (℃)	f (mL·g^{-1})	t (℃)	f (mL·g^{-1})	t (℃)	f (mL·g^{-1})	t (℃)	f (mL·g^{-1})
10	1.001 61	17	1.002 34	24	1.003 63	31	1.005 35
11	1.001 68	18	1.002 49	25	1.003 85	32	1.005 69
12	1.001 77	19	1.002 65	26	1.004 09	33	1.005 99
13	1.001 86	20	1.002 83	27	1.004 33	34	1.006 29
14	1.001 96	21	1.003 01	28	1.004 58	35	1.006 60
15	1.002 07	22	1.003 21	29	1.004 84	36	1.006 93
16	1.002 21	23	1.003 41	30	1.005 12	37	1.007 25

注：f 为不同温度下用纯水充满 1L（20℃）玻璃容器时水质量的 0.1% 倒数，其中 1L = 1.000 028dm^3。

（五）天平与称量

实验中根据不同的称量要求，常用托盘天平、分析天平称量。

1. 托盘天平（台秤）

托盘天平，一般能称准至 0.1g，使用时应注意以下几点。

（1）不能称量热的物体；

（2）称量物不能直接放在托盘上。根据不同情况要放在纸上、表面皿上或其他容器内。易吸潮或具有腐蚀性的药品必须放在玻璃容器内；

（3）保持洁净，托盘上有药品或其他污物时应立即清除。

2. 电子天平

最新一代的天平是电子天平，它是利用电子装置完成电磁力补偿的调节，使物体在重力场中实现力的平衡或通过电磁力矩的调节,使物体在重力场中实现力矩的平衡。常见电子天平的结构都是机电结合式的,可分成顶部承载式和底部承载式两类,目前常见的大多数是顶部承载式的上皿天平。从天平的校准方法来分,则有内校式和外校式两种。前者是标准砝码预装在天平内,启动校准键后,可自动加码进行校准。后者则需人工取拿标准砝码放到称盘上进行校正。它与传统的杠杆式机械天平比较主要有如下特点。

（1）传感器的反应速度快,从而可以提高称量速度。

（2）结构简单,体积小,重量轻,受安装地点的限制小。

（3）称量信号可以用计算机进行数据处理,自动显示、记录称量结果。

（4）称重传感器密封性好,从而有优良的防潮、防腐蚀性能。

（5）它没有作为支点的刀承和刀口,稳定性好,机械磨损小,减轻了维修保养工作,使用方便,寿命长。

（6）精度高。

所以电子天平在目前已成为衡器发展的主流。现以我国目前使用较多的 FA/JA 系列上皿电子天平为例,介绍其使用方法。

①天平的主要性能：该系列天平是采用 MCS - 51 系列单片微机的多功能电子天平。具有称量自动校准、积分时间可调、灵敏度适当选择等性能。它有克、克拉两种量单位可供选择,还有数据接口装置,可与微机和打印机相连。

②外观结构及键盘操作功能：外观结构如图 5 - 12 所示,显示窗如图 5 - 13 所示。

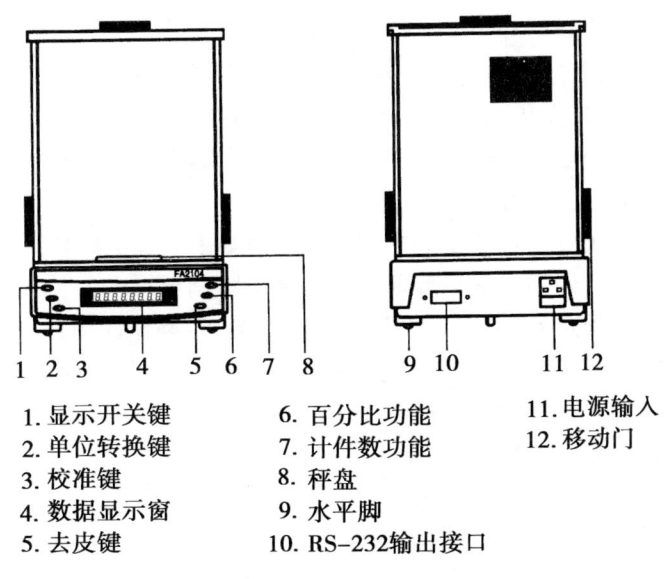

1. 显示开关键　　　6. 百分比功能　　　11. 电源输入
2. 单位转换键　　　7. 计件数功能　　　12. 移动门
3. 校准键　　　　　8. 秤盘
4. 数据显示窗　　　9. 水平脚
5. 去皮键　　　　　10. RS-232输出接口

图 5 - 12　FA2104 电子天平外观

键盘操作功能如下：

（A）ON/OFF 开启/关闭显示器　只要轻按一下则开启,再轻按则关闭,显示器熄灭。开启显示器后,显示器全亮,对显示器的功能进行检查,约过 2s 后,显示天平的

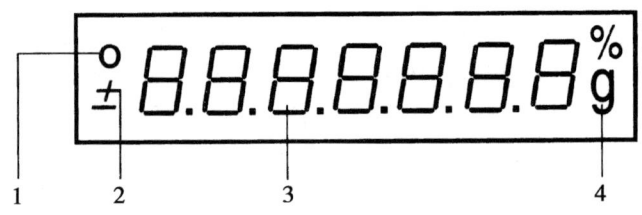

1.操作指示，2.正、负符号，3.称量数据，4.数据单位及稳定标志

图 5-13　FA2104 电子天平显示窗示意

型号，例如， —2104— ，然后是称量模式： 0.000 0g 。

注意：天平电源插上即已通电，面板开关只对显示起作用，如天平长期（指 5 天以上）不用，应关断电源。每天连续使用时，可不关断电源，只关闭显示。

（B）TARE 清零、去皮键　置容器于称盘上，显示出容器质量，然后轻按 TARE 键，显示消稳，随即出现全零状态，容器质量显示值已去除，即去皮重。当取出容器，显示器显示容器质量的负值，再轻按 TARE 键，显示器为全零，即天平清零。

（C）UNT 量制单位转换键　按住 UNT 键不松手，显示器不断循环显示计量单位。当显示所需量制单位时，松手即可。

（D）CAL 天平校准键　因存放时间较长，位置移动，环境变化时，为获得准确称量结果，一般都应进行校准。校准天平的准备：取下称盘上所有被称物，轻按 TAR 键清零。轻按 CAL 键，当显示 CAL—*** 时即松手，其中"***"为闪烁码，表示校准砝码需用 *** g 的标准砝码。此时，应把 *** g 标准砝码放上称盘，显示器应出现"_ _ _ _ _"等待状态，经较长时间后，显示器显示 ***.000g，取下标准砝码，显示器应出现 0.000g。若不是显示零，则要再次清零，再重复以上校准操作。为了得到准确的校准结果，最好反复校准两次。

③电子天平的使用方法：电子天平的使用步骤如下。

一是查看水平仪，如不水平，要通过水平调节脚调至水平；

二是接通电源，预热 60min 后方可开启显示器进行操作使用；

三是轻按 ON 示器键，等出现 0.000 0g 称量模式后方可称量；

四是将称量物轻放在称盘上，这时显示器上数字不断变化，待数字稳定并出现质量单位后，即可读数，并记录称量结果。

④称样方法：用分析天平称取试样一般采用以下 3 种方法。

一是直接称量法。直接称量即直接称取被称物体的质量，是最简单的称量方法。将需要称量的物体如铂坩埚、瓷坩埚、烧杯及其他器皿，有容器盛装的药品，金属丝、金属片以及金银首饰等先上台秤粗称，调整天平零点为零，即可上天平称量；

二是固定称样法。在分析工作中，经常要求准确称取指定质量的试样。此法要求试样在空气中稳定，操作要领如下：在天平上准确称出容器的质量。然后在天平上增加欲称取质量数的砝码，用药勺盛试样，在容器上方轻轻振动，使试样徐徐落入容器，数次

半开天平、进行试重,增减试样直至达到指定质量。称量完毕,将试样全部无损地转移入实验容器中;

三是递减称样法。又名减量法或差减法。它的核心就是前后两次称量的质量差即为取出的试样质量。操作要领如下:选择高矮和容量合适的称量瓶洗净干燥后盛装试样。先用台秤粗称,记录粗称质量,然后用一条宽度适中的纸片夹起称量瓶移至天平载物盘上,准确称量,记录读数后关闭天平。左手用纸片夹取称量瓶,移至盛样容器上方,右手取另一小纸片夹住瓶盖、瓶身倾斜、用瓶盖敲打瓶的上口边沿使试样徐徐掉入承受容器中,待抖出的试样足量后,瓶身拿正,瓶盖继续敲打瓶口,使试样落入瓶底,如图5-14所示,盖好瓶盖,称量瓶移入天平载物盘,准确称量,记录读数。前后两次称量之差值即为取出试样的质量。

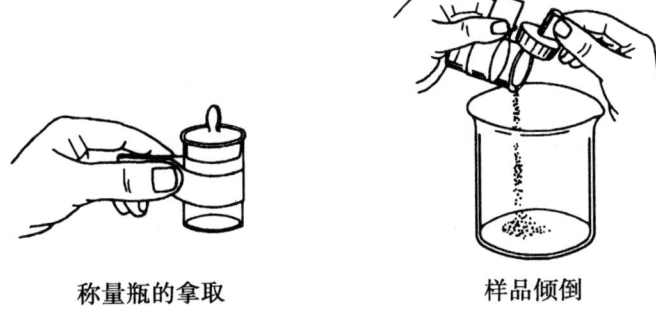

称量瓶的拿取　　　　　　　　样品倾倒

图 5-14　用称量瓶称取试样的操作

使用递减称样法时应注意:盛样容器外壁必须干燥,两个以上的容器必须编号;手、夹取称量瓶的纸片必须干燥;称量瓶从台称移入天平载物盘后,只能在手和载物盘之间移动停留,在最后一份样品称量完毕前不得放在其他地方,以免瓶底沾污而影响称量结果;转移试样必须在盛样容器上方进行,移样过程严防试样丢失;称量瓶中试样不可盛得太满,一般不超过容器高度的1/2。

递减法和直接法相比其特点是:不必像直接法那样必须调整零点至"0"。因试样质量是前后两次称量之差,不重合部分已在两次读数中相互抵消,丝毫不影响试样质量的准确性。但零和刻线的距离最好控制在 ±1mg 之内,以避免天平零点过大,横梁不水平而引入误差。

实验36　溶液的配制

一、实验目的

(1) 掌握一般溶液的配制方法和基本操作。
(2) 熟悉粗略配制溶液和精确配制溶液的仪器。
(3) 学习并练习移液管、容量瓶的正确使用方法。
(4) 练习减量法称量。

二、预习与思考

(一) 预习内容

(1) 分析天平的使用方法。
(2) 移液管、容量瓶使用方法。

(二) 思考下列问题

(1) 用容量瓶配制溶液时,要不要把容量瓶干燥?要不要用被稀释溶液润洗3遍?为什么?
(2) 怎样洗涤移液管?水洗净后的移液管在使用前还要用待吸取的溶液润洗吗?为什么?

三、仪器与试剂

烧杯(100mL、50mL),容量瓶(250mL、50mL),吸量管(5mL),洗耳球,量筒(杯)(100mL、20mL),天平(0.1g),分析天平(0.1mg),称量瓶,试剂瓶。
$CuSO_4 \cdot 5H_2O$(s),$H_2C_2O_4 \cdot 2H_2O$(s),H_2SO_4(98%,密度1.84g/mL),HAc($2.000 mol \cdot L^{-1}$)。

四、实验内容

1. 粗配溶液
(1) 由 $CuSO_4 \cdot 5H_2O$(s) 配制 $0.01 mol \cdot L^{-1}$ $CuSO_4$ 溶液 100mL。
(2) 由 H_2SO_4(98%) 配制 $3 mol \cdot L^{-1}$ 的 H_2SO_4 溶液 100mL。

2. 精配溶液
(1) 由 $H_2C_2O_4 \cdot 2H_2O$(s) 准确配制 250mL $0.050\,00 mol \cdot L^{-1}$ 草酸溶液。
(2) 由 HAc($2.000 mol \cdot L^{-1}$)溶液准确配制 50mL $0.200\,0 mol \cdot L^{-1}$ 的 HAc 溶液。

3. 注意事项
(1) 容量瓶是量器,而不是容器,不宜长期存放溶液,配好的溶液应转移到试剂瓶中贮存(为了保证溶液浓度不变,试剂瓶应先用少量溶液洗2~3遍,并贴好标签)。容量瓶用后应立即洗净,在瓶口与塞之间垫上纸片,以防下次用时不易打开瓶塞。
(2) 容量瓶不能加热,也不能在容量瓶里盛放热溶液,如固体是经过加热溶解的,则溶液必须冷至室温后,才能转入容量瓶。
(3) 容量仪器的规格是以最大容量标志的,并标有使用温度。

实验 37　实验仪器的基本操作方法

一、实验目的

(1) 掌握移液管、容量瓶、滴定管等分析仪器的洗涤方法及正确使用方法。
(2) 掌握一般溶液的配制方法和基本操作。
(3) 掌握用减量法称量固体物质。

二、预习与思考

(一) 预习内容

(1) 分析天平的使用方法。
(2) 移液管、容量瓶、滴定管的使用方法。

(二) 思考以下问题

(1) 玻璃仪器洗净的标志是什么？
(2) 滴定管、移液管和容量瓶配制溶液时，哪种需要干燥？哪种要用待测溶液润洗 3 次？为什么？
(3) 滴定管中存在气泡对实验有何影响？如何赶出气泡？

三、仪器与试剂

烧杯（50mL、100mL），容量瓶（250mL、50mL），移液管（5mL），洗耳球，量筒（杯）（50mL、10mL），移液管（25mL），锥形瓶（3 个，250mL）托盘天平，分析天平，称量瓶。
$NaCO_3$ 固体；NaOH 溶液（$0.1mol \cdot L^{-1}$）；HCl 溶液（$0.1mol \cdot L^{-1}$）；酚酞指示剂。

四、实验内容

1. 认领、清点仪器
按实验仪器单认领、清点分析仪器。
2. 仪器洗涤
检查仪器是否完好，然后分别用自来水、洗涤剂或铬酸洗液清洗仪器至不挂水珠。
3. 称量练习
用差减法准确称量 1.5~2g $NaCO_3$ 固体两份，置于小烧杯中。
4. 基本操作练习
(1) 定容练习将称量好的 $NaCO_3$ 固体溶解，转移溶液，分别定容至两个容量瓶中，摇匀。
(2) 酸式滴定管涂油练习

将活塞取出，用滤纸或干净的小布将活塞及活塞槽内的水擦干净，用食指蘸取少许油脂，在活塞的两头，涂上一层油，让油均匀涂敷在活塞上。涂油后，将活塞插入活塞槽中，使活塞孔与滴定管平行，然后，向同一方向转动活塞，直至活塞与活塞槽上的油膜均匀透明，没有纹路为止。涂好油后，应用橡皮圈套住活塞，将其固定在活塞槽内，以防活塞脱落打碎。

（3）滴定练习。移取 25.00mL HCl 溶液置于锥形瓶中，加入 1~2 滴酚酞指示剂，摇匀。用碱式滴定管盛装 NaOH 溶液，滴定至溶液微红色，且半分钟内不褪去为终点，记录消耗 NaOH 溶液体积。平行 3 次。

五、数据记录与结果处理（表 5-2）

表 5-2　实验数据及结果处理

Na_2CO_3 质量（g）	m_1	m_2	m_3
	$m_1 - m_2$		$m_2 - m_3$
$c_{Na_2CO_3}$（mol·L^{-1}）			
平行滴定次数	1	2	3
V_{HCl}（mL）	25.00	25.00	25.00
V_{NaOH}（mL）			
$\bar{V}_{NaOH}$（mL）			
相对平均偏差（%）			

实验 38　酸碱溶液的配制与标定

一、实验目的

（1）掌握标准溶液的配制方法。

（2）掌握滴定法定量测定溶液浓度的原理，熟悉滴定管、移液管的准备、使用及滴定操作。

（3）熟悉甲基橙和酚酞指示剂的使用和终点的确定。

二、预习与思考

（一）预习内容

（1）标准溶液的配制方法。

（2）定量测定溶液浓度的原理。

（3）酸碱指示剂的使用和终点的确定。

（二）思考题

（1）标定 NaOH 标准溶液的基准物质常有哪几种？本实验选用的基准物质是什么？

与其他基准物质比较,它有什么显著的优点?

(2) 以酚酞为指示剂,终点颜色会褪去,以甲基橙为指示剂,终点颜色不褪,为什么?

三、实验原理

酸碱滴定法是化学定量分析中最基本的分析方法。一般能与酸或碱直接(或间接)发生酸碱反应的物质大多可用酸碱滴定法测定它们的浓度。

按酸碱反应方程式中的化学计量系数之比,酸与碱完全中和时的 pH 值称为化学计量点,达到化学计量点时,应满足如下基本关系:

$$\frac{c_A V_A}{a} = \frac{c_B V_B}{b}$$

式中,c_A、V_A、a 分别为酸的"物质的量"浓度、体积、化学计量系数;c_B、V_B、b 分别为碱的"物质的量"浓度、体积、化学计量系数。其中,酸、碱的化学计量系数由酸碱反应方程式决定。

由于酸、碱的强弱程度不同,因此酸碱滴定的化学计量点不一定在 pH = 7 处。通常,酸碱溶液为无色,酸碱中和是否完全,需用指示剂的变色来判断。指示剂往往是一些有机的弱酸或弱碱,它们在不同 pH 值条件下颜色不同。用作指示剂时,其变色点(在化学计量点附近)的 pH 值称为滴定终点。选用指示剂要注意:①变色点与化学计量点尽量一致;②颜色变化明显;③指示剂用量适当。

酸碱滴定中常用 HCl 和 NaOH 溶液作为标准溶液,但由于浓 HCl 容易挥发,NaOH 固体容易吸收空气中的 H_2O 和 CO_2,直接配成的溶液其浓度不能达到标准溶液的精度,只能用标定法加以标定。基准物质 $H_2C_2O_4$ 的分子式确定,化学性质稳定,不易脱水或吸水,可以准确称量,所以,本实验采用($H_2C_2O_4 \cdot 2H_2O$,摩尔质量为 126.07g·mol^{-1})为基准物质,配成 $H_2C_2O_4$ 标准溶液。以酚酞为指示剂,用 $H_2C_2O_4$ 标准溶液标定 NaOH 溶液;再以甲基橙为指示剂,用标定后的 NaOH 标准溶液滴定 HCl 溶液,从而得到 HCl 标准溶液。

四、仪器与试剂

电子天平,酸式滴定管(50mL),碱式滴定管(50mL),容量瓶(250mL),移液管(25mL),吸耳球,锥形瓶(250mL),试剂瓶,量筒,洗瓶,滴定台,蝴蝶夹,烧杯,玻棒,滴瓶,滴管。

$H_2C_2O_4$ 标准溶液(约 0.05mol·L^{-1},学生通过直接法自行配制),HCl 溶液(0.1mol·L^{-1}),NaOH 溶液(0.1mol·L^{-1}),酚酞(1%),甲基橙(0.1%)。

五、实验内容

1. 准备

用自来水冲洗酸式滴定管、碱式滴定管、容量瓶、移液管,再用去离子水洗涤

2~3次，备用。用去污粉洗涤锥形瓶、量筒、烧杯，依次用自来水、去离子水洗净。

2. 0.1mol·L^{-1} HCl 溶液和 0.1mol·L^{-1} NaOH 溶液的配制（实验室备好）

HCl 溶液的配制：用洁净的量筒量取浓盐酸 4~4.5mL，倒入洁净的试剂瓶中，用水稀释至 500mL，盖上玻璃塞，摇匀，贴上标签备用。

NaOH 溶液的配制：通过计算求出配制 1 L NaOH 溶液所需固体 NaOH 数量，在电子天平上用小烧杯称氢氧化钠，加水溶解，然后将溶液倾入洁净的试剂瓶中，用水稀释至 1 L，以橡皮塞塞紧，摇匀，贴上标签备用。

3. NaOH 标准溶液的浓度标定

先以少量 $H_2C_2O_4$ 标准溶液润洗 25mL 移液管 2~3 次，用该移液管吸取 25.00mL $H_2C_2O_4$ 标准溶液于 250mL 锥形瓶中，加入 2~3 滴酚酞指示剂。碱式滴定管用少量待标定的 NaOH 溶液润洗 2~3 次后，装满 NaOH 溶液，赶走碱式滴定管的乳胶管内的气泡，使 NaOH 液面处于零刻度或略低于零刻度的位置，记下准确读数。开始滴定，滴液的起始速度以 3~4 滴/s，边滴边摇，至溶液呈浅红色，但经振摇后消失，滴液速度必须放慢，应一滴一滴地加入 NaOH 溶液。当溶液呈浅红色，并在振摇 30s 后不消失时，即为滴定终点。记下读数。

再平行标定 2 次。实验数据记录于实验表中。

计算 3 次滴定所消耗的 NaOH 体积的平均值，并计算 NaOH 标准溶液的浓度。

4. HCl 标准溶液的浓度标定

移取 25.00mL NaOH 标准溶液于 250mL 锥形瓶内，加 2~3 滴甲基橙指示剂溶液。以少量 HCl 溶液润洗酸式滴定管 2~3 次，酸式滴定管内装满 HCl 溶液，并赶走气泡，使 HCl 液面处于零刻度或略低于零刻度的位置，记下准确读数。开始滴定，滴液的起始速度以 3~4 滴/s，边滴边摇，至溶液呈橙色，但经振摇后消失，滴液速度必须放慢，应一滴一滴地加入 HCl 溶液。当溶液呈橙红色，即为滴定终点。记下读数。

再平行标定 2 次。实验数据记录于表中。

计算 3 次滴定所消耗的 HCl 体积的平均值，并计算 HCl 标准溶液的浓度。

六、数据记录与结果处理

1. NaOH 标准溶液的浓度标定（表 5-3）

表 5-3　NaOH 标准溶液的浓度标定

项目	结果		
$H_2C_2O_4$ 质量/g			
$c_{H_2C_2O_4}$ (mol·L^{-1})			
平行滴定次数	1	2	3
$V_{H_2C_2O_4}$ (mL)	25.00	25.00	25.00

(续表)

项目		结果
V_{NaOH}（mL）		
c_{NaOH}（mol·L^{-1}）	测定值	
	平均值	
相对平均偏差（%）		

2. HCl 标准溶液的浓度标定（表 5-4）

表 5-4　HCl 标准溶液的浓度标定

项目		结果		
c_{NaOH}（mol·L^{-1}）				
平行滴定次数		1	2	3
V_{NaOH} 标准溶液（mL）		25.00	25.00	25.00
V_{HCl}（mL）				
c_{HCl}（mol·L^{-1}）	测定值			
	平均值			
相对平均偏差（%）				

实验 39　食用碱中 Na$_2$CO$_3$ 和 NaHCO$_3$ 含量测定

一、实验目的

（1）了解测定混合碱的原理。
（2）掌握用双指示剂法测定混合碱的方法。

二、预习与思考

（一）预习内容

（1）多元酸盐（Na$_2$CO$_3$）滴定过程中溶液 pH 值的变化。
（2）酸碱指示剂、混合酸碱指示剂及选择指示剂的原则。
（3）容量瓶、移液管的使用。
（4）试样的转移与稀释。

（二）思考下列问题

（1）混合碱是 Na$_2$CO$_3$ 与 NaHCO$_3$ 或 Na$_2$CO$_3$ 与 NaOH 的混合物，用 HCl 标准溶液滴

定时，有几个化学计量点，此时溶液的 pH 值各是多少？可选用哪些酸碱指示剂指示终点？

（2）以酚酞为指示剂测定混合碱组分时，在终点前，由于操作上失误，造成溶液中 HCl 局部过浓，使部分 $NaHCO_3$ 过早地转化为 H_2CO_3，对 V_1 测定结果有何影响？为避免 HCl 局部过浓，滴定时应怎样进行操作？

三、实验原理

混合碱是指 Na_2CO_3 与 NaOH 或 Na_2CO_3 与 $NaHCO_3$ 的混合物，食用混合碱是指 Na_2CO_3 与 $NaHCO_3$ 的混合物，可采用双指示剂法进行分析，测定各组分的含量。

先用酚酞为指示剂，溶液中发生的反应为：

$$Na_2CO_3 + HCl = NaHCO_3 + NaCl + H_2O$$

设此时消耗的 HCl 的体积为 V_1。

再用甲基橙为指示剂，溶液中发生的反应为：

$$NaHCO_3 + HCl = NaCl + CO_2 + H_2O$$

设此时消耗的 HCl 的体积为 V_2。则计算 $NaHCO_3$ 和 Na_2CO_3 含量的公式为：

$$\omega_{Na_2CO_3} = \frac{\dfrac{V_1}{1\,000} \times c_{HCl} \times M_{Na_2CO_3}}{W_{样} \times \dfrac{25.00}{250.0}}$$

$$\omega_{NaHCO_3} = \frac{\dfrac{V_2 - V_1}{1\,000} \times c_{HCl} \times M_{NaHCO_3}}{W_{样} \times \dfrac{25.00}{250.0}}$$

此实验标定酸标准溶液时，采用硼砂作基准物质，用硼砂标定 HCl，反应如下：

$$Na_2B_4O_7 + 2HCl + 5H_2O = 4H_3BO_3 + 2NaCl$$

产物为 H_3BO_3，其水溶液 pH 值约为 5.1，可用甲基红作指示剂。

四、仪器与试剂

电子天平，移液管（25mL），容量瓶（250mL），酸式滴定管（50mL），锥形瓶（250mL），烧杯（50mL、500mL）。

浓 HCl，硼砂，甲基红，甲基橙，酚酞，混合碱。

五、实验内容

1. $0.10 mol \cdot L^{-1}$ HCl 溶液的配制与标定

用小量筒量取浓 HCl 4.2～4.5mL，倒入 500mL 的烧杯中，加蒸馏水稀释至 500mL 左右。

准确称取 3 份 0.400 0～0.600 0g 硼砂于 250mL 锥形瓶中，加 30mL 水溶解后，加甲基红指示剂 1～2 滴，用 HCl 溶液滴定至溶液由黄色变为红色即为终点。平行标定 3 份，计算 HCl 标准溶液的浓度，其相对平均偏差不得大于 0.2%。

2. 混合碱的分析

准确称取 1.500 0 ~ 2.000 0g 混合碱试样于 50mL 小烧杯中，定容为 250mL。用移液管平行移取 3 份 25.00mL 试液于 250mL 锥形瓶中，加酚酞指示剂 2 ~ 3 滴，用标定好的 HCl 标准溶液滴定至溶液由红色变为微红色，为第一终点，记下消耗的 HCl 标准溶液的体积 V_1。再加入 2 滴甲基橙指示剂，继续用 HCl 标准溶液滴定至溶液由黄色变为橙色，为第二终点，消耗的 HCl 溶液的体积记为 V_2。平行测定三次，根据 V_1 和 V_2 的大小判断混合碱的组成，计算各组份的含量。计算混合碱的总碱度。

六、数据记录与结果处理

1. HCl 溶液的标定（表 5 – 5）

表 5 – 5　HCl 溶液的标定

平行滴定次数	1	2	3
硼砂的质量（g）			
V_{HCl}（mL）			
c_{HCl}（mol·L^{-1}）			
平均值（mol·L^{-1}）			
相对平均偏差（%）			

2. 混合碱的分析（表 5 – 6）

表 5 – 6　混合碱的分析

混合碱质量（g）			
平行滴定次数	1	2	3
酚酞变色时消耗的 HCl V_1（mL）			
V_1 的平均值（mL）			
甲基橙变色时消耗的 HCl 溶液 V_2（mL）			
V_2 的平均值（mL）			
样品中 Na_2CO_3 的含量			
相对平均偏差（%）			
样品中 $NaHCO_3$ 的含量			
相对平均偏差（%）			

3. 注意事项

（1）滴定速度宜慢，近终点时，每加 1 滴均要振荡至颜色稳定后再加第二滴，否则，因为颜色变化较慢容易过量。

（2）终点前应以尽可能少的蒸馏水吹洗锥形瓶内壁，因为过度的稀释将使指示剂的变色不敏锐。

实验40　食醋中总酸量的测定

一、实验目的

（1）了解碱标准溶液一般的配制和标定方法。
（2）掌握用邻苯二甲酸氢钾标定 NaOH 溶液的方法。
（3）学习食醋中总酸量的测定方法。
（4）学习强碱滴定弱酸的基本原理及指示剂的选择。

二、预习与思考

（一）预习内容

（1）碱标准溶液一般的配制和标定方法。
（2）食醋中总酸量的测定方法。
（3）强碱滴定弱酸的基本原理及指示剂的选择。

（二）思考题

（1）标定的 NaOH 标准溶液在保存时吸收空气中的 CO_2，以它测定 HCl 溶液的浓度，若用酚酞为指示剂，对测定结果产生何种影响？改用甲基橙为指示剂，结果如何？
（2）测定食用白醋含量时，为什么选用酚酞为指示剂，能否选用甲基橙或甲基红为指示剂？

三、实验原理

食醋的主要成分是醋酸，醋酸的电离常数 K_a 为 1.76×10^{-5}。用 NaOH 标准溶液滴定醋酸，其反应式为：

$$CH_3COOH + NaOH = CH_3COONa + H_2O$$

滴定等量点的 pH 值约为 8.7，通常选用酚酞作指示剂，终点时溶液由无色变为微红色。

由于食醋中还有少量其他弱酸（如乳酸），因此测出的为总酸量，以食醋原液 100mL 中所含醋酸的质量（g）来表示。食醋中含醋酸 3% ~ 5%，浓度较大，必须稀释后再滴定。有的食醋颜色较深，虽经稀释或活性炭脱色后，颜色仍明显，无法判断终点时，则不能用指示剂法来测定。

标定碱标准溶液时，常用邻苯二甲酸氢钾或草酸等作基准物质，亦可用标准酸溶液与之比较进行间接标定，用邻苯二甲酸氢钾标定氢氧化钠，反应如下：

化学计量点时，溶液 pH 值约为 9.1，采用酚酞作指示剂。

$$\text{邻苯二甲酸氢钾} + \text{NaOH} \longrightarrow \text{邻苯二甲酸钾钠} + H_2O$$

四、仪器与试剂

托盘天平，分析天平，锥形瓶（250mL），烧杯（250mL、500mL），移液管（25mL），量筒（50mL），容量瓶（250mL），碱式滴定管（50mL）。

NaOH，酚酞指示剂，邻苯二甲酸氢钾，食醋试样。

五、实验内容

1. $0.10\text{mol} \cdot L^{-1}$ NaOH 溶液的配制与标定

用洁净的烧杯于电子天平上称取 2.0g NaOH（s），用蒸馏水溶解，稀释至 500mL。准确称取三份 $0.6000 \sim 0.8000\text{g}$ 邻苯二甲酸氢钾，分别放入 3 个 250mL 锥形瓶中，各加入 30mL 蒸馏水溶解，加入 1~2 滴酚酞指示剂，用配制的 NaOH 溶液滴定至微红色，半分钟内不褪色为终点。根据下式计算 NaOH 溶液的浓度（$\text{mol} \cdot L^{-1}$）：

$$c_{(\text{NaOH})} = \frac{m_{(\text{KHC}_8\text{H}_4\text{O}_4)}}{\dfrac{V_{(\text{NaOH})}}{1\,000} \times M_{(\text{KHC}_8\text{H}_4\text{O}_4)}}$$

要求标定结果的相对平均偏差小于 0.2%。

2. 食醋中总酸量的测定

用移液管准确移取食醋原液 25.00mL 于 250mL 容量瓶中，加水定容。再用 25.00mL 移液管移取此溶液 3 份，分别置于 250mL 锥形瓶中，各加入酚酞指示剂 1~2 滴，用 NaOH 标准溶液滴定至溶液呈微红色，并在半分钟内不褪色为终点。

根据下式计算食醋原液 100mL 中所含醋酸的质量 m（g）。

$$m = c_{(\text{NaOH})} \times \frac{V_{(\text{NaOH})}}{1\,000} \times M_{(\text{HAc})} \times \frac{250.0}{25.00} \times \frac{100.0}{25.00}\,(\text{g}/100\text{mL})$$

要求测定结果的相对平均偏差小于 0.2%。

六、数据记录与结果处理

1. NaOH 溶液的标定（表 5-7）

表 5-7 NaOH 溶液的标定

平行滴定次数	1	2	3
邻苯二甲酸氢钾质量（g）			
V_{NaOH}（mL）			
c_{NaOH}（$\text{mol} \cdot L^{-1}$）			
c_{NaOH} 平均值（$\text{mol} \cdot L^{-1}$）			
相对平均偏差（%）			

2. 食醋中总酸量的测定（表 5-8）

表 5-8 食醋中总酸量的测定

项目	结果		
平行滴定次数	1	2	3
食醋溶液体积（mL）	25.00	25.00	25.00
V_{NaOH}（mL）			
食醋中 HAc 含量（g/100mL）			
平均值（g/100mL）			
相对平均偏差（%）			

实验 41　EDTA 标准溶液的配制与标定及水硬度测定

一、实验目的

（1）掌握络合滴定法的原理，了解络合滴定法的特点。
（2）学习 EDTA 标准溶液的配制与标定方法。
（3）掌握 EDTA 法测定水中钙、镁离子含量及硬度的原理。

二、预习与思考

（一）预习内容

（1）EDTA 标准溶液的配制与标定方法。
（2）EDTA 法测定水中 Ca^{2+}、Mg^{2+} 含量及硬度的原理。

（二）思考以下问题

（1）络合滴定中为什么要采用缓冲溶液？
（2）为什么滴定 Ca^{2+}、Mg^{2+} 总量时要控制 pH 值 ≈ 10，而滴定 Ca^{2+} 分量时要控制 pH 值为 12~13？若 pH 值 > 13 时测 Ca^{2+} 对结果有何影响？
（3）如果只有铬黑 T 指示剂，能否测定 Ca^{2+} 的含量？如何测定？

三、实验原理

乙二胺四乙酸（简称 EDTA，常用 H_4Y 表示）难溶于水，在分析中不适用，通常使用其二钠盐配制标准溶液。乙二胺四乙酸二钠盐（Na_2H_2Y）可配成 $0.3 mol \cdot L^{-1}$ 以上的溶液，其水溶液 pH 值 = 4.8，通常采用间接法配制标准溶液。

标定 EDTA 溶液常用的基准物有 Zn、ZnO、$CaCO_3$、Bi、Cu、$MgSO_4 \cdot 7H_2O$、Ni、Pb 等。通常选用与被测组分相同的物质作基准物，这样滴定条件较一致。

EDTA 溶液若用于测定石灰石或白云石中 CaO、MgO 的含量，则宜用 $CaCO_3$ 为基准物。首先可加 HCl 溶液与之作用，其反应如下：

$$CaCO_3 + 2HCl = CaCl_2 + H_2O + CO_2$$

水的硬度对饮用和工业用水关系极大，是水质分析的常规项目。水的硬度主要来源于水中所含的钙盐和镁盐。

通常称含较多量 Ca^{2+}、Mg^{2+} 的水为硬水，水的总硬度是指水中 Ca^{2+}、Mg^{2+} 的总量，它包括暂时硬度和永久硬度。水中 Ca^{2+}、Mg^{2+} 以酸式碳酸盐形式存在的称为暂时硬度；若以硫酸盐、硝酸盐和氯化物形式存在的称为永久硬度。

水的总硬度测定一般采用络合滴定法，在 pH 值≈10 的氨性缓冲溶液中，以铬黑 T（EBT）为指示剂，用 EDTA 标准溶液直接测定 Ca^{2+}、Mg^{2+} 总量。由于 $K_{CaY} > K_{MgY} > K_{Mg-EBT} > K_{Ca-EBT}$，铬黑 T 先与部分 Mg^{2+} 络合为 Mg-EBT（酒红色）。当 EDTA 滴入时，EDTA 与 Ca^{2+}、Mg^{2+} 络合，终点时 EDTA 夺取 Mg-EBT 中的 Mg^{2+}，将 EBT 置换出来，溶液由酒红色变为纯蓝色。

水硬度的表示方法很多，常以水中 Ca^{2+}、Mg^{2+} 总量换算为 CaO 含量的方法表示，单位为 $mg \cdot L^{-1}$ 和（°）。水的总硬度 1°表示 1 L 水中含 10mg CaO。计算水的总硬度公式为：

$$c_{CaO}(mg \cdot L^{-1}) = \frac{(cV)_{EDTA} \times M_{CaO}}{V_{水}} \times 1\,000$$

$$总硬度(°) = \frac{(cV)_{EDTA} \times M_{CaO}}{V_{水}} \times 100$$

滴定时 Fe^{3+}、Al^{3+} 的干扰可用三乙醇胺掩蔽，Cu^{2+}、Pb^{2+}、Zn^{2+} 等重金属离子可用 KCN、Na_2S 予以掩蔽。

四、仪器与试剂

托盘天平，分析天平，移液管（10mL、25mL），容量瓶（2 个，250mL），酸式滴定管（50mL），锥形瓶（250mL），烧杯（50mL、500mL）。

EDTA，$CaCO_3$，HCl（1∶1），Na_2S（$0.1mol \cdot L^{-1}$），铬黑 T，氨性缓冲溶液（pH=10），三乙醇胺。

五、实验内容

1. $0.010mol \cdot L^{-1}$ EDTA 溶液的配制

用洁净的烧杯于电子天平上称取 2.0g EDTA（s），加 200mL 蒸馏水，温热使其溶解完全，稀释至 500mL，摇匀。

2. 以 $CaCO_3$ 为基准物标定 EDTA

（1）$0.010mol \cdot L^{-1}$ 钙标准溶液的配制。准确称取干燥过的 $CaCO_3$ 0.200 0~0.300 0g 置于 50mL 烧杯中，用少量水润湿，盖上表面皿，用滴管慢慢滴加 1∶1 HCl 使其溶解，加少量水稀释，定量转移至 250mL 容量瓶中，用水稀释至刻度，摇匀，计算其准确浓度。

（2）EDTA 溶液浓度的标定。移取 25.00mL 钙标准溶液置于 250mL 锥形瓶中，先加 10mL 氨性缓冲溶液，再加一小勺（约 0.1g）铬黑 T 指示剂，摇匀后用 EDTA 溶液滴定至溶液由酒红色恰变为纯蓝色即为终点。记录 EDTA 耗用的体积 V_1（mL）。平行测定三份，计算 EDTA 标准溶液的浓度，其相对平均偏差不大于 0.2%。

3. 水的总硬度的测定

（1）水样的处理。取水样加浓 HCl 使之酸化（用刚果红试纸检验）。煮沸数分钟，以除去 CO_2。冷却后待用。

（2）用移液管移取 50.00mL 水样于 250mL 锥形瓶中，加 3mL 三乙醇胺，10mL 氨性缓冲溶液，1mL Na_2S 溶液，摇匀，静置片刻。加入一小勺（约 0.1g）铬黑 T，用 EDTA 标准溶液滴定至溶液由酒红色恰变为纯蓝色为终点，记取 EDTA 耗用的体积 V_2（mL）。平行测定三份，计算水的总硬度。

六、数据记录与结果处理

1. EDTA 溶液浓度的标定（表 5-9）

表 5-9　EDTA 溶液浓度的标定

项目	结果		
$CaCO_3$ 的质量（g）			
$CaCO_3$ 标准溶液的浓度（mol·L^{-1}）			
平行滴定次数	1	2	3
EDTA 溶液体积 V_1（mL）			
V_1 的平均值（mL）			
c_{EDTA}（mol·L^{-1}）			
相对平均偏差（%）			

2. 水的总硬度的测定（表 5-10）

表 5-10　水的总硬度的测定

项目	结果		
平行测定次数	1	2	3
水样体积	50.00	50.00	50.00
EDTA 溶液体积 V_2（mL）			
V_2 的平均值（mL）			
水的总硬度（mg·L^{-1}）			
水的总硬度（°）			
相对平均偏差（%）			

实验42　铅、铋混合液中铅、铋含量的连续测定

一、实验目的

(1) 掌握络合滴定法的原理，了解络合滴定法的特点。
(2) 学习 EDTA 标准溶液的配制与标定方法。
(3) 掌握混合液中金属离子含量连续测定的方法。

二、预习与思考

(一) 预习内容

(1) 了解通过控制溶液的酸度对 Bi^{3+} 和 Pb^{2+} 进行连续滴定的原理和方法。
(2) 了解二甲酚橙指示剂的性质及在混合液中应用的 pH 值范围和滴定终点的确定。

(二) 思考以下问题

(1) 滴定溶液中 Bi^{3+} 和 Pb^{2+} 时，溶液酸度各控制在什么范围？怎样调节？
(2) 滴定 Pb^{2+} 时要调节溶液 pH 值为 5~6，为什么加入六亚甲基四胺而不加入 NaAc？

三、实验原理

溶液中 Bi^{3+} 和 Pb^{2+} 均可与 EDTA 形成稳定的络合物，但其稳定性有相当大的差别，$K_{BiY} > K_{PbY}$，$\Delta pK = 9.90 > 6$，因此 Bi^{3+} 和 Pb^{2+} 同时存在时，可利用控制溶液酸度的方法在一份试液中连续滴定 Bi^{3+} 和 Pb^{2+}。在测定中，均以二甲酚橙（XO）作指示剂，XO 在 pH<6 时呈黄色，在 pH>6.3 时呈红色；而它与 Bi^{3+}、Pb^{2+} 所形成的络合物呈紫红色，它们的稳定性与 Bi^{3+}、Pb^{2+} 和 EDTA 所形成的络合物相比要低，而 $K_{Bi-XO} > K_{Pb-XO}$。

测定时，先用 HNO_3 调节溶液 pH 值=1.0，用 EDTA 标准溶液滴定溶液由紫红色突变为亮黄色，即为滴定 Bi^{3+} 的终点。然后加入六亚甲基四胺，使溶液 pH 值为 5~6，此时 Pb^{2+} 与 XO 形成紫红色络合物，继续用 EDTA 标准溶液滴定至溶液由紫红色突变为亮黄色，即为滴定 Pb^{2+} 的终点。

四、仪器与试剂

托盘天平，分析天平，移液管（10mL、25mL），容量瓶（250mL），酸式滴定管（50mL），锥形瓶（250mL），烧杯（250mL、500mL）。

EDTA，$ZnSO_4 \cdot 7H_2O$，HCl（1:5），六亚甲基四胺（200g·L^{-1}），二甲酚橙

($2g \cdot L^{-1}$)，HNO_3（$0.10mol \cdot L^{-1}$），Bi^{3+}、Pb^{2+} 混合液（约 $0.01mol \cdot L^{-1}$）。

五、实验内容

1. $0.010mol \cdot L^{-1}$ EDTA 溶液的配制

用洁净的烧杯于电子天平上称取 2.0g EDTA（s），加 200mL 蒸馏水，温热使其溶解完全，稀释至 500mL，摇匀。

2. 以 $ZnSO_4 \cdot 7H_2O$ 为基准物标定 EDTA

（1）$0.010mol \cdot L^{-1}$ Zn^{2+} 标准溶液的配制。准确称取 $ZnSO_4 \cdot 7H_2O$ $0.6000 \sim 0.8000g$ 置于 250mL 烧杯中，加 100mL 水使其溶解后，定量转移至 250mL 容量瓶中，用水稀释至刻度，摇匀，计算其准确浓度。

（2）EDTA 溶液浓度的标定。移取 25.00mL Zn^{2+} 标准溶液置于 250mL 锥形瓶中，加 2mL 1:5 HCl 及 10mL $200g \cdot L^{-1}$ 六亚甲基四胺溶液，加 2 滴二甲酚橙，用 EDTA 溶液滴定至溶液由紫红色恰变为亮黄色即为终点。记录消耗的 EDTA 溶液体积 V_1（mL）。平行测定 3 份，计算 EDTA 标准溶液的浓度，其相对平均偏差不大于 0.2%。

3. 铅、铋混合液中铅、铋含量的连续测定

用移液管移取 25.00mL Bi^{3+}、Pb^{2+} 混合试液于 250mL 锥形瓶中，加入 10mL $0.10mol \cdot L^{-1}$ HNO_3，2 滴二甲酚橙，用 EDTA 标准溶液滴定至溶液由紫红色突变为亮黄色即为终点，记取 EDTA 耗用的体积 V_2（mL）；然后加入 10mL $200g \cdot L^{-1}$ 六亚甲基四胺溶液，溶液变为紫红色，继续用 EDTA 标准溶液滴定至溶液由紫红色突变为亮黄色即为终点，记取 EDTA 耗用的体积 V_3（mL）。平行测定 3 份，计算混合试液中 Bi^{3+} 和 Pb^{2+} 的含量（$mol \cdot L^{-1}$）。

六、数据记录与结果处理

1. EDTA 溶液浓度的标定（表 5-11）

表 5-11 EDTA 溶液浓度的标定

项目	结果		
$ZnSO_4 \cdot 7H_2O$ 的质量（g）			
$ZnSO_4 \cdot 7H_2O$ 的浓度（$mol \cdot L^{-1}$）			
平行测定次数	1	2	3
$ZnSO_4 \cdot 7H_2O$ 的溶液体积（mL）	25.00	25.00	25.00
EDTA 溶液体积 V_1（mL）			
V_1 的平均值（mL）			
c（EDTA）（$mol \cdot L^{-1}$）			
相对平均偏差（%）			

2. 铅、铋混合液中铅、铋含量的测定（表 5-12）

表 5-12　铅、铋混合液中铅、铋含量的测定

项目	结果		
平行滴定次数	1	2	3
铅、铋混合液体积（mL）	25.00	25.00	25.00
消耗的 EDTA 溶液体积 V_2、V_3（mL）	V_2		
	V_2 的平均值		
	V_3		
	V_3 的平均值		
Bi^{3+} 的含量（mol·L^{-1}）			
Bi^{3+} 含量测定的相对平均偏差（%）			
Pb^{2+} 的含量（mol·L^{-1}）			
Pb^{2+} 含量测定的相对平均偏差（%）			

实验 43　铝合金中铝含量的测定

一、实验目的

（1）掌握返滴定法及置换滴定法的基本原理。
（2）掌握测定铝的含量测定的基本原理及方法。

二、预习与思考

（一）预习内容

（1）返滴定法及置换滴定法基本原理。
（2）测定铝合金中铝的含量基本原理。

（二）思考题

（1）用返滴定法测定简单试样中的 Al^{3+} 时，所加入的溶液的浓度是否必须准确？为什么？测定简单试样中的 Al^{3+} 用返滴定法即可，而测定复杂试样中的 Al^{3+} 则须采用置换滴定法？

（2）为什么加入过量的 EDTA 后，第一次用 Zn^{2+} 标准溶液滴定时，可以不计所消耗的体积？但此时是否须准确滴定溶液由黄色变为紫红色？为什么？

三、实验原理

由于 Al^{3+} 易形成一系列多核羟基配合物，这些多核羟基配合物与 EDTA 配合缓慢，故通常采用返滴定法测定铝。加入定量且过量的 EDTA 标准溶液，在 pH 值≈3.5 时煮

沸几分钟，使 Al^{3+} 与 EDTA 配位滴定法完全，继而在 pH 值为 5～6 时，以二甲酚橙为指示剂，用 Zn^{2+} 盐溶液返滴定过量的 EDTA 而得铝的含量。

返滴定法涉及的反应方程式为：

$$H_2Y^{2-} + Al^{3+} = AlY^- + 2H^+$$
（过量）
$$H_2Y^{2-} + Zn^{2+} = ZnY^{2-} + 2H^+$$
（剩余）

但是，返滴定法测定铝缺乏选择性，所有能与 EDTA 形成稳定配合物的离子都干扰。对于像合金、硅酸盐、水泥和炉渣等复杂试样中的铝，往往采用置换滴定法以提高选择性，即在用 Zn^{2+} 返滴定过量的 EDTA 后，加入过量的 NH_4F，加热至沸，使 AlY^- 与 F^- 之间发生置换反应，释放出与 Al^{3+} 的物质的量相等的 H_2Y^{2-}，再用 Zn^{2+} 盐标准溶液滴定释放出来的 EDTA 而得铝的含量。

置换滴定法涉及的反应方程式为：

$$AlY^- + 2H^+ + 6F^- = H_2Y^{2-} + AlF_6^{3-}$$
$$H_2Y^{2-} + Zn^{2+} = ZnY^{2-} + 2H^+$$
（置换生成）

用置换滴定法测定铝，若试样中含 Ti^{4+}、Zr^{4+}、Sn^{4+} 等离子时，亦会发生与 Al^{3+} 相同的置换反应而干扰 Al^{3+} 的测定。这时，就要采用掩蔽的方法，把上述干扰离子掩蔽掉，例如，用苦杏仁酸掩蔽 Ti^{4+} 等。

铝合金所含杂质主要有 Si、Mg、Cu、Mn、Fe、Zn、个别还含 Ti、Ni、Ca 等，通常用 HNO_3 – HCl 混合酸溶解，亦可在银坩埚或塑料烧杯中以 NaOH – H_2O_2 分解后再用 HNO_3 酸化。

四、仪器与试剂

托盘天平，分析天平，沸水浴，容量瓶（250mL），锥形瓶（250mL），移液管（25mL），酸式滴定管，塑料烧杯。

NaOH 溶液（200g·L^{-1}），EDTA 标准溶液（0.02mol·L^{-1}），20.02mol·L^{-1} Zn^{2+} 标准溶液（20.02mol·L^{-1}），二甲酚橙指示剂（2g·L^{-1}），HCl（1∶3、1∶1），六亚甲基四胺溶液（200g·L^{-1}），NH_4F（200g·L^{-1}）（分析醇），$NH_3·H_2O$（1∶1），铝合金试样。

五、实验步骤

1. Al^{3+} 溶液的配制

准确称取铝合金样品 0.100 0～0.120 0g 放入塑料烧杯中，加入 10mL 200g·L^{-1} NaOH 溶液，沸水浴上完全溶解，稍冷。加入 1∶1 HCl 至絮状沉淀产生，再加 10mL 1∶1 HCl，转移至 250mL 容量瓶中定容，摇匀。

2. Al^{3+} 含量的测定

吸取 25.00mL 上述试液于 250mL 锥形瓶中，加 20mL 水及 30mL 0.02mol·L^{-1}

EDTA，加 2～3 滴二甲酚橙，溶液呈黄色。加氨水至溶液呈紫红色，再加 1∶3 HCl 至溶液黄色，并过量 3 滴，煮沸 3min 冷却。加入六亚甲基四胺溶液 20mL，溶液黄色，如果溶液红色，继续滴加 1∶3 HCl 使其变黄。Zn^{2+} 标准溶液滴定，溶液由黄色变为紫红色停止滴定，不计体积。然后往溶液中加入 10mL 200g·L^{-1} NH_4F，加热煮沸 2min，冷却，再加 2 滴二甲酚橙，用 Zn^{2+} 标准溶液滴定至溶液由黄色变紫红色为止，记下消耗体积，计算试样中铝的质量分数，平行滴定 3 次。铝合金试样中，铝的质量分数计算公式如下：

$$\omega_{Al}(\%) = \frac{c_{Zn^{2+}} V_{Zn^{2+}} \times 10^{-3} \times M_{Al}}{m_{铝合金} \times \frac{25.00}{250.0}} \times 100\%$$

六、数据记录与结果处理（表 5-13）

表 5-13　数据记录与结果处理

项目		结果		
铝合金质量（g）				
平行测定次数		1	2	3
$V_{Al^{3+}}$（mL）		25.00	25.00	25.00
$V_{Zn^{2+}}$（mL）	用量			
	平均值			
铝合金中 Al^{3+} 含量（%）				
相对平均偏差（%）				

注意事项
（1）由于 NH_4F 会腐蚀玻璃，实验完毕后应尽快弃去废液，清洗仪器。
（2）若有黑色碳化物颗粒，则滴加 300g·L^{-1} H_2O_2 破坏之。

实验 44　医用双氧水中过氧化氢含量的测定

一、实验目的

（1）掌握 $KMnO_4$ 标准溶液的配制和标定方法。
（2）掌握 $KMnO_4$ 法测定过氧化氢的原理和步骤。

二、预习与思考

（一）预习内容

（1）$KMnO_4$ 标准溶液的配制和标定方法。

(2) $KMnO_4$法测定过氧化氢的原理和步骤。

(二) 思考以下问题

(1) 标定 $KMnO_4$ 溶液时，为什么第一滴 $KMnO_4$ 加入后溶液的红色褪去很慢，而以后红色褪去越来越快？

(2) 盛放 $KMnO_4$ 溶液的烧杯或锥形瓶等容器放置较久后，其壁上常有棕色沉淀物，是什么？此棕色沉淀物用通常方法不容易洗净，应怎样洗涤才能除去此沉淀？

(3) 用 $KMnO_4$ 法测定过氧化氢时，为何不能通过加热来加速反应？

三、实验原理

市售的 $KMnO_4$ 试剂常含有少量 MnO_2 和其他杂质，蒸馏水中含有少量有机物质，它们能使 $KMnO_4$ 还原为 $MnO(OH)_2$，而 $MnO(OH)_2$ 又能促进 $KMnO_4$ 的自身分解：

$$4MnO_4^- + 2H_2O = 4MnO_2 + 3O_2 + 4OH^-$$

见光时分解更快。因此，$KMnO_4$ 溶液的浓度容易改变，必须正确地配制和保存，如果长期使用，必须定期进行标定。

标定 $KMnO_4$ 溶液的基准物质有 As_2O_3、铁丝、$H_2C_2O_4 \cdot 2H_2O$、$Na_2C_2O_4$ 等，其中以 $Na_2C_2O_4$ 最常用。在酸性条件下，用 $Na_2C_2O_4$ 标定 $KMnO_4$ 的反应为：

$$2MnO_4^- + 5C_2O_4^{2-} + 16H^+ = 2Mn^{2+} + 10CO_2 + 8H_2O$$

滴定时利用 MnO_4^- 本身的紫红色指示终点，称为自身指示剂。

H_2O_2 具有还原性，在酸性介质和室温条件下能被 $KMnO_4$ 定量氧化，其反应方程式为：

$$2MnO_4^- + 5H_2O_2 + 6H^+ = 2Mn^{2+} + 5CO_2 + 8H_2O$$

室温时，滴定开始反应缓慢，随着 Mn^{2+} 的生成而加速。H_2O_2 加热时易分解，因此，滴定时通常加入 Mn^{2+} 作催化剂。

四、仪器与试剂

托盘天平，分析天平，酸式滴定管（50mL），容量瓶（250mL），锥形瓶（250mL），移液管（10mL、25mL），烧杯（500mL），棕色试剂瓶（500mL），量筒（100mL），3号（或4号）微孔玻璃漏斗。

$Na_2C_2O_4$，$KMnO_4$，H_2SO_4（$3mol \cdot L^{-1}$），医用双氧水。

五、实验内容

1. $0.02mol \cdot L^{-1} KMnO_4$ 标准溶液的配制

称取约 1.6g $KMnO_4$，置于 500mL 烧杯中，加 200mL 蒸馏水，用玻璃棒搅拌，使之溶解。然后将配好的溶液加热至微沸并保持 1h，加水稀释至 500mL，冷却后倒入棕色试剂瓶中，于暗处静置 1～2 天。然后再用 3 号微孔玻璃漏斗过滤，滤液贮于棕色试剂瓶中。

2. 0.02mol·L^{-1} KMnO$_4$标准溶液的标定

准确称取已烘干的 Na$_2$C$_2$O$_4$（在110℃烘干约2h，然后置于干燥器中冷却备用）三份，每份0.13～0.16g，分别置于250mL锥形瓶中，加新煮沸过的蒸馏水40mL和3.0mol·L^{-1} H$_2$SO$_4$溶液20mL，使之溶解。待 Na$_2$C$_2$O$_4$溶解后，加热至75～85℃，趁热用 KMnO$_4$溶液滴定。滴入第一滴后，摇动锥形瓶，待无色后再滴第2滴，滴定速度可以逐渐加快，但临近终点时滴定速度要慢，滴至溶液呈现微红色并持续半分钟不褪色即为终点，终点时溶液的温度应保持在60℃以上。平行标定3份记录滴定所耗用的 KMnO$_4$ 的体积，计算 KMnO$_4$ 溶液的准确浓度（mol·L^{-1}）。

3. H$_2$O$_2$含量的测定

（1）样品处理用移液管准确吸取医用双氧水（含量约3%）10.00mL，放入250mL容量瓶中，加蒸馏水稀释至刻度，摇匀，备用。

（2）测定用移液管吸取上面稀释液25.00mL，放入250mL锥形瓶中，加3mol·L^{-1} H$_2$SO$_4$溶液5mL，用 KMnO$_4$ 标准溶液滴定至呈微红色，在半分钟内不褪色即为终点。记录滴定所耗用 KMnO$_4$ 溶液的体积，平行测定3次。计算样品中 H$_2$O$_2$ 的含量（g·L^{-1}）。

六、数据记录与结果处理

1. 0.02mol·L^{-1} KMnO$_4$标准溶液的标定（表5-14）

表5-14 KMnO$_4$标准溶液的标定

项目	结果		
平行测定次数	1	2	3
Na$_2$C$_2$O$_4$的质量（g）			
KMnO$_4$溶液体积 V_1（mL）			
V_1的平均值（mL）			
c_{KMnO_4}（mol·L^{-1}）			
相对平均偏差（%）			

2. H$_2$O$_2$含量的测定（表5-15）

表5-15 H$_2$O$_2$含量的测定

项目	结果		
平行测定次数	1	2	3
H$_2$O$_2$溶液体积（mL）	25.00	25.00	25.00
KMnO$_4$溶液体积 V_2（mL）			
V_2的平均值（mL）			
$c_{H_2O_2}$（g·L^{-1}）			
相对平均偏差（%）			

实验45　亚铁盐中亚铁含量的测定

一、实验目的

（1）掌握 $K_2Cr_2O_7$ 测定亚铁含量的原理和方法。
（2）了解氧化还原指示剂的变色原理。

二、预习与思考

（一）预习内容

（1）$K_2Cr_2O_7$ 法测定铁含量的原理、方法，并与 $KMnO_4$ 法进行比较。
（2）氧化还原指示剂的类型，本实验所用指示剂的作用原理。

（二）思考下列问题

（1）$K_2Cr_2O_7$ 为什么可用来直接配制标准溶液？
（2）实验中加入 H_3PO_4 的目的是什么？
（3）$K_2Cr_2O_7$ 法为什么用 H_2SO_4 提供酸性条件而不用 HCl？

三、实验原理

$K_2Cr_2O_7$ 在酸性介质中可将 Fe^{2+} 定量地氧化，本身被还原为 Cr^{3+} 离子，反应式如下：

$$\frac{1}{6}Cr_2O_7^{2-} + Fe^{2+} + \frac{7}{3}H^+ = \frac{1}{3}Cr^{3+} + Fe^{3+} + \frac{7}{6}H_2O$$

由于生成 Cr^{3+} 离子，故溶液呈绿色；滴定过程中应加入 H_3PO_4，以降低 $\varphi_{Fe^{3+}/Fe^{2+}}$ 电对的电位，使滴定曲线突跃部分下移，以便使用二苯胺磺酸钠指示剂准确指示终点，减小误差。当溶液由深绿色变为紫红色时即为终点。

四、仪器与试剂

锥形瓶（250mL），酸式滴定管（50mL），容量瓶（250mL），烧杯（50mL），烧杯（100mL），移液管（25mL），分析天平。

$K_2Cr_2O_7$，硫-磷混合酸（1∶1），二苯胺磺酸钠（0.2%），亚铁盐样品。

五、实验内容

1. 1/6 $K_2Cr_2O_7$ 标准溶液的配制

准确称取已烘干（150～200℃ 烘干约 1h）的 $K_2Cr_2O_7$ 约 1.25g，置于 50mL 烧杯中，加水溶解，定量地转移到 250mL 容量瓶中，定容，按下式计算其浓度

$(\text{mol} \cdot \text{L}^{-1})$：

$$c_{(\frac{1}{6}K_2Cr_2O_7)} = \frac{m_{K_2Cr_2O_7}}{M_{(\frac{1}{6}K_2Cr_2O_7)} \times \frac{250.0}{1\,000}}$$

2. 亚铁盐的测定

（1）样品处理。准确称取亚铁盐试样 6.000 0～8.000 0g 于小烧杯中，加入 20mL 硫—磷混合酸，再加入少量蒸馏水，使其完全溶解，定量转移到 250mL 容量瓶中定容，摇匀备用。

（2）测定。用移液管吸取上述试液 25.00mL 共 3 份于 250mL 锥形瓶中，各加入蒸馏水 100mL，$6.0\text{mol} \cdot \text{L}^{-1} H_2SO_4$ 10mL，85% 的 H_3PO_4 5mL，二苯胺磺酸钠指示剂 6～8 滴，用 $K_2Cr_2O_7$ 标准溶液滴定至溶液呈持久的紫红色即为终点，记下 $K_2Cr_2O_7$ 标准溶液的用量 V mL。按下式计算铁的含量：

$$\omega_{Fe}(\%) = \frac{c_{(\frac{1}{6}K_2Cr_2O_7)} \times \frac{V_{(K_2Cr_2O_7)}}{1\,000} \times M_{(Fe)}}{m_{样品} \times \frac{25.00}{250.0}} \times 100$$

六、数据记录与结果处理（表 5-16）

表 5-16 数据记录与结果处理

项目		结果		
平行测定次数		1	2	3
$K_2Cr_2O_7$ 的质量（g）				
$c_{(1/6K_2Cr_2O_7)}$（$\text{mol} \cdot \text{L}^{-1}$）				
亚铁盐试样的质量（g）				
消耗的 $K_2Cr_2O_7$ 标准溶液的体积 V（mL）	初读数			
	终读数			
	用量			
V 的平均值（mL）				
亚铁的含量（%）				
相对平均偏差（%）				

实验 46　硫代硫酸钠标准溶液的配制及标定

一、实验目的

（1）掌握 $Na_2S_2O_3$ 标准溶液的配制及标定方法。

(2) 掌握间接碘量法的测定原理。
(3) 学习用淀粉指示剂正确判断滴定终点。

二、预习与思考

(一) 预习内容

(1) 间接碘量法的实验原理、实验条件及方法。
(2) 淀粉指示剂的作用原理及使用方法。

(二) 思考下列问题

(1) 为什么用新煮沸冷却后的去离子水配制 $Na_2S_2O_3$ 溶液？为什么要加入 $NaCO_3$？
(2) 淀粉指示剂应什么时候加入？为什么？

三、实验原理

晶体 $Na_2S_2O_3 \cdot 5H_2O$ 中一般都会含有少量杂质，如 S、Na_2SO_3、Na_2SO_4、Na_2CO_3 及 NaCl 等，同时还易风化和潮解。因此，不能用直接法配制标准溶液，应采用标定法配制。

$Na_2S_2O_3$ 溶液易受空气中的 O_2、水中溶解的 CO_2、微生物以及光照等作用而分解。因此，配制 $Na_2S_2O_3$ 溶液时，使用新煮沸后冷却的蒸馏水，并加入少量 Na_2CO_3，以减少水中溶解的 CO_2，杀死水中的微生物，使溶液呈碱性。为避免光照，应将配好的溶液贮存于棕色瓶中置暗处保存，放置 7~14 天后标定。

用以标定 $Na_2S_2O_3$ 溶液的基准物有 $K_2Cr_2O_7$、KIO_3、$KBrO_3$ 等，通常使用 $K_2Cr_2O_7$ 基准物标定溶液的浓度，$K_2Cr_2O_7$ 先与 KI 反应析出 I_2：

$$Cr_2O_7^{2-} + 6I^- + 14H^+ = 2Cr^{2+} + 3I_2 + 7H_2O$$

析出的 I_2 用 $Na_2S_2O_3$ 溶液滴定：

$$I_2 + 2S_2O_3^{2-} = S_4O_6^{2-} + 2I^-$$

以淀粉为指示剂，I_2 与淀粉指示剂作用形成蓝色吸附化合物，当滴定到 $Na_2S_2O_3$ 与 I_2 按化学计量关系完全反应时，溶液蓝色消失，终点到达。

四、仪器与试剂

碱式滴定管（50mL），碘量瓶（250mL），容量瓶（250mL），移液管（25mL），烧杯，台秤，分析天平。

$K_2Cr_2O_7$（于 120℃ 电烘箱中干燥 2h，贮于干燥器中，备用），KI 水溶液（10%），$Na_2S_2O_3 \cdot 5H_2O$，Na_2CO_3，H_2SO_4（3mol·L^{-1}），淀粉溶液（10g·L^{-1}）。

五、实验内容

1. 0.1mol·L^{-1} $Na_2S_2O_3$ 溶液的配制

用台秤称取 12.5g $Na_2S_2O_3 \cdot 5H_2O$ 于 500mL 烧杯中，加入 200mL 新煮沸冷却的蒸

馏水,完全溶解后,加入 0.1g Na_2CO_3,然后用新煮沸冷却的蒸馏水稀释至 500mL,贮于棕色试剂瓶中,置暗处放置 2 周后标定。

2. $0.1mol \cdot L^{-1}$ $Na_2S_2O_3$ 溶液的标定

(1) $0.02mol \cdot L^{-1}$ $K_2Cr_2O_7$ 标准溶液的配制。精确称取 1.2000~1.5000g $K_2Cr_2O_7$ 于 100mL 小烧杯中,加约 30mL 去离子水使之溶解,定量转移至 250mL 容量瓶中,加去离子水稀释至刻度,充分摇匀。

(2) $Na_2S_2O_3$ 溶液的标定。取 25.00mL $K_2Cr_2O_7$ 标准溶液于碘量瓶中,加入 10mL $3mol \cdot L^{-1}$ H_2SO_4,20mL 10% KI 溶液,加盖摇匀,水封,置暗处放置 10min。取出后加入 50mL 去离子水稀释,立即用待标定的 $Na_2S_2O_3$ 溶液滴定至由红棕色变为浅黄色,加入 1mL 淀粉溶液,继续滴定至蓝色刚好消失即为终点(此时溶液呈 Cr^{3+} 的绿色)。平行测定 3 份,记录消耗 $Na_2S_2O_3$ 溶液的体积,计算 $Na_2S_2O_3$ 溶液的浓度。

六、数据记录与结果处理(表 5-17)

表 5-17 数据记录与结果处理

项目	结果		
$K_2Cr_2O_7$ 的质量(g)			
$K_2Cr_2O_7$ 标准溶液的浓度($mol \cdot L^{-1}$)			
平行测定次数	1	2	3
$K_2Cr_2O_7$ 标准溶液的体积(mL)	25.00	25.00	25.00
$Na_2S_2O_3$ 溶液体积 V(mL)			
V 的平均值(mL)			
$c_{Na_2S_2O_3}$($mol \cdot L^{-1}$)			
相对平均偏差(%)			

实验 47 维生素 C 片剂中 Vc 含量的测定

一、实验目的

(1) 掌握碘标准溶液的配制与标定方法。
(2) 掌握直接碘量法测定维生素 C 的原理及操作。

二、预习与思考

(一)预习内容

(1) 直接碘量法的原理和方法。
(2) Vc 含量的测定的原理及操作。

(二) 思考下列问题

(1) 为什么 Vc 含量可以用直接碘量法测定？

(2) Vc 本身就是一种酸，为什么测定时还要加醋酸？

三、实验原理

碘量法是以 I_2 的氧化性和 I^- 的还原性为基础的滴定分析方法。I_2/I^- 电对的标准电极电势为 0.535 V，因此 I_2 是较弱的氧化剂，只能与较强的还原剂作用；而 I^- 是中等强度的还原剂，能与许多强氧化剂及一般中等强度的氧化剂作用。由于这些特点，碘量法在生产实践中获得了广泛的应用。

维生素 C 又名抗坏血酸，分子式为 $C_6H_8O_6$，通常用于防治坏血病及各种慢性传染病的辅助治疗。市售维生素 C 药片含淀粉等添加剂。由于其分子中的烯二醇基具有较强的还原性，故能够被 I_2 定量地氧化为二酮基而生成脱氢抗坏血酸，因而可用 I_2 标准溶液直接滴定，其反应式如下：

$$C_6H_8O_6 + I_2 = C_6H_6O_6 + 2HI$$

维生素 C 的还原性很强，在空气中容易被氧化，特别是在碱性介质中，所以测定时加入 HAc 使溶液呈弱酸性，减少维生素 C 的副反应。

I_2 标准溶液的浓度可以由已知浓度的 $Na_2S_2O_3$ 标准溶液滴定，以淀粉溶液为指示剂，滴定至蓝色刚好消失即为终点，反应式如下：

$$I_2 + 2S_2O_3^{2-} = S_4O_6^{2-} + 2I^-$$

四、仪器与试剂

酸式、碱式滴定管（50mL），研钵，锥形瓶（250mL），容量瓶（250mL），移液管（25mL），烧杯，台秤，分析天平。

维生素 C 片剂，I_2，KI，$Na_2S_2O_3$ 溶液（0.1mol·L^{-1}），HAc（2mol·L^{-1}），淀粉溶液（10g·L^{-1}）。

五、实验内容

1. 碘标准溶液的配制及标定

(1) I_2 标准溶液的配制。用台秤称取 6.5g I_2 和 20g KI 置于小烧杯中，加入少量去离子水，搅拌至 I_2 全部溶解后，加水稀释至 500mL，转入棕色试剂瓶中，摇匀，待标定。

(2) I_2 标准溶液的标定。用移液管取 25.00mL I_2 溶液置于 250mL 锥形瓶中，加 50mL 水，用 $Na_2S_2O_3$ 标准溶液滴定至溶液呈浅黄色时，加入 1mL 淀粉指示剂，继续用 $Na_2S_2O_3$ 标准溶液滴定至蓝色恰好消失，即为终点。平行滴定 3 次，计算 I_2 标准溶液浓度。

2. 维生素 C 含量的测定

准确称取约 0.2g 维生素 C 片（研成粉末即用），置于 250mL 锥形瓶中，加入新煮沸过并冷却的蒸馏水 100mL、10mL 2mol·L^{-1} HAc 和 1mL 淀粉溶液，立即用 I_2 标准溶液滴定至溶液显稳定的蓝色，30s 内不褪色即为终点。平行滴定 3 次，计算维生素 C 的含量：

$$\omega_{C_6H_8O_6}(\%) = \frac{c_{I_2} V_{I_2} M_{C_6H_8O_6}}{m_{C_6H_8O_6}} \times 100\%$$

六、数据记录与结果处理

1. I_2 标准溶液的标定（表 5-18）

表 5-18　I_2 标准溶液的标定

项目	结果		
平行测定次数	1	2	3
I_2 溶液体积（mL）	25.00	25.00	25.00
$Na_2S_2O_3$ 标准溶液体积 V_1（mL）			
V_1 的平均值（mL）			
c_{I_2}（mol·L^{-1}）			
相对平均偏差（%）			

2. 维生素 C 含量的测定（表 5-19）

表 5-19　维生素 C 含量的测定

项目	结果		
平行测定次数	1	2	3
维生素 C 片的质量（g）			
I_2 标准溶液体积 V_2（mL）			
V_2 的平均值（mL）			
$\omega_{C_6H_8O_6}$（%）			
相对平均偏差（%）			

注意事项

（1）由于维生素 C 的还原能力强而易被空气氧化，特别是在碱性溶液中更易被氧化，所以，在测定中须加入稀 HAc，使溶液保持足够的酸度，以减少副反应的发生。

（2）溶解 I_2 时，应加入过量的 KI 及少量水研磨成糊状，使 I_2 完全生成 KI_3，使其溶解度增加，挥发性大为降低。再稀释，否则，加水后 I_2 不再溶解。

（3）称样前才将 Vc 片研成粉末，称样后应立即溶解测定，以免 Vc 被空气中的氧氧化而损失。

（4）必须用新煮沸过并冷却的蒸馏水溶解样品，目的是为了减少蒸馏水中的溶解氧。

实验 48　胆矾中铜含量的测定

一、实验目的

(1) 掌握间接碘量法测定胆矾中铜含量的原理和方法。
(2) 掌握 $Na_2S_2O_3$ 标准溶液的配制和标定方法。
(3) 了解在测定过程中反应条件的控制。

二、预习与思考

(一) 预习内容

(1) $Na_2S_2O_3$ 标准溶液的配制、标定方法和有关反应方程式。$K_2Cr_2O_7$ 与 KI 的反应条件。
(2) 淀粉指示剂在标定 $Na_2S_2O_3$ 溶液中的正确使用方法。
(3) 使用碘量瓶（或带磨口塞锥形瓶）的必要性和操作方法。
(4) 碘量法中 KI 所起的作用。
(5) 间接碘量法的基本原理。

(二) 思考以下问题

(1) $Na_2S_2O_3$ 溶液为什么要预先配制？为什么配制时要用刚煮沸过并已冷却的蒸馏水？为什么配制时要加少量的 Na_2CO_3？
(2) $K_2Cr_2O_7$ 与 KI 混合液在暗处放置 5min 后，为什么要用水稀释至 100mL，再用 $Na_2S_2O_3$ 溶液滴定？如果在放置之前稀释行不行，为什么？
(3) 溶解胆矾试样时，不用 H_2SO_4，改用 HCl 或 HNO_3 可否？为什么？
(4) 测定溶液的 pH 值为什么要控制在微酸性？酸性过高或过低对测定有何影响？实验中如何调节溶液至微酸性？
(5) 为什么要在滴定至近终点时加入 KSCN 溶液？过早加入对测定有什么影响？

三、实验原理

在弱酸性介质中（pH 值为 3.0~4.0），胆矾中的 Cu^{2+} 与过量的 KI 作用，生成与 Cu^{2+} 等物质的量的 I_2，析出的 I_2 用 $Na_2S_2O_3$ 标准溶液滴定，以淀粉为指示剂，反应式为：

$$2Cu^{2+} + 4I^- = 2CuI\downarrow + I_2$$
$$I_2 + I^- = I_3^-$$
$$I_2 + 2S_2O_3^{2-} = S_4O_6^{2-} + 2I^-$$

反应在弱酸性介质中进行，酸度过低时，Cu^{2+} 会水解，使反应不完全，结果偏低，且终点拖长；酸度过高时，I^- 易被空气中的 O_2 氧化生成 I_2（Cu^{2+} 催化此反应），使结果偏高。通常加入 NH_4HF_2 作为缓冲溶液，控制溶液的 pH 值为 3.0~4.0，而且 NH_4HF_2 还可掩蔽试样中可能存在的 Fe^{3+}，消除其对测定的干扰（Fe^{3+} 能氧化 I^-）。Cu^{2+} 与 I^- 之间的反应具有一定的可逆性，加入过量 KI，可使 Cu^{2+} 的还原更完全，而且可以使生成的 I_2 以 I_3^- 形式存在，减少 I_2 的挥发损失。但是，CuI 沉淀强烈地吸附 I_3^-，又会使结果偏低。通常的办法是加入硫氰酸盐，使 CuI（$K^{sp} = 1.1 \times 10^{-12}$）转化为溶解度更小的 CuSCN 沉淀（$K^{sp} = 4.8 \times 10^{-15}$），将吸附的 I_3^- 释放出来，使反应更趋于完全，但 SCN^- 只能在临近终点时加入，过早加入可能使部分 Cu^{2+} 直接被 SCN^- 还原，致使化学计量关系被破坏。反应式为：

$$2Fe^{3+} + 2I^- = I_2 + 2Fe^{2+}$$

$$CuI + SCN^- = CuSCN\downarrow + I^-$$

$$6Cu^{2+} + 4H_2O + 7SCN^- = 6CuSCN\downarrow + SO_4^{2-} + CN^- + 8H^+$$

四、仪器与试剂

碱式滴定管（50mL），碘量瓶（250mL），移液管（10mL、25mL），烧杯（100mL），棕色试剂瓶（500mL），量筒（100mL），量筒（10mL）。

$Na_2S_2O_3 \cdot 5H_2O$，KBr，Na_2CO_3，KI（10%），KSCN（10%），NH_4HF_2（饱和），H_2SO_4（3.0mol·L^{-1}），淀粉（0.5%），胆矾试样。

五、实验内容

1. 0.1mol·L^{-1} $Na_2S_2O_3$ 标准溶液的配制和标定

（1）0.1mol·L^{-1} $Na_2S_2O_3$ 标准溶液的配制。称取 12.5g $Na_2S_2O_3 \cdot 5H_2O$ 固体，置于 100mL 烧杯中，用新煮沸并冷却至室温的蒸馏水溶解，然后加入 0.1g Na_2CO_3 再用新煮沸经冷却的蒸馏水稀释至约 500mL，放入棕色试剂瓶中，于暗处放置一周后标定。

（2）0.1mol·L^{-1} $Na_2S_2O_3$ 标准溶液的标定。准确称取已烘干（120℃下烘干 1~2h）的 $KBrO_3$ 固体 0.1000~0.1200g，放于 250mL 具塞锥形瓶（碘量瓶）中，加 50mL 蒸馏水溶解，再加入 15mL 10% KI 溶液和 3.0mol·L^{-1} H_2SO_4 溶液 5mL。在暗处放置 5min 后，用蒸馏水稀释至约 150mL。然后用 $Na_2S_2O_3$ 标准溶液滴定到溶液呈浅黄色时，加入 0.5% 淀粉溶液 5mL，继续滴定至蓝色褪去为止。重复测定 3 次。

根据 $KBrO_3$ 的质量和滴定所消耗的 $Na_2S_2O_3$ 标准溶液的体积，按下式计算 $Na_2S_2O_3$ 标准溶液的浓度（mol·L^{-1}）：

$$c_{(Na_2S_2O_3)} = \frac{6m_{(KBrO_3)}}{M_{(KBrO_3)} \times \dfrac{V_{(Na_2S_2O_3)}}{1\,000}}$$

2. 胆矾中铜含量的测定

准确称取胆矾试样 6.0000~8.0000g 置于 250mL 烧杯中，加入 3mL 3.0mol·L^{-1} H_2SO_4 溶液及少量蒸馏水，样品溶解后，定容至 250mL。

移取上述溶液 25.00mL 于 250mL 锥形瓶中，加入 30mL 蒸馏水和 10mL 饱和 NH_4HF_2 溶液振摇 1~2min，加入 10mL 10% KI 溶液，摇匀后立即用 $Na_2S_2O_3$ 标准溶液滴定至浅黄色。加入 5mL 0.5% 淀粉溶液，继续滴定至溶液呈浅蓝色时，再加入 10mL 10% KSCN 溶液，混匀后溶液的蓝色加深，然后继续滴定至蓝色刚好消失为止，此时溶液为米色悬浊液，记录滴定所耗用的 $Na_2S_2O_3$ 标准溶液的体积。平行测定 3 次。按下式计算胆矾中铜的含量：

$$\omega_{Cu}(\%) = \frac{c_{(Na_2S_2O_3)} \times \dfrac{V_{(Na_2S_2O_3)}}{1000} \times M_{(Cu)}}{m_{样品} \times \dfrac{25.00}{250.00}} \times 100$$

六、数据记录与结果处理

1. $Na_2S_2O_3$ 溶液的标定

参见含碘盐中碘含量的测定。

2. 胆矾中铜含量的测定（表 5-20）

表 5-20 胆矾中铜含量的测定

项目		结果		
		I	II	III
胆矾试样质量（g）				
$V_{(Na_2S_2O_3)}$（mL）	终读数			
	初读数			
	用 量			
胆矾中铜的含量（%）				
胆矾中铜含量的平均值（%）				
相对平均偏差（%）				

实验 49 $I_3^- \rightleftharpoons I^- + I_2$ 平衡常数的测定

一、实验目的

(1) 测定 $I_3^- \rightleftharpoons I^- + I_2$ 的平衡常数。

(2) 加强对化学平衡、平衡常数的理解并了解平衡移动的原理。

(3) 练习滴定操作。

二、预习与思考

(一) 预习内容

(1) 化学平衡常数的概念以及化学平衡移动的原理。
(2) 滴定分析操作技术。

(二) 思考下列问题

(1) 在本实验中,碘的用量是否要准确称取?为什么?
(2) 出现下列情况,将会对本实验产生何种影响?
①所取碘的量不够;
②3 只碘量瓶没有充分振荡;
③在吸取清液时,不慎将沉在溶液底部或悬浮在溶液表面的少量固体碘带入吸量管。
(3) 在实验中以固体碘与水的平衡浓度代替碘与 I^- 离子的平衡浓度,会引起怎样的误差?为什么可以代替?

三、实验原理

碘溶于碘化钾溶液中并建立下列平衡:

$$I_3^- \rightleftharpoons I^- + I_2 \tag{1}$$

在一定温度条件下其平衡常数为:

$$K^\ominus = \frac{c(I^-) \cdot c(I_2)}{c(I_3^-)} \tag{2}$$

$c(I^-)$、$c(I_2)$、$c(I_3^-)$ 为平衡浓度。

为了测定平衡时的 $c(I^-)$、$c(I_2)$、$c(I_3^-)$,可用过量固体碘与已知浓度的碘化钾溶液一起摇荡,达到平衡后,取上层清液,用标准硫代硫酸钠溶液进行滴定:

$$I_2 + 2S_2O_3^{2-} = 2I^- + S_4O_6^{2-}$$

由于溶液中存在 $I_2 + I^- \rightleftharpoons I_3^-$ 的平衡,所以用硫代硫酸钠溶液滴定,最终测到的是平衡时 I_2 和 I_3^- 的总浓度。设这个总浓度为 c,则

$$c = c(I_2) + c(I_3^-) \tag{3}$$

$c(I_2)$ 可通过在相同温度条件下,测定过量固体碘与水处于平衡时,溶液中碘的浓度来代替。设这个浓度为 c',则 $c(I_2) = c'$ 代入 (3) 整理得:

$$c(I_3^-) = c - c(I_2) = c - c'$$

从 (1) 式可以看出,形成一个 I_3^- 就需要一个 I^-,所以平衡时 $[I^-]$ 为

$$c(I^-) = c_0 - c(I_3^-)$$

式中 c_0 为碘化钾的起始浓度。

将 $c(I^-)$、$c(I_2)$、$c(I_3^-)$ 代入 (2) 式即可求得在此温度条件下的平衡常

数 $K^\ominus$。

四、仪器与试剂

量筒（10mL、100mL）、吸量管（10mL）、移液管（50mL）、碱式滴定管、碘量瓶（100mL、250mL）、锥形瓶（250mL）、洗耳球。

碘（s）、KI（0.010 0mol·L^{-1}、0.020 0mol·L^{-1}）、Na$_2$S$_2$O$_3$标准溶液（0.005 0 mol·L^{-1}）、淀粉溶液（0.2%）。

五、实验内容

（1）取两支干燥的100mL碘量瓶和一支250mL碘量瓶，分别标上1号、2号、3号。用量筒分别量取80mL 0.010 0mol·L^{-1}KI溶液注入1号瓶，80mL 0.020 0mol·L^{-1}KI溶液注入2号瓶，200mL蒸馏水注入3号瓶。然后在每个瓶内各加入0.5g研细的碘，盖好瓶塞。

（2）将3只碘量瓶在室温下振荡或者在磁力搅拌器上搅拌30min，然后静置10min，待过量固体碘完全沉于瓶底后，取上层清液进行滴定。

（3）用10mL吸量管取1号瓶上层清液10.00mL两份，分别注入250mL锥形瓶中，再各注入40mL蒸馏水，用0.005 0mol·L^{-1}标准Na$_2$S$_2$O$_3$溶液滴定其中一份至呈淡黄色时（注意不要滴过量），注入4mL 0.2%淀粉溶液，此时溶液应呈蓝色，继续滴定至蓝色刚好消失。记下所消耗的Na$_2$S$_2$O$_3$溶液的体积。平行做第二份清液。

同样方法滴定2号瓶上层的清液。

（4）用50mL移液管取3号瓶上层清液50.00mL两份，用0.005 0mol·L^{-1}标准Na$_2$S$_2$O$_3$溶液滴定，方法同上。

将数据记入表5-21中。

表5-21 实验数据记录表

项目		结果		
瓶 号		1	2	3
取样体积/mL		10.00	10.00	50.00
Na$_2$S$_2$O$_3$溶液的用量/mL	I			
	II			
	平均			
Na$_2$S$_2$O$_3$溶液的浓度/mol·L^{-1}				
$c(I_2)$与$c(I_3^-)$的总浓度/mol·L^{-1}				/
水溶液中碘的平衡浓度/mol·L^{-1}		/	/	
$c(I_2)$/mol·L^{-1}				/
$c(I_3^-)$/mol·L^{-1}				/

(续表)

项目	结果
$c_0/\text{mol}\cdot\text{L}^{-1}$	/
$c(\text{I}^-)/\text{mol}\cdot\text{L}^{-1}$	/
$K^{\ominus}$	/
$\bar{K}^{\ominus}$	/

(5) 数据记录和处理　用 $\text{Na}_2\text{S}_2\text{O}_3$ 标准溶液滴定碘时，相应的碘的浓度计算方法如下：

1、2 号瓶　$c = \dfrac{c_{\text{Na}_2\text{S}_2\text{O}_3} \cdot V_{\text{Na}_2\text{S}_2\text{O}_3}}{2V_{\text{KI-I}_2}}$　　3 号瓶　$c' = \dfrac{c_{\text{Na}_2\text{S}_2\text{O}_3} \cdot V_{\text{Na}_2\text{S}_2\text{O}_3}}{2V_{\text{H}_2\text{O-I}_2}}$

本实验测定 K 值在 $1.0\times10^{-3} \sim 2.0\times10^{-3}$ 范围内合格（文献值 $K = 1.5\times10^{-3}$）。

实验 50　生理盐水中氯含量的测定（莫尔法）

一、实验目的

(1) 练习 AgNO_3 标准溶液的配制和标定。
(2) 掌握莫尔法测定 Cl^- 的原理和方法。

二、预习与思考

（一）预习内容

(1) 莫尔法的方法原理及指示剂的作用原理。
(2) 莫尔法测定 Cl^- 适宜的 pH 值范围、指示剂的用量及方法的应用。

（二）思考以下问题

(1) 莫尔法测定 Cl^- 时为什么控制 pH 值范围在 6.5～10.5？
(2) 指示剂的用量过大、过小对测定有何影响？为什么测定稀溶液时需要进行指示剂的空白校正？如何进行？
(3) 如果测定的样品是 BaCl_2 水溶液，能否用莫尔法测定 Cl^-？应如何进行？
(4) 能否用莫尔法以 NaCl 为标准溶液直接滴定 Ag^+？
(5) 配制好的 AgNO_3 标准溶液要储藏于棕色瓶中，并置于暗处，为什么？
(6) 实验结束后，盛放 AgNO_3 标准溶液的滴定管为什么先用蒸馏水洗 2～3 次，再用自来水冲洗？

三、实验原理

某些可溶性氯化物中氯的含量测定常常采用莫尔法。此方法必须在 pH = 6.5～

10.5 的中性或弱碱性溶液中进行。如有铵盐存在，溶液的 pH 值需控制在 6.5~7.2。此法以 K_2CrO_4 为指示剂，用 $AgNO_3$ 标准溶液作滴定剂进行滴定。主要反应如下：

$$Ag^+ + Cl^- = AgCl \downarrow$$

$$2Ag^+ + CrO_4^{2-} = Ag_2CrO_4 \downarrow$$

由于 AgCl 的溶解度比铬酸银的溶解度小，因此在滴定过程中溶液里首先析出白色的氯化银沉淀，当滴定到等量点时，过量的 $AgNO_3$ 溶液即与 K_2CrO_4 指示剂作用生成砖红色的 Ag_2CrO_4 沉淀，指示滴定到达终点。

指示剂的用量对滴定结果有影响，K_2CrO_4 的浓度以 5×10^{-3} mol·L^{-1} 为宜。因 K_2CrO_4 本身为黄色，易给滴定终点的判断造成误差，故需作空白测定。

四、仪器与试剂

酸式滴定管（50mL），锥形瓶（250mL），吸量管（1mL），移液管（25mL），烧杯（100mL），容量瓶（250mL），容量瓶（100mL），棕色试剂瓶（250mL），量筒（100mL），量筒（10mL），分析天平，托盘天平。

K_2CrO_4 溶液（5%），$AgNO_3$，NaCl，生理盐水。

五、实验内容

（1）0.1mol·L^{-1} $AgNO_3$ 标准溶液的配制和标定。

① 0.1mol·L^{-1} $AgNO_3$ 标准溶液的配制　于托盘天平上称取 8.5g $AgNO_3$，用少量不含 Cl^- 的蒸馏水溶解后，稀释至 500mL，将溶液转移至棕色试剂瓶中，于暗处保存，以防见光分解。

② 0.1mol·L^{-1} $AgNO_3$ 标准溶液的标定　准确称取已充分干燥的 NaCl 固体（NaCl 应放在坩埚内于 400~500℃ 灼烧至无爆裂声，放入干燥器中冷却备用）1.450 0~1.500 0g 置于洁净小烧杯中，用少量去离子水溶解后转入 250mL 容量瓶中，定容。

用移液管准确吸取 25.00mL 基准 NaCl 溶液于 250mL 锥形瓶中，加 25mL 蒸馏水稀释，用移液管加入 1mL 5% 的 K_2CrO_4 溶液。在不断振荡下用 $AgNO_3$ 溶液滴定至溶液呈现微红色，且经剧烈振荡仍不褪色即达终点。记录消耗 $AgNO_3$ 溶液的体积。平行测定 3 次，要求 3 次标定的相对平均偏差不超过 0.2%，根据下式计算 $AgNO_3$ 标准溶液的准确浓度（mol·L^{-1}）：

$$c_{(AgNO_3)} = \frac{\dfrac{m_{(NaCl)}}{M_{(NaCl)}} \times \dfrac{25.00}{250.0}}{\dfrac{V_{(AgNO_3)}}{1\,000}}$$

（2）生理盐水中 NaCl 含量的测定。

①测定　准确量取生理盐水 50.00mL，置于 100mL 容量瓶中，稀释至刻度摇匀。用移液管准确移取此稀释液 25.00mL 于 250mL 锥形瓶中，用吸量管加入 1mL 5% 的 K_2CrO_4 溶液。在不断振荡下用 $AgNO_3$ 溶液滴定至溶液呈现微红色，且经剧烈振荡仍不褪色即达终点。记录消耗 $AgNO_3$ 标准溶液的体积 V_1（mL）。平行测定 3 次，要求 3 次

测定的相对平均偏差不超过0.2%。

②空白实验　用移液管移取蒸馏水25.00mL，加入1mL 5%的K_2CrO_4溶液。按上述操作滴定，消耗$AgNO_3$标准溶液的体积V_2（mL）。

③计算100mL生理盐水中所含NaCl的质量浓度（$g \cdot mL^{-1}$）可按下式计算：

$$\omega_{(NaCl)} = \frac{\dfrac{c_{(AgNO_3)} \times (V_1 - V_2)}{1000} \times M_{(NaCl)}}{\dfrac{50.00}{100.0} \times 25.00}$$

六、数据记录与结果处理（表5-22）

表5-22　数据记录与结果处理

项目		结果		
		I	II	III
基准物质NaCl的质量（g）				
标定时消耗的$AgNO_3$溶液体积V_1（mL）	待测液体积			
	初读数			
	终读数			
	用　量			
V_1的平均值（mL）				
c_{AgNO_3}（$mol \cdot L^{-1}$）				
相对平均偏差（%）				
测定时消耗的$AgNO_3$溶液体积V_2（mL）	待测液体积			
	初读数			
	终读数			
	用　量			
V_2的平均值（mL）				
NaCl的含量（g/100mL）				
相对平均偏差（%）				

第三节　重量分析

重量分析法是将被测组分从试样中分离出来，并转化为固定组成的化合物或单质，然后用称量的方法测出被测组分含量的分析方法。重量分析法的优点是准确度高，因为在测定中通过称量直接计算物质含量，不需基准物，在科研及制订计量标准时，将其视为标准方法与基础分析方法之一。重量分析法的缺点是操作烦琐、费时，不适合低含量组分测定。

一、概述

重量分析法根据分离方法不同有多种类型，通常较多以沉淀反应为基础，即沉淀重量法。在沉淀重量法中选择合理的沉淀条件是至关重要的，其中主要因素是沉淀的结构，沉淀的结构直接影响沉淀的溶解度、晶形。

（一）沉淀的要求

（1）沉淀溶解度小，沉淀完全。
（2）沉淀应纯净，夹带杂质少。
（3）沉淀要易于分离、过滤和洗涤。
（4）沉淀组成一定，称量式符合分子式。
（5）沉淀的摩尔质量大，以减少称量误差。

（二）影响沉淀完全的因素

沉淀完全程度主要取决于沉淀的溶解度，影响沉淀溶解度的因素除了物质本性及温度外，还有同离子效应、盐效应、酸效应、配合效应等。

1. 同离子效应

同离子效应是由于在沉淀时加入与沉淀有相同离子的电解质后，使沉淀溶解度降低的现象。过量沉淀剂的加入，由于同离子效应使沉淀溶解度减小，沉淀更趋完全。但沉淀剂的过量必须适当，一般控制在 50%~100%，过量多少视情况而定，如在用 $BaCl_2$ 沉淀 SO_4^{2-} 离子的试验中，沉淀剂 $BaCl_2$ 过量应控制在 10%~20%。过多时会引起其他副反应，会促使沉淀溶解，发生盐效应、配合效应等。

2. 盐效应

盐效应是在难溶电解质的饱和溶液中，加入易溶强电解质时，使难溶电解质的溶解度增大的现象。盐效应的产生是由于在难溶电解质中加入强电解质后，溶液中的离子强度增加，离子活度系数相应减小，使原来饱和的难溶盐变为不饱和，促使溶解度增加。

3. 酸效应

酸效应是指溶液的酸度对沉淀溶解度的影响。对弱酸盐的沉淀，酸效应影响大，而强酸盐的酸效应影响较小，例：CaC_2O_4 沉淀在溶液中存在下列平衡。

$$CaC_2O_4 \rightleftharpoons C_2O_4^{2-} + Ca^{2+}$$

$$OH^- \updownarrow H^+$$

$$HC_2O_4^- \underset{OH^-}{\overset{H^+}{\rightleftharpoons}} H_2C_2O_4$$

当溶液中酸度增大时，平衡向右移动，使 CaC_2O_4 沉淀的溶解度增加。因此，对弱酸盐的沉淀，应在适当低的酸度下进行。

4. 配合效应

在沉淀平衡中，形成配合物促使沉淀溶解的现象，称为配合效应。

例：在 $AgNO_3$ 溶液中加入 NaCl 生成 AgCl 沉淀，当 NaCl 过量时：

$$AgCl + Cl^- = AgCl_2^-$$

由于配合反应，AgCl 形成 $Ag(Cl)_2^-$，促使 AgCl 溶解。在体系中同时存在同离子效应与配合效应，这样，NaCl 既作为沉淀剂，又为配合剂，沉淀时加入量一定要适量，才能达到最小溶解损失，使之沉淀完全。

5. 影响沉淀溶解度的其他因素

温度：由于大多数溶解过程吸热，温度升高沉淀溶解度上升。

溶剂：一般无机盐沉淀是离子型晶体，因此，在有机溶剂中溶解度比在水中小。例：$PbSO_4$ 在水中溶解度为 4.5mg/100mL，同样条件下在 30% 乙醇 - 水溶液中，溶解度为 0.23mg/100mL，相差近 20 倍。

颗粒：相同量的沉淀，若沉淀颗粒小则比表面积大，在同样条件下溶解度大。

结构：晶体结构不同，溶解度亦不同，在常温下初生的 CoS 为 α 型，溶解度为 $6.63 \times 10^{-11} mol \cdot L^{-1}$，放置后 CoS 转为 β 型，溶解度为 $4.47 \times 10^{-13} mol \cdot L^{-1}$。

（三）影响沉淀纯净的因素

1. 共沉淀

在进行沉淀时，把溶液中少许原不该沉淀的离子共同沉淀下来的现象。产生的原因有以下几方面。

（1）表面吸附。沉淀的表面可以吸附杂质离子，优先吸附的离子是与构晶离子形成溶解度小的物质，沉淀的总表面积越大，吸附量越大；溶液中杂质的浓度大，吸附越多；温度越高，吸附量减少。

（2）混晶。杂质离子与构晶离子半径相近，晶体结构相似时，就会生成混晶共沉淀，影响共沉淀混晶因素主要有：杂质的性质、浓度、形成晶体的速率等。异型混晶晶格不完整，在放置陈化时可以除去。

（3）吸留与包夹。指在快速沉淀时，沉淀中会因表面吸附而包藏一些溶液里的杂质的现象称之为吸留。母液被包裹在沉淀内部的现象叫作包夹。

（4）后沉淀。是在沉淀后慢慢形成的共沉淀。例如，CaC_2O_4 沉淀时，在溶液中存在的 Mg^{2+}，会在 CaC_2O_4 的表面形成 MgC_2O_4 的共沉淀。

2. 沉淀的晶形

沉淀的晶形主要有两种，晶形沉淀与非晶形沉淀。晶形沉淀的结构紧密、颗粒较大、吸附包藏的杂质少、沉淀较纯净；非晶形沉淀颗粒较小、结构疏松、吸附包藏杂质多、体积庞大、不易洗净等。因此，在实际操作中尽可能选用晶形沉淀以提高沉淀纯度。在操作中改变沉淀条件，可改变晶形，提高沉淀纯度。

（四）沉淀条件的选择

了解影响沉淀完全与纯净的因素后，可适当对沉淀条件进行选择。例如选择适当的分析程序、沉淀剂、掩蔽剂与酸度等，针对不同晶形的沉淀采用不同的条件。

1. 晶形沉淀条件的选择

为了使晶形长大，便于过滤洗涤，操作时应使沉淀在稀溶液中进行，构晶离子形成晶核少，有利于晶体长大，且包藏与吸附杂质少；沉淀剂加入速度要慢，边加沉淀剂边搅拌，防止局部过浓，减少晶核形成，另外尽可能在加热条件下沉淀，温度高溶解度增大，有利于晶体定向成长。将沉淀和溶液放置一段时间或加热搅拌一定时间，让沉淀中小晶体溶解、大晶体长大，此过程称之为陈化过程。

2. 非晶形沉淀的沉淀条件

非晶形沉淀由于含水率高，结构疏松，吸附包藏杂质多，易发生胶溶现象。为克服这些问题，应在含有适当电解质的热溶液中，快速加入较浓的沉淀剂，并不断搅拌进行沉淀。这样形成的沉淀水合程度小，结构紧密而易过滤。沉淀后立即过滤，不需陈化。

（五）沉淀剂的要求与选择

合适的沉淀剂本身溶解度要大，形成沉淀的溶解度小，沉淀剂要具有一定的选择性与特效性，形成沉淀的摩尔质量要大，灼烧时沉淀剂易挥发除去。

二、重量分析的基本操作

（一）试样的干燥

研磨得很细的试样具有极大的表面积，会从空气中吸附一些水分，因此在称样前应作干燥处理，以除去吸附的水，这样才能得到正确的结果。

由于试样的吸湿性和其性质不尽相同，干燥所需要的温度和时间也不一样。所用的温度应既能赶去水分，又不至引起试样中组成水和挥发性组分的损失。一般用的温度为 $378 \sim 383K$，而且最好不时搅动，以利干燥。若处理的试样较多，可平铺于蒸发皿或培养皿中，上面盖一表面皿进行干燥。经干燥的试样应在干燥器中保存。

有的试样也用空气干燥（风干）。风干的试样应保存在无干燥剂的干燥器中，或用纸将称量瓶包好放在干净的烧杯内保存。含结晶水的试样也不能放在干燥器中。

计算各组分的含量时，应该注明试样的干燥情况。必要时应换算成干基试样表示。

（二）试样的溶解

试样的溶解是一个很复杂的问题。许多固体试样，特别是许多矿物和岩石试样，需用各种溶剂（或熔剂）分解，下面只介绍易溶试样的一些实验操作。

试样溶解时若有气体产生（如用盐酸溶解碳酸盐），则应先用少量水将试样润湿，以防止产生的气体将轻细的试样扬出。用表面皿将烧杯盖好，凸面向下。为防止反应过于猛烈，应用滴管将溶剂自杯嘴逐滴加入。

溶解试样时若需加热，则必须用表面皿盖好烧杯。溶液沸腾后改用小火，以防止溶液剧烈沸腾和崩溅。应注意防止溶液蒸干，因溶液蒸至稠状时，极易崩溅，而且许多物质脱水后很难再溶解。若在锥形瓶中加热，可在瓶口搁置一只小漏斗，既可防灰尘落入瓶中，又可减缓溶剂挥发速度。待溶样结束后，用洗瓶将表面皿、烧杯（锥形瓶）内壁上沾着的溶液吹洗回烧杯（锥形瓶）内。

（三）溶液的蒸发

蒸发溶液应在水浴锅上进行。若直接加热，切勿使溶液猛烈沸腾。蒸发时烧杯必须用表面皿盖好，蒸发后用洗瓶吹洗表面皿和杯壁。如需将溶液蒸干，也必须在水浴锅上进行。

（四）沉淀的生成

沉淀剂加入的速度以及是否需要陈化应根据沉淀类型而定。如果需要一次性加入沉淀剂，如沉淀非晶形沉淀时或加有机沉淀剂时，则应将沉淀剂沿着烧杯内壁加到溶液中去，边加边搅拌，以防溶液溅出。形成晶形沉淀时，通常用滴管滴加，边滴边搅拌，以使沉淀剂不至局部过浓，使形成的沉淀太细。太细的沉淀更易吸附杂质，难于洗涤；过滤时，还可能造成穿滤，以至实验失败。搅拌时玻棒不要碰撞或摩擦杯壁。沉淀若需在热溶液中进行，则不得使溶液沸腾（最好在水浴中加热）。溶液加热后，用洗瓶吹洗表面皿和杯壁，以免溶液损失。

沉淀后应检查沉淀是否完全。待沉淀下沉后，在上层清液中，缓缓滴加几滴沉淀剂，仔细观察是否有新的沉淀形成。若仍有沉淀形成，则应补加足量的沉淀剂使沉淀完全。

（五）沉淀的过滤和洗涤

这是重量分析成败的关键步骤。根据沉淀在灼烧中是否会被纸灰还原及称量形式的性质，选择滤纸或玻璃滤器过滤。

滤纸的选择与过滤的操作技术见第四章第一节。

（六）沉淀的烘干与灼烧

1. 瓷坩埚的准备

沉淀的烘干与灼烧一般是在瓷坩埚进行的。先把坩埚洗净晾干（或烘干），然后在高温下灼烧至恒重，灼烧坩埚的温度应与灼烧沉淀时的温度相同。第一次灼烧约30min，取出稍冷却后，转入干燥器中冷却至室温，称量。第二次再灼烧 15~20min，再冷却称量，二次称量之差小于 0.4mg 时，即已恒重。恒重的坩埚放在干燥器中备用。

2. 沉淀的干燥及滤纸的炭化和灰化

从漏斗内小心地取出带有沉淀的滤纸，仔细地将滤纸四周折拢，使沉淀完全被包裹在滤纸中，将滤纸包放入已恒重的坩埚，让滤纸层数较多的一边朝上，这样可使滤纸较易灰化。将坩埚斜放在泥三角上，坩埚底应放在泥三角的一边，坩埚口对准泥三角的顶角，如图 5-15a 所示，把坩埚盖斜倚在坩埚口的中部，然后开始用小火加热，把火焰对准坩埚盖的中心，如图 5-15c 所示，使火焰加热坩埚盖，热空气由于对流而通过坩埚内部，使水蒸气从坩埚上部逸出。待沉淀干燥后，将煤气灯移至坩埚底部，如图 5-

15b 所示，仍以小火继续加热，使滤纸炭化变黑。炭化时应注意，不要使滤纸着火燃烧，否则微小的沉淀颗粒可能因飞散而损失。一旦滤纸着火时，应立即移去灯火，盖好坩埚盖，让火焰自行熄灭，切勿用嘴吹。稍等片刻再打开盖子，继续加热。直到滤纸全炭化不再冒烟后，逐渐升高温度，并用坩埚钳夹住坩埚不断转动，使滤纸完全灰化呈灰白色。

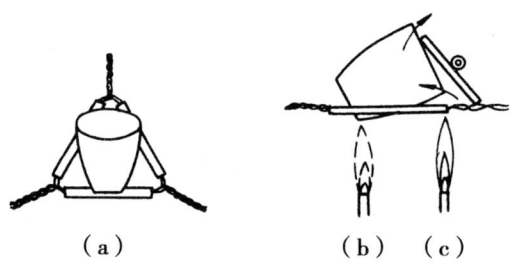

图 5-15 沉淀的干燥

3. 沉淀的灼烧

滤纸灰化后，用特制的长坩埚钳，把坩埚移入马弗炉中，盖上坩埚盖，在指定温度下灼烧 20～30min。取出坩埚时，先将坩埚移到炉门旁边冷却片刻，然后放在泥三角架上或石棉板上，稍冷却后，放入干燥器中冷却至室温，称量。再灼烧 15min，冷却称量，直到恒重。

干燥器是具有磨口盖子的硬质玻璃器皿，磨口上涂有一薄层凡士林，以便其更好地密合。底部放适量的干燥剂，如变色硅胶、无水氯化钙等，上有一块带孔瓷板，坩埚放在瓷板的孔内。开启干燥器时，左手按住干燥器的下部，右手握住盖上的圆顶，推开，如图 5-16a 所示。加盖也应手握住盖上的圆顶缓慢推上。放温热的坩埚时，要先将盖留一缝隙，稍等几分钟再盖严。移动干燥器时，应紧按盖子，以防盖子滑落，如图 5-16b 所示。

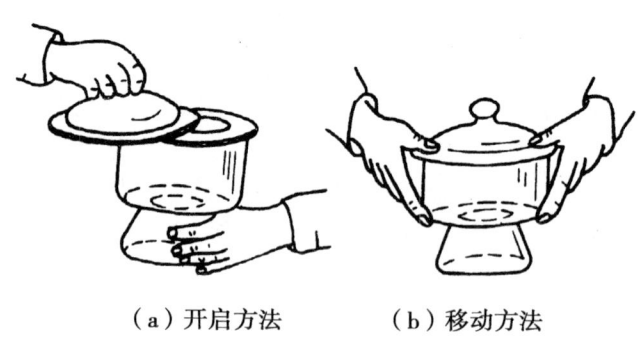

（a）开启方法　　（b）移动方法

图 5-16 干燥器的的开启与移动

实验 51 钡盐中钡含量的测定

一、实验目的

（1）了解沉淀重量法测定 Ba^{2+} 的基本原理。
（2）了解重量法的一般分析步骤和方法。

二、预习与思考

（一）预习内容

（1）重量法的一般分析步骤和方法。
（2）沉淀重量法测定 Ba^{2+} 的基本原理。

（二）思考以下问题

（1）沉淀 $BaSO_4$ 时，为什么要在稀溶液中进行？不断搅拌的目的是什么？
（2）为什么沉淀 $BaSO_4$ 时要在热溶液中进行，而在自然冷却后进行过滤？趁热过滤或强制冷却好不好？
（3）洗涤 $BaSO_4$ 沉淀时，为什么要用洗涤液洗，而不直接用蒸馏水洗？

三、实验原理

Ba^{2+} 能生成一系列难溶化合物，如 $BaCO_3$、BaC_2O_4、$BaCrO_4$ 和 $BaSO_4$ 等，其中以 $BaSO_4$ 的溶解度最小（$K_{sp} = 1.1 \times 10^{-10}$），其组成与化学式相符，摩尔质量大，性质稳定，符合重量分析对沉淀的要求。所以通常以 $BaSO_4$ 为沉淀形式和称量形式测定 Ba^{2+} 或 SO_4^{2-}。

$$Ba^{2+} + SO_4^{2-} = BaSO_4 \downarrow$$

为了得到粗大的 $BaSO_4$ 晶形沉淀，将钡盐溶液用稀 HCl 酸化，使部分 SO_4^{2-} 成为 HSO_4^-，以降低溶液的相对过饱和度，同时可防止其他的弱酸盐，如 $BaCO_3$ 沉淀产生。加热近沸，并在不断搅拌的情况下缓慢地加入适当过量的热的沉淀剂稀 H_2SO_4，沉淀经陈化、过滤、洗涤、灼烧，最后称量，即可求得试样中 Ba^{2+} 的含量。

四、仪器与试剂

托盘天平，分析天平，马弗炉，瓷坩埚，漏斗，干燥器，定量滤纸。
$BaCl_2 \cdot 2H_2O$，HCl（$2mol \cdot L^{-1}$），H_2SO_4（$1mol \cdot L^{-1}$），$AgNO_3$ 溶液（$0.1mol \cdot L^{-1}$）。

五、实验内容

1. BaCl₂溶液的配制

在分析天平上准确称取 $BaCl_2 \cdot 2H_2O$ 试样 0.400 0～0.500 0g 一份，置于 250mL 烧杯中，加蒸馏水 100mL，搅拌溶解（注意：玻棒应于过滤、洗涤完毕后才取出）。加入 $2mol \cdot L^{-1}$ HCl 溶液 4mL，加热近沸（勿使沸腾以免溅失）。

2. 钡盐的沉淀及陈化

取 $1mol \cdot L^{-1}$ H_2SO_4 溶液 4mL 置于小烧杯中，加水 30mL，加热至沸，趁热将稀 H_2SO_4 用滴管逐滴加入到试样溶液中，并不断搅拌。沉淀作用完毕，待 $BaSO_4$ 沉淀下沉，于上层清液中加入 H_2SO_4 1～2 滴，观察是否有白色沉淀，以检验其沉淀是否完全。盖上表面皿，将沉淀在沸腾的水浴中陈化半小时，其间要搅动几次，放置冷却后过滤。

3. 沉淀过滤及洗涤

取慢速定量滤纸一张，按漏斗角度的大小折好滤纸，使其与漏斗很好地贴合，以蒸馏水润湿，并使漏斗颈内保持水柱；将漏斗放置于漏斗架上，漏斗下面放一只清洁的锥形瓶。小心地将沉淀上面清液沿玻棒倾入漏斗中，再用倾泻法洗涤沉淀 3～4 次，每次用 15～20mL 洗涤液（3mL $1mol \cdot L^{-1}$ H_2SO_4，用 200mL 蒸馏水稀释即成）。然后将沉淀定量地转移至滤纸上，以洗涤液洗涤沉淀，直到洗液不含 Cl^- 为止（收集数滴于表面皿上，用 $AgNO_3$ 溶液检验）。

4. 沉淀的灼烧及称量

取一只洁净带盖的坩埚在 800～850℃ 下灼烧至恒重后，记下坩埚的质量。将盛有沉淀的滤纸折成小包，放入已恒重的坩埚中，在酒精灯上烘干、炭化、灰化后放入 800～850℃ 的马弗炉中灼烧 30min，取出置于干燥器内冷却，称量；然后进行第二次灼烧 15～20min，冷却，称量，直至恒重。根据试样和沉淀的质量计算试样中钡的质量分数。

样品中钡含量的计算：

$$\omega_{Ba} = \frac{137.33 \times m_{BaSO_4}}{233.37 \times m_{样}}$$

实验 52　可溶性钡盐中钡含量的测定（微波干燥法）

一、实验目的

（1）了解晶形沉淀的沉淀条件和沉淀方法。
（2）练习沉淀的过滤、洗涤的操作技术。
（3）测定氯化钡中钡的含量。
（4）学会使用家用微波炉。

二、预习与思考

(一) 预习内容

(1) 沉淀溶解平衡的基本知识及影响沉淀溶解度的因素。
(2) 晶形沉淀的沉淀条件。
(3) $BaSO_4$ 沉淀重量法的原理及方法。
(4) 重量法中误差的来源与减少方法。

(二) 思考以下问题

(1) 试样溶解后的溶液为什么要酸化？可以用 HNO_3 酸化吗？为什么？
(2) 怎样用沉淀理论来解释本实验中的沉淀条件？
(3) 如果在 $BaSO_4$ 沉淀中包含 $BaCl_2$，将使测定结果偏高还是偏低？
(4) 试拟出用沉淀重量法测定可溶性硫酸盐中 SO_4^{2-} 含量的实验步骤。测定钡时，沉淀剂稀 H_2SO_4 可过量 50%~100%，而测定 SO_4^{2-} 时，沉淀剂 $BaCl_2$ 应过量大约多少？为什么比前者过量得少？
(5) 为什么沉淀 $BaSO_4$ 时必须在热溶液中进行，过滤又要在冷却后进行？

三、实验原理

可溶性钡盐经溶解及 HCl 酸化后，在加热和不断搅拌下，慢慢加入稀、热的 H_2SO_4 溶液，产生 $BaSO_4$ 晶形沉淀。沉淀经陈化、过滤、烘干，以纯净的 $BaSO_4$ 形式称量，即可求出试样中 Ba 的含量。

为了获得颗粒较大的和纯净的 $BaSO_4$ 沉淀，试样溶于水后，加入 HCl 酸化，使部分 SO_4^{2-} 成为 HSO_4^-，以降低溶液的过饱和度，防止其他弱酸盐，如 $BaCO_3$ 沉淀产生，同时加热近沸，在不断搅拌下滴加过量的沉淀剂稀 H_2SO_4，形成的 $BaSO_4$ 颗粒较大。

微波干燥法的方法、原理及沉淀操作条件与灼烧恒重法的基本相同，不同之处是前者使用微波炉干燥 $BaSO_4$ 沉淀，与传统的灼烧干燥法相比，它既可节省实验时间，又可节约能源，操作也较为简便。

使用微波炉干燥 $BaSO_4$ 沉淀时，如果沉淀中包藏有 H_2SO_4 等高沸点杂质，不能在干燥过程中分解或挥发掉（灼烧干燥时可以除掉 H_2SO_4），因此，对沉淀条件和洗涤操作的要求更严格。应将含 Ba^{2+} 试液进一步稀释，而且必须使过量沉淀剂控制在 20%~50% 之内，滴加沉淀剂的速率要缓慢。这样，可减少 $BaSO_4$ 沉淀中包藏 H_2SO_4 及其他杂质，使测定结果的准确度与传统的灼烧法相同。

四、仪器与试剂

G_4 玻璃坩埚式过滤器，微波炉，烧杯等。

HCl （2 mol·L^{-1}），H_2SO_4 （1 mol·L^{-1}），$AgNO_3$ 溶液 （0.1 mol·L^{-1}）。

五、实验内容

1. 坩埚式过滤器的准备

洗净两个坩埚式过滤器,用真空泵抽 2min 以除掉玻璃砂板微孔中的水分。放进微波炉于 500W 的输出功率下进行干燥,第一次干燥 10min,第二次 4min。每次干燥后放入干燥器中冷却 20min,然后在分析天平上快速称量,直至恒重。

2. 称样及沉淀的制备

准确称取 0.400 0~0.600 0g 试样两份,分别置于 250mL 烧杯中,加 100mL 水及 3mL 2mol·L^{-1} HCl 溶液,搅拌溶解,加热近沸。

另取 4mL 1mol·L^{-1} H_2SO_4 溶液两份,分别于 100mL 烧杯中,各加水 30mL,加热近沸。在不断搅拌下用滴管将两份稀 H_2SO_4 溶液分别滴加到两份试样溶液中,直到两份稀 H_2SO_4 溶液分别加完为止。充分搅拌后静置片刻,待 $BaSO_4$ 沉淀沉降后,小心于上层清液中滴入 1~2 滴 0.1mol·L^{-1} H_2SO_4,仔细观察是否沉淀完全。沉淀完全后,盖上表面皿,放在沸水浴上,经常搅拌并保温陈化 30min(也可将沉淀放置过夜)。

3. 沉淀的过滤和洗涤

$BaSO_4$ 沉淀冷却后,定量转移至已恒重的坩埚式过滤器中减压过滤,将沉淀用 0.01mol·L^{-1} 稀 H_2SO_4 溶液(用 1mol·L^{-1} 的 H_2SO_4 稀释)洗涤沉淀 3~4 次(每次约 10mL);用水淋洗沉淀和坩埚内壁 4~6 次,直到洗涤液中无 Cl^- 为止(收集滤液,在黑色点滴板上用 $AgNO_3$ 试剂检验)。继续抽干 2min 以上(至不再产生水雾)。

4. 沉淀的干燥和恒重

将坩埚式过滤器放入微波炉进行干燥(第一次 10min,第二次 4min),冷却、称量,直至恒重。按下式计算试样中钡的质量分数。

$$\omega_{Ba}(\%) = \frac{\frac{m_{(BaSO_4)}}{M_{(BaSO_4)}} \times M_{(Ba)}}{m_{(样品)}} \times 100$$

第四节 电位分析

一、概述

电位分析法是利用电极电位测定物质活度(或浓度)的电化学分析方法。

电位分析法可分为直接电位法和电位滴定法。在溶液中插入一支指示电极和一支参比电极,通过测定它们之间的电位差进行溶液中物质浓度的测定方法称为直接电位法;利用在滴定过程中电位差的变化来确定滴定终点的方法称为电位滴定法。直接电位法比较简便,常用于溶液 pH 值的测定,以及用离子选择性电极对一些阳离子或阴离子浓度的测定。直接电位法准确度不高,同时需控制体系的离子强度及 pH 值。电位滴定法具有分析准确度高,适用范围广等优点,广泛用于酸碱滴定、氧化还原滴定、沉淀滴定以及配位滴定等方法中。特别是对于某些滴定突跃小,不能应用指示剂准确指示滴定终点、一些被测体系带色、浑浊或呈胶态，指示剂不适用的场合以及对含多种组分进行连续、分别测定，用电位滴定法可获得理想的结果。

电位分析法用一对参比电极和指示电极构成一个测量电池。如图 5-17 所示。通过测量该电池的电动势或电极电位求得被测定物质的含量。

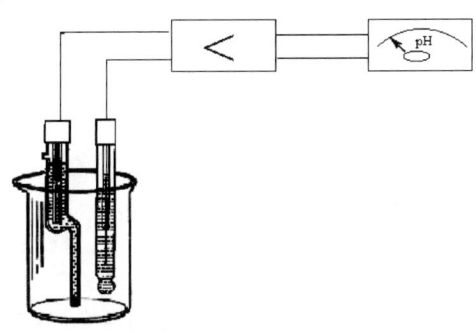

图 5-17　pH 值测定装置示意

电位分析法已广泛应用于生命科学、动物科学、食品科学、农业科学、水产科学、园艺科学、饲料分析、矿物分析、环境监测等领域，用来分析试样中的元素和化合物。

二、电位分析法所用电极

（一）参比电极

1. 标准氢电极

标准氢电极的结构如图 5-18 所示。在可以不断通入氢气的玻璃管内熔接一根铂丝作为导体，铂丝下端焊接一块镀有铂黑的铂片，铂黑是具有很大比表面积的多孔铂，对氢气有较强的吸附作用。把镀有铂黑的铂片置于氢离子浓度为 $1\ mol\cdot L^{-1}$ 的硫酸溶液中，然后在 298.15K 温度下不断通入压力为 1 标准大气压的纯氢气，使铂黑吸附氢气达到饱和。在被氢气饱和的铂黑与溶液之间建立了如下平衡：

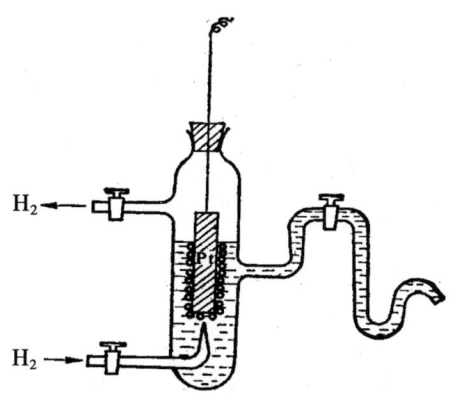

图 5-18　标准氢电极示意

$$2H^+ + 2e \rightarrow H_2$$

规定标准氢电极的电位为零。

2. 甘汞电极

当温度、压力不变时,参比电极的电极电位与溶液中的待测定离子浓度无关,在测量过程中保持不变。甘汞电极是实验室常用的参比电极,由金属汞和氯化亚汞和氯化钾溶液组成,电极反应是:

$$Hg_2Cl_2(s) + 2e \rightarrow 2Hg(l) + 2Cl^-$$

电极电位与 KCl 溶液中 Cl^- 的活度有关,25℃时为

$$\varphi_{Hg_2Cl_2/Hg} = \varphi^{\ominus}_{Hg_2Cl_2/Hg} - 0.0592 \lg \alpha_{Cl^-}$$

甘汞电极的电极电位随氯化钾浓度、温度的变化而变化,其变化情况如表 5-23 所示。

表 5-23 甘汞电极的电极电位与温度的关系

内充液 KCl 浓度	$0.1 mol \cdot L^{-1}$	$1 mol \cdot L^{-1}$	饱和
电位(25℃)(V)	0.3338	0.2820	0.2415
不同温度下的电位(V)	$0.3338 - 7 \times 10^{-5} \times (t-25)$	$0.2820 - 2.4 \times 10^{-4} \times (t-25)$	$0.2415 - 7.6 \times 10^{-4} \times (t-25)$

常用的是饱和氯化钾电极,称为饱和甘汞电极。使用甘汞电极时温度不得超过 70℃,否则氯化亚汞将分解;电极腔内的液接部位不能有气泡存在,否则将可能引起测量断路或读数不稳定;电极腔内的液面高于测定液面约 2cm,防止测定溶液向电极内部渗透,如果液面过低可以从加液口添加相应的氯化钾溶液;饱和甘汞电极内部应保持少量氯化钾晶体,以确保饱和。图 5-19 为饱和甘汞电极的结构图,其内部结构如图 5-20 所示。

3. 银-氯化银电极

在银丝表面镀上一层氯化银,浸在饱和氯化钾溶液中,即构成银-氯化银电极。电极反应:

$$AgCl(s) + e \rightarrow Ag + Cl^-$$

银-氯化银的电极电位取决于内充液氯离子浓度,在饱和 KCl 溶液中,银-氯化银电极为 0.197 V(25℃)。

银-氯化银电极常用在 pH 玻璃电极和其他各种离子选择性电极中用作内参比电极。由于银-氯化银电极在 275℃ 左右的高温下,仍有足够的稳定性,所以可替代甘汞电极在高温下使用。

(二) 指示电极

指示电极指能够指示被测离子活度(或浓度)变化的电极。

1. 金属电极

把能够发生可逆的氧化还原反应的金属,插入含有此金属离子的溶液中,即组成金

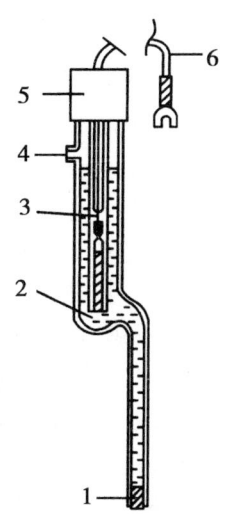

1. 多孔性物质；2. 氯化钾溶液；3. 内电极；4. 加液口；5. 绝缘帽；6. 导线

图 5-19　甘汞电极结构

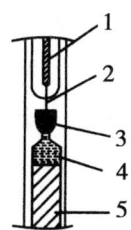

1. 导线；2. 铂丝；3. 汞；4. 氯化亚汞；5. 多孔性物质

图 5-20　甘汞电极内部结构

属电极，其电极电位的变化能准确地反映溶液中金属离子活度（或浓度）的变化。如：将金属银插入含银离子的溶液中，其电极反应为：

$$Ag^+ + e \rightarrow Ag(s)$$

25℃时电极电位为：

$$\varphi_{Ag^+/Ag} = \varphi^{\ominus}_{Ag^+/Ag} + 0.0592 \lg c(Ag^+)$$

银电极可用于测定银离子浓度，也可用于有银离子浓度变化的沉淀或配位滴定。金属电极使用前应用细砂纸打磨，再用蒸馏水清洗干净。

2. 惰性金属电极

用惰性材料如铂、金或石墨制成的片或棒，插入含有可逆的、两种氧化态的同一离子溶液中，惰性金属电极的电极电位能指示出溶液中氧化态、还原态活度（或浓度）的比值，电极本身不参加氧化还原反应，仅起传导电子的作用。如：铂与 Fe^{3+} 和 Fe^{2+} 组成的电极，电极反应为：

$$Fe^{3+} + e \rightarrow Fe^{2+}$$

25℃时电极电位：

$$\varphi_{Fe^{3+}/Fe^{2+}} = \varphi^{\ominus}_{Fe^{3+}/Fe^{2+}} + 0.0592\lg\frac{\alpha_{Fe^{3+}}}{\alpha_{Fe^{2+}}}$$

铂电极使用前要用1:1硝酸溶液浸泡数分钟，再用蒸馏水清洗干净。

3. 离子选择性电极

离子选择性电极是一种以电位法测量溶液中某种特定离子活度的指示电极。离子选择性电极种类很多，电极薄膜不给出或得到电子，而是选择性地允许一些离子透过，并有离子交换过程。各种离子选择性电极的构造随敏感膜不同而略有不同，通常由敏感膜及其支持体、内参比溶液（含与待测离子相同的离子）、内参比电极（Ag/AgCl电极）等组成。图5-20是玻璃电极的结构示意图。

（1）玻璃电极。玻璃电极的选择性由玻璃膜的组成所决定图5-21，玻璃电极是对氢离子活度有选择性响应的电极，用于测定溶液的pH值或用做酸碱滴定的指示电极。若适当改变玻璃膜组成后，可以测定Na^+、Ag^+、Li^+、K^+等离子活度。对阳离子及相应的电极，其膜电位：

$$\varphi_{膜} = K + \frac{0.0592}{n}\lg\alpha(M^{n+})$$

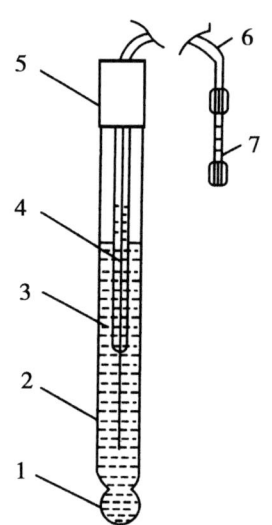

1. 电极球；2. 玻璃外壳；
3. 缓冲溶液；4. Ag/AgCl电极；
5. 绝缘帽；6. 导线；7. 插座

图5-21 玻璃电极结构

对阴离子及相应的电极，其膜电位：

$$\varphi_{膜} = K - \frac{0.0592}{n}\lg\alpha(R^{n-})$$

pH玻璃电极的膜电位与溶液中H^+活度（或pH）的关系为：

$$\varphi_{膜} = K + 0.0592\lg\alpha_{H^+} = K - 0.0592pH$$

K为电极常数。在一定温度下，玻璃电极的电位与试液的pH成线性关系。

酸度计测定pH的方法是电势测定法。将测量电极（玻璃电极）与参比电极（饱和甘汞电极）一起浸入被测溶液中，组成一原电池。饱和甘汞电极为正极，玻璃电极为负极，电池电动势为：

$$E = \varphi_+ - \varphi_- = \varphi_{甘汞} - \varphi_{膜} = K' + 0.0592pH$$

因为K值是很难通过计算得到的，即K'也无法通过计算得到。因此，在测量试液pH值之前，要先用标准的缓冲溶液对仪器进行定位，然后再测量试液的pH值，即采用"两次测量法"。同时还要考虑温度对测定pH的影响，通常酸度计上设有补偿温度的装置。

两次测量法测定试液pH值的方法：设标准缓冲溶液的pH为pH_s、待测溶液的pH为pH_x，25℃时标准缓冲溶液的电动势为：

$$E_s = K'_s + 0.0592\,pH_s$$

25℃时待测溶液的电动势为：

$$E_x = K'_x + 0.0592 \text{pH}_x$$

两式相减：

$$\text{pH}_x = \text{pH}_s + \frac{E_x - E_s}{0.0592}$$

由上面推导可知：pH_x 的计算是在假定量 $K'_s = K'_x$ 的条件下得出的。待测溶液 pH_x 的测定是以标准缓冲溶液 pH_s 为基准的，测定时，选用标准缓冲溶液的 pH_s 值应与待测溶液的 pH_x 值接近，当标准溶液与待测溶液 pH 值差 1 个 pH 单位时，且 E_x 与 E_s 的电动势差为 0.0592 V（25℃）。

表 5-24 给出 6 种常见 pH 基准试剂。由基准试剂配制的标准缓冲溶液是测定 pH 值的基准，因此配制的标准缓冲溶液必须准确无误。使用时，还应注意标准缓冲溶液在不同温度下的 pH 值不同。

表 5-24 常用 pH 基准试剂及标准缓冲溶液的 pH 值

试剂	规定浓度/（mol/kg）	一级基准试剂 pH_s 的标准值（25℃）
草酸钾	0.05	1.680 ± 0.005
酒石酸氢钾	饱和	3.559 ± 0.005
邻苯二甲酸氢钾	0.05	4.003 ± 0.005
磷酸氢二钠、磷酸二氢钾	0.025	6.864 ± 0.005
四硼酸钠	0.01	9.182 ± 0.005
氢氧化钙	饱和	12.460 ± 0.005

使用 pH 玻璃电极时应注意：

①电极使用时应在蒸馏水或 $0.1\text{mol} \cdot \text{L}^{-1}$ 的盐酸溶液中浸泡 24h 以上，电极暂不使用时也应浸泡在蒸馏水中；

②需注意电极的使用 pH 值范围，超出范围时会产生较大的测量误差；

③电极应在所规定的温度范围内使用，温度较高时，电极内阻降低，有利于测定，但将使电极寿命缩短；

④要注意电极内参比溶液中有无气泡，如有应小心除去；

⑤电极球泡的玻璃膜很薄，极易因碰撞或挤压而破碎，应特别注意保护。

（2）pH 复合电极。为了使操作、保管更方便，使用时不易损坏，目前的酸度计大多配用 pH 复合电极，即把 pH 玻璃电极和外参比电极（一般用 Ag-AgCl 电极）以及外参比溶液（有的还有温度测量探头）一起装在一根电极塑管中，合为一体，底部露出的玻璃球泡有护罩加以保护，电极头还有一个带有保护液（一般为饱和 KCl 溶液）的外套。pH 玻璃电极和外参比电极的引线用电缆线及复合插头与测量仪器连接。其结构如图 5-22 所示。

使用 pH 复合电极时应注意：

①新电极必须在 pH 值 = 4 或 7 缓冲溶液中调节并浸泡过夜。

②使用复合电极时，一般不能用电极搅拌溶液，有时遇到溶液较少时，可以用电极轻轻搅动溶液，但要特别注意防止损伤电极。

③更换测量溶液前，均需细心洗净电极。用吸水纸吸干电极时，要注意小心吸干球泡护罩内的水分，防止损伤球泡。

④电极不用时，应洗净电极，然后套上带有保护液的电极套。要经常检查添加套内的保护液，不能干涸。

⑤复合电极的电极头不能朝上放置，使用时电极不能上、下翻动或剧烈摇动。

⑥不同型号的复合电极，使用及保护上有所不同，应仔细阅读其说明。

（3）氟电极。氟离子选择性电极的电极膜是由掺有 EuF_2 的 LaF_3（难溶盐）单晶片制成。响应膜封在聚四氟乙烯塑料管的一端，管内充有 $0.1 mol \cdot L^{-1}$ NaCl 和 $(0.1 \sim 0.01)\ mol \cdot L^{-1}$ NaF 混合液作为内参比溶液，Ag - AgCl 为内

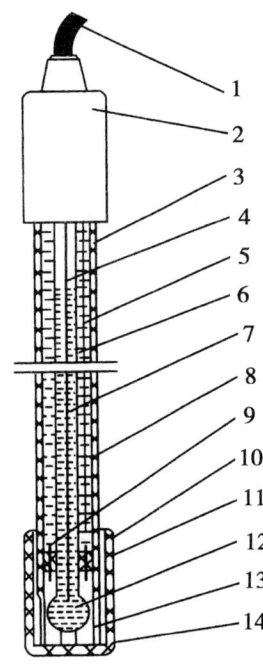

1. 电极导线；2. 电极帽；3. 电极塑壳；
4. 内参比电极；5. 外参比电极；6. 电极支持杆；
7. 内参比溶液；8. 外参比溶液；9. 液接界；
10. 密封团；11. 硅胶圈；12. 电极球泡；
13. 球泡护罩；14. 护套

图 5-22　pH 复合电极

参比电极。25℃时膜电位为：

$$\varphi = K - 0.059\ 2\lg\alpha(F^-) = K + 0.059\ 2pF$$

实验 53　溶液 pH 值的测定

一、实验目的

（1）了解电位法测定溶液 pH 值的原理和方法。
（2）学会酸度计的使用方法。

二、预习与思考

（一）预习内容

（1）浓度、温度对电极电位的影响——能斯特方程。

(2) 电位法测定溶液 pH 值的原理和方法。
(3) 酸度计的使用方法。

(二) 思考下列问题

(1) 复合电极在使用前应如何处理?
(2) 测量未知水样 pH 值时,为什么要用标准缓冲溶液对酸度计进行校正?校正时要注意什么问题?
(3) 测量多个未知水样的 pH 值时,测定顺序如何?为什么?

三、实验原理

测定溶液 pH 值是直接电位法测定溶液离子浓度(活度)最典型的实例,是用指示电极(玻璃电极)、参比电极(饱和甘汞电极)插入被测溶液组成原电池:

$(-)$ Ag $|$ AgCl (s) $|$ HCl $(0.1\text{mol} \cdot \text{L}^{-1})$ $|$ H$^+$ $(x\text{mol} \cdot \text{L}^{-1})$ $||$ KCl(饱和) $|$ Hg$_2$Cl$_2$ (s) $|$ Hg $(+)$
(玻璃电极)　　　　　　　　　　　　　　　　(被测液)　　　　　(盐桥)
(甘汞电极)

在一定条件下,电池电动势 E 是 pH 值的直线函数:

$$E = K + 0.0592\,\text{pH} \quad (25℃)$$

测得电动势 E 就可计算 pH 值。但因式中的 K 包含难以求得的不对称电位和液接电位,其值难以确定。因此在实际工作中,用酸度计测量溶液 pH 时,必须先用与试液 pH 值相近的标准缓冲溶液加以校正(称为"定位")。应用定位后的酸度计,可直接测定溶液的 pH 值。

四、仪器与试剂

酸度计及配套电极、塑料杯、台秤、水样、洗瓶、滤纸。
标准缓冲溶液(pH 值 =6.88、4.00)。

五、实验内容

(一) 仪器的安装与校准

(1) 将多功能电极架插入多功能电极架插座中,并拧好;将 pH 复合电极安装在电极架上,将 pH 复合电极下端的电极保护套拔下,并且拉下电极上端的橡皮套使其露出上端小孔。用蒸馏水清洗电极。
(2) 连接电源线,并打开仪器开关,仪器首先显示"PHS – 3C"字样,稍后,会显示上次标定后的斜率以及 E0 值。然后进入测量状态,显示当前的电位值或者 pH。在测量状态下,按"pH/mV"按钮,使仪器进入 pH 测量状态;预热 10min。
(3) 按"温度"按钮,调整至室温,然后按"确认"键;把用蒸馏水清洗过的电极插入标准缓冲溶液中,待读数稳定后按"定位"键,仪器显示"Std yes"字样,然后按"确认"键进入标定状态,手动调节使显示的 pH 数据为当前温度下对应标准溶液的

pH 值，然后按"确认"键，完成一点标定。再次清洗电极，把电极插入其他 pH 的标准缓冲溶液中，待读数稳定后按"斜率"键，仪器显示"Std yes"字样，然后按"确认"键进入标定状态，手动调节使显示的 pH 数据为当前温度下对应标准溶液的 pH 值，然后按"确认"键，完成二点标定。仪器进入 pH 测量状态。

（二）测定

测定自来水和所给水样的 pH 值，表 5-25 为不同温度下缓冲液 pH 值。

表 5-25 不同温度下标准缓冲溶液的 pH 值

温度（℃）	pH4	pH7	pH9	温度（℃）	pH4	pH7	pH9
5	4.00	6.95	9.39	45	4.04	6.83	9.04
10	4.00	6.92	9.33	50	4.06	6.83	9.02
15	4.00	6.90	9.28	55	4.07	6.83	8.99
20	4.00	6.88	9.23	60	4.09	6.84	8.97
25	4.00	6.86	9.18	70	4.12	6.85	8.93
30	4.01	6.85	9.14	80	4.16	6.86	8.89
35	4.02	6.84	9.10	90	4.20	6.88	8.86
40	4.03	6.84	9.07	95	4.22	6.89	8.84

[注意事项]

（1）测定前，应检查电极中饱和 KCl 溶液的液面，必要时补加。

（2）取下电极护套后，应避免电极的敏感玻璃泡与硬物接触，因为任何破损或擦毛都使电极失效。

（3）测量结束，及时将电极保护套套上，电极套内应放少量外参比补充液，以保持电极球泡的湿润，切忌浸泡在蒸馏水中。

（4）电极的引出端必须保持清洁干燥，绝对防止输出两端短路，否则将导致测量失准或失效。

（5）用 pH 试纸分别判断水样大致 pH 值，选择与被测定水样 pH 值接近的 pH 标准缓冲溶液。测定时，首先测定 pH 最大的水样，因而选择 pH 最大的标准缓冲溶液来校正仪器。

（6）如果在标定过程中操作失误或按键按错而使仪器测量不正常，可按住"确认"键 3s 以上，仪器显示"SYS rSt"字样，此时放开"确认"键，稍等，仪器开始闪烁显示，此时按"确定"键，仪器即可回到测量状态。或者关闭电源，然后按"确认"键再开启电源，使仪器恢复初始状态，然后重新标定。

经标定后，"定位"键及"斜率"键不能再按，如果触动此键，此时仪器 pH 指示灯闪烁，请不要按"确认"键，而是按 pH/mV 键，使仪器重新进入 pH 测量即可，而无须再进行标定。

（7）经标定过的仪器，即可用来测量被测溶液，被测溶液与标定溶液温度是否相同，所引起的测量步骤也有所不同。具体操作步骤如下：

● 被测溶液与定位溶液温度相同时，测量步骤如下。
① 用蒸馏水清洗电极头部，再用被测溶液清洗一次。
② 把电极浸入被测溶液中，用玻璃棒搅拌溶液，使溶液均匀后读出该溶液的 pH 值。

● 被测溶液和定位溶液温度不同时，测量步骤如下。
① 用蒸馏水清洗电极头部，再用被测溶液清洗一次。
② 用温度计测出被测溶液的温度值。
③ 按"温度"键，使仪器显示为被测溶液温度值，然后按"确认"键。
④ 把电极插入被测溶液内，用玻璃棒搅拌溶液，使溶液均匀后读出该溶液的 pH 值。

实验 54 醋酸解离度和解离常数的测定

一、实验目的

(1) 测定醋酸的解离度和解离常数，加深对解离度和解离常数的认识。
(2) 练习使用 pH 计。
(3) 掌握酸碱滴定的基本操作技术。

二、预习与思考

(一) 预习内容

(1) 酸度计的使用方法。
(2) 酸碱滴定管、移液管的使用方法。

(二) 思考下列问题

(1) 弱电解质的解离常数与哪些因素有关？改变所测溶液的浓度和温度，解离度如何改变？解离常数如何变化？
(2) 测定 HAc 溶液的 pH 值时，测定的顺序为什么要由稀到浓？

三、实验原理

醋酸（HAc）是弱电解质，在水溶液中存在如下的平衡：

$$HAc \rightleftharpoons H^+ + Ac^-$$

起始浓度（$mol \cdot L^{-1}$）： c 0   0
平衡浓度（$mol \cdot L^{-1}$）： $c - c\alpha$ $c\alpha$ $c\alpha$

达到平衡时： $[H^+] = c\alpha$ $\alpha = \dfrac{[H^+]}{c} \times 100\%$

$$K_a^{\ominus} = \dfrac{[H^+][Ac^-]}{[HAc]} = \dfrac{c\alpha^2}{1-\alpha}$$

式中：$K_a^\ominus$ 为醋酸的解离常数，c 为醋酸的起始浓度，α 为醋酸的解离度。

四、仪器与试剂

pH 计、酸式滴定管（50mL）、碱式滴定管（50mL）、移液管（25mL）、锥形瓶（250mL）、烧杯（100mL）、滴定管夹、铁架台、温度计、洗耳球。

醋酸（0.1mol·L^{-1}）、已知准确浓度的 NaOH 溶液（0.1mol·L^{-1}）、酚酞（0.1%）。

五、实验内容

1. 醋酸溶液浓度的测定

用 25mL 移液管移取 0.1mol·L^{-1} 的 HAc 溶液 2 份，分别注入 2 只 250mL 的锥形瓶中，各加入 2 滴酚酞指示剂。分别用已知准确浓度的 NaOH 溶液滴定至溶液呈粉红色，经摇动，半分钟不退色。把读数和结果填入表 5–26 中。

表 5–26 实验数据记录表

滴定序号	I	II
标准 NaOH 溶液的浓度（mol·L^{-1}）		
标准 NaOH 溶液的用量 V（mL）		
醋酸溶液的用量 V（mL）		
$c(\text{HAc}) = \dfrac{c(\text{NaOH}) \cdot V(\text{NaOH})}{V(\text{HAc})}$		
HAc 溶液浓度的平均值 c（mol·L^{-1}）		

2. 配制不同浓度的醋酸溶液

将 4 只烘干的 100mL 烧杯编成 1~4 号，然后按下表的数据先用酸式滴定管放入醋酸溶液，再从另一滴定管中准确加入蒸馏水，混合均匀，求出各份 HAc 溶液的准确浓度。

3. 测定醋酸溶液的 pH 值，计算醋酸解离度和解离常数

用 pH 计分别测出上述各种浓度的醋酸溶液（由稀到浓）的 pH 值。记录各份溶液的 pH 值，并计算 HAc 的解离常数和解离度，填入表 5–27。

表 5–27 实验数据记录表

烧杯编号	HAc (mL)	H$_2$O (mL)	c(HAc) (mol·L^{-1})	pH	[H$^+$] (mol·L^{-1})	α (%)	解离常数 测定值	解离常数 平均值
1	48.00	0.00						
2	24.00	24.00						
3	16.00	32.00						
4	12.00	36.00						

实验 55　氟离子选择性电极测定水样中氟

一、实验目的

(1) 掌握离子选择性电极测定 F^- 的原理。
(2) 熟练掌握酸度计的操作技术。
(3) 了解总离子强度调节缓冲溶液的作用。
(4) 掌握标准曲线法测定水样中离子活度的方法。

二、预习与思考

(一) 预习内容

(1) 氟电极在使用之前如何处理。
(2) 酸度计的使用方法。
(3) 氟离子选择性电极测定水样中氟的原理及方法。

(二) 思考以下问题

(1) 加入 TISAB 溶液的作用是什么？
(2) 饮用水中含有氟对人体健康有什么影响？
(3) 盛放 NaF 标准溶液为什么最好用聚氟乙烯塑料瓶或烧杯？

三、实验原理

水中微量氟测定采用氟离子选择性电极（氟电极）作指示电极、饱和甘汞电极作参比电极，被测溶液组成工作电池为：

(−) Ag∣AgCl, NaCl, NaF∣LaF$_3$∣F$^-$(x mol·L^{-1}) ‖ KCl（饱和）∣Hg$_2$Cl$_2$∣Hg (+)
　　　　　（氟电极）　　　　　　（被测液）　　　　　　　　（甘汞电极）

25℃时膜电位为：

$$\varphi_{膜} = K - 0.0592 \lg \alpha(F^-)$$

电池电动势为：

$$E = \varphi_{甘汞} - \varphi_{膜} = K' + 0.0592 \lg \alpha(F^-)$$

式中，K' 为内外参比电极电位、液接电位或不对称电位等常数。因此通过测量电池电动势可以测出 F^- 的活度。

为了保持溶液中活度系数为定值，通常在标准溶液和被测溶液中加入等量的"总离子强度调节缓冲溶液"（即 TISAB），使溶液的离子强度保持不变，离子的活度系数为一定值，于是可用浓度代替活度，则上式可写为：

$$E = K' + 0.0592 \lg c_{F^-}$$

在 F⁻ 离子浓度为（$1 \times 10^{-6} \sim 6 \times 10^{-6}$ mol·L⁻¹）时，c 与 pF 呈线性关系。

实验采用标准曲线法来测定未知水样中氟的含量。方法是：配制一系列已知浓度的含 F⁻ 标准溶液，加入总离子强度调节缓冲溶液，测量得到相应的 c 值，作出 $c \sim$ pF 曲线，测得未知水样的电动势后，在标准曲线上查出对应的 pF，即得到测量结果。

应当指出，溶液的 pH 值对测定影响很大，氟离子选择性电极使用的最佳 pH 值范围为 5~6，过低时，F⁻ 部分形成 HF、HF₂⁻ 而降低了 F⁻ 浓度，过高时，OH⁻ 浓度加大，它不仅与 F⁻ 竞争传导，而且与 LaF₃ 晶体膜发生如下反应：

$$LaF_3 + 3OH^- = La(OH)_3 + 3F^-$$

氟离子电极选择性较好，但能与 FO_3^{2-} 形成稳定配合物或难溶沉淀的元素，如 Al、Fe、Th、Zn、Li 及稀土元素等干扰测定，因此在测定时加入柠檬酸、EDTA 等。

注意：电极电位在搅拌时和静止时读数不同，测定过程中读数状态要保持一致。

四、主要仪器与试剂

酸度计，氟电极与饱和 232 型甘汞电极，磁力搅拌器。

氟标准溶液（0.100 0 mol·L⁻¹）：称取于 120℃ 烘干 2h 并冷却的优级纯 NaF 4.199g，用重蒸水溶解并定容为 1 L，摇匀，贮于聚氟乙烯塑料瓶中。

总离子强度调节缓冲液（TISAB）：溶解 58.8g 柠檬酸钠和 20.2g KNO₃ 于少量水中，加水 800mL，用 1mol·L⁻¹ HCl 或 1mol·L⁻¹ NaOH 调节溶液 pH = 6.5，然后用去离子水定容为 1 L，贮存于塑料瓶中。

NaF 溶液（1×10^{-3} mol·L⁻¹）。

五、实验内容

1. 氟电极的准备与酸度计的调节

氟电极在测定前应放在 1×10^{-3} mol·L⁻¹ NaF 溶液中浸泡活化 1~2h，再用去离子水清洗电极，测量其空白电位，接近去离子水电位值（-300mV），最后浸在水中待用。根据酸度计的说明书操作仪器。

将仪器预热 20min，置离子计于 mV 挡，接入氟电极和参比电极。

2. 标准曲线绘制

由 0.100 0 mol·L⁻¹ NaF 配制一系列 NaF 标准溶液各 50.00mL。其中各含 25.00mL TISAB 溶液和 1×10^{-2} mol·L⁻¹，1×10^{-3} mol·L⁻¹，1×10^{-4} mol·L⁻¹，1×10^{-5} mol·L⁻¹，1×10^{-6} mol·L⁻¹ 氟离子。

将上述溶液倒入洗净并干燥的 50mL 烧杯中。放入洁净的瓷转子，事先洗净电极并擦干，插入电极。按由稀至浓的顺序在离子计上测定不同 F⁻ 浓度的溶液的电位值，记下读数。测定时搅拌 2min，静置 1min，待电位稳定后读数。以测得的标准溶液的电动势 E（mV）为纵坐标，以 pF 为横坐标作标准曲线。

3. 水中氟浓度的测定

准确移取 25.00mL 水样于洗净并干燥的烧杯中，加入 25.00mL TISAB 于离子计上测定电位值 E_1。然后加入 0.50mL 1×10^{-3} mol·L⁻¹ 氟标准溶液，同样测定电位值 E_2，

计算出差值 $\Delta E = E_1 - E_2$。

(1) 计算氟的浓度。从标准曲线上根据测量值 E_x 查出对应的 pF_x，并换算出水样中氟的浓度（以 $mol·L^{-1}$ 表示）。

(2) 将 ΔE 和实际测定的电极响应斜率代入下述方程。

$$c_{F^-} = \frac{c_s V_s}{V_x + V_s}(10^{\Delta E/S} - 1)^{-1}$$

计算水样中氟离子浓度。式中 c_s、V_s 分别为标准溶液的浓度和体积。c_{F^-}、V_x 分别为试液中氟离子的浓度和体积。

(3) 清洗电极。测定结束后，用去离子水清洗电极至电位值与起始空白电位值相近后，取出电极，用滤纸吸干电极表面的水，存入电极盒中保存。

(4) 数据处理。用最小二乘法进行曲线拟合，计算标准曲线的斜率、截距、相关系数。计算未知水样中 F^- 离子浓度的平均值及标准偏差。

六、数据记录与结果处理

在坐标纸上绘制标准曲线（表 5-28）。

表 5-28 实验数据记录表

编号	1	2	3	4	5
c_{F^-} ($mol·L^{-1}$)					
pF					
E (mV)					

实验 56 硫酸铜电解液中氯离子的电位滴定

一、实验目的

(1) 掌握自动电位滴定仪的操作技术。
(2) 学习自动电位滴定法测定 Cl^- 含量的方法。
(3) 了解电位滴定法确定滴定终点的计算方法。

二、预习与思考

(一) 预习内容

(1) 自动电位滴定仪的使用方法。
(2) 离子选择性电极原理。

(二) 思考以下问题

(1) 与化学分析中的容量分析相比，电位滴定法有何特点？

(2) 用 AgNO₃ 滴定 Cl⁻时，是否可以用 AgI 电极作指示电极？

(3) 自动滴定前为什么用 1∶1 氨水清洗电极？

三、实验原理

电位滴定法是根据滴定过程中指示电极电位的变化来确定终点的定量分析方法。用电解法精炼铜时，$CuSO_4$ 电解液中的 Cl^- 浓度不能过大，需要经常加以测定。由于 $CuSO_4$ 溶液本身具有很深的蓝色，无法用指示剂来确定滴定终点，所以不能用普通容量法进行滴定。

用电位滴定法测定 Cl^- 时，以 $AgNO_3$ 为滴定剂，在滴定过程中，Cl^- 和 Ag^+ 的浓度发生变化，可用 Ag 电极或 Cl^- 选择性电极作为指示电极，指示在化学计量点附近发生的电位突跃。本实验以 Ag 电极作指示电极。

Ag 指示电极的电位可以根据能斯特公式计算。化学计量点前，Ag 电极的电位决定于 Cl^- 的浓度：

$$\varphi_{AgCl/Ag} = \varphi^{\ominus}_{AgCl/Ag} - 0.0592 \lg c(Cl^-)$$

化学计量点时，$[Ag^+]=[Cl^-]$，可由 $K_{sp,AgCl}$ 求出 Ag^+ 的浓度，由此计算出 Ag 电极的电位。化学计量点后，Ag 电极电位决定于 Ag^+ 的浓度，其电位由下式计算：

$$\varphi_{AgCl/Ag} = \varphi^{\ominus}_{AgCl/Ag} + 0.0592 \lg c(Ag^+)$$

在化学计量点前后，Ag 电极的电位有明显的突跃。因为测定的是 Cl^-，所以要用带 KNO_3 盐桥的饱和甘汞电极作为参比电极，也可以采用饱和 Hg_2SO_4 电极，以避免 Cl^- 的沾污，饱和 Hg_2SO_4 电极的电位为 +0.620V。

滴定时，将电极插入调试液内，开动搅拌器，用标准 $AgNO_3$ 溶液滴定。滴定至终点附近时，Ag^+ 含量发生突变，引起 Ag 电极的电极电位也随之发生突变，使得溶液的电动势发生突跃。

滴定过程中，在远离化学计量点时，每加入 0.50mL 或 1.00mL 滴定剂，测一次电动势，在计量点附近时，应每加入 0.10mL 滴定剂测一次电动势，直至电动势变化不大时为止。根据所得到的一系列滴定剂加入量与相应的电动势确定滴定终点。目前很多自动电位滴定仪器是自动滴定、自动判断终点。

以表 5-29 滴定数据为例说明数据处理方法。

表 5-29 $AgNO_3$ 模拟滴定 Cl^- 实验数据

加入 $AgNO_3$ 体积 V/mL	电动势 E/mV	$\Delta E/\Delta V$—V
24.00	0.174	0.09
24.10	0.183	0.11
24.20	0.194	0.39
24.30	0.233	0.83
24.40	0.316	0.24
24.50	0.340	0.11
24.60	0.351	0.07

1. 绘制 $E-V$ 曲线

以滴定剂用量 V 为横坐标，E（mV）为纵坐标，绘制 $E-V$ 曲线，如图 5-21（a）所示。

在 S 形滴定曲线上，作两条与滴定曲线相切的平行直线，两平行线的等分线与滴定曲线的交点为曲线的拐点，拐点对应的体积即为滴定至终点时所需滴定剂的体积，交点的纵坐标为滴定终点时的电动势。此法适于 $E-V$ 曲线对称的情况。

2. 绘制 $\Delta E/\Delta V - V$ 一次微商曲线

$\Delta E/\Delta V$ 是 E 的变化值与相应加入标准滴定溶液体积的增量之比。例如在 24.10mL 和 24.20mL 之间，即 24.15mL，

$$\frac{\Delta E}{\Delta V} = \frac{0.194 - 0.183}{24.20 - 24.10} = 0.11$$

$\Delta E/\Delta V$ 值对 V 作图，可得到尖峰状极大曲线，尖峰所对应的横坐标 V 值即滴定终点，如图 5-21（b）所示。此法作图得到的尖峰是由实验点的连线外推得到的，因而存在一定的误差。

3. 绘制 $\Delta^2 E/\Delta V^2 - V$ 二次微商曲线

二次微分法是计算求得终点体积的方法。因为一次微分曲线的极大点就是滴定终点，或者说二次微分等于零（$\Delta^2 E/\Delta V^2 = 0$）的点就是终点，如图 5-23（c）所示，通常用内插法计算。方法是依次计算出化学计量点附近各点 $\Delta^2 E/\Delta V^2$ 的值，找出 $\Delta^2 E/\Delta V^2$ 由正值变为负值（或负值变正值）的区间及由它们对应的体积区间（图 5-23）。

例如当加入 24.30mL 时，

$$\frac{\Delta^2 E}{\Delta V^2} = \frac{\left(\frac{\Delta E}{\Delta V}\right)_{24.35} - \left(\frac{\Delta E}{\Delta V}\right)_{24.25}}{V_{24.35} - V_{24.25}}$$

$$= \frac{0.83 - 0.39}{24.35 - 24.25}$$

$$= 4.4$$

同理，滴定剂加入 24.40mL 时

$$\Delta^2 E/\Delta V^2 = -5.9$$

二级微商等于 0 时为滴定终点，则滴定终点必然在 $\Delta^2 E/\Delta V^2$ 等于 4.4～-5.9 所对应的体积之间。所以有

$$\frac{24.40 - 24.30}{-5.9 - 4.4} = \frac{V_{终} - 24.30}{0 - 4.4} \qquad V_{终} = 24.34 \text{ mL}$$

四、仪器及试剂

DZ-1 型滴定装置，ZD-2 型自动电位滴定仪，Ag^+ 选择性电极（事先用金相砂纸擦去表面氧化物或用 1∶1 氨水清洗电极），滴定管（10mL）。

0.0500 mol·L^{-1} $AgNO_3$ 标准溶液（此溶液最好用标准 NaCl 溶液进行标定），$CuSO_4$ 电解液（若没有 $CuSO_4$ 电解液，可用含有 Cl^- 的 $CuSO_4$ 溶液代替，称取 0.12～0.14g

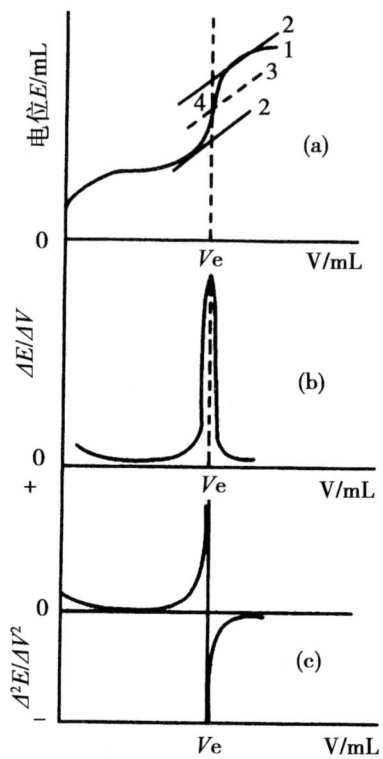

1. 滴定曲线；2. 切线 3. 平行等距离线；4. 滴定终点

图 5-23 电位滴定曲线示意

NaCl 溶于 2 000mL 硫酸铜溶液中即为模拟 $CuSO_4$ 电解液）。

五、实验内容

1. 手动电位滴定

将 Ag^+ 选择性电极及饱和甘汞电极（带 KNO_3 盐桥）装在滴定台的夹子上。Ag 电极接仪器正，甘汞电极接仪器负，将 DZ-1 型滴定装置的工作开关（12）放在手动，将 ZD-2 型的选择开关（8）放在测量挡，滴液开关（10）放在"-"的位置。

准确吸取 $CuSO_4$ 电解液 25.00mL，置于 150mL 烧杯中，加水约 25mL，放入转子，置于电磁搅拌器上。将两电极浸入试液，按下读数开关（4），读取初始电位，一边搅拌，一边按动 DZ-1 型装置的滴定开始按键（13）。

每加入一定体积的 $AgNO_3$ 溶液，记录一次电位值，读数时停止搅拌。开始滴定时，每次可加 1.00mL；当达到化学计量点附近时（化学计量点前后约 0.50mL），每次加 0.10mL；过了化学计量点后，每次仍加 1.00mL，一直滴定到 9.00mL。

2. 自动电位滴定

根据手动电位滴定曲线图（$\Delta^2E/\Delta V^2 - V$ 图）可求得终点电位。以此电位值为控制依据，进行自动电位滴定。

将 ZD-2 型的选择开关（8）放在"终点"，按下读数开关（4），调节预定终点调节器（9），调节指针使其指向终点位置，把工作开关（12）放在"滴定"挡。

取试液 25.00mL，加水约 25mL，插入电极，按下滴定开始按键（13），此时终点指示灯亮，滴定指示灯时亮时暗，随着 $AgNO_3$ 溶液的加入，电表指针向终点逐渐接近，当电表指针到达终点时，终点指示灯熄灭，滴定结束，记下 $AgNO_3$ 用量。

实验结束，将仪器复原，洗净电极，擦干，干燥保存。

六、数据记录与结果处理

1. 根据手动电位滴定的数据，绘制电位（E）对滴定剂体积（V）的滴定曲线以及 $\Delta E/\Delta V - V$、$\Delta^2 E/\Delta V^2 - V$ 曲线。并用二次微商法确定终点体积。
2. 根据所消耗的 $AgNO_3$ 溶液的体积，计算试液中 Cl^- 的质量浓度。

实验 57　自动电位滴定法测定混合酸含量

一、实验目的

(1) 掌握自动电位滴定仪的操作技术。
(2) 学习电位滴定法测定混合酸含量的原理和方法。
(3) 了解电位滴定法确定滴定终点的计算方法。

二、预习与思考

（一）预习内容

(1) 自动电位滴定仪的使用方法。
(2) 电位滴定法确定滴定终点的方法。

（二）思考以下问题

(1) 本实验所用的酸度计，读数是否应事先进行校正？为什么？
(2) 在标定 NaOH 溶液浓度和测定混合酸各组分含量时，为什么都采用粗测和细测两个步骤？
(3) 草酸是一个二元酸，在用它作基准物标定 NaOH 溶液浓度时，为什么只出现一个突跃？

三、实验原理

H_2SO_4 和 H_3PO_4 都为强酸，H_2SO_4 的 $pK_{a2} = 1.99$，H_3PO_4 的 $pK_{a1} = 2.12$，$pK_{a2} = 7.20$，$pK_{a3} = 12.36$，由 pK_a 值可知，当用标准碱溶液滴定时，H_2SO_4 可全部被中和，且产生 pH 的突跃，而在 H_3PO_4 的第二化学计量点时，仍有 pH 值的突跃出现，因此根据滴定过程中 pH 值的变化情况，可以确定滴定终点，进而求得各组分的含量。

确定混合酸的滴定终点可用指示剂法（最好是采用混合指示剂），也可以用玻璃电极作指示电极，饱和甘汞电极作参比电极，同试液组成工作电池：

$$\text{Ag, AgCl | HCl (0.1mol/L) | 玻璃膜 | H}_2\text{SO}_4\text{, H}_3\text{PO}_4$$
$$\text{（试液）|| KCl（饱和）| Hg}_2\text{Cl}_2\text{, Hg}$$

在滴定过程中，通过测量工作电池的电动势了解溶液 pH 值随加入标准碱溶液体积 V 的变化情况，然后由 pH ~ V 曲线或（ΔpH/ΔV）~ V 曲线求得终点时耗去 NaOH 标准溶液的体积，也可用二级微商法求出 Δ^2pH/ΔV^2 = 0 时相应的 NaOH 标准溶液体积，即得出滴定终点。

根据标准碱溶液的浓度、用去的体积和试液的用量，即可求出试液中各组分的含量。

四、仪器及试剂

ZD – 2 型自动电位滴定仪，pH 复合电极，容量瓶（100mL），吸量管（5mL，10mL），微量滴定管（10mL）。

1.000mol/L 草酸标准溶液，0.1mol/L NaOH 标准溶液（浓度待标定），H_2SO_4、H_3PO_4 混合酸试液（两种酸浓度之和低于 0.5mol/L）。

五、实验内容

（1）按 ZD – 2 型自动电位滴定仪说明书操作步骤调试仪器，将选择开关置于 pH 滴定挡。摘去 pH 复合电极帽和橡皮塞，并检查内电极是否浸入饱和 KCl 溶液中，如未浸入，应补充饱和 KCl 溶液。安装电极。

（2）准确吸取草酸标准溶液 10.00mL，置于 100mL 容量瓶中，用水稀释至刻度，混合均匀。

（3）准确吸取稀释后的草酸标准溶液 5.00mL，置于 100mL 烧杯中，加水至约 30mL，放入搅拌子。

（4）将待标定的 NaOH 溶液装入微量滴定管中，使液面在 0.00mL 处。开动搅拌器，调节至适当的搅拌速度，进行粗测，即测量在加入 NaOH 溶液 0，1，2，…，8，9，10mL 后各个点的溶液 pH 值，初步判断发生 pH 值的突跃时所需的 NaOH 溶液体积范围（ΔV_{ex}）。

（5）在重复实验步骤 3、4 的操作，然后进行细测，即在测定的化学计量点附近取较小的等体积增量，增加测量点的密度，并在读取滴定管读数时，读准至小数点后第二位。如在粗测时 ΔV_{ex} 为 8 ~ 9mL，则在细测时以 0.10mL 为体积增量，增加测量加入 NaOH 溶液，8.00，8.10，8.20，…，8.90，和 9.00mL 时各点的 pH 值。

（6）吸取混合酸试液 10.00mL，置于 100mL 容量瓶中，用水稀释至刻度，摇匀。

（7）吸取稀释后的试液 10.00mL，置于 100mL 烧杯中，加水至约 30mL，仿照标定 NaOH 溶液时的粗测和细测步骤，对混合酸进行测定。

六、数据记录与结果处理

1. NaOH 溶液浓度的标定

(1) 实验数据及计算（表 5-30、表 5-31）。

表 5-30　粗测数据

V/mL	0	1	2	3	4	5	6	7	8	9	10
pH 值											

表 5-31　细测数据

V/mL	
pH 值	
$\Delta \mathrm{pH}/\Delta V$	
$\Delta^2 \mathrm{pH}/\Delta V^2$	

根据实验数据，计算 $\Delta \mathrm{pH}/\Delta V$ 和化学计量点附近的 $\Delta^2 \mathrm{pH}/\Delta V^2$，填入表中。

(2) 于方格纸上作 pH~V 和 ($\Delta \mathrm{pH}/\Delta V$)~$V$ 曲线，找出终点体积 V_{ep}。

(3) 用内插法求出 $\Delta^2 \mathrm{pH}/\Delta V^2 = 0$ 处的 NaOH 溶液的体积 V_{ep}。

(4) 根据 (2)、(3) 所得的 V_{ep}，计算 NaOH 标准溶液的浓度。

2. 混合酸的测定

(1) 实验数据及计算（表 5-32、表 5-33）。

表 5-32　粗测数据

V/mL	0	1	2	3	4	5	6	7	8	9	10
pH 值											

表 5-33　细测数据

V/mL	
pH 值	
$\Delta \mathrm{pH}/\Delta V$	
$\Delta^2 \mathrm{pH}/\Delta V^2$	

(2) 计算原始试液中 SO_3 和 P_2O_5 的含量，以 g/L 表示。

第五节　吸光光度分析

一、概述

吸光光度分析法是基于物质对光的选择性吸收而建立起来的分析方法，它包括比色法和分光光度法两类。吸光光度法具有以下特点：

（1）灵敏度高。适用于微量组分的分析，测定物质溶液浓度下限一般可达 $10^{-6} \sim 10^{-5}$ mol·L^{-1}。

（2）准确度高。一般比色法的相对误差为 5%～20%，分光光度法为 2%～5%，对于微量组分的分析已完全能满足要求。

（3）操作简便、测定速度快。比色法和分光光度法的仪器设备都不复杂，操作简便，在分析时，试样处理成溶液后，一般只需显色和比色两个步骤即可得出实验结果。近年来，由于高灵敏度、高选择性的显色剂和掩蔽剂的不断出现，一般试样不经分离即可直接进行比色或分光光度法测定。

（4）应用广泛。几乎所有的无机离子和有机化合物都可直接或间接地应用比色或分光光度法测定。

二、实验原理

当一束平行单色光照射到任何均匀、非散射的介质（固体、液体或气体）时，其光强度减弱与入射光强度及光路上的有色物质的质点数成正比，这就是朗伯－比尔定律。也称光吸收定律。其数学表达式为：

$$A = \lg \frac{1}{T} = \lg \frac{I_0}{I_t} = Kbc$$

式中　A 为吸光度；

T 为透过率（以%表示）；

b 为液层厚度（cm）；

c 为溶液浓度；

K 为吸收系数，当浓度单位为 mol·L^{-1} 时，K 的单位是 L·mol^{-1}·cm^{-1}，称为摩尔吸收系数，用 ε 表示，ε 越大，表示溶液对单色光的吸收能力越强，测定的灵敏度就越高。

因此，为了提高测定灵敏度，有色化合物的 ε 必须足够大（一般超过 10^4 可用于定量分析），同时选择具有最大吸收值的单色光作为入射光。

朗伯－比尔定律中吸光度 A 与溶液浓度 c 应是通过原点的线性关系，但在实际工作中，吸光度与浓度之间常常偏离线性关系。产生偏离的主要因素有：

（1）样品溶液因素。朗伯－比尔定律通常只有在稀溶液时才能成立，随着溶液浓度增大，吸光质点间距离缩小，彼此间相互影响和相互作用加强，破坏了吸光度与浓度之间的线性关系。

（2）仪器因素。朗伯－比尔定律只适用于单色光，但经仪器狭缝投射到被测溶液的光，并不能保证理论要求的单色光，这也是造成偏离朗伯—比尔吸收定律的一个重要因素。

同时还应注意控制显色反应条件，有色化合物在溶液中受酸度、温度、溶剂等的影响，可能发生水解、沉淀、缔合等化学反应，从而影响有色化合物对光的吸收，引起测定误差。因此测定过程中要严格控制显色反应条件。

三、实验技术

仪器结构

分光光度计是由光源、单色器、吸收池、检测器和记录器等组成。

1. 光源

分光光度法所用的光源必须能发射足够强度的连续光谱，稳定性好，辐射能量随波长无明显变化，使用寿命长。

2. 单色器（分光器）

单色器的作用是从连续光源中分离出所需要的足够窄波段的光束，它是分光光度计的核心部件，其性能直接影响光谱通带的宽度，从而影响测定的灵敏度、选择性和工作曲线的线性范围。

单色器由入射狭缝、反射镜、色散元件、出射狭缝等部分组成，其中的色散元件是单色器的关键部件。常用的色散元件有棱镜和光栅，棱镜的波长精度为 ±（3～5）nm，光栅的波长精度为 ±0.2nm。目前的商品仪器几乎都用光栅做色散元件。光栅在整个波长区可以提供良好的、均匀一致的单色光。

3. 吸收池

吸收池是用于盛放溶液的装置。其材料分为光学玻璃和石英两种，前者用于可见光区，后者用于紫外光区。吸收池的两个光学面必须平整光洁，使用时不能用手触摸。吸收池有多种尺寸和不同构造，根据使用要求选用。两个吸收池的透光性能会稍有差异，精密测定时，应对吸收池进行校正，并固定使用。

4. 检测器

检测器用于检测光信号，并将光信号转变为电信号。分光光度法的检测器必须灵敏度高、响应时间短、线性关系好、对不同波长的辐射具有相同的响应、噪声低、稳定性好等。目前使用的检测器有硒光电池、光电管、光电倍增管、二极管阵列检测器。硒光电池易疲劳，不宜长时间使用，目前仪器很少使用。光电管是一个抽成真空的二极管，其阳极为一个金属丝，阴极为半导体材料，阳极与阴极之间加有直流电压。当光线照射到阴极上，阴极表面放出电子，电子在电场作用下流向阳极形成光电流。光电流大小在一定条件下与照射的光强度成正比。光电倍增管相当于一个多阴极光电管，光经过多个阴极的电子发射所形成的光电流比单一光电管放大了若干倍。目前广泛使用的检测器是光电倍增管。它不仅响应速度快，而且灵敏度比一般光电管高出200倍左右。但光电倍增管适于测弱光，不适宜测强光。

5. 记录器

检测器将光信号转变为电信号,再经适当的放大后,由记录器记录或直接由数码管显示出透光度或吸光度。目前很多分光光度计上连接了微处理机,可直记录信号并处理,如绘制标准曲线等,再自动打印出分析结果。

四、测量条件的选择

1. 吸收光谱测定条件

(1) 波长的选择。一般根据待测组分的吸收光谱,选择最大吸收波长时测定。因为 λ_{max} 处灵敏度最高。若在 λ_{max} 处有共存离子干扰时,可以选用其他次吸收峰作为测定波长。

(2) 狭缝的选择。狭缝宽度直接影响测定的灵敏度和工作曲线的线性范围。狭缝宽度太大,灵敏度下降,工作曲线的线性范围变窄;狭缝宽度太小,入射光强度太弱,也不利于测定。一般在不减少灵敏度时,选择最大狭缝宽度。

(3) 吸光度范围。理论计算和实践证明:测定吸光度应控制在 0.2~0.7 范围内,此时的吸光度测定误差最小。因此,应把待测组分浓度通过稀释或选择合适的吸收池来调节被测定溶液的吸光度。

2. 反应条件的选择

无机金属离子的测定,通常要加入显色剂,生成有色物质,然后进行吸收光谱测定。显色反应一般应满足生成的有色化合物有较大的 λ_{max} 值、有色化合物组成恒定,稳定性好;生成物与显色剂的 λ_{max} 之差一般应大于 $60nm$。

(1) 显色剂用量。在进行显色反应时,通常加适量的显色剂,由于过多的显色剂会引起副反应。在实际工作中,通过单因素实验测定溶液吸光度随显色剂用量的变化,根据变化曲线,选择获得具有高灵敏度且吸光度值恒定的显色剂用量。

(2) 溶液的酸度。溶液酸度对待测组分的吸收光谱、显色剂的形态、待测组分的化合状态及显色化合物组成产生影响。测定时的最佳酸度也是通过单因素实验来确定适宜的溶液酸度,即将待测组分与显色剂浓度固定,改变溶液的酸度,测定溶液的吸光度与酸度的曲线关系,从中找出最佳酸度范围。为了使溶液的酸度不变,需要在测定溶液中加入缓冲溶液。

(3) 显色时间。显色时间包括两种情况,一种是由于显色反应速度不同,达到反应完全时所需的时间;另一种是生成的有色化合物维持稳定的时间。这两种时间要根据实际情况,用单因素实验选择合适的时间。

(4) 显色温度。不同显色反应对温度的要求不同,有的显色反应需在较高温下进行,有的有色物质在高温时反而会分解。对不同的反应,应通过实验找出适宜的温度范围。另外,温度对光的吸收及颜色的深浅也有一定的影响,因此标样与试样的显色温度应保持一致。可作吸光度—温度曲线求得合适的显色温度。

(5) 溶剂。有机溶剂会降低有色化合物的溶解度,从而提高显色反应的灵敏度,显色的最佳条件需通过实验来确定。

3. 共存离子干扰及其消除

在吸光度测定中，体系中存在的其他共存组分若本身带有颜色，或能够在测定条件下与显色剂反应生成有色化合物，将对测定产生误差。消除共存离子干扰一般采取以下几种方法。

（1）加入适当的掩蔽剂。掩蔽剂的作用是与测定体系中干扰离子生成无色的络合物或离子。掩蔽剂必须不与待测组分发生反应，掩蔽剂及其与干扰物质形成的络合物不影响待测组分的测定。例如，用 SCN^- 测定 Co^{2+} 时 Fe^{3+} 有干扰。可以加入 F^- 使时 Fe^{3+} 生成无色的 FeF_6^{3-} 而消除干扰。同一元素有多种掩蔽剂，要根据具体情况选择合适的掩蔽剂。

（2）改变干扰离子的价态。利用氧化剂或还原剂改变干扰离子的价态，使其不影响待测组分的测定。例如，用络天青 S 测定 Al^{3+} 时，Fe^{3+} 有干扰，可加入抗坏血酸使其还原为 Fe^{2+} 而消除。

（3）控制酸度。控制溶液酸度是消除干扰的重要措施，许多显色剂是有机弱酸，控制溶液酸度，就可以控制显色剂的浓度，使某些金属离子显色，而不使干扰离子显色。

（4）选择适当的波长。对干扰组分与待测组分的吸收峰波长相距较大时，通过此法消除干扰。

（5）选择合适的分离方法。采用预分离的方法，如萃取分离、色谱分离、沉淀分离、离子交换、蒸馏等方法，将干扰组分与待测组分分开，然后进行吸收光谱测定。

五、定性、定量分析

定性分析是通过分光光度计，对某一物质进行某一波段的扫描，以波长为横坐标，吸光度为纵坐标，显示该物质在不同波长处的吸光能力，称吸收光谱或吸收曲线，从而找出最大吸收波长 λ_{max}。某物质吸收光谱的形状与它的内部结构是紧密相关的。因此，利用分光光度法比较未知物和标准物的吸收光谱，可对未知物进行定性分析。曲线相同时，两物相同，光谱形状明显不同时，则非同一化合物。

定量分析方法主要有工作曲线法、直接比较法和标准加入法。

1. 工作曲线法

配制一系列适当浓度的标准溶液，按照与被测组分相同的条件显色后，在选定波长下测定其吸光度，然后以吸光度对被测组分浓度作图，即得工作曲线，如图 5 - 24 所示。现在常用最小二乘法计算回归方程。测得被测组分的吸光度后，通过查图或通过方程计算而求得被测组分的浓度。

用工作曲线法进行分析需要注意的问题是：当测定条件如仪器条件、所用试剂、测试人员等改变时，需重新绘制工作曲线。另外，测定组分范围不能超过工作曲线的范围。

2. 直接比较法

根据吸光度与浓度成正比的关系，在相同的条件下，测定未知样品和已知浓度标样的吸光度来求出未知样的浓度。直接比较法要求标样的浓度与未知样的浓度相接近，否

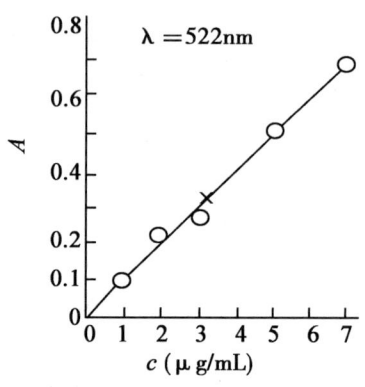

图 5-24 工作曲线

则误差较大。

$$c_x = c_s \cdot \frac{A_x}{A_s}$$

式中 c_x—被测溶液的浓度，A_x—被测溶液的吸光度，c_s—标准溶液的浓度，A_s—标准溶液的吸光度

3. 标准加入法

先测定浓度为 c_x 的未知样品的吸光度 A_x，然后向未知样中加入一定量的标样，配成一系列浓度为 $c_x+\Delta c_1$、$c_x+\Delta c_2$ 等的样品，再测量其吸光度 A_1、A_2 等各点，然后在坐标纸上作图，如图 5-25 所示，把被测定组分的吸光度画在 A_x 纵轴上，然后分别画出 Δc_1、Δc_2 所对应的 A_1、A_2 等各点，连成直线后延伸，与横轴的交点就是被测组分的浓度 c_x。此方法适用于组成比较复杂，干扰因素较多而又不清楚的样品。

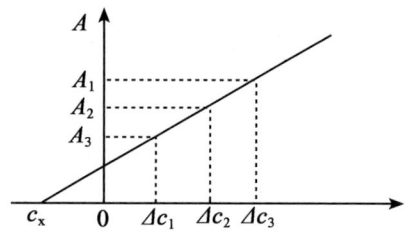

图 5-25 标准加入法吸光

4. 混合物的定量

对于吸收带不重叠（$\Delta \lambda_{max} \geqslant 60nm$）的混合组分，可分别在各组分的 λ_{max} 处测定吸光度，利用吸光度的加和性质建立方程，解联立方程计算出含量。

实验 58　邻二氮菲分光光度法测定铁

一、实验目的

(1) 掌握邻二氮菲分光光度法测定微量铁的方法原理。
(2) 熟悉绘制吸收曲线的方法，正确选择测定波长。
(3) 学会制作标准曲线的方法。
(4) 掌握 722s 型分光光度计的正确使用方法，并了解此仪器的主要构造。

二、预习与思考

(一) 预习内容

(1) 邻二氮菲分光光度法测定微量铁的方法原理。
(2) 722s 型分光光度计的正确使用方法以及此仪器的主要构造。
(3) 绘制吸收曲线及标准曲线的方法。

(二) 思考以下问题

(1) 邻二氮菲分光光度法测定铁时为什么要加入盐酸羟胺溶液？其作用是什么？
(2) 吸收曲线与标准曲线有何区别？在实际应用中有何意义？
(3) 在有关条件实验中，均以水为参比，为什么在测绘标准曲线和测定试液时，要以试剂空白溶液为参比？

三、实验原理

邻二氮菲（phen），也称邻菲啰啉，是测定微量铁的很好的显色剂。在 pH 值 3～9 范围内（一般控制在 5～6 之间），Fe^{2+} 与试剂生成稳定的橙红色络合物 $Fe(phen)_3^{2+}$，其 $\lg K = 21.3$，在 510nm 下，其摩尔吸光系数为 $1.1 \times 10^4\ L \cdot mol^{-1} \cdot cm^{-1}$，铁含量在 $0.1 \sim 6\ \mu g \cdot mL^{-1}$ 范围内遵守比耳定律。显色前需用盐酸羟胺或抗坏血酸将 Fe^{3+} 全部还原为 Fe^{2+}，然后再加入邻二氮菲，并调节溶液酸度至适宜的显色酸度范围。有关反应如下：

$$2Fe^{3+} + 2NH_2OH \cdot HCl \rightarrow Fe^{2+} + N_2 + 4H^+ + 2H_2O + 2Cl^-$$

本方法的选择性很高。相当于含铁量 40 倍的 Sn、Al、Ca、Mg、Zn、Si，20 倍的 Cr、Mn、V、P 和 5 倍的 Co、Ni、Cu 均不干扰测定。

四、仪器与试剂

722s 型分光光度计，移液管，容量瓶，碱式滴定管，烧杯。

铁标准溶液（$0.1g \cdot L^{-1}$），盐酸羟胺水溶液（$100g \cdot L^{-1}$），邻二氮菲水溶液（$1.5g \cdot L^{-1}$），NaAc 溶液（$1.0mol \cdot L^{-1}$），NaOH 溶液（$0.1mol \cdot L^{-1}$）。

五、实验内容

（一）显色标准溶液的配制

在序号为 1~6 的 6 个 50mL 容量瓶中，用吸量管分别加入 0、0.20、0.40、0.60、0.80、1.00mL 铁标准溶液（含铁 0.1g·L^{-1}），分别加入 1mL 100g·L^{-1} 盐酸羟胺溶液，摇匀后放置 2min，再各加入 2.0mL 1.5g·L^{-1} 邻二氮菲溶液和 5mL 1.0mol·L^{-1} NaAc 溶液，加水稀释至刻度，摇匀。

（二）吸收曲线的绘制

用 1cm 比色皿，以试剂空白溶液（1 号）为参比液，于 722 型分光光度计中，在 440~560nm 波长范围内，每隔 10nm 测定一次待测溶液（5 号）的吸光度 A，然后以波长为横坐标，所测 A 值为纵坐标，绘制吸收曲线，并找出最大吸收峰的波长。

（三）标准曲线的测绘

以步骤 1 中试剂空白溶液（1 号）为参比，用 1cm 比色皿，在最大吸收波长下测定 2~6 号各显色标准溶液的吸光度。以铁的质量浓度为横坐标，A 值为纵坐标，绘制标准曲线。

（四）铁含量的测定

取 2mL 未知试样溶液，按实验步骤 1 的方法显色后，在最大吸收波长处，以试剂空白溶液（1 号）为参比液，用 1cm 比色皿测量吸光度，由标准曲线计算试样中铁的质量浓度。

（五）显色剂用量的确定

在 7 只 50mL 容量瓶中各加入 2.0mL 10^{-3}mol·L^{-1} 铁标准溶液和 1.0mL 100g·L^{-1} 盐酸羟胺溶液，摇匀后放置 2min。分别加入 0.2、0.4、0.6、0.8、1.0、2.0、4.0mL 1.5g·L^{-1} 邻二氮菲溶液，再各加入 5.0mL 1.0mol·L^{-1} NaAc 溶液，加水稀释至刻度，摇匀。以水为参比，在最大吸收波长下测量各溶液的吸光度。以显色剂邻二氮菲的体积为横坐标，相应的吸光度为纵坐标，绘制吸光度—显色剂用量曲线，确定显色剂的用量。

（六）溶液适宜酸度的确定

在 8 只 50mL 容量瓶中各加入 2.0mL 10^{-3}mol·L^{-1} 铁标准溶液和 1.0mL 100g·L^{-1} 盐酸羟胺溶液，摇匀后放置 2min。各加入 2mL 1.5g·L^{-1} 邻二氮菲溶液，然后从滴定管中分别加入 0、2.00、5.00、8.00、10.00、20.00、25.00、30.00mL 0.1mol·L^{-1} NaOH 溶液，加水稀释至刻度，摇匀。用精密 pH 试纸测量各溶液的 pH。以水为参比，在最大吸收波长下用 1cm 比色皿测量各溶液的吸光度。以溶液的 pH 值为横坐标，相应的吸光度为纵坐标,绘制 A~pH 曲线,确定适宜的 pH 范围。

六、数据记录与结果处理

1. 吸收曲线的绘制（表 5-34）

表 5-34　吸收曲线数据

波长（nm）	440	450	460	470	480	490	500
吸光度 A							
波长（nm）	510	520	530	540	550	560	
吸光度 A							

在坐标纸上绘制吸收曲线。

2. 标准曲线的绘制（表 5-35）

表 5-35　标准曲线数据

编号	1	2	3	4	5	6
$V_{Fe标准溶液}$（mL）						
c_{Fe}（g·L^{-1}）						
吸光度 A						

在坐标纸上绘制标准曲线。

3. 显色剂用量的测定（表 5-36）

表 5-36　显色剂用量

邻二氮菲用量（mL）	0.2	0.4	0.6	0.8	1.0	2.0	4.0
吸光度 A							

在坐标纸上绘制绘制吸光度-显色剂用量曲线,确定显色剂的最佳用量。

4. 溶液适宜酸度的确定（表 5-37）

表 5-37　溶液适宜酸度

V_{NaOH}（mL）	0	2	5	8	10	20	25	30
pH 值								
吸光度 A								

在坐标纸上绘制绘制 A-pH 曲线,确定最佳 pH 值。

实验 59 磺基水杨酸合铁配合物组成及稳定常数测定

一、实验目的

(1) 了解光度法测定有色物质浓度的方法。
(2) 了解光度法测定配合物配位数和稳定常数的原理和方法。
(3) 学习分光光度计的使用。
(4) 巩固溶液配制和作图法处理数据的方法。

二、预习与思考

(一) 预习内容

(1) 朗伯比耳定律的内容。
(2) 分光光度计的使用方法。

(二) 思考下列问题

(1) 在测定中为什么要加高氯酸,且高氯酸浓度比 Fe^{3+} 浓度大 10 倍?
(2) 在测定吸光度时,如果温度变化较大,对测得的稳定常数有何影响?
(3) 实验中,每个溶液的 pH 值是否一样?如不一样对结果有何影响?
(4) 用等摩尔系列法测定配合物组成时,为什么说溶液中金属离子与配位体的摩尔比正好与配离子组成相同时,配离子的浓度为最大?

三、实验原理

1. 朗伯–比尔定律

$$A = \varepsilon bc$$

式中 ε 是比例常数,叫摩尔吸光系数,ε 的大小与入射光波长、溶液的性质、温度等有关。若入射光波长、比色皿(溶液)的厚度 b 均一定时,吸光度只与溶液的浓度 c 成正比。

通常测定某一物质的一系列已知浓度的吸光度,以 A 为纵坐标,c 为横坐标,绘出 $A-c$ 标准曲线,则其斜率为 $k = \varepsilon b$,如果测定该物未知浓度 c_x 溶液的吸光度为 A_x,则由 A_x/k 或从标准曲线就可以求出 c_x 来。

2. 等物质的量系列法求配合物组成及稳定常数

对于配合物体系而言,如果组成配合物的中心离子和配体的吸收光谱与配合物不重合。就可以选择对配合物有较大吸收的波长;测得平衡体系吸光度与相应的配合物浓度 $[ML_n]$ 间应符合朗伯–比尔定律,测得了吸光度 A 就可以求出配合物的浓度。

用一定波长的单色光,测定一系列组分变化的溶液的吸光度(中心离子 M 和配体 L 的总物质的量保持不变,而 M 和 L 的摩尔分数连续变化)。显然,在这一系列溶液中,有一些溶液的金属离子是过量的,而另一些溶液配体是过量的;在这两部分溶液中,配离子的浓度都不可能达到最大值;只有当溶液中金属离子与配体的摩尔比与配离子的组成一致时,配离子的浓度才能最大。由于中心离子和配体对光几乎不吸收,所以配离子的浓度越大,溶液的吸光度也越大,总的说来就是在特定波长下,测定一系列的 [L]/([M]+[L]) 组成溶液的吸光度 A,作 A—([L]/[M]+[L]) 的曲线图,则曲线必然存在着极大值,而极大值所对应的溶液组成就是配合物的组成。如图 5-26 所示,若与吸光度最大点所对应的 M 与 L 的摩尔比为 1:1,则配合物组成为 ML 型,若 M 与 L 的摩尔比为 1:2,则配合物为 ML_2 型。

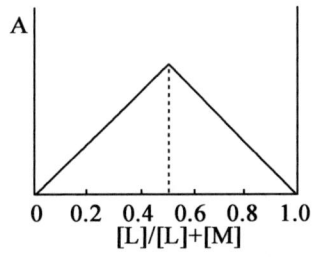

图 5-26　$A - \dfrac{[L]}{[L]+[M]}$ 的曲线

但是当金属离子 M 和配体 L 实际存在着一定程度的吸收时,所观察到的吸光度 A 就并不是完全由配合物 ML_n 的吸收所引起,此时需要加以校正,其校正的方法如下。

分别测定单纯金属离子和单纯配离子溶液的吸光度 E 和 F。在 A'—[L]/([M]+[L]) 的曲线图上,过 ([L]/[M]+[L]) 等于 0 和 1.0 的两点作直线 EF,则直线上所表示的不同组成的吸光度数值,可以认为是由于 [M] 及 [L] 的吸收所引起的。因此,校正后的吸光度 A'应等于曲线上的吸光度数值减去相应组成下直线上的吸光度数值,即 $A' = A - A_0$,如图 5-27 所示。最后作 A'—[L]/([M]+[L]) 的曲线,该曲线极大值所对应的组成才是配合物的实际组成。如图 5-28 所示。

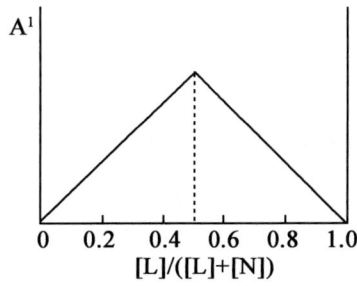

图 5-27　$A - \dfrac{L}{[L]+[M]}$ 的曲线

设 $x_{(R)}$ 为曲线极大值所对应的配体的物质的量分数:

$$x_{(R)} = \dfrac{[L]}{[L]+[M]}$$

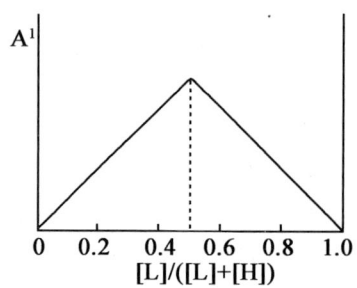

图 5-28　$A^1 - \dfrac{[L]}{[L]+[M]}$ 的曲线

则配体的配位数为：

$$n = \dfrac{[L]}{[M]} = \dfrac{x_{(R)}}{1-x_{(R)}}$$

由图 5-29 所示可以看出，最大吸光度 G 点可被认为 M 与 L 全形成了配合物 ML_n 的吸光度 A_1。

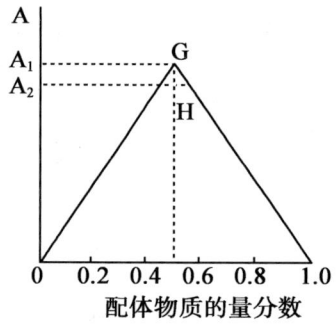

图 5-29　等物质的量系列法吸光

由于配离子有部分解离，其浓度要小一些，所以实验测得的最大吸光度在 H 点，其吸光度为 A_2。因此配离子的解离度 α 可表示为：

$$\alpha = \dfrac{A_1 - A_2}{A_1}$$

对于 1 : 1 组成的配合物，根据下面的关系时即可导出稳定常数 K_f。

$$M + L \rightleftharpoons ML$$

平衡浓度　$c\alpha$　　　$c\alpha$　　$c-c\alpha$

$$K_f = \dfrac{[ML]}{[M]\cdot[L]} = \dfrac{1-\alpha}{c\alpha^2}$$

式中 c 是相应于 G 点金属离子浓度。

本实验选用磺基水杨酸（简写为 H_3L）与 Fe^{3+} 形成的配位平衡体

系，H_3L 和 Fe^{3+} 等试剂与配合物的吸收光谱不重合，因此可用分光光度法测定。但由于配合物的组成受溶液的 pH 值影响，在 pH 值 = 2 ~ 3 时，4 ~ 9 时，9 ~ 11 时，二者可形成 3 种颜色不同、组成不同的配离子。

本实验是测定 pH 值 = 2 ~ 3 时形成的红褐色磺基水杨酸合铁配离子的组成及其稳定常数，实验中是通过加入一定量的 $HClO_4$ 来控制溶液的 pH 值。

四、仪器与试剂

分光光度计，烧杯，容量瓶（100mL），吸量管（10mL），锥形瓶（150mL），$HClO_4$（0.01mol·L^{-1}），磺基水杨酸（0.010 0mol·L^{-1}），Fe^{3+} 溶液（0.010 0mol·L^{-1}）

五、实验内容

1. 配制系列溶液

（1）配制 0.001 0mol·L^{-1} Fe^{3+} 溶液。准确吸取 10.0mL 0.010mol·L^{-1} Fe^{3+} 溶液，加入 100mL 容量瓶中，用 0.01mol·L^{-1} $HClO_4$ 溶液稀释至刻度，摇匀备用。

同法配制 0.001 0mol·L^{-1} 磺基水杨酸溶液。

（2）用 3 支 10mL 吸量管按下表列出的体积，分别吸取 0.01mol·L^{-1} $HClO_4$、0.001 0mol·L^{-1} Fe^{3+} 溶液和 0.001 0mol·L^{-1} 磺基水杨酸溶液，一一注入 11 只 50mL 锥形瓶中，摇匀。

2. 测定系列溶液的吸光度

用分光光度计（波长为 500nm 的光源）测系列溶液的吸光度。将测得的数据记入下表。

以吸光度对磺基水杨酸的分数作图，从图中找出最大吸收峰，求出配合物的组成和稳定常数（表 5-38）。

表 5-38 实验数据记录表

序号	$HClO_4$ 溶液的体积/mL	Fe^{3+} 溶液的体积/mL	H_3L 溶液的体积/mL	H_3L 物质的量分数	吸光度
1	10.00	10.00	0.00		
2	10.00	9.00	1.00		
3	10.00	8.00	2.00		
4	10.00	7.00	3.00		
5	10.00	6.00	4.00		
6	10.00	5.00	5.00		
7	10.00	4.00	6.00		
8	10.00	3.00	7.00		
9	10.00	2.00	8.00		
10	10.00	1.00	9.00		
11	10.00	0.00	10.00		

六、作图及数据处理

（1）确定配合物的组成。
（2）确定配合物的稳定常数。

实验 60 固体在溶液中的吸附

一、实验目的

（1）测定活性炭在亚甲基蓝溶液中的吸附量。
（2）进一步理解弗罗因德利希公式和朗缪尔吸附等温式。
（3）测定活性炭的比表面积。
（4）熟悉 722 型分光光度计的使用。

二、思考与讨论

（1）如何判断吸附是否达到了平衡？
（2）在溶液中的吸附和固体在气体中的吸附有何区别？
（3）实验中，若溶液浓度过大，为什么要稀释后再测量？

三、实验原理

比表面积（a_s）是物质分散程量的量度，是指单位质量（或单位体积）的物体所具有的表面积，即：

$$a_s = \frac{A_s}{m} \tag{1}$$

物质的比表面积越大，意味着其分散程度越高。

吸附是一种常见的界面现象，固体表面分子由于受力不平衡，会对气体或者液体产生吸附作用。具有吸附能力的固体物质称为吸附剂，被吸附的物质称为吸附质。活性炭由于其分散程度高、比表面积大、吸附能力强而成为一种用途广泛的吸附剂，可用于吸附气体，也可用于吸附溶液中的某种物质。活性炭在水溶液中对不同物质有着不同的吸附能力，这种吸附作用的选择性在工业上有着广泛的应用，如糖的脱色提纯等。

固体物质在溶液中的吸附能力常用吸附量 n^a 表示，n^a 指吸附达平衡时单位质量的吸附剂吸附溶质的物质的量。即：

$$n^a = \frac{n}{m} \tag{2}$$

式中，n 代表吸附达平衡时被吸附溶质的物质的量，m 代表吸附剂的质量。

在一定温度下，固体吸附剂在溶液中的吸附量与吸附质在溶液中的平衡浓度 c 有关。弗罗因德利希（Freundlich）从吸附量和平衡浓度之间的关系曲线得到下面经验方程：

$$n^a = kc^n \tag{3}$$

c 为吸附平衡时溶液的浓度（$mol \cdot dm^{-3}$）；k 和 n 都是经验常数，由温度、溶剂、吸附质与吸附剂的性质所决定，一般 $n < 1$。将 (3) 式取对数，可得

$$\lg n^a = \lg k + n\lg c \tag{4}$$

根据此方程以 $\lg n^a$ 对 $\lg c$ 作图，可得一直线，由斜率和截距可求得常数 n 和 k 的值。上式是经验方程式，只适用于浓度适中的溶液。从公式上看，k 为 $c = 1 mol \cdot dm^{-3}$ 时的吸附量，但实际上此时公式可能已不适用。

朗缪尔（Langmuir）从吸附过程的理论考虑，认为吸附是单分子层的，即吸附剂一旦被吸附质占据之后，就不能再吸附；吸附和脱附过程同时发生，吸附平衡是一个动态平衡，此时吸附和脱附速率相等。在此基础之上，推导出等温吸附方程式：

$$n^a = n_m^a \frac{bc}{1 + bc} \tag{5}$$

式中 n_m^a 为饱和吸附量，即每克吸附剂表面完全被吸附质分子占据时的吸附量（$mol \cdot g^{-1}$）。n^a 为溶液在平衡浓度 c 时的吸附量，b 与吸附和脱附平衡常数有关。将 (5) 式整理可得：

$$\frac{1}{n^a} = \frac{1}{n_m^a} + \frac{1}{n_m^a b} \frac{1}{c} \tag{6}$$

以 $1/n^a$ 对 $1/c$ 作图得一直线，由此直线的斜率和截距可求得 n_m^a 和常数 b。

根据 n_m^a 的数值，按照 Langmuir 单分子层吸附模型，并假定吸附质分子在吸附剂表面上是直立的，每个吸附质分子的截面积为 a_m，则吸附剂的比表面积 a_s 可按下式计算：

$$a_s = n_m^a L a_m \tag{7}$$

L 为阿弗加德罗常数（$6.02 \times 10^{23} mol^{-1}$）。

本实验选用活性炭为吸附剂，亚甲基蓝为吸附质。研究表明，在一定的浓度范围，活性炭对亚甲基蓝的吸附为单分子层吸附，即服从朗缪尔等温吸附规律。吸附平衡后亚甲基蓝溶液的浓度利用分光光度法进行测定，波长选择 665nm。

亚甲基蓝摩尔质量为 $373.9 g \cdot mol^{-1}$，分子的横截面积为 $1.52 \times 10^{-18} m^2$。

四、仪器与试剂

722 型分光光度计，恒温振荡器，干燥器，锥形瓶（100mL，磨口），容量瓶，移液管

活性炭，亚甲基蓝溶液（$1.00 \times 10^{-3} mol \cdot L^{-1}$）

五、实验内容

1. 工作曲线的绘制

配制 $1.00 \times 10^{-5} mol \cdot L^{-1}$ 的亚甲基蓝标准溶液，取一定量标准溶液稀释，分别得到浓度为 $2.00 \times 10^{-6} mol \cdot L^{-1}$、$4.00 \times 10^{-6} mol \cdot L^{-1}$、$6.00 \times 10^{-6} mol \cdot L^{-1}$、$8.00 \times 10^{-6} mol \cdot L^{-1}$ 亚甲基蓝标准溶液。以蒸馏水为空白，分别测定五个不同浓度亚甲基蓝标准溶液在 665nm 的吸光度。

2. 吸附平衡后溶液浓度的测定

准确称取 100mg 左右的活性炭 6 份，放入 6 只干燥的 100mL 磨口锥形瓶中（事先编号），按表 5-39 中数据加入亚甲基蓝溶液（1.00×10^{-3} mol·L^{-1} 和水，将瓶塞盖好，置于恒温振荡器中，恒温下振荡 1~3 天。

表 5-39 亚甲基蓝溶液相关数据

编号	1	2	3	4	5	6
$V_{溶液}$（mL）	20.0	25.0	30.0	35.0	40.0	50.0
$V_{水}$（mL）	30.0	25.0	20.0	25.0	10.0	0.0

将吸附达到平衡的溶液取其上清液，以蒸馏水为空白，测定溶液在 665nm 的吸光度。测量时按照浓度由小到大的顺序，每个样品平行测定 3 次。若溶液浓度过大（$A > 0.8$），用去离子水稀释一定倍数后测定。

3. 测定完成后

将比色皿和盛过亚甲基蓝溶液的玻璃仪器清洗干净。先用酸洗，再用自来水冲洗，最后用去离子水涮洗。

六、数据记录和处理

室温_____ 气压_____ 实验温度_____

（1）将实验中测得的标准溶液的吸光度值填入表（5-40），并根据表中数据绘制工作曲线。

表 5-40 不同溶液浓度的吸光度

溶液浓度 (mol·L^{-1})	吸光度 A			
	1	2	3	平均
2.00×10^{-6}				
4.00×10^{-6}				
6.00×10^{-6}				
8.00×10^{-6}				
10.00×10^{-6}				

（2）将实验中测得的吸附平衡时溶液的吸光度值填入表 5-41，并由工作曲线求出对应浓度。

表 5-41 数据记录表

样品	吸光度 A				溶液浓度 (mol·L^{-1})
	1	2	3	平均	
1					
2					

(续表)

样品	吸光度 A				溶液浓度
	1	2	3	平均	(mol·L^{-1})
3					
4					
5					
6					

(3) 按表 5-42 记录数据。

表 5-42 数据记录表

编号	1	2	3	4	5	6
活性炭质量 m (g)						
溶液初始浓度 c_0 (mol·L^{-1})						
溶液平衡浓度 c (mol·L^{-1})						
$\lg c$						
$1/c$						
平衡吸附量 n^a (mol·g^{-1})						
$\lg n^a$						
$1/n^a$						

吸附量按下式计算:

$$n^a = \frac{(c_0 - c)V}{m}$$

其中 V 为溶液总体积, m 为吸附剂活性炭的质量。

(4) 根据实验数据作出吸附等温线。
(5) 以 $\lg n^a$ 对 $\lg c$ 作图, 由直线的斜率和截距求出弗罗因德利希公式中的 n 和 k。
(6) 根据朗缪尔吸附等温式, 以 $1/n^a$ 对 $1/c$ 作图, 得一直线, 根据直线的斜率和截距求出饱和吸附量和吸附系数。
(7) 计算活性炭的比表面积。

附 722s 型分光光度计的使用方法

仪器的外观及功能如图 5-30 所示。

使用方法:

(1) 预热。仪器开机后灯及电子部分需热平衡, 故开机预热 30min 后才能进行测定工作 (如紧急应用时请注意随时调零, 调100% T)。
(2) 调零。为校正基本读数标尺两端 (配合 100% T 调节), 进入正确测试状态,

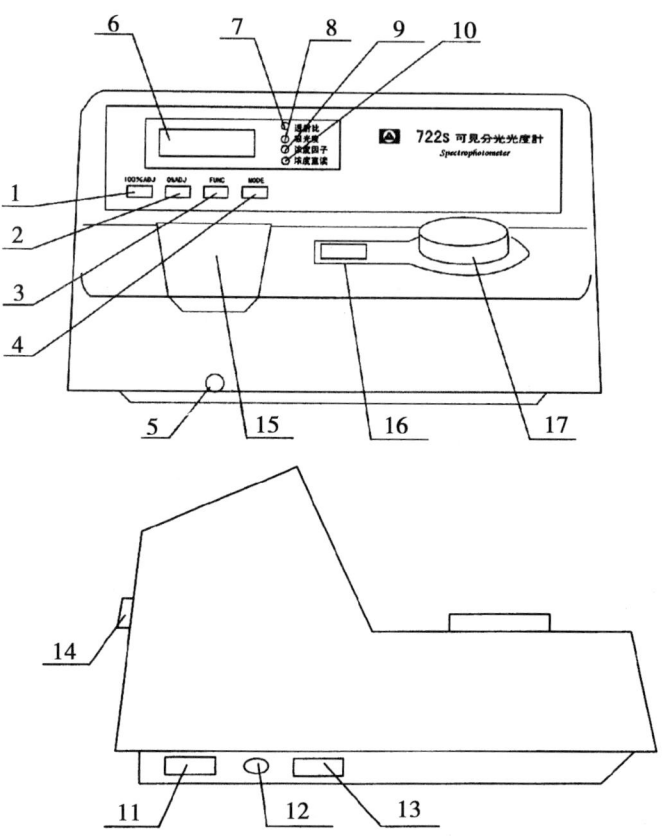

1. 100%T 键；2. 0%T 键；3. 功能键（Function）；4. 模式（MODE）键；5. 试样槽架拉杆；6. 显示窗；7. 透射比指示灯；8. 吸光度指示灯；9. 浓度因子指示灯；10. 浓度直读指示灯；11. 电源插座；12. 熔丝座；13. 总开关；14. RS232C 串行接口插座；15. 样品室；16. 波长指示窗；17. 波长调节钮

图 5-30　722s 型可见分光光度计外形

在开机预热 30min 后，打开试样盖（关闭光门），然后按"0%"键，即能自动调零。

（3）调整 100%T。为校正基本读数标尺两端（配合调零），进入正确测试状态，一般在调零前应加按一次 100%T 调整，以便仪器内部自动增益到位。调零后，将用作背景的空白样品置入样品室光路中，盖下试样盖（同时打开光门），按下"100%T"键即能自动调整 100%T（一次有误差时可加按一次）。注意：调整 100%T 时整机自动增益系重调可能影响 0%，调整后请检查 0%，如有变化可重调 0% 一次。

（4）调整波长。使用仪器上唯一的旋钮（如图 5-30 中 17），即可方便地调整仪器当前测试波长，具体波长由钮左侧的显示窗（如图 5-30 中 16）显示，读出波长时目光应垂直观察。

（5）改变试样槽位置让不同样品进入光路。仪器标准配置中试样槽架是四位置的，用仪器前面的试样槽拉杆来改变，打开样品室盖以便观察样品槽中的样品位置。最靠近测试者的为"0"位置，依次为"1""2""3"位置。对应拉杆推向最内为"0"位置，依次向外拉出相应为"1""2""3"位置,当拉杆到位时有定位感,到位时请前后轻轻推动一下以确保定位正确。

(6) 确定滤光片位置。本仪器备有滤光片(用以减少杂散光,提高 340~380nm 波段光度准确性),位于样品室内部左侧,用一拨杆来改变位置。当测试波长在 340~380nm 波段内作高精度测试时可将拨杆推向前(见机内印字指示)。通常不使用此滤光片,可将拨杆置在 400~1 000nm 位置。注意:如在 380~1 000nm 波段测试时,误将拨杆置在 340~380nm 波段,则仪器将出现不正常现象(如噪声增加,不能调整 100%T 等)。

(7) 改变标尺。本仪器设有 4 种标尺:
①透射比:用于透明液体和透明固体测量;
②吸光度:用于采用标准曲线法或绝对吸收法定量分析;
③浓度因子:用于在浓度因子法浓度直读时设定浓度因子;
④浓度直读:用于标样法浓度直读时,作浓度设定和读出。
各标尺间的转换用 MODE 键操作。

(8) RS232C 串行数据发送。仪器设有 RS-232C 串行通讯口,可配合串行打印机或 PC 使用,本仪器 RS-232C 口输出口定义及数据格式如下:

波特率:2 400bps

数据位:8 位

停止位:1 位

(9) 实验完毕。比色皿应用石油醚清洗,并用镜头纸轻拭干净,存于比色皿盒中备用。

第六章　物质的物理常数测定

经过分离和提纯后的化合物，其纯度是否达到了要求，可用测定某些物理量的方法来确定。通常应用最多的是物质的熔点、沸点、相对密度、折光率及旋光度，对于一种纯净的化合物来说，在一定条件下，这些物理量都是固定的，如固体化合物的熔程、液体化合物的沸程都较窄，一般不超过 0.5~1℃。因此，测定这些物理量不仅可以判断化合物的纯度，而且在鉴定未知化合物方面也具有重要意义。

第一节　密　度

物质的密度（ρ）是指在规定温度（t℃）下，物质的质量（m）除以体积（V）。单位为 kg/m^3 或 kg/L。

国家标准规定化学试剂的密度是指在 20℃ 时单位体积物质的质量。在其他温度下测定密度，应在 ρ 的右下角注明温度。密度是鉴定物质的一个重要的物理常数。通过测定密度可以判断物质的纯度。

相对密度指在 20℃ 时，一定的条件下被测定物质与参考物质两种物质密度之比，以符号 d 表示。

$$d = \frac{\rho}{\rho_0}$$

式中，ρ 为所要测定物质的密度；ρ_0 为所选定参考物质的密度。

参考物质一般为 4℃ 时的纯水，相对密度记为 d_4^{20}。若测定温度不是在 20℃，而是在 t（℃）时，可将 d_4^t 换算成 d_4^{20} 的数值。测定相对密度的方法有密度瓶法、密度计法等。

一、密度瓶法

适合测定非挥发性液体的密度，是准确测定液体相对密度的方法。常用的密度瓶的容积和形状有多种，其中以侧边有毛细管支管，并附有温度计的为好，温度计的分度值为 0.2℃。常见密度瓶的容积有 5mL、10mL、25mL 等，如图 6-1 所示。

测定密度时需要测量质量和体积，质量可通过天平称量得到，由于体积与温度有关，密度瓶体积的测定要在恒温槽中进行。将已知密度的液体（如水作为已知密度的液体）充满已知质量的密度瓶中，恒温后用减量法求得瓶内液体的质量，再利用 $V = \frac{m}{\rho}$；即可求得体积。测定固体密度（表观密度），要把一定量固体浸于充满液体的密度

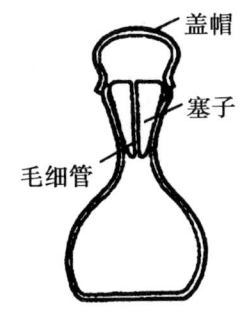 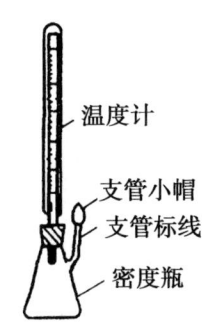

(a) 普通密度瓶　　　　(b) 附有密度计的密度瓶

图 6-1　密度瓶

瓶中，精确测量被排出液体的体积，根据被排出的液体体积，计算出密度瓶内固体的体积。测定时，被测定固体粉末从原容器转移到测量容器的过程中，由于产品易碎或因固体的流动性或结块性及粒子的几何形状的变化，样品倾注至测量容器造成不可避免的压缩等，导致测得的表观密度不同于产品在原容器或包装中的密度。固体密度的计算公式是：

$$d_{固} = \frac{m_{固}}{m_{水} - m_{固,水}} \times \rho_{水}$$

式中，$d_{固}$ 为待测定固体的密度，kg/m^3；

$m_{水}$、$m_{固}$ 为水（或参比液体）的质量及待测定固体的质量，kg；

$m_{固,水}$ 为装一定量固体并充满水（或参比液体）后密度瓶的质量，kg

液体密度可以通过 $d_{液} = \frac{m_{液}}{m_{水}} \times \rho_0$ 计算得到。

式中，$m_{液}$ 为 20℃ 时充满密度瓶的试样质量，g；

$m_{水}$ 为 20℃ 时充满密度瓶水（参比液体）的质量，g；

$d_{液}$ 为待测定液体密度，g/cm^3；

ρ_0 为 20℃ 时水的密度，$\rho_0 = 0.998\,20\,g/cm^3$。

二、密度计法

密度计法是一种测定液体相对密度最简单而又最常使用的方法，只是准确度不如密度瓶法。密度计种类较多，其刻度也不一致，常用的密度计的规格及外形如图 6-2 所示，它是一支封口的玻璃管，中间部分较粗，内有空气，所以放在液体中可以浮起，下部装有小铅粒形成重锤，能使密度计直立在液体中。密度计上部较细，管内有刻度标尺，可以直接读出密度值。密度计都是成套的，每套有若干支，每支只能测定一定范围的密度。使用时要根据待测液体的密度大小选用不同量程的密度计。

密度计是以阿基米德定理为原理制作的。设密度计本身的质量为 m，密度计浸没在液体中部分的体积为 V，液体的相对密度为：

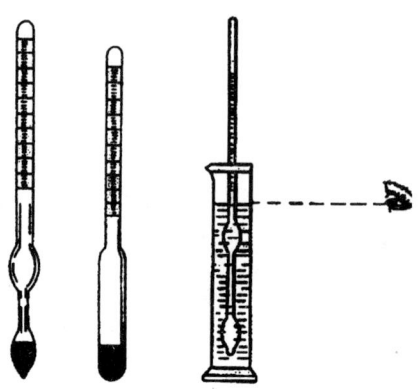

图 6-2 密度计及其读数方式

$$d = \frac{m}{V_0}$$

密度计本身的质量（m）一定，液体相对密度愈大，则密度计下沉的部分愈小。相反，液体相对密度愈小，密度计下沉的部分愈大。

实验 61 密度的测定

一、实验目的

（1）学习用密度瓶和密度计测定物质密度的原理。
（2）掌握密度瓶和密度计测定液体或固体密度的方法。

二、预习与思考

（一）预习以下内容

（1）密度测定的原理及方法。
（2）密度计的使用方法。
（3）分析天平的使用方法。

（二）思考以下问题

（1）测定密度时为什么要用恒温水浴？为什么要用参比液体？
（2）测定固体密度时，当固体表面与液体的接触界面上有气泡，会有什么影响？

三、仪器与试剂

25~50mL 密度瓶、恒温水浴、温度计（0.1℃）、分析天平（分度值为 0.000 1g）、密度计、量筒（50~500mL）。

乙醇（A.R.）。

四、实验步骤

1. 密度瓶法

（1）将恒温水浴的温度恒定在 20℃ ±0.1℃。

（2）将洗净并干燥后的 25mL 密度瓶，在分析天平上称取其质量 m_0。

（3）将煮沸 30min 并冷却接近 20℃ 的水用针筒注入密度瓶中，并充满，装上温度计或盖上磨口塞（瓶中应无气泡）。浸入到（20℃ ±0.1℃）的恒温水浴中 15min，取出后，用滤纸擦干毛细管孔塞上溢出的水及瓶的外壁后，立即盖上盖帽后称量得质量 m_1，$m_1 - m_0$ 即为 20℃ ±0.1℃ 时水的质量。

（4）由水的质量及密度可以确定密度瓶的容积即试样的体积，由此可以计算样品的密度。

（5）倒掉密度瓶中的水，用电吹风吹干。以乙醇代替水，注满密度瓶并用步骤③方法恒温，称量即得（20℃ ±0.1℃）时乙醇的质量 m_2。用下式计算乙醇的密度：

$$d = \frac{m_2 - m_0}{m_1 - m_0} \times 0.998\,20$$

2. 密度计法

（1）将待测试样注入清洁、干燥的量筒内，不得有气泡，将量筒置于 20℃ 的恒温水浴中。

（2）待温度恒定后，估计样品密度的大致范围，选取具有相应刻度的密度计。将清洁、干燥的密度计缓缓地放入量筒中，其下端应离筒底 2cm 以上，不能与筒壁接触，密度计的上端露在液面外的部分所沾液体不得超过 2~3 分度，待密度计在试液中稳定后，读出密度计弯月面下沿的刻度（标有读弯月面上级刻度的密度计除外），即为 20℃ 试样的相对密度。

在常温测定试样的相对密度 d_t 时，需要进行换算：

$$d_t = d'_t + d'_t \cdot \alpha(20 - t)$$

式中 d'_t——试液在 t℃ 时密度计的读数值，g/mL；

α——密度计的玻璃膨胀系数，一般为 0.000 025；

t——测定时的温度，℃；

20——密度计的标准温度，℃。

第二节 熔 点

熔点是指物质常压下，由固相转变为液相时的温度，或者说是该物质的固态蒸气压等于液态的蒸气压、固液两相平衡共存时的温度。熔点是物质的重要的物理常数，被测定化合物从开始熔化到全部熔化的温度范围称为熔距（熔点范围或熔程）。一个纯净化合物都有固定的熔点，固液两相之间的变化很敏锐，一般熔程不超过 0.5~1.0℃。含有杂质的化合物，其熔点一般会下降，熔程增大。通过测定固体化合物的熔点，可以鉴别固体化合物的纯度。为鉴别两种熔点相同的物质是否为同一物质，可采用混合熔点法，即将两种物质均匀混合（常按1:1比例）后，测混合物的熔点，如果熔点不变，说明二者为同一物质，如果熔点降低（通常可降低10~30℃）、熔程加大，则说明二者不是同一物质。

测定熔点温度，需要测定固液两相平衡共存时的温度，一旦超过这个温度，哪怕是超过几分之一摄氏度，只要有足够的时间，固体可全部转变成液体，这就是纯净化合物具有敏锐熔点的原因。因此，在测量熔点的过程中，当接近熔点时，升温的速度不能太快，需要严格控制加热速度，一般以每分钟1~2℃的速度升温为宜，因为只有这样才能使熔化过程近似于相平衡条件。当最后一点固体熔化后，继续加热，则温度线性上升，如图6-3所示固体物质的熔化过程曲线。

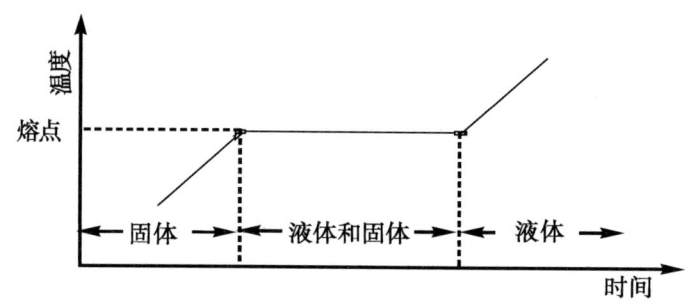

图6-3　固体物质的熔化过程曲线

大多数有机化合物的熔点都在400℃以下，较易测定。实验中经常采用的是毛细管法和显微镜熔点测定法。

实验62　熔点的测定

一、实验目的

(1) 学习毛细管法（悌勒管法—Thiele）测定有机化合物熔点的基本原理。
(2) 掌握毛细管法测定熔点的基本操作。
(3) 学习显微熔点测定仪测定熔点的原理和方法。
(4) 了解显微熔点测定仪的结构。

二、预习与思考

(一) 预习内容

(1) 测定熔点的基本原理是什么？
(2) 为什么通过测定固体化合物的熔点，可以鉴别固体化合物的纯度？
(3) 显微熔点测定仪的结构。
(4) 显微熔点测定仪测定熔点的原理和方法。

(二) 思考以下问题

(1) 为什么测定熔点时，在接近熔点时升温速度要减慢？
(2) 测定熔点时，遇到下列情况之一，将产生什么结果？
① 毛细管壁太厚。
② 毛细管不洁净。
③ 样品研得不细或装得不紧。
④ 样品未完全干燥或含有杂质。
⑤ 样品填装过多。
(3) 测定过熔点后的毛细管及样品，是否能够用来再测定第二次？

三、仪器与试剂

梯勒管、测量温度计（分度值0.1℃）、辅助温度计（1℃，附在测量温度计上，其水银球在传温液液面露出水银柱中部）、毛细管。

尿素、肉桂酸。

四、实验步骤

(一) 毛细管法

1. 样品的预处理

将样品研成细粉，样品的熔点低限在135℃以上，受热不分解时，可于105℃干燥；样品的熔点在135℃以下或受热分解，可放在五氧化二磷干燥器中干燥过夜，或用其他适宜的干燥方法干燥。样品干燥不够充分时，会使熔点降低。

2. 准备熔点管

取市售的毛细管（内径1mm左右）截成6~8cm的小段，将其一端在酒精灯外焰处烧熔、封口。

3. 添装样品

取少量预先研细并烘干的样品，置于干净的表面皿或玻璃片上，将熔点管开口一端插入样品堆中，反复数次，即有少量样品被挤入管中，取一根长约40cm的玻璃管直立于台面上，将熔点管开口端朝上从此玻璃管中自由下落，使样品紧密地填充在熔点管的下端，反复数次直到熔点管内样品高2~3mm为止，每种样品装2~3根。

4. 仪器装置

常见测定熔点的装置主要考虑的是受热均匀如图6-4所示（其中b为双浴法，c为梯勒管法又称b形管法，d为双毛细管法），一般选用b形管法。将b形管固定在铁架台上，加入浴液（一般温度在140℃以下用石蜡或甘油，140~220℃可选用硫酸，220℃以上选用硅油），其用量以略高于b形管的上侧管为宜。将装有样品的熔点管用橡皮圈固定于温度计的下端，使熔点管装有样品的部分位于温度计水银球的中部，然后将此温度计通过一带有缺口的塞子小心地插入b形管中，使温度计水银球位于b形管两侧支管中间（注意勿使橡皮圈触及浴液，以免浴液被污染或橡皮圈被浴液所溶胀）。

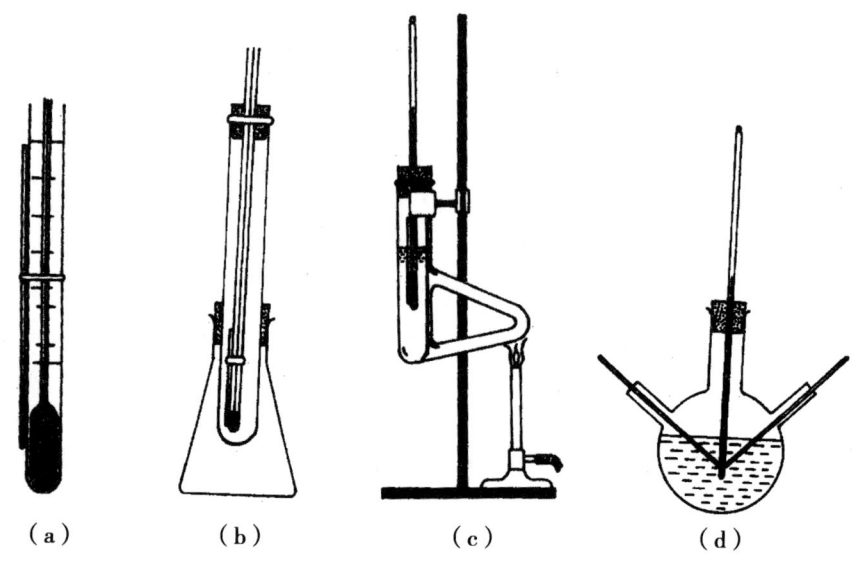

图 6-4　测定熔点的装置

5. 熔点测定

上述准备工作完成后，即可进行测定。用小火缓缓加热，以每分钟上升 3~4℃ 的速度升高温度至与所预料的熔点尚差 15℃ 左右，减弱加热火焰，使温度上升速度每分钟约 1℃ 为宜，此时特别注意观察温度的上升和毛细管中的情况，当毛细管中的样品开始塌落、湿润，出现第一滴小液滴时，表示样品开始熔化，是初熔，记下温度；继续微热至样品固体全部消失（图 6-5 所示）变为透明液体时再记录下温度，即为样品的全熔温度。重复测定 2~3 次。

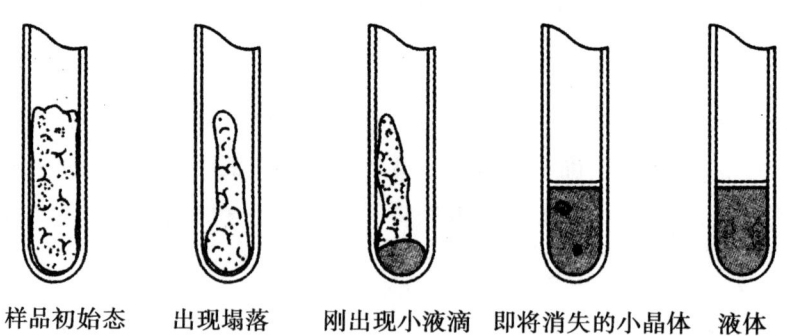

样品初始态　　出现塌落　　刚出现小液滴　　即将消失的小晶体　　液体

图 6-5　固体样品的熔化过程

测定未知样品时，先粗略、快速地测定其近似熔点，待浴液温度下降 30℃ 左右后，再精确测定第二、第三次。

（二）显微熔点测定仪法

显微熔点测定仪是由单镜头显微镜、加热台及温度计3个主要部件构成（图6-6）。其优点是：可测微量样品和高熔点（高至350℃）样品的熔点，可通过显微镜观察样品在加热过程中变化的全过程（如结晶水的失去、多晶的变化及化合物的分解等）。

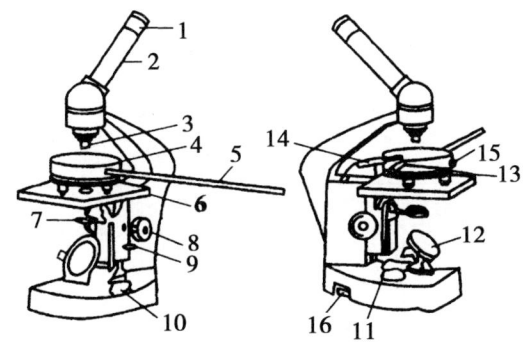

1. 目镜；2. 棱镜检偏部件；3. 物镜；4. 加热台；5. 温度计；6. 载热台；
7. 起偏振件；8. 粗动手轮；9. 止紧螺丝；10. 波段开关；11. 电位器旋钮；
12. 反光镜；13. 拨动圈；14. 上隔热玻璃；15. 地线柱；16. 电压表。

图6-6 显微熔点测定仪示意

操作方法如下。

（1）装上温度计及保护套管。

（2）用尖嘴镊子取微量样品放在一盖玻片上，盖上另一盖玻片，使样品变为薄薄的一层。然后把玻璃片放在熔点测定仪加热盘上，使样品对准加热盘中心的孔洞，再用一带有磨砂边的圆隔热玻璃盖盖住加热盘。

（3）调节镜头焦距，使样品清晰可见。

（4）接通电源，打开开关（指示灯亮），开始升温，调节电位器旋钮，控制升温速度，当温度接近样品熔点时，升温速度每分钟不得超过1℃。观察样品的变化，当晶体棱角开始变圆时，表明熔化开始，结晶形状全部消失而变为小液滴时，表明完全熔化，记录初熔及全熔的温度。

（5）测完熔点，停止加热，稍冷，用镊子取走圆隔热玻璃盖及盖玻片，将一特制的厚铝板放在加热台上帮助散热，加速冷却以备第二次测定。

为获得精确的熔点值，需要对温度计进行校正。选择数种已知熔点的纯有机物，用该温度计测其熔点。以实测熔点为纵坐标，以实测熔点与已知物的标准熔点差值为横坐标，画出校正曲线（图6-7所示）。

这样，凡是用这支温度计测得的温度均可由曲线上找到校正数值。某些适用于以熔点方法校正温度计的标准化合物的熔点如表6-1所示（校正时可具体选择其中几种）。

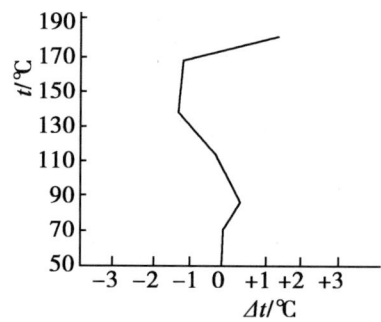

图 6-7 温度计校正曲线示意

表 6-1 一些标准样品的熔点

化合物	熔点（℃）	化合物	熔点（℃）
水—冰（蒸馏水制）	0	苯甲酸	122
α-萘胺	50	尿素	133
二苯胺	53	二苯基羟基乙酸	151
苯甲酸苯酯	69.5~71	水杨酸	158
萘	80	对苯二酚	173~174
间二硝基苯	90.02	3,6-二硝基苯甲酸	205
二苯乙二酮	95~96	蒽	216.2~216.4
乙酰苯胺	114	酚酞	262~263

第三节 沸点的测定

当液态物质受热时，其蒸气压增大。当蒸气压等于大气压时，液体沸腾，即达到沸点。每种纯液态有机物在一定压力下具有固定的沸点。沸点的测定可以采用常量法也可采用微量法。

实验63 微量法测定沸点

一、实验目的

（1）了解微量法测定沸点的实验装置。
（2）掌握测定沸点的方法。

二、预习与思考

（一）预习内容

（1）微量法测定沸点的原理及方法。

(2) 沸点与蒸气压的关系。

(二) 思考以下内容

(1) 用微量法测沸点时应注意什么问题？
(2) 微量法测沸点时加热过快，会产生什么影响？
(3) 沸点恒定的液体一定是纯物质吗？

三、仪器与试剂

梯勒管、沸点管、毛细管、温度计。
乙醇样品、载热液（甘油）。

四、实验步骤

(一) 沸点管的制备

沸点管有外管和内管组成，外管用长 7~8cm、内径 0.2~0.3cm 的玻璃管将一端烧熔封口制得；内管用市售的毛细管截取 3~4cm 封其一端而成。测量时将内管口向下插入外管中。

(二) 沸点的测定

取 1~2 滴待测样品滴入沸点管的外管中，将内管插入外管，然后用小橡皮圈将沸点管固定在温度计旁（应使装样品的部分位于温度计水银球的中部如图 6-8 所示），再将温度计的水银球通过一带缺口的塞子置于 b 形管两支管的中间，加热时由于气体膨胀，内管中会有小气泡断断续续的溢出；当温度升到比被测液沸点稍高时，将会出现一连串的小气泡，此时应停止加热，使浴液温度自行下降，气泡溢出的速度即逐渐减慢，仔细观察，最后一个气泡刚欲冒出又缩回内管、内外管液面等高的瞬间，此时的温度为毛细管内液体的蒸气压和外界大气压平衡时的温度，此温度即为该液体的沸点。待温度下降 15~20℃后，可重新加热再测一次（每次测量数值相差不得超过 1℃）。

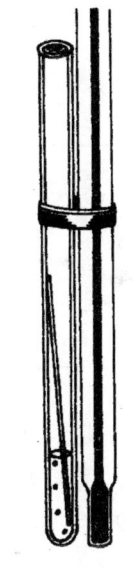

图 6-8 沸点管安装

第四节 电导率的测定

和金属导体一样，电解质溶液的电阻也符合欧姆定律。温度一定时，两极间溶液的电阻（R）与两极间的距离（l）成正比，与电极面积 A 成反比。电解质溶液其导电能力常用电导（G）或电导率（κ）来衡量。电导为电阻的倒数，单位为 S（西门子），它们之间的关系为：

$$G = \frac{1}{R} = \kappa \frac{A}{l}$$

式中，κ 为电导率或比电导，它是电阻率 ρ 的倒数，单位为 S/m，其含义是：放在相距 1m、电极面积为 $1m^2$ 的两个电极之间电解质溶液的电导。

用电导池测量电导时,电极距离(l)和电极面积(A)是固定的,故 $\dfrac{l}{A}$ 为一常数,称为电导池常数,以 K_{cell} 表示。

$$G = \kappa \dfrac{1}{K_{cell}}$$

由于电极的距离和面积很难被精确测定,通常采用测量已知精确电导率溶液的电导 G,然后由上式计算出该电导池的 K_{cell} 值。最常采用的是 KCl 溶液,表 6-2 列出了标准 KCl 溶液在不同温度下的电导率。

表 6-2 标准 KCl 溶液在不同温度下的电导率 [κ/(S/m)]

c/(mol/L)	温度 0℃	18℃	25℃
1	6.543	9.820	11.173
0.1	0.715 4	1.119 2	1.288 6
0.01	0.077 51	0.122 7	0.141 14

电导电极有不同的形式,根据被测溶液电导率的大小来选择合适的电导电极。

(1) 若被测溶液电导率 $<10^{-3}$ S/m,一般选用光亮的铂电极。

(2) 若被测溶液电导率在 10^{-3} S/m $< \kappa <$ 1 S/m 范围,选用镀有铂黑的铂电极。

(3) 若被测溶液的电导率 $\kappa >$ 1 S/m,此时由于溶液电阻很小,可选用 U 形电导池或 DJS—10 型铂黑电极。

图 6-9 给出电解质溶液的浓度与电导率的关系,当电解质浓度较小时,其电导率与浓度成正比;而浓度过高时,电导率反而下降。为了比较电解质的导电能力,引入摩尔电导率 Λ_m 的概念,我国国家标准规定:摩尔电导率 Λ_m 为电导率 κ 除以物质的量浓度 c,即

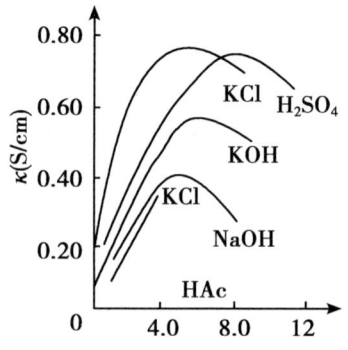

图 6-9 电解质溶液的浓度与电导率的关系

$$\Lambda_m = \frac{\kappa}{c}$$

式中，κ 单位为 S/m；c 的单位为 mol/m^3；Λ_m 的单位为 $S \cdot m^2/mol$。

摩尔电导率的意义是：$l=1m$，$A=1m^2$ 两个电极间溶液含有 1mol 电解质时所具有的电导——浓度为 1mol/L 电解质溶液的导电能力。由于实验室中 c 常以 mol/L 表示，则上式改为：

$$\Lambda_m = \frac{\kappa}{c} \times 10^{-3}$$

Λ_m 随溶液的浓度变化而变，且强电解质和弱电解质的变化规律不同。强电解质溶液的 Λ_m 随浓度的降低而增大。对于强电解质的稀溶液来说，Λ_m 与溶液的物质的量浓度 c 之间的关系为：

$$\Lambda_m = \Lambda_m^\infty = A\sqrt{c}$$

式中，Λ_m^∞ 为无限稀释时电解质溶液的摩尔电导率，称为极限摩尔电导率；A 为系数，在一定温度下为一常数。

Λ_m^∞ 值可通过实验，在 $\Lambda_m - \sqrt{c}$ 图中将 Λ_m 外推至 $c=0$ 时得到。

弱电解质溶液的 Λ_m^∞ 很难由实验作图精确测定。对于弱电解质，其电离度随溶液的稀释而增大。当溶液无限稀释时，可以看作完全电离。一定温度下，弱电解质的极限摩尔电导 Λ_m^∞ 是一定的，借助离子独立运动定律，用阴、阳离子极限摩尔电导 Λ_{0+}、Λ_{0-} 求和得到 Λ_m^∞，即

$$\Lambda_m^\infty = \Lambda_{m,+}^\infty + \Lambda_{m,-}^\infty$$

式中，Λ_{0+}、Λ_{0-} 分别为无限稀释的溶液中正离子和负离子的摩尔电导率，如表 6-3 所示。

表 6-3　无限稀溶液中常见正离子和负离子的摩尔电导率

离子	$\Lambda_{m,+}^\infty$（$S \cdot m^2/mol$）	离子	$\Lambda_{m,-}^\infty$（$S \cdot m^2/mol$）
H^+	349.82	OH^-	198.0
Li^+	38.69	Cl^-	76.34
Na^+	50.11	Br^-	78.4
K^+	73.52	NO_3^-	71.44
NH_4^+	73.4	CH_3COO^-	40.9
Ag^+	61.92	$1/2SO_4^{2-}$	79.8
$1/2Ca^{2+}$	59.50	ClO_4^-	68.0
$1/2Ba^{2+}$	63.64	$1/2Pb^{2+}$	69.5
$1/2Mg^{2+}$	53.06		

极限摩尔电导是电解质溶液的一个重要参数，可以通过测定极限摩尔电导求得弱电解质电离常数以及难溶盐溶度积等常数。

利用电导仪测定电解质溶液的电导率，操作简单，应用广泛，常用来测定弱电解质

的电离度和电离常数，也可以用于水质监测，水中含盐量、溶解氧测定、大气中 SO_2 测定以及电导滴定。

实验 64　$BaSO_4$ 溶度积的测定

一、实验目的

(1) 掌握电导法测定 $BaSO_4$ 溶度积的基本原理。
(2) 学会电导仪的使用方法。

二、预习与思考

(一) 预习以下内容

(1) 摩尔电导率、极限摩尔电导率的概念及其含义。
(2) 电热恒温水浴的使用方法。
(3) 电导仪的使用方法。

(二) 思考以下内容

(1) 什么条件下可用电导率计算溶液的浓度？
(2) 用测量水的电导率来估计水质质量的原理是什么？

三、实验原理

$BaSO_4$ 是难溶电解质，在其饱和溶液中存在如下平衡：

$$BaSO_4 \rightleftharpoons Ba^{2+} + SO_4^{2-}$$

$$K_{SP,BaSO_4} = [Ba^{2+}] \cdot [SO_4^{2-}] = c$$

25℃时 $BaSO_4$ 的饱和溶液可以看作是无限稀溶液，$BaSO_4$ 的极限摩尔电导

$$\Lambda_{m,BaSO_4}^{\infty} = \Lambda_{m,Ba^{2+}}^{\infty} + \Lambda_{m,SO_4^{2-}}^{\infty}$$
$$= 2(\Lambda_{0,1/2Ba^{2+}} + \Lambda_{0,1/2SO_4^{2-}})$$
$$= 2(63.64 + 79.80)$$
$$= 286.88 \text{ S} \cdot cm^2/mol$$

又 $\Lambda_m = 10^{-3} \times \kappa/c$；

测得电导率 $\kappa_{BaSO_4溶液}$，即可求得溶液的浓度 c，进而求得 $K_{SP,BaSO_4}$

$$c = \frac{\kappa_{BaSO_4}}{\Lambda_{0BaSO_4} \times 1000} = \frac{\kappa_{BaSO_4溶液} - \kappa_{H_2O}}{\Lambda_{0BaSO_4} \times 1000} \quad K_{SP,BaSO_4} = c^2 = \left[\frac{\kappa_{BaSO_4溶液} - \kappa_{H_2O}}{\Lambda_{0BaSO_4} \times 1000}\right]^2$$

四、仪器与试剂

DDS—307 型电导仪、恒温水浴、烧杯、量筒、温度计。

硫酸钡、重蒸馏水。

五、实验步骤

1. 实验用蒸馏水电导率的测定

取实验用蒸馏水 40mL，于 25℃时测定其电导率 κ_{H_2O}。

2. $BaSO_4$ 饱和溶液的制备

将经灼烧处理后的 $BaSO_4$ 置于 50mL 烧杯中，加入已测定电导率的蒸馏水 40mL，加热煮沸 3～5min，静置冷却至 25℃。

3. $BaSO_4$ 溶液电导率的测定

取适量制好的 $BaSO_4$ 饱和溶液的上清液，于 25℃时测定其电导率。

六、DDS-307 型电导仪使用说明

（一）开机

接通电源，预热 30min 后，进行校准。

（二）校准

将"选择"开关指向"检查"，"常数"补偿调节旋钮指向"1"刻度线，"温度"补偿调节旋钮指向"25"度线，调节"校准"调节旋钮，使仪器显示 100.0μS/cm，至此校准完毕。

（三）测量

1. 电极常数的选择

在电导率测量过程中，正确选择电导电极常数，对获得较高的测量精度（单位西门子（S））是非常重要的。一般仪器配用常数为 0.01、0.1、1.0、10 四种不同类型的电导电极。应根据测量范围参照表 6-4 选择相应常数的电导电极。

表 6-4 测量范围与推荐使用电导常数的电极

测量范围（μS/cm）	推荐使用电导常数的电极
0～2	0.01，0.1
0～200	0.1，1.0
200～2 000	1.0
2 000～2 000	1.0，10
2 000～2 0000	10

注：对常数为 1.0、10 类型的电导电极有"光亮"和"铂黑"两种形式，镀铂电极习惯称作铂黑电极、对光亮电极其测量范围以 0～300μS/cm 为宜。

2. 电极常数的设置方法

目前，电导电极的电极常数为 0.01、0.1、1.0、10 四种不同类型，但每种类型电

极具体的电极常数值，制造厂均粘贴在每支电导电极上，根据电极上所标的电极常数值调节仪器面板"常数"补偿调节旋钮到相应的位置。

3. 将"选择"开头指向"检查"

将"温度补偿"调节旋钮指向"25"度线，调节"校准"调节旋钮，使仪器显示 $100.0\mu S/cm$

调节"常数"补偿调节旋钮使仪器显示值与电极上所标数值一致。

例如：

(1) 电极常数为 $0.010\ 25 cm^{-1}$，则调节常数补偿调节旋钮使仪器显示值为102.5。（测量值 = 读数值×0.01）。

(2) 电极常数为 $0.102\ 5 cm^{-1}$，则调节常数补偿调节旋钮，使仪器显示为102.5。（测量值 = 读数值×0.1）。

(3) 电极常数为 $1.025 cm^{-1}$，则调节常数补偿调节旋钮，使仪器显示为102.5。（测量值 = 读数值×1）。

(4) 电极常数为 $10.25 cm^{-1}$，则调节常数补偿调节旋钮，使仪器显示为102.5。（测量值 = 读数值×10）。

4. 温度补偿的设置

调节仪器面板上"温度"补偿调节旋钮，使其指向待测溶液的实际温度值，此时，测量得到的将是待测溶液经过温度补偿后折算为25℃下的电导率值；如果将"温度"补偿调节旋钮指向"25"刻度线，那么测量的将是待测溶液在该温度下未经补偿的原始电导率值。

常数、温度补偿设置完毕，应将"选择"开关按表6-5要求置合适位置。当测量过程中，显示值熄灭时，说明测量值超出量程范围，此时，应切换"开关"至上一挡量程。

表6-5 测量选择开关位置与被测电导率关系

序号	选择开关位置	量程范围（μS/cm）	被测电导率（μS/cm）
1	I	0 ~ 20.0	显示读数×C
2	II	20.0 ~ 200.0	显示读数×C
3	III	200.0 ~ 2 000	显示读数×C
4	IV	2 000 ~ 20 000	显示读数×C

注：C为电导电极常数值

例：当电极常数为0.01时，C = 0.01；
当电极常数为0.10时，C = 0.1；
当电极常数为1.00时，C = 1.0；
当电极常数为10.0时，C = 10。

实验 65 电导法测定硫酸铅的溶解度

一、实验目的

(1) 了解溶液电导及电导率的基本概念，掌握电导率仪的使用方法。
(2) 掌握溶液电导率的测定及应用。
(3) 学会用电导法测定难溶盐的溶解度。

二、预习与思考

(一) 预习内容

1. 电导及电导率

第二类导体导电能力的大小，常以电阻的倒数表示，即电导

$$G = \frac{1}{R} \tag{1.1}$$

式中，G 为电导，单位是西门子 (S)。

导体的电阻与其长度成正比，与其截面积成反比，即

$$R = \rho\left(\frac{l}{A}\right) \tag{1.2}$$

式中，ρ 是比例常数，称为电阻率或比电阻。根据电导与电阻的关系，则有：

$$G = \kappa\left(\frac{A}{l}\right) \tag{1.3}$$

式中，κ 称为电导率或比电导，它相当于两个电极相距 1m，截面积为 $1m^2$ 导体的电导，其单位是 $S \cdot m^{-1}$。

2. 摩尔电导

对于电解质溶液，若浓度不同，则其电导亦不同。如取 1mol 电解质溶液来量度，即可在给定条件下就不同电解质来进行比较。1mol 电解质全部置于相距为 1m 的两个电极之间，溶液的电导称之为摩尔电导，以 Λ 表示之。如溶液的浓度以 C 表示，则摩尔电导可以表示为：

$$\Lambda_m = \frac{\kappa}{C} \tag{1.4}$$

式中 Λ_m 的单位是 $S \cdot m^2 \cdot mol^{-1}$；$C$ 的单位是 $mol \cdot m^{-3}$。Λ_m 的数值常通过溶液的电导率 κ，经 (1.4) 式计算得到。而 κ 与电导 G 有下列关系，由 (1.3) 式可知：

$$\kappa = G\left(\frac{l}{A}\right) \quad \text{或} \quad \kappa = \frac{1}{R} \cdot \frac{l}{A} \tag{1.5}$$

对于确定的电导池来说，l/A 是常数，称为电导池常数。电导池常数可以通过测定已知电导率的电解质溶液的电导（或电阻）来确定。

(二) 思考下列问题

(1) 为什么要测定电导池系数？
(2) 测量时，温度是否需要恒定？

三、实验原理

$$Pb^{2+} + SO_4^{2-} \rightleftharpoons PbSO_4 \downarrow$$

平衡时，$c_{Pb^{2+}} \cdot c_{SO_4^{2-}} = K_{sp(PbSO_4)}$ 故 $c_{Pb^{2+}} = c_{SO_4^{2-}} = \sqrt{K_{sp(PbSO_4)}} = S_{PbSO_4}$

$$\kappa_{PbSO_4} = \sum \frac{\lambda_i c_i}{1\,000} = \frac{\lambda_{Pb^{2+}} \cdot c_{Pb^{2+}} + \lambda_{SO_4^{2-}} \cdot c_{SO_4^{2-}}}{1\,000} = \frac{S_{PbSO_4}}{1\,000}(\lambda_{Pb^{2+}} + \lambda_{SO_4^{2-}}) = \frac{S_{PbSO_4} \cdot \lambda_{PbSO_4}}{1\,000}$$

$$\begin{cases} S_{PbSO_4} = \dfrac{1\,000 \times \kappa_{PbSO_4}(读数值) \times 10^{-6}}{\lambda_{PbSO_4}} = \dfrac{\kappa_{PbSO_4}(读数值)}{1\,000 \cdot \lambda_{PbSO_4}}(\text{mol} \cdot \text{L}^{-1}) \\ K_{sp(PbSO_4)} = S_{PbSO_4}^2 \end{cases}$$

其中：$\kappa_{PbSO_4} = \kappa_{PbSO_4\text{溶液}} - \kappa_{H_2O}$，由电导率仪测出

$\lambda_{PbSO_4} \approx \lambda_{(PbSO_4)}^{\infty} = 2[\lambda_{(\frac{1}{2}Pb^{2+})}^{\infty} + \lambda_{(\frac{1}{2}SO_4^{2-})}^{\infty}]$ 可查表。

四、仪器与试剂

超级恒温槽，DDS-307型电导率仪，电导电极（镀铂黑），锥形瓶，电炉。
0.01mol/L氯化钾溶液，硫酸铅（A.R.）

五、实验内容

(1) 调节恒温槽温度至 25 ± 0.1 ℃

(2) 测定电导池常数。用 $0.01\text{mol} \cdot \text{L}^{-1}$ 的KCl溶液。查附录，25℃的电导率。用少量标准KCl溶液洗涤电导电极两次，将电极插入盛适量溶液的锥形瓶中，液面高于电极2毫米以上。将锥形瓶放入恒温槽内，恒温十分钟后，测定其电导率。以24℃为例：查附录，24℃时 $0.01\text{mol} \cdot \text{L}^{-1}$ 的电导率为 $0.138\,6\text{S} \cdot \text{m}^{-1}$，若测得 $=0.137\,2\text{S} \cdot \text{m}^{-1}$，则电导池常数 $K_{cell}=0.138\,6/0.137\,2=1.010$。或把电极插入KCl溶液，若显示1372，只需要调节"常数"旋钮，使显示1386，然后把"选择开关"指向"检查"，此时显示值即为 K_{cell}。本实验采用后者。

(3) 测定硫酸铅溶液的电导率。将约1g（约1小勺）固体硫酸铅放入200mL锥形瓶中，加入约100mL去离子水，摇动并加热至沸腾。倒掉清液，以除去可溶性杂质，按同法重复两次、再加入约150mL去离子水，加热至沸腾使之充分溶解。冷却后然后放在恒温槽中，恒温20min使固体沉淀，将上层溶液倒入一个干燥锥形瓶中，恒温后测其电导率，然后换溶液再测定两次，求其平均值。

(4) 测定去离子水的电导率。将配制溶液用去离子水约100mL放入200mL锥形瓶中，摇动并加热至沸腾，赶出 CO_2 后，待恒温后，测定其电导率三次，求其平均值。

六、结果记录与处理

见表 6-6。

实验温度_____

表 6-6 实验数据结果

次数	$\theta_{cell} = \dfrac{l}{A}$	$\kappa_{H_2O}(\mu s \cdot cm^{-1})$	$\kappa_{PbSO_4溶液}(\mu s \cdot cm^{-1})$
1			
2			
3			
平均值			

1. 电导池常数测定

KCl 溶液浓度_____   查得 KCl 溶液电导率 κ_{KCl} = _____

测得 K_{cell} _____

2. 去离子水与 $PbSO_4$ 溶液电导率测定
3. 溶解度 S_{PbSO_4} 计算

七、实验注意事项

（1）整个实验所加溶剂均为去离子水。

（2）饱和溶液必须经 3 次煮沸制备，以除去可溶性杂质后再加水煮沸测定。第四次所加之水体积可多一些（150mL 左右）。

（3）测水及溶液电导前，电极和所盛溶液的仪器（锥形瓶、烧杯、滴管）要用被测液少量多次反复冲洗干净（仪器至少洗 3 次），以保证测定结果的准确性。

实验 66　乙酸乙酯皂化反应速率常数的测定

一、实验目的

（1）测定乙酸乙酯皂化反应的速率常数以及反应的活化能。
（2）熟悉二级反应的动力学特点，学会用图解法求二级反应的速率常数。
（3）熟悉电导率仪的使用。

二、预习与思考

（1）为什么以 $0.0100 mol \cdot L^{-1}$ NaOH 溶液的电导率就可认为是 k_0？

（2）该实验用电导率法测定的依据是什么？如果 NaOH 和 $CH_3COOC_2H_5$ 溶液为浓溶液时，能否用此法求 k 值，为什么？

(3) 使用电导率仪时为什么先要选择量程，怎样选择？
(4) 清洗铂黑电极时应注意些什么？

三、实验原理

乙酸乙酯皂化反应为二级反应，其反应方程式为：

$$CH_3COOC_2H_5 + NaOH \rightarrow CH_3COONa + C_2H_5OH$$

当反应物乙酸乙酯与氢氧化钠的起始浓度相同时，速率方程可表示为：

$$-\frac{dc}{dt} = kc^2 \tag{1}$$

式中，c 为时间 t 时反应物的浓度，k 为反应速率常数。将上式积分得：

$$\frac{1}{c} - \frac{1}{c_0} = kt \tag{2}$$

式中，c_0 为反应物的起始浓度。

由上式可知，二级反应中，反应物浓度的倒数与时间呈现线性关系，只要在实验中测得不同时间 t 时的 c 值，以 $1/c$ 对 t 作图，可得到一条直线，从直线的斜率便可求出速率常数 k 的值。

改变反应温度，测得不同温度下的速率常数，即可根据 Arrhenius 公式计算出反应的活化能 E_a：

$$\ln \frac{k_2}{k_1} = -\frac{E_a}{R}\left(\frac{1}{T_2} - \frac{1}{T_1}\right) \tag{3}$$

本实验中反应物的浓度采用电导法进行测定。该反应中，乙酸乙酯和乙醇没有明显的导电性，对溶液的电导基本无贡献。溶液中 Na^+ 的浓度不变，对反应体系电导的变化无影响。随着反应的进行，体系中的 OH^- 离子逐渐被 CH_3COO^- 离子所取代，而 OH^- 离子的迁移率大约是 CH_3COO^- 离子的 5 倍，致使溶液的电导逐渐减小，因此可通过测量反应进程中电导率随时间的变化，从而得到反应物浓度随时间变化的情况。

反应体系在 $t = 0$、$t = t$、$t = \infty$ 时的电导分别表示为 κ_0、κ_t 和 κ_∞。其中 κ_0 是反应起始时刻时体系的电导率（浓度为 c_0 的 NaOH 电导率），κ_t 是 NaOH 溶液浓度为 c 时体系的电导率（浓度为 c 的 NaOH 与浓度为 $c_0 - c$ 的 CH_3COONa 电导率之和），κ_∞ 是反应结束时体系的电导率（浓度为 c_0 的 CH_3COONa 的电导率）。

$$CH_3COOC_2H_5 + NaOH \rightarrow CH_3COONa + C_2H_5OH$$

$t = 0$		c_0	0
$t = t$		c	$c_0 - c$
$t = \infty$		0	c_0

在稀溶液中，溶液的电导率与电解质的溶液成正比，因此有：

$$\kappa_0 = A_1 c_0 \tag{4}$$

$$\kappa_t = A_1 c + A_2 (c_0 - c) \tag{5}$$

$$\kappa_\infty = A_2 c_0 \tag{6}$$

其中 A_1、A_2 分别是与 NaOH、CH_3COOH 电导率有关的比例常数（与溶剂、温度等因素有关）。将（4）（5）（6）式带入（2）式，整理可得：

$$\frac{k_0 - k_t}{k_t - k_\infty} = kc_0 t \tag{7}$$

$$k_t = \frac{1}{kc_0}\frac{k_0 - k_t}{t} + k_\infty \tag{8}$$

通过实验测定不同时间溶液的电导率 k_t 和起始溶液的电导率 k_0，以 k_t 对 $\frac{k_0 - k_t}{t}$ 作图，可得一直线，从直线的斜率可求出反应的速率常数 k 的值。

四、仪器与试剂

电导率仪；电导电极；双叉管；恒温槽；停表；移液管（25mL）；移液管（1mL）；容量瓶（250mL）；磨口三角瓶（200mL）

NaOH 水溶液（$0.020\ 0 mol \cdot L^{-1}$）；乙酸乙酯（A.R.）；电导水

五、实验内容

（1）准确配制 $0.020\ 0 mol \cdot L^{-1}$ 的 NaOH 溶液和乙酸乙酯溶液。

（2）调节恒温槽的温度为 25℃，将 NaOH 溶液和乙酸乙酯溶液置于恒温槽中备用。

（3）取适量 NaOH 溶液稀释至浓度为 $0.010\ 0 mol \cdot L^{-1}$，25℃下恒温测定电导率，即为反应体系的 κ_0。

（4）取恒温好的 $0.020\ 0 mol \cdot L^{-1}$ 的 NaOH 溶液和 $0.020\ 0 mol \cdot L^{-1}$ 的乙酸乙酯溶液各 25mL，分别注入双叉管的两个叉管中（注意不要使两者混合），插入电极并置于恒温槽中恒温 10min。摇动双叉管，使两种溶液混合均匀并完全导入装有电极一侧的叉管中，同时开动秒表，作为反应的起始时间。从计时开始，在第 6、9、12、15、20、25、30、35、40、50、60min 时分别测定反应体系的电导率。

（5）调节恒温槽温度为 35℃，重复上述步骤测定其 κ_0 和 κ_t，但在测定 κ_t 时是按反应进行到 4、6、8、10、12、15、18、21、24、27、30min 时分别进行测定。

[实验注意事项]

①本实验所用的蒸馏水需事先煮沸，待冷却后使用，以免溶有的 CO_2 致使 NaOH 溶液浓度发生变化。

②配好的 NaOH 溶液需装配碱石灰吸收管，以防空气中的 CO_2 进入瓶中改变溶液浓度。

③测定 κ_0 时，溶液均需临时配制。

④所用 NaOH 溶液和 $CH_3COOC_2H_5$ 溶液浓度必须相等。

⑤ $CH_3COOC_2H_5$ 溶液须使用时临时配制，因该稀溶液会缓慢水解影响 $CH_3COOC_2H_5$ 的浓度，且水解产物 CH_3COOH 又会部分消耗 NaOH。在配制溶液时，因 $CH_3COOC_2H_5$ 易挥发，称量时可预先在称量瓶中放入少量已煮沸过的蒸馏水，且动作要迅速。

⑥为使 NaOH 溶液与 $CH_3COOC_2H_5$ 溶液确保混合均匀，需使该两溶液在叉形管中多次来回往复。

⑦不可用纸拭擦电导电极上的铂黑。

六、数据记录与处理

1. 实验数据记录

室温：_____ ℃　　大气压力：_____ Pa

κ_0（25℃）_____　κ_0（35℃）_____

将 t，κ_t 数据列于表 6-7、6-8。

表 6-7　25℃下反应体系的测定结果

序号	t（min）	k_t	$k_0 - k_t$	$\dfrac{k_0 - k_t}{t}$	速率常数 k（mol^{-1}·L·min^{-1}）
1					
2					
3					
4					
5					
…					

表 6-8　35℃下反应体系的测定结果

序号	t（min）	k_t	$k_0 - k_t$	$\dfrac{k_0 - k_t}{t}$	速率常数 k（mol^{-1}·L·min^{-1}）
1					
2					
3					
4					
5					
…					

2. 以两个温度下的 k_t 对 $\dfrac{k_0 - k_t}{t}$ 作图

分别得一直线。利用直线的斜率计算两温度下的速率常数 k 和反应半衰期 $t_{1/2}$。

3. 计算

由两温度下的速率常数，按 Arrhenius 公式，计算乙酸乙酯皂化反应的活化能。

实验 67　电导法测定表面活性剂的临界胶束浓度

一、实验目的

（1）掌握使用电导法测定十二烷基硫酸钠的临界胶束浓度（CMC 值）的原理与

方法。

(2) 掌握电导率仪的使用方法。

二、预习与思考

(一) 预习内容

(1) 表面活性剂的临界胶束浓度的定义
(2) 表面活性剂的临界胶束浓度的测定方法

(二) 思考下列问题

(1) 表面活性剂临界胶束浓度主要有哪些测定方法？
(2) 电导法测定表面活性剂临界胶束浓度的优势是什么？

三、实验原理

表面活性剂分子是由具有亲水性的极性基团和具有憎水性的非极性基团所组成的有机化合物，当它们以低浓度存在于某一体系中时，可被吸附在该体系的表面上，采取极性基团向着水，非极性基团脱离水的表面定向，从而使表面自由能明显降低。在表面活性剂溶液中，当溶液浓度增大到一定值时，表面活性剂离子或分子不但在表面聚集而形成单分子层，而且早溶液本体内部也三三两两的以憎水基相互靠拢，聚在一起形成胶束。形成胶束的最低浓度称为临界胶束浓度（critical micelle concentration CMC）。表面活性剂溶液的许多物理化学性质随着胶团的出现而发生突变，而只有溶液浓度稍高于CMC时，才能充分发挥表面活性剂的作用，所以 CMC 是表面活性剂的一种重要量度。表面活性剂为了使自己成为溶液中的稳定分子，有可能采取的两种途径：一是把亲水基团流在水中，亲油基伸向油相或空气；二是让表面活性剂吸附在界面上，其结果是降低界面张力，形成定向排列的单分子膜，后者就形成了胶束。由于胶束的亲水基方向朝外，与水分子相互吸引，使表面活性剂能稳定地溶于水中。随着表面活性剂在溶液中浓度的增长，球形胶束还可能转变成棒形胶束，以至层状胶束，后者可用来制作液晶，它具有各向异性的性质。原则上，表面活性剂随浓度变化的物理化学性质都可以用于测定CMC，常用的方法有表面张力法、电导法、染料法等。

本实验采用电导法测定表面活性剂的电导率来确定 CMC 值。它是利用离子型表面活性剂水溶液的电导率随浓度的变化关系，作 $\kappa - c$ 曲线或 $\Lambda_m - c^{1/2}$ 曲线，由曲线的转折点求出 CMC 值。对电解质溶液，其导电能力由电导 G 衡量：$G = \kappa \dfrac{1}{K_{cell}}$，其中 κ 是电导率（$s \cdot m^{-1}$），K_{cell} 是电导池常数（m^{-1}）。在恒温下，稀的强电解质溶液的电导率 κ 与其摩尔电导率 Λ_m 的关系为：$\Lambda_m = \kappa / c$，其中 Λ_m 的单位为 $S \cdot m^2 \cdot mol^{-1}$，$c$ 的单位为 $mol \cdot m^{-3}$。若温度恒定，在极稀的浓度范围内，强电解质溶液的摩尔电导率 Λ_m 与其溶液浓 $c^{1/2}$ 成线性关系 $\Lambda_m = \Lambda_m^\infty (1 - \beta \sqrt{c})$。对于胶体电解质，在稀溶液时的电导率，摩尔电导率的变化规律与强电解质一样，但是随着溶液中胶团的生成，电导率和摩尔电导率发生明显变化，这就是确定 CMC 的依据。

四、仪器与试剂

数字式超级恒温浴槽；电导仪；移液管；电导电极；0.020mol·L^{-1} 十二烷基磺酸钠溶液。

五、实验内容

（1）打开超级恒温槽电源，将温度调到 30℃。打开电导率仪，预热。

（2）将电导电极用蒸馏水洗净，并擦干备用。

（3）用吸量管将 10mL 去离子水移入电导池，恒温 5min，依次将 1mL、1mL、1mL、1mL、1mL、1mL、1mL、1mL、1mL、1mL、2mL、3mL、5mL 浓度为 20mM 十二烷基磺酸钠溶移入电导池，分别在溶液混合均匀并恒温后测量电导率，记录数据。

（4）实验完毕，清洗电导池及电极，整理仪器、台面。

（5）作 $\kappa - c$ 图和 $\Lambda_m - c^{1/2}$ 图由直线转折点得到 CMC 值。

六、结果记录与处理

见表 6-9。

实验温度_____

恒温槽温度_____　　　电极常数_____

表 6-9　实验结果

序号														
浓度 c														
电导率 κ														
摩尔电导率 Λ_m														

利用以上数据分别作如下图形：

（1）电导率对浓度作图

（2）摩尔电导率对浓度作图

七、注意事项

（1）清洗电导电极时，两个铂片不能有机械摩擦，可用电导水淋洗，后将其竖直，用滤纸轻吸，将水吸净，并且不能使滤纸沾洗内部铂片。电极在冲洗后必须擦干，以保证溶液浓度的准确，电极在使用过程中其极片必须完全浸入到所测的溶液中。

（2）若溶液未测时气泡太多，可加一定量的消泡剂，切不可多加，否则影响表面张力。

（3）溶液浓度要配置准确，试管要干净、干燥，每次测量时擦干电极并用待测液润洗。

第五节　液态化合物折光率的测定

当光从一种介质射入另一种介质时，光的传播方向会发生改变，这种现象称为光的折射，如图 6-10 所示。

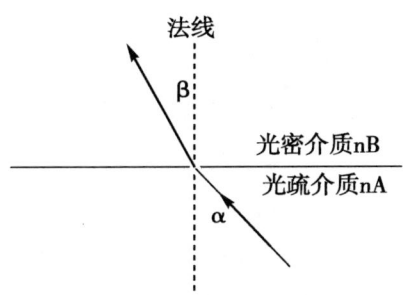

图 6-10　光在不同介质中的折射

光从光疏介质 A 射入光密介质 B 时，入射角 α 与折射角 β 的正弦之比等于介质 B 对介质 A 的相对折射率 (n)：

$$\frac{n_B}{n_A} = \frac{\sin\alpha}{\sin\beta}$$

随着入射光束的入射角 α 增大，折射角 β 也增大，当入射角 α = 90°时，折射角 β 最大为 β_0，故上式可改写为 $\frac{n_B}{n_A} = \frac{1}{\sin\beta_0}$ 当光线从空气射入液体时其 $n_A = 1.000\,27 \approx 1$，$n_B = \frac{1}{\sin\beta_0}$。

以此关系式为基础，制造出阿贝（Abbe）折射仪可方便而精确地测出物质的折光率。

一、阿贝折射仪的构造

阿贝折射仪的主要组成部分是两块可以开启的直角棱镜，上面一块是光滑的，下面的表面是磨砂的。阿贝折射仪的构造如图 6-11 所示。左面有一个镜筒和刻度盘，上面刻有 1.300 0 ~ 1.700 0 的格子。右面也是一个镜筒，用来观察折光情况的，筒内装有消色散棱镜，由于消色散棱镜的存在，可使复色光转变为单色光；因此可直接利用日光测定折光率，所测数据与用钠光灯时所测得的数据一致。光线由反射镜射入下面的棱镜，发生漫反射，以不同的入射角射入两棱镜间的液层，然后再射到上面棱镜光滑的表面上，由于它的折射率很高，一部分光线可以再经折射进入空气而达到测量镜筒，另一部分光线则发生全反射。调整测量棱镜以使测量镜筒中的视野如图 6-12（d）所示；从读数镜中读出折射率。

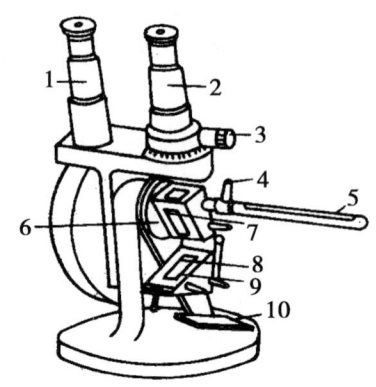

1. 读数显微镜；2. 测量望远镜；3. 消色散旋钮；4. 恒温水入口；
5. 温度计；6. 转轴；7 – 测量棱镜；8. 辅助棱镜；9. 加液槽；10 – 反射镜；

图 6 – 11 阿贝折射仪

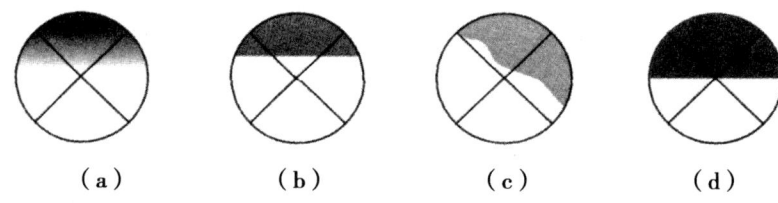

（a）　　　　（b）　　　　（c）　　　　（d）

图 6 – 12 阿贝折射仪在测定折光率时常见的几种视场

二、阿贝折射仪的使用方法

1. 仪器的安装

将折射仪置于靠窗的桌子上或明亮处。如测定时需恒温，将温度计旋入温度计套座内，将棱镜上恒温器接头与超级恒温水浴用橡皮管连接，调节至测定温度。

2. 清洗

旋转棱镜锁紧手柄，打开棱镜，用洁净的脱脂棉球或镜头纸蘸少许丙酮或无水乙醇，轻轻地单方向擦洗进光镜和折光镜，防止其他残留液的存在而影响测量结果。

3. 校正

待洗镜的溶剂挥发干后，滴 2 ~ 3 滴重蒸馏水于进光棱镜表面，关紧棱镜，转动刻度盘使读数镜内读数与重蒸馏水的折射率（n_D^{20} = 1.332 99，n_D^{25} = 1.332 55）相等。调节反射镜，使从测量镜筒中观察视场清晰，转动消色散调节器，消除色散。用仪器附件——方孔调节扳手，转动测量镜筒上的示值调节螺钉，使明暗界面对准"十"字叉线交点，校正完毕。在以后的测定中不能再动调节螺钉。

4. 测定

准备工作做好后，打开棱镜，把待测液体 2 ~ 3 滴均匀地滴在进光棱镜的表面上，待整个镜面湿润后，关紧棱镜（如果是易挥发的液体，滴加样品时可由棱镜侧面的小孔加入），转动反射镜使视场明亮。轻轻转动刻度盘，在测量镜筒内找到明暗分界或彩色光带,再转动消色散调节器,直至看到清晰的分界线。转动刻度盘使分界线对准"十"字叉线中心。读出折射率,重复 1~2 次。测量完毕后,按步骤 2 清洗仪器。待溶剂挥发干后,关上棱镜,实验完毕。

在实验过程中要特别注意以下 3 个问题。

(1) 如果读数镜筒内视场不明,应检查小反光镜是否开启。

(2) 在测定折光率时常见情况如图 6-12 所示,其中 d 是读取数据时的图案。当出现 a 时即出现色散带,则需调节消色散旋钮直至彩色光带消失呈现 b 图案,然后再调节棱镜调节旋钮直至呈现 d 图案。如果出现 c 图案,则是由于样品量不足所致,需再添加样品,重新测定。

(3) 如果经上述方法均不能调整视场至 d 图案,可能是待测液体的折光率超出了 1.3~1.7。

折射率是物质的物理常数,固体、液体和气体都有折射率,尤其是液体的折射率,不仅可以作为物质纯度的标准,也可用来鉴定未知物。物质的折射率随入射光线波长不同而变,也随测定时的温度不同而变化。通常温度升高 1℃,液态化合物折射率降低 $3.5 \sim 5.5 \times 10^{-4}$,所以,折射率($n$)的表示应注明测定光线波长和测量时的温度,用 n_λ^t 来表示。通常在 20℃用钠光作光源(D 线,589.3nm)测定,则折射率表示为 n_D^{20}。

三、阿贝折射仪的维护

(1) 阿贝折射仪在使用前和使用后,棱镜均需用丙酮或乙醇洗净,并干燥之。滴管或其他硬物均不得接触镜面,擦洗镜面时只能用丝巾、脱脂棉或镜头纸吸干液体,不能用力擦。

(2) 操作过程中,严禁手及汗水触及光学零件,以免使其污染,影响仪器性能。

(3) 用完后要流尽金属套中的恒温水,拆下温度计并放在纸套筒中,将仪器擦净,放回盒中。

(4) 折射仪不能放在日光直射或靠近热源的地方,以免样品迅速蒸发。

(5) 酸、碱等腐蚀性液体不能用阿贝折射仪测其折光率。

(6) 搬动仪器时,应避免振动和撞击,以防止光学零件损伤及影响精度。

实验 68 折光率的测定

一、实验目的

(1) 了解阿贝折射仪的工作原理,掌握阿贝折射仪的使用方法。
(2) 学会仪器的维护方法。

二、预习与思考

(1) 阿贝(Abbe)折射仪的构造。
(2) 折光率的测定原理和方法。

(3) 什么是折射率？影响折射率的因素有哪些？测定折射率有何意义？
(4) 每次测定前为什么要擦洗棱镜面？擦洗时应注意什么？
(5) 有一瓶无水乙醇，所示折光率为 $n_D^{20} = 1.3611$，是否可以用它校准仪器？
(6) 17℃时，测定某物质的折光率 $n_D^{17} = 1.3965$，计算20℃时的折光率。

三、仪器与试剂

阿贝折射仪、超级恒温水浴、镜头纸。
乙醇、乙酸乙酯、丙酮、重蒸馏水、未知样品。

四、实验内容

(1) 测定无水乙醇的折光率。
(2) 测定乙酸乙酯的折光率。
(3) 测定未知样品的折光率。

[注意事项]
①要注意保护折光仪的棱镜，不可测定强酸或强碱等具腐蚀性液体。
②测定之前，一定要用镜头纸蘸少许易挥发性溶剂将棱镜擦净，以免其他残留液的存在而影响测定结果。
③在测定折光率时常见情况如图 6-12 所示，其中图 6-12（d）是读取数据时的图案。当遇到图 6-12（a）即出现色散光带，则需调节棱镜微调旋钮直至彩色光带消失呈图 6-12（b）图案，然后再调节棱镜调节旋钮直至呈图 1-21（d）图案；若遇到图 6-12（c），则是由于样品量不足所致，需再添加样品，重新测定。

实验69 环己烷-异丙醇双液系气液平衡相图

一、实验目的

(1) 掌握常压下环己烷-异丙醇双液系气液平衡相图的绘制方法。
(2) 掌握利用沸点仪测定液体及双液系沸点的方法，通过实验加深对相图、相律、恒沸点等的理解。
(3) 掌握通过测定混合物的折射率确定其组成的方法。

二、预习与思考

(1) 平衡时，气液两相温度是否应该一样？实际是否一样？对测量有何影响？
(2) 在测量时如有过热或分馏不彻底，使测得的相图形状将会产生怎样的变化？

三、实验原理

在常温下，由两种液态物质混合而成的系统称为双液系。两种液体能按任意比例相互溶解，成为完全互溶双液系，如水-正丙醇双液系。若两液体只能在一定比例范围内相互溶解，称为部分互溶双液系，如苯－乙醇双液系等。根据相律，在一定外压下，单组分液体的沸点有确定值，但对于双液系，其沸点不仅与外压有关，还与其组成有关。在一定外压和一定温度下，双液系平衡共存的气液两相组成通常不相同。因此在恒压下将溶液蒸馏，在定压下分别测定不同沸点时馏出物（气相）和剩余液（液相）的平衡组成，可以绘出沸点－组成图。双液系相图表明了各沸点液相组成和与之成平衡的气相组成的关系，完全互溶双液系有如下 3 种类型，如图 6－13 所示。

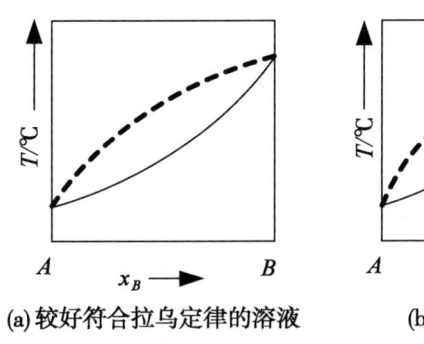
(a) 较好符合拉乌定律的溶液
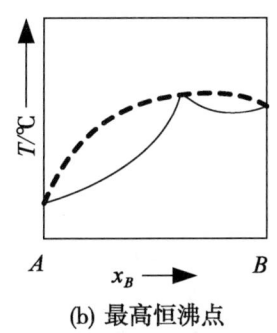
(b) 最高恒沸点
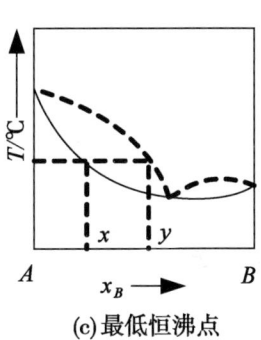
(c) 最低恒沸点

图 6－13　双液系气液平衡相

如果溶液与拉乌尔定律的偏差不大，在相图上溶液的沸点介于两纯组分沸点之间，如苯和甲苯，如图 6－13（a）所示。实际溶液由于两纯组分的相互作用和相互影响，常与拉乌尔定律有较大偏差，在相图可能出现极值点（极大值或极小值），如图 6－13（b）、（c）所示。这些点称为恒沸点，其相应的溶液称为恒沸点混合物，恒沸点混合物蒸馏所得的气相与液相组成相同，靠蒸馏无法改变其组成（无法提纯）。如卤化氢与水最高恒沸点在 101.325kPa 时为 108.5℃；水与乙醇最低恒沸点在 101.325kPa 时为 78.15℃。

研究双液系沸点－组成关系图，对分馏法提纯和液体分离具有重要意义。本实验用回流冷凝法测定环己烷－异丙醇在不同组成时的沸点，用阿贝折射仪测定其相应液相和气相冷凝液的折射率。

物质的折光率是一特征数值，它与物质的浓度及温度有关。可配制一系列已知组成、浓度的溶液，在恒定的温度下测其折光率，做出组成－折光率工作曲线，通过测折光率的大小在工作曲线上找出未知溶液的浓度与组成，从而确定气液相的组成。

四、仪器与试剂

仪器：沸点仪 1 套、阿贝折射仪 1 台、调压变压器 1 台、超级恒温水浴 1 台、温度控制仪 1 台、10mL、20mL、50mL 移液管各 1 只、干燥吸管多只、干燥试管 20～30 只。

试剂：环己烷（纯度 99.5%）、正丙醇（纯度 99.5%）、蒸馏水。

五、实验步骤

1. 环己烷－异丙醇溶液组成与折光率工作曲线的测定
（1）配制含环己烷质量百分数为 10%、20%、30%、40%、50%、60%、70%、

80%、90%的异丙醇溶液各10mL。用电子天平准确称量环己烷和异丙醇的量,为避免样品在称量过程中挥发,应尽量做到动作迅速。各个溶液确切的组成可按实际称量结果计算。

（2）调节恒温槽水浴温度使阿贝折射仪上的温度显示在某一定值,用纯水校正阿贝折射仪,并测量上述环己烷-异丙醇溶液、纯环己烷和纯异丙醇的折光率。为适应不同季节,可选择若干温度测量,一般可选25℃、30℃、35℃三个温度。

（3）将不同温度下环己烷-异丙醇溶液的组成-折光率工作曲线绘制在坐标纸上。

2. 安装沸点仪

将烘干的沸点仪安装好,要塞紧带有传感器和电加热丝的橡皮塞,保持电加热丝靠近烧瓶底部中心,温度计水银球位置至少高于电加热丝2cm。

3. 环己烷沸点的测定

用50mL的移液管从支管处向烧瓶中加入环己烷溶液约25mL,使液面位于温度计水银球中部并全部没过电加热丝,传感器保持在溶液中。打开冷却水和电源,由零开始慢慢调节变压器电压,使电加热丝上有小气泡逸出,溶液慢慢沸腾。系统中的蒸气经冷凝管冷凝后,聚于取液槽中。观察温度计的读数达到稳定,此时系统处于平衡状态,再稳定5~7min,准确记下温度计的读数后切断电源。

4. 环己烷取样及折光率测定

用干燥的吸管取出取液槽内的全部气相冷凝液,用另一支干燥吸管从支管中取1mL左右液相液,分别放入带有塞子的小试管中,并将试管置于盛有冷水的小烧杯中,防止液体挥发影响实验结果。用丙酮棉球擦拭阿贝折射仪上镜面,并用吹风机吹干,把待测的气相液、液相液分别滴于镜面上并迅速测量读书。每个样品测量2~3次,取读数的平均值。

用10mL移液管移取异丙醇0.5mL,从支管5处加入烧瓶中,以改变溶液的总组成,按步骤3、4测量新系统中的液相、气相的折光率及平衡时的温度。

依次向烧瓶中加入0.5mL、0.75mL、5.0mL、7.5mL异丙醇,仍按上述步骤逐一进行测量,分别得到不同组成时的气相、液相的折光率及各自的沸点。

5. 异丙醇沸点及组成（折光率）测定

把烧瓶中混合液倒入试剂瓶中,用蒸馏水反复洗涤烧瓶,最后用异丙醇润洗两遍,并用20mL的移液管加入25mL异丙醇,按步骤3、4所述的方法测量异丙醇的折光率和沸点,并逐一加入1.25mL、3.5mL、6.25mL、14mL的环己烷,改变系统的总组成,测量气液平衡时各个样品的折光率和沸点。

6. 相图的绘制

由以上测得的各点气相、液相样品的折光率,从工作曲线上查找出其对应的组成。在实验过程中,可观察到正丙醇-纯水系统气相、液相的折光率将向着降低或升高的方向移动。起初气液两相折光率的读数相差较小,相差慢慢增加,又慢慢减小,直至相等,表示此时已达到最低恒沸点组成,此组成为最低恒沸点混合物。该系统的最低恒沸点在87℃左右,正丙醇含量在69%~71%。

六、实验数据处理

1. 数据记录

室温：_____ ℃；室压：_____ kPa

实验数据记录见表 6 – 10。

表 6 – 10　实验数据记录表

混合液编号	平衡温度/℃	气相冷凝分析		液相分析	
		折射率	$y_{正丙醇}$	折射率	$x_{正丙醇}$
1					
2					
3					
4					
5					
6					
7					
8					

2. 数据处理

(1) 计算系统的正常沸点，并把测得的沸点列入表中。
(2) 把气相、液相的折光率转换成百分含量，描绘在坐标纸上。
(3) 把气相点、液相点连接成平滑的曲线，并顺延交于一点，此点为最低恒沸点。

第六节　旋光度的测定

许多有机化合物的分子结构中存在不对称结构，如葡萄糖、蔗糖等，这类物质称为旋光性物质。当具有特定振动方向的偏振光通过含有旋光性物质的溶液时，能够使偏振光的振动方向发生旋转，旋转的角度称为旋光度。

物质旋光度的大小除与物质的本性有关外，还与溶液的浓度、溶剂、温度、样品管长度和所用光源有关。为了便于比较各种物质的旋光性能，将每毫升含 1g 旋光性物质的溶液，放在 1dm 长的盛液管中，所测得的旋光度称为比旋光度，用 $[\alpha]_\lambda^t$ 表示。比旋光度与旋光度的关系为：

$$[\alpha]_\lambda^t = \frac{\alpha}{c \cdot l}$$

式中，$[\alpha]_\lambda^t$ 为旋光物质在 t℃ 时，光源波长为 λ，以水作溶剂（如指明溶剂除外）时的比旋光度。通常在 20℃ 用钠光（D 线）作光源，此时比旋光度记作 $[\alpha]_D^{20}$。

α 为由旋光仪所测得的旋光度值。

l 为样品管长度，以分米（dm）为单位。

c 为被测溶液浓度，单位为 g·mL^{-1}。如测定的是纯液体，则表示相对密度（d）。

旋光仪是专门用于测定物质旋光度的仪器，通过测量已知物溶液的旋光度，再查其比旋光度，即可计算出已知物溶液的浓度，或将未知物配成一定浓度的溶液，测定其旋光度，再计算出比旋光度，与文献值比较，可作为鉴定未知物的依据。另外，由于具有不对称结构的物质具有旋光性，因此，测定旋光度可用于推测定有机物的分子结构。

市售的旋光仪有两种类型，一种是直接目测的，另一种是自动显示的数值的。但组成基本部件相同，主要由光源、起偏镜、样品管、检偏镜四部分组成。

一、旋光仪的基本原理

普通光源发出的光，其光波在与光传播方向垂直的一切可能的方向上振动，这种光称为自然光或非偏振光；而只在一个固定方向上振动的光称为平面偏振光。当一束自然光通过各向异性的晶体（如方解石）时，发生双折射，产生两束互相垂直的平面偏振光。最早能将自然光分解并获得单一方向平面偏振光的光学部件是尼科尔棱镜。

尼科尔棱镜是旋光仪的主要部件，它由两块方解石晶体制成一定要求的直角棱镜，两棱镜的直角边用加拿大树胶粘在一起，如图 6-14 所示。

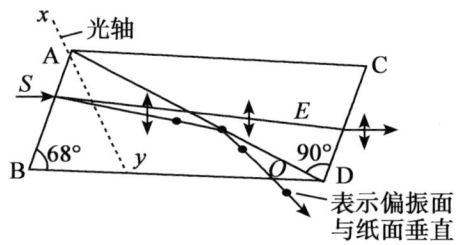

图 6-14 起偏镜示意

当自然光 S 以一定的入射角投射到棱镜上时，双折射产生的 O 光线在第一块直角棱镜与树胶的界面上发生全反射，被 BD 所表示的镜框上涂黑的表面所吸收。双折射产生的 E 光线则透过树胶层和第二块棱镜射出，从而在尼科尔棱镜的射出方向上得到了一束平面偏振光。这个尼科尔棱镜称为起偏镜，是用来产生偏振光的。

偏振光振动平面在空间轴向角度的测量，由另一块称为检偏镜的尼科尔棱镜完成。检偏镜由固定在两块保护玻璃之间的偏振片构成，可与刻度盘同轴转动。如图 6-15 所示，当一束光经过起偏镜后沿 OA 方向振动，就表明只允许这一方向上振动的光通过此平面。OB 为检偏镜的透射面，只允许在这一方向上振动的光通过。两透射面的夹角为 θ，振幅为正的 OA 方向的平面偏振光可以分解为振幅分量为量 $E\cos\theta$ 和 $E\sin\theta$ 的两互相垂直的平面偏振光，并且只有 $E\cos\theta$（与 OB 相重）可以通过检偏镜，而且 $E\sin\theta$ 分量则不能通过。当 $\theta = 0$ 时，$E\cos\theta = E$，此时通过检偏镜的光最强。当 $\theta = 90°$ 时，$E\cos\theta = 0$，此时没有光通过检偏镜。如以 I 表示通过检偏镜光的强度，以 $I_。$ 表示通过起偏镜后的入射光的强度，当 θ 角在 0~90°变化时，有如下关系：$I = I_。\cos^2\theta$ 旋光仪就是通过透光的强弱来测定物质的旋光度。在起偏镜与检偏镜之间放置待测物质时，由于该物质具有旋光性，能使偏振光旋转，使起偏镜产生的偏振光转过一定角度，因而检偏镜也需相应转过同样角度，才能使透过的光强与原来相同（图6-15）。

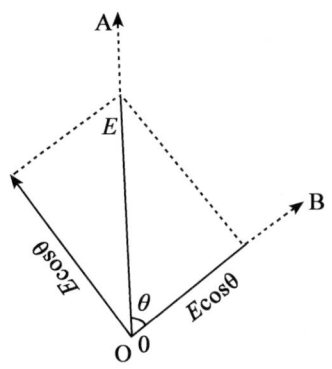

图6-15 检偏镜原理

由于肉眼对视野明暗程度的感觉不甚灵敏，为了精确地确定旋转角，常采取比较的办法，即三分视野（也有二分视野）的方法。在起偏片后的中部安置一狭长的石英片，其宽度约为视野的1/3，由于石英片具有旋光性，从石英片中透过的那一部分偏振光被旋转了一个角度φ，因为∠AOB为90°，∠COB不等于90°，所以在目镜中透过石英片的那部分稍暗，两旁是黑暗的（或中间那部分黑暗，两旁稍暗是的），即出现三分视野，如图6-16（a、b）所示；当∠POB为90°时，因$\cos^2$（∠AOB）= $\cos^2$（∠COB），视野中3个区内的明暗相等，此时三分视野消失，视野均黑，即为等暗面，如图6-15（c）所示；当∠POB为180°时，整个视野均匀明亮，如图6-16（d）所示。人的视觉对明暗均匀与不均匀有较大敏感。在实验中采用图中（c）的视野，而不采用（d）视野，因这时视野显得特别明亮，不易辨别三分视野的消失。

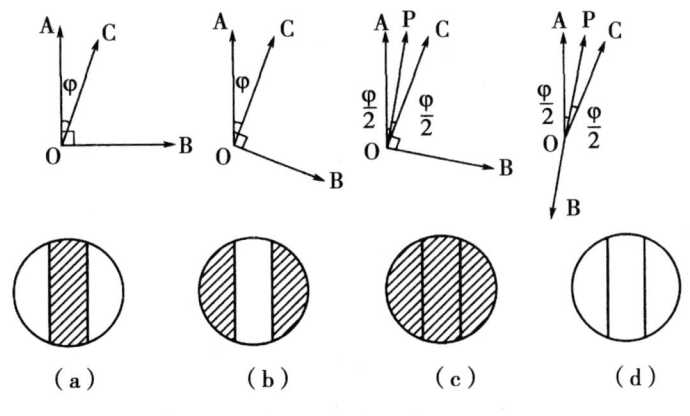

图6-16 三分视野示意

图6-17为旋光仪器的构造示意图。

二、旋光仪的使用方法

（1）接通电源，开启开关约10min，钠光灯发光正常后才可开始工作。

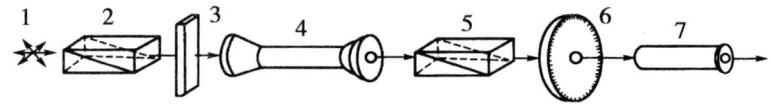

1. 光源（钠光灯）；2. 尼科尔棱镜（起偏棱镜）；3. 石英条；4. 旋光管；
6. 尼科尔棱镜（检偏棱镜）；6. 刻度圆盘；7. 目镜

图 6-17　旋光仪器的构造示意

（2）将样品管充满蒸馏水，盖好玻璃片，旋好压紧螺帽（不要过分用力，以不漏为准。检查样品管两端不漏水后，用滤纸擦干样品管，若两端玻璃片不干净，要用镜头纸擦干净，样品管内若有小气泡，应将其赶到样品管的扩大部分。

（3）将样品管放入旋光仪，先调目镜焦距，使视野清晰，再调节刻度手轮，找到等暗面，读取刻度值，作为仪器零点。

读数时采用双度盘读数，以消除度盘的偏心差。一般度盘主尺分 360 格，每格为 1°，游标共分为 20 格，用游标可直接读到 0.05°如图 6-18 所示，读数时，先看游标尺上的"零"指在刻度盘上的数字，然后再看度盘主尺线与游标尺线重合时所在游标尺上的小格数。按下式计算物质的旋光度：

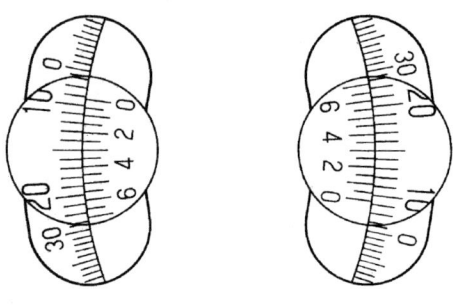

图 6-18　游标尺读数示意

$$旋光度 = 主尺数值 + \frac{重合时游标尺上的小格数}{游标尺总格数} \times 主尺每小格度数$$

如图 6-18 所示，左边放大镜看游标尺上的零指在刻度盘上 9°多一点的地方，多多少呢？那就要看度盘主尺线与游标尺线重合时所在游标尺上的小格数为 6，游标尺共分 20 小格，则：

$$\alpha = 9° + \frac{6}{20} \times 1° = 9.30°$$

同样测出右读数，取左右两读数平均值减去零点即为所测旋光度值。

上述测得的角度 +α 既符合于右旋 +α（或 180+α）也符合左旋 180-α（或 360-α）。为了确定其旋转方向必须分别进行第二次测量，例如让旋光管长度减半或溶液浓度减半。若测得的旋转角为 α/2（或 90+α/2），则为右旋，当其测得的角为 90-1/2α（或 180-1/2α）时则为左旋。

（4）在样品管中，更换为待测溶液，用上述同样方法，测出其旋光度值，将此值减去零点值,即为样品溶液在此实验条件下的旋光度,右旋记为"(+)",左旋记为"(-)"。

三、注意事项

(1) 如果样品的比旋光度值较小,在配制待测样品溶液时,宜将浓度配得高一些,并选用长一点的测试盛液管,以便观察。

(2) 温度变化对旋光度具有一定的影响。若在钠光(λ = 589.3nm)下测试,温度每升高1℃,多数光活性物质的旋光度会降低0.3%左右。

(3) 测试时,盛液管所置放的位置应固定不变,以消除因距离变化所产生的测试误差。

实验70　旋光度的测定

一、实验目的

(1) 了解旋光仪的结构和测定旋光度的意义。
(2) 掌握旋光仪的使用方法和比旋光度的计算方法。

二、预习

(一) 预习内容

(1) 旋光仪的结构和旋光度的测定方法。
(2) 旋光度的读数方法。

(二) 思考以下问题

(1) 旋光度的测定有何意义?
(2) 测定旋光度时,为什么样品管中不能有气泡?若测定时样品管两端样品残液未擦干净,对测定结果有何影响?

三、仪器与试剂

旋光仪、擦镜纸。
葡萄糖溶液（0.10g·mL^{-1}),果糖溶液（0.10g·mL^{-1}),未知浓度的葡萄糖、果糖溶液。

四、实验内容

1. 预热

将仪器接在220V交流电源上,开启电源后预热5~10min,等钠光灯发光正常后开始测定。

2. 认识三分视场

先调节目镜的焦距，使视野中明暗分界线清晰，然后旋转粗动手轮，观察视野变化情况，当视场接近图 6-16（c）所示情况时，旋动微调手轮，直至找出零度暗视场。重复操作一次。

3. 调零

样品测定之前，必须检查仪器零点是否准确。将洁净的样品管中装满蒸馏水（不能有气泡），旋上螺帽至不漏水（不可旋得过紧，以免样品管变形），擦干后放入旋光仪，盖好盖子。旋动粗调、微调手轮，找出零度视场，从读数盘上读数。如不为零，应在测量结果中减去这一偏差值。重复测定3次，以平均值为仪器零点。

4. 旋光度的测定

样品的测定和调节零点的方法相同。注意测定时样品管必须洁净，不能残留其他液体。每一测定重复两次，取其平均值减去零点值，即得待测样品的旋光度。

测定完毕，倒出样品管中的液体，用蒸馏水洗净，擦干后放好。

5. 测定项目

（1）分别用1dm 和 2dm 长的样品管测定葡萄糖溶液（$0.10g \cdot mL^{-1}$）的旋光度，分别计算样品的比旋光度。

（2）分别用1dm 和 2dm 长的样品管测定果糖溶液（$0.10g \cdot mL^{-1}$）的旋光度，分别计算样品的比旋光度。

（3）用1dm 长的样品管测定未知浓度葡萄糖溶液的旋光度，计算其浓度。

（4）用2dm 长的样品管测定未知果糖溶液的旋光度，计算其浓度。

[注意事项]

①如果样品的比旋光度值较小，在配制待测样品溶液时，宜将浓度配得高一些，并选用长一点的测试盛液管，以便观察。

②温度变化对旋光度具有一定的影响。若在钠光（$\lambda = 589.3nm$）下测试，温度每升高1℃，多数光活性物质的旋光度会降低0.3%左右。

③测试时，盛液管所置放的位置应固定不变，以消除因距离变化所产生的测试误差。

实验71　蔗糖水解反应速度常数的测定

一、实验目的

（1）测定蔗糖水解反应的速率常数和半衰期，熟悉一级反应的动力学基本规律。

（2）了解旋光仪的基本原理，掌握其使用方法。

二、预习与思考

（1）为什么可用蒸馏水来校正旋光仪的零点？

（2）在旋光度的测量中为什么要对零点进行校正？它对旋光度的精确测量有什么

影响？在本实验中若不进行校正对结果是否有影响？

（3）为什么配制蔗糖溶液可用上皿天平称量？

（4）蔗糖的转化速率与哪些因素有关？速率常数又与哪些因素有关？

三、实验原理

蔗糖水溶液在 H^+ 存在的条件下，按下式进行水解反应：

$$C_{12}H_{22}O_{11}（蔗糖）+ H_2O \xrightarrow{H^+} C_6H_{12}O_6（葡萄糖）+ C_6H_{12}O_6（果糖）$$

在该反应中，H^+ 是催化剂，当温度以及催化剂 H^+ 浓度一定时，反应速率与蔗糖和水的浓度成正比，即：

$$-\frac{dc}{dt} = k'c_A c_B \tag{1}$$

式中，c_A、c_B 分别代表蔗糖和水的浓度。

当蔗糖浓度较低时，反应过程中水大量存在，其在反应中的消耗量与总量相比可以忽略不计，故可认为在反应过程中水的浓度保持不变，即 c_B 为常数。因此在一定酸度下（催化剂浓度保持不变），反应速度只与蔗糖的浓度有关，表现出一级反应的动力学规律。令

$$k'c_B = k = 常数 \tag{2}$$

则（1）式可写成：

$$-\frac{dc}{dt} = kc_A \tag{3}$$

当 $t = 0$ 时，蔗糖浓度为 $c_{A,0}$；$t = t$ 时，蔗糖的浓度为 c_A，将上式进行积分：

$$-\int_{c_{A,0}}^{c_A} \frac{dc_A}{c_A} = \int_0^t k dt \tag{4}$$

得到一级反应的速率方程：

$$\ln \frac{c_{A,0}}{c_A} = kt \tag{5}$$

或

$$\ln c_A = -kt + \ln c_{A,0} \tag{6}$$

当反应物消耗一半，即 $c_A = 0.5 c_{A,0}$ 时，所用的时间即为反应的半衰期，用 $t_{1/2}$ 表示，对于一级反应来说：

$$t_{1/2} = \frac{\ln 2}{k} = \frac{0.693\,2}{k} \tag{7}$$

由（6）（7）两式可得出，在不同反应时刻测定反应体系中蔗糖的浓度，以 $\ln c$ 对 t 作图可得一直线，由直线的斜率即可得出反应的速率常数 k，进而可以计算反应的半衰期 $t_{1/2}$。

在化学动力学研究中，要求实时测定反应体系中某反应物或生成物的浓度，且测量过程对反应无干扰。由于反应在不断进行，直接快速分析出反应体系中某物质的浓度比较困难，故一般采用测定和浓度相关的某一物理量来间接得出体系组成与反应时间的关

系。本实验反应体系中蔗糖、葡萄糖和果糖都具有旋光性,且旋光能力不同,故可利用反应进程中旋光度的变化来衡量反应的进程。

溶液的旋光度与溶液中所含旋光物质的种类、浓度、液层厚度、光源的波长以及温度等因素有关,当其他条件固定时,旋光度α与物质的浓度成正比,即:

$$\alpha = Kc \tag{8}$$

(8)式中,K是与物质的旋光能力、液层厚度、溶剂性质、光源的波长以及温度等有关的常数。

反应体系中,反应物蔗糖是右旋性物质(比旋光度$[\alpha_D^{20}]$ = 66.6°),产物中葡萄糖也是右旋性物质(比旋光度$[\alpha_D^{20}]$ = 52.5°),果糖是左旋性物质(比旋光度$[\alpha_D^{20}]$ = -91.9°)。因此当水解反应进行时,右旋角不断减小,当反应结束时体系将经过零变成左旋。

蔗糖水解反应中,反应物与生成物都有旋光性,旋光度与浓度成正比,且溶液的旋光度为各物质旋光度的和。反应时间分别为0、t、∞ 时反应系统旋光度各为α_0、α_t、α_∞。可得出:

$$\alpha_0 = K_反 c_{A,0} \tag{9}$$

$$\alpha_\infty = K_产 c_{A,0} \tag{10}$$

$$\alpha_t = K_反 c_A + K_产(c_{A,0} - c_A) \tag{11}$$

比较以上3式可得:

$$c_{A,0}/c_A = (\alpha_0 - \alpha_\infty)/(\alpha_t - \alpha_\infty) \tag{12}$$

将(12)式带入(5)式,可得

$$k = \frac{1}{t}\ln\frac{c_{A,0}}{c_A} = \frac{1}{t}\ln\frac{\alpha_0 - \alpha_\infty}{\alpha_t - \alpha_\infty} \tag{13}$$

以$\ln(\alpha_t - \alpha_\infty)$对$t$作图,由图所得直线斜率求$k$值,进而求半衰期$t_{1/2}$。

四、仪器与试剂

旋光仪,旋光管,恒温槽,停表,容量瓶,移液管,洗耳球,洗瓶,烧杯,锥形瓶
蔗糖(A.R.),HCl(2mol·L^{-1})

五、实验内容

(1) 将恒温槽调节到25℃恒温,称取10g蔗糖溶于水中,用50mL容量瓶配成溶液。用移液管移取25mL蔗糖溶液溶于锥形瓶中,然后放入恒温水浴中10min。另同样取25mL盐酸溶液放入恒温槽中。

(2) 校正旋光度仪零点。打开旋光度仪器预热几分钟,旋光管内注满蒸馏水,旋紧套盖,用纸擦净两端玻璃片,放入旋光仪内,盖上槽盖。调节目镜使视野清晰。然后旋转检偏镜能观察到明暗相等的三分视野为止,记下刻度盘读数,重复操作3次,取其平均值,此即为旋光仪零点。测毕取出旋光管,倒出蒸馏水。

(3) 蔗糖水解过程中α_t的测定。从恒温槽中取出蔗糖溶液,将25mL 2mol·L^{-1} HCl溶液加入蔗糖溶液使其混合均匀。取加入一半HCl时作为反应开始时间,迅速取少

量混合液清洗旋光管 2~3 次。然后注满旋光管，分别测定反应时间为 5、10、15、20、25、30、40、50、60min 时溶液的旋光度。

（4）α_∞ 的测定。将反应剩余的混合液置于 50~60℃ 的热水浴中，温热 30min，以加速转化反应的进行，再恒温至 25℃，测定其旋光度，此值即为反应结束时体系的旋光度 α_∞。

（5）实验结束后，立刻将旋光管洗净干燥，以免酸对旋光管的腐蚀。

[实验注意事项]

①蔗糖水解在酸性介质中进行，H^+ 为催化剂，速率常数 k 的值与催化剂浓度有关，所以酸的浓度必须精确，以保证反应体系中 H^+ 浓度与实验要求相一致。

②温度对反应速率常数 k 值的影响不容忽视，在测定 α_t 时，每测完一次，将旋光管置于 25℃ 的恒温槽水浴中恒温，待下次测量时拿出。

③在放置旋光管上的玻璃片时，将玻璃盖片沿管口轻轻推上盖好，再旋紧套盖，勿使其漏水或产生气泡。

④旋光仪使用中，若两次测定中间间隔时间较长，则应切断电源，让灯管休息一会，在下次使用提前 10min 再开启。

⑤对三分视野的明暗判断影响实验值的精度，因此要求判断时尽可能作到快而准。

六、数据记录和处理

实验温度 _____ HCl 浓度 _____ 零点_____ α_∞ _____

（1）实验数据填入表 6-11。

表 6-11 不同反应时刻体系的旋光度

t（min）	α_t	$\alpha_t - \alpha_\infty$	$\ln(\alpha_t - \alpha_\infty)$

（2）以 $\ln(\alpha_t - \alpha_\infty)$ 对 t 作图，由图所得直线斜率求 k 值。

（3）计算反应的半衰期 $t_{1/2}$。

第七节　相对分子质量与相对原子质量的测定

物质的相对分子质量与相对原子质量是物质的基本属性与物质的性质密切相关，因此测定其数值具有重要意义。

实验 72　二氧化碳相对分子质量的测定

一、实验目的

（1）了解气体密度法测定气体相对分子质量的原理和方法。
（2）了解气体的净化和干燥的原理和方法。
（3）熟练掌握启普发生器的使用。
（4）掌握分析天平的使用。

二、预习与思考

（一）预习内容

（1）理想气体的状态方程。
（2）启普发生器的使用方法。
（3）气体的净化和干燥的原理和方法。

（二）思考下列问题

（1）在制备二氧化碳的装置中，能否把瓶2和瓶3倒过来装置？为什么？
（2）为什么（二氧化碳气体+瓶+塞子）的质量要在天平上称量，而（水+瓶+塞子）的质量则可以在台秤上称量？两者的要求有何不同？
（3）为什么在计算锥形瓶的容积时不考虑空气的质量，而在计算二氧化碳的质量时却要考虑空气的质量？

三、实验原理

根据阿伏伽德罗定律，同温同压下，同体积的任何气体含有相同数目的分子。因此，在同温同压下，同体积的两种气体的质量之比等于它们的相对分子质量之比，即

$$\frac{M_1}{M_2} = \frac{m_1}{m_2} = d$$

式中，M_1 和 m_1 代表第一种气体的相对分子质量和质量；M_2 和 m_2 代表第二种气体的相对分子质量和质量；d 叫作第一种气体对第二种的相对密度。

本实验是把同体积的二氧化碳气体与空气（其平均相对分子质量为29.0）相比。这样二氧化碳的相对分子质量可按下式计算：

$$M_{CO_2} = m_{CO_2} \times \frac{M_{空气}}{m_{空气}} = \frac{m_{CO_2}}{m_{空气}} \times 29.0 = d \times 29.0$$

式中，一定体积（V）的二氧化碳气体质量 m_{CO_2} 可直接从天平上称出。根据实验时的大气压（p）和温度（T），利用理想气体状态方程式，可计算出同体积的空气的质量：

$$m_{空气} = \frac{pV \times 29.0}{RT}$$

这样就求得了二氧化碳气体对空气的相对密度，从而测定二氧化碳气体的相对分子质量。

四、仪器与试剂

启普发生器，洗气瓶（2 只），干燥管，250mL 锥形瓶，电子台秤，分析天平，温度计，气压计，橡皮管，橡皮塞等。

HCl（6mol·L^{-1}），CuSO$_4$（1mol·L^{-1}），饱和 NaHCO$_3$ 溶液，无水 CaCl$_2$，大理石等。

五、实验内容

按图 6-19 连接好二氧化碳气体的发生和净化装置。

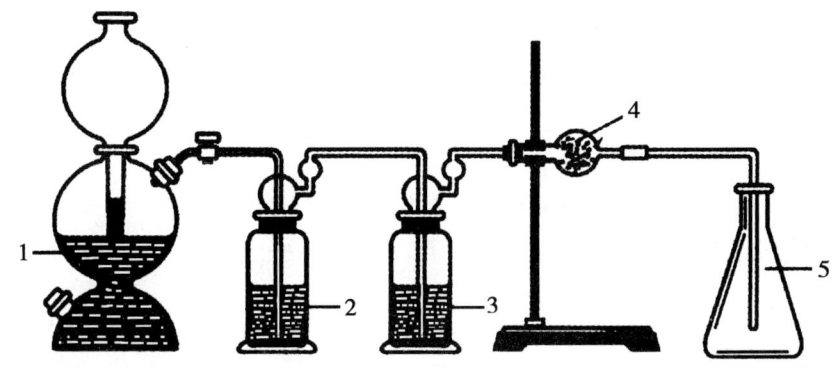

1. 石灰石 + 稀盐酸；2. 硫酸铜溶液；3. 碳酸氢钠溶液；4. 氯化钙；5. 锥形瓶

图 6-19 制取、净化和收级二氧化碳装置

取一个洁净而干燥的锥形瓶，选一个合适的橡皮塞塞入瓶口，在塞子上作一个记号，以固定塞子塞入瓶口的位置。在天平上称出（空气 + 瓶 + 塞子）的质量。

从启普发生器产生的二氧化碳气体，通过 CuSO$_4$ 溶液、饱和 NaHCO$_3$、无水氯化钙，经过净化和干燥后，导入锥形瓶内。把导气管插入瓶底，尽快把瓶内的空气赶尽。2~3 分钟后，用燃着的火柴在瓶口检查 CO$_2$ 已充满后，再慢慢取出导气管用塞子塞住瓶口（应注意塞子是否在原来塞入瓶口的位置上）。在天平上称出（二氧化碳气体 + 瓶 + 塞子）的质量，重复通入二氧化碳气体和称量的操作，直到前后两次（二氧化碳气体 + 瓶 + 塞子）的质量相符为止（两次质量相差不超过 1~2mg）。这样做是为了保证瓶内的空气已完全被排出并充满了二氧化碳气体。

最后在瓶内装满水，塞好塞子（注意塞子的位置），在台秤上称重，精确至 0.1g。记下室温和大气压。

六、数据记录和结果处理

室温 t（℃）_____，T（K）_____ 气压 p（Pa）_____
（空气 + 瓶 + 塞子）的质量 m_A_____g

（二氧化碳气体＋瓶＋塞子）的质量 m_B _____ g
（水＋瓶＋塞子）的质量 m_C _____ g
瓶的容积 $V = (m_C - m_A)/1.00$ _____ mL
瓶内空气的质量 = _____ g
瓶和塞子的质量 $m_D = m_A - m_{空气}$ = _____ g
二氧化碳气体的质量 $m_{CO_2} = m_B - m_D$ = _____ g
二氧化碳的相对分子质量 m_{CO_2} = _____ g

实验 73　凝固点降低法测定相对分子质量

一、实验目的

（1）掌握利用凝固点降低法测定物质的摩尔质量的原理及实验方法。
（2）加深对稀溶液依数性的理解。

二、预习与思考

（1）凝固点降低法测相对分子质量，在什么条件下才能适用？
（2）在冷却过程中，凝固点管内固液相之间有哪些热交换？它们对凝固点的测定有何影响？
（3）当溶质在溶液中有离解，缔合或生成络合物的情况时，对相对分子质量测定值的有何影响？

三、实验原理

凝固点下降为稀溶液的依数性之一，凝固点降低法是一种简单且比较准确的测定化合物相对分子质量的方法。溶液的凝固点低于纯溶剂的凝固点，对理想溶液来说，凝固点的下降与溶液的质量摩尔浓度成正比，即

$$\Delta T_f = T_f^* - T_f = K_f b_B$$

式中，T_f^* 为纯溶剂的凝固点；T_f 为溶液的凝固点；K_f 为凝固点降低系数，单位 $K \cdot kg \cdot mol^{-1}$；为溶液的质量摩尔浓度，单位 $mol \cdot kg^{-1}$。

若称取一定量的溶质 B 和溶剂 A 配制成稀溶液，则此溶液的质量摩尔浓度 b_B 为

$$b_B = \frac{m_B/M_B}{m_A}$$

式中，M_B 为溶质的相对分子质量。

当溶剂的 K_f 值已知，则可按下式计算溶质的相对分子质量，即

$$M_B = K_f \frac{1\,000}{T_f^* - T_f} \times \frac{m_B}{m_A}$$

纯溶剂的凝固点是该物质的液相和固相共存的平衡温度。若将纯溶剂逐步冷却，其冷却曲线（步冷曲线）如图 6-20 中的 I 所示。但实际操作过程中往往会发生过冷现

象，即在温度过冷后开始析出固体，之后放出的凝固热使系统回升到稳定的平衡温度，待液体全部凝固后，温度再逐渐下降，其冷却曲线呈现图中 II 的形状。溶液的凝固点是该溶液的液相与溶剂的固相共存的平衡温度。因此若将溶液逐步冷却，其冷却曲线与纯溶剂不同，应如图中 III 所示。冷却过程由于溶剂部分凝固而析出，使剩余溶液的浓度逐渐增大，因而剩余溶液与溶剂固相的平衡温度也逐渐下降。本实验所要测定的是浓度已知的溶液的凝固点。因此，实验中所析出的溶剂固相的量不能太多，否则影响原溶液的浓度。实验操作中如稍有过冷现象如图中 IV 所示，则对相对分子质量的测定无显著影响；如过冷严重，则冷却曲线如图中 V 所示，测得凝固点将会偏低，因此影响相对分子质量的测定结果。所以，在实验过程中必须适当控制的过冷程度，一般可通过控制寒剂的温度、搅拌速度等方法来达到。

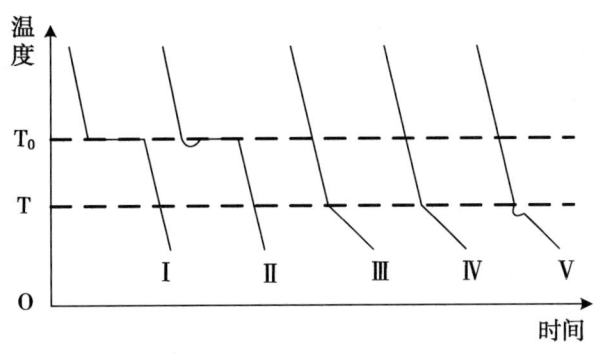

图 6 – 20　冷却曲线

四、仪器与试剂

仪器：SWC – IID 精密数字温度温差仪 1 台、凝固点测定仪 1 套、25mL 移液管 1 支。

试剂：环己烷（A.R.）、萘（A.R.）。

五、实验步骤

（1）仪器使用九芯连接线连接至计算机，检查面板上的制冷加热开关处于停位置，制冷加热电压为零，搅拌处于最低速，确认后打开仪器预热 15min（此时温度窗口显示应为当前的环境温度，温差可以置零），打开仪器后检查上部两个风扇应正常转动。

（2）打开温差记录软件，仪器选择里面选择 3F 温差测量，根据实际需要选取合适的坐标（推荐纵坐标在 3 以内，横坐标在 1 000 以内，可以实验中随时更改）。

（3）量取 25mL 溶剂置于小烧杯中，将小烧杯放入仪器的烧杯槽内，盖上盖子插好探头。

（4）查阅使用的纯溶剂凝固点，将温差置零，打开搅拌并调整到一个合适的速度（速度不宜太快），将制冷加热开关拨至冷，调节制冷功率使冰浴温度下降（冰浴温度显示在面板温度窗口），当冰浴温度低至样品凝固点 2.5℃ 时降低制冷功率，将冰浴温度控制在低于样品凝固点 3℃ 左右（若需要平台后的下降曲线，在出现平台后应加大制冷功率）。

（5）控制好冰浴温度等待平台的出现，当溶液有可见的大量结晶需要使用加热功能，做好记录保存，准备下一次实验。

（6）加入溶质，重复以上步骤 3 次，要求其绝对平均误差小于 0.003℃。

（7）等待平台的出现，做好记录保存。

六、实验数据处理

（1）计算本实验中萘的相对分子质量，并判断萘在环己烷中的存在形式。

（2）计算测量结果的相对误差。

实验 74　黏度法测定高聚物相对分子量

一、实验目的

（1）掌握黏度法测定高聚物摩尔质量的基本原理和方法。
（2）掌握用黏度计测定高聚物稀溶液黏度的实验方法及数据处理方法。

二、预习与思考

（1）黏度法测定高聚物的摩尔质量适用的高聚物质量范围是什么？
（2）高聚物溶液的 η、η_{sp} 和 $[\eta]$ 分别代表什么物理意义？

三、实验原理

液体在流动中或分子有相对运动时，在分子间会产生内摩擦阻力，阻力与聚合物的结构、溶液浓度、溶剂性质、温度以及压力等因素有关，内摩擦阻力越大则表现出来的黏度就越大。在高聚物的溶液中，相对于溶剂，溶液的分子链长度很大，聚合物溶液黏度的变化，一般采用下列有关的黏度量进行描述。

黏度是指液体对流动所表现的阻力，是液体分子间内摩擦力大小的反映。纯溶剂黏度反映了溶剂分子间的内摩擦力，高聚物溶液的黏度则是高聚物分子间、溶剂分子间、高聚物与溶剂分子间的内摩擦力这三者之和。如果纯溶剂的黏度为 η_0，相同温度下溶液的黏度为 η，则黏度比（相对黏度）用 η_r 表示，有：

$$\eta_r = \frac{\eta}{\eta_0}$$

在溶剂的基础上，溶液黏度增加的分数称为增比黏度，用 η_{sp} 表示，它随溶液浓度 c 的增加而增加，有：

$$\eta_{sp} = \frac{\eta - \eta_0}{\eta_0} = \eta_r - 1$$

当溶液无限稀释时，高聚物分子间彼此相隔很远，相互作用可以忽略，此时的黏度

称为极限黏度（特性黏度），用 $[\eta]$ 表示，它反映的是无限稀释溶液中高聚物分子与溶剂分子间的内摩擦，有

$$[\eta] = \lim_{c \to 0} \frac{\eta_{sp}}{c} = \lim_{c \to 0} \frac{\ln \eta_r}{c}$$

实验证明，对于给定的聚合物在给定的溶剂和温度下，$[\eta]$ 的数值仅由试样的摩尔质量 $\bar{M}_\eta^\alpha$ 所决定。$[\eta]$ 与高聚物摩尔质量之间的关系，通常用带有两个参数的 Mark – Hou – wink 经验方程式来表示，即：

$$[\eta] = K \cdot \bar{M}_\eta^\alpha$$

式中，K 为比例常数；α 为扩张因子，与溶液中聚合物分子的形态有关；$\bar{M}_\eta$ 为黏均摩尔质量。

K、α 与温度、聚合物的种类和溶剂性质有关，K 值受温度影响较明显，而 α 值主要取决于高分子线团在某温度及某溶剂中舒展的程度，介于 0.5～1.0 之间。温度一定时，对给定的聚合物溶液，K、α 为一常数，$[\eta]$ 只与摩尔质量大小有关。K、α 值可从有关手册中查到，或采用几个标准样品根据上式进行确定，标准样品的摩尔质量可由绝对方法（如渗透压和光散射法等）确定。

根据哈金斯（Huggins）方程和克拉默（Kraemer）方程，有：

$$\frac{\eta_{sp}}{c} = [\eta] + k[\eta]^2 c \quad \text{和} \quad \frac{\ln \eta_r}{c} = [\eta] - \beta[\eta]^2 c$$

将增比黏度与溶液浓度之间的关系及比浓对数黏度与浓度之间的关系描绘与坐标系中时，两个关系均为直线，而且截距均为特性黏度 $[\eta]$，见图 6-21。

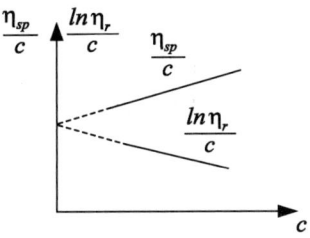

图 6-21 外推法求 $[\eta]$ 值

用一点法求 $[\eta]$ 的方程为

$$[\eta] = \frac{1}{c} \sqrt{\frac{1}{k+\beta}(\eta_{sp} - \ln \eta_r)}$$

可见，只要通过实验测出高聚物溶液的黏度比 η_r，就可以求得 $[\eta]$，从而得到高聚物的摩尔质量。根据黏度比定义有

$$\eta_r = \frac{\eta}{\eta_0} = \frac{\rho t (1 - B/At^2)}{\rho_0 t_0 (1 - B/At_0^2)}$$

式中，ρ、ρ_0 分别为溶液和溶剂的密度，A 和 B 为黏度计常数，t 和 t_0 分别为溶液和溶剂在毛细管中的流出时间，B/At^2 为动能校正项。

恒温条件下，当溶液浓度不大（$c < 1 \times 10 \text{ kg} \cdot \text{m}^{-3}$）且溶剂在该黏度计中的流出时间大于 100 s 时，可取 $\rho \approx \rho_0$ 并忽略远远小于 1 的 B/At^2 项，则溶液的黏度比为

$$\eta_r = \frac{t}{t_0}$$

黏度测定的方法有用毛细管黏度计测量液体在毛细管中的流出时间、落球黏度计测定圆球在液体中的下落速率、旋转黏度计测定液体与同心轴圆柱体相对转动阻力等三种。本实验采用第一种方法。常用的黏度计有乌氏（Ubbelchde）黏度计，如图 6 – 22 所示。其特点是溶液的体积对测量没有影响，所以可以在黏度计内采取逐步稀释的方法得到不同浓度的溶液。

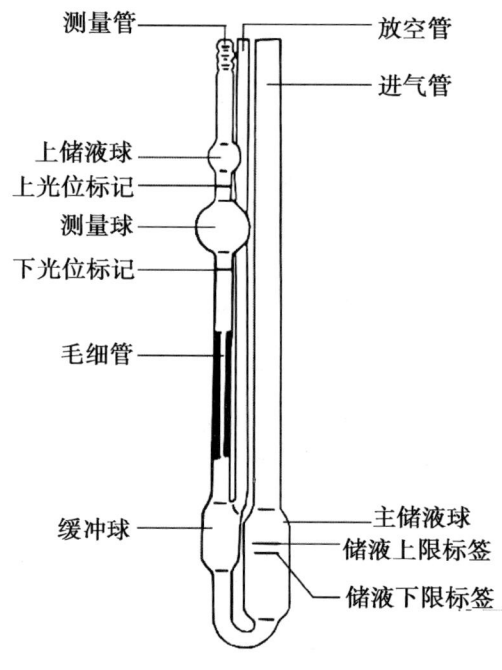

图 6 – 22　乌氏黏度计

四、仪器与试剂

仪器：乌氏黏度计、恒温槽（要求温度波动不大于 ±0.05℃）、洗耳球、移液管（5mL、10mL）、秒表、容量瓶（100mL、25mL）、橡皮管、夹子、胶头滴管、铁架台、玻璃砂漏斗、天平。

试剂：聚乙烯基吡咯烷酮（PVP）、去离子水。

五、实验步骤

1. 调节恒温槽温度至 (30 ± 0.05)℃

安装恒温槽各元件，调节接点温度计螺母，使温度指示较所需温度低 1~2℃，接通电源，同时开通搅拌，这时红色指示灯亮，表示加热器在工作。当红灯熄灭后，等温度升到最高，观察接点温度计与 1/10 温度计的差别，按差别大小进一步调节温度计，

直到达到规定的温度值(此时略微正向或反向调节螺母可使红绿灯交替出现)。扭紧固定螺钉来固定调节钮位置,观察绿灯出现后温度计的最高值及红灯出现后的最低值,观察数次至最高和最低示值的平均值与规定温度相差不超过0.1℃为止。

2. 配制浓度约为0.02g/mL聚合物溶液

准确称取0.5g聚乙烯基吡咯烷酮于25mL容量瓶中,加入约20mL去离子水,充分搅拌使其溶解(最好提前一天进行)。将容量瓶放在恒温槽内,用30℃的去离子水稀至刻度,取出混合均匀,用玻璃砂漏斗过滤,再放入恒温槽内恒温待用。

3. 洗涤黏度计

黏度计和待测液体是否清洁,是决定实验成功的关键之一。如果是新的黏度计,先用洗液洗,再用自来水洗3次,去离子水洗3次,烘干待用。

4. 测定溶剂流出时间

将清洁干燥的黏度计垂直安装于恒温槽内,使水面完全浸没小球。用移液管移取10mL已恒温的去离子水,恒温3min,封闭黏度计的支管口,用吸耳球经橡皮管由毛细管上口将水抽至最上面一个球的中部时,取下洗耳球,放开支管,使其中的水自由下流,用眼睛水平注视着正在下降的液面,用秒表准确记录流经下球上下两刻度之间的时间,重复3次,误差不得超过0.2 s,取平均值即为t_0。

5. 洗涤黏度计

6. 测定溶液流出时间

将清洁干燥的黏度计安装于恒温槽内,用干净的10mL移液管移取已经恒温好的聚合物溶液于黏度计中(注意尽量不要将溶液粘在管壁上),恒温2min,按以上步骤测定溶液的流出时间。

用移液管依次加入1.0mL、2.0mL、5.0mL、10.0mL已恒温的去离子水,用向其中鼓泡的方法使溶液混合均匀,准确测量每种浓度溶液的流出时间,每种浓度溶液的测定都不得少于3次,误差不超过0.2 s,分别取平均值即为每种溶液浓度的t。

7. 黏度计的洗涤

倒出溶液,用去离子水反复洗涤,直到与t_0开始时相同为止。

六、实验数据处理

1. 数据记录

恒温槽温度的测定记录表见表6-12,溶剂、溶液的时间测定记录见表6-13。

表6-12 恒温槽温度的测定记录

观测项目	最高温度	最低温度
温度观测值(℃)		
温度平均值(℃)		
恒温槽平均温度(℃)		
恒温槽温度波动(℃)		

表 6–13　不同浓度溶液的时间测定记录

	时间 1	时间 2	时间 3
去离子水			
原始溶液			
加 1.0mL 水			
加 2.0mL 水			
加 5.0mL 水			
加 10.0mL 水			

2. 数据处理

（1）由关系式 $\eta_{sp} = \eta_r - 1$ 计算各相对浓度 c' 时的 η_r 和 η_{sp}。

（2）以 η_{sp}/c' 和 $\ln\eta_r/c'$ 分别对 c' 作图并作线性外推求得截距 $[\eta]$。

（3）30℃时聚乙烯基吡咯烷酮–水系统 $k = 3.39 \times 10^{-2}$，$\alpha = 0.59$，按上面所列公式计算出聚乙烯基吡咯烷酮的黏均摩尔质量。

第八节　热化学测定

实验 75　化学反应速率与活化能的测定

一、实验目的

（1）掌握浓度、温度和催化剂对化学反应速率的影响。
（2）学习测定过二硫酸铵与碘化钾反应的反应速率的方法。
（3）利用实验数据会计算反应级数、反应速率常数和反应的活化能。

二、预习与思考

（一）预习内容

（1）化学反应速率的表示方法。
（2）浓度、温度和催化剂对化学反应速率的影响理论基础。
（3）反应速率常数的意义。
（4）化学反应活化能的意义。
（5）速率常数与活化能的关系。
（6）如何使用作图法求反应的速率常数、反应级数和反应的活化能。
（7）计时秒表的使用。
（8）恒温水浴槽的使用。

(二) 思考下列问题

(1) 反应液中为什么加入 KNO_3、$(NH_4)_2SO_4$？
(2) 取 $(NH_4)_2S_2O_8$ 试剂量筒没有专用，对实验有何影响？
(3) $(NH_4)_2S_2O_8$ 缓慢加入 KI 等混合溶液中，对实验有何影响？
(4) 催化剂 $Cu(NO_3)_2$ 为何能够加快该化学反应的速率？

三、实验原理

在水溶液中过二硫酸铵与碘化钾反应为：

$$(NH_4)_2S_2O_8 + 3KI = (NH_4)_2SO_4 + K_2SO_4 + KI_3$$

其离子反应为：
$$S_2O_8^{2-} + 3I^- = SO_4^{2-} + I_3^- \quad (1) \text{慢}$$

反应速率方程为：
$$\nu = k c_{S_2O_8^{2-}}^m \cdot c_{I^-}^n$$

式中，ν 是瞬时速率。若 $c_{S_2O_8^{2-}}$、c_{I^-} 是起始浓度，则 ν 表示初速率（ν_0）。在实验中只能测定出在一段时间内反应的平均速率。

$$\bar{\nu} = \frac{-\Delta c_{S_2O_8^{2-}}}{\Delta t}$$

在此实验中近似地用平均速率代替初速率：

$$\nu_0 = k c_{S_2O_8^{2-}}^m c_{I^-}^n = \frac{-\Delta c_{S_2O_8^{2-}}}{\Delta t}$$

为了能测出反应在 Δt 时间内 $S_2O_8^{2-}$ 浓度的改变量，需要在混合 $(NH_4)_2S_2O_8$ 和 KI 溶液的同时，加入一定体积已知浓度的 $Na_2S_2O_3$ 溶液和淀粉溶液，这样在（1）进行的同时还进行着另一反应：

$$2S_2O_3^{2-} + I_3^- = S_4O_6^{2-} + 3I^- \quad (2) \text{快}$$

此反应几乎是瞬间完成，(1) 反应比 (2) 反应慢得多。反应 (1) 生成的 I_3^- 立即与 $S_2O_3^{2-}$ 反应，生成无色 $S_4O_6^{2-}$ 和 I^-，而观察不到碘与淀粉呈现的特征蓝色。当 $S_2O_3^{2-}$ 消耗尽，(2) 反应不进行，(1) 反应还在进行，则生成的 I_3^- 遇淀粉呈蓝色。

从反应开始到溶液出现蓝色这一段时间 Δt 里，$S_2O_3^{2-}$ 浓度的改变值为：

$$\Delta c_{S_2O_3^{2-}} = [c_{S_2O_3^{2-}(\text{终})} - c_{S_2O_3^{2-}(\text{始})}] = -c_{S_2O_3^{2-}(\text{始})}$$

再从 (1) 和 (2) 反应对比，则得：

$$\Delta c_{S_2O_8^{2-}} = -\frac{c_{S_2O_3^{2-}(\text{始})}}{2}$$

通过改变 $S_2O_8^{2-}$ 和 I^- 的初始浓度，测定消耗等量的 $S_2O_8^{2-}$ 的物质的量浓度 $\Delta c_{S_2O_8^{2-}}$ 所需的不同时间间隔，即计算出反应物不同初始浓度的初速率，确定出速率方程和反应速率常数。

四、仪器与试剂

烧杯、量筒、秒表、温度计、恒温水浴。

$(NH_4)_2S_2O_8$（0.20mol·L^{-1}）、KI（0.20mol·L^{-1}）、$Na_2S_2O_3$（0.010mol·L^{-1}）、淀粉溶液（0.4%）、KNO_3（0.20mol·L^{-1}）、$(NH_4)_2SO_4$（0.20mol·L^{-1}）、$Cu(NO_3)_2$（0.02mol·L^{-1}）。

五、实验内容

1. 浓度对化学反应速率的影响

将 KI 溶液、淀粉、$Na_2S_2O_3$ 溶液按下表各溶液用量进行混合 → 迅速加入 $(NH_4)_2S_2O_8$ 溶液立即按动秒表 → 不断搅拌 → 在溶液刚刚出现蓝色时，迅速停表计时。将实验数据记录在表 6-14 中。

表 6-14　实验数据记录

室温_____

	实　验　编　号	I	II	III	IV	V
试剂用量 mL	0.20mol·L^{-1} $(NH_4)_2S_2O_8$	20.0	10.0	5.0	20.0	20.0
	0.20mol·L^{-1} KI	20.0	20.0	20.0	10.0	5.0
	0.010mol·L^{-1} $Na_2S_2O_3$	8.0	8.0	8.0	8.0	8.0
	0.4%淀粉溶液	2.0	2.0	2.0	2.0	2.0
	0.20mol·L^{-1} KNO_3	0	0	0	10.0	15.0
	0.20mol·L^{-1} $(NH_4)_2SO_4$	0	10.0	15.0	0	0
混合液中反应物起始浓度/mol·L^{-1}	$(NH_4)_2S_2O_8$					
	KI					
	$Na_2S_2O_3$					
	反应时间 Δt/s					
	$S_2O_8^{2-}$ 的浓度变化 $\Delta c_{S_2O_8^{2-}}$/mol·L^{-1}					
	反应速率 v					

2. 温度对化学反应速率的影响

按表 6-14 实验 IV 中的试剂用量，在低于室温 10℃、室温、高于室温 10℃ 的温度条件下进行实验。其他操作步骤同实验 1（表 6-15）。

表 6-15　实验数据记录

实验编号	VI	IV	VIII
反应温度 t/℃			
反应时间 Δt/s			
反应速率 v			

3. 催化剂对化学反应速率的影响

按实验 IV 试剂用量进行实验，在 $(NH_4)_2S_2O_8$ 溶液加入 KI 混合液之前，在 KI 混合液中加 2 滴 Cu（NO$_3$）$_2$（0.02mol·L^{-1}）溶液，搅匀，其他操作同实验 1。

4. 实验数据的处理

（1）计算反应级数和反应速率常数。

$$\nu = kc_{S_2O_8^{2-}}^m \cdot c_{I^-}^n$$

两边取对数： $\lg\nu = m\lg c_{S_2O_8^{2-}} + n\lg c_{I^-} + \lg k$

当 c_{I^-} 不变（实验 I、II、III）时，以 $\lg\nu$ 对 $\lg c_{S_2O_8^{2-}}$ 作图，得直线，斜率为 m。同理，当 $c_{S_2O_8^{2-}}$ 不变（实验 I、IV、V）时，以 $\lg\nu$ 对 $\lg c_{I^-}$ 作图，得 n，此反应级数为 m + n。利用实验 1 一组实验数据即可求出反应速率常数 k（表 6 – 16）。

表 6 – 16　实验数据记录

实 验 编 号	I	II	III	IV	V
$\lg\nu$					
$\lg c_{S_2O_8^{2-}}$					
$\lg c_{I^-}$					
m					
n					
反应速率常数 k					

（2）计算反应活化能。反应速率常数 k 与反应温度 T 一般有如下关系：

$$\lg k = A - \frac{E_a}{2.303RT}$$

测出不同温度下的 k 值，以 $\lg k$ 对 $1/T$ 作图，得直线，斜率为 $-E_a/2.303R$，可求出反应的活化能 E_a。

将数据填入表 6 – 17。

表 6 – 17　实验数据记录

实 验 编 号	VI	IV	VII
反应速率常数 k			
$\lg k$			
$1/T$			
反应活化能 E_a			

注：反应活化能的理论值为 51.8 kJ·mol^{-1}，实验结果的误差在 ±10% 范围内合格

实验 76　过氧化氢分解热的测定

一、实验目的

（1）测定过氧化氢的分解热。

(2) 了解测定反应热效应的一般原理和方法。
(3) 学习温度计、秒表的使用和简单的作图方法。

二、预习与思考

(一) 预习内容

(1) 反应热效应的概念。
(2) 实验数据的表达方法。

(二) 思考下列问题

(1) 为何要使二氧化锰粉末悬浮在过氧化氢溶液中?
(2) 在计算化学反应的热效应时是否要考虑加入的二氧化锰的热效应?
(3) 测定量热计装置热容时,为什么要用外推法得到冷热水混合的平衡温度?

三、实验原理

过氧化氢浓溶液在温度高于150℃或混入具有催化活性的 Fe^{2+}、Cr^{3+} 等一些多变价金属离子时,就会发生爆炸性分解:

$$H_2O_2 \text{ (l)} = H_2O \text{ (l)} + 1/2 O_2 \text{ (g)}$$

但在常温和无催化活性杂质存在情况下,过氧化氢相当稳定。对于过氧化氢稀溶液来说,升高温度或加入催化剂,均不会引起爆炸性分解。本实验以二氧化锰为催化剂,用保温杯式简易量热计测定其稀溶液的催化分解反应热效应。

保温杯简易量热计由量热计装置(普通保温杯,分刻度为0.1℃的温度计)及杯内所盛的溶液或溶剂(通常是水溶液或水)组成。如图6-23所示。

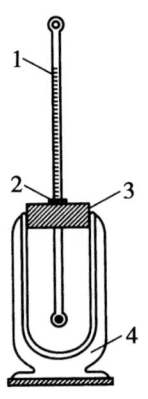

1. 温度计; 2. 橡皮圈; 3. 泡沫塑料塞; 4. 保温杯
图 6-23 简易量热计

在一般的测定实验中,溶液的浓度很稀,因此溶液的比热容(C_{aq})近似地等于溶剂的比热容(C_{solv}),并且溶液的质量 m_{aq} 近似的等于溶剂的质量 m_{solv}。量热计的热容 C

可由下式表示：
$$C = C_{aq} \cdot m_{aq} + C_P \approx C_{solv} \cdot m_{sdv} + C_P$$

其中，C_p 为量热计装置（包括保温杯、温度计等部件）的热容。

化学反应产生的热量，使量热计的温度升高。要测量量热计吸收的热量必须先测定量热计的热容（C）。在本实验中采用稀的过氧化氢水溶液，因此

$$C = C_P + c_{H_2O} \cdot m_{H_2O}$$

其中，c_{H_2O} 为水的质量热容，等于 4.184 $J \cdot g^{-1} \cdot K^{-1}$，$m_{H_2O}$ 为水的质量；在室温附近水的密度约等于 $1.00 kg \cdot L^{-1}$ 因此 $V_{H_2O} m_{H_2O}$，其中 V_{H_2O} 表示水的体积。

而量热计装置的热容可用下述方法测得：

往盛有质量为 mg 的水（温度为 T_1）的量热计装置中，迅速加入相同质量的热水（温度为 T_2），测得混合后的水温为 T_3，则

热水失热 = $c_{H_2O} \cdot m_{H_2O}(T_2 - T_3)$

冷水得热 = $c_{H_2O} \cdot m_{H_2O}(T_3 - T_1)$

量热计装置得热 = $C_P(T_3 - T_1)$

根据热量平衡得到

$$c_{H_2O} \cdot m_{H_2O}(T_2 - T_3) = c_{H_2O} \cdot m_{H_2O}(T_3 - T_1) + C_P(T_3 - T_1)$$

$$C_P = \frac{c_{H_2O} \cdot m_{H_2O}(T_2 + T_1 - 2T_3)}{T_3 - T_1}$$

严格地说简易量热计并非绝热体系。因此，在测量温度变化时会碰到下述问题，即当冷水温度正在上升时，体系和环境已发生了热量交换，这就使人们不能观测到最大的温度变化。这一误差，可用外推作图法予以消除，即根据实验所测得的数据，以温度对时间作图，在所得各点间作一最佳直线 AB，延长 BA 与纵轴相交于 C，C 点所表示的温度就是体系上升的最高温度（如图 6-24 所示）。

如果量热计的隔热性能好，在温度升高到最高点时，数分钟内温度并不下降，那么可不用外推作图法。

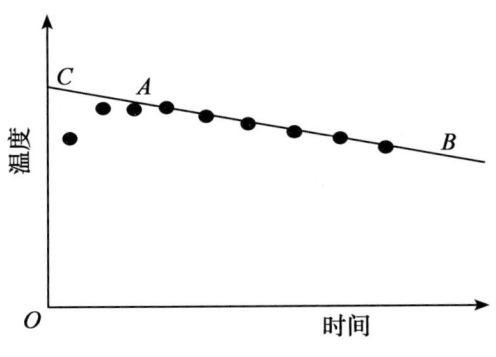

图 6-24 温度-时间曲线

应当指出的是，由于过氧化氢分解时，有氧气放出，所以本实验的反应热 $\triangle H$，不仅包括体系内能的变化，还应包括体系对环境所作的膨胀功，但因后者所占的比例很

小,在近似测量中,通常可忽略不计。

四、仪器与试剂

温度计两支(0~50℃、分刻度0.1℃和量程100℃普通温度计),保温杯、量筒、烧杯、研钵、秒表。二氧化锰(s)、H_2O_2(0.3%)。

五、实验内容

1. 测定量热计装置热容 C_p

装配好保温杯式简易量热计装置。杯盖上的小孔要稍比温度计直径大一些,温度计要插入待测溶液中去,但不能接触杯底。

用量筒量取 50mL 的蒸馏水,把它倒入干净的保温杯中,盖好塞子,用双手握住保温杯进行摇动(注意尽可能不使液体溅到塞子上),几分钟后用精密温度计观测温度,若连续 3min 温度不变,记下温度 T_1。再量取 50mL 蒸馏水,倒入 100mL 烧杯中,把此烧杯置于温度高于室温 20℃ 的热水浴中,放置 10~15min 后,用精密温度计准确读出热水温度 T_2(为了节省时间,在其他准备工作之前就把蒸馏水置于热水浴中,用 100℃ 温度计测量,热水温度绝不能高于 50℃),迅速将此热水倒入保温杯中,盖好塞子,以上述同样的方法摇动保温杯。在倒热水的同时,按动秒表,每 10s 记录一次温度。记录 3 次后,隔 20s 记录一次,直到体系温度不再变化或等速下降为止。倒尽保温杯中的水,把保温杯洗净并用滤纸擦干待用。

2. 测定过氧化氢稀溶液的分解热

取 100mL 已知准确浓度的过氧化氢溶液,把它倒入保温杯中,塞好了塞子,缓缓摇动保温杯,用精密温度计观测温度 3min,当溶液温度不变时,记下温度 T_1。迅速加入 0.5g 研细过的二氧化锰粉末,塞好塞子后,立即摇动保温杯,以使二氧化锰粉末悬浮在过氧化氢溶液中。在加入二氧化锰的同时,按动秒表,每隔 10s 记录一次温度。当温度升高到最高点时,记下此时的温度 T_2,以后每隔 20s 钟记录一次温度在相当一段时间(例如 3min)内若温度保持不变,T_2 即可视为该反应达到了最高温度,否则就需用外推法求出反应的最高温度。

3. 数据记录与处理

(1) 量热计装置热容(c_p)的计算,见表 6-18。

表 6-18 量热计装置热容计算

冷水温度 T_1/K	
热水温度 T_2/K	
冷热水混合后温度 T_3/K	
冷(热)水质量 m/g	
水的质量热容 $c_{H_2O}/J \cdot g^{-1} \cdot K^{-1}$	
量热计装置热容 $c_p/J \cdot K^{-1}$	

(2) 分解热的计算（表6-19）。

$$Q = C_P(T_2' - T_1') + c_{H_2O_2} \cdot m_{H_2O_2}(T_2' - T_1')$$

由于过氧化氢稀水溶液的密度和比热容近似的与水相等，因此：

$$c_{H_2O_2} \approx c_{H_2O} = 4.184 J \cdot g^{-1} \cdot K^{-1}$$

$$m_{H_2O_2} \approx V_{H_2O_2}$$

$$Q = C_P \Delta T + 4.184 \cdot V_{H_2O_2} \Delta T$$

$$\Delta H = \frac{-Q}{C_{H_2O_2} \cdot V/1\,000} = \frac{C_P \Delta T + 4.184 \cdot V_{H_2O_2} \Delta T}{C_{H_2O_2} \cdot V} \times 1\,000$$

表6-19 分解热的计算

反应前温度 T_1'/K	
反应后温度 T_2'/K	
$\triangle T/K$	
过氧化氢溶液的体积 V/mL	
吸收的总热量 Q/J	
分解热$\triangle H$/kJ·mol^{-1}	
相对误差%	

注：过氧化氢分解热理论值为 -98.1kJ·mol^{-1}，实验结果的误差在±10%范围内合格

[注意事项]

由于过氧化氢的不稳定性，因此其溶液浓度的标定，应在本实验前不久进行，此外，无论在量热计热容的测定中，还是过氧化氢分解热的测定中，保温杯摇动的节奏要始终保持一致。

实验77 氯化铵生成焓的测定

一、实验目的

(1) 了解测定反应热效应的一般原理和方法。
(2) 学习实验数据表格的绘制和作图法处理数据的方法。

二、预习与思考

(一) 预习内容

(1) 热效应、焓和盖斯定律等热力学有关理论。
(2) 测定反应热和量热计系统热容的方法。

(二) 思考下列问题

(1) 什么是标准生成焓？有何作用？
(2) 怎样利用盖斯定律计算 NH$_3$（aq）的生成焓和 HCl（aq）的生成焓？
(3) 如果实验中有少量 HCl 溶液或 NH$_4$Cl 固体黏附在量热计器壁上，对实验结果会有什么影响？
(4) 反应液混合前，两者的温度不等，对实验结果有没有影响？
(5) 搅拌效果不好，对测定结果有什么影响？
(6) 实验产生误差的可能原因是什么？

三、实验原理

在热力学标准状态和 T（K）条件下，由参考态单质生成 1mol 化合物（或不稳定态单质或其他形式的物种）时的焓变称为该物质的标准摩尔生成焓，符号是 $\Delta_f H_m^\ominus(T)$，简称生成焓或生成热。生成焓一般可通过测定有关反应热间接求得。本实验就是分别测定 NH$_3$·H$_2$O 和 HCl 的中和反应热和 NH$_4$Cl 固体的熔解热，即：

$$NH_3(aq) + HCl(aq) \longrightarrow NH_4Cl(aq) \qquad \Delta_r H_m \text{（中和）}$$

$$NH_4Cl(s) \longrightarrow NH_4Cl(aq) \qquad \Delta_r H_m \text{（溶解）}$$

然后利用 NH$_3$·H$_2$O 和 HCl 的标准生成焓，通过盖斯定律计算而求得 NH$_4$Cl 固体的标准生成焓。

中和热和溶解热（简写为 ΔH）可采用简易量热计来测量。当反应在量热计中进行时，反应放出或吸收的热量将使量热计系统温度升高或降低，因此，只要测定量热系统温度的改变值 ΔT 以及量热计系统的热容量 C，就可以利用下式计算出反应的热效应。

$$\Delta H = \frac{-c \cdot \Delta T}{n}$$

式中，n 为被测物质的物质的量。

量热计系统的热容量 C 是指量热计系统温度升高 1K 时所需的热量。测定量热计系统的热容量有多种方法，本实验是采用化学反应标定法，即利用 HCl 和 NaOH 溶液在量热计内反应，测定其系统温度改变值 ΔT 后，根据一致的中和反应热（$\Delta H^\ominus = -57.3 \text{kJ} \cdot \text{mol}^{-1}$）可求出量热计系统的热容量 C，公式为：

$$c = \frac{n \cdot \Delta H^\ominus}{\Delta T}$$

（注：虽然各种盐溶液的热容略有差别，但在本实验可不予考虑。）

四、仪器与试剂

保温杯，温度计（0.1℃），台秤，秒表，烧杯（100mL），量筒（100mL）；HCl 溶液（1.5mol·L^{-1}），NH$_3$·H$_2$O 溶液（1.5mol·L^{-1}），NH$_4$Cl（s）。

五、实验内容

1. 量热计热容量的测定

(1) 用量筒量取 50.0mL 1.00mol·L^{-1} NaOH 溶液，倒入保温杯式量热计中，盖好后适当摇动，至温度基本不变。实验开始每隔 30 s 记录一次 NaOH 溶液的温度，至第 5min 时打开杯盖，把 50mL 1.00mol·L^{-1} 的 HCL 溶液一次加入到量热计中，立即盖好杯盖并搅拌，继续记录温度和时间，直到温度上到最高点后继续观察和记录 5min。作温度 - 时间关系曲线，按图 6 - 25 外推法求 ΔT，并计算量热计系统的热容量 C。

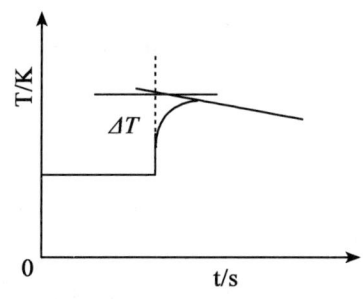

图 6 - 25 温度时间关系

2. $NH_3·H_2O$ 和 HCl 的中和热的测定

洗净量热计，以 1.50mol·L^{-1} $NH_3·H_2O$ 替代 1.00mol·L^{-1} NaOH 溶液。1.50mol·L^{-1} 的 HCl 溶液代替 1.00mol·L^{-1} 的 HCl 溶液重复上述实验。作图求 ΔT，并计算中和反应热 $\Delta_r H_m$ (中和)。

3. NH_4Cl 的溶解热的测定

在量热计中加入 100.00mL 蒸馏水，搅拌使体系温度趋于稳定后记录时间 - 温度数据（30 s 记一次），于第 5min 加入 10.70g 经 105℃ 干燥的 NH_4Cl 固体，立即盖好杯盖并搅拌（可适当摇荡量热计加速 NH_4Cl 的溶解），继续记录时间 - 温度数据（10min）。作图求 ΔT，并计算 NH_4Cl 的溶解热 $\Delta_r H_m$ (溶解)。

六、数据记录与结果处理

实验中的 NH_4Cl 溶液浓度很小，作为近似处理可以假定：

(1) 溶液的体积为 100mL。
(2) 中和反应热只能使水和量热计的温度升高。
(3) NH_4Cl (s) 溶解时吸热，只能使水和量热计的温度下降。

用列表的形式记录以上 3 次实验的测量数据，并将处理数据得到的量热计热容量、$NH_3·H_2O$ 和 HCl 的中和热、NH_4Cl 的溶解热及最后计算得到的 NH_4Cl (s) 生成焓和测定误差记入表中。

已知 NH_3 (aq) 和 HCl (aq) 的标准摩尔生成焓分别为 - 80.29kJ·mol^{-1} 和 - 167.159kJ·mol^{-1}，根据 Hess 定律计算 NH_4Cl (s) 的标准摩尔生成焓，并对照查

得的数据计算实验误差（如操作与计算正确，所得结果的误差可小于3%）。

[注意事项]

① 在测定量热计容量的实验中，HCl 溶液的温度应与 NH_4Cl 溶液的温度基本一致（用温度计测量），如果不一致，可将 50.0mL HCl 溶液置于小烧杯中，用手心温热或水冷却。

② 每次使用量热计之前应洗涤干净，并用滤纸片吸干水分。

③ 从参考书籍查得 298K 时，NH_3（aq）、HCl（aq）和 NH_4Cl（s）的生成焓分别为 $-80.12\ kJ\cdot mol^{-1}$、$-167.16\ kJ\cdot mol^{-1}$、$-314.43\ kJ\cdot mol^{-1}$。

实验78　恒温槽的装配和性能测试

一、实验目的

(1) 了解恒温槽的构造和工作原理，初步掌握其装配和调试的基本技术。
(2) 测定恒温槽的灵敏度，分析影响恒温槽性能的因素。
(3) 掌握接触温度计、贝克曼温度计的基本原理和使用方法。

二、预习与思考

(1) 为什么在开动恒温装置前，要将接触温度计的标铁上端面所指的温度调节到低于所需温度处？如果高了会产生什么后果？
(2) 欲提高恒温槽的灵敏度，主要通过哪些途径？
(3) 如果所需要恒温低于室温？如何装置恒温装置？
(4) 恒温槽的恒温原理是什么？
(5) 恒温槽内各处温度是否相等？为什么？

三、实验原理

物理化学研究中所用到的物质的参数如折射率、旋光度、电导率、蒸气压、黏度、化学反应速率常数等都与温度有关，故许多物理化学实验都需要在恒温的条件下进行。控制体系温度恒定通常有两种方法：一是利用物质相变时温度的恒定性来实现，叫介质浴。其优点是装置简单、温度恒定，缺点是对温度的选择有较大限制，无法任意调节。另一种是利用电子调节系统，通过调节加热或制冷器的工作状态来达到恒温的目的。

恒温槽就是一种常用的控温装置，它主要是依靠恒温控制器来控制热平衡，当恒温槽内温度低于设定温度时，加热器工作；温度达到设定温度时，加热器停止加热，从而使恒温槽内温度保持恒定。其简单恒温原理线路如图 6-26 所示。当水槽温度低于设定值时，线路 I 是通路，因此加热器工作，使水槽温度上升；当水槽温度升高到设定值时，温度调节器接通，此时线路 II 为通路，因电磁作用将弹簧片 D 吸下，线路 I 断开，加热器停止加热；当水槽温度低于设定值时，温度调节器断开，线路 II 断路，此时电磁铁失去磁性，弹簧片回到原来的位置，使线路 I 又成为通路。如此反复进行，从而使恒温槽维持在所需恒定的温度。

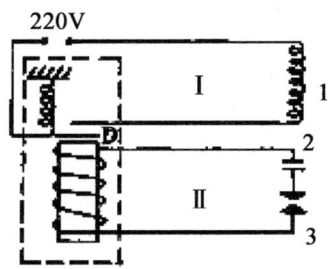

1. 加热器；2. 直流电源；3. 温度调节器
图 6-26 恒温槽工作原理

恒温槽一般由浴槽、加热器、搅拌器、温度计、感温原件、恒温控制器等部件组成。如图 6-27 所示。为了对恒温槽的性能进行测试，图中还包括一套热敏电阻测温装置。现将恒温槽主要部件简要介绍如下。

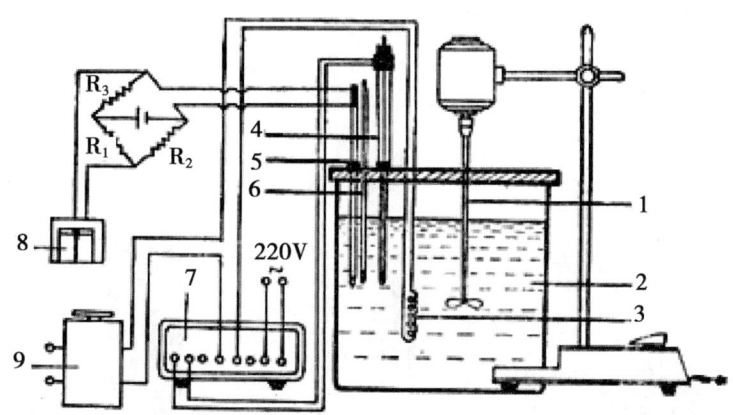

1. 搅拌器；2. 浴槽；3. 电加热器；4. 接点温度计；5. 热敏电阻温度计；6. 1/10℃温度计；7. 晶体管继电器；8. 自动记录仪；9. 调压器
图 6-27 恒温槽装置

（1）浴槽。浴槽包括容器和工作物质。容器一般选择 10L 或者 20L 的圆形玻璃缸，以便于观察。恒温槽液体介质根据控温范围选择，如：乙醇或乙醇水溶液（-60～30℃）、水（0～100℃）、甘油或甘油水溶液（80～160℃）、石蜡油、硅油（70～200℃）。本实验采用去离子水为工作介质，如恒温在 50℃ 以上时，可在水面上加一层液体石蜡，避免水分蒸发。

（2）加热器。常用的是电加热器。加热器的选择原则是热容量小、导热性能好、功率适当。加热器功率的大小是根据恒温槽的容量、所需温度的高低以及与环境温差的大小来进行选择的。为了提高恒温效率和精度，有时候可采用两套加热器。开始时用功率较大的加热器加热，当槽内温度接近设定温度时，改用功率较小的加热器加热并维持恒温。

(3) 搅拌器。搅拌器的选择与工作介质的黏度有关,如:工作介质黏度较小时,如水、乙醇等,可选择功率 40W 左右的搅拌器。若工作介质黏度或搅拌棒的叶片较大时,应选择功率大一些的搅拌器。

需要注意的是,温度调节指示标尺的刻度一般不是很准确,恒温槽温度的设定和测量需要 1/10℃ 温度计来完成。

(4) 温度计。观察恒温浴槽内的温度常用 1/10℃ 水银温度计或者数字显示温度计。测量恒温槽灵敏度则需采用灵敏度更高的 1/100℃ 温度计或贝克曼温度计。

(5) 感温原件。感温原件是恒温槽的感觉中枢,是决定恒温槽灵敏度的关键部件之一,目前常用接触式温度计(又称为接点温度计或水银导电表)。其结构如图 6-28 所示。它的下半段是水银温度计,上半段是控制指示装置。温度计上部的毛细管内有一根金属丝和上半段的螺母相连,螺母套在一根长螺杆上。顶部是磁性调节冒,当转动磁性调节冒时螺杆转动,可带动螺母和金属丝上下移动,螺母在温度调节指示标尺的位置就是要控制温度的大致温度值。顶部引出的两根导线,分别接在水银温度计和上部金属丝上,这两根导线再与继电器相连。当浴槽温度升高时,水银膨胀上升,与上面的金属丝接触,继电器内线圈通电产生磁场,加热线路弹簧片吸下,加热器停止加热。随着浴槽热量的散失,温度下降,水银收缩并与上面的金属丝脱离,继电器电磁效应消失,弹簧片回到原来位置,接通加热电路,系统温度回升。如此反复,从而使系统温度得到控制。

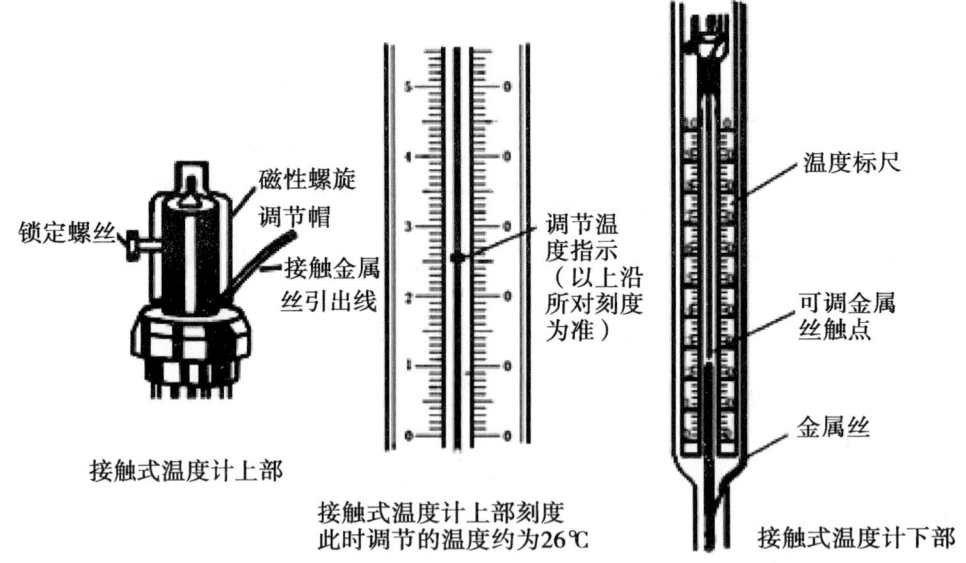

图 6-28 接触式温度计的构造

(6) 恒温控制器(电子继电器)。继电器与加热器和接点温度计和加热器相连,组成温度控制系统。实验室常用的继电器有晶体管继电器和电子管继电器。典型的晶体管继电器电路如图 6-29 所示,它是利用晶体管工作在截止区以及饱和区呈现的开关特性制成的。其工作过程是：当接点温度计 T_r 断开时时，E_c 通过 R_k 给锗三极管 BG 的基极注入正向电流 I_b，使 BG 饱和导通，继电器 J 的触点 K 闭合，接通加热电源。当温度升高至设定温度，接点温度计 T_r 接通，BG 的基极和发射极被短路，使 BG 截至，触点 K 断开，加热停止。当继电器 J 线圈中的电流突然变小时，会感生出一个较高的反电动势，二极管 D 的作用是将它短路，避免晶体管被击穿。必须注意的是，晶体管继电器不能在高温下工作，因此不能用于烘箱等高温场合。

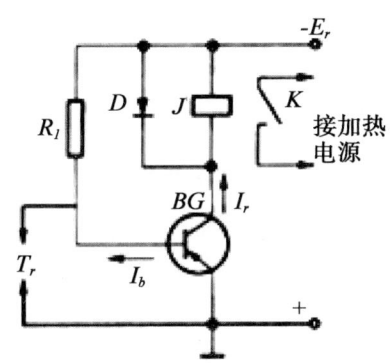

图 6-29　晶体管继电器工作原理示意

综上所述，恒温槽的恒温效果是通过一系列元件的动作来获得的。因此不可避免地存在着滞后现象，如温度传递、感温元件、继电器、加热器等的滞后。因此，恒温槽控制的温度并不能完全恒定，是有一个波动范围的，并且恒温槽内各处的温度也不是完全均匀的。在装配时除对上述各元件的灵敏度有一定要求外，还应根据各元件在恒温槽中作用，选择合理的摆放位置，合理的布局才能达到理想的恒温效果。

灵敏度是恒温槽恒温好坏的一个重要标志。测定恒温槽的灵敏度是在指定温度下，观察温度的波动情况，用较灵敏的温度计，记录温度随时间的变化。测量过程中最高温度为 t_1，最低温度为 t_2，则恒温槽的灵敏度 t_e 为：

$$t_e = \pm \frac{t_1 - t_2}{2}$$

灵敏度常常以温度为纵坐标，时间为横坐标，绘制成温度 – 时间曲线来表示，恒温槽的灵敏度曲线如图 6-30。

通过对上述曲线分析可以看出：图中（A）表示灵敏度较高；（B）表示灵敏度较低；（C）表示加热功率偏大；（D）表示加热器功率偏小或散热速率过快。

四、仪器与试剂

超级恒温槽，数字式贝克曼温度计（含感温元件），接触温度计，1/10℃ 温度计，秒表。

五、实验内容

（1）插上电子继电器电源，打开电子继电器开关。

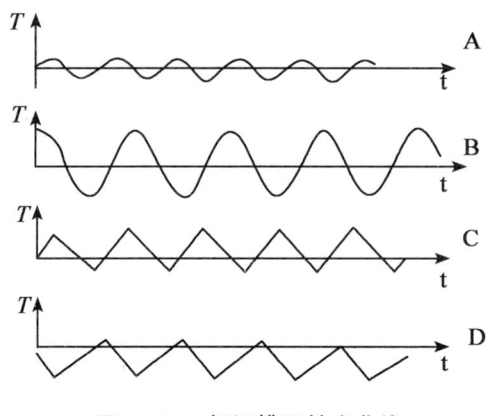

图 6-30 恒温槽灵敏度曲线

（2）插上电动搅拌机电源，调节合适的搅拌速度。

（3）插上数字贝克曼温度计电源，打开开关，检查恒温槽内实际温度是否低于所控制温度。

（4）旋转下降调节帽，直到电子继电器的红灯刚好亮。插上加热器电源，缓慢旋转调节帽，使钨丝高度上升，直到电子继电器的红灯刚好灭，加热器开始加热。仔细观察贝克曼温度计，当水槽温度将要达到设定值时，旋转磁性调节帽，使接点温度计上部的金属丝与水银处于通断的临界状态，可通过继电器指示灯判断。再观察贝克曼温度计，所示温度是否是要设定的温度，进行进一步调整。最后拧紧磁性调节帽的固定螺钉。

（5）当电子继电器的红灯亮，重复调节并反复进行，直到实际温度在设定温度的一定范围内波动。

（6）记录温度随时间的变化值，绘制恒温槽灵敏度曲线。

（7）本实验用数字式贝克曼温度计测量温度，每隔 30s 记一次数值，共记 30min，60 个数据。

（8）布局对恒温槽灵敏度的影响 改变各元件间的相互位置，重复测定温度波动曲线，找出一个合理的最佳布局。

（9）影响温度波动曲线的因素 选定某个布局，分别改变加热电压（加热功率）和搅拌速度，测定温度波动曲线与未改变条件的温度波动曲线比较。

六、数据记录和处理

室温_____ 气压_____

（1）原始实验数据（表 6-20）。

表 6-20 原始实验数据

时间								
温度								

(2) 绘制恒温槽的灵敏度曲线，计算出恒温槽的灵敏度。

实验 79　溶解热的测定

一、实验目的

(1) 了解电热补偿法测定热效应的基本原理及实验方法。
(2) 测定硝酸钾在不同浓度水中的溶解热。
(3) 了解计算机采集、处理实验数据方法。

二、预习与思考

(1) 本实验装置可否用于测量溶解过程发生放热的相应热效应参数的测量？
(2) 实验中称量蒸馏水和 KNO_3 质量的精确度对实验结果有什么影响？

三、实验原理

(1) 物质溶解于溶剂过程的热效应称为溶解热，引入积分溶解热和微分溶解热两种概念。积分溶解热是将 1mol 溶质溶解在 n_0 mol 溶剂中时所产生的热效应，以 Q_s 表示。微分溶解热是 1mol 溶质溶解在无限量任一浓度溶液中时所产生的热效应，以表示。

溶剂加到溶液中使之稀释时的热效应称为稀释热，引入积分稀释热和微分稀释热两种概念。积分稀释热是将原含 1mol 溶质和 n_{01} mol 溶剂的溶液稀释到含溶剂 n_{02} mol 时所产生的热效应，以 Q_d 表示。微分稀释热是 1mol 溶剂加到某一定浓度无限量溶液中时所产生的热效应，以表示。

(2) 积分溶解热可以由实验直接测定，剩余 3 种热效应则需通过作图获得。

设纯溶剂、纯溶质的摩尔焓分别为 $H_{m,A}^*$ 和 $H_{m,B}^*$。一定浓度溶液中溶剂和溶质的偏摩尔焓分别为 $H_{m,A}$ 和 $H_{m,B}$，若由 n_A mol 溶剂和 n_B mol 溶质混合形成溶液，则溶质和溶剂混合前的总焓为

$$H_1 = n_A H_{m,A}^* + n_B H_{m,B}^*$$

混合后溶液的总焓为

$$H_2 = n_A H_{m,A} + n_B H_{m,B}$$

所以此混合过程的焓变为

$$\Delta H = H_2 - H_1 = n_A(H_{m,A} - H_{m,A}^*) + n_B(H_{m,B} - H_{m,B}^*) = n_A \Delta H_{m,A} + n_B \Delta H_{m,B}$$

根据定义，$\Delta H_{m,A}$ 为微分稀释热，$\Delta H_{m,B}$ 为微分溶解热，则积分溶解热为

$$Q_B = \frac{\Delta H}{n_B} = \frac{n_A}{n_B} \Delta H_{m,A} + \Delta H_{m,B} = n_0 \Delta H_{m,A} + \Delta H_{m,B}$$

因此，在 $Q_s - n_0$ 图上，某浓度溶液的微分稀释热即为该点切线的斜率，微分溶解热即为该浓度溶液的截距，如图 6-31 所示。

对处于 A 位置的溶液，其积分溶解热 $Q_s = |AF|$，微分稀释热 $= |AD|/|CD|$，微分溶解热 $= |OC|$，从

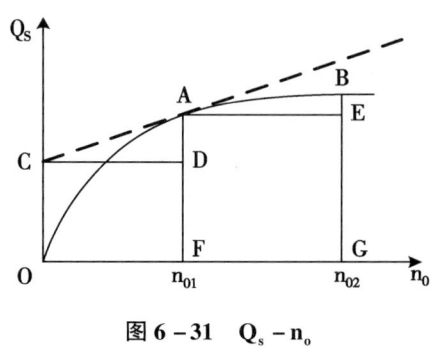

图 6-31 $Q_s - n_o$

n_{01} 到 n_{02} 的积分稀释热 $Q_d = |BG| - |AF| = |BE|$。

（3）本实验所处系统可视为绝热系统，硝酸钾在水中溶解吸热，系统温度下降，故采用电热补偿装置使系统恢复至初始温度，所以可根据所耗电能求得溶解热：$Q = IVt = I^2Rt$。I 为通过电阻丝的电流强度，V 为电阻丝两端的电压，t 为通电时间。本实验数据的采集和处理均由计算机自动完成。

四、仪器与试剂

仪器：量热计（包括杜瓦瓶、电加热器、磁力搅拌器）1 套、反应热数据采集接口装置 1 台、精密稳流电源 1 台、计算机 1 台、打印机 1 台、电子天平 1 台。

试剂：硝酸钾（A.R.）、蒸馏水。

五、实验步骤

1. 实验仪器的参数矫正

参数矫正菜单中有"电压参数矫正"和"电流参数矫正"两个子菜单项，电压参数和电流参数一般情况下不需矫正，下面以"电压参数矫正"为例，完成电压参数定标工作。使用方法如下。

（1）连接好串行通讯线缆，打开计算机电源。连接加热棒和恒流源，并将万用表并联在加热棒两端。将恒流源输出显示调为零。

（2）打开反应热测量数据采集接口装置的电源。把加热棒插入盛水的容器中。

（3）运行 SV＊.EXE 程序。进入参数矫正菜单中的"电压参数矫正"项，观察送来的信号。

（4）观察传感器的信号稳定后，在低点部位的输入框然后输入万用表显示的电压值，按下低点部位的确定键。

（5）调节恒流源，使万用表显示约 10 V。

（6）观察传感器的信号稳定后，在高点部位然后输入框然后输入万用表显示的电压值，按下高点部位的确定键。

（7）再按下最下方的确定键，至此，定标工作完成。

（8）开始实验菜单中有"开始实验"和"退出"功能按钮。

2. 实验流程

（1）称好 8 份 KNO_3 样品，质量分别为 1.5g、2.0g、2.5g、3.0g、3.5g、4.0g、4.5g、5.0g。

（2）打开反应热测量数据采集接口装置电源，将温度传感器擦干置于空气中，预热 3 分钟，同时将加热棒放入装有自来水的杯中，但不要打开恒流源及搅拌器电源。将称量好的 216.2g 蒸馏水放入量热器中。

（3）打开微机电源，运行 SV*.EXE，进入系统初始界面，选择确定键，进入主界面，按下开始实验按钮，根据提示开始测量当前室温。这时可打开恒流源及搅拌器电源。

（4）室温测好后，测量加热器功率并调节恒流源，使加热器功率在 2.25～2.3w 之间。调节好后将加热棒置于量热器的蒸馏水中同时将温度传感器也放入其内按下回车键，测量水温（注意温度传感器探头不要与搅拌磁子和加热棒相接触）。这时不要再调动功率。

（5）当采样到水温高于室温 0.5℃时，由电脑提示加入第一份 KNO_3，同时电脑会实时记下此时水温和时间。

（6）加入 KNO_3 溶解后，水温下降，加热器开始工作，水温又会上升，当系统探测到水温上升至起始温度时，根据电脑提示加入第 2 份 KNO_3，同时电脑记下时间。统计出每份 KNO_3 溶解电热补偿通电时间。

（7）重复上一步骤直至第 8 份 KNO_3 也加完。

（8）根据电脑提示关闭加热器和搅拌器。（系统已将本次实验的加热功率和 8 份样品的通电累计时间值自动保存在 c：\svfwin\dat 目录下的文件中。）

六、实验数据处理

数据处理菜单中有"以当前数据处理"、"保存数据到文件"、"读取数据文件"、"打印" 4 个子菜单项和"退出"功能按钮。

（1）回到系统主界面按下数据处理菜单并从键盘输入蒸馏水的质量和各份 KNO_3 的样品质量。检查无误后再按下"以当前数据处理"钮，则软件自动计算出每份样品的 Qs，n_0 和 n_0 为 80、100、200、300、400 时 KNO_3 的积分溶解热、微分溶解热、微分稀释热，n_0 从 80～100、100～200、200～300、300～400 时 KNO_3 的积分稀释热。在显示器的右上角有一"下一页"按钮，按此按钮出现计算机自动画的"$Q_s \sim n_0$"图，再按"打印"按钮即可打印处理的数据和图表。

（2）如果需要保存当前数据到文件，则按"保存数据到文件"按钮，然后根据提示输入文件名按"OK"保存数据。

（3）如果需要调以前实验的数据来处理，则按"读取数据文件"按钮并根据提示输入文件名来读取数据。

实验 80　燃烧热的测定

一、实验目的

（1）通过对萘或蔗糖等物质燃烧热的测定，学习氧弹式量热计的构造、原理和使用方法，掌握有关热化学实验的基础知识和试验方法。

（2）掌握恒压燃烧热和恒容燃烧热的相互关系和差别。

二、预习与思考

（1）恒容燃烧热和恒压燃烧热的关系。

（2）加入不锈钢内桶中的水温为什么要比空气的外围水桶的水温低？

三、实验原理

所谓燃烧热是指 1mol 物质完全氧化时的反应热。燃烧热可在恒容或恒压情况下测定，在恒容条件下测得的燃烧热称为恒容燃烧热，用 Q_V 表示，相应在恒压条件下测得的燃烧热成为恒压燃烧热，用 Q_p 表示。由热力学第一定律可知，在不做非体积功的情况下，恒容燃烧热 $Q_V = \Delta U$，而一般化学计算用的值为 Q_p，如参加反应的气体可视为理想气体，则二者可通过下式进行换算：

$$Q_P = Q_V + \Delta nRT$$

式中：Δn 为产物与反应物中气体的物质的量之差；R 为摩尔气体常数；T 为反应的热力学温度。

盛有一定水的容器中，放入装有 m g 样品和氧气的密闭氧弹，样品完全燃烧后，放出的热量传给水及仪器并引起其温度相应上升。设该系统的热容为 C，燃烧前、后的温度分别为 t_0 和 t_1 则 mg 物质的恒容燃烧热为

$$Q' = C(t_1 - t_0)$$

因此，摩尔质量为 M 的物质的摩尔燃烧热为

$$Q_V = \frac{M}{m} C(t_1 - t_0)$$

热容为 C 的求法是用已知燃烧热的标准物质（如苯甲酸）放在量热计中燃烧，测其始、末温度，按上式求出。

四、仪器与试剂

SHR-15 型氧弹式量热计 1 套（图 6-32）、精密数字温度控制仪 1 台、压片机 1 台、活动扳手、氧气钢瓶及减压阀 1 套、天平 1 台、2 000mL 容量瓶 1 个、1 000mL 容量瓶 1 个、10mL 量筒 1 个、直尺 1 把。

试剂：镍丝、苯甲酸（A.R.）、萘（A.R.）、蔗糖（A.R.）、蒸馏水。

五、实验步骤

1. 仪器参数矫正

参数矫正菜单用来"温度参数矫正",完成温度传感器的定标工作。使用方法如下:

(1) 检查串行通讯线缆是否接上,打开计算机电源。

(2) 打开燃烧热的测定实验数据采集接口装置的电源,把温度传感器和水银温度计一起插入"超级恒温器"中(或其他稳定的温度环境)。

(3) 运行 Bh 程序。进入温度参数矫正,观察传感器送来的信号。

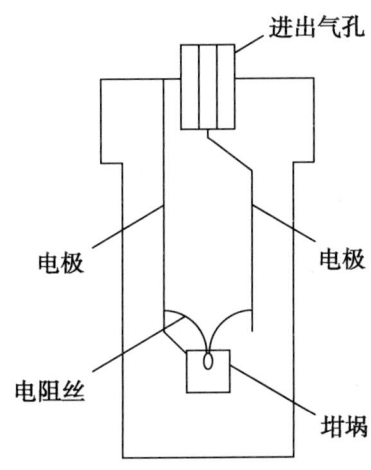

图 6-32 氧弹式量热计结构示意

(4) 观察传感器的信号稳定后,然后输入由水银温度计指示的当前温度值,按下低点部位的确定键。

(5) 打开加热器,使水温上升 10℃ 以上,然后关闭加热功能。

(6) 观察传感器的信号稳定后,然后输入由水银温度计指示的当前温度值,按下高点部位的确定键。

(7) 再按下最下方的确定键。至此,定标工作完成。

2. 实验参数设置

参数设置菜单中有"横坐标极值""纵坐标极值""纵坐标零点""温度采样周期" 4 个子菜单项和"确定"、"退出"两个功能按钮。

(1) "横坐标极值",用于设置实验绘图区的横坐标,单位为分钟。

(2) "纵坐标极值",用于设置实验绘图区的纵坐标最大值(本次实验温度可能到达的最大值),单位为度。

(3) "纵坐标零点",用于设置实验绘图区的纵坐标零点(本次实验温度可能到达的最低值),单位为度。设置纵坐标极值和零点这两项参数,须根据实验中的经验值来调整。

(4) "温度采样周期",用于设置实验中温度采样的时间间隔(以秒为单位),一般为30s。

（5）修改完成上述参数后，按下"确定"键，使用者即可看到修改参数后的效果。

（6）按退出按钮退出此菜单。

3. 实验步骤

（1）用分析天平称取大约1.0g左右的苯甲酸，在压片机上压成圆片。用镊子将样品在干净的称量纸上轻击3次，除去表面松散碎末后再用分析天平称量，精确0.0001g。

（2）拧开氧弹盖，将氧弹内部擦干净，尤其是电极。测量金属小杯质量后，小心将样片放置在金属小杯中部。称取约10cm长的引燃镍铬丝，在直径约2mm的万用电表笔上，将引燃镍铬丝的中段绕成螺旋形8圈。将螺旋部分紧贴在样片的表面，两端在电极上。用万用电表检查两电极间电阻值，一般应在2~5Ω。旋紧氧弹，将导气口与氧气钢瓶上的减压阀相连接。打开氧气阀门，向氧弹中充入1.0~1.5MPa的氧气。将氧弹两电极用导线与点火变压器相连接，再将氧弹架放入盛水桶中，固定在氧弹架上。

（3）将水倒入塑料盆中，不断搅拌，调节水温至比外桶夹套中的水温低约1.5℃，将水倒入量热计内桶，水量以刚好覆盖氧弹为佳，测温探头置于外桶测温孔内。接上电极，盖上盖子后，将其插入系统，开始微机操作。运行计算机，用来完成一次实验。

（4）计算机操作程序。

①完成接线及启动计算机、打开燃烧热测定实验数据采集接口装置电源。

②运行燃烧热的测定实验软件，进入主菜单。

③进入参数设置菜单，设置绘图区坐标和实验中温度采样的时间间隔。

④进入开始实验菜单。

⑤按下"开始实验"键，根据提示逐步进行实验（步骤期记录一个点，以秒为单位，系统默认为10s），再按确定按钮完成设置。

（5）萘或蔗糖的燃烧热测定。称取约0.75g的萘或1.2g的蔗糖，按上述方法进行测定。

六、实验数据处理

1. 读入历史数据

（1）按主菜单读入历史数据按钮。

（2）弹出窗口"是否要读入历史数据"，按确定后。

（3）弹出窗口"输入文件名"，用户输入文件名后再按确定按钮，如果存在此文件，则计算机绘出实验图形，否则弹出窗口"文件名不存在"。

2. 数据处理

（1）按主菜单上的数据处理按钮。

（2）系统弹出窗口要求用户输入"b"，"c"，"d"，"e"拐点时间，然后系统自动计算出水当量和中和反应热。

3. 打印设置

（1）按主菜单上的打印设置按钮。

(2) 系统弹出窗口要求用户输入打印比例，如果已打印图形太小，用户可在打印前将此数据改大。

4. 打印实验数据

(1) 按主菜单上的打印实验数据按钮。

(2) 系统弹出窗口问用户是否需要打印实验数据，如果按"yes"，则实验数据和图形打印到计算机的默认打印机。

实验 81　差热分析

一、实验目的

(1) 掌握差热分析的基本原理。
(2) 学会差热分析仪的操作，对五水硫酸铜和锡进行差热分析。
(3) 了解差热分析图的分析方法。

二、预习与思考

(1) 实验中如果标准物质和样品的位置放反了，会有什么后果？此时得到的差热曲线如何分析？
(2) 基线漂移是由哪些原因引起的，采取哪些措施可以减弱基线漂移？
(3) 影响峰高度和峰面积的因素有哪些？

三、实验原理

物质在加热或冷却过程中，在一定温度下，会发生物理变化或化学变化，如晶型转变、沸腾、升华、蒸发、熔融，以及氧化还原、分解、脱水和离解反应等。伴随着这些变化过程，会有吸热或放热现象。

若将在实验温区内呈热稳定的已知物质（参比物）和试样一起放入加热系统中，并以线性程序温度对它们加热。在试样没有发生吸热或放热变化且与程序温度间不存在温度滞后时，试样和参比物的温度与线性程序温度是一致的。若试样发生放热变化，由于热量不可能从试样瞬间导出，于是试样温度偏离线性升温线，且向高温方向移动。反之，在试样发生吸热变化时，由于试样不可能从环境瞬间吸取足够的热量，从而使试样温度低于程序温度。只有经历一个传热过程，试样才能回复到与程序温度相同的温度。

差热分析（DTA）就是利用这一特点，在程序控温下测量物质和参比物之间的温差与温度（或时间）的关系，来鉴定物质或者分析确定物质的组成结构以及转化温度、热效应等物理化学性质。描述样品与参比物的温差与温度（时间）关系的曲线称为差热曲线或 DTA 曲线。

差热分析仪的结构如图 6-33 所示。它包括带有控温装置的加热炉、放置样品和参比物的坩埚、用以盛放坩埚并使其温度均匀的保持器、测温热电偶、差热信号放大器和信号接收系统（记录仪或微机）。差热图的绘制是通过两支型号相同的热电偶，分别插入样品和参比物中,并将其相同端连接在一起(即并联,见图 6-33)。两支笔记录的时间-温度(温差)图就称为差热图,或称为热谱图。

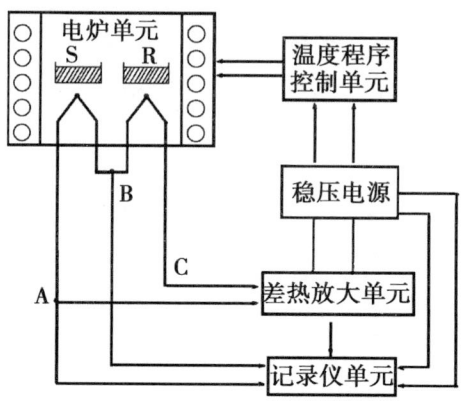

图 6-33 差热分析原理

在试样和参比物的比热容、导热系数和质量等相同的理想情况下,测得的差热曲线如图 6-34 所示。图中两条线分别代表式样和参比物的温度以及它们之间的温差随时间的变化曲线。

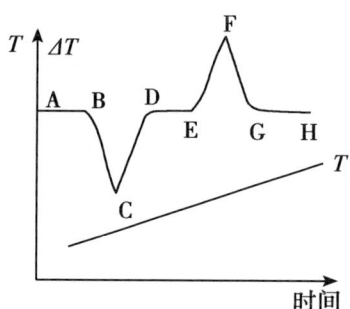

图 6-34 典型差热曲线

程序升温过程中参比物的温度始终与程序温度一致,试样温度则因为有吸热或放热过程的发生而与程序温度线偏离。当 $T_S - T_R = \Delta T$ 为零时,参比物与试样温度一致,ΔT 曲线则为一条水平基线;试样吸热时 $\Delta T < 0$,在 ΔT 曲线上是一个向下的吸热峰。当试样放热时 $\Delta T > 0$,在 ΔT 曲线上是一个向上的放热峰。

根据差热曲线上差热峰的位置、数目、峰的方向、高度、宽度、对称性和面积等信息,不仅可以对物质进行定性和定量分析,而且还可以研究变化过程的动力学。

曲线上峰的位置表示样品发生转变的温度范围(起始温度是实验条件下仪器能够检测到的开始偏离基线的温度,通常处理是取峰前缘斜率最大处的切线与外推基线的交点所对应的温度作为转变起始温度,若不考虑不同仪器的灵敏度不同等因素,外推起始温度比峰温更接近于热力学平衡温度);峰的数目表示在测定温度范围内,待测样品发生变化的次数;峰的方向表示过程是吸热还是放热;峰的面积反映热效应的大小(在相同测定条件下);峰高、峰宽以及对称性与测定条件及样品变化过程的动力学因素有关。

影响差热分析的几个主要因素：稳压电源。

(1) 升温速率。升温速率对测定结果有较大的影响。一般来说，升温较慢时，基线漂移小，分辨力高，但测定时间长；升温快时，基线漂移较明显，分辨力降低，但省时间。一般选择每分钟 2~20℃。

(2) 气氛及压力的选择。炉中气氛及压力也会影响到测定结果。有些物质在空气中易被氧化，所以需要选择适当的压力及气氛以取得较好的测定结果。

(3) 参比物的选择。用作参比的物质在测定温度范围内必须保持热稳定。一般采用 $\alpha - Al_2O_3$、MgO、煅烧过的 SiO_2 及金属镍等。选择时尽量采用待测物比热、导热系数及颗粒度相一致的物质做参比，以提高测定的准确性。

(4) 样品粒度。一般样品粒度选择 200 目左右，颗粒过大会影响导热效果以及样品温度的均匀性，颗粒过细可能会对样品的结构造成破坏。样品的用量也会对差热曲线造成影响。

四、仪器与试剂

差热分析仪，分析天平，镊子

无水硫酸铜（A.R.），锡粒，$\alpha - Al_2O_3$（A.R.）

五、实验内容

(1) 启动计算机，将控制器、加热炉和计算机用相应的接线连接起来。

(2) 缓慢抬起加热炉体，轻轻转动支撑杆。

(3) 在两个干净的坩埚中分别称取相同质量（150~200mg）的参比物和样品，本实验中参比物为 $\alpha - Al_2O_3$。坩埚中的参比物和样品适当用力捣实后，放置在差热电偶的托盘上，参比物在左，样品在右。

(4) 缓慢放下炉体，尽量避免炉体晃动，旋紧稳固螺母。

(5) 设定升温速率，启动数据记录软件，根据实验时间长短和温度选择绘图空间的大小，设置坐标参数。

(6) 根据工具栏下方提示，按下差热分析仪面板上的"置零"键 2~3s，将差热电动势置零后，点击"继续"。按下差热分析仪面板上的"加热"键，启动加热器，"加热"指示灯亮。点击"继续"，开始数据采集。

(7) 达到目标温度后，停止加热，保存数据。

六、数据记录和处理

(1) 对实验中测得的 DTA 曲线进行定性分析，说明曲线上各个峰可能代表的反应过程。

(2) 求出 DTA 曲线上各个峰的起始温度和峰温，比较不同反应过程的热效应。

附　差热分析仪的使用方法

差热分析，简称 DTA，是在程序控制温度下，测量样品与对比物之间的温差与温度关系的一种技术。在差热分析实验中，样品温度的变化是由于相变或化学反应的吸热或放热效应所引起的。差热分析曲线是描述样品和参比物之间的温差（ΔT）随温度（T）或时间（t）变化的关系。差热分析仪就是用来记录这种变化关系的实验仪器。

一、测量原理

差热分析仪结构原理如图 6-35 所示。它包括 NDTA-Ⅲ 型加热器、放置样品和参比物的坩埚、盛放坩埚并测量温差的差热电偶、测温热电偶、NDTA-Ⅲ 型差热分析仪和计算机。

差热分析仪，控制加热炉的温度和升温速率，并且采集样品和参比物之间的温差随温度及时间变化的数据，通过计算机实施绘制温度-温差曲线，并对实验结果进行计算和处理。

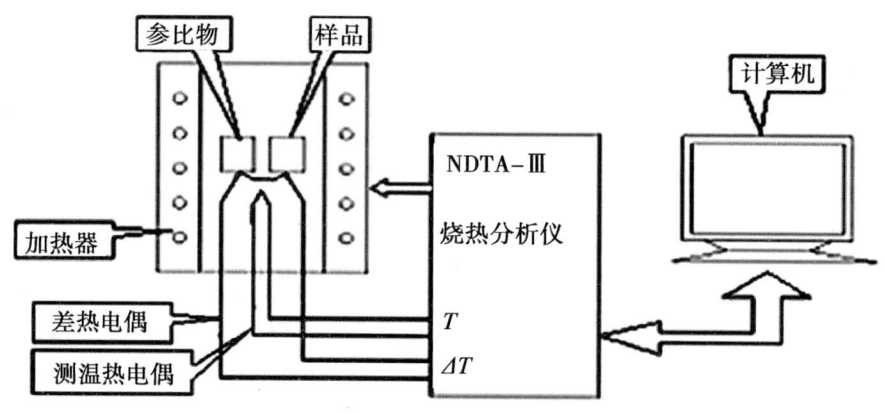

图 6-35　差热分析仪结构原理

二、使用方法

（一）NDTA-Ⅲ 型差热分析仪面板功能及背板接口连接方法

NDTA-Ⅲ 型差热分析仪面板如图 6-36 所示，背板接口如图 6-37 所示。

（1）温度显示器用于显示炉内的当前温度。

（2）升温速度（每分钟升温度数）显示器用于显示当前升温设置。当加热器升温速率过快或过慢时，适当调整升温速度以满足实验要求。

（3）差热电动势显示器用于显示参比物和样品之间的温差。

（4）"设置"键用于设置温度控制仪的工作参数，按下"设置"键，差热电动势显示器显示"C"，并且"状态"灯亮，通过"+1""-1""X10"键设置加热器目标温度（单位℃），再按下"设置"键，NDTA-Ⅲ 型差热分析仪退出"设置"状态，进

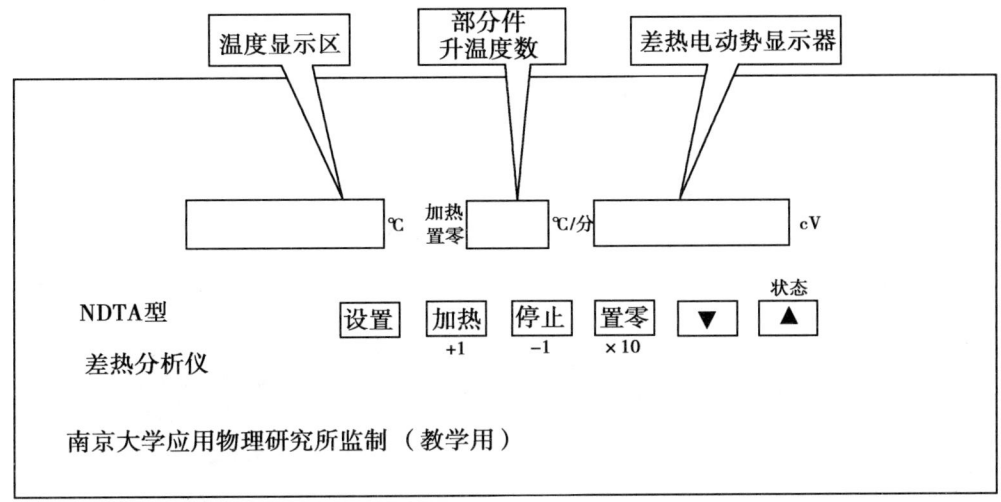

图 6-36　NDTA-III 型差热分析仪面板

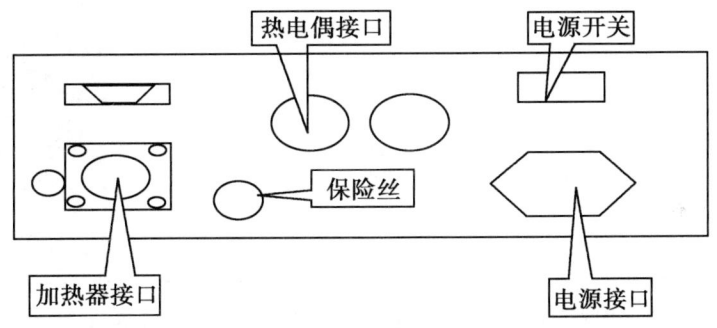

图 6-37　NDTA-III 型差热分析仪背面板

入正常工作状态。

（5）"加热"键用于启动加热器，同时"加热"指示灯亮。

（6）"停止"键使加热器停止加热。但由于热惯性，加热器并不会立即停止升温，而是继续升温一段时间后才会停止。

（7）"置零"键是准备做实验时将差热电动势清零。

（8）"▼"键是调节每分钟升温度数（小），按下"▼"键，每分钟升温度数显示器显示"XX"，可调节每分钟加热度数，最小为 1℃/分。

（9）"▲"键是调节每分钟升温度数（大），按下"▲"键，每分钟升温度数显示器显示"XX"，可调节每分钟加热度数，最大为 25℃/分。

（10）"报警"指示灯根据"工作参数"中的设定，定时闪亮。

（11）"加热"键、"停止"键和"置零"键的第二功能"+1"、"-1"和"X10"与"设置"键共同使用。

（12）背板上的接口用于连接电源、热电偶和加热器。

(13) 模拟输出接口输出温差和温度模拟电压信号，可用电压表测量，也可以输入 X – Y 记录仪描绘温差 – 温度曲线。

(14) 通讯接口用于联接计算机。

（二）NDTA – III 型差热分析系统软件使用

（1）运行"DTASETUP. EXE"，将本软件安装至硬盘，建议使用"D：\ DTA \"文件夹，然后在桌面上建立名为"NDTA – III"的快捷方式图标。

（2）双击"NDTA – III"图标，系统开始运行，工作界面如图 6 – 38 所示。

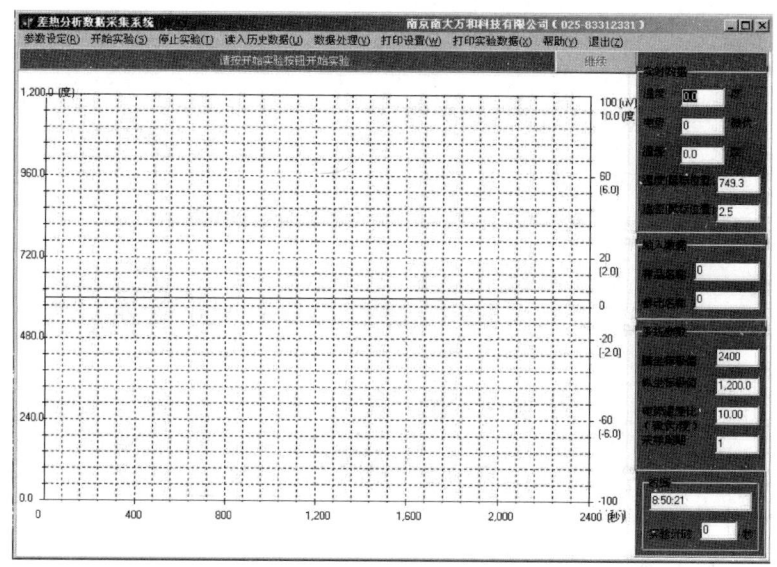

图 6 – 38　NDTA – III 型差热分析仪实验软件界面

工具栏按钮排列如图 6 – 38 图首所示：

参数设定：有菜单"纵坐标设置、横坐标设置、数据采样周期设置、电势/温差设定、差热电势范围设定"。实验前根据你作实验的时间长短和温度大小选择你所做实验绘图的空间大小。

开始实验：点击开始实验就会出现实验试剂的填写对话框如，默认实验试剂为"五水硫酸铜"，可更改，参比物试剂为"三氧化二铝"。根据菜单栏下的一行文字一步一步操作。最后弹出一个对话框询问是否保存数据，选择是，再弹出一个对话框询问保存路径。当上述所有准备工作完成后，根据工具栏下方提示，按下温度控制仪"置零"键2~3s，将差热电动势置零后，点击"继续"，然后，按下温度控制仪"加热"键，加热器开始加热，同时"加热"指示灯亮后，点击"继续"。系统开始采集实验数据，窗口如所示。随着时间变化，两条曲线逐渐延伸。上面红色曲线为温度 – 时间曲线，下面红色曲线为参比物与样品的温差 – 时间曲线。实验开始"实验时间"以秒计算，开始计时。

停止实验：数据采集完成后，点击"停止实验"按钮停止采集任务，并自动保存数据。

读入历史数据：有"读入实验数据"、"读入数据（叠加）"、"清空绘图区"3个子菜单。打开已有的数据文件，窗口如图所示（图6-39），点击所要的文件名，打开，系统自动弹出温度/温差-时间曲线图（红色显示）；也可重复调出实验数据（最多8组数据）和清楚图像。

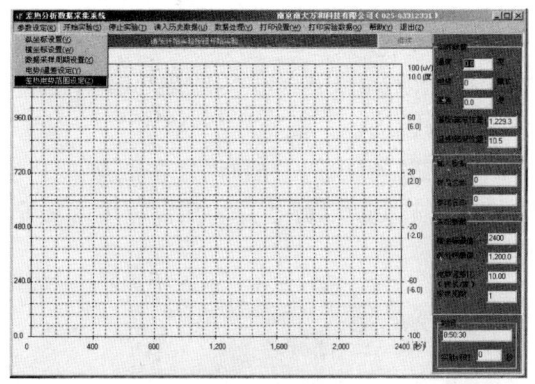
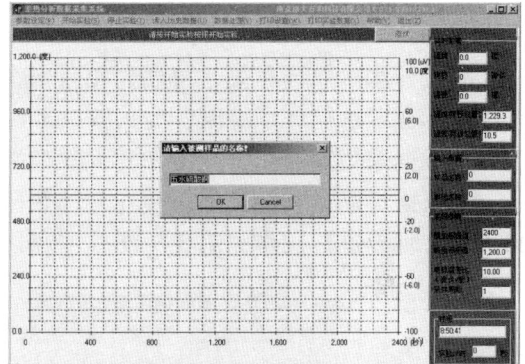
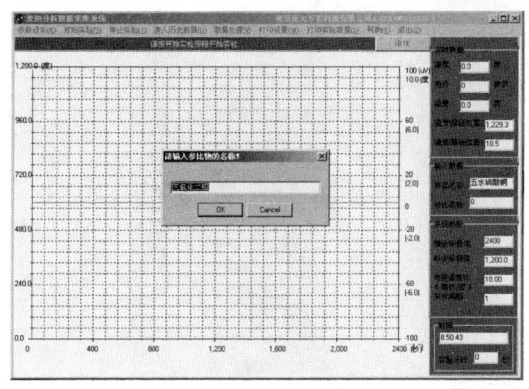
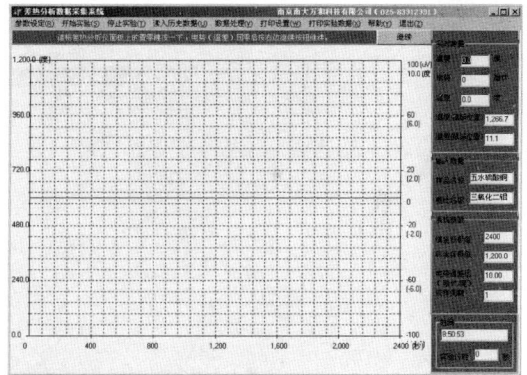

图6-39 工作界面

数据处理：可显示"温度-温差图"、打印"温度-温差图"。

3. 实验步骤

（1）首先断开NDTA-III差热分析仪电源。

①缓缓抬起加热炉体，轻轻转动支撑杆。

②将样品装一只清洁的平底坩埚内，并在另一只平底坩埚内装入质量相等的参比物，适当用力捣实后，将坩埚轻轻放置在差热电偶的托盘上。

③缓慢放下炉体，尽量避免炉体晃动，然后把稳固螺母旋紧。

④将加热器电缆插入加热器电源接口，并打开NDTA-III型差热分析仪电源，根据您的需要设定差热分析仪的工作参数。

⑤打开NDTA-III型差热分析软件，在工具栏参数设定中，根据您做实验的时间长短和温度大小选择您所做实验绘图的空间大小，设置"纵坐标设置、横坐标设置、数

据采样周期设置、电势/温差设定"的参数。

⑥点击工具栏"开始实验"按钮，弹出"请输入样品名称！"对话框，系统默认为"五水硫酸铜"，更改您所用的样品名称，点击"OK"，弹出"请输入参比物名称"系统默认为"三氧化二铝"点击"OK"。

⑦根据工具栏下方提示，按下差热分析仪面板上的"置零"键 2~3s，将差热电动势置零后，点击"继续"，然后，按下差热分析仪面板上的"加热"键，加热器开始加热，同时"加热"指示灯亮后，点击"继续"后，弹出"是否需要保存实验数据"，点击"YES"，输入保存文件名后，系统自动开始采集实验数据。

⑧打开水冷循环系统，可用控制自来水笼头实现水冷循环系统或用超级恒温水浴循环，注意在开水循环系统时，先检查循环水管是否弯曲。

⑨数据采集完成后，点击"停止实验"按钮停止采集任务，并自动保存数据。

⑩更换样品或其他工作需要托起加热器时，应首先切断电源，待加热器温度降低到 20~50℃时再进行操作，避免烫伤（参见图 6-40）。

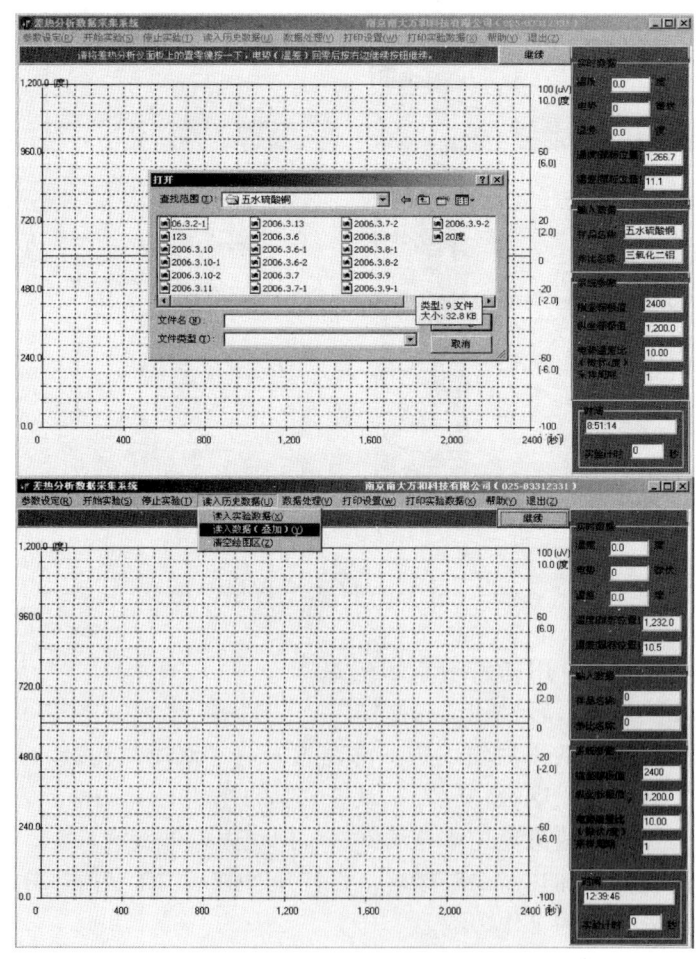

图 6-40 读入历史数据对话框

（2）分别检查以下各部件的联接状态。

①检查连接 NDTA-III 型差热分析仪的电源线。

②检查连接 NDTA-III 型差热分析仪的加热电缆。

③检查连接 NDTA-III 型加热器和 NDTA-III 型差热分析仪的热电偶。

④检查连接 NDTA-III 型差热分析仪和计算机的通讯电缆。

⑤检查连接 NDTA-III 型加热器水冷循环系统。

⑥检查无误后，接通 NDTA-III 型差热分析仪电源（参见图 6-41）。

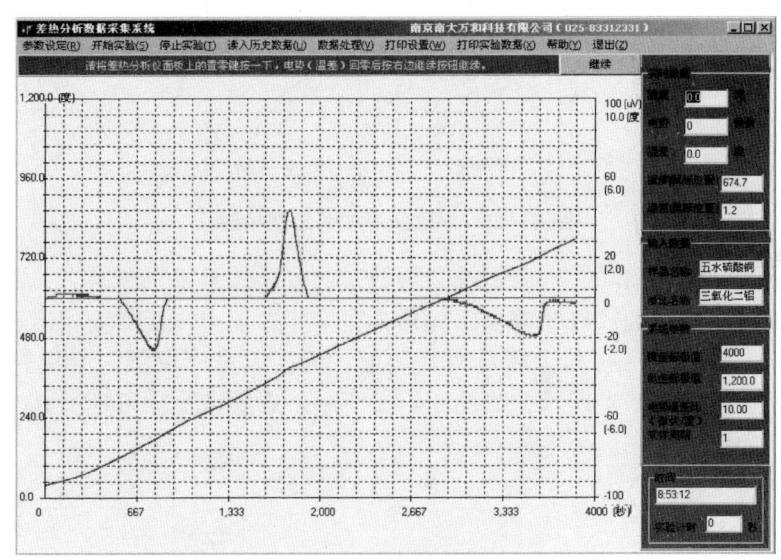

图 6-41　显示历史图形

实验 82　二组分金属相图的绘制

一、实验目的

（1）掌握热分析法绘制 Sn-Pb 二组分金属相图的方法。

（2）了解确定相变点的温度方法。

（3）掌握热分析法的温测量技术。

二、预习与思考

（1）不同组成混合物的步冷曲线，其水平段是否相同？为什么？

（2）为什么式样中严防掺入杂质？如果掺入杂质则步冷曲线会发生什么变化？

三、实验原理

利用热分析法测绘金属相图，其步骤是将一种金属或两种金属混合物熔融后，使之均匀冷却，每隔一定时间记录一次温度，温度与时间的关系曲线称为步冷曲线。熔融系统在均匀冷却过程中无相变时，系统温度将均匀连续下降并得到一平滑的步冷曲线；当系统内发生相变时，则系统产生的相变热与自然冷却时系统放出的热量相抵消，步冷曲线就会相应出现转折或水平线段，其中转折点对应的温度，即为该组成系统的相变温度。利用热分析法所得到的一系列组成和所对应的相变温度数据，以横轴表示系统的组成，以纵轴表示温度，在坐标平面内标出开始出现相变的温度，并把这些点连接起来，就可绘出相图。二元简单低共熔系统的冷却曲线如图6-42所示。

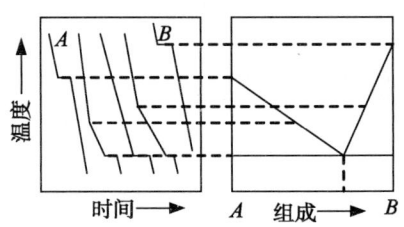

图6-42 根据步冷曲线绘制相图

用热分析法测绘相图时，被测系统必须处于或接近处于相平衡状态，因此必须保证冷却速度足够慢才能得到较好的效果。此外，在实验过程中，新的固相出现以前，常常发生过冷现象，轻微过冷有利于测量相变温度；但严重过冷现象，会使转折点发生起伏，使确定相变温度的产生困难，如图6-43所示。遇此情况，可延长dc线与ab线相交，交点e即为转折点。

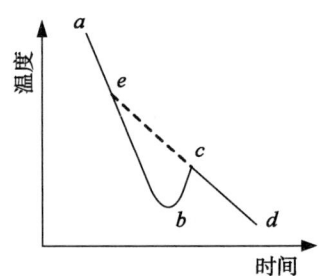

图6-43 有过冷现象时的步冷曲线

四、仪器与试剂

仪器：立式加热炉1台、保温炉1台、镍铬-镍硅热电偶1副、不锈钢样品管6个、250mL烧杯1个、天平1台。

试剂：Sn（A.R.）、Pb（A.R.）、石蜡油、石墨粉。

五、实验步骤

1. 样品配制

用天平分别称取纯Sn、纯Pb各50g，另配制含Sn分别为20%、40%、60%、80%的Sn-Pb混合物各50g，分别置于坩埚中，在样品上方各覆盖一层石墨粉。

2. 绘制步冷曲线

（1）将热电偶及测量仪器连接好，如图 6-44。

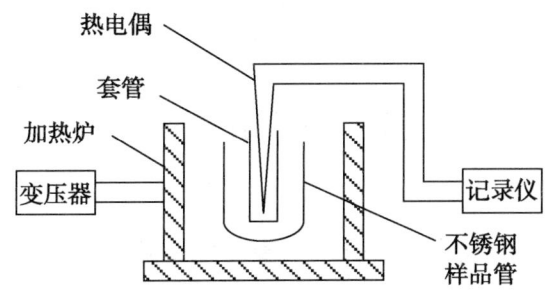

图 6-44　步冷曲线测量装置

（2）将样品放入加热炉内加热控制炉温不超过 400℃。待样品熔化后停止加热，用玻璃棒将样品搅拌均匀，并在样品表面撒一层石墨粉，防止样品氧化。

（3）将坩埚移至保温炉中冷却，保持热电偶的尖端位于样品中央，可测试系统的真实温度。

（4）每隔一定时间读取温度数值一次，待转折点和平台出现后，温度再均匀下降约 5min 后即可停止读数。

（5）用上述方法绘制所有样品的步冷曲线。

六、实验数据处理

1. 数据记录

室温：____℃；大气压力：____kPa。

实验数据记录表见表 6-21。

表 6-21　实验数据记录

实验序号	1	2	3	4	5	6
时间（min）						
温度（℃）						
时间（min）						
温度（℃）						
时间（min）						
温度（℃）						
时间（min）						
温度（℃）						
时间（min）						
温度（℃）						
时间（min）						
温度（℃）						

2. 数据处理
(1) 根据记录的数据，以温度为纵坐标，时间为横坐标，作出各组分的步冷曲线。
(2) 找出各步冷曲线中转折点和平台对应的温度值。
(3) 以物质组成为横坐标，温度为纵坐标，绘出 Sn – Pb 金属相图。

第九节　物质磁性的测定

实验 83　磁化率的测定

一、实验目的

(1) 掌握古埃（Gouy）法测定磁化率的原理和方法。
(2) 掌握络合物磁化率的测定，未成对电子数求算和配键类型的判断方法。

二、预习与思考

(1) 不同励磁电流下测得的样品摩尔磁化率是否相同？为什么？
(2) 在实验操作中使用含铁的药匙或镊子等工具，对结果有影响吗？

三、实验原理

1. 摩尔磁化率和分子磁矩

物质在外加磁场作用下，会被磁化并感应出一个新的附加磁场。感应磁场强度 H' 的大小与外磁场强度 H_0 有关，满足：

$$H' = 4\pi\chi H_0$$

χ 为物质的单位体积磁化率，反映了物质被磁化的难易程度，是物质的一种宏观磁性质。而在化学上，常用摩尔磁化率 χ_m 来表示物质的磁性质，两者的关系为：

$$\chi_m = \frac{\chi M}{\rho}$$

式中：M、ρ 分别为物质的摩尔质量与密度。χ_m 的单位为 $m^3 \cdot mol^{-1}$。

在外磁场作用下，H' 与 H_0 方向相同的称为顺磁性物质（如 Mn、Cr、Pt），相反的称为反磁性物质（如 Hg、Cu、Bi），H' 比 H_0 大得多（比值高达 10^4）且外磁场消失后本身磁性并不消失的称为铁磁性物质。这些差异是由于物质的微观结构不同而产生的。在反磁性物质中，电子自旋全部配对，所以不存在永久的磁矩，但在内部会感应出"分子电流"，进而产生与外磁场方向相反的感应磁场，它的反磁磁化率用 $\chi_\text{反}$ 表示，且 $\chi_\text{反} < 0$。顺磁性物质则存在自旋未成对的电子，在外磁场中会产生一个永久磁矩，其方向趋于与外磁场相同，顺磁磁化率用 $\chi_\text{顺}$ 表示，$\chi_\text{顺} > 0$。顺磁性物质的 $|\chi_\text{顺}|$ 远大于本身的 $|\chi_\text{反}|$，所以顺磁性物质的 $\chi_m = \chi_\text{顺} + \chi_\text{反} \approx \chi_\text{顺}$。

顺磁磁化率 $\chi_\text{顺}$ 与分子磁矩 μ_m 的关系符合由居里 – 郎之万公式，因此：

$$\chi_m = \chi_{\text{顺}} = \frac{L\mu_0\mu_m^2}{3kT}$$

式中：L 为阿伏伽德罗常数（$6.022 \times 10^{23}\,\text{mol}^{-1}$）；k 为玻耳兹曼常数（$1.3806 \times 10^{-23}\,\text{J} \cdot \text{K}^{-1}$）；$\mu_0$ 为真空磁导率（$4\pi \times 10^{-7}\,\text{N} \cdot \text{A}^{-2}$）；T 为热力学温度。

分子磁矩 μ_m 与未配对电子数 n 的关系为

$$\mu_m = \mu_B \sqrt{n(n+2)}$$

式中：μ_B 为玻尔磁子（磁矩的自然单位），且 $\mu_B = 9.274 \times 10^{-24}\,\text{J} \cdot \text{T}^{-1}$

因此，由实验测得 χ_m 后可以通过以上两式求得未配对电子数 n，进而判断有关络合物分子的配键类型。络合物分为电价络合物和共价络合物。电价络合物中心离子的电子结构不受配位体的影响，基本上保持自由离子的电子结构，靠静电库仑力与配位体结合，形成电价配键。在这类络合物中，含有较多的自旋平行电子，所以是高自旋配位化合物。共价络合物则以中心离子空的价电子轨道接受配位体的孤对电子，形成共价配键，这类络合物形成时，往往发生电子重排，自旋平行的电子相对减少，所以是低自旋配位化合物。

2. 古埃磁天平的使用原理

实验采用古埃磁天平来测定物质的摩尔磁化率 χ_m。如图 6-45 所示，将质量为 m、高度为 h 的样品装入截面积为 A 的样品管，置于磁场强度为 H 的磁场中，样品底部位于磁极中心线上，顶部处于磁场以外（磁场强度为 0）。这样，样品整体处于不均匀的磁场中。对于顺磁性物质，此时产生的附加磁场与原磁场同向，即物质内磁场强度增大，在磁场中受到向下的力。设 χ_0 为空气的体积磁化率，有：

$$F = \frac{1}{2}A(\chi - \chi_0)\mu_0 H^2$$

考虑到 $\rho = m/hA$，而 χ_0 值很小可以忽略，将式 $\chi_m = \frac{\chi M}{\rho}$ 代入上式可得：

$$F = \frac{1}{2}\frac{m\chi_m\mu_0 H^2}{Mh}$$

F 的值是利用精度为 0.1mg 的电子天平间接来测量的。设 Δm_0 为空样品管在有磁场和无磁场时的称量值的变化，Δm 为装样品后在有磁场和无磁场时的称量值的变化，则

$$F = (\Delta m - \Delta m_0)g$$

式中：g 为重力加速度（$9.81\,\text{m} \cdot \text{S}^{-2}$）。将上面两个公式带入，可得：

$$\chi_m = \frac{2(\Delta m - \Delta m_0)ghM}{\mu_0 mH^2}$$

磁场强度 H 可由特斯拉计或高斯计测量。高斯计测量的是磁感应强度 B，应通过 $B = \mu_0 H$ 关系式计算得到 H。精确测量中，通常用已知磁化率的莫尔氏盐来标定磁场强度。莫尔氏盐的摩尔磁化率 χ_m^B 与热力学温度 T 的关系为：

$$\chi_m^B = \frac{9\,500}{T+1} \times 4\pi \times M \times 10^{-9}\,(m^3 \cdot mol^{-1})$$

式中：M 为莫尔氏盐的摩尔质量（$\text{kg} \cdot \text{mol}^{-1}$）。

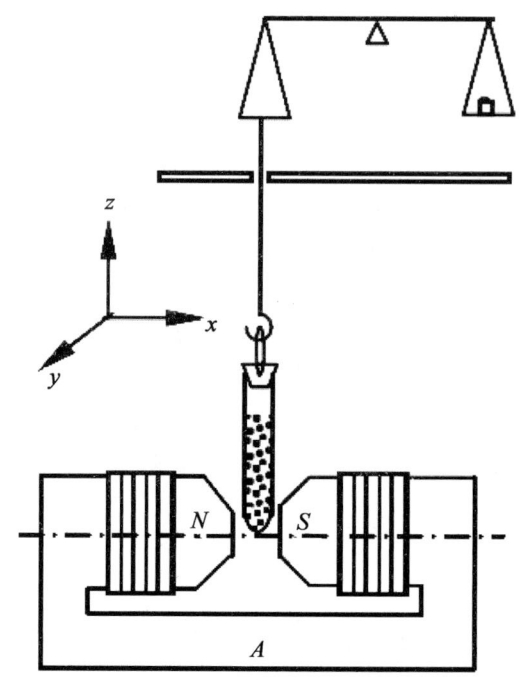

图 6-45 古埃磁天平原理

四、仪器与试剂

仪器：古埃磁天平（包括磁极、励磁电源、电子天平等）、CT5 型高斯计、玻璃样品管、装样品工具（包括研钵、角匙、小漏斗等）。

试剂：莫尔氏盐 $(NH_4)_2SO_4 \cdot FeSO_4 \cdot 6H_2O$、$FeSO_4 \cdot 7H_2O$、$K_4Fe(CN)_6 \cdot 3H_2O$。

五、实验步骤

(1) 实验前在未通电源时，逆时针将励磁电流调节旋钮调到最小，并将特斯拉计探头放在两个磁极中间位置的支撑架上，使探头平面垂直置于磁场两极中心。

(2) 打开电源，调节电流调节旋转，使电流增加至特斯拉计显示约"0.300T"，调节探头上下、左右位置，观察数字显示值，把探头位置调节至显示值为最大的位置，此乃探头的最佳位置（此时探头平面应平行于磁极端面。将固定螺杆拧紧，探头位置固定好后不要经常变动）。关闭电源前，应调节励磁电流调节旋钮，使输出电流为零。

(3) 用标准样品标定磁场强度的方法。先取一支清洁的干燥的空样品管悬挂在磁天平的挂钩上，使样品管正好与磁极中心线平齐，样品管不可与磁极接触，并与探头有合适的距离。准确称取空样品管的质量（H=0 时），得 m_1 (H0)，调节电流调节旋钮，使特斯拉计显示"0.300T"（H1），迅速称得 m_1 (H1)。逐渐增大电流，使特斯拉计数字显示为"0.350T"（H2），称得 m_1 (H2)。将电流略微增大后再降至特斯拉计显示"0.350T"（H2），又称得 m_2 (H2)。将电流降至特斯拉计显示"0.300T"（H1）时，称得 m2（H1），最后将电流调节至特斯拉计显示"0.000T"（H0）称得 m2（H0）。这样调节电流由小到大再由大到小的测定方法是为了抵消实验时磁场剩磁的影响。

m 空管（H1）= $^{1/2}$ [△m1（H1）+ △m2（H1）]

m 空管（H2）= $^{1/2}$ [△m1（H2）+ △m2（H2）]

式中 △m1（H1）= m1（H1）− m1（H0）； △m2（H2）= m2（H2）− m2（H0）；

△m1（H2）= m1（H2）− m1（H0）； △m2（H1）= m2（H1）− m2（H0）；

按步骤 2 所述高度，在样品管内装好样品并使样品均匀填实，挂在磁极之间。（装样品管 3/4 高度合适）再按步骤 3 所述的先后顺序由小到大调节电流，使特斯拉计显示在不同点，同时称出该点的样品管和样品一起的质量。后按前述的方法由高调低电流。当特斯拉计显示不同点磁场强度时，同时称出该点电流下降时的样品管加样品的质量。

六、实验数据处理

（1）分别描绘在特定励磁电流为 2.0A、4.0A、6.0A 时的磁场强度随着距离磁场中心线高度而变化的分布曲线。

（2）由莫尔氏盐的磁化率和实验数据，计算各特定励磁电流相应的磁场强度值，并与高斯计测量值进行比较。

（3）试讨论亚铁氰化钾和硫酸亚铁中 Fe^{2+} 离子的外电子层结构和配键类型。

第十节　电化学测定

实验 84　电极制备及电动势的测定

一、实验目的

（1）学会铜电极、锌电极、甘汞电极的制备和处理方法。
（2）掌握电势差计的测量原理和测定电池电动势的方法。
（3）加深对原电池、电极电势等概念的理解。

二、预习与思考

（一）预习内容

（1）电动势的定义，电动势的测量方法
（2）对消法测量电池电动势的原理

（二）思考下列问题

（1）为什么不能用伏特计测量电池电动势？

(2) 对消法测量电池电动势的主要原理是什么?

三、实验原理

原电池至少由两个电极（半电池）组成，电池电动势是两电极电势的代数和。当电极电势均以还原电势表示时，有

$$E_{MF} = E(正极) - E(负极)$$

以丹尼尔电池为例：

$$Zn(s) \mid ZnSO_4(0.100\ 0mol \cdot L^{-1}) \parallel CuSO_4(0.100\ 0mol \cdot L^{-1}) \mid Cu(s)$$

该电池的电极反应为：

负极反应：$Zn(s) \to Zn^{2+}(0.100\ 0mol \cdot L^{-1}) + 2e^-$

正极反应：$Cu^{2+}(0.100\ 0mol \cdot L^{-1}) + 2e^- \to Cu(s)$

电池反应：$Zn(s) + Cu^{2+}(0.100\ 0mol \cdot L^{-1}) \to Zn^{2+}(0.100\ 0mol \cdot L^{-1}) + Cu(s)$

$$E(负极) = E^{\ominus}(Zn^{2+}/Zn) - \frac{RT}{2F}ln\frac{1}{\alpha(Zn^{2+})}$$

$$E(正极) = E^{\ominus}(Cu^{2+} \mid Cu) - \frac{RT}{2F}ln\frac{1}{\alpha(Cu^{2+})}$$

$$E_{MF} = E_{MF}^{\ominus} - \frac{RT}{2F}ln\frac{\alpha(Zn^{2+})}{\alpha(Cu^{2+})}$$

式中，$E^{\ominus}(Zn^{2+} \mid Zn)$、$E^{\ominus}(Cu^{2+} \mid Cu)$ 分别为锌电极和铜电极的标准电极电势，E_{MF} 为丹尼尔电池的标准电动势。电池电动势不能用伏特计直接测量，而要用电位差计测量。因为，当把电池与伏特计接通后，由于电池中发生了化学反应，在构成的电路中便有电流通过，电池中溶液浓度不断变化，因而电池电动势也发生变化。另外电池本身也存在内电阻，因此，伏特计量出的电池两极间的电势差比电池电动势小。利用补偿法，电池在无电流（或极小电流）通过时测量两极间的电势差，其数值等于电池电动势。电位差计就是利用补偿法原理测量电池电动势的仪器。

四、仪器与试剂

电位差计一台，电线若干，饱和甘汞电极一只，铜片，锌片，烧杯3个，U型管。硫酸锌溶液（$0.100\ 0mol \cdot L^{-1}$）；硫酸铜溶液（$0.100\ 0mol \cdot L^{-1}$）；稀硫酸（$3mol \cdot L^{-1}$）；稀硝酸（$6mol \cdot L^{-1}$）；氯化钾溶液（饱和）；琼胶。

五、实验内容

(1) 锌电极的制备。用砂纸打磨锌片至光亮，再用稀硫酸洗净锌电极表面的氧化物，再用蒸馏水淋洗；然后浸入饱和硝酸亚汞溶液3~5s，用镊子夹住一小团湿棉花轻轻擦拭电极，使锌表面上有一层均匀的汞齐，再用蒸馏水冲洗干净；放入 $0.100\ 0mol \cdot L^{-1}$ 的硫酸锌溶液中，即制成锌电极。

(2) 铜电极的制备。用砂纸打磨铜片至光亮，再用稀硝酸洗净铜电极表面的氧化物，再用蒸馏水淋洗；再用 $0.100\ 0mol \cdot L^{-1}$ 硫酸铜溶液淋洗后，纯铜片放入

0.100 0mol·L^{-1}硫酸铜溶液中，即制成铜电极。

（3）盐桥的制备。为了消除液接电势，必须使用盐桥，其制备方法是：在100mL的饱和氯化钾溶液中加入1g琼脂，煮沸，用滴管将它灌入干净的U型管中，U型管中以及管两端不能留有气泡，冷却后待用。

（4）电极电势的测定。

①锌电极电势的测定：以饱和甘汞电极为正极，刚刚制得的锌电极为负极，测量电池：Zn│ZnSO$_4$（0.100 0mol·L^{-1}）‖KCl（饱和）│Hg$_2$Cl$_2$，Hg的电动势。利用饱和甘汞电极在该温度时的电极电势值（$\varphi_{饱和甘汞}$/V = 0.241 5 - 7.61×10^{-4}（T/K - 298），计算出锌电极的电极电势。

②铜电极电势的测定：由刚刚电镀制得的铜电极为正极，饱和甘汞电极为负极，测量电池：Hg，Hg$_2$Cl$_2$│KCl（饱和）‖CuSO$_4$（0.100 0mol·L^{-1}）│Cu的电动势。根据该温度下饱和甘汞电极的电极电势值，计算出铜电极的电极电势。

（5）将铜、锌电极按图6-46连接好。测量电池，

Zn│ZnSO$_4$（0.100 0mol·L^{-1}）‖CuSO$_4$（0.100 0mol·L^{-1}）│Cu的电动势并记录。

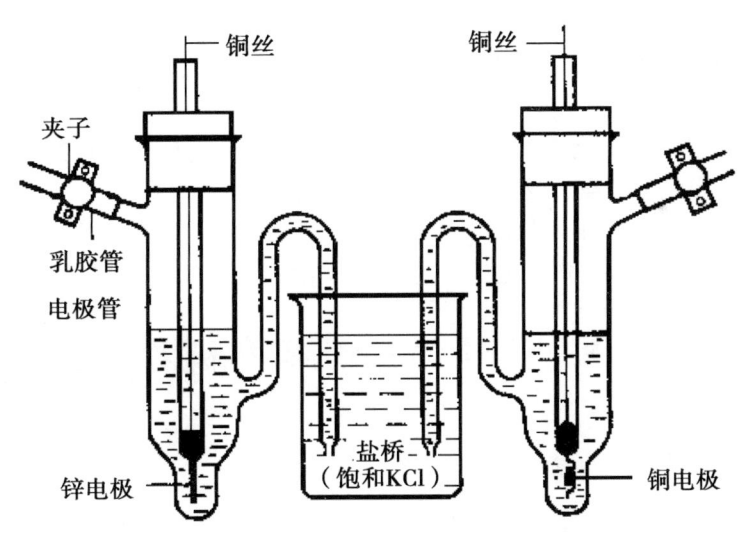

图6-46　Cu-Zn电池装置

（6）298K时0.100 0mol·L^{-1}的CuSO$_4$溶液中Cu^{2+}的平均离子活度系数为0.16，0.100 0mol·L^{-1}的ZnSO$_4$溶液中Zn^{2+}的平均离子活度系数为0.15，由上面测得的铜电极和锌电极的电极电势值计算铜电极和锌电极的标准电极电势。

六、结果记录与处理

实验温度_____

（1）根据饱和甘汞电极的电极电势温度校正公式，计算实验温度时饱和甘汞电极的电极电势：$\varphi_{饱和甘汞}$/V = 0.241 5 - 7.61×10^{-4}（T/K - 298）

(2) 在实验温度下测得的电极电势 φ_T，由公式可计算 $\varphi_T^\ominus$。

$$\varphi_T^\ominus = \varphi_{298}^\ominus + \alpha(T-298) + \frac{1}{2}\beta(T-298)^2$$

式中 α、β 为电池电极的温度系数。对 Cu – Zn 电池来说：
铜电极（Cu^{2+}，Cu），$\alpha = -0.016 \times 10^{-3} V \cdot K^{-1}$，$\beta = 0$
锌电极（Zn^{2+}，Zn（Hg）），$\alpha = 0.100 \times 10^{-3} V \cdot K^{-1}$，$\beta = 0.62 \times 10^{-6} V \cdot K^{-2}$

(3) 根据测定的各电池的电动势，分别计算铜、锌电极的 φ_T、$\varphi_T^\ominus$、$\varphi_{298}^\ominus$。
(4) 根据有关公式计算 Cu – Zn 电池的理论 $E_{理}$ 并与实验值 $E_{实}$ 进行比较。
(5) 有关文献数据（表 6 – 22）。

表 6 – 22 Cu、Zn 电极反应及标准电极电位

电　　极	电极反应式	$\varphi_{298}^\ominus$ /V
Cu^{2+}，Cu	$Cu^{2+} + 2e^- = Cu$	0.341 9
Zn^{2+}，Zn（Hg）	（Hg）+ Zn^{2+} + $2e^-$ = Zn（Hg）	– 0.762 7

七、注意事项

(1) 电动势的测量方法属于平衡测量，在测量过程中，尽可能做到在可逆条件下进行。

(2) 测量前可根据电化学基本知识，初步估算一下被测电池的电动势大小，以便在测量时能迅速找到平衡点，这样可避免电极极化。

(3) 要选择最佳实验条件，使电极处于平衡状态。制备锌电极要锌汞齐化，成为 Zn（Hg），而不用锌棒。制备铜电极需电镀。

实验 85　恒电位法测定阳极极化曲线

一、实验目的

(1) 熟悉恒电位仪测定极化曲线的方法；
(2) 了解金属钝化现象及活化钝化转变过程。

二、预习与思考

（一）预习内容

(1) 盐桥的制备、极化曲线的测定
(2) 恒电位法测定阳极极化曲线的方法

（二）思考下列问题

(1) 平衡电极电位、自腐蚀电位有何不同？

（2）如果对某一体系进行阳极保护，首先必须明确哪些参数？

三、实验原理

极化曲线测量是金属电化学腐蚀和保护中一种重要的研究手段。测量腐蚀体系的极化曲线，实际就是测量在外加电流作用下，金属在腐蚀介质中的电极电位与外加电流密度之间的关系。某些金属在特定介质中存在钝化现象，表面生成一层具有保护作用的钝化膜，其阳极极化曲线如图 6-47 所示：

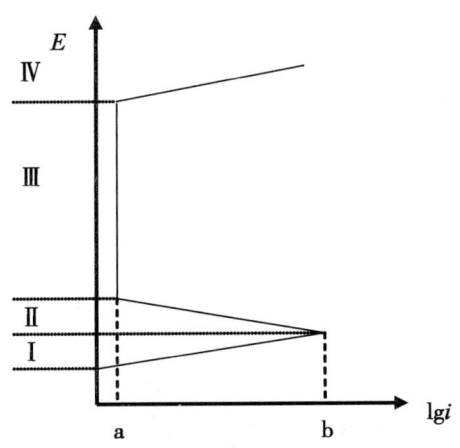

图 6-47　具有活化钝化转变的阳极极化曲线

图中 Ⅰ 区为活化区，Ⅱ 区为钝化过渡区，Ⅲ 区为钝化区，此时金属表面生成一层具有保护性的钝化膜，Ⅳ 区为过钝化区，钝化膜破裂，极化电流增大。图中 a 点所对应的电流密度为维钝电流密度，b 点所对应的电流密度为致钝电流密度。

为了判定金属在电解质溶液中采用阳极保护的可能性，选择阳极保护的 3 个主要技术参数——致钝电流密度、维钝电流密度和钝化电位，必须测定阳极极化曲线。

四、仪器与试剂

恒电位仪，极化池，参比电极，辅助电极，工作电极，天平，量筒，水浴锅，温度计，搅拌棒，

碳酸氢铵，氨水，无水酒精棉，水砂纸。

五、实验内容

1. 配制实验溶液

350mL 去离子水在水浴中加热至 40℃ 左右，放入 80g 碳酸氢铵，用玻璃棒搅拌至完全溶解，再加入 32mL 氨水；

2. 测定阳极极化曲线

用水砂纸打磨工作电极至光亮，用无水酒精棉擦干待用；

按照仪器要求连线，盐桥尖端距离研究电极表面为 1~2mm，经教师确认无误方可

开始实验。

六、结果记录与处理

实验温度_____。

（1）在表中列出实验数据，并作 $E-\lg i$ 曲线图。

（2）在图中标明致钝电流密度、维钝电流密度及钝化电位区间，并附表列出。

七、注意事项

（1）测定前仔细了解仪器的使用方法。

（2）电极表面一定要处理平整、光亮、干净，不能有点蚀孔。

附　恒电位仪的使用

一、测量原理

恒电位仪本身就是一台整流器下的一个分支，具有恒电位，恒电流功能。恒电位仪工作原理是将参比信号经阻抗变换后与控制电位加到比较放大器，经比较放大后，输出与误差成正比的信号。在仪器处于"自动"工作状态下，该信号加到移相触发器根据该信号电压的大小，自动调整触发脉冲的产生时间，改变极化回路中可控硅的导通，从而改变输出电流、电压的大小，以达到参比电位等于给定电位的目的，这个过程是在不断进行的。阴极保护系统包括辅助阳极设施、阴极设施及恒电位仪，这3部分既相互独立，又是一个有机体。

恒电位仪整体说是一个负反馈放大-输出系统，与被保护物（如埋地管道）构成闭环调节，通过参比电极测量通电点电位，作为取样信号与控制信号进行比较，实现控制并调节极化电流输出，使通电点电位得以保持在设定的控制电位上。

恒电位指的是，将参比电极反馈作为恒定标准，来控制整理器的输出。很简单，举个例一个新建成的管道，阴极保护电位要求 $-1.2V$，那么恒电位仪给定电位设定在 $-1.2V$，这时为了达到 $-1.2V$ 的要求恒电位仪加大输出，直到电位为 $-1.2V$。这个时候呢，输出电压比如说是10V，电流比如说是5A，那么我们就可以这样说，这条管道达到保护要求，需要的电压是10V，需要的电流是5A。

如果一旦恒电位出现问题，比如说干扰，参比电极损坏等，这时恒电位仪怎么工作呢？

这时需要恒电流功能，恒定电流输出，也就是说，电流输出不变，电压变化。还是上个例子，如果恒电位损坏了，用恒电流应该怎么设置呢？我们通过上一段略了解到了这个管道需要的电流是5A，这样的话我们应该将恒电流给定设在5A，最好能到测试桩，用便携式参比测量下管道真实的电位是不是 $-1.2V$，如果是，那么给定在5A就是合适的，如果小了就再加点电流，大了就减点电流，这就是人们常说的手动运行。

恒电位仪的核心是比较放大器，由深度负反馈的差动放大器构成，一般采用性能优良的集成运算放大器担任，其输入是控制和参比（取样）电路，输出到跟随放大、控制移相、振荡等电路生成触发脉冲，极化电源由晶闸管整流电路构成，通过改变导通角实现调节输出。

恒电位仪的接线不复杂，一般由 4 条电缆组成（不考虑误差、故障报警等附属电路可引出的信号接线），分别接于输出阴极、输出阳极、零位接阴、参比电极。输出阴极是恒电位仪输出的负端子，接至被保护物的通电点，输出阳极是恒电位仪的正端子，接至辅助阳极（地床或深井阳极）；零位接阴是仪器电路的地端，接于被保护物通电点附近，参比电极即取样信号输入端，接埋设在通电点附近的参比电极。输出阴极和输出阳极电缆要有足够的截面积，一般不应小于 $10mm^2$；零位接阴和参比电极对电缆截面无要求，只考虑足够强度即可。恒电位仪的接线都应该是铜线，远端并应焊接。

值得说明的是零位接阴是接于通电点几乎同一点（以电的概念解释就是同一点，施工时应该离开 50~100mm，避开电流涌入），但是必须用单独接线，因为零位接阴是整个仪器电路的地，这个"地"必须建立在被保护物（管道）上，才能实现正确控制，因此绝不能使用短线把零位接阴与输出阴极接在一起，虽然那按电的概念也是同一点。

恒电位仪电源都是可以作为外加电流阴极保护系统。在外加电流阴极保护系统中使用的电源的类型有：整流器、恒电位仪；太阳能电池；发电机；风力发电机；热点电池。整流器和其他外加电流系统的电源类型相比较，经济节省操作简单。外加电流阴极保护系统的电源，其基本要求有：输出恒电位、恒电压、恒电流；同步通断功能；数据远传、远控功能。恒电位仪的输出电压限定在 50V 以内，当工程需要更高的输出电压时，必须做好对阳极地床的防护措施。

仪器面板包含显示区域、控制区域、三电极输出。

显示区域的液晶屏幕可以显示当前的电位、电流以及控制和设置信息。红色的过载指示灯在仪器过载时会闪亮并伴有蜂鸣声提醒，在仪器过载时应及时调整设定或负载，必要时可及时关闭仪器，避免长时间过载对仪器造成损伤。

控制区域包括 IR 补偿调节旋钮和开关，菜单/微调旋钮，输出调节旋钮，调零旋钮。

IR 补偿调节旋钮和开关用于调节恒电位仪的 IR 补偿量和控制开关。菜单/微调旋钮可以按下和旋转，在测量状态下，按下旋钮调出设置菜单，转旋钮可以微调输出量；在设置菜单下，旋转旋钮用于选择需要调节的选项，按下旋钮用于确认和回到测量界面。

输出调节旋钮在测量状态下用于调节输出量，在设置界面可以调节要设置的内容。调零旋钮用于在电位为 0 的情况下将电流归零，如果电位为 0 时而电流不为 0，则可以通过调节调零旋钮将电流调节到 0。

设置方法：

仪器接通电源后，处于恒电位模式，假负载状态，三电极在内部连接到两个串联的 $2K\Omega$ 电阻上。调节输出调节旋钮和微调旋钮，使电位为 0，调节调零旋钮，使电流为 0。

按下菜单/微调旋钮，即进入设置界面，可以选择恒定模式（恒电位或者恒电流）、输出模式（参比模式，假负载模式或者电解槽模式）、电位量程 VL（20V，2V，或自动切换 AUTO）、电流量程 AL（1A~2uA）。通过旋转菜单/微调旋钮选择要改变的选项，旋转输出调节旋钮来改变被选中选项的内容。如果不需要动态扫描而使用静态分析方法，则在设定好以上内容后选中"运行"，并按下菜单/微调旋钮，返回测量界面。此时旋转"菜单/微调"旋钮可以调节输出量，电位和电流则会发生相应的变化。

如果要进行动态扫描分析，在设置界面，选中"更多"并按下"菜单/微调"旋钮，进入扫描设置界面，在扫描设置界面，可以设置扫描方式（关闭，单次扫描，循环扫描）、起始电位（V）、终止电位（V）、扫描速度（mV/s），设置完成以上参数后，选中"运行"并按下"菜单/微调"旋钮返回测量界面，即开始动态扫描分析，在扫描的过程中，按下"菜单/微调"旋钮可以对扫描的过程进行终止、暂停等操作。在扫描设置中，扫描方式"关闭"表示不用扫描功能，"单次"表示从起始电位到终止电位进行一次扫描，循环扫描表示从当前电位开始，介于起始电位和终止电位之间的循环不断的扫描。

二、使用方法

恒电位仪电路主要由主回路、稳压电源、移相触发、比较器 4 部分组成，后 3 部分为 3 块集成电路控制板。

恒电位仪作为较新型恒电位仪与其他机型相比，具有较多优点：线路大量使用集成电路，电路简单明了，维修方便，机箱一体化，数字显示，布局较合理。

（一）操作步骤

1. 开机

（1）将恒电位仪"手动给定"旋钮、"自动给定"旋钮逆时针调到底，将"手动/自动"开关扳到"自动"位置，将"测量选择"开关扳到"给定"位置。

（2）接通总电源，设备电源开关扳到"开机"位置，此时恒电位仪接通电源。

（3）将"停止/运行"旋钮转到"运行"，此时恒电位仪电源接通。

（4）慢慢调节恒电位仪的"自动调节"旋钮，观察电位表指示，达到设定值时停止调节。

（5）将设备的"测量选择"开关扳到"C1"位置，此时毫伏表指示管道保护电位。如设备跳到"故障"可按"复位"按键开关恢复运行状态。

（6）完成上述操作后至少观察 0.5h，设备无异常发热无报警现象后，从电流表记录输出电流，从电压表记录输出电压，从电位表记录保护电位。

2. 停机

将恒电位仪设备电源开关扳到"关机"位置，自动调节旋钮逆时针调到底。

3. 手动运行

在设备故障情况下经电器工程师确认恒电位仪可在手动状态运行。

安装恒电位仪的地方应该适合通风、散热，设备应该轻拿轻放，在安装接线时，应该检查电源是不是适合恒电位仪的规定电压值。

在附近有油罐的的地方安装恒电位仪，应该使用防爆类型的整流电源，大多数时候，都是将整流电源安装在仪表间里面的。

安装时一定要根据接线示意图接线，这样才能保证输出的电源极性正确。而且在接线的地方都有明确的标示符"＋""－"，首先使用万用表来测试接线柱师傅准确，然后尝试通电后再将电缆的接头密封起来装好，设备安装完成后机壳要保证持续的良好的接地性能。

在给安装好的恒电位仪通电使用之前，必须先测量出管道的自然电位，而且电位值应该在 $-0.6V$ 左右，这里指的注意的是，如果管道上带有临时使用的阴极保护设备，这里测试的电位仪有可能会在 $-1.10V$ 或者更低。接着要测量阳极地床的电位情况，还有焦炭回填料包裹的阳极这里的电位值一般会在 $+0.20V \sim +0.30V$ CSE 之间，注意：如果填料使用镀锌铁板圆筒。

（二）维护保养

（1）每天到阴保间观察设备运行状况，记录恒电位仪的输出电流、输出电压、给定电位（给定电位本工程确定为 $-1.50V$）、测量电位。

（2）设备运行正常时，定期通过测试桩测量管道保护电位，并做好记录，如发现管道保护电位值正于 $-850mV$ 时，应通知专业人员。

（3）随时察看设备有无异常。如设备出现设备出现故障或异常现象如：噪音增大；输出出现较大摆动；箱体温度超过 $75℃$ 或嗅到设备过热引起的异味，应及时关闭该设备。

（4）恒电位仪应连续不间断运行，在设备自动状态出现故障时，可切换到手动状态运行。

（5）设备出现故障时，应由电气专业维修人员。

（三）常见故障

1. 电源指示不亮

（1）故障原因。主电源断路器跳闸；电源熔断器熔断；指示灯损坏。

（2）处理方法。检查设备是否有短路，然后合闸；更换熔断器或指示灯。

2. 输出电压、电流达到最大；C1 电位指示下降

（1）故障原因。绝缘法兰短路或与其他地下金属结构物短路；参比电极损坏。

（2）处理方法。修复短路的绝缘法兰，断开地下金属结构物；检查参比电极测量线或更换参比电极。

3. 噪声增大

（1）故障原因。机箱放置不平；主继电器接触不良；主变压器、滤波电抗器螺栓松动。

（2）处理方法。机箱垫平；更换主继电器；拧紧松动螺栓。

4. 故障灯亮

（1）故障原因。测试转换跳动；阳极或阴极汇流电缆开路；参比电极电缆开路或参比电极失效。

（2）处理方法。按复位按钮；检查阳极或阴极汇流电缆；检查参比电极电缆或更

换参比电极。

(四) 恒电位仪操作规定

(1) 安装、接线等作业，请务必在切断全部电源后进行；
(2) 清扫及拧紧端子须在关闭电源后进行，以防短路及触电；
(3) 更换控制板或元器件时须在关闭电源后进行，以防损坏设备。

实验 86　溶胶的制备和电泳

一、实验目的

(1) 掌握凝聚法制备溶胶的方法。
(2) 观察溶胶的电泳，了解其电学性质。
(3) 了解影响溶胶稳定性的主要因素。

二、预习与思考

(1) $Fe(OH)_3$ 胶粒带何种电荷，取决于什么因素？
(2) 电泳速度与哪些条件有关系？

三、实验原理

胶体溶液是大小在 1~100nm 的质点（称为分散相）分散在介质（称为分散介质）当中而形成的体系。分散相和分散介质都可以分别属于液态、固态和气态中的任何一种状态。分散介质为液态或气态的胶体体系能流动，外观类似普通的真溶液，通常称为溶胶。分散介质不能流动的胶体，则称为凝胶。动力稳定性是由于分散相的粒子大小在 1~100nm，而不会因重力作用而很快沉降，一般都能在较长时间内存在。聚结稳定性是指粒子与粒子不会碰撞而合并到一起。它是由于分散相粒子吸附某些离子后带电。而各胶粒带同种电荷相斥，因而获得聚结稳定性。因此制备溶胶的要点是设法使分散相物质通过分散或凝聚的方法使其粒度正好落在 1~100nm，并加入一定量的合适电解质稳定剂，使分散相粒子带电。

溶胶的制备方法可分为两大类，一类是分散法制溶胶，即把较大的物质颗粒变为小颗粒，从而得到溶胶。其中包括机械法、电弧法、超声波法、胶溶法等。另一类是凝聚法制溶胶，即把物质的分子或离子聚合成较大颗粒，从而得到溶胶。属于这一类的有化学反应法、变换分散介质法、物质蒸汽凝结法等。

胶体的性质是由其颗粒的大小决定的。由于颗粒较小，受分散介质分子热运动的碰撞，能作不规则的运动，称布朗运动。在超级显微镜下可以观察到此种运动现象称为胶体的动力学性质。由于颗粒小于但接近可见光波长，能使射在胶粒上的可见光发生散射，称丁达尔现象，这是胶体所特有的性质，可以用来区分胶体溶液与真溶液。由于胶体颗粒远大于溶液中的离子及溶剂分子，对于一些孔径在 1nm 左右的多孔膜，胶体不能通过，而离子及溶剂分子却可通过，这一性质称为胶体的半透性。可利用多孔膜来纯化胶体，除去留在胶体中的其他杂质，使离子和小分子中性物质通过膜扩散到纯溶剂中去，不断地更换纯溶剂，即可把胶体中的杂质除去，这种方法称为半透膜渗析法。提高渗析温度，可提高渗析速度，称热渗析。

由于胶粒表面吸附了一些与胶体结构相类似的带电离子，有些胶粒带正电，有些带负电，因此在外加静电场的作用下，可观察到胶体溶液作定向运动，称为电泳。

荷电的胶粒与分散介质间的电位差，称为ζ电位。测定ζ电位，对解决胶体体系的稳定性具有很大的意义。在一般憎液溶胶中，ζ电位数值愈小，则其稳定性亦愈差。当ζ电位等于零时，溶胶的聚集稳定性最差，此时可观察到聚沉的现象。因此，无论制备胶体或破坏胶体，都需要了解所研究胶体的ζ电位。

原则上，任何一种胶体的电动现象（电渗、电泳、液流电位、沉降电位），都可利用来测定ζ电位，但最方便的则是电泳现象来测定。

电泳法又区分为二类，即宏观法和微观法。宏观法原理是观察溶胶与另一不含胶粒的导电液体的界面在电场中的移动速度。微观法则是直接观察单个胶粒在电场中的泳动速度。对高分散的溶胶，如 As_2S_3 溶胶和 Fe_2O_3 溶胶，或过浓的溶胶，不易观察个别粒子的运动，只能用宏观法。对于颜色太淡或浓度过稀的溶胶，则适宜用微观法。

四、仪器与试剂

仪器：丁达尔灯、电泳仪、显微镜、滴定管、烧杯、试管、量筒、锥形瓶、移液管。

试剂：三氯化铁、氢氧化钠、硫黄粉、乙醇（95%）、硫酸、硫代硫酸钠、硝酸银、碘化钾、蒸馏水。

五、实验步骤

1. 溶胶的制备

（1）氢氧化铁 $Fe(OH)_3$ 溶胶的制备。取 250mL 烧杯加蒸馏水 150mL，小火加热至沸腾，然后用滴管均匀逐滴加 2% $FeCl_3$ 稀溶液，直至得到棕红色透明的 $Fe(OH)_3$ 溶胶，停止加。

（2）硫溶胶的制备。取少量硫黄放在试管中加入 2mL 酒精，加热至沸腾，使硫黄充分溶解。趁热将上部清液倒入盛有 20mL 水的烧杯中，搅拌，得到硫溶胶。

（3）硫溶胶的制备（氧化还原法）。取 1mL 浓度为 $1mol·L^{-1}$ 的 H_2SO_4 和 1mL 浓度为 $1mol·L^{-1}$ 的 $Na_2S_2O_3$ 溶液，并将两溶液各冲稀到 10mL 后混合，待观察到溶液开始混浊时倒入干净的试管中，透过光线观察溶胶颜色的变化。当溶胶混浊增加到盖住颜色时（约需几分钟），再把溶液冲稀一倍继续观察溶胶的颜色变化。记下溶胶颜色随时间变化的情况。

（4）硫化砷溶胶的制备。取 100mL $1mol·L^{-1}$ 的 As_2O_3 溶液与 100mL 新配制的 H_2S 饱和水溶液在烧杯中混合并搅拌，然后将溶胶煮沸 2~3min，以除去过量的 H_2S。

（5）碘化银 AgI 溶胶的制备（复分解法）。在两锥形瓶中分别准确地加入 5mL

0.02mol·L^{-1} KI 和 5mL 0.02mol·L^{-1} AgNO$_3$ 溶液，在盛有 KI 溶液的瓶中用滴定管准确地滴加 4.5mL 0.02mol·L^{-1} AgNO$_3$ 溶液。在另一盛有 AgNO$_3$ 溶液的瓶中，准确地滴加 4.5mL 0.02mol·L^{-1} KI 溶液。观察此两锥形瓶中 AgI 溶胶透射光及散射光颜色的变化。

2. 溶胶的性质

（1）Tyndall 现象。用丁达尔灯照射上述制备的 Fe（OH）$_3$ 溶胶，于暗室观察溶胶的丁达尔现象。

（2）Brown 运动。在一干净的凹形载片上，放几滴制备好的溶胶（注意：所滴溶胶要稀释到合适的浓度才利于观察），盖上玻璃盖片，注意应避免有气泡。然后在带有暗视野的显微镜下进行观察，可以看到溶胶质点所发出的散射光点在不停地作 Brown 运动。

3. 溶胶的电泳

（1）清洗电泳仪。

（2）用少量样品洗涤电泳仪 2~3 次，然后注入样品直至页面高出 2 个活塞少许，关闭 2 个大活塞，倒掉多余样品。

（3）用蒸馏水把 2 个大活塞以上部分荡洗干净，再往两管内注入辅助液至支管口，并把电泳仪固定在支架上。

（4）将 2 个铂电极插入支管内并连接到稳压电源，开启小活塞使管内辅助液面等高，关闭小活塞，缓缓开启 2 个大活塞。

（5）将稳压电源输出调节旋钮逆时针方向调到最小，然后打开电源开关，顺时针调节所需的电压值。

（6）观察样品液面移动现象及电极表面现象。记录 30min 内界面移动的距离。量出电极间的距离。

六、实验数据处理

（1）记录 As$_2$S$_3$ 溶胶出现的变化和氢氧化铁溶胶的凝聚现象。

（2）根据电泳过程中胶粒的移动方向确定其所带电荷的符号。

实验 87　B－Z 振荡反应

一、实验目的

（1）了解化学振荡反应的机理，熟悉化学振荡反应的一般规律；

（2）通过测定电位－时间曲线求得化学振荡反应的表观活化能。

二、预习与思考

（1）影响诱导期、振荡周期及振荡寿命的主要因素有哪些？

（2）为什么在实验过程中应尽量使搅拌子的位置和转速保持一致？

（3）实验过程中是通过哪一个物理量来观察反应的振荡现象的？简述其原理。

三、实验原理

通常的化学反应，其反应物和产物的浓度呈单调变化，最终达到不随时间变化的平衡状态。而某些化学反应体系中，会出现非平衡非线性现象，即有些组分的浓度会呈现周期性变化，该现象称为化学振荡。化学振荡反应具有非线性动力学微分速率方程，是在开放体系中进行的远离平衡的一类反应。

1958 年，俄国化学家别洛索夫（Belousov）和扎鲍廷斯基（Zhabotinskii）首次报道了以金属铈作催化剂，柠檬酸在酸性条件下被溴酸钾氧化时可呈现化学振荡现象：溶液在无色和淡黄色两种状态间进行着规则的周期振荡。该反应即被称为 Belousov - Zhabotinskii 反应，简称 B - Z 反应。

大量的实验研究表明，化学振荡现象的发生必须满足 3 个条件：一是必须是远离平衡的敞开体系；二是反应历程中应含有自催化步骤；三是体系必须具有双稳态性，即可在两个稳态间来回振荡。

有关 BZ 振荡反应的机理，目前为人们所普遍接受的是 FKN 机理，该机理由 Field、Koros 和 Noyes 三位科学家于 1972 年提出，称为俄勒冈（FKN）模型。其主要思想是：反应体系中存在两个受 [Br^-] 控制的反应过程 A 和 B，当体系中 [Br^-] 高于临界浓度时，发生 A 过程；当体系中 [Br^-] 低于临界浓度时，发生 B 过程，体系在过程 A 和过程 B 间往复振荡。

到目前为止，已发现了一大批可呈现化学振荡现象的含溴酸盐的反应体系。除了柠檬酸外，还有许多有机酸（如丙二酸、苹果酸、丁酮二酸等）的溴酸氧化反应系统能出现振荡现象，而且所用的催化剂也不限于金属铈离子，铁和锰等金属离子可起同样的作用。下面以 BrO_3^- - Ce^{3+} - MA - H_2SO_4 体系为例来介绍 B - Z 振荡反应的机理：

当 [Br^-] 足够高时，发生 A 过程：

(1) $BrO_3^- + Br^- + 2H^+ \rightarrow HBrO_2 + HOBr$ （慢）

(2) $HBrO_2 + Br^- + H^+ \rightarrow 2HOBr$ （快）

当 [Br^-] 较低时，发生 B 过程：

(3) $BrO_3^- + HBrO_2 + H^+ \rightarrow 2BrO_2 + H_2O$ （慢）

(4) $BrO_2 + Ce^{3+} + H^+ \rightarrow HBrO_2 + Ce^{4+}$ （快）

(5) $2HBrO_2 \rightarrow BrO_3^- + HOBr + H^+$

Br^- 的再生通过过程 C 来实现：

(6) $4Ce^{4+} + BrCH(COOH)_2 + H_2O + HOBr \rightarrow 2Br^- + 4Ce^{3+} + 3CO_2 + 6H^+$

过程 A 中消耗 Br^-，产生能进一步反应的 $HBrO_2$、HOBr 等中间产物。过程 B 是一个自催化过程，Br^- 浓度较低时，$HBrO_2$ 才按照 (3)(4) 反应，反应不断加速，与此同时，Ce^{3+} 被氧化为 Ce^{4+}。过程 C 为溴代丙二酸 $BrCH(COOH)_2$ 与 Ce^{4+} 反应生成 Br^-，Ce^{4+} 被还原为 Ce^{3+}。

过程 C 对化学振荡至关重要，正是因为过程 C 的存在，使得 Br^- 和 Ce^{3+} 再生，化学反应形成了周期性振荡。该反应体系完成的总反应为：

$3H^+ + 3BrO_3^- + 5CH_2(COOH)_2 \rightarrow 3BrCH(COOH)_2 + 4CO_2 + 5H_2O + 2HCOOH$

振荡的控制物质是 Br^-。

化学振荡体系的振荡现象可以通过多种方法观察到，测定、研究 BZ 化学振荡反应可采用离子选择性电极法、分光光度法和电化学等方法。本实验采用电化学方法，实验装置如图 6-48 所示。

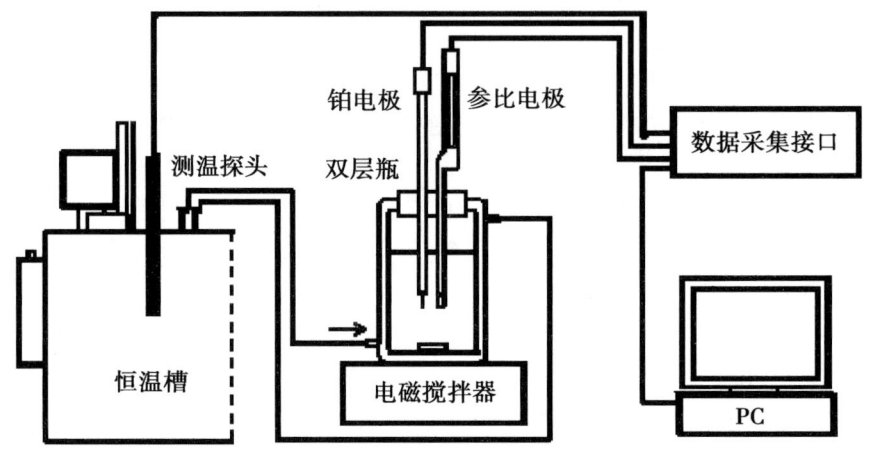

图 6-48 振荡反应测试装置

反应体系中两种离子（Br^- 和 Ce^{3+}）的浓度发生周期性变化，其变化的过程均为氧化还原反应，可以设计为电极反应，电极电势的大小与电极反应中物质浓度有关。因此测定反应体系的电势随时间的变化情况即得到了 [Br^-] 随时间变化的规律，如图 6-49 所示。

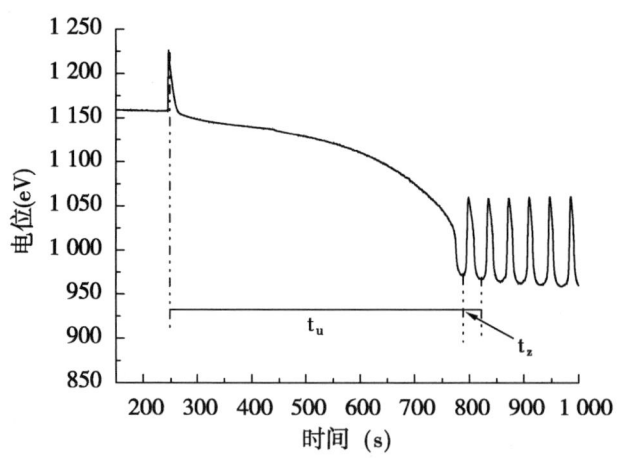

图 6-49 化学振荡反应的点位-时间曲线

在不同的温度下通过测定反应体系的电位-时间曲线，分别从曲线中得到诱导期（t_u）和振荡周期（t_z），根据阿仑尼乌斯（Arrhenius）方程可计算出反应的表观活化能。

$$\ln\frac{1}{t_u} = -\frac{E_u}{RT} + \ln A_u$$

$$\ln\frac{1}{t_z} = -\frac{E_z}{RT} + \ln A_z$$

式中 E_u 和 E_z 为表观活化能；R 是摩尔气体常数（8.314 J·mol^{-1}·K^{-1}）；T 是热力学温度；A_u 和 A_z 是经验常数。分别以作 $\ln(1/t_u)$ 和 $\ln(1/t_z)$ 对 $1/T$ 作图，从图中的曲线斜率分别求得表观活化能（E_u 和 E_z）。

四、仪器与试剂

BZ 振荡反应器，硫酸电极（甘汞电极用 1mol·L^{-1} 作液接），铂电极，恒温水浴，计算机，容量瓶（100mL），移液管（10mL 带有刻度），天平。硝酸铈铵（A.R.），硫酸（A.R.），丙二酸（A.R.），溴酸钾（A.R.）

五、实验内容

（1）配制 0.02mol·L^{-1} 硫酸铈铵（必须在 0.2mol·L^{-1} H_2SO_4 硫酸介质中配制）、0.5mol·L^{-1} 丙二酸、0.2mol·L^{-1} 溴酸钾、0.8mol·L^{-1} 硫酸溶液。

（2）调节恒温槽温度为 25℃。

（3）开启实验装置，打开计算机，进入"B-Z 振荡反应"程序，进行参数设置。

（4）在反应器中加入配制好的丙二酸溶液 7mL、溴酸钾溶液 15mL、硫酸溶液 18mL，恒温 10min。开始数据采集，1min 后加入预先恒温好的硝酸铈铵溶液 2mL。在实验过程中尽量使搅拌子的位置和转速保持一致。

（5）观察计算机屏幕上显示的电位-时间曲线，加入硝酸铈铵之前应基本平稳。硝酸铈铵加入后曲线（电位）会发生突跃，诱导期过后，开始振荡反应，此后的曲线呈现有规律的周期变化（如图 6-49 所示），振荡周期完整出现 8-10 次后，结束反应，保存实验数据。

（6）将恒温槽温度分别调至 30℃、35℃、40℃、45℃、50℃，重复上述测定过程。

六、数据记录和处理

室温_____气压_____。

（1）分别从 6 条不同温度下测得的电位-时间曲线中找出诱导期（t_u）和振荡周期（t_z），并列表（表 6-23）计算。

表 6-23 实验数据记录表

温度 T（K）	$1/T$	t_u（s）	$\ln(1/t_u)$	t_z（s）	$\ln(1/t_z)$

(2) 根据表 6-23 中数据分别作出 ln（$1/t_u$）-$1/T$ 和 ln（$1/t_z$）-$1/T$ 图，根据图中直线的斜率分别求出诱导表观活化能（E_u）和振荡表观活化能（E_z）。

第十一节　液体表面张力的测定

表面张力是物质的固有特性，在液相表现尤为显著。从热力学观点来看，液体表面收缩是体系总吉布斯自由能减少的自发过程，液体表面总有收缩到最小面积的趋势。因此，欲增加液体表面积，就必须对体系做功，其大小应与 dA 成正比，即

$$\delta W' = \gamma dA$$

比例系数 γ 为作用在表面单位长度上的作用力，称为表面张力，其单位是 $N \cdot m^{-1}$，方向垂直于边界线，与表面相切。

表面张力是液体的重要性质之一，与温度、压力、浓度及共存的另一相有关。对于溶液来说，溶液的表面张力和表面层的组成有着密切的联系。根据能量最低原理，当溶质能减少溶剂的表面张力时，溶液内部将有一部分溶质进入溶液表面层，使表面层中溶质的浓度比溶液内部的浓度大；反之，当溶质能增大溶剂的表面张力时，则溶液表面层中的溶质将有一部分进入溶液内部，使它在表面层中的浓度比在溶液内部的浓度小。这种表面浓度与溶液本体浓度不同的现象称为溶液的表面吸附现象。

实验 88　液体表面张力的测定

一、实验目的

(1) 掌握最大气泡法测定液体表面张力的原理和方法。
(2) 掌握不同浓度对表面张力的影响。
(3) 熟悉表面吸附量与表面张力的关系。

二、预习与思考

(1) 实验中为什么要取最大压力差？
(2) 可以将毛细管末端插入溶液内部进行测量行吗？为什么？

三、实验原理

1. 溶液中的表面吸附

在指定的温度和压力下，溶质的吸附量与溶液的表面张力及溶液的浓度之间的定量关系遵守吉布斯吸附等温方程式

$$\Gamma = -\frac{c}{RT}\left(\frac{\partial \gamma}{\partial c}\right)_T$$

式中：Γ 为气液界面上的吸附量，也叫表面超量；c 为吸附作用达到平衡时溶质在溶液中的浓度；γ 为溶液的表面张力；T 为热力学温度；R 为气体常数。

当 $\left(\dfrac{\partial \gamma}{\partial c}\right)_T < 0$ 时，$\Gamma > 0$，即溶液的表面张力随着溶液浓度的增加而减少时，吸附量为正值，溶质在溶液表面层的浓度大于溶液本体中的浓度，称为正吸附；反之，若 $\left(\dfrac{\partial \gamma}{\partial c}\right)_T > 0$，$\Gamma < 0$，称为负吸附。吉布斯吸附等温方程式应用范围很广，但上述形式只适用于稀溶液。

可见，只要测出不同浓度溶液的表面张力，以 $\gamma - c$ 作图，在曲线上作不同浓度的切线，把切线的斜率代入吉布斯吸附公式，即可求出不同浓度时气、液界面上的吸附量 Γ。

在一定的温度下，吸附量与溶液浓度间的关系可用朗格谬尔（Langmuir）公式表示

$$\Gamma = \Gamma_\infty \dfrac{kc}{1 + kc}$$

式中：Γ_∞ 为饱和吸附量，即表面被吸附物铺满一层分子时溶质的量；k 为经验常数，与溶质的表面活性大小有关。

Langmuir 公式可化成直线方程形式

$$\dfrac{c}{\Gamma} = \dfrac{kc + 1}{k\Gamma_\infty} = \dfrac{c}{\Gamma_\infty} + \dfrac{1}{k\Gamma_\infty}$$

以 $\dfrac{c}{\Gamma}$ 对 c 作图，得到一条直线，如图 6 – 50 所示。该直线的斜率的倒数即为 Γ_∞。若在饱和吸附时，在气液界面上铺满单分子层，则可利用下式求出被吸附分子的截面积 S_0：

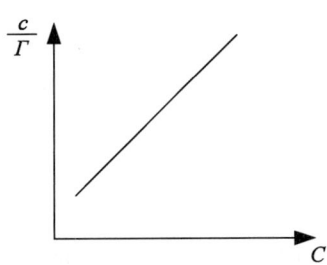

图 6 – 50 $\dfrac{c}{\Gamma} - c$ 关系

$$S_0 = \dfrac{1}{\Gamma_\infty N_A}$$

式中，N_A 为阿佛伽德罗常数。

2. 最大气泡法测定表面张力

测定液体表面张力的方法有多种，如最大气泡法、滴体积法、毛细管上升法和环法等，本实验采用最大气泡法。在弯曲的液面下，由于表面张力的作用，会产生附加压力 ΔP，如图 6 – 51 所示，由拉普拉斯公式得：

$$\Delta P = \dfrac{2\gamma}{r}$$

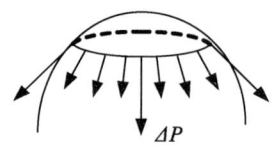

图 6-51 弯曲液面的附加压力

式中：ΔP 为弯曲液面的附加压力，单位为 kPa；γ 为溶液的表面张力，单位为 $N \cdot m^{-1}$；r 为弯曲液面的曲率半径，单位为 m。由上式可知，液面的曲率半径越小，附加压力越大。本实验通过测定附加压力 ΔP，求出 γ，再根据吉布斯吸附等温方程式求出吸附量 Γ、饱和吸附量 Γ_∞，进而计算出溶质分子的截面积 S_0。

将待测表面张力的液体放于表面张力仪的样品管中，使毛细管的端面与液面相切，液体会进入毛细管，管内液面沿毛细管上升。打开减压瓶的滴水阀，使里面的水慢慢滴出，系统内的压力将逐渐减小，毛细管液面会受到一个比样品管中液面大的压力，此时毛细管顶端会慢慢形成气泡。开始气泡表面较平，曲率半径很大。随着时间的延长，气泡逐渐长大，曲率半径逐渐变小，形成半球时，气泡的曲率半径与毛细管的半径相等，此时曲率半径达最小值，气泡再进一步长大，曲率半径也继续变大，直到气泡从毛细管口脱出。当曲率半径最小时有最大的附加压力，在压力计上出现绝对值最大的读数，该气泡的曲率半径就是毛细管的半径。

四、仪器与试剂

仪器：表面张力实验装置 1 套、恒温水浴 1 套、100mL 容量瓶 8 个、0.5mL、1mL、2mL、5mL 移液管各 1 支、洗耳球 1 个、烧杯、滴管。

试剂：正丁醇（A.R.）、蒸馏水。

五、实验步骤

1. 待测正丁醇溶液的配制

按照表 6-24 及下式配制各种浓度的正丁醇溶液。体积为 100mL 的不同正丁醇溶液所需正丁醇的体积 V 为：

$$V = \frac{Mc_B}{10\rho}$$

式中：M 为正丁醇的摩尔质量，单位为 $kg \cdot mol^{-1}$；c_B 为欲配制正丁醇的浓度，单位为 $mol \cdot L^{-1}$；ρ 为正丁醇的密度，单位为 $kg \cdot L^{-1}$。

表 6-24 正丁醇溶液的配制

编号	溶液浓度 c_B/ ($mol \cdot L^{-1}$)	正丁醇的体积 V/mL
1	0.02	
2	0.04	
3	0.06	

(续表)

编号	溶液浓度 c_B/(mol·L^{-1})	正丁醇的体积 V/mL
4	0.08	
5	0.12	
6	0.16	
7	0.20	
8	0.24	

2. 仪器经验常数 k 的确定和式样的测定

（1）将磨口烧杯、毛细管用乳皮胶管连接好，连接处插入的深度大于15mm。

（2）插上电源插头，打开电源开关，LED 显示即亮，2s 后正常显示。预热五分钟后按下置零按钮显示为0000，表示此时系统大气压差为零。

（3）LED 显示值即为压力腔体的压力值，如果压力腔体的压力成下降趋势，则出现的极大值保留显示约 1s。

（4）以水作为待测液测定仪器常数。方法是将干燥的毛细管垂直地插到毛细管的端点刚好与水面相切，打开滴液漏斗，控制滴液速度，使毛细管逸出的气泡，速度约为 5~10s 1 个。在毛细管气泡逸出的瞬间最大压差在 450~900Pa（否则须调换毛细管）。可以通过手册查出实验温度时水的表面张力，利用公式计算出仪器常数 k。

（5）待测样品表面张力的测定，用待测溶液洗净试管和毛细管，加入适量样品于试管中，按照仪器常数测定的方法，测定已知浓度的待测样品的压力差，代入公式计算其表面张力。

（6）实验结束后，分别用自来水和蒸馏水将毛细管和支管试管仔细清洗 2~3 遍，再将毛细管用洗液浸泡，支管试管放回盒中备用。

六、实验数据处理

1. 数据记录

室温：____ ℃；大气压：____ kPa；恒温槽温度：____ ℃；毛细管常数：____；γ_{H_2O}：____ 。

实验数据记录表见表 6-25。

表 6-25 实验数据记录

样品	$\triangle p_{最大}$			
	第1次	第2次	第3次	平均值

2. 数据处理

（1）计算溶液的表面张力，并绘制 $\gamma - c$ 等温线。

（2）计算 Γ 和 $\dfrac{c}{\Gamma}$ 值，绘制 $\Gamma - c$，$\dfrac{c}{\Gamma} - c$ 等温线。

（3）由 $\dfrac{c}{\Gamma} - c$ 等温线的斜率求 Γ_∞，并计算被吸附分子的截面积 S_0。

第七章 综合性设计性实验

本章实验内容包括化合物的制备、分离、提纯、纯度或含量测定。要完成这部分实验内容，不仅需要较多理论知识，还必须会综合运用所学知识去解决实验中的问题。通过本章实验教学，加强学生进行各种基本操作技能的综合性训练，有助于提高学生分析问题、解决问题的能力。

实验89 碘化铅溶度积的测定

一、实验目的

（1）掌握用离子交换法测定难溶物碘化铅的溶度积的原理。
（2）了解离子交换法的一般原理和使用离子交换树脂的一般方法。
（3）练习滴定分析操作。

二、预习与思考

（一）预习内容

（1）离子交换法的一般原理和使用离子交换树脂的一般方法。
（2）滴定分析操作。

（二）思考下列问题

（1）在离子交换树脂的转型中，如果加入硝酸的量不够，树脂没完全转变成氢型，会对实验结果造成什么影响？
（2）在交换和洗涤过程中，如果流出液有一部分损失掉，会对实验结果造成什么影响？

三、实验原理

碘化铅在水中存在下列平衡：

$$PbI_2 \ (s) \rightleftharpoons Pb^{2+} \ (aq) + 2I^- \ (aq) \qquad K_{SP}^{\ominus} = c(Pb^{2+}) \cdot c^2(I^-)$$

离子交换树脂是含有能与其他物质进行离子交换的活性基团的高分子化合物。含有酸性基团而能与其他物质交换阳离子的称为阳离子交换树脂。含有碱性基团能与其他物质交换阴离子的称为阴离子交换树脂。本实验采用阳离子交换树脂与碘化铅饱和溶液中的铅离子进行交换。

其交换反应可以用下式来示意：

$$2R^-H^+ + Pb^{2+} \rightleftharpoons R_2^-Pb^{2+} + 2H^+$$

将一定体积的碘化铅饱和溶液通过阳离子交换树脂，树脂上的氢离子即与铅离子进行交换。交换后，氢离子随流出液浓度。然后用标准氢氧化钠溶液滴定，可求出氢离子的含量。根据流出液中氢离子的数量，可计算出通过离子交换树脂的碘化铅饱和液中的铅离子浓度，从而得到碘化铅饱和溶液的浓度，然后求出碘化铅的溶度积。

$$K_{SP}^{\ominus} = 4c^3(Pb^{2+}) = \frac{1}{2}c^3(H^+)$$

四、仪器与试剂

离子交换柱（图7-1）可用一支直径约为2cm，下口较细的玻璃管代替。下端细口处填少许玻璃棉，并连接一段乳胶管，夹上螺旋夹），碱式滴定管（50mL），滴定管架，锥形瓶（100mL、250mL），温度计（50℃），烧杯，移液管（25mL），玻璃棉，pH试纸。

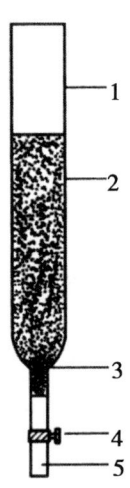

1. 交换柱；2. 阳离子交换树脂；3. 玻璃棉；4. 螺旋夹；5. 胶皮管

图7-1 离子交换柱

碘化铅（s），强酸型离子交换树脂（s），NaOH标准溶液（0.005mol·L^{-1}），溴化百里酚蓝指示剂，HNO$_3$（1mol·L^{-1}）。

五、实验内容

1. 碘化铅饱和溶液的配制

将过量的碘化铅固体溶于经煮沸除去二氧化碳的蒸馏水中，充分搅动并放置过夜，使其溶解，达到沉淀溶解平衡。

若无试剂碘化铅，可用硝酸铅溶液与过量的碘化钾溶液反应而制得。制成的碘化铅沉淀需用蒸馏水反复洗涤，以防过量的铅离子存在。过滤，得到碘化铅固体，再配成饱和溶液。

2. 装柱

首先将阳离子交换树脂用蒸馏水浸泡 24~48h。

装柱前，把交换柱下端填入少许玻璃棉，以防止离子交换树脂随流出液流出。然后将浸泡过的阳离子交换树脂约 40g 随同蒸馏水一并注入交换柱中。为防止离子交换树脂中有气泡，可用长玻璃棒插入交换柱中的树脂搅动，以赶走树脂中的气泡。在装柱和以后树脂的转型和交换的整个过程中，要注意液面始终要高出树脂，避免空气进入树脂层影响交换结果。

3. 转型

在进行离子交换前，须将钠型树脂完全转变成氢型。可用 100mL 1mol·L^{-1} HNO$_3$ 以每分钟 30~40 滴的流速流过树脂。然后用蒸馏水淋洗树脂至淋洗液呈中性（可用 pH 试纸检验）。

4. 交换和洗涤

将碘化铅饱和溶液过滤到一个干净的干燥锥形瓶中（注意，过滤时用的漏斗、玻璃棒等必须是干净、干燥的。滤纸可用碘化铅饱和溶液润湿）。测量并记录饱和溶液的温度，然后用移液管准确量取 25.00mL 该饱和溶液，放入一小烧杯中，分几次将其转移至离子交换柱内，控制流速约为每分钟 20~25 滴。用一个 250mL 洁净的锥形瓶盛接流出液。待碘化铅饱和溶液流出后，再用蒸馏水淋洗树脂至流出液呈中性。将洗涤液一并放入锥形瓶中。注意在交换和洗涤过程中，流出液不要损失。

5. 滴定

将锥形瓶中的流出液用 0.005mol·L^{-1} NaOH 标准溶液滴定，用溴化百里酚蓝作指示剂，在 pH = 6.5~7 时，溶液由黄色转变为鲜艳的蓝色，即到达滴定终点，记录数据。

6. 离子交换树脂的后处理

回收用过的离子交换树脂，经蒸馏水洗涤后，再用约 100mL 1mol·L^{-1} HNO$_3$ 淋洗，然后用蒸馏水洗涤至流出液为中性，即可使用。

7. 数据处理

碘化铅饱和溶液的温度/℃ _____。

通过交换柱的碘化铅饱和溶液的体积/mL _____。

NaOH 标准溶液的浓度/mol·L^{-1} _____。

消耗 NaOH 标准溶液的体积/mL _____。

流出液中 H$^+$ 的物质的量/mol _____。

饱和溶液中 Pb^{2+} 的物质的量/mol _____。

饱和溶液中 Pb^{2+} 的浓度/mol·L^{-1} _____。

碘化铅的 $K_{SP}^{\ominus}$ _____。

本实验测定 $K_{SP}^{\ominus}$ 值数量级为 10^{-9}~10^{-8} 合格。

实验90 由海盐制备试剂级氯化钠

一、实验目的

(1) 学习分离提纯的方法，熟练有关基本操作。
(2) 领会有关化学原理在化学法提纯氯化钠过程中的应用。
(3) 学习"中间控制检验"。

二、预习与思考

(一) 预习内容

(1) 固体的溶解、过滤、蒸发、结晶和固液分离等实验操作技术。
(2) 气体的发生、净化方法。
(3) 目视比色法的原理。

(二) 思考下列问题

(1) 在除去 Ca^{2+}、Mg^{2+} 和 SO_4^{2-} 时，为什么要先加入 $BaCl_2$ 溶液，后加入 Na_2CO_3 溶液？
(2) 检验 SO_4^{2-} 时为什么要加 HCl？饱和 Na_2CO_3 中为什么要加入 NaOH 溶液？
(3) 粗食盐为什么不能象硫酸铜那样利用重结晶法进行纯化？
(4) 溶液浓缩时为什么不能蒸干？

三、实验原理

粗食盐中含有不溶性的杂质（如泥沙等）和可溶性杂质（主要是 Ca^{2+}、Mg^{2+}、Fe^{3+}、K^+、CO_3^{2-}、SO_4^{2-}）。不溶性杂质可以将粗食盐溶于水后过滤除去。Ca^{2+}、Mg^{2+}、Fe^{3+}、CO_3^{2-}、SO_4^{2-} 等离子可以选择适当试剂使它们分别生成难溶化合物的沉淀而被除去。

首先在粗食盐溶液中加入稍微过量的 $BaCl_2$ 溶液，除去 SO_4^{2-}，其反应式为：

$$Ba^{2+} + SO_4^{2-} = BaSO_4 \downarrow$$

然后在溶液中再加入 NaOH 和 Na_2CO_3 溶液，除去 Ca^{2+}、Mg^{2+} 和过量的 Ba^{2+}：

$$Ca^{2+} + CO_3^{2-} = CaCO_3 \downarrow$$
$$Mg^{2+} + 2OH^- = Mg(OH)_2 \downarrow$$
$$Ba^{2+} + CO_3^{2-} = BaCO_3 \downarrow$$
$$Fe^{3+} + 2OH^- = Fe(OH)_3 \downarrow$$

最后过量的 NaOH 和 Na_2CO_3 用纯盐酸中和。

在提纯后的饱和 NaCl 溶液中仍然含有一定量的 K^+，若按传统的浓缩、结晶的方法制备无机离子化合物，必须要进行重结晶提纯，才能得到纯净的、具有指定规格的试剂级氯化钠。本实验选用向饱和 NaCl 溶液中通入 HCl 气体，因同离子效应，NaCl 晶体析出。由于 KCl 的溶解度比 NaCl 的大，无需对产品重结晶，K^+ 残留在母液中而被除掉。吸附在 NaCl 晶体上的 HCl 可用酒精洗涤除去，再进一步用水浴加热，除掉少量水、酒精和 HCl，即得纯度很高的 NaCl。

四、仪器与试剂

烧杯（100mL），量筒（100mL），吸滤瓶，布氏漏斗，三角架，石棉网，台秤，分析天平，表面皿，蒸发皿，水泵，滴液漏斗，蒸馏烧瓶，广口瓶，比色管架，比色管，离心试管

粗食盐（s），氯化钠（C.P.），H_2SO_4（浓），HCl（6mol·L^{-1}、3mol·L^{-1}），Na_2CO_3（1mol·L^{-1}），$BaCl_2$（1mol·L^{-1}），NaOH（2mol·L^{-1}、40%），KSCN（25%），C_2H_5OH（95%），$(NH_4)Fe(SO_4)_2$ 标准溶液（含 Fe^{3+} 0.01g·L^{-1}），Na_2SO_4 标准溶液（含 SO_4^{2-} 0.01g·L^{-1}）。

五、实验内容

（一）氯化钠的精制

（1）在台秤上称取 10.0g 粗食盐，放入 100mL 小烧杯中，再加入 35mL 蒸馏水，加热并搅动，使其溶解。在不断搅动下，往热溶液中滴加 1.5~2mL 1mol·L^{-1} $BaCl_2$ 溶液，继续加热煮沸数分钟，使硫酸钡颗粒长大易于过滤。为检验沉淀是否完全，将烧杯从石棉网上取下，待沉淀沉降后，沿烧杯壁在上层清液中滴加 2~3 滴 $BaCl_2$ 溶液，如果溶液不出现混浊，表明 SO_4^{2-} 已沉淀完全。如果发生混浊，则应继续往热溶液中滴加 $BaCl_2$ 溶液，直至 SO_4^{2-} 沉淀完全为止。趁热加入 1mL 2mol·L^{-1} NaOH 溶液并滴加 4~5mL 1mol·L^{-1} Na_2CO_3 溶液至沉淀完全为止，过滤，弃去沉淀。

把滤液倒入洁净广口瓶 4 中，滴加 2mol·L^{-1} 盐酸，搅动，赶尽 CO_2，使溶液的 pH 到 1 左右。

（2）按图 7-2 把装置装好，要确保系统不漏气。检查的方法是，在 HCl 气体发生前，用双手手掌紧贴烧瓶壁使烧瓶内气体温度上升。若吸收瓶导管内的液柱高度产生变化，说明该装置不漏气。

称取 20.0g 化学纯 NaCl，把它加入蒸馏烧瓶内，加入 3~5mL 蒸馏水以防止产生大量气泡，关闭滴液漏斗旋塞，往滴液漏斗中加入 20mL 的浓硫酸。打开旋塞，使浓硫酸慢慢滴入蒸馏烧瓶中。待浓硫酸滴完后，即关闭旋塞，调整酒精灯火焰以控制气体发生的速率，勿使反应进行得过猛。

HCl 气体经缓冲瓶，由导管经小玻璃漏斗导入处理过的饱和 NaCl 溶液中。使用小玻璃漏斗的目的是为了增大 HCl 气体与 NaCl 溶液的接触面，这一方面便于溶液更好地吸收 HCl 气体，另一方面也可防止溶液被倒吸。未被吸收的 HCl 气体，经过浓、稀 NaOH 溶液的吸收，可有效地避免其外逸。在通 HCl 气体的过程中，注意观察 NaCl 晶

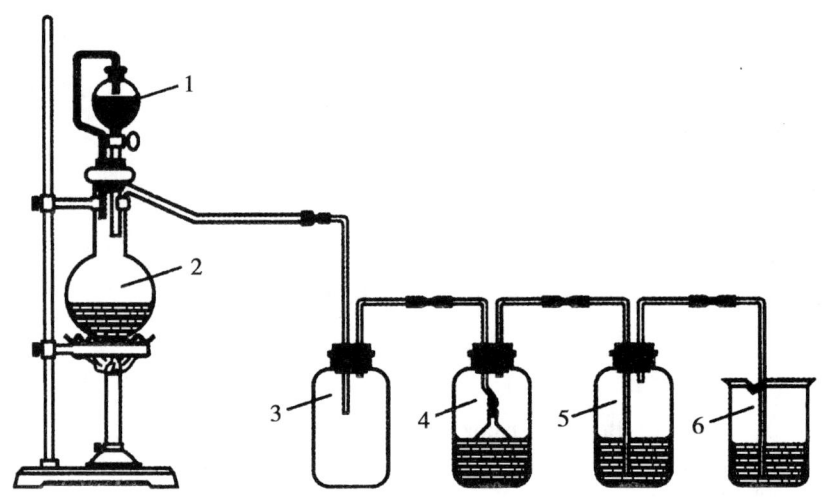

1. 滴液漏斗；2. 支管圆底烧瓶；3. 缓冲瓶；4. NaCl 饱和溶液
5. 吸收瓶（内装 40% NaOH 溶液）；6. 烧杯（盛有稀 NaOH 溶液）

图 7-2 精制氯化钠装置

体的析出，待 NaCl 晶体不再析出时，即可停止通入 HCl 气体。此时可将连接蒸馏烧瓶与缓冲瓶的橡皮管拔掉，并趁热倒出蒸馏烧瓶中的残留物。减压过滤法把产品抽干。

最后在水浴上把产品烤干，称量，并计算产率。

（二）产品纯度检验

本实验只对部分杂质如 Fe^{3+} 和 SO_4^{2-} 的含量进行限量分析，即把产品配成一定浓度的溶液，与标准系列溶液分别进行目视比色和比浊，以确定其含量范围。若产品溶液的颜色和浊度不深于某一标准溶液，则杂质含量低于某一规定的限度。

1. Fe^{3+} 的限量分析

在酸性介质中，Fe^{3+} 与 SCN^- 生成血红色配离子 $[Fe(NCS)_n]^{(3-n)+}$ （n = 1～6），其颜色，随配位体数目 n 的增大而变深。

标准系列溶液的配制①：用吸量管移取 0.30mL、0.90mL 及 1.50mL 0.01g·L^{-1} Fe^{3+} 标准溶液，分别加入 3 支 25mL 的比色管中，再各加入 2.00mL 25% KSCN 溶液和 2mL 3mol·L^{-1} 的 HCl 溶液，用蒸馏水稀释至刻度，摇匀。装有 0.30mL Fe^{3+} 标准溶液的比色管，内含 0.003mg 的 Fe^{3+}，其溶液相当于一级试剂；装有 0.90mL Fe^{3+} 标准溶液的比色管，内含 0.009mg Fe^{3+}，其溶液相当于二级试剂；装有 1.50mL Fe^{3+} 标准溶液的比色管，内含 0.015mg Fe^{3+}，其溶液相当于三级试剂。

试样溶液的配制：称取 3.00g NaCl 产品，放入一支 25mL 比色管中，加 10mL 蒸馏水使其溶解，再加入 2.00mL 25% KSCN 溶液和 2mL 3mol·L^{-1} HCl 溶液，用蒸馏水稀释至刻度，摇匀。

把试样溶液与标准溶液进行目视比色，以确定所制产品的纯度等级。

2. SO_4^{2-} 的限量分析

SO_4^{2-} 与 Ba^{2+} 溶液反应,生成难溶的 $BaSO_4$ 白色沉淀而使溶液产生混浊。溶液的混浊度在 $BaCl_2$ 的含量一定时,与 SO_4^{2-} 浓度成正比。

标准系列溶液的配制②:用吸管吸取 1.00mL、2.00mL 及 5.00mL 浓度为 $0.01g \cdot L^{-1}$ 的(含 SO_4^{2-})Na_2SO_4 标准溶液,分别加入 3 支 25mL 的比色管中,再各加入 3.00mL 25% $BaCl_2$ 溶液、1mL $3mol \cdot L^{-1}$ HCl 溶液及 5mL 95% 乙醇,用蒸馏水稀释至刻度,摇匀。装有 1.00mL—标准溶液的比色管,内含 SO_4^{2-} $0.01g \cdot L^{-1}$,其溶液相当于一级试剂;装有 2.00mL Na_2SO_4—标准溶液的比色管,内含 $0.02g \cdot L^{-1}$ SO_4^{2-},其溶液相当于二级试剂;装有 5.00mL Na_2SO_4—标准溶液的比色管,内含 $0.05g \cdot L^{-1}$ SO_4^{2-},其溶液相当于三级试剂。

试样溶液的配制:称取 1.00g 产品 NaCl 放入一支 25mL 比色管中,加入 10mL 蒸馏水使其溶解。再加入 3.00mL 25% $BaCl_2$ 溶液;1mL $3mol \cdot L^{-1}$ 的 HCl 溶液及 5mL 95% 的乙醇,加蒸馏水稀释至刻度,摇匀。把试样溶液与标准溶液进行比浊,以确定所制产品纯度等级。

[附注 1] 目视比色法

常用的目视比色法,是利用一套由同等材料制成的一定体积的且内径相同的比色管,将一系列不同量的标准溶液依次加入各比色管中,分别加入等量的显色剂和其他试剂,用溶剂稀释至刻度,把这些比色管按溶液颜色的深浅顺序,排列在比色管架上,即为一套标准色阶。再将一定量的被测物质加入另一支相同规格的比色管中,在同样条件下显色,用溶剂稀释至刻度。把被测物质溶液的颜色与标准色阶进行对比,方法是从管口垂直向下观察,若被测溶液与色阶中某一溶液的颜色深度相同,则被测溶液的浓度就等于该标准溶液的浓度;若被测溶液颜色深度介于相邻两种色阶溶液之间,则被测溶液的浓度可取这两种色阶溶液浓度的平均值。

[附注 2] 中华人民共和国国家标准(GB – 1266 – 77)

(1) 化学试剂氯化钠的技术条件。

①氯化钠含量不少于 99.8%;②水溶液反应:合格;③杂质最高含量(表 7 – 1,指标以百分数表示的质量分数计)。

表 7 – 1 相关实验技术指标

名 称	优级纯	分析纯	化学纯
澄清度试验	合格	合格	合格
水不溶物	0.003	0.005	0.02
干燥失重	0.2	0.2	0.2
溴化物(Br^-)	0.02	0.02	0.1

(续表)

名称	优级纯	分析纯	化学纯
碘化物（I^-）	0.002	0.002	0.012
硫酸盐	0.001	0.002	0.005
硝酸盐	0.002	0.002	0.005
氮化合物（N）	0.000 5	0.001	0.001
镁（Mg）	0.001	0.002	0.005
钾（K）	0.01	0.02	0.04
钙（Ca）	0.005	0.007	0.01
铁（Fe）	0.000 1	0.000 3	0.000 5
砷（As）	0.000 02	0.000 05	0.000 1
钡（Ba）	合格	合格	合格
重金属（以 Pb 计）	0.000 5	0.000 5	0.001

（2）产品检验按 GB619 - 77 之规定进行取样和验收。测定中所需标准溶液、杂质标准液、制剂和制品按 GB601 - 77、GB602 - 77、GB603 - 77 之规定制备。

（3）根据 GB602 - 77 硫酸盐标准溶液的配制方法：称取 0.148g 于 105～110℃ 干燥至恒重的无水硫酸钠，溶于蒸馏水，移入 1 000mL 容量瓶中，定容。

实验 91　废旧干电池的综合利用

一、准备工作

（1）熟悉无机物的实验室制备、提纯、分析等方法与技能。
（2）查阅资料，收集相关成分的制备和分析方法。
（3）清楚干电池的主要成分如何利用。

二、设计实验

1. 设计提示

本实验处理的是锌-锰碱性干电池，该电池负极为电池流体的锌电极，正极是能被 MnO_2 包围着的石墨电极，电解质是糊状物氯化铵。

电池反应：$Zn + 2NH_4Cl + 2MnO_2 = Zn(NH_3)_2Cl_2 + Mn_2O_3 + H_2O$

在使用的过程中，锌皮被不断的消耗，MnO_2 起氧化作用，糊状氯化铵作为电解质没有被消耗，碳粉是填料，处理回收的废电池可以获得多种物质，如：锌、汞、MnO_2、氯化铵和碳粉等，使其变废为宝。

本实验干电池的综合利用可做如下工作。

（1）NH_4Cl 的提取及提纯，并进行定性和定量分析。NH_4Cl 中 NH_4^+ 的含量分析采用甲醛法。

(2) MnO_2 的提取。
(3) 锌粒及 $ZnSO_4$ 的制备。
(4) $MnSO_4$、$ZnSO_4$ 的制备及锌锰复合微肥的配制。

2. 提供的仪器与试剂

分析天平，电子台秤，烧杯（250mL、100mL、50mL），玻棒，抽滤装置，滤纸，普通漏斗，蒸发皿，酒精灯，剪刀，pH 试纸。

废干电池，甲醛（40%），酚酞，草酸，高锰酸钾（$0.1mol \cdot L^{-1}$），硫酸（$2mol \cdot L^{-1}$、$8mol \cdot L^{-1}$），NaOH（$0.1mol \cdot L^{-1}$），硝酸（$2mol \cdot L^{-1}$），盐酸（$2mol \cdot L^{-1}$），双氧水（3%），硝酸银（$0.1mol \cdot L^{-1}$），$K_4[Fe(CN)_6]$（$0.2mol \cdot L^{-1}$），铬蓝 K – 萘酚绿指示剂，pH = 10 的 $NH_3 – NH_4Cl$ 缓冲溶液，EDTA（$0.02mol \cdot L^{-1}$），三乙醇胺。

3. 设计要求

(1) 设计出详细的实施方案。包括目的要求、实验原理、详细的操作步骤、实验用品以及注意事项和相关的反应式及计算公式等。
(2) 写出完整的实验报告。
(3) 应注意的关键问题及参考资料。

三、方案实施与结果讨论

根据方案实施情况，讨论本方案的优缺点。

实验 92　硫酸亚铁铵的制备（实验设计）

一、实验目的

(1) 了解硫酸亚铁铵复盐的制备原理。
(2) 练习水浴加热、过滤（常压、减压）、蒸发、浓缩、结晶和干燥等技术。
(3) 学习用目视比色检验产品质量的方法。
(4) 学习电热恒温水浴锅的使用方法。

二、预习与思考

（一）预习内容

(1) 目视比色的原理。
(2) 电热恒温水浴锅的使用方法。
(3) 水浴加热、过滤（常压、减压）、蒸发、浓缩、结晶和干燥等技术。

（二）思考下列问题

(1) 什么叫复盐？复盐与形成它的简单盐相比，有什么特点？

(2) 硫酸亚铁铵的制备原理是什么？如何提高其产率与质量？

(3) 在蒸发、浓缩过程中，若发现溶液变为黄色，是什么原因？应如何处理？

(4) 硫酸亚铁铵的产率如何计算？计算时是以硫酸亚铁的量为准，还是以硫酸铵的量为准？为什么？

(5) 在反应过程中，铁和硫酸哪一种应过量，为什么？混合液为什么要呈微酸性？

(6) $FeSO_4$ 溶液中加入 $(NH_4)_2SO_4$ 全部溶解后，为什么调节至 pH 为 1~2？

(7) 洗涤晶体时为什么用95%乙醇而不用水洗涤晶体？

三、实验原理

硫酸亚铁铵 $(NH_4)_2SO_4 \cdot FeSO_4 \cdot 6H_2O$ 又称莫尔盐，它是透明、浅蓝绿色单斜晶体，它比一般的亚铁盐稳定，在空气中不易被氧化，溶于水但不溶于乙醇。在定量分析中常用莫尔盐来配制亚铁离子的标准溶液。

硫酸亚铁铵可由等物质的量的 $FeSO_4$ 和 $(NH_4)_2SO_4$ 反应制得，其反应如下：

$$FeSO_4 + (NH_4)_2SO_4 + 6H_2O = (NH_4)_2SO_4 \cdot FeSO_4 \cdot 6H_2O$$

由于复盐在水中的溶解度比组成它的每一个组分的溶解度都要小，因此，只需要将 $FeSO_4$ 与 $(NH_4)_2SO_4$ 的浓溶液混合后，即得硫酸亚铁铵晶体。

本实验将铁屑溶于稀 H_2SO_4，先制得 $FeSO_4$ 溶液。然后往 $FeSO_4$ 溶液中加入 $(NH_4)_2SO_4$，使其全部溶解后，经浓缩、冷却，即得溶解度较小的硫酸亚铁铵晶体。

由于硫酸亚铁在中性溶液中能被溶于水中的少量氧气所氧化并进一步发生水解，甚至析出棕黄色的碱式硫酸铁（或氢氧化铁）沉淀，所以制备过程中溶液应保持足够的酸度。

$$4FeSO_4 + O_2 + 6H_2O = 2[Fe(OH)_2]_2SO_4 + 2H_2SO_4$$

（或解释为：$FeSO_4$ 在弱酸性溶液中容易氧化，生成黄色的碱式硫酸铁沉淀：$4FeSO_4 + O_2 + 2H_2O = 4Fe(OH)SO_4$）

产品中杂质 Fe^{3+} 的含量可用比色法来测定。由于 Fe^{3+} 能与 SCN^- 生成血红色的 $[Fe(SCN)]^{2+}$ 等，若产品溶液加入 SCN^- 后显较深的红色，则表明产品中含 Fe^{3+} 较多；反之则表明产品含 Fe^{3+} 较少。因而可将所制备的硫酸亚铁铵与 KSCN 在比色管中配成待测溶液，将它所呈现的红色与 $[Fe(NCS)]^{2+}$ 标准溶液色阶进行比较，找出与之红色深浅程度一致的标准溶液，则该标准溶液所示 Fe^{3+} 含量即为产品的杂质 Fe^{3+} 含量。依此可确定出产品的等级（每克一、二、三级硫酸亚铁铵的含 Fe^{3+} 限量分别为 0.05、0.10 和 0.20mg）。

四、实验内容

(1) 根据上述原理，设计出制备硫酸亚铁铵的方法。

(2) 列出所需试剂、仪器及材料。

(3) 制备硫酸亚铁铵。

(4) 产品检验——Fe^{3+} 的限量分析，以确定产品等级。

实验93　硫酸铜的制备及检验

一、实验目的

（1）了解制备硫酸铜的原理及方法。
（2）掌握溶解、加热、蒸发浓缩、减压过滤及重结晶等基本操作。
（3）学会物质纯度或含量的测定方法。

二、预习与思考

（一）预习内容

（1）固体溶解、加热蒸发、结晶的基本操作。
（2）减压过滤（包括热过滤）的基本操作。

（二）思考下列问题

（1）总结和比较倾析法、常压过滤、减压过滤、热过滤等操作方法的优缺点；它们分别应在什么条件下应用？
（2）除去 $CuSO_4$ 溶液中的 Fe^{3+} 杂质时，为什么必须先用 H_2O_2 将 Fe^{2+} 氧化为 Fe^{3+}，并调节溶液的 pH = 4，pH 值太大或太小对实验结果有何影响？
（3）蒸发、浓缩 $CuSO_4$ 溶液前为什么须调节溶液的 pH = 1（使溶液呈酸性）？
（4）蒸发、结晶制备 $CuSO_4 \cdot 5H_2O$，为什么刚出现晶膜即停止加热，而不是将溶液蒸干？

三、仪器与试剂

瓷坩埚、酒精灯、小烧杯（100mL、250mL）、量筒（10mL、50mL）、蒸发皿、铁架台、铁环、石棉网、滴管、布氏漏斗、吸滤瓶、泥三角、pH 试纸、普通滤纸、定量滤纸、电子台秤、循环水真空泵、剪刀。

硫酸（$2.0 mol \cdot L^{-1}$）、H_2O_2（3%）、NaOH（$2 mol \cdot L^{-1}$）、KI（10%）、KSCN（10%）、淀粉（0.5%）、铜屑、氨水（$6.0 mol \cdot L^{-1}$）。

四、实验原理

纯铜属于不活泼金属，不能溶于非氧化性酸中，但其氧化物在稀酸中却极易溶解。因此，制备硫酸铜时，先将铜氧化成氧化铜，然后将氧化铜溶于稀硫酸而制得。反应式为：

$$CuO + H_2SO_4 =\!=\!= CuSO_4 + H_2O$$

制得的硫酸铜溶液中，常含有不溶性和可溶性杂质。不溶性杂质可通过过滤除去；可溶性杂质中以硫酸亚铁和硫酸铁为主，可用 H_2O_2 溶液将 Fe^{2+} 氧化成 Fe^{3+}，然后调节溶液 pH = 4，使 Fe^{3+} 水解成为 $Fe(OH)_3$ 沉淀，再过滤除去。反应式如下：

$$2FeSO_4 + H_2SO_4 + H_2O_2 = Fe_2(SO_4)_3 + 2H_2O$$

$$Fe^{3+} + 3H_2O \xrightarrow[\Delta]{pH=4} Fe(OH)_3\downarrow + 3H^+$$

将除去杂质的 $CuSO_4$ 溶液蒸发溶剂，冷却结晶，得蓝色 $CuSO_4 \cdot 5H_2O$。

五、实验内容

1. 硫酸铜溶液的制备

用台秤称取 4.0g CuO 于 100mL 小烧杯中，加入 $2.0mol \cdot L^{-1}$ 硫酸溶液 30mL，微热使之溶解。在此硫酸铜溶液中加入 3% H_2O_2 溶液 2mL，加热，并逐滴加入 $2mol \cdot L^{-1}$ 的 NaOH 溶液直至 pH = 4（用 pH 试纸检验），加热片刻，静置，使红棕色的 $Fe(OH)_3$ 沉淀沉降。趁热减压过滤，滤液转移至洁净的烧杯中。

2. $CuSO_4 \cdot 5H_2O$ 的制备

在上述的硫酸铜溶液中，滴加 $2.0mol \cdot L^{-1}$ 的 H_2SO_4 酸化，调节溶液的 pH = 1，将滤液转至洁净的蒸发皿中，然后在石棉网上加热（切勿加热过猛以免飞溅）至表面出现一薄层结晶时停止加热，冷却至室温，使 $CuSO_4 \cdot 5H_2O$ 结晶析出，减压过滤，得 $CuSO_4 \cdot 5H_2O$ 晶体，称重。

3. 重结晶法提纯 $CuSO_4 \cdot 5H_2O$ 晶体

将制得的 $CuSO_4 \cdot 5H_2O$ 晶体按 1.0g 需加 1.2mL 水的比例溶于蒸馏水中，加热使之完全溶解。让其慢慢冷却，即有晶体析出（如无晶体析出，可在水浴上或小火加热蒸发，使其结晶）。完全冷却后，减压过滤，晶体用滤纸吸干，称量，计算产率。

4. $CuSO_4 \cdot 5H_2O$ 纯度检验

（1）铁的定性鉴定　将 1.0g $CuSO_4 \cdot 5H_2O$ 产品放入小烧杯中，用 10mL 蒸馏水溶解，加 1mL $1.0mol \cdot L^{-1}$ 硫酸溶液酸化，加 2mL 3% H_2O_2，煮沸片刻，待溶液冷却后，边搅拌边滴加 $6.0mol \cdot L^{-1}$ 氨水溶液至沉淀溶解使溶液呈深蓝色为止，然后将此溶液过滤，用滴管吸取 $2.0mol \cdot L^{-1}$ 氨水洗涤沉淀，直至洗去蓝色为止。若有 Fe^{3+} 存在，此时应有黄色的 $Fe(OH)_3$ 留在滤纸上，用少量蒸馏水洗涤沉淀，然后用滴管将 3mL $2.0mol \cdot L^{-1}$ 盐酸溶液滴在滤纸上使 $Fe(OH)_3$ 溶解，用洁净的试管接收滤液，再向此滤液中滴加 KSCN 溶液 2 滴，观察有无血红色配合物出现，若有血红色出现，以颜色深浅程度确定产品的纯度。

（2）$CuSO_4 \cdot 5H_2O$ 产品中铜含量的测定　称取五水硫酸铜晶体 0.25g 溶于水并定容至 100mL，移取此溶液 10.00mL，于 25mL 比色管中，加入 1∶1 的氨水 2.00mL，摇匀；加入蒸馏水稀释至 25.00mL 刻度处，摇匀，将此溶液与标准色阶比色，测出溶液中 Cu^{2+} 的浓度，并计算产品的纯度。

（3）$CuSO_4 \cdot 5H_2O$ 产品中结晶水含量的测定

实验 94　五水合硫酸铜结晶水的测定

一、实验目的

(1) 了解结晶水合物中结晶水含量的测定原理和方法。
(2) 学习研钵、干燥器等仪器的使用和沙浴加热、恒重等基本操作。
(3) 进一步熟悉分析天平的使用。

二、预习与思考

(一) 预习内容

(1) 分析天平的使用方法。
(2) 干燥器的使用方法。

(二) 思考下列问题

(1) 实验加热为什么用沙浴并控制温度在 240~280℃？
(2) 加热后的坩埚为什么要放在干燥器中冷却后称量？
(3) 为什么要进行重复的灼烧操作？什么叫恒重？其作用是什么？

三、实验原理

结晶水合物受热到一定温度时可以脱去结晶水的一部分或全部的水，把一定量的结晶水合物（不含吸附水）置于已灼烧至恒重的坩埚中，加热至较高温度（以不超过被测定物质的分解温度为限）脱水，然后把坩埚移入干燥器中，冷却至室温，再取出用分析天平称量。由结晶水合物经高温加热后的失重值可算出该结晶水合物所含结晶水的质量分数，以及每物质的量的该盐所含结晶水的物质的量，从而可确定结晶水合物的化学式。

$CuSO_4 \cdot 5H_2O$ 晶体在不同温度下的逐步脱水：

$$CuSO_4 \cdot 5H_2O = CuSO_4 \cdot 3H_2O + 2H_2O \ (\geqslant 48℃)$$
$$CuSO_4 \cdot 3H_2O = CuSO_4 \cdot H_2O + 2H_2O \ (\geqslant 99℃)$$
$$CuSO_4 \cdot H_2O = CuSO_4 + H_2O \ (\geqslant 218℃)$$

四、仪器与试剂

坩埚，坩埚钳，干燥器，电热沙浴盘，温度计（300℃），分析天平，研钵。
$CuSO_4 \cdot 5H_2O$ (s)，滤纸，沙子。

五、实验内容

1. 恒重坩埚

(1) 将坩埚洗干净，烘干，冷至略高于室温。

(2) 移入干燥器中，冷却至室温（注意：热坩埚放入干燥器后，一定要在短时间内将干燥器盖子打开 1~2 次，以免内部压力降低，难以打开）。

(3) 取出，用分析天平称量。重复加热至脱水温度以上、冷却、称量，直至恒重。

2. 五水合硫酸铜脱水

(1) 在已恒重的坩埚中加入 1.0~1.2g 研细的水合硫酸铜晶体，铺成均匀的一层，再用分析天平称量。

(2) 将已称量的、内装有水合硫酸铜晶体的坩埚置于沙浴盘中，将其 3/4 体积埋入沙内。

(3) 在靠近坩埚的沙浴中插入一支温度计（300℃），其末端应与坩埚底部大致处于同一水平。

(4) 加热沙浴慢慢升温，控制沙浴温度在 240~280℃ 之间。

(5) 当粉末由蓝色全部变为白色时停止加热（需 15~20min）。

(6) 移入干燥器，冷至室温，在分析天平上称量。记下数据。

(7) 重复以上操作，直到"恒重"（本实验要求两次称量之差 ≤0.001g）。

实验后将无水硫酸铜倒入回收瓶中。

3. 数据记录与处理（表 7-2）

表 7-2 数据记录表

空坩埚质量（g）			（空坩埚+五水合硫酸铜的质量）/g	（加热后坩埚+无水硫酸铜的质量）/g		
第一次称量	第二次称量	平均值		第一次称量	第二次称量	平均值

$CuSO_4 \cdot 5H_2O$ 的质量 m_1 _____。

$CuSO_4 \cdot 5H_2O$ 的物质的量 $= m_1/249.7 \text{g} \cdot \text{mol}^{-1}$ _____。

无水硫酸铜的质量 m_2 _____。

$CuSO_4$ 的物质的量 $= m_2/159.6 \text{g} \cdot \text{mol}^{-1}$ _____。

结晶水的质量 m_3 _____。

结晶水的物质的量 $= m_3/18.0 \text{g} \cdot \text{mol}^{-1}$ _____。

每物质的量的 $CuSO_4$ 结合结晶水的物质的量 _____。

水合硫酸铜的化学式 _____。

[实验注意事项]

① $CuSO_4 \cdot 5H_2O$ 要摊平铺成均匀的一层，用量最好不超过 1.2g。

② 温度要控制在 240~280℃。

③ 温度计与坩埚底要尽量在同一水平线上。

④ $CuSO_4 \cdot 5H_2O$ 粉末要由蓝色全部变成灰白色。

实验 95　转化法制备硝酸钾

一、实验目的

(1) 学习用转化法制备硝酸钾晶体。
(2) 学习溶解、过滤、热过滤和重结晶操作。

二、预习与思考

(一) 预习内容

(1) 固体溶解、加热蒸发、结晶的基本操作。
(2) 减压过滤（包括热过滤）的基本操作。

(二) 思考下列问题

(1) 制备硝酸钾晶体时，为什么要把溶液进行加热和过滤？
(2) 溶液沸腾后为什么温度高达100℃以上？
(3) 能否将除去氯化钠后的滤液直接冷却制取硝酸钾？

三、实验原理

本实验是采用转化法由 $NaNO_3$ 和 KCl 来制备硝酸钾，其反应如下：

$$NaNO_3 + KCl \rightleftharpoons NaCl + KNO_3$$

该反应是可逆的，因此可以改变反应条件使反应向右进行。

表 7−3　$NaNO_3$、KCl、$NaCl$、KNO_3 在不同温度下的溶解度（g/100g 水）

盐＼温度/℃	0	10	20	30	40	60	80	100
KNO_3	13.3	20.9	31.6	45.8	63.9	110.0	169	246
KCl	27.6	31.0	34.0	37.0	40.0	45.5	51.1	56.7
$NaNO_3$	73	80	88	96	104	124	148	180
$NaCl$	35.7	35.8	36.0	36.3	36.6	37.3	38.4	39.8

由表 7−3 的数据可以看出，反应体系中 4 种盐的溶解度在不同温度下的差别是非常显著的，氯化钠的溶解度随温度变化不大，而硝酸钾的溶解度随温度的升高却迅速增大。因此，将一定量的固体硝酸钠和氯化钾在较高温度溶解后加热浓缩时，由于氯化钠的溶解度增加很少，随着浓缩，溶剂水减少，氯化钠晶体首先析出。而硝酸钾溶解度增加很多，它达不到饱和，所以不析出。趁热减压抽滤，可除去氯化钠晶体。然后将此滤液冷却至室温，硝酸钾因溶解度急剧下降而析出。过滤后可得含少量氯化钠等杂质的硝

酸钾晶体。再经过重结晶提纯，可得硝酸钾纯品。

硝酸钾产品中的杂质氯化钠利用氯离子和银离子生成氯化银白色沉淀来检验。

四、仪器与试剂

量筒，烧杯，台秤，石棉网，三脚架，铁架台，热滤漏斗，布氏漏斗，吸滤瓶，抽气泵，蒸发皿，温度计（200℃）。

硝酸钠（s），氯化钾（s），$AgNO_3$（$0.1mol \cdot L^{-1}$），HNO_3（$5mol \cdot L^{-1}$）

五、实验内容

（1）在台秤上称取22.0g硝酸钠和15.0g氯化钾（取药量依据反应式给出的计量比，可根据工业品的实际纯度自行折算），放入100mL小烧杯中，加35mL蒸馏水，加热至沸，使固体溶解（记下小烧杯中液面的位置）。

（2）继续加热并不断搅动溶液，氯化钠逐渐析出，当体积减少到约为原来的2/3时，趁热快速减压抽滤（布氏漏斗在沸水中或烘箱中预热），承接滤液的抽滤瓶预先加入2mL蒸馏水，以防降温时氯化钠达饱和而析出。

（3）将滤液转移至小烧杯中，待滤液冷却到室温，用减压过滤法把硝酸钾晶体尽量抽干。得到的晶体为粗产品、称重。

（4）粗产品的重结晶

①除保留少量（0.1~0.2g）粗产品提供纯度检验外，按粗产品：水=2：1（质量比），将粗产品溶于蒸馏水中。

②加热、搅拌、待晶体全部溶解后停止加热。若溶液沸腾时，晶体还未完全溶解，可再加极少量蒸馏水使其溶解。

③待溶液冷却至室温后抽滤，得到纯度较高的硝酸钾晶体，称量，计算产率。

（5）产品纯度检验

分别取0.1g粗产品和重结晶得到的产品放入两支小试管中，各加入2mL蒸馏水配成溶液。再分别滴入1滴$5mol \cdot L^{-1}$硝酸酸化，再各滴入$0.1mol \cdot L^{-1}$硝酸银溶液2滴，观察现象，进行对比，重结晶后的产品溶液应为澄清。

实验96　一种钴（Ⅲ）配合物的制备

一、实验目的

（1）掌握制备Co（Ⅲ）配合物的原理和方法。

（2）学会初步推断配合物组成。

（3）学习使用电导仪。

二、预习与思考

（一）预习内容

（1）电导仪的使用方法。
（2）烘箱的使用方法。
（3）配合物的结构及配位平衡的有关理论

（二）思考下列问题

（1）将氯化钴加入氯化铵与浓氨水的混合液中，可发生什么反应，生成何种配合物？
（2）实验中加过氧化氢起何作用，如不用过氧化氢还可以用哪些物质，用这些物质有什么不好？上述实验中加浓盐酸的作用是什么？
（3）要使本实验制备的产品的产率高，你认为哪些步骤是比较关键的？为什么？
（4）有 5 个不同的配合物，试分析其组成后确定有共同的实验式：$K_2CoCl_2I_2(NH_3)_2$；电导测定得知在水溶液中 5 个化合物的电导率数值均与硫酸钠相近。请写出 5 个不同配电子的结构式，并说明不同配离子间有何不同。

三、实验原理

运用水溶液的取代反应来制取金属配合物，是在水溶液中的一种金属盐和一种配体之间的反应。实际上是用适当的配体来取代水合配离子中的水分子。氧化还原反应，是将不同氧化态的金属化合物，在配体存在下使其适当的氧化或还原制得金属配合物。

Co(Ⅱ)的配合物能很快地进行取代反应（是活性的），而 Co(Ⅲ) 配合物的取代反应则很慢（是惰性的）。Co(Ⅲ)的配合物制备过程一般是，通过 Co(Ⅱ)（实际上是它的水合配合物）和配体之间的一种快速反应生成 Co(Ⅱ) 的配合物，然后使它被氧化成为相应的 Co(Ⅲ) 配合物（配位数均为 6）。

常见的 Co(Ⅲ) 配合物有：
$[Co(NH_3)_6]^{3+}$（黄色）、$[Co(NH_3)_5H_2O]^{3+}$（粉红色）、$[Co(NH_3)_5Cl]^{2+}$（紫红色）、$[Co(NH_3)_4CO_3]^+$（紫红色）、$[Co(NH_3)_3(NO_2)_3]$（黄色）、$[Co(CN)_6]^{3-}$（紫色）、$[Co(NO_2)_6]^{3+}$（黄色）等。

用化学分析方法确定某配合物的组成，通常先确定配合物的外界，然后将配离子破坏再来看其内界。配离子的稳定性受很多因素影响，通常可用加热或改变溶液酸碱性来破坏它。本实验是初步推断，一般用定性、半定量甚至估量的分析方法。推定配合物的化学式后，可用电导仪来测定一定浓度配合物溶液的导电性，与已知电解质溶液的导电性进行对比，可确定该配合物化学式中含有几个离子，进一步确定该化学式。

游离的 Co(Ⅱ) 离子在酸性溶液中可与硫氰化钾作用生成蓝色配合物 [Co

$(NCS)_4]^{2-}$。因其在水中离解度大,故常加入硫氰化钾浓溶液或固体,并加入戊醇和乙醚以提高稳定性。由此可用来鉴定 Co(II) 离子的存在。其反应如下:

$$Co^{2+} + 4SCN^- = [Co(NCS)_4]^{2-} \text{(蓝色)}$$

游离的 NH_4^+ 离子可由奈氏试剂来鉴定,其反应如下:

$$NH_4^+ + 2[HgI_4]^{2-} + 4OH^- = \left[O\begin{array}{c}Hg\\ \\Hg\end{array}NH_2\right]I\downarrow + 7I^- + 3H_2O$$

四、仪器与试剂

电导仪,烘箱,电热恒温水浴,温度计,台秤,烧杯,锥形瓶,量筒,研钵,布氏漏斗,吸滤瓶,试管,滴管,药勺,试管夹等。

氯化铵(s),氯化钴(s),硫氰化钾(s),浓氨水,硝酸(浓),盐酸(6mol·L^{-1}、浓),H_2O_2(30%),$AgNO_3$(2mol·L^{-1}),$SnCl_2$(0.5mol·L^{-1}新配),奈氏试剂,乙醚,戊醇等。

五、实验内容

(一) 制备 Co(III) 配合物

(1) 在锥形瓶中将 1.0g 氯化铵溶于 6mL 浓氨水中,待完全溶解后持锥形瓶颈不断振荡,使溶液均匀。

(2) 分数次加入 2.0g 氯化钴粉末,边加边摇动,加完后继续摇动使溶液呈棕色稀浆。

(3) 再往其中滴加过氧化氢(30%) 2~3mL,边加边摇动,加完后再摇动,当溶液中停止起泡时,慢慢加入 6mL 浓盐酸,边加边摇动,并在水浴上微热,不能加热至沸(温度不要超过85℃),边摇边加热 10~15min,然后在室温下冷却混合物并摇动,待完全冷却后过滤出沉淀。

(4) 用 5mL 冷水分数次洗涤沉淀,接着用 5mL 冷的 6mol·L^{-1} 盐酸洗涤,产物在 105℃ 左右烘干并称量。

(二) 组成的初步推断

(1) 用小烧杯取 0.3g 所制的的产物,加入 35mL 蒸馏水,混匀后用 pH 试纸检验其酸碱性。

(2) 用试管取 5mL 上述实验 1 中所得混合液,慢慢滴加 2mol·L^{-1} 硝酸银溶液并搅动,直至加一滴硝酸银液后上部清液没有沉淀生成。然后过滤,往滤液中加 1mL 浓硝酸并搅动,再往溶液中滴加硝酸银溶液,观察有无沉淀,若有,滴加硝酸银至沉淀完全,比较一下与前面沉淀的量的多少。

(3) 用试管取 2~3mL 第 1 步中所得的混合液,加几滴氯化亚锡(0.5mol·L^{-1})溶液（为什么？），振荡后加入一粒（绿豆粒大小）的硫氰化钾固体，振荡后再加入1mL 戊醇、1mL 乙醚。振荡后观察上层溶液中的颜色（为什么？）。

（4）用试管取2mL 1 中所得的混合液，再加入少量蒸馏水，得清亮溶液后，加2滴奈氏试剂并观察变化。

（5）将第1步中剩下的混合液加热，观察溶液变化，直至完全变成棕黑色后停止加热，冷却后用pH 试纸检验溶液的酸碱性，然后过滤（必要时用双层滤纸）。取所得清亮液，再分别作一次3、4 实验。观察现象与原来的有什么不同。

通过这些实验你能推断出此配合物的组成吗？能写出其化学式吗？

（6）由上述自己初步推断的化学式来配制该配合物的$0.01 mol \cdot L^{-1}$浓度的溶液100mL，用电导仪测量其电导率，然后冲稀10 倍后再测其电导率并与下表对比，来确定其化学式中所含离子数（表7-4）。

表7-4 几种电解质电导率

电解质	类型	电导率/西门子 S*	
		$0.01 mol \cdot L^{-1}$	$0.001 mol \cdot L^{-1}$
KCl	1-1 型（2）	1 230	133
$BaCl_2$	1-2 型（3）	2 150	250
$K_3[Fe(CN)_6]$	1-3 型（4）	3 400	420

注：*电导率的SI 制单位为西门子，符号为S，$1S = 1\Omega^{-1}$

实验97 碱式碳酸铜的制备

一、实验目的

通过碱式碳酸铜制备条件的探求和生成物颜色、状态的分析，研究反应物的合理配料比并确定制备反应合适的温度条件，以培养独立设计实验的能力。

二、预习与思考

（一）预习内容

（1）碱式碳酸铜的性质。
（2）碱式碳酸铜的制备方法。

（二）思考下列问题

（1）哪些铜盐适合制取碱式碳酸铜？写出硫酸铜溶液和碳酸钠溶液反应的化学方程式。
（2）估计反应的条件，如反应温度、反应物浓度及反应物配料比对反应产物是否有影响。

(3) 各试管中沉淀的颜色为何会有差别？估计何种颜色产物的碱式碳酸铜含量最高？

(4) 若将 Na_2CO_3 溶液倒入 $CuSO_4$ 溶液，其结果是否会有所不同？

(5) 反应在何种温度下进行会出现褐色产物？这种褐色物质是什么？

三、实验原理

碱式碳酸铜 $Cu_2(OH)_2CO_3$ 为天然孔雀石的主要成分，呈暗绿色或淡蓝绿色粉末，俗称孔雀绿，密度 $4.0 g/cm^3$，在水中的溶解度很小，溶于酸，新制备的试样在沸水中很易分解。加热至 200℃ 即分解：

$$Cu_2(OH)_2CO_3 \xrightarrow{\Delta} 2CuO + CO_2 + H_2O$$

将铜盐加入到碳酸钠溶液中，可得碱式碳酸铜沉淀：

$$2CuSO_4 + 2Na_2CO_3 + H_2O = Cu_2(OH)_2CO_3\downarrow + 2Na_2SO_4 + CO_2\uparrow$$

碱式碳酸铜可用于颜料、杀虫灭菌剂和信号弹等。

四、仪器与试剂

台秤，烧杯（150mL）两只，量筒（10mL），试管，温度计，恒温水浴锅。$CuSO_4 \cdot 5H_2O(s)$，$Na_2CO_3(s)$。

五、实验内容

（一）反应物溶液配制

配制 $0.5 mol \cdot L^{-1}$ 的 $CuSO_4$ 溶液和 $0.5 mol \cdot L^{-1}$ 的 Na_2CO_3 溶液各 100mL：

(1) 配制 $CuSO_4$ 溶液：称 $CuSO_4 \cdot 5H_2O$（固体）$0.5 \times 0.1 \times 250 = 12.5g$ 放入烧杯中，加水稀释至 100mL。

(2) 配制 Na_2CO_3 溶液：称 Na_2CO_3（固体）$0.5 \times 0.1 \times 106 = 5.3g$ 放入烧杯中，加水稀释至 100mL。

（二）制备反应条件的探求

1. $CuSO_4$ 和 Na_2CO_3 溶液的合适配比

于 4 支试管内均加入 2.0mL $0.5 mol \cdot L^{-1}$ $CuSO_4$ 溶液，再分别取 $0.5 mol \cdot L^{-1}$ Na_2CO_3 溶液 1.6mL、2.0mL、2.4mL 及 2.8mL 依次加入另外 4 支编号的试管中。将 8 支试管放在 75℃ 的恒温水浴中。几分钟后，依次将 $CuSO_4$ 溶液分别倒入 Na_2CO_3 溶液中，振荡试管，比较各试管中沉淀生成的速度、沉淀的数量及颜色，从中得出两种反应物溶液以何种比例相混合为最佳。实验数据记录表 7-5。

表 7-5 实验数据记录表

项目 \ 编号	1	2	3	4
0.5mol·L^{-1} CuSO$_4$体积	2.0	2.0	2.0	2.0
0.5mol·L^{-1} Na$_2$CO$_3$体积（mL）	1.6	2.0	2.4	2.8
Na$_2$CO$_3$/CuSO$_4$（mol比）	0.8	1	1.2	1.4
沉淀生成的速度				
沉淀的数量				
沉淀的颜色				
最佳比例				

2. 反应温度的探求

在 3 支试管中，各加入 2.0mL 0.5mol·L^{-1} CuSO$_4$溶液，另取 3 支试管，各加入由上述实验得到的合适用量的 0.5mol·L^{-1} Na$_2$CO$_3$溶液。从这两列试管中各取一支，将它们分别置于室温、50℃、100℃的恒温水浴中，数分钟后将 CuSO$_4$溶液倒入 Na$_2$CO$_3$溶液中，振荡并观察现象，由实验结果确定制备反应的合适温度（表 7-6）。

表 7-6 实验数据记录表

项目 \ 编号	1	2	3
0.5mol·L^{-1} CuSO$_4$体积（mL）	2.0	2.0	2.0
0.5mol·L^{-1} Na$_2$CO$_3$体积（mL）			
水浴温度℃	室温	50℃	100℃
沉淀生成的速度			
沉淀的数量			
沉淀的颜色			
最佳温度			

（三）碱式碳酸铜制备

取 20mL 0.5mol·L^{-1} CuSO$_4$溶液，根据上面实验确定的反应物合适比例及适宜温度制取碱式碳酸铜。待沉淀完全后，用蒸馏水洗涤沉淀数次，直到沉淀中不含 SO_4^{2-} 为止，吸干。

将所得产品在烘箱中于 100℃烘干，待冷至室温后称量，并计算产率。

实验98 硫代硫酸钠的制备

一、实验目的

(1) 学习亚硫酸钠法制备硫代硫酸钠的原理和方法。
(2) 学习硫代硫酸钠的检验方法。

二、预习与思考

(一) 预习内容

(1) 亚硫酸钠、硫代硫酸钠的性质。
(2) 结晶操作中需注意的问题。

(二) 思考下列问题

(1) 硫黄粉稍有过量,为什么?
(2) 为什么加入乙醇?目的何在?
(3) 为什么要加入活性炭?
(4) 如果没有晶体析出,该如何处理?
(5) 减压过滤后晶体要用乙醇来洗涤,为什么?

三、实验原理

硫代硫酸钠是最重要的硫代硫酸盐,俗称"海波",又名"大苏打",是无色透明单斜晶体。易溶于水,不溶于乙醇,具有较强的还原性和配位能力,是冲洗照相底片的定影剂,棉织物漂白后的脱氯剂,定量分析中的还原剂。有关反应如下:

$$AgBr + 2S_2O_3^{2-} =\!=\!= Ag(S_2O_3)_2]^{3-} + Br^-$$

$$2Ag^+ + S_2O_3^{2-} =\!=\!= Ag_2S_2O_3\downarrow \text{(白)}$$

$$Ag_2S_2O_3 + H_2O =\!=\!= Ag_2S\downarrow + H_2SO_4 \text{(用作 } S_2O_3^{2-} \text{的定性鉴定)}$$

$$2S_2O_3^{2-} + I_2 =\!=\!= S_4O_6^{2-} + 2I^-$$

$Na_2S_2O_3 \cdot 5H_2O$ 的制备方法有多种,其中亚硫酸钠法是工业和实验室中的主要方法:

$$Na_2SO_3 + S + 5H_2O =\!=\!= Na_2S_2O_3 \cdot 5H_2O$$

反应液经脱色、过滤、浓缩结晶、过滤、干燥即得产品。
$Na_2S_2O_3 \cdot 5H_2O$ 于 40~45℃熔化,48℃分解,因此,在浓缩过程中要注意不能蒸发过度。

四、仪器与试剂

烧杯,量筒,台秤,蒸发皿,泥三角,三角架,铁架台,布氏漏斗,吸滤瓶,抽气泵，点滴板。

Na$_2$SO$_3$（s），乙醇，活性炭，AgNO$_3$（0.1mol·L^{-1}），碘水，KBr（0.1mol·L^{-1}），硫黄。

五、实验内容

（1）取5.0g Na$_2$SO$_3$（0.04mol）于100mL烧杯中，加50mL去离子水搅拌溶解。

（2）取1.5g硫黄粉于100mL烧杯中，加3mL乙醇充分搅拌均匀，再加入Na$_2$SO$_3$溶液，隔石棉网小火加热煮沸，不断搅拌至硫黄粉几乎全部反应。

（3）停止加热，待溶液稍冷却后加1g活性炭，加热煮沸2分钟。

（4）趁热过滤至蒸发皿中，于泥三角上小火蒸发浓缩至溶液呈微黄色浑浊。

（5）冷却、结晶。

（6）减压过滤，滤液回收。

（7）晶体用乙醇洗涤，用滤纸吸干后，称重，计算产率。

（8）取一粒硫代硫酸钠晶体于点滴板的一个孔穴中，加入几滴去离子水使之溶解，再加两滴0.1mol·L^{-1} AgNO$_3$，观察现象，写出反应方程式。

（9）取一粒硫代硫酸钠晶体于试管中，加1mL去离子水使之溶解，再分成两份，滴加碘水，观察现象，写出反应方程式。

（10）取10滴0.1mol·L^{-1} AgNO$_3$于试管中，加10滴0.1mol·L^{-1} KBr，静置沉淀，弃去上清液。另取少量硫代硫酸钠晶体于试管中，加1mL去离子水使之溶解。将硫代硫酸钠溶液迅速倒入AgBr沉淀中，观察现象，写出反应方程式。

[注意事项]

①蒸发浓缩时，速度太快，产品易结块；速度太慢，产品不易形成结晶。

②反应中的硫黄用量已经是过量的，不需再多加。实验过程中，浓缩液终点不易观察，有晶体出现即可。

实验99　环己烯的制备

一、实验目的

（1）熟悉环己烯制备的反应原理。
（2）掌握环己烯的制备方法和基本操作。

二、预习与思考

（1）烯烃的物理和化学性质。
（2）烯烃的常用制备方法。
（3）在粗制的环己烯中，加入精盐使水层饱和的目的何在？
（4）在蒸馏终止前，出现的阵阵白雾是什么？
（5）下列醇用浓硫酸进行脱水反应的主要产物是什么？

① 3-甲基-1-丁醇；② 3-甲基-2-丁醇；③ 3,3-二甲基-2-丁醇。

三、实验原理

实验室中主要使用浓硫酸等作为催化剂使醇脱水或卤代烃在强碱存在下发生消除反应来制备烯烃。本实验采用浓硫酸作为催化剂使环己醇脱水来制备环己烯，反应式如下：

$$\text{C}_6\text{H}_{11}\text{OH} \xrightarrow[\Delta]{\text{H}_2\text{SO}_4} \text{C}_6\text{H}_{10} + \text{H}_2\text{O}$$

四、仪器和试剂

圆底烧瓶（50mL）、分馏柱、冷凝管、温度计、分液漏斗。
环己醇、浓硫酸、无水氯化钙。

五、实验步骤

在 50mL 干燥的圆底烧瓶中，放入 15g 环己醇（15.6mL，0.15mol）、1mL 浓硫酸和几粒沸石，充分振摇使混合均匀。烧瓶上装一短的分馏柱作分馏装置，接上冷凝管，用锥形瓶作接受器，外用冰水冷却。用小火慢慢将反应混合物加热至沸腾，控制加热速度使分馏柱上端的温度不要超过 90℃，馏出液为环己烯和水的混合物。如无液体蒸出时，可将火加大。当烧瓶中只剩下很少量的残渣并出现阵阵白雾时，即可停止蒸馏。全部蒸馏时间约需 1h。

将馏出液用精盐饱和，然后加入 3~4mL 5% 碳酸钠溶液中和微量的酸。将此液体倒入小分液漏斗中，振摇后静置分层。将下层水溶液自漏斗下端活塞放出、上层的粗产物自漏斗的上口倒入干燥的锥形瓶中，加入 1~2g 无水氯化钙干燥。将干燥后的液体滤入干燥的蒸馏瓶中，加入沸石后用水浴加热蒸馏，收集 80~85℃ 的馏分。产量 6~8g。纯环己烯为无色液体，b. p. 82.98℃，n_D^{20} = 1.446 5。

实验 100　溴乙烷的制备

一、实验目的

(1) 学习用醇和氢卤酸反应制取卤代烷的原理。
(2) 掌握溴乙烷的制备的方法和基本操作。

二、预习与思考

(1) 卤代烷的物理和化学性质。
(2) 制备卤代烷常用的方法。
(3) 本实验中采用了哪些措施来提高溴乙烷的产率？
(4) 溴乙烷如何分离纯化的，分离纯化的依据是什么？

(5) 在实验中，如何才能确定第一步蒸馏的终点？

三、实验原理

本实验中由 C_2H_5OH 与 NaBr、浓硫酸共热而制得溴乙烷。反应中加入过量的硫酸，可以加速反应的进行并能提高反应的收率。但硫酸的存在，会使乙醇脱水生成烯烃或醚，反应式如下：

$$NaBr + H_2SO_4 \longrightarrow HBr + NaHSO_4$$

$$CH_3CH_2OH + HBr \longrightarrow CH_3CH_2Br + H_2O$$

$$CH_3CH_2OH \xrightarrow{H_2SO_4} CH_2=CH_2 + H_2O$$

$$2CH_3CH_2OH \xrightarrow{H_2SO_4} CH_3CH_2OCH_2CH_3 + H_2O$$

四、仪器与试剂

圆底烧瓶（100mL）、蒸馏头、直形冷凝管、分液漏斗、锥形瓶、加热套。
乙醇、溴化钠、浓硫酸、饱和亚硫酸氢钠。

五、实验内容

在100mL圆底烧瓶中加入10mL（0.17mol）95% 乙醇，6.5mL水，然后振荡下缓慢加入15mL浓硫酸，混合物冷却后，搅拌下加入研细的15g（0.15mol）溴化钠，小心摇动烧瓶使其均匀，再加入几粒沸石，安装蒸馏反应装置。

溴乙烷沸点很低，极易挥发。为了避免损失，在接收器中加入冷水及5mL饱和亚硫酸氢钠溶液，放在冰水浴中冷却。

小心加热，使反应液微微沸腾，30min后加热进行蒸馏，直到无溴乙烷流出为止。（随反应进行，反应混合液有大量气体出现，此时一定控制加热强度，不要造成暴沸，然后固体逐渐减少，当固体全部消失时，反应液变得黏稠，然后变成透明液体。此时已接近反应终点）。

用盛有水的烧杯检查无溴乙烷流出。将接收器中的液体倒入分液漏斗，静置分层后，将下层溴乙烷转移至干燥的锥形瓶中。在冰水冷却下，小心加入4mL浓硫酸，边加边摇动锥形瓶进行冷却。用干燥的分液漏斗分出下层浓硫酸。将上层溴乙烷从分液漏斗上口倒入50mL烧瓶中，加入几粒沸石，进行蒸馏。由于溴乙烷沸点很低，接收器要在冰水中冷却。接收 37~40℃ 的馏分。产量约8g。溴乙烷为无色液体，b.p.38.4℃，$n_D^{20} = 1.4239$。

实验101 1-溴丁烷的制备

一、实验目的

(1) 学习以正丁醇制备1-溴丁烷的原理。

(2) 掌握 1-溴丁烷的制备的方法和基本操作。
(3) 学习有害气体吸收装置的安装、回流操作、液体的洗涤和干燥操作。

二、预习与思考

(1) 卤代烷进行加成反应和消除反应的影响因素。
(2) 卤代烷物理和化学性质。
(3) 加热时，先使 NaBr 与浓硫酸混合，然后加入正丁醇和水，可以吗？
(4) 粗产品中可能含有哪些杂质？本实验中是如何除去的，1-溴丁烷的分离纯化步骤？
(5) 从反应混合物中蒸馏出粗产品时，如何判断蒸馏是否完全？
(6) 用分液漏斗洗涤产物时，用什么简易办法判断哪一层是产品？

三、实验原理

本实验中由 $n-C_4H_9OH$ 与 NaBr、浓硫酸共热而制得的 $n-C_4H_9Br$。反应中加入过量的浓硫酸，可以加速反应的进行并能提高反应的收率。但硫酸的存在，会使正丁醇脱水生成烯烃或醚，反应式如下：

$$NaBr + H_2SO_4 \longrightarrow HBr + NaHSO_4$$

$$CH_3(CH_2)_2CH_2OH + HBr \longrightarrow CH_3(CH_2)_2CH_2Br + H_2O$$

$$CH_3CH_2CH_2CH_2OH \xrightarrow{\text{浓硫酸}/\Delta} CH_3CH_2CH=CH_2 + H_2O$$

$$2CH_3CH_2CH_2CH_2OH \xrightarrow{\text{浓硫酸}/\Delta} (CH_3CH_2CH_2CH_2)_2O + H_2O$$

$$2HBr + H_2SO_4 \xrightarrow{\Delta} Br_2 + SO_2 + 2H_2O$$

正丁醇、正丁醚可溶于浓硫酸，用浓硫酸洗涤除去正丁醇和副产物，获得纯净的正溴丁烷。

四、仪器与试剂

圆底烧瓶（50mL、100mL）、回流冷凝管、分液漏斗（100mL）、直型冷凝管、蒸馏头、温度计、接液管、锥形瓶、烧杯、加热套、阿贝折射仪。

正丁醇、浓硫酸、NaBr（固）、Na_2SO_3（5%）、NaOH（5%）、$NaHCO_3$（饱和）、无水氯化钙、pH 试纸。

五、实验内容

在 100mL 圆底烧瓶中加入 15mL 水，再小心加入 18mL 浓硫酸，混合均匀后冷却至室温。依次加入 11.2mL（0.12mol）正丁醇及 15g（0.15mol）研细的 NaBr。充分振荡后，加入几粒沸石。装上回流冷凝管，在其上口接 HBr 气体的吸收装置，用水作吸收剂（注意防止倒吸）。将烧瓶小火加热回流 1h，并经常摇动。稍冷后，拆去回流装置，改装蒸馏装置，蒸馏出所有的正溴丁烷。

将蒸馏液移入分液漏斗中，加入 10mL 水洗涤。将下层粗产品转移至另一分液漏斗中，用 8mL 浓硫酸洗涤以除去粗产品中的正丁醇和正丁醚等杂质。弃去硫酸层，再分别用 10mL 水、饱和碳酸氢钠溶液洗涤。最后将产品转入干燥洁净的锥形瓶中，加入 1.0g 无水氯化钙干燥，塞紧瓶塞，不断摇动以促其吸收水分（需 30min 以上）。

将干燥好的液体小心地转移入 50mL 圆底烧瓶中（不能转入干燥剂），加一粒沸石，在石棉网上加热蒸馏，收集 99~103℃ 的馏分。称量，计算产率。正溴丁烷的折光率为 $n_D^{20} = 1.440\ 1$。

实验 102　乙醚的制备

一、实验目的

(1) 掌握实验室制备乙醚的原理和方法。
(2) 掌握低沸点易燃液体的蒸馏操作。

二、预习与思考

(一) 预习内容

(1) 制备乙醚的原理和方法。
(2) 低沸点易燃液体的蒸馏操作。

(二) 思考下列问题

(1) 反应温度过高或过低对反应有什么影响？
(2) 反应中可能产生的副产物是什么？
(3) 蒸馏和使用乙醚时应注意哪些事项？为什么？

三、实验原理

醚是一类重要的有机化合物，有些有机反应必须在醚中进行，例如 Grignard 反应，因此醚是有机合成中常用的溶剂。乙醚通常由乙醇在浓硫酸存在下加热脱水来制备。

$$CH_3CH_2OH + H_2SO_4 \longrightarrow CH_3CH_2OSO_3H + H_2O$$

$$CH_3CH_2OSO_3H + CH_3CH_2OH \xrightarrow{140 \sim 150℃} CH_3CH_2OCH_2CH_3 + H_2SO_4$$

四、仪器与试剂

三颈烧瓶（100mL）、圆底烧瓶（50mL）、回流冷凝管、直型冷凝管、滴液漏斗、分液漏斗（150mL）、阿贝折射仪。

95% 乙醇、NaCl、$CaCl_2$、NaOH、浓硫酸。

五、实验步骤

在 100mL 干燥三口瓶中放入 10mL（0.17mol）95% 乙醇，然后将三口瓶浸入冰水浴中；一边摇动烧瓶一边慢慢加入 12.5mL 浓硫酸，使混合均匀，并加入几粒沸石，三口瓶瓶口分别装有滴液漏斗、温度计和蒸馏装置。滴液漏斗的末端、温度计的水银球应浸入液面以下距三口瓶底 0.5~1cm 处，接受瓶应浸入冰盐水中，弯接管支管处应接橡皮管，然后将其通入水槽中（注意整个装置必须严密不漏气）。在滴液漏斗中加入 20mL（0.34mol）95% 的乙醇，将三口瓶用油浴加热，当反应温度升到 140℃ 时，开始从滴液漏斗处滴加乙醇，控制滴加乙醇的速度，使它和蒸出乙醚的速度大致相等（约每秒钟 1~2 滴）并维持反应温度在 140~150℃，乙醇在 30~40min 滴加完毕。然后继续加热大约 10min，直到温度上升到 160℃ 时停止加热。反应完毕。

将馏出液倒入 150mL 的分液漏斗中，依次用 8mL 5% 的 NaOH 溶液和 8mL 饱和的氯化钠溶液洗涤。然后再用饱和氯化钙溶液洗涤两次，每次用 8mL。静置，分层。将乙醚层倒入干燥的锥形瓶中，用 1~2g 的无水氯化钙干燥。塞上塞子，静置一段时间。当瓶内乙醚澄清时，滤至干燥的 50mL 蒸馏烧瓶中，加入沸石后用预先准备好的 50~60℃ 的热水浴进行蒸馏。收集 33~38℃ 的馏分。纯乙醚的 b. p. 35℃，$n_D^{20} = 1.3526$。

实验 103　甲基叔丁基醚的制备

一、实验目的

（1）了解甲基叔丁基醚的制备的原理。
（2）掌握用硫酸催化脱水法制备混合醚的方法。

二、预习与思考

（一）预习内容

（1）混合醚制备的原理和方法。
（2）醚的物理、化学性质。

（二）思考下列问题

混合醚的制备通常采用威廉逊合成法，本实验可用硫酸催化脱水法制备甲基叔丁基醚，为什么？

三、实验原理

甲基叔丁基醚具有优良的抗震性，是无铅汽油的重要抗震剂。叔丁醇和甲醇分子间脱水可以用于制备甲基叔丁基醚，实验室常用的脱水剂是硫酸。

$$(CH_3)_3COH + CH_3OH \xrightarrow{15\% \ H_2SO_4} (CH_3)_3COCH_3$$

四、仪器与试剂

圆底烧瓶（150mL、50mL）、分馏柱、回流冷凝管、直型冷凝管、滴液漏斗、分液漏斗（100mL）等、阿贝折射仪。

叔丁醇、甲醇、NaCl、$CaCl_2$、NaOH、浓硫酸。

五、实验步骤

在 150mL 的圆底烧瓶上配置一个分馏柱，分馏柱的顶端装上蒸馏头和温度计，在蒸馏头支管处依次配置直形冷凝管、弯接管和接收瓶。弯接管支管处与橡皮管连接并将橡皮管导入水槽。接收瓶放在冰水浴中。将 35mL 15% 的硫酸，8mL（0.2mol）甲醇和 10mL（0.11mol）叔丁醇放入圆底烧瓶中，不断振摇使其充分混合，然后加入几粒沸石，水浴加热。收集 49～53℃时的馏分。然后将馏分转移至分液漏斗中，依次用 25mL 的水、15mL 5% 的 NaOH 水溶液、15mL 饱和氯化钠和 15mL 饱和氯化钙溶液洗涤。然后将醚溶液用无水氯化钙干燥。待瓶内液体澄清后，将液体滤入干燥的 50mL 的圆底烧瓶中，加入沸石，水浴加热下常压蒸馏。收集 53～56℃时的馏分，产品为无色透明液体。纯甲基叔丁基醚 b. p. 55.2℃，n_D^{20} = 1.3690。

实验 104 苯乙酮的制备

一、实验目的

（1）掌握傅-克反应的原理。
（2）掌握苯乙酮的制备方法和无水操作及搅拌装置的安装、蒸馏等操作。

二、预习与思考

（一）预习内容

（1）傅-克反应的原理。
（2）无水操作及搅拌装置的安装。

（二）思考下列问题

（1）为什么要用过量的苯和三氯化铝？为什么要逐滴地滴入乙酸酐？
（2）本实验所用仪器和试剂均需充分干燥，否则影响反应的顺利进行。操作中如何注意。

三、实验原理

Friedel-Crafts 酰基化反应是制备芳香族酮的主要方法。在无水三氯化铝存在下，酸酐与比较活泼的芳香族化合物发生亲电取代反应，产物是芳基酮。所有 Friedel-Crafts 反应均需在无水条件下进行。苯乙酮利用苯与乙酸酐在路易斯酸催化剂（三氯化铝）作用下的反应制备：

$$C_6H_6 + (CH_3CO)_2O \xrightarrow{AlCl_3} C_6H_5COCH_3 + CH_3COOH$$

四、仪器与试剂

三口烧瓶（250mL）、圆底烧瓶（100mL）、分馏柱、回流冷凝管、直型冷凝管、滴液漏斗、分液漏斗（100mL）、干燥管等。

苯、乙酸酐、三氯化铝、无水硫酸镁、NaCl、NaOH、浓盐酸。

五、实验步骤

在 250mL 干燥的三口瓶中装上搅拌器，恒压滴液漏斗和回流冷凝管（这些仪器都应干燥过）。在冷凝管的上端装一个氯化钙干燥管，干燥管与氯化氢气体吸收装置相连。

迅速称取研碎的无水三氯化铝 18g，然后快速地加入三口瓶中，再加入干燥过的无水苯 22mL（0.247mol）。在搅拌下，自滴液漏斗处慢慢滴加 8mL（0.071mol）新蒸过的乙酸酐。控制滴加速度使反应平稳进行，大约需 30min 滴加完毕。然后将三口瓶放在 50~60℃ 水浴中加热并搅拌，直到反应液中无氯化氢气体逸出为止（此时说明三氯化铝已溶解完，此过程大约需要 40min）。

将反应液冷却至室温，然后将三口瓶浸入冷水浴中，在搅拌下慢慢加入 25mL 浓盐酸和 50mL 冰水组成的混合液，使瓶内固体完全溶解。然后将瓶内液体转至分液漏斗中，振摇，静止，分层。分出有机层，水层每次用 10mL 的苯萃取两次。将有机层和苯萃取液合并，然后依次用 20mL 水和 20mL 5% NaOH 水溶液对有机层进行洗涤。然后用无水硫酸镁干燥有机层，先用常压蒸馏法蒸出苯。然后用减压蒸馏的方法蒸出产品，产品为无色透明液体。纯苯乙酮 b. p. 202℃。

实验105　苯亚甲基苯乙酮（查尔酮）的制备

一、实验目的

(1) 了解 Aldol 缩合反应机理、反应条件和查尔酮制备的原理。
(2) 掌握查尔酮制备的方法和操作。

二、预习与思考

（一）预习内容

(1) Aldol 缩合反应机理。
(2) 查尔酮制备的反应条件和原理。

（二）思考下列问题

(1) 为什么 2-羟基查尔酮为橙色固体？从结构上说明。
(2) 本实验中可能的副反应有哪些？怎样可以避免？

(3) 为什么该产品析晶较困难？

三、实验原理

查尔酮及羟基查尔酮是合成黄酮、黄酮醇以及二氢查尔酮衍生物等的重要中间体，也可用于香料和药物等精细化学品的合成。以无水 NaOH 做催化剂，苯甲醛与苯乙酮 Aldol 缩合反应，合成查尔酮，合成路线如下：

$$C_6H_5CHO + CH_3COPh \xrightarrow{NaOH} C_6H_5CH = CHCOPh + H_2O$$

四、仪器和试剂

三颈瓶（100mL）、搅拌器、温度计、回流冷凝器及滴液漏斗等。
苯甲醛、苯乙酮、乙醇（95%）、氢氧化钠、乙酸乙酯。

五、操作步骤

在配有搅拌器、温度计、回流冷凝器及滴液漏斗的 100mL 的三颈瓶中，加入 20mL 10% NaOH 水溶液、乙醇（95%）15mL 及苯乙酮 5.2g（0.044mol），水浴加热到 20℃，滴加苯甲醛 4.6g（0.044mol），滴加过程中维持反应温度 20~25℃，加毕，于该温度下继续搅拌反应 0.5h，加入少量的查尔酮做晶种，继续搅拌 1.5h，析出沉淀，抽滤、水洗至呈中性，抽干得粗产品，以乙酸乙酯为溶剂重结晶，得精品为浅黄色针状结晶，收率约 85%。m. p. 55~56℃。

实验 106 肉桂酸的制备

一、实验目的

(1) 了解肉桂酸的制备原理和方法。
(2) 掌握回流、水蒸气蒸馏等操作。

二、预习与思考

(一) 预习内容

(1) 肉桂酸的制备原理和方法。
(2) 回流、水蒸气蒸馏等操作。

(二) 思考下列问题

(1) 苯甲醛和丙酸酐在无水碳酸钾的存在下相互作用后得到什么产物？用酸酸化时，能否用浓硫酸？
(2) 具有何种结构的醛能进行 Perkin 反应？

(3) 用水蒸气蒸馏除去什么？为什么能用水蒸气蒸馏法纯化产品？

三、实验原理

利用 Perkin 反应，将芳醛与酸酐混合后在相应的羧酸盐存在下加热，可制得 α、β-不饱和酸。本实验按照 Kalnin 所提出的方法，用碳酸钾代替 Perkin 反应中的醋酸钾，反应时间短，产率高。例如：

$$\text{C}_6\text{H}_5\text{CHO} + (\text{CH}_3\text{CO})_2\text{O} \xrightarrow[140\sim180\text{℃}]{\text{CH}_3\text{COOK}} \text{C}_6\text{H}_5\text{CH}=\text{CHCOOH} + \text{CH}_3\text{COOH}$$

四、仪器与试剂

三口烧瓶（100mL）、空气冷凝管、温度计（250℃）、烧瓶（250mL）、加热套、烧杯、布氏漏斗、吸滤瓶。

苯甲醛、氢氧化钠、浓盐酸、乙醇、乙酸酐、无水碳酸钾、醋酸。

五、实验步骤

100mL 三颈烧瓶中放入 1.5mL（0.015mol）新蒸馏过的苯甲醛，4mL（0.036mol）新蒸馏过的乙酸酐以及研细的 2.2g（0.016mol）无水碳酸钾。在石棉网上加热回流 1h。由于有二氧化碳放出，初期有泡沫产生。

待反应物冷却后，加入 10mL 温水，改为水蒸气蒸馏装置蒸馏出未反应完的苯甲醛。再将烧瓶冷却，加入 10mL 10% NaOH 溶液，以保证所有的肉桂酸成钠盐而溶解。抽滤，将滤液倾入 250mL 烧杯中，冷却至室温，在搅拌下用浓盐酸酸化至刚果红试纸变蓝。冷却，抽滤，用少量水洗涤沉淀，抽干。粗产品在空气中晾干，产量约 1.5g（产率约 68%）。粗产品可用 5:1 的水-乙醇重结晶。纯肉桂酸 m.p. 135~136℃。

实验 107　香豆素-3-羧酸乙酯的制备

一、实验目的

(1) 掌握克脑文格尔（Knoevenagel）缩合反应及其应用。
(2) 掌握香豆素-3-羧酸乙酯的制备方法。

二、预习与思考

（一）预习内容

(1) 香豆素的结构、性质及用途。
(2) Knoevenagel 缩合反应及其应用。

(二) 思考下列问题

(1) 反应加入哌啶和少量冰醋酸作催化剂，可能的机理是什么？试用反应表示。
(2) 用冰冷过的 50% 乙醇洗涤产物目的是什么？

三、实验原理

香豆素学名为 1，2－苯并吡喃－2－酮，最早从香豆的种子中分离出，许多天然植物的精油中都含有香豆素。许多香豆素衍生物是中草药的有效成分，具有药理作用，还可以作为农药及杀虫剂。香豆素和它的一些衍生物也是日用化学工业中的重要香料，还用于橡胶和塑料制品。本实验采用邻羟基苯甲醛（水杨醛）和丙二酸二乙酯在哌啶的催化作用下经 Knoevenagel 生成香豆素－3－羧酸乙酯。

$$\text{邻羟基苯甲醛} + CH_2(COOC_2H_5)_2 \xrightarrow{\text{哌啶}} \text{香豆素-3-羧酸乙酯}$$

四、仪器与试剂

圆底烧瓶（50mL）、空气冷凝管、烧瓶（250mL）、加热套、烧杯、布氏漏斗、吸滤瓶、干燥管。

邻羟基苯甲醛、丙二酸二乙酯、无水乙醇、哌啶、乙醇（95%）、醋酸。

五、实验步骤

在干燥的 50mL 圆底烧瓶中加入邻羟基苯甲醛 2mL（2.3g，0.0019mol）。丙二酸二乙酯 3.2mL（3.3g，0.0021mol），无水乙醇 12mL，哌啶 0.2mL 和一滴冰醋酸，再加入几粒沸石，装上冷凝器，冷凝器顶端加干燥管。水浴加热回流 2h。稍冷，将反应物转移至锥形瓶中，加入 14mL 水后置冰水浴中冷却。待结晶出完全后，抽滤。用冰冷过的 50% 乙醇洗涤二次，每次用 1mL，干燥后得白色结晶约 3g，m. p. 92～93℃，可用 25% 乙醇重结晶。

实验 108　呋喃甲醇和呋喃甲酸的制备

一、实验目的

(1) 了解康尼扎罗（Cannizzaro）反应的原理及其应用。
(2) 掌握高沸点蒸馏、蒸馏、重结晶等基本操作。

二、预习与思考

(一) 预习内容

(1) 康尼扎罗反应的原理及反应条件。
(2) 蒸馏、重结晶等操作。

(二) 思考下列问题

(1) 在操作过程中,怎样控制反应温度?
(2) 为什么要等 NaOH 溶解后,再用冰水冷却?
(3) 在操作中,如果用于冷却的冰水进入反应液中,会有什么结果?
(4) 乙醚提取后的水溶液为什么要酸化到 pH = 2~3? 酸化到中性可以吗?

三、实验原理

Cannizzaro 反应是指不含 α - 活泼氢的醛,在强碱存在下,进行自身的氧化还原反应,一分子醛被氧化成酸,另一分子醛被还原为醇。呋喃甲酸和呋喃甲醇可以通过呋喃甲醛和氢氧化钠作用来制备。

$$\text{furfural-CHO} \xrightarrow{\text{NaOH}} \text{furfural-COOH} + \text{furfural-CH}_2\text{OH}$$

四、仪器与试剂

烧杯 (100mL)、锥形瓶 (50mL)、加热套、直形冷凝管、空气冷凝管、分液漏斗、吸滤瓶。

呋喃甲醛、氢氧化钠、乙醚、无水碳酸钾、浓盐酸、乙醇 (95%)、醋酸。

五、实验步骤

将 11mL (0.133mol) 新蒸的呋喃甲醛置于 100mL 烧杯中,用冰水浴冷却。另取 5.4g (0.133mol) NaOH 于 50mL 锥形瓶中,加 8mL 水,搅拌溶解后,再用冰水冷却至室温。搅拌下用滴管将 NaOH 溶液缓慢地滴加到呋喃甲醛中,控制反应温度在 10~15℃。滴完后,继续搅拌 0.5~1h,以保证反应完全。反应得一黄色浆状物。在搅拌下向浆状物中逐渐加入适量的水,使固体恰好完全溶解 (约 13mL),此时溶液呈暗红色。将溶液转移到分液漏斗中,每次用 15mL 乙醚萃取 3 次,合并乙醚萃取液,加无水碳酸钾 (约 3g) 干燥。滤出干燥剂,蒸馏回收乙醚,然后用直型冷凝管蒸馏呋喃甲醇,收集 169~172℃的馏分,称重 (3.5~5.5g),测定折光率。纯呋喃甲醇为无色透明液体,b. p. 171℃, n_D^{20} = 1.486 8。

搅拌下向乙醚提取后的水溶液中慢慢加入浓盐酸酸化至 pH = 2~3 (约需 10mL),冷却,结晶析出。抽滤,用少量冷水洗涤产品 1~2 次。干燥后的粗产品用水重结晶,得白色针状呋喃甲酸,干燥后称重 (约5g),测定熔点。纯呋喃甲酸 m. p. 133~134℃。

实验109　苯片呐醇的制备及重排反应

一、实验目的

（1）了解苯片呐醇的制备及重排反应原理。
（2）掌握苯片呐醇的制备及重排反应的基本操作。

二、预习与思考

（一）预习内容

（1）苯片呐醇的制备及重排反应机理。
（2）熔点测定仪的使用。

（二）思考下列问题

（1）光化学反应一般需在石英器皿中进行，而二苯酮光化学反应可在普通玻璃容器进行，为什么？
（2）碱催化下苯片呐醇裂解生成二苯甲酮和二苯甲醇，对反应不利。加入冰醋酸目的是什么？
（3）反应进行的快慢取决于光照，如阳光充足直射下4天即完全反应。如用日光灯照射可以吗？

三、实验原理

二苯甲酮的光化学还原是研究得较清楚的光化学反应之一。若将二苯甲酮溶于一种质子给与体的溶剂中，如异丙醇，并将其暴露于紫外光中时，会形成一种不溶性的二聚体——苯片呐醇。还原过程是一个包含自由基中间体的单电子反应。苯片呐醇与强酸共热或用碘当催化剂，在冰醋酸中反应，发生重排，生成苯片呐酮：

$$Ph-CO-Ph \xrightarrow[\text{光照}]{(CH_3)_2CHOH} Ph-\underset{\underset{OH}{|}}{\overset{\overset{Ph}{|}}{C}}-\underset{\underset{OH}{|}}{\overset{\overset{Ph}{|}}{C}}-Ph \xrightarrow[I_2]{CH_3COOH} Ph-\underset{\underset{Ph}{|}}{\overset{\overset{Ph}{|}}{C}}-\underset{}{\overset{}{C}}(=O)-Ph$$

四、仪器与试剂

圆底烧杯（50mL）、锥形瓶（10mL）、加热套、冷凝管、分液漏斗、吸滤瓶。
二苯甲酮、异丙醇、冰醋酸、乙醇（95%）、醋酸。

五、实验步骤

在10mL锥形瓶（容器）中，加入1g二苯甲酮和5mL异丙醇，稍加热溶解，再加冰醋酸 1 滴，然后加异丙醇到基本充满锥形瓶，塞好磨口塞，放在向阳窗台上光照一星期（磨口塞必须用聚四氟乙烯生料带包裹，以防磨口连接处黏结，无法拆卸）。抽滤得粗产物。

将粗产物加入 50mL 圆底烧瓶中，并加入适量的冰醋酸及 1 小粒碘晶体。加入沸石，通冷却水，加热至沸。回流 8~10min。冷却，加 5mL 95% 乙醇稀释，抽滤，收集固体产物。用 95% 乙醇洗涤二次，晾干后称重。苯片呐醇的熔点为 189℃。苯片呐酮的 m.p. 182.5℃。

实验 110　苯甲酸的制备

一、实验目的

(1) 学习甲苯氧化制备羧酸原理和方法。
(2) 掌握甲苯氧化制备羧酸实验操作技术。

二、预习与思考

（一）预习内容

(1) 苯甲酸制备的原理和方法。
(2) 减压抽滤、重结晶等操作。

（二）思考下列问题

(1) 还可用什么方法来制备苯甲酸？
(2) 反应完后滤液尚呈紫色，为什么要加亚硫酸氢钠？

三、实验原理

烃、醇、醛氧化可以制备羧酸。芳香烃的苯环比较稳定，难于氧化，但苯环上的烃基则不论长短，遇到强氧化剂时，最后都可以变成羧基。常用的氧化剂为高锰酸钾、硝酸、重铬酸钠（钾）-硫酸、过氧化氢及过氧乙酸等。

反应式：

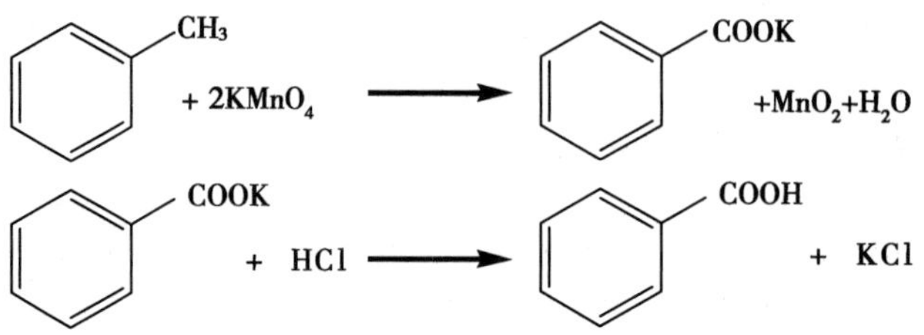

$$C_6H_5CH_3 + 2KMnO_4 \longrightarrow C_6H_5COOK + MnO_2 + H_2O$$

$$C_6H_5COOK + HCl \longrightarrow C_6H_5COOH + KCl$$

四、仪器与试剂

圆底烧瓶（250mL）、冷凝管、抽滤瓶、布氏漏斗。

甲苯、高锰酸钾、浓盐酸、亚硫酸氢钠、活性炭。

五、实验步骤

在 250mL 圆底烧瓶，加入 2.3g（约 2.7mL，0.025mol）甲苯和 100mL 水。装上冷凝管，在石棉网上加热至沸；从冷凝管上分数次加入 5g（约 0.05mol）高锰酸钾，少量水冲洗冷凝管内壁。继续煮沸并时常摇动烧瓶，直到甲苯层几近于消失，回流液不再出现油珠为止（4~5h）。

将反应混合物趁热用水泵减压抽滤，并用少量热水洗涤滤渣，合并滤液和洗液。放冰水中冷却，用浓盐酸酸化，直到苯甲酸全部析出抽滤、压干，若产品不够纯净，可用热水重结晶，必要时加少量活性炭脱色。产量约 1.5g（产率约 50%），m.p. 120~121℃。苯甲酸的 m.p. 为 121℃。

实验 111 乙酸异戊酯的制备

一、实验目的

(1) 了解酯化反应原理，学习乙酸异戊酯的制备。
(2) 熟练掌握蒸馏、洗涤、干燥等操作技术。
(3) 掌握液态样品折射率测定方法。

二、预习与思考

(一) 预习内容

(1) 蒸馏装置的安装。
(2) 分液漏斗的使用。
(3) 阿贝折射仪的使用。

(二) 思考下列问题

(1) 哪些物质可以作为酯化反应的催化剂？
(2) 为什么从反应物中除去过量的乙酸比除去过量的异戊醇容易些？
(3) 用饱和碳酸氢钠溶液和饱和食盐水作洗涤剂的作用是什么？

三、实验原理

乙酸异戊酯具有香蕉的香味，又称香蕉水，它可用作油漆工业和人造纤维的溶剂，也是蜜蜂的警戒信息素。它是由乙酸和异戊醇在在浓硫酸催化下直接酯化制得的。

$$CH_3-\underset{\underset{O}{\|}}{C}-OH + \underset{\underset{CH_3}{|}}{\overset{\overset{CH_3}{|}}{CH_2CHCH_2OH}} \rightleftharpoons CH_3-\underset{\underset{O}{\|}}{C}-CH_2CHCH_2O\begin{smallmatrix}CH_3\\ \\CH_3\end{smallmatrix} + H_2O$$

因酯化反应是可逆的，所以用使反应物之一过量的办法使平衡向右移动，以有利于产物的生成。通常使用过量的乙酸，因为其价格不但便宜，且易于从反应混合物中除去。

酯化反应速度较慢，需要加热回流。反应完毕后，过量的乙酸及残留的异戊醇可用水萃取除去。残留的酸可用碳酸氢钠溶液中和萃取去掉。酯用蒸馏法纯化。

四、仪器与试剂

烧瓶（100mL）、蒸馏头、温度计（200℃）、冷凝管（40cm）、分液漏斗（125mL）、锥形瓶（100mL）、梨形瓶（30mL）、阿贝折射仪、油浴或加热套。

冰醋酸、异戊醇、浓 H_2SO_4、饱和 $NaHCO_3$ 溶液、饱和 NaCl 溶液、无水 $MgSO_4$、石蕊试纸。

五、实验步骤

在 100mL 圆底烧瓶中加入 14mL（0.12mol）异戊醇和 18mL（0.3mol）冰醋酸，并加入 4mL 浓硫酸，边加边摇动圆底烧瓶。然后加几粒沸石或碎瓷片于混合物中，装上回流冷凝管，用合适热源如加热套、油浴或酒精灯加热，沸腾回流 1h。

移去热源，让瓶内液体冷至室温并倒入分液漏斗，用 50mL 蒸馏水洗涤。注意要把反应烧瓶洗净，将洗液合并到分液漏斗中，塞上分液漏斗的塞子，振荡几次，然后静置分层，当下层水层与上层有机层分离完全后，弃去水层，保留有机层。

为了除去有机层中的醋酸杂质，向分液漏斗中慢慢加入 10mL 饱和的碳酸氢钠溶液，慢慢摇动分液漏斗，直至无 CO_2 逸出，分净。直到水层呈碱性（用石蕊试纸检验）。

弃去碱性水层，用 15mL 蒸馏水萃取有机层，再加 15mL 饱和食盐水帮助分层，慢慢搅动混合物（不要振荡），小心分出下层的水并弃去之。从分液漏斗上口将酯倒入一个干燥的锥形瓶中，加入 2~3g 无水硫酸镁干燥 10~30min。

将干燥后的粗酯倒入干燥的小蒸馏瓶中（注意干燥剂不要倒进去），加入几粒沸石，用蒸馏装置进行蒸馏，收集沸点在 134~141℃ 的馏分。收集容器是预先称量过的干燥的接受瓶。称量产品的重量，计算产品的产率，并测定其折光率（理论值 n_D^{20} = 1.4000）。

实验 112　乙酸乙酯的制备

一、实验目的

（1）学习以了解从有机酸合成酯的一般原理及方法。
（2）掌握乙酸乙酯的制备方法和操作。

二、预习与思考

(一) 预习内容

(1) 乙酸乙酯制备的原理。
(2) 回流、蒸馏、干燥等操作。
(3) 阿贝折射仪的使用。

(二) 思考下列问题

(1) 实验中采用什么方法来提高反应的收率？
(2) 哪种反应物是过量的，为什么？

三、实验原理

本实验乙酸和乙醇在浓硫酸催化下直接酯化制备乙酸乙酯。反应式如下：

$$CH_3COOH + CH_3CH_2OH \underset{回流}{\overset{H_2SO_4}{\rightleftharpoons}} CH_3COOCH_2CH_3 + H_2O$$

反应中加入过量的乙醇，可以加速反应的进行并能提高反应的收率。过量的乙醇通过洗涤除去。

四、仪器与试剂

圆底烧瓶（50mL）、回流冷凝管、分液漏斗（100mL）、直型冷凝管、蒸馏头、温度计（150℃）、接液管。

无水乙醇、冰醋酸、浓硫酸、Na_2CO_3（饱和）、氯化钠、无水硫酸镁、氯化钙、pH 试纸。

五、实验步骤

在 50mL 圆底烧瓶中加入 9.5mL（0.2mol）无水乙醇和 6mL（0.10mol）冰醋酸，再小心加入 2.5mL 浓硫酸，混匀后，加入沸石，然后装上冷凝管。小火加热反应瓶，保持缓慢回流 0.5h，待瓶内反应物冷却后，将回流装置改成蒸馏装置，接受瓶用冷水冷却。加热蒸出生成的乙酸乙酯，直到馏出液体积约为反应物总体积的 1/2 为止。

在馏出液中慢慢加入饱和碳酸钠溶液，并不断振荡，直至不再有二氧化碳气体产生（或调节至石蕊试纸不再显酸性），然后将混合液转入分液漏斗，分去下层水溶液，有机层用 5mL 饱和氯化钠溶液、5mL 饱和氯化钙、5mL 水洗一次，分去下层液体。有机层用无水硫酸镁干燥，蒸馏，收集 73～78℃ 的馏分，产量约 4.2g（产率约 48%）。纯乙酸乙酯为无色而有香味的液体，b.p. 为 77.06℃，$n_D^{20} = 1.3723$。

实验113　乙酰乙酸乙酯的制备

一、实验目的

(1) 了解乙酰乙酸乙酯合成的一般原理。
(2) 掌握乙酰乙酸乙酯合成的方法及操作。
(3) 熟悉金属钠及无水操作操作技术。

二、预习与思考

(一) 预习内容

(1) Claisen 缩合反应的原理。
(2) 无水条件下反应、萃取、干燥、减压蒸馏等操作。

(二) 思考下列问题

(1) 做钠珠的目的是什么？
(2) 为什么用醋酸酸化，而不用稀盐酸或稀硫酸酸化？为什么要调到弱酸性，而不是中性？
(3) 乙酰乙酸乙酯沸点并不高，为什么要用减压蒸馏的方式？

三、实验原理

利用 Claisen 缩合反应，将两分子具有 α-氢的酯在醇钠的催化作用下可以制得 β-酮酸酯。反应式：

$$CH_3COOCH_2CH_3 \xrightarrow{乙醇钠} CH_3COCH_2COOC_2H_5 + C_2H_5OH$$

四、仪器与试剂

圆底烧瓶 (50mL)、冷凝管、温度计、干燥管、蒸馏头、接液管、分液漏斗。
金属钠、二甲苯、乙酸乙酯、苯、乙酸、饱和氯化钠溶液、无水硫酸钠。

五、实验步骤

将 0.9g（约 0.04mol）金属钠放入一装有回流冷凝管的 50mL 圆底烧瓶中，立即加入 5mL 干燥的二甲苯，将混合物加热直至金属钠全部熔融，停止加热，拆下烧瓶，立即用塞子塞紧后包在毛巾中用力振荡，使钠分散成尽可能小而均匀的小珠。随着二甲苯逐渐冷却，钠珠迅速固化。待二甲苯冷却至室温后，将二甲苯倾去，立即加入 10mL（约 0.1mol）精制过的乙酸乙酯，迅速装上带有氯化钙干燥管的回流冷凝管，反应立即开始。反应液处于微沸状态。

待剧烈反应阶段过后，利用小火保持反应体系一直处于微沸状态，至金属钠全部作用完毕（约需 2h）。反应结束时，整个体系为一红棕色的透明溶液。

待反应液稍冷后，将圆底烧瓶取下，然后一边振荡一边不断加入 50% 的醋酸，直至整个体系呈弱酸性（pH = 5~6）为止。将反应液移入分液漏斗中，加入等体积饱和氯化钠溶液，用力振荡后放置，分取有机层，水层用 8mL 苯萃取，萃取液和酯层合并后，用无水硫酸钠干燥。将干燥过的有机层转移入蒸馏烧瓶中，水浴蒸去苯和未作用的乙酸乙酯。当馏出液的温度升至 95℃ 时停止蒸馏。

将瓶内剩余液体进行减压蒸馏，收集 54~55℃/931 Pa（7mmHg）的馏分即为产品，产量约为 1.8g（产率约 35%）。纯乙酰乙酸乙酯的 b.p. 为 180.4℃（同时分解），n_D^{20} = 1.419 4。

实验 114　2-庚酮的制备

一、实验目的

（1）学习由乙酰乙酸乙酯烃基化制备酮的原理和方法。
（2）熟练掌握蒸馏、洗涤、干燥等操作技术。

二、预习与思考

（一）预习内容

（1）乙酰乙酸乙酯的应用及制备酮的原理。
（2）蒸馏、洗涤、干燥等操作。

（二）思考下列问题

（1）本实验可能有哪些副反应？预期的产物是什么？
（2）加入碘化钾的作用是什么？如果不加入碘化钾会出现什么后果？
（3）在回流过程中，由于溴化钠的生成会出现剧烈的暴沸现象。如何避免这种现象？

三、实验原理

乙酰乙酸乙酯为有机合成中的重要试剂。本实验以正溴丁烷为烃基化试剂，以碘化钾催化烷基化反应。通过乙酰乙酸乙酯合成反应制备蜜蜂警戒信息素 2-庚酮。

$$CH_3COCH_2COOC_2H_5 + CH_3CH_2ONa \xrightarrow{C_2H_5OH} [CH_3COCHCOOC_2H_5]Na$$

$$\xrightarrow[K]{n-C_4H_9Br} \underset{\underset{CH_2CH_2CH_2CH_3}{|}}{CH_3COCHCOOC_2H_5} \xrightarrow[2)H_3O^-]{1)NaOH} CH_3COCH_2CH_2CH_2CH_2CH_3$$

四、仪器与试剂

三颈烧瓶（100mL）、圆底烧瓶（100mL）、滴液漏斗、干燥管、温度计（200℃）、直形冷凝管、分液漏斗、锥形瓶（100mL）、梨形瓶（30mL）、烧杯（250mL）。

金属钠、碘化钾、乙酰乙酸乙酯、正溴丁烷、无水乙醇、浓 H_2SO_4、NaOH、饱和碳酸钠溶液、饱和氯化钙溶液、饱和氯化钠溶液、无水硫酸镁、二氯甲烷。

五、实验步骤

1. 醇钠的制备

在干燥的 100mL 三颈烧瓶上，装置冷凝管和恒压滴液漏斗，冷凝管上端装一氯化钙干燥管。瓶中加入 1.7g（0.075mol）剪成细条的金属钠，由滴液漏斗逐渐加入 35mL 无水乙醇，控制加入速度使乙醇保持沸腾，金属钠作用完毕。

2. 2-丁基乙酰乙酸乙酯的制备

待金属钠作用完后，加入 0.5g 粉状碘化钾加热至溶解。然后加入 10.0g（0.075mol）乙酰乙酸乙酯。在加热回流下加入 11.5g（0.082mol）正溴丁烷，继续回流 2h。反应液冷却后，倾出上层清液，析出的盐用少量乙醇洗涤一次，和上层清液合并后蒸出乙醇，粗产物用 8mL 1% 的盐酸洗涤，分出油层，水层用 10mL 二氯甲烷萃取一次，将油层与二氯甲烷萃取液合并，用 6mL 水洗涤，得 2-丁基乙酰乙酸乙酯（溶液）。

3. 2-庚酮的制备

将制得 2-丁基乙酰乙酸乙酯（溶液）中加入 30mL 5% 的 NaOH 溶液，室温搅拌 2~5h，然后，在搅拌下慢慢滴加 8mL 20% 的硫酸溶液调节 pH 值 2~3，待大量二氧化碳气泡放出后，停止搅拌，改成蒸馏装置，收集馏出物。分出油层，水层用二氯甲烷萃取（5mL×2）；然后与油层合并，用 10mL 40% 的氯化钙溶液洗涤一次，再用无水硫酸镁干燥，蒸出二氯甲烷，蒸馏收集 145~152℃ 的馏分，产量约 3.4g，产率约 58%。测定 2-庚酮的折光率，纯 2-庚酮的 b. p. 为 151.4℃，n_D^{20} = 1.408 8。

实验115　乙酰苯胺的制备

一、实验目的

（1）掌握乙酰苯胺的制备原理和方法。
（2）熟悉重结晶的操作技术。

二、预习与思考

（一）预习内容

（1）乙酰苯胺的制备原理。

(2) 分馏、重结晶等操作。

(二) 思考下列问题

(1) 加锌粉的目的是什么？
(2) 反应时为什么要控制分馏柱上部的温度在105℃左右？
(3) 本实验中采用了哪些措施来提高乙酰苯胺的产率？
(4) 在重结晶操作时，应注意哪些问题才能得到产量高、质量好的产品？

三、实验原理

乙酰苯胺可以通过苯胺与乙酰卤、乙酸酐、或乙酸等乙酰化试剂反应来制备，其中乙酸作乙酰化试剂反应平缓、价格便宜、操作方便。因此本实验采用乙酸作乙酰化试剂。其反应式为：

$$C_6H_5NH_2 + CH_3COOH \longrightarrow C_6H_5NHCOCH_3 + H_2O$$

反应中为防止苯胺被氧化，在反应混合物中加入少许锌粉。芳香族伯胺的酰化反应在有机合成中常用来保护氨基。

四、仪器与试剂

圆底烧瓶（100mL）、分馏柱、温度计、温度计套管、布氏漏斗、热水漏斗、吸滤瓶、蒸馏头、接液管、烧杯（500mL）。

苯胺、乙酸、锌粉、活性炭。

五、实验步骤

在100mL圆底烧瓶中加入10mL（10.2g，0.11mol）新蒸馏的苯胺，15mL（15.7g，0.26mol）冰醋酸及少许锌粉（约0.1g），依次安装分馏柱、蒸馏头、温度计、接液管，接液管伸入10mL小量筒内，收集蒸出的水和乙酸。将溶液缓慢加热至沸，保持温度计读数在105℃左右，约经过45min，反应生成的水及少量醋酸被蒸出，当温度下降或有白雾出现时，表明反应已达终点，停止加热。

在不断搅拌下，将反应物趁热慢慢倒入盛有250mL冷水的烧杯中，冷却后抽滤，用冷水洗涤粗产品后，将粗产品移入500mL烧杯中，加入250mL水，置石棉网上加热至沸使产品溶解，如仍有油珠未溶解，需补加热水，直到油珠全部溶解为止。稍冷，加入0.2g活性炭，煮沸几分钟，趁热用热水漏斗过滤，冷却滤液，待析出晶体后，抽滤，将产品转移至一个已称重的表面皿中，晾干或在100℃以下的烘箱中烘干，称重，计算产率。

测定产品的熔点，纯乙酰苯胺沸点114℃。

实验 116　对氨基苯磺酰胺的制备

一、实验目的

(1) 通过对氨基苯磺酰胺的制备，掌握乙酰氨基衍生物的水解。
(2) 巩固回流、脱色、重结晶等基本操作。

二、预习与思考

(一) 预习内容

(1) 对乙酰氨基苯磺酰胺水解生成对氨基苯磺酰胺的原理、方法。
(2) 回流、脱色、重结晶操作。

(二) 思考下列问题

(1) 对氨基苯磺酰胺是两性物质，用反应式表示磺胺及稀酸和稀碱的作用。
(2) 在粗产品中可能含有哪些杂质？本实验中是如何除去的？

三、实验原理

实验原理：对乙酰氨基苯磺酰胺水解生成对氨基苯磺酰胺。

$$\text{CH}_3\text{COHN}-\!\!\!\left\langle\;\right\rangle\!\!\!-\text{SO}_2\text{NH}_2 + \text{H}_2\text{O} \longrightarrow \text{H}_2\text{N}-\!\!\!\left\langle\;\right\rangle\!\!\!-\text{SO}_2\text{NH}_2 + \text{CH}_3\text{COOH}$$

四、仪器与试剂

圆底烧瓶 (50mL)、烧杯、三角烧瓶、布氏漏斗、吸滤瓶、回流冷凝管。
对乙酰氨基苯磺酰胺、乙醇、浓盐酸、碳酸钠、pH 试纸。

五、实验步骤

将上述的粗对乙酰氨基苯磺酰胺放入 50mL 圆底烧瓶中，加入 20mL 10% HCl，装上回流冷凝管，在石棉网上用小火加热回流，待全部产品溶解（约 0.5h），冷却至室温（若溶液呈黄色，则加入少量活性炭，煮沸、过滤、冷却），在搅拌下加入固体碳酸钠（约 4g）中和至 pH 值为 7~8，用冰水冷却片刻，待对氨基苯磺酰胺全部结晶析出后，用布氏漏斗抽滤，用少量水洗涤，压干。

对氨基苯磺酰胺可用沸水重结晶，产量 4~5g。纯对氨基苯硝酰胺的 m.p. 164~166℃。

实验117 己二酸的制备

一、实验目的

(1) 学习环己醇氧化制备己二酸的原理和方法。
(2) 复习巩固固体有机物的分离、提纯操作技术。

二、预习与思考

(一) 预习内容

(1) 制备己二酸的原理和方法。
(2) 固体有机物的分离、提纯操作。

(二) 思考下列问题

(1) 在用硝酸氧化环己醇的实验中,为什么要将硝酸溶液加热至60℃后才开始滴入环己醇?否则,会产生什么后果?
(2) 本实验的操作步骤设计、反应装置设计的依据是什么?

三、实验原理

硝酸和高锰酸钾都是强氧化剂,都可以将环己醇直接氧化为己二酸。反应过程是:环己醇先被氧化为环己酮,后者再通过烯醇式被氧化开环,最终产物是己二酸。氧化反应一般都是放热反应,因此必须严格控制反应条件,既避免反应失控造成事故,又能获得较好的收率。

硝酸氧化环己醇:

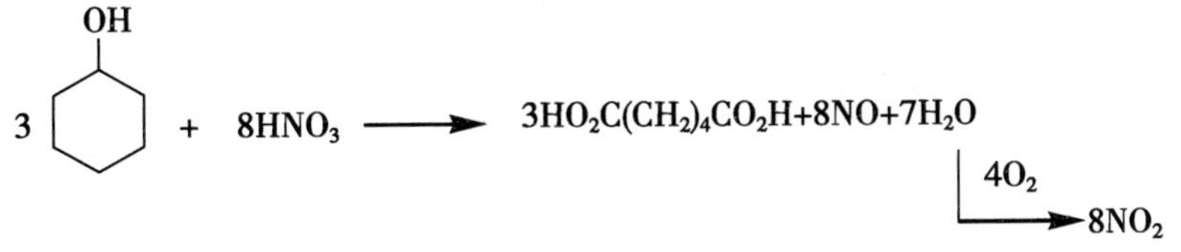

$$3\,C_6H_{11}OH + 8HNO_3 \longrightarrow 3HO_2C(CH_2)_4CO_2H + 8NO + 7H_2O$$
$$\downarrow 4O_2$$
$$\longrightarrow 8NO_2$$

己二酸是合成尼龙-66的主要原料之一。

四、仪器和试剂

三颈烧瓶(50mL)、温度计、恒压滴液漏斗、冷凝管、气体吸收装置、搅拌器。
环己醇、硝酸(50%)、钒酸铵。

五、实验步骤

在50mL三颈烧瓶上分别安装温度计、恒压滴液漏斗和冷凝管,安装气体吸收装置

（用 100mL 5% 的 NaOH 溶液吸收反应产生的氧化氮气体）。向烧瓶内加入 16mL 50% 硝酸（21g，含硝酸 10.5g，0.166mol）及少量（一小粒，约 0.01g）偏钒酸铵，向滴液漏斗中加入 5.2mL（5g，0.05mol）环己醇。将三颈烧瓶用水浴预热至约 60℃，撤去水浴，剧烈振荡下，慢慢滴入环己醇。反应混合物的温度升高且有红棕色气体放出，标志着反应已经开始。注意边剧烈振荡边控制滴加速度，保持瓶内温度在 50~60℃。必要时可以用冷水浴或热水浴调节。滴加完环己醇（约需 30min）后，再用 80~90℃ 的热水浴加热至几乎无红棕色气体放出为止（约需 25min）。稍冷，将反应混合物小心地倒入一个外面用冰水浴冷却的烧杯中。抽滤析出的晶体并每次用约 5mL 冷水洗涤两次，抽干。用水重结晶，蒸汽浴干燥，可得约 5g，测定熔点。纯己二酸为白色晶体，熔点 153℃。

实验118 己内酰胺的制备

一、实验目的

（1）学习贝克曼重排反应的原理及应用。
（2）掌握己内酰胺制备的方法及操作。

二、预习与思考

（一）预习内容

（1）贝克曼重排反应的原理。
（2）洗涤、干燥、减压蒸馏等操作。

（二）思考下列问题

（1）请写出由环己酮肟生成己内酰胺的反应机理。
（2）20% 的氨水可否用 NaOH 代替？

三、实验原理

Beckmann 重排是指醛或酮和羟胺作用生成的肟在酸性催化剂如硫酸的作用下发生分子重排生成酰胺的反应。

$$\text{C}_6\text{H}_{11}\text{OH} \xrightarrow[\text{H}_2\text{SO}_4]{\text{Na}_2\text{Cr}_2\text{O}_7} \text{C}_6\text{H}_{10}\text{O}$$

$$\text{C}_6\text{H}_{10}\text{O} + \text{NH}_2\text{OH} \longrightarrow \text{C}_6\text{H}_{10}=\text{N-OH} + \text{H}_2\text{O}$$

$$\text{C}_6\text{H}_{10}=\text{N-OH} \xrightarrow[\text{(2) 20\% NH}_3\text{-H}_2\text{O}]{\text{(1) 85\% H}_2\text{SO}_4} \text{己内酰胺}$$

四、仪器和试剂

圆底烧瓶（250mL）、温度计、直型冷凝管、三角瓶、烧杯（500mL）、分液漏斗、搅拌器、滴液漏斗、减压蒸馏装置。

环己醇、重铬酸钠、氯化钠、乙醚、羟胺盐酸盐、醋酸钠、浓硫酸。

五、实验步骤

1. 环己酮

在 250mL 圆底烧瓶中，加入 10.5mL（10.1g，0.1mol）环己醇，然后一次加入已制备好的重铬酸钠溶液（溶解 10.5g 重铬酸钠于 60mL 水中，在搅拌下，慢慢加入 9mL 浓硫酸，得一橙色溶液，冷却至 30℃ 以下备用），振摇使充分混合。放入温度计，测量初始反应温度，并观察温度变化情况。当温度上升至 55℃ 时，立即用水浴冷却，保持反应温度在 55～60℃。约 0.5h 后，温度开始出现下降趋势，移去水浴再放置 0.5h 以上。其间要不时地振摇，使反应完全，反应液呈墨绿色。在反应瓶内加入 60mL 水和几粒沸石，改成蒸馏装置，将环己酮与水一起蒸馏出来，直至馏出液不再浑浊时，再多蒸 15～20mL，约蒸出 50mL 馏出液。馏出液用氯化钠饱和（约 12g 氯化钠）后，转入分液漏斗，静置后分出有机层。水层用 15mL 乙醚萃取一次，合并有机层与萃取液，用无水硫酸钾干燥。在水浴上蒸出乙醚后，蒸馏收集 151～155℃ 的馏分，产量 6～7g。

纯环己酮的 b. p. 155.6℃。

2. 环己酮肟

在 250mL 锥形瓶中，将 5g（0.07mol）羟胺盐酸盐及 7g 结晶醋酸钠溶于 15mL 水中，加热溶液，使温度达到 35～40℃。分二次加入 5.2mL（约 5g，0.05mol）环己酮，边加边摇动，此时有固体析出。加完后，塞紧瓶口，猛烈振摇 2～3min，环己酮肟呈白色粉状结晶析出。冷却后，抽滤并用少量水洗涤，得到环己酮肟 5.5g，m. p. 89～90℃。

纯环己酮肟的熔点为 90℃。

3. 己内酰胺

在 500mL 烧杯中，放入 5g（0.044mol）环己酮肟和 10mL 85% 硫酸，振摇烧杯使混合均匀。在烧杯内放一支温度计，缓慢加热。当有气泡时（约 120℃），停止加热，此时发生强烈的放热反应，温度很快上升，可达到 160℃，反应在几秒钟内即可完成。稍冷后，将此溶液倒入 250mL 三颈瓶中，在冰盐浴中冷却。三颈瓶上分别装上搅拌器、温度计和滴液漏斗。当溶液温度降至 0～5℃ 时，搅拌下小心加入 20% 氨水，控制溶液温度在 20℃，直至 pH 值成碱性（通常加约 60mL，约需 1h）。粗产物倒入分液漏斗中，有机层转入 25mL 烧瓶中。减压蒸馏，收集 127～133℃/0.93 kPa（7mmHg）或 137～140℃/1.6 kPa（12mmHg）或 140～144℃/1.86 kPa（14mmHg）馏分，产量约 2g。

实验 119 乙酰水杨酸的制备

一、实验目的

(1) 掌握乙酰水杨酸的制备原理和实验操作。
(2) 掌握用有机溶剂进行萃取的操作。

二、预习与思考

（一）预习内容

(1) 乙酰水杨酸的制备原理。
(2) 萃取、干燥等操作。

（二）思考下列问题

(1) 反应产物中加水的目的是为了分解过量的乙酸酐，加入时要特别小心，分 2 ~ 3 次加完，为什么？
(2) 乙酰水杨酸能否在热水中重结晶，为什么？

三、实验原理

乙酰水杨酸俗称阿司匹林。反应式：

$$\underset{\text{OH}}{\underset{|}{C_6H_4}}\text{-CO}_2\text{H} + (CH_3CO)_2O \xrightarrow{H_2SO_4} \underset{\text{OCCH}_3}{\underset{\underset{O}{\|}}{C_6H_4}}\text{-CO}_2\text{H}$$

四、仪器和试剂

锥形烧瓶（150mL）、分液漏斗、烧杯、抽滤瓶、布氏漏斗、加热套。
水杨酸、乙酸酐、乙酸乙酯、浓硫酸、碳酸氢钠、氯化钠、无水硫酸镁。

五、实验步骤

在 150mL 锥形烧瓶中，加入 2g（0.014mol）水杨酸、5mL（5.4g，0.05mol）乙酸酐和 5 滴浓硫酸，摇动锥形瓶，使水杨酸全部溶解；在 85 ~ 90℃的水浴上加热 15min，移去水浴，稍冷后往锥形烧瓶中加入 5mL 冷水；待反应平稳后，再加入 20mL 水；往锥形烧瓶中加入 20mL 乙酸乙酯萃取，待固体全溶后，将溶液转入分液漏斗中，分层后放出水层，水层再用 10mL 乙酸乙酯萃取，合并两次的酯层，然后用 5mL 饱和的碳酸氢钠溶液洗涤一次，再用 5mL 饱和的氯化钠水洗涤一次，将有机层用 0.8g 左右的无水硫酸镁干燥 15 ~ 20min；过滤到另一锥形烧瓶中，浓缩至溶液约为 6mL 左右，让其自然冷却，析出针状晶体；抽滤，将得到的白色针状晶体自然晾干；称重 1.3g，理论产量为

2.5g,产率为52%。

实验120 8-羟基喹啉的制备

一、实验目的

(1) 了解喹啉的制备原理。
(2) 掌握8-羟基喹啉的制备方法和纯化操作。

二、预习与思考

(一) 预习内容

(1) 8-羟基喹啉的制备原理。
(2) 回流、水蒸气蒸馏等操作。

(二) 思考下列问题

(1) 为什么水蒸气蒸馏第一次在酸性条件,第二次要在中性条件下进行?
(2) 在Skraup合成中,如果用对甲苯胺、β-奈胺或邻苯二胺作原料,应分别得到什么产物?

三、实验原理

以邻氨基酚、邻硝基酚、无水甘油和浓硫酸为原料合成8-羟基喹啉。浓硫酸的作用是使甘油脱水生成丙烯醛,并使邻氨基酚与丙烯醛的加成物脱水成环。硝基酚为弱氧化剂,能将成环产物8-羟基-1,2-二氢喹啉氧化成8-羟基喹啉,邻硝基酚本身则还原成邻氨基酚,也参与缩合反应。

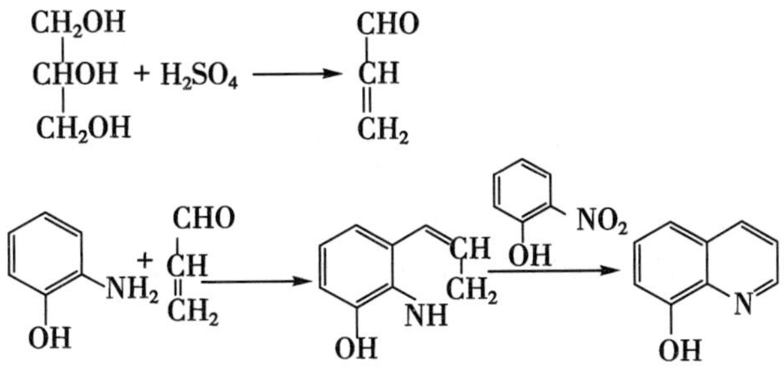

四、仪器与试剂

圆底烧瓶(100mL)、蒸馏头、直形冷凝管、滴液漏斗、蒸馏头、分液漏斗、锥形瓶、加热套、搅拌装置。

邻氨基酚、邻硝基酚、无水甘油、浓硫酸、饱和Na_2CO_3溶液、NaOH溶液、乙醇。

五、实验步骤

在 100mL 圆底烧瓶中加入 9.5g（7.5mL，0.1mol）无水甘油、1.8g（0.013mol）邻硝基苯酚和 2.8g（0.025mol）邻氨基苯酚，摇振，使之充分混合。在振荡下慢慢滴入 4.5mL 浓硫酸。装上回流冷凝管，在石棉网上用小火加热。当溶液微沸时，立即移去火源。反应大量放热，待反应缓和后，继续小火加热，保持反应物微沸回流 1.5~2h。

稍冷后，进行水蒸气蒸馏，以除去未反应的邻硝基苯酚。待瓶内液体冷却后，慢慢加入由 6g NaOH 和 6mL 水配成的溶液，摇匀后，再小心滴入饱和碳酸钠溶液，使反应液呈中性。然后进行水蒸气蒸馏，收集含有 8-羟基喹啉的馏液 200~250mL。

馏出液在冷却过程中不断有晶体析出，待充分冷却后抽滤、洗涤、干燥后得粗品约 3g。粗品可用约 25mL 乙醇-水（体积比 4∶1）混合溶剂进行重结晶，得 8-羟基喹啉 2~2.5g。纯 8-羟基喹啉 m.p. 75~76℃。

实验121 2-甲基-2-丁醇的制备

一、实验目的

（1）学习 2-甲基-2-丁醇的制备原理。
（2）掌握格氏试剂（Grignard 试剂）的制备、应用和 Grignard 反应的操作。

二、预习与思考

（一）预习内容

（1）格氏试剂的性质、制备方法。
（2）格氏试剂与酮制备 2-甲基-2-丁醇的原理及操作。

（二）思考下列问题

（1）写出乙基溴化镁与二氧化碳，氧气，氢氰酸的反应产物。
（2）实验中的丙酮可否用乙酸乙酯代替？为什么？
（3）氯苯能否制备成格氏试剂？如果能，需要什么样的条件？

三、实验原理

醇是有机合成中应用极广的一类化合物，醇的制法很多，如淀粉发酵、烯烃水合及卤代烃的水解等反应来制备。Grignard 反应是实验室制备醇的主要方法之一。

$$CH_3CH_2Br + Mg \xrightarrow{\text{无水乙醚}} CH_3CH_2MgBr$$

$$CH_3COCH_3 + CH_3CH_2MgBr \xrightarrow{\text{无水乙醚}} \underset{\underset{OMgBr}{|}}{CH_3CH_2C(CH_3)_2}$$

$$\underset{\underset{OMgBr}{|}}{CH_3CH_2 \overset{\overset{CH_3}{|}}{\underset{|}{-C-}} CH_3} \xrightarrow{H_2O/H^-} CH_3CH_2 \overset{\overset{CH_3}{|}}{\underset{\underset{OH}{|}}{-C-}} CH_3$$

四、仪器与试剂

三颈烧瓶（250mL）、圆底烧瓶（50mL）、回流冷凝管、直型冷凝管、滴液漏斗、分液漏斗（100mL）等、电动搅拌器、干燥管、阿贝折射仪。

无水乙醚、溴乙烷、金属镁、碘、Na_2CO_3、K_2CO_3、硫酸。

五、实验步骤

在 250mL 三颈瓶上分别安装电动搅拌器、滴液漏斗、回流冷凝管，冷凝管上口安装 $CaCl_2$ 干燥管。三颈瓶中放入 3.4g（0.14mol）镁屑及一小粒碘，滴液漏斗中放入 30mL 无水乙醚和 13mL（0.17mol）溴乙烷，混合均匀。

向三颈瓶中滴入溴乙烷-乙醚混合液 10mL，引发反应。稍后，碘的颜色消失，反应液呈灰色；反应平稳后，开动电动搅拌器，慢慢滴入剩余的混合液，滴加完毕后，水浴回流 30min，使镁屑作用完全。冷水浴冷却下，慢慢滴入 10mL（0.14mol）丙酮和 10mL 无水乙醚的混合液，滴加完毕后，水浴回流 30min，此时，溶液成黑灰色黏稠状。

冷水浴冷却下，从滴液漏斗中滴入 20% 硫酸溶液 50~60mL，滴加完毕后，将反应后的混合液转移至分液漏斗中，分出乙醚层，水层每次用 20mL 乙醚萃取两次，合并醚层并用 15mL 5% Na_2CO_3 洗涤一次，用碳酸钾干燥醚层。水浴蒸出乙醚后，再蒸馏收集 95~105℃ 的馏分，产率约 50%。

纯 2-甲基-2-丁醇无色液体，b.p. 102.5℃，n_D^{20} = 1.402 5。

实验122 1，3，5-三苯基吡唑啉的合成及表征

一、实验目的

（1）学习环化脱水制备杂环化合物——吡唑啉；
（2）学习化合物荧光光谱分析鉴定。

二、预习与思考

(一) 预习内容

(1) 查尔酮的合成原理及操作。
(2) 查尔酮与苯肼进行环化脱水制备吡唑啉的方法及操作。
(3) 化合物荧光光谱分析。

(二) 思考下列问题

1. 在制备查尔酮时,为什么必须严格控制反应条件和时间?
2. 在回流时,要有足够的反应时间,为什么?

三、实验原理

利用苯乙酮、苯甲醛的羟醛缩合反应制备查尔酮(1,3-二苯基丙烯酮),再进一步与苯肼在氢氧化钠的存在下环化制备荧光增白剂1,3,5-三苯基吡唑啉。

$$Ph-NH-NH_2 + Ph-CH=CH-\underset{\underset{O}{\|}}{C}-Ph \xrightarrow{NaOH} \text{1,3,5-三苯基吡唑啉}$$

四、仪器及试剂

圆底烧瓶(50mL)、冷凝管、锥形瓶(100mL)、荧光分光光度分析仪。
苯乙酮、新蒸苯甲醛、新蒸苯肼、氢氧化钠、乙醇。

五、实验步骤

1. 查尔酮的制备

在100mL锥形瓶中,将2.5g NaOH,用22.5mL水溶解后,加入15mL乙醇,在冰水浴冷却搅拌下,加入6g (0.05mol) 苯乙酮和5.3g (0.05mol) 新蒸的苯甲醛,维持15℃左右搅拌3h,冰水浴冷却,使其结晶,抽滤,用少许冷水洗涤后,再用乙醇结晶提纯,其 m.p. 53~54℃。

2. 1,3,5-三苯基吡唑啉的合成

在50mL圆底烧瓶中,将2.1g查尔酮用15mL酒精温热溶解,加入1mL新蒸的苯肼和1粒NaOH;摇荡下,水浴加热回流2h,冷却后析出沉淀,抽滤,用少许冷的酒精洗涤,得到的粗品用酒精重结晶,可得到白色针状晶体1,3,5-三苯基吡唑啉;干燥,称重,计算产率。

3. 结果

(1) 得到的淡黄色晶体9.1g,产率:$(9.1/(0.05 \times 208)) \times 100\% = 87.5\%$
(2) 得到的白色针状晶体2.6g,产率:$(2.6/(0.01 \times 298)) \times 100\% = 87.2\%$

（3）将产品溶解在乙醇成饱和溶液后，测定荧光，并设置激发波长和狭缝分别为 400nm 到 550nm 处，得在 450~500nm 处有最大强度，强度为 4.0（参见图 7-3）。

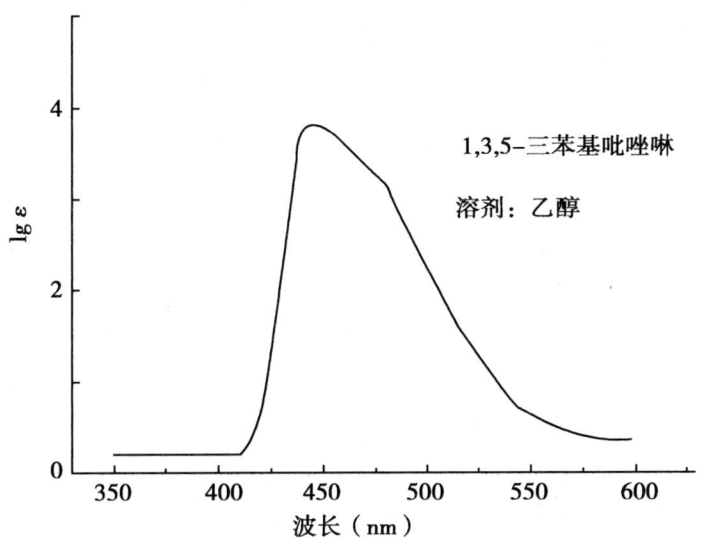

图 7-3　1，3，5-三苯基吡唑啉荧光光谱分析

实验 123　四氮大环西佛碱及其铜配合物的合成与表征

一、目的要求

（1）了解环合反应的特点及操作条件。
（2）学习四氮大环西佛碱及其铜配合物的合成与表征。

二、预习与思考

（一）预习内容

（1）环合反应的特点及操作条件。
（2）配合物的合成、性质。
（3）红外光谱谱图分析。

（二）思考下列问题

（1）在制备乙二胺二氢溴酸盐时，为什么必须严格控制低温条件？
（2）测定固体物质的红外光谱时，为什么用 KBr 粉末压片？

三、实验原理

由于大环 Schiff 碱金属配合物在结构上与生物体内天然存在的大环配合物，如卟啉和咕啉的配合物，具有相似性，因此，人们以大环 Schiff 碱金属配合物作为模拟物用于研究卟啉和咕啉配合物在生物体内的某些功能。而大环 Schiff 碱金属配合物的合成和表征是这项研究工作的重要组成部分。本实验首先合成一个四氮大环 Schiff 碱配体，然后配体与醋酸铜反应，生成 Cu（II）的配合物。最后，通过红外光谱和滴定分析对大环 Schiff 碱配体及其铜配合物进行初步的结构表征。主要反应：

$$NH_2CH_2CH_2NH_2 + 2HBr \xrightarrow{C_2H_5OH} NH_2CH_2CH_2NH \cdot 2HBr$$

$$\xrightarrow[CH_3COCH_3]{NH_2CH_2CH_2NH_2} \text{(大环配体)} \cdot 2HBr \cdot 2H_2O$$

$$\xrightarrow[C_2H_5OH]{(CH_3COO)_2Cu} \text{(Cu配合物)} \cdot Br_2$$

四、试剂与仪器

三颈瓶（100mL、250mL）、滴液漏斗、球形冷凝管、温度计、圆底烧瓶（100mL）、布氏漏斗、抽滤瓶、加热磁力搅拌仪、旋转蒸发仪、滴定管、锥形瓶、移液管。NEXUS670 FT-IR 傅里叶变换红外光谱仪、玛瑙研钵、红外干燥灯、熔点仪等。

丙酮、无水乙醇、乙二胺、乙酸铜、氢氧化钠、浓硝酸、浓盐酸、氢溴酸（40%）、乙酸钠、氯乙酸、乙二胺四乙酸二钠、高纯铜、溴化钾。

五、实验步骤

1. 乙二胺二氢溴酸盐的合成

在 250mL 三颈瓶中加入 50mL 乙醇和 10mL 乙二胺，插入温度计，浸入冰浴中，搅拌。当温度为 4℃ 或更低温度时，缓慢滴加 45mL 浓 HBr（40%，0.32mol），控制反应过程中温度低于 20℃。生成白色沉淀，抽滤，用乙醇洗涤。干燥后得乙二胺二氢溴酸盐 31g，产率 95%。

2. 大环西佛碱配体 5,7,7,12,14,14-六甲基-1,4,8,11-四氮杂环十四-4,11-二烯二氢溴酸盐二水合物的合成

称取 12.00g 乙二胺二氢溴酸盐于 250mL 三颈瓶中，加入 75mL 丙酮，量取 5mL 乙二胺溶于 25mL 丙酮中后缓慢滴加到上述溶液中，室温搅拌 5min，装上冷凝管，然后升温至 45℃ 反应 1h。反应瓶中上层为棕红色溶液，下面为白色沉淀，冷却，过滤，所得白色固体用冷丙酮洗去残留的母液颜色。干燥后称重得产品 15g，产率 61%，熔点 133~135℃。

3. 大环西佛碱铜配合物二溴化5,7,7,12,14,14-六甲基-1,4,8,11-四氮杂环十四-4,11-二烯合铜的合成

在100mL三颈瓶中,加入4.8g上述大环西佛碱配体,50mL乙醇,装上冷凝管,控制温度为65℃,搅拌,使其全部溶解。再加入2.0g乙酸铜,控制反应温度在65~70℃,反应1h,得到紫黑色溶液。趁热滤掉不溶物,滤液转入100mL圆底烧瓶或梨形瓶,用旋转蒸发仪将大部分乙醇蒸出。当乙醇残余体积约5mL时,取下,加入5mL丙酮,摇匀,冷却,有紫红色沉淀生成。经过滤、丙酮洗涤、干燥后称重得产品2~3g。必要时用乙醇-丙酮(1:3)重结晶,熔点214~216℃。

4. EDTA配位滴定法测定配合物中铜含量

溶液配制:EDTA溶液 $0.01\text{mol} \cdot \text{L}^{-1}$ 在台称上取2.0g EDTA,加100mL水溶解后,转至塑料瓶中,稀至500mL,摇匀;Cu标准溶液 $0.01\text{mol} \cdot \text{L}^{-1}$ 0.15g,加入3mL 1:1 HCl,滴加3mL H_2O_2,加热微沸至Cu完全溶解,继续加热赶去 H_2O_2(小泡冒完为止)。冷却后转入250mL容量瓶中,用水稀释至刻度,摇匀。

待测试液:准确称取0.1~0.2g上面合成的铜配合物两份,分别置于两个250mL锥形瓶中,加入10mL浓HCl与5mL浓 HNO_3,盖上小漏斗,加热消解,必要时补充滴加浓HCl与浓 HNO_3,至固体全部溶解,溶液为澄清绿色,继续加热至剩下少量溶液(不能蒸干!),冷却,加入50mL蒸馏水,PAN 0.3%乙醇溶液。缓冲溶液pH=3.5,250mL氯乙酸($2\text{mol} \cdot \text{L}^{-1}$)与500mL乙酸钠($1\text{mol} \cdot \text{L}^{-1}$)混合;NaOH $1\text{mol} \cdot \text{L}^{-1}$ 称20g NaOH配成500mL溶液;

测定步骤:EDTA溶液的标定 用移液管准确移取 $0.01\text{mol} \cdot \text{L}^{-1}$ 的铜标准溶液10.00mL,加入50mL水,10mL pH=3.5的缓冲溶液,加热至80℃后,加入4滴PAN指示剂,趁热用EDTA滴定至由红色变为茶红色,记下消耗EDTA溶液的体积。平行测定三次,计算EDTA浓度。

配合物中铜含量的测定 向待测液中加入15mL pH=3.5的缓冲液,加热到80℃,滴加4滴PAN指示剂,趁热用EDTA滴定至茶红色。根据消耗的EDTA溶液体积及试样质量,计算配合物中铜的质量分数。并据此估算配合物的分子量,推测配合物的结构。

5. 大环西佛碱配体及配合物的红外光谱分析

乙二胺二氢溴酸盐、配体及配合物的红外光谱测定 取约1mg样品于干净的玛瑙研钵中,加约100mg的KBr粉末,在红外灯下研磨成粒度约2μm左右细粉后,移入压片模中,将模子放在油压机上,加压,制得半透明盐片。将此片装在样品架上,放入红外光谱仪的样品池处,在4 000~450cm^{-1}波数范围内进行扫描,即可得到相应的红外光谱。

结果处理:

(1) 对乙二胺二氢溴酸盐与配体的特征谱带进行归属。

(2) 比较乙二胺二氢溴酸盐与配体的红外光谱的异同,指出乙二胺二氢溴酸盐转变成大环西佛碱配体的依据。

(3) 指出大环西佛碱配体与铜配位后其红外光谱发生了哪些变化,怎样理解这些变化?

实验124 巴比妥的合成

一、目的要求

(1) 通过巴比妥的合成了解药物合成的基本过程。
(2) 掌握巴比妥合成的方法和操作技术。

二、预习与思考

(一) 预习内容

(1) 无水乙醇的制备方法。
(2) 合成巴比妥的原理及相关操作。
(3) 巴比妥结构表征。

(二) 思考下列问题

(1) 制备无水试剂时应注意什么问题?为什么在加热回流和蒸馏时冷凝管的顶端和接受器支管上要装置氯化钙干燥管?
(2) 工业上怎样制备无水乙醇(99.5%)?
(3) 对于液体产物,通常如何精制?本实验用水洗涤提取液目的是什么?

三、实验原理

巴比妥(Barbital)为长时间作用的催眠药。主要用于神经过度兴奋、狂躁或忧虑引起的失眠。巴比妥化学名为5,5-二乙基巴比妥酸,为白色结晶或结晶性粉末,无臭,味微苦。难溶于水,易溶于沸水及乙醇,溶于乙醚、氯仿及丙酮。

合成路线如下:

$$H_2C\begin{matrix}COOC_2H_5\\COOC_2H_5\end{matrix} + C_2H_5Br \xrightarrow{C_2H_5ONa} \begin{matrix}C_2H_5\\C_2H_5\end{matrix}C\begin{matrix}COOC_2H_5\\COOC_2H_5\end{matrix} \xrightarrow[C_2H_5ONa]{H_2NCONH_2}$$

四、仪器与试剂

圆底烧瓶(250mL)、干燥管、冷凝管、烧杯、抽滤瓶、搅拌器、滴液漏斗、布氏漏斗。

无水乙醇、金属钠、邻苯二甲酸二乙酯、丙二酸二乙酯、溴乙烷、尿素、乙醚、浓盐酸。

五、实验步骤

1. 绝对乙醇的制备

在装有球形冷凝器（顶端附氯化钙干燥管）的 250mL 圆底烧瓶中加入无水乙醇 180mL，金属钠 2g，加几粒沸石，加热回流 30min，加入邻苯二甲酸二乙酯 6mL，再回流 10min。将回流装置改为蒸馏装置，蒸去前馏分。用干燥圆底烧瓶做接受器，蒸馏至几乎无液滴流出为止。量其体积，计算回收率，密封贮存。

检验乙醇是否有水分，常用的方法是：取一支干燥试管，加入制得的绝对乙醇 1mL，随即加入少量无水硫酸铜粉末。如乙醇中含水分，则无水硫酸铜变为蓝色硫酸铜。

2. 二乙基丙二酸二乙酯的制备

在装有搅拌器、滴液漏斗及球形冷凝器（顶端附有氯化钙干燥管）的 250mL 三颈瓶中，加入制备的绝对乙醇 75mL，分次加入金属钠 6g。待反应缓慢时，开始搅拌，用油浴加热（油浴温度不超过 90℃），金属钠消失后，由滴液漏斗加入丙二酸二乙酯 18mL，10~15min 内加完，然后回流 15min，当油浴温度降到 50℃ 以下时，慢慢滴加溴乙烷 20mL，约 15min 加完，然后继续回流 2.5h。将回流装置改为蒸馏装置，蒸去乙醇（但不要蒸干），放冷，药渣用 40~45mL 水溶解，转到分液漏斗中，分取酯层，水层以乙醚提取 3 次（每次用乙醚 20mL），合并酯与醚提取液，再用 20mL 水洗涤一次，醚液倾入 125mL 锥形瓶内，加无水硫酸钠 5g，放置。将上一步制得的二乙基丙二酸二乙酯乙醚液，过滤，滤液蒸去乙醚。瓶内剩余液，用装有空气冷凝管的蒸馏装置于砂浴上蒸馏，收集 218~222℃ 馏分（用预先称量的 50mL 锥形瓶接受），称重，计算收率，密封贮存。

3. 巴比妥的制备

在装有搅拌、球型冷凝器（顶端附有氯化钙干燥管），及温度计的 250mL 三颈瓶中加入绝对乙醇 50mL，分次加入金属钠 2.6g，待反应缓慢时，开始搅拌。金属钠消失后，加入二乙基丙二酸二乙酯 10g，尿素 4.4g，加完后，随即使内温升至 80~82℃。停止搅拌，保温反应 80min（反应正常时，停止搅拌 5~10min 后，料液中有小气泡逸出，并逐渐呈微沸状态，有时较激烈）。反应毕，将回流装置改为蒸馏装置。在搅拌下慢慢蒸去乙醇，至常压不易蒸出时，再减压蒸馏尽。残渣用 80mL 水溶解，倾入盛有 18mL 稀盐酸（盐酸:水=1:1）的 250mL 烧杯中，调 pH 值 3~4，析出结晶，抽滤，得粗品。

4. 精制

粗品称重，置于 150mL 锥形瓶中，用水（16mL:1g）加热使溶，加入活性碳少许，脱色 15min 趁热抽滤，滤液冷至室温，析出白色结晶，抽滤，水洗，烘干，测熔点，m. p. 189~192℃。计算收率。

5. 结构确证

红外吸收光谱法、标准物 TLC 对照法。磁共振光谱法。

[注意事项]

①本实验中所用仪器均需彻底干燥。由于无水乙醇有很强的吸水性，故操作及存放时，必须防止水分侵入。

②制备绝对乙醇所用的无水乙醇，水分不能超过 0.5%，否则反应相当困难。

③取用金属钠时需用镊子，先用滤纸吸去沾附的油后，用小刀切去表面的氧化层，再切成小条。切下来的钠屑应放回原瓶中，切勿与滤纸一起投入废物缸内，并严禁金属钠与水接触，以免引起燃烧爆炸事故。

④加入邻苯二甲酸二乙酯的目的是利用它和氢氧化钠进行如下反应：

$$\text{邻-C}_6\text{H}_4(\text{COOC}_2\text{H}_5)_2 + 2\text{NaOH} \longrightarrow \text{邻-C}_6\text{H}_4(\text{COONa})_2 + C_2H_5OH_2$$

因此避免了乙醇和氢氧化钠生成的乙醇钠再和水作用，这样制得的乙醇可达到极高的纯度。

实验 125　金属酞菁的制备

一、实验目的

（1）了解金属酞菁的制备的一般合成方法。
（2）掌握金属酞菁的制备常规方法和操作技能。

二、预习与思考

（一）预习内容

（1）金属酞菁的结构、性质及应用。
（2）金属酞菁的制备方法。
（3）金属酞菁的纯化。

（二）思考下列问题

（1）在合成产物过程中应注意哪些操作问题？
（2）在用乙醇和丙酮处理合成的粗产物时主要能除掉哪些杂质？产品提纯中你认为是否有更优的方法？
（3）如何处理实验过程中产生的废液（酸、有机物），不经处理的废液直接倒入水槽后将会造成什么危害？

三、实验原理

酞菁（H_2Pc）是四氮大环配体的重要种类，具有高度共轭 π 体系。它能与金属离子形成金属酞菁配合物（MPc），其分子结构式如图7-4所示。

金属酞菁是近年来广泛研究的经典金属大环配合物中的一类，其基本结构和天然金属卟啉相似，且具有良好的热稳定性和化学稳定性，这类配合物具有半导体、光电导、光化学反应活性、荧光、光记忆等特性。因此金属酞菁在光电转换、催化活化小分子、信息储存、生物模拟及工业染料等方面有重要应用。

金属酞菁的合成一般通过金属模板反应来合成，即通过简单配体单元与中心金属离子的配位作用，首先形成相应的排列组合，然后再结合形成金属大环配合物。这里的金属离子起着一种模板作用。金属酞菁配合物的合成主要有以下几种途径（以2价金属M为例）：

(1) 以邻苯二甲腈为原料。
(2) 以邻苯二甲酸酐、尿素为原料。

本实验按反应（2）制备金属酞菁，原料为金属盐、邻苯二甲酸酐和尿素，催化剂为钼酸铵。利用溶液法或熔融法进行制备（表7-7）。

表7-7 金属酞菁配制原料

金属酞菁	金属盐/投料量	邻苯二甲酸酐	尿素	钼酸铵
铁酞菁（FePc）	$FeCl_2 \cdot 4H_2O$/2.5	7.4	12	0.5
铜酞菁（CuPc）	$CuSO_4$/2.0	7.4	12	0.5

金属酞菁和电荷半径比较大的金属如Al（Ⅲ），Cu（Ⅱ）等形成的金属酞菁具较大热稳定性，这些配合物可通过真空升华或先溶于浓硫酸并在水中沉淀等方法进行纯化（图7-4）。

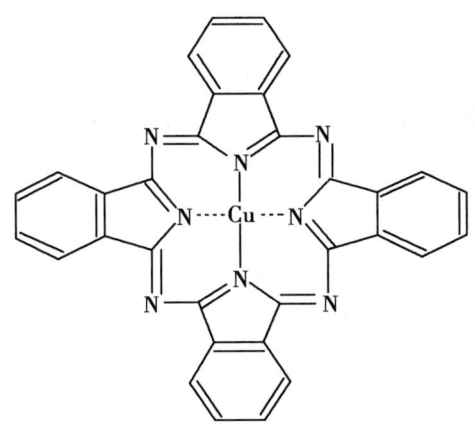

图7-4 铜酞菁（CuPc）的结构

四、仪器与试剂

圆底烧瓶（250mL）、冷凝管、烧杯、抽滤瓶、布氏漏斗、高速离心机、恒温水浴锅。

氯化亚铁、或还原性铁粉、硫酸铜（C.P.）、邻苯二甲酸酐（C.P.）、尿素（C.P.）、钼酸铵（C.P.）、煤油、丙酮、无水乙醇、浓硫酸、2% HCl。

五、实验步骤

1. 金属酞菁粗产品的制备

CuPc 的制备　称取邻苯二甲酸酐 7.4g、尿素 12g 和 0.5g 钼酸铵于研钵中研细后加入 1.7g 无水 $CuSO_4$，混均后马上移入 250mL 圆底烧瓶中，加入 70mL 煤油，加热（200℃左右）回流 2h 左右，在配体形成酞菁环而使溶液由无色（浅黄色）变为暗绿色时停止加热，加热期间应注意控制温度以避免由于过热而使尿素或邻苯二甲酸酐升华。冷却至 70℃左右，加入适量无水乙醇稀释后趁热抽滤，滤饼置于研钵中加入适量丙酮，研细，抽滤，并依次用丙酮和 2% HCl 洗涤 2~3 次，得粗产品。

2. 粗产品提纯

将粗产品倾入 10 倍质量数的浓硫酸中，搅拌使其完全溶解，50~55℃水浴加热搅拌 1h。冷却至室温后慢慢倾入 10 倍浓硫酸体积的蒸馏水中（小心操作，为得到纯净沉淀及较大颗粒产物应怎样操作？），并不断搅拌，加热煮沸，静置过夜。抽滤（或离心分离）。滤液收集于废液缸中，滤饼（或沉淀物）移入 200mL 烧杯中，加入适量的蒸馏水煮沸 5~10min，冷却后移入离心管离心分离，沉淀物用热蒸馏水洗至无 SO_4^{2-}（应重复操作 7~8 次），并分别用无水乙醇、丙酮经超声波粉碎，离心分离各四次，母液分别集中收集在废液缸中。产物在 60℃下真空干燥 2h，得纯品。称重，计算产率（以邻苯二甲酸酐计）。金属酞菁在真空条件下升华而得到纯化。

3. 结构确证

红外吸收光谱法、标准物 TLC 对照法。

磁共振光谱法。

实验 126　外消旋 α-苯乙胺的制备和拆分

一、实验目的

(1) 学习外消旋 α-苯乙胺的合成和拆分的基本原理。
(2) 掌握外消旋体的和拆分方法。
(3) 学习旋光度的测定方法。

二、预习与思考

(一) 预习内容

(1) 对映体、外消旋体、旋光度等含义以及对映体、外消旋体的性质差异。
(2) 外消旋体拆分原理和方法。
(3) 旋光仪的使用。

(二) 思考下列问题

(1) 你认为本实验中关键步骤是什么？如何控制反应条件才能分离出纯的旋光异构体？

(2) 必须得到棱状晶体，这是实验成功的关键，为什么？

三、基本原理

把外消旋体的一对对映体分离成纯净的左旋体和右旋体，即所谓的消旋体的拆分。拆分外消旋体最常用的方法是利用化学反应把对映体变为非对映体。如果中性化合物分子中含有一个易于反应的极性基团，如羧基、氨基等，就可以使它与一个纯的旋光化合物（拆解剂）反应，从而把一对对映体变成两种非对映体。由于非对映体具有不同的物理性质，如溶解性、结晶性等，利用结晶等方法将他们分离、精制，然后再去掉拆解剂，就可以得到纯的旋光化合物，达到拆分目的。

常用的拆解剂有马钱子碱、奎宁和麻黄素等旋光纯的生物碱（拆分外消旋的有机酸）以及酒石酸、樟脑磺酸等旋光纯的有机酸（拆分外消旋的有机碱）。

利用光学纯度表示被拆分后对映体的纯净程度，它等于样品的比旋光除以纯对映体的比旋光。

光学纯度 (op) (%) = |样品的 $[\alpha]$ /纯物质的 $[\alpha]$| ×100。

本实验用 (+) -酒石酸为拆解剂，它与外消旋 α-苯乙胺形成非对映异构体的盐。由于 S- (-) -α-苯乙胺-酸非对映体的盐比另一种非对映体的盐在甲醇中的溶解度小，故易从溶液中呈结晶析出，经稀碱处理，使 S- (-) -α-苯乙胺游离出来。母液中含有 S- (-) -α-苯乙胺 (+) -酸盐，原则上经提纯后可以得到另一个非对映体的盐，经稀碱处理后得到 S- (-) -α-苯乙胺。

$$C_6H_5\overset{O}{\overset{\|}{C}}CH_3 + 2HCO_2NH_4 \longrightarrow C_6H_5\overset{CH_3}{\underset{|}{CH}}-NHCHO + NH_3\uparrow + CO_2\uparrow + 2H_2O$$

$$C_6H_5\overset{CH_3}{\underset{|}{CH}}-NHCHO + HCl + H_2O \longrightarrow C_6H_5\overset{CH_3}{\underset{|}{CH}}NH_3Cl^- + HCOOH$$

$$C_6H_5\overset{CH_3}{\underset{|}{CH}}NH_3Cl^- + NaOH \longrightarrow C_6H_5\overset{CH_3}{\underset{|}{CH}}NH_2 + NaCl + H_2O$$
$$(\pm)\text{-苯乙胺}$$

四、仪器与药品

圆底烧瓶（100mL、50mL）、三口烧瓶（100mL）、锥形瓶（250mL）、冷凝管、烧杯、水泵、抽滤瓶、布氏漏斗、滴液漏斗。

（+）-酒石酸、甲醇、乙醚、氢氧化钠（50%）、苯乙酮、甲酸铵、氯仿、浓盐酸、氢氧化钠、甲苯、乙醚。

五、实验步骤

1. α-苯乙胺的制备

在 100mL 蒸馏瓶中,加入 11.8mL 苯乙酮、20g 甲酸铵和沸石,蒸馏头上插入接近瓶底的温度计,侧口连接冷凝管配成简单的蒸馏装置。在石棉网上用小火加热反应混合物至 150~155℃,甲酸铵开始熔化并分为两相,并逐渐变为均相。反应物剧烈沸腾,并有水和苯乙酮蒸出,同时不断产生泡沫放出氨气。继续缓缓加热至温度达到 185℃,停止加热,通常约需要 1.5h。反应过程中可能会在冷凝管上生成一些固体碳酸铵,需暂时关闭冷凝水使固体溶解,避免堵塞冷凝管。将馏出物转入分液漏斗,分出苯乙酮层,重新倒回反应瓶,再继续加热 1.5h,控制反应温度不超过 185℃。

将反应物冷至室温,转入分液漏斗中,用 15mL 水洗涤,以除去甲酸铵和甲酰胺,分出 N-甲酰-α-苯乙胺粗品,将其倒回原反应瓶。水层每次用 6mL 氯仿萃取两次,合并萃取液也倒回反应瓶,弃去水层。向反应瓶中加入 12mL 浓盐酸和沸石,蒸出所有氯仿,再继续保持微沸回流 30~45min,使 N-甲酰-α-苯乙胺水解。将反应物冷至室温,如有结晶析出,加入最少量的水让其溶解。然后每次用 6mL 氯仿萃取 3 次,合并萃取液倒入指定容器回收氯仿,水层转入 100mL 三颈瓶。

将三颈瓶置于冰浴中冷却,慢慢加入 10g NaOH 溶于 20mL 水的溶液并加以摇振,然后进行水蒸气蒸馏。用 pH 试纸检验馏出液,开始为碱性,至馏出液 pH = 7 为止。约收集馏出液 65~80mL。

将含有游离胺的馏出液每次用 10mL 甲苯萃取 3 次,合并甲苯萃取液,加入粒状 NaOH 干燥并塞住瓶口。将干燥后的甲苯溶液用滴液漏斗分批加入 50mL 蒸馏瓶,先蒸去甲苯,然后改用空气冷凝管蒸馏,收集 180~190℃ 馏分,产量 5~6g,塞好瓶口准备进行拆分实验。

纯的 α-苯乙胺沸点 187.4℃。

此阶段实验约需 8h。

2. S-(-)-α-苯乙胺的分离

在 250mL 锥形瓶中,加入 6.3g (+)-酒石酸和 90mL 甲醇,在水浴上加热至接近沸腾(60℃),搅拌使酒石酸溶解。然后在搅拌下慢慢加入 5g α-苯乙胺。冷至室温后,将烧瓶塞住,放置 24h 以上,应析出白色棱状晶体。假如析出针状晶体,应重新加热溶解并冷却至完全析出棱状晶体。抽气过滤,并用少许冷甲醇洗涤,干燥后得 (-)-胺(+)-酒石酸盐约 4g。以下步骤为减少操作的困难,可由两个学生将各自的产品合并起来,约为 8g 盐的晶体。将 8g (-)-胺(+)-酒石酸盐置于 250mL 锥形瓶中,加入 30mL 水,搅拌使部分结晶溶解,接着加入 5mL 50% NaOH,搅拌混合物至固体完全溶解。将溶液转入分液漏斗,每次用 15mL 乙醚萃取二次。合并醚萃取液,用无水硫酸钠干燥。水层倒入指定容器中回收 (+)-酒石酸。

将干燥后的乙醚溶液用滴液漏斗分批转入 50mL 圆底烧瓶,在水浴上蒸去乙醚,然后蒸馏收集 180~190℃ 馏分于一已称重的锥形瓶中,产量约 2~2.5g,用塞子塞住锥形瓶准备测定比旋光度。

3. 比旋光度的测定

甲醇溶液配制　用移液管量取 10mL 甲醇置于盛胺的锥形瓶中，摇振使胺溶解。溶液的总体积非常接近 10mL（加上胺的体积，或者是后者的质量除以其密度（d = 0.9395），两个体积的加和值在本步骤中引起的误差可以不计）。根据胺的质量和总体积，计算出胺的浓度（$g \cdot mL^{-1}$）。将溶液置于 2cm 的样品管中，测定旋光度及比旋光度，并计算拆分后胺的光学纯度。纯 s－(−)－a－苯乙胺的 $[\alpha]_D^{15} = -39.5°$。

根据所得到的比旋光度计算产物的纯度。

附录一 常用溶剂的纯化方法

在化学实验中，经常使用各类溶剂作为反应介质或用来分离提纯粗产物。由于反应的特点和物质的性质不同，对溶剂规格的要求也不相同。有些反应（如格氏试剂的制备反应）对溶剂的要求较高，即使微量杂质或水分的存在，也会影响实验的正常进行。这种情况下，就需对溶剂进行纯化处理，以满足实验的正常要求。这里介绍几种实验室中常用的有机溶剂的纯化方法。

1. 无水乙醚

沸点 34.51℃，n_D^{20} 1.352 6。久藏的乙醚常含有少量过氧化物，过氧化物的检验和除去：在干净和试管中放入 2~3 滴浓硫酸，1mL 2% 碘化钾溶液（若碘化钾溶液已被空气氧化，可用稀亚硫酸钠溶液滴到黄色消失）和 1~2 滴淀粉溶液，混合均匀后加入乙醚，出现蓝色即表示有过氧化物存在。

除去过氧化物可用新配制的硫酸亚铁稀溶液（配制方法是$FeSO_4 \cdot H_2O$ 60g，100mL 水和 6mL 浓硫酸）。将 100mL 乙醚和 10mL 新配制的硫酸亚铁溶液放在分液漏斗中洗数次，至无过氧化物为止。

市售乙醚中常含有微量水、乙醇和其他杂质，不能满足无水实验的要求。可用下述方法进行处理，制得无水乙醚。在 250mL 干燥的圆底烧瓶中，加入 100mL 乙醚和几粒沸石，装上回流冷凝管。将盛有 10mL 浓硫酸的滴液漏斗通过带有侧口的橡胶塞安装在冷凝管上端，接通冷凝水后，将浓硫酸缓慢滴入乙醚中，由于吸水作用产生热，乙醚会自行沸腾。当乙醚停止沸腾后，拆除回流冷凝管，补加沸石后，改成蒸馏装置，用干燥的锥形瓶作接收器。在接液管的支管上安装一支盛有无水氯化钙的干燥管，干燥管的另一端连接橡胶管，将逸出的乙醚蒸气导入水槽中。用事先准备好的热水浴加热蒸馏，收集 34.5℃馏分 70~80mL，停止蒸馏。烧瓶内所剩残液倒入指定的回收瓶中（切不可向残液中加水！）。向盛有乙醚的锥形瓶中加入 1g 钠丝，然后用带有氯化钙干燥管的塞子塞上，以防止潮气侵入并可使产生的气体逸出。放置 24h，使乙醚中残存的痕量水和乙醇转化为氢氧化钠和乙醇钠。如发现金属钠表面已全部发生作用，则需补加少量钠丝，放置至无气泡产生，金属钠表面完好，即可满足使用要求。

2. 无水乙醇

沸点 78.5℃，n_D^{20} 1.3611。制备无水乙醇的方法很多，根据对无水乙醇质量的要求不同而选择不同的方法。若要求 98%~99% 的乙醇，可采用下列方法：一是利用苯、水和乙醇形成低共沸混合物的性质，将苯加入乙醇中，进行分馏，在 64.9℃ 时蒸出苯、水、乙醇的三元恒沸混合物，多余的苯在 68.3℃ 与乙醇形成二元恒沸混合物被蒸出，最后蒸出乙醇。工业多采用此法。二是用生石灰脱水。于 100mL 95% 乙醇中加入新鲜的块状生石灰 20g，回流 3~5h，然后进行蒸馏。

若要 99% 以上的乙醇，可采用下列方法。

（1）在 100mL 99% 乙醇中，加入 7g 金属钠，待反应完毕，再加入 27.5g 邻苯二甲酸二乙酯或 25g 草酸二乙酯，回流 2~3h，然后进行蒸馏。金属钠虽能与乙醇中的水作用，产生氢气和氢氧化钠，但所生成的氢氧化钠又与乙醇发生平衡反应，因此单独使用金属钠不能完全除去乙醇中的水，须加入过量的高沸点酯，如邻苯二甲酸二乙酯与生成的氢氧化钠作用，抑制上述反应，从而达到进一步脱水的目的。

（2）在 60mL 99% 乙醇中，加入 5g 镁和 0.5g 碘，待镁溶解生成醇镁后，再加入 900mL 99% 乙醇，回流 5h 后，蒸馏，可得到 99.9% 乙醇。由于乙醇具有非常强的吸湿性，所以在操作时，动作要迅速，尽量减少转移次数以防止空气中的水分进入，同时所用仪器必须事前干燥好。

3. 丙酮

沸点 56.2℃，n_D^{20} 1.358 8。市售丙酮中往往含有甲醇、乙醛和水等杂质，可用下述方法提纯。

在 250mL 圆底烧瓶中，加入 100mL 丙酮和 0.5g 高锰酸钾，安装回流冷凝管，水浴加热回流。若混合液紫色很快消失，则需补加少量高锰酸钾，继续回流，直到紫色不再消失为止。改成蒸馏装置，加入几粒沸石，水浴加热蒸出丙酮，用无水碳酸钾干燥 1h。将干燥好的丙酮倾入 250mL 圆底烧瓶中，加入沸石，安装蒸馏装置（全部仪器均须干燥！）。水浴加热蒸馏，收集 55.0~56.5℃ 馏分。

4. 乙酸乙酯

沸点 77.06℃，n_D^{20} 1.372 3。市售的乙酸乙酯常一般含量为 95%~98%，含有少量水、乙醇和乙酸。可先用等体积的 5% 碳酸钠溶液洗涤，再用饱和氯化钙溶液洗涤，酯层倒入干燥的锥形瓶中，加入适量无水碳酸钾干燥 1h 后，蒸馏，产物沸点为 77℃。乙酸乙酯也可用下法纯化：于 1 000mL 乙酸乙酯中加入 100mL 乙酸酐，10 滴浓硫酸，加热回流 4h，除去乙醇和水等杂质，然后进行蒸馏。馏液用 20~30g 无水碳酸钾振荡，再蒸馏，纯度可达 99% 以上。

5. 石油醚

石油醚是低级烷烃的混合物。根据沸程范围不同可分为 30~60℃、60~90℃ 和 90~120℃ 等不同规格。石油醚中常含有少量沸点与烷烃相近的不饱和烃，难以用蒸馏法进行分离，此时可用浓硫酸和高锰酸钾将其除去。方法如下：

在 150mL 分液漏斗中，加入 100mL 石油醚，用 10mL 浓硫酸分两次洗涤，再用 10% H_2SO_4 与高锰酸钾配制的饱和溶液洗涤，直至水层中紫色不再消失为止。用蒸馏水洗涤两次后，将石油醚倒入干燥的锥形瓶中，加入无水氯化钙干燥 1h，蒸馏，收集需要规格的馏分。若需绝对干燥的石油醚，可加入钠丝（与纯化无水乙醚相同）。

6. 二氯甲烷

沸点 40℃，n_D^{20} 1.424 2。使用二氯甲烷比氯仿安全，因此常常用它来代替氯仿作为比水重的萃取剂。普通的二氯甲烷一般都能直接做萃取剂用。如需纯化，可用 5% 碳酸钠溶液洗涤，再用水洗涤，然后用无水氯化钙干燥，蒸馏收集 40~41℃ 的馏分，保存在棕色瓶中。

7. 氯仿

沸点 61.7℃，n_D^{20} 1.445 9。普通氯仿中含有 1% 乙醇（这是为防止氯仿分解为有毒的光气，作为稳定剂加进去的）。除去乙醇的方法是用水洗涤氯仿 5~6 次后，将分出的氯仿用无水氯化钙干燥 24h，再进行蒸馏，收集 60.5~61.5℃ 馏分。纯品应装在棕色瓶内，置于暗处避光保存。

8. 四氯化碳

沸点 76.8℃，n_D^{20} 1.460 3。四氯化碳中二硫化碳达 4%。纯化时，可 1000mL 将四氯化碳与 60g 氢氧化钾溶于 60mL 水和 100mL 乙醇的溶液混在一起，在 50~60℃ 时振摇 30min，然后水洗，再将此四氯化碳按上述方法重复操作再一次（氢氧化外的用量减半）。四氯化碳中残余的乙醇可以用氯化钙除掉。最后将四氯化碳用氯化钙干燥，过滤，蒸馏收集 76.7℃ 馏分。四氯化碳不能用金属钠干燥，因有爆炸危险。

9. 1,2-二氯乙烷（$ClCH_2CH_2Cl$）

沸点 83.4℃，n_D^{20} 1.444 8。1,2-二氯乙烷为无色油状液体易燃，有芳香味，与水形成恒沸物，沸点为 72℃，其中含 81.5% 的 1,2-二氯乙烷。可与乙醇、乙醚、氯仿等相混溶。在结晶和提取时是极有用的溶剂，比常用的含氯有机溶剂更为活泼。

一般纯化可依次用浓硫酸、水、稀碱溶液和水洗涤，用无水氯化钙干燥或加入五氧化二磷分馏即可。

10. 苯

沸点 80.1℃，n_D^{20} 1.501 1。普通苯中可能含有少量噻吩，除去的方法是用少量（约为苯体积的 15%）浓硫酸洗涤数次，再分别用水、10% 碳酸钠溶液和水洗涤。分离出苯，置于锥形瓶中，用无水氯化钙干燥 24h 后，水浴加热蒸馏，收集 79.5~80.5℃ 馏分。

11. 甲苯

沸点 110.6℃，n_D^{20} 1.496 9。普通甲苯中可能含有少量甲基噻吩，处理方法同苯。由于甲苯比苯容易磺化，用浓硫酸洗涤时的温度应控制在 30℃ 以下。

12. 甲醇

沸点 64.96℃，n_D^{20} 1.328 8。普通未精制的甲醇含有 0.02% 丙酮和 0.1% 水。而工业甲醇中这些杂质的含量达 0.5%~1%。为了制得纯度达 99.9% 以上的甲醇，可将甲醇用分馏柱分馏。收集 64℃ 的馏分，再用镁去水（与制备无水乙醇相同）。甲醇有毒，处理时应防止吸入其蒸气。

13. 四氢呋喃

沸点 67℃（64.5℃），n_D^{20} 1.405 0。四氢呋喃与水能混溶，并常含有少量水分及过氧化物。如要制得无水四氢呋喃，可用氢化铝锂在隔绝潮气下回流（通常 1 000mL 需 2~4g 氢化铝锂）除去其中的水和过氧化物，然后蒸馏，收集 66℃ 的馏分（蒸馏时不要蒸干，将剩余少量残液倒出）。精制后的液体加入钠丝并应在氮气氛中保存。处理四氢呋喃时，应先用小量进行试验，在确定其中只有少量水和过氧化物，作用不致过于激烈时，方可进行纯化。四氢呋喃中的过氧化物可用酸化的碘化钾溶液来检验。如过氧化物较多，应另行处理为宜。

14. 二氧六环

沸点 101.5℃，熔点 12℃，n_D^{20} 1.442 4。二氧六环能与水任意混合，常含有少量二乙醇缩醛与水，久贮的二氧六环可能含有过氧化物（鉴定和除去参阅乙醚）。二氧六环的纯化方法，在 500mL 二氧六环中加入 8mL 浓盐酸和 50mL 水的溶液，回流 6~10h，在回流过程中，慢慢通入氮气以除去生成的乙醛。冷却后，加入固体氢氧化钾，直到不能再溶解为止，分去水层，再用固体氢氧化钾干燥 24h。然后过滤，在金属钠存在下加热回流 8~12h，最后在金属钠存在下蒸馏，压入钾丝密封保存。精制过的 1,4-二氧环己烷应当避免与空气接触。

15. 吡啶

沸点 115.5℃，n_D^{20} 1.509 5。分析纯的吡啶含有少量水分，可供一般实验用。如要制得无水吡啶，可将吡啶与粒状氢氧化钾（钠）一同回流，然后隔绝潮气蒸出备用。干燥的吡啶吸水性很强，保存时应将容器口用石蜡封好。

16. 二甲基亚砜（DMSO）

沸点 189℃，熔点 18.5℃，n_D^{20} 1.478 3。二甲基亚砜能与水混合，可用分子筛长期放置加以干燥。然后减压蒸馏，收集 76℃/1 600Pa（12mmHg）馏分。蒸馏时，温度不可高于 90℃，否则会发生歧化反应生成二甲砜和二甲硫醚。也可用氧化钙、氢化钙、氧化钡或无水硫酸钡来干燥，然后减压蒸馏。也可用部分结晶的方法纯化。二甲基亚砜与某些物质混合时可能发生爆炸，例如氢化钠、高碘酸或高氯酸镁等应予以注意。

17. N,N-二甲基甲酰胺（DMF）

沸点 149~156℃，n_D^{20} 1.430 5。N,N-二甲基甲酰胺为无色液体，与多数有机溶剂和水可任意混合，对有机和无机化合物的溶解性能较好。

N,N-二甲基甲酰胺含有少量水分。常压蒸馏时有些分解，产生二甲胺和一氧化碳。在有酸或碱存在时，分解加快。所以加入固体氢氧化钾（钠）在室温放置数小时后，即有部分分解。因此，最常用硫酸钙、硫酸镁、氧化钡、硅胶或分子筛干燥，然后减压蒸馏，收集 76℃/4 800Pa（36mmHg）的馏分。其中如含水较多时，可加入其 1/10 体积的苯，在常压及 80℃以下蒸去水和苯，然后再用无水硫酸镁或氧化钡干燥，最后进行减压蒸馏。纯化后的 N,N-二甲基甲酰胺要避光贮存。N,N-二甲基甲酰胺中如有游离胺存在，可用 2,4-二硝基氟苯产生颜色来检查。

18. 二硫化碳

沸点 46.25℃，n_D^{20} 1.631 9。二硫化碳为有毒化合物，能使血液神经组织中毒。具有高度的挥发性和易燃性，因此，使用时应避免与其蒸气接触。对二硫化碳纯度要求不高的实验，在二硫化碳中加入少量无水氯化钙干燥几小时，在水浴 55~65℃下加热蒸馏、收集。如需要制备较纯的二硫化碳，在试剂级的二硫化碳中加入 0.5% 高锰酸钾水溶液洗涤三次。除去硫化氢再用汞不断振荡以除去硫。最后用 2.5% 硫酸汞溶液洗涤，除去所有的硫化氢（洗至没有恶臭为止），再经氯化钙干燥，蒸馏收集。

19. 正己烷（C_6H_{14}）

沸点 68.7℃，n_D^{20} 1.374 8。无色易挥发液体，与醇、醚和三氯甲烷混溶，不溶于水。

正己烷常含有一定量的苯和其他烃类，用下述方法进行纯化：加入少量的发烟硫酸进行振摇，分出酸，再加发烟硫酸振摇。如此反复，直至酸的颜色呈淡黄色。依次再用浓硫酸、水、2% NaOH 溶液洗涤，再用水洗涤，用氢氧化钾干燥后蒸馏。

20. 乙酸（CH_3COOH）

沸点 117.9℃，熔点 16.5℃，n_D^{20} 1.371 6。可与水混溶，在常温下是一种有强烈刺激性酸味的无色液体。

将乙酸冻结出来可得到很好的精制效果。若加入 2%~5% 高锰酸钾溶液并煮沸 2~6h 更好。微量的水可用五氧化二磷干燥除去。

附录二 常用有机化合物的物理常数

名　称	分子式（结构）	相对分子质量	密度	熔点（℃）	沸点（℃）	折射率（n_D^{20}）
安息香	$C_{14}H_{12}O_2$	212.244	1.310^{20}	137	344.194^{12}	—
(−)−麻黄素	$C_{10}H_{15}NO$	165.232	1.0085^{22}	40	225	—
1,2−二氯乙烷	$C_2H_4Cl_2$	98.959	1.2454^{25}	−35.7	83.5	1.4422^{25}
蓖麻油酸	$C_{18}H_{34}O_3$	298.461	0.9450^{21}		227^{10}	1.4716^{21}
2−甲基−2−己醇	$C_7H_{16}O$	116.201	0.8119^{20}		143	1.4175^{20}
2−乙酰基环戊酮	$C_7H_{10}O_2$	126.153	1.0431^{25}	—	$72-5^{20}$	1.4906^{20}
4−苯基−2−丁酮	$C_{10}H_{12}O$	148.201	0.9849^{22}	−13	233.5	1.511^{22}
4−苯基−3−丁烯−2−酮	$C_{10}H_{10}O$	146.185	1.0097^{45}	41.5	261	1.5836^{45}
8−羟基喹啉	C_9H_7NO	145.158	1.034^{20}	75.5	267	—
N,N−二甲基苯胺	$C_6H_5N(CH_3)_2$	121.08	0.9557	2.45	194.15	1.5582
N,N−二甲基苯胺	$C_8H_{11}N$	121.180	0.9557^{20}	2.42	194.15	1.5582^{20}
α−萘酚	$C_{10}H_7OH$	144.19	1.0989	96	288	1.6224
β−萘酚	$C_{10}H_7OH$	144.19	1.28	123~124	295	—
苯	C_6H_6	78.12	0.87865	5.5	80.1	1.5011
苯胺	$C_6H_5NH_2$	93.13	1.02173	−6.3	184.13	1.5863
苯酚	C_6H_6O	94.111	1.0545^{45}	40.89	181.87	1.5408^{41}
苯甲醇	C_7H_8O	108.138	1.0419^{24}	−15.4	205.31	1.5396^{20}
苯甲醛	C_7H_6O	106.122	1.0401	−57.1	178.8	1.5463
苯甲酸	$C_7H_6O_2$	122.12	1.2659^{15}	122.35	249.2	1.5040^{132}
苯甲酸乙酯	$C_9H_{10}O_2$	150.174	1.0415^{25}	−34	212	1.5007^{20}
苯氧乙酸	$C_8H_8O_3$	152.148	—	98.5	285 分解	—
苯乙酮	$C_6H_5COCH_3$	120.16	1.0281	20.5	202.0	1.53718
苯乙烯	$C_6H_5CH=CH_2$	104.16	0.9060	−30.63	145.2	1.5468
丙二酸二乙酯	$C_7H_{12}O_4$	160.168	1.0551^{20}	−50	200	1.4139^{20}
对氨基苯甲酸乙酯	$C_9H_{11}NO_2$	165.189	1.717^{20}	92	310	1.5600^{22}
丙三醇	$HOCH_2CHOHCH_2OH$	92.11	1.2613	20	290 分解	1.4746

(续表)

名 称	分子式（结构）	相对分子质量	密 度	熔点（℃）	沸点（℃）	折射率（n_D^{20}）
丙酮	CH_3COCH_3	58.08	0.7899	−95.35	56.2	1.3588
丙酸	CH_3CH_2COOH	74.08	0.993	−20.8	140.99	1.3869
丙烯	$CH_3CH=CH_2$	42.08	0.5193	−185.25	−47.4	1.3567（−70℃）
淀粉	$(C_6H_{10}O_5)_n$	$(162.14)_n$	—	分解	—	—
丁醇	$CH_3(CH_2)_2CH_2OH$	74.12	0.8098	−89.53	1.39931	117.25
对氨基苯磺酸	$C_6H_7NO_3S$	173.191	1.485^{25}	288	—	—
对氨基苯甲酸	$C_7H_7NO_2$	137.137	1.51^{25}	173	—	—
对甲苯磺酸	$C_7H_8O_3S$	172.203	—	104.5	140^{20}	—
对甲基苯胺	C_7H_9N	107.153	0.9619^{20}	43.6	200.4	1.5534^{45}
对甲乙酰苯胺	$C_9H_{11}NO$	149.189	1.2120^{15}	152	307	—
对氯苯氧乙酸	$C_8H_7O_3Cl$	186.592	—	156.5	—	—
对氯甲苯	C_7H_7Cl	126.584	1.0697^{20}	7.5	162.4	1.5150^{20}
对硝基苯甲酸	$C_7H_5NO_4$	167.12	1.610^{20}	242	升华	—
对硝基甲苯	$C_7H_7NO_2$	137.137	1.1038^{75}	51.63	283.3	—
二苯基乙二酮	$C_{14}H_{10}O_2$	210.228	1.084^{102}	94.87	347	—
二苯甲醇	$C_{13}H_{12}O$	184.233	—	69	298	—
二苯酮	$C_{13}H_{10}O$	182.217	—	47.9	305.4	1.6077^{19}
二苯乙醇酸	$C_{14}H_{12}O_3$	228.243	—	150	180（分解）	—
二苯乙二酮	$C_{14}H_{10}O_2$	210.228	1.084^{102}	94.87	347	—
二甲胺	$(CH_3)_2NH$	45.09	0.6804（0℃）	−93	7.4	1.350（17℃）
呋喃	C_4H_4O	68.074	0.9514^{20}	−85.65	31.5	1.4214^{20}
呋喃甲醇	$C_5H_6O_2$	98.101	1.1296	−14.6	171	1.4869
呋喃甲醛	$C_5H_4O_2$	96.085	1.1594	−38.1	161.7	1.5261
呋喃甲酸	$C_5H_4O_3$	112.084	—	133.5	231	—
环己醇	$C_6H_{12}O$	100.16	0.9624	25.15	161.1	1.4641
环己酮	$C_6H_{10}O$	98.15	0.9478	−16.4	155.65	1.4507
环己酮肟	$C_6H_{11}NO$	113.157	—	90	206	—
环己烷	C_6H_{12}	84.16	0.77855	6.55	80.74	1.42662
环己烯	C_6H_{10}	82.143	0.8110^{20}	−103.5	82.98	1.4465^{20}
环戊酮	C_5H_8O	84.117	0.9487^{20}	−51.9	130.57	1.4366^{20}
己醇	$CH_3(CH_2)_5OH$	102.18	0.8136	−46.7	158	1.4078
己内酰胺	$C_6H_{11}NO$	113.157	—	69.3	270	—
己酸	$CH_3(CH_2)_4CO_2H$	116.16	0.9274	—	205.4	1.4163

(续表)

名　称	分子式（结构）	相对分子质量	密度	熔点（℃）	沸点（℃）	折射率（n_D^{20}）
甲苯	$C_6H_5CH_3$	92.139	0.8668^{20}	-94.95	110.63	1.4961^{20}
甲醇	CH_3OH	32.04	0.7914	-93.9	64.96	1.3288
甲基橙	$C_{14}H_{14}N_3O_3SNa$	327.34	—	分解	—	—
甲基叔丁基醚	$C_5H_{12}O$	88.148	0.7353^{25}	-108.6	55.2	1.3690^{20}
甲酸	HCOOH	46.03	1.22	8.4	100.7	1.3714
甲烷	CH_4	16.04	0.5547 (0℃)	-182.48	-164	—
间二硝基苯	$C_6H_4N_2O_4$	168.107	1.5751^{18}	90	291	—
间苯二酚	$C_6H_4(OH)_2$	110.11	1.2717	—	178	—
间硝基苯胺	$C_6H_6NO_2$	138.124	0.9015^{25}	114	306	—
间硝基苯酚	$C_6H_5NO_3$	139.109	1.2797^{100}	96.8	194^{70}	—
苦杏仁酸	$C_8H_8O_3$	152.148	1.2890^{20}	—	—	—
己烷	$CH_3(CH_2)_4CH_3$	86.18	0.6603	-95	68.95	1.37506
甲苯	$C_6H_5CH_3$	92.15	0.8669	-95	110.6	1.4961
邻氨基苯酚	C_6H_7NO	109.126	1.328^{25}	174	153	—
邻苯二甲酸酐	$C_8H_4O_3$	148.116	1.527^4	130.8	295	—
邻羟基苯甲醇	$C_7H_8O_2$	124.138	1.1613^{25}	87	升华	—
邻羟基苯甲醛	$C_7H_6O_2$	122.122	1.1674^{20}	-7	197	1.5740^{20}
邻硝基苯酚	$C_6H_5NO_3$	139.109	1.2942^{40}	44.8	216	1.5723^{50}
硫酸单乙酯	$C_2H_6O_4S$	126.133	1.3657^{20}	—	280dec	1.4105^{20}
氯苄	C_7H_7Cl	126.584	1.004^{20}	-45	179	1.5391^{20}
氯仿	$CHCl_3$	119.377	-63.34	1.4788^{25}	61.17	1.4459^{20}
氯乙酸	$C_2H_3O_2Cl$	94.497	1.4043^{40}	63	189.3	1.4351^{55}
氯乙烷	CH_3CH_2C	164.52	0.8978	-136.4	12.37	1.3673
氯乙烯	$CH_2=CHCl$	62.5	0.9106	-153.8	-13.37	1.37
吗啉	C_4H_9NO	87.12	1.0005^{20}	-4.8	128	1.4548^{20}
脲	$CO(NH_2)_2$	60.06	1.323	135	分解	1.484 (1.602)
哌啶	$C_5H_{11}N$	85.148	0.8606^{20}	-11.02	106.22	1.4530^{20}
肉桂酸	$C_9H_8O_2$	148.159	1.2475^4	133	300	—
壬二酸	$C_9H_{16}O_4$	188.221	1.225^{25}	106.5	287 100	1.4303^{111}
三苯甲醇	$C_{19}H_{16}O$	260.329	1.199^0	164.2	380	—
三乙胺	$C_6H_{15}N$	101.19	0.7275^{20}	-114.7	89	1.4010^{20}
叔丁基氯	C_4H_9Cl	92.567	0.8420^{20}	-25.6	50.9	1.3857^{20}
叔丁醇	$(CH_3)_3COH$	74.12	0.7887	25.5	82.2	1.3878

（续表）

名　称	分子式 （结构）	相对分子质量	密度	熔点 （℃）	沸点 （℃）	折射率 （n_D^{20}）
水杨醛	$C_7H_6O_2$	122.122	1.1674^{20}	-7	197	1.5740^{20}
硝基苯	$C_6H_5NO_2$	123.11	1.2037	5.7	210.8	1.5562
香豆素-3-羧酸	$C_{10}H_6O_4$	190	—	190	—	—
溴苯	C_6H_5Br	157.02	1.495	-30.8	156	1.5597
溴苯	C_6H_5Br	157.008	1.4950^{20}	-30.72	156.06	1.5597^{20}
乙醇	CH_3CH_2OH	46.07	0.7893	-117.3	78.5	1.3611
乙腈	CH_3CN	41.05	0.7857	-45.72	81.6	1.34423
乙醚	$C_4H_{10}O$	74.121	0.7138^{20}	-116.2	34.5	1.3526^{20}
乙醛	CH_3CHO	44.05	0.7834 （18℃）	-123.37	20.1	1.3316
乙炔	$CH\equiv CH$	26.04	0.6208 （-82℃）	80.8	84.0 （升华）	1.000 （-51℃）
乙酸	CH_3COOH	60.05	1.0492	16.604	117.9	1.3716
乙酸酐	$(CH_3CO)_2O$	102.09	1.082	-73	139.55	1.39006
乙酸乙酯	$CH_3COOC_2H_5$	88.12	0.9003	-83.578	77.06	1.3723
乙烷	CH_3CH_3	30.72	0.572 （-108℃）	-183.3	-88.63	1.03769
乙烯	$CH_2=CH_2$	28.05	1.26	-169.15	-103.71	1.363 （-100℃）
乙酰苯胺	$C_6H_5NHCOCH_3$	135.17	1.2190 （15℃）	114.3	304	—
乙酰氯	CH_3COCl	78.5	1.1051	-112	50.9	1.38976
乙酰水杨酸	$CH_3CO_2C_6H_4CO_2H$	180.17	—	135 （速热）	—	—
乙酰乙酸乙酯	$CH_3COCH_2CO_2CH_2CH_3$	130.141	1.0368^{10}	-45	180	81.4171
异丙醇	$(CH_3)_2CHOH$	60.11	0.7855	-89.5	82.4	1.3776
异丁醇	$(CH_3)_2CHCH_2OH$	74.12	0.7982	-108	108	1.3939
异戊醇	$(CH_3)_2(CH_2)_2CH_2OH$	88.15	0.8092	-117.2	128.5	1.4053
正丁基溴	C_4H_9Br	137.018	1.2758^{20}	-112.6	101.6	1.4401^{20}
仲丁醇	$CH_3CH_2CHOHCH_3$	74.12	0.8063 （25℃）	-114.7	114.7	1.3978 （25℃）
二苯基乙醇酸	$C_{14}H_{13}O_3$	229	—	150	180	—

附录三 弱酸、弱碱在水中的电离常数（298K）

物 质	分子式	$K_a^{\ominus}$	$pK_a^{\ominus}$
砷酸	H_3AsO_4	6.3×10^{-3} ($K_{a1}^{\ominus}$)	2.20
		1.0×10^{-7} ($K_{a2}^{\ominus}$)	7.00
		3.2×10^{-12} ($K_{a3}^{\ominus}$)	11.50
亚砷酸	$HAsO_2$	6.0×10^{-10}	9.22
硼酸	H_3BO_3	5.8×10^{-10} ($K_{a1}^{\ominus}$)	9.24
碳酸	H_2CO_3 (CO_2+H_2O)*	4.2×10^{-7} ($K_{a1}^{\ominus}$)	6.38
		5.6×10^{-11} ($K_{a2}^{\ominus}$)	10.25
氢氰酸	HCN	6.2×10^{-10}	9.21
铬酸	$HCrO_4^-$	3.2×10^{-7} ($K_{a2}^{\ominus}$)	6.50
氢氟酸	HF	6.6×10^{-4}	3.18
亚硝酸	HNO_2	5.1×10^{-4}	3.29
磷酸	H_3PO_4	7.6×10^{-3} ($K_{a1}^{\ominus}$)	2.12
		6.3×10^{-8} ($K_{a2}^{\ominus}$)	7.20
		4.4×10^{-13} ($K_{a3}^{\ominus}$)	12.36
焦磷酸	$H_4P_2O_7$	3.0×10^{-2} ($K_{a1}^{\ominus}$)	1.52
		4.4×10^{-3} ($K_{a2}^{\ominus}$)	2.36
		2.5×10^{-7} ($K_{a3}^{\ominus}$)	6.60
		5.6×10^{-10} ($K_{a4}^{\ominus}$)	9.25
亚磷酸	H_3PO_3	5.0×10^{-2} ($K_{a1}^{\ominus}$)	1.30
		2.5×10^{-7} ($K_{a2}^{\ominus}$)	6.60
氢硫酸	H_2S	1.3×10^{-7} ($K_{a1}^{\ominus}$)	6.88
		7.1×10^{-15} ($K_{a2}^{\ominus}$)	14.15
硫酸	HSO_4^-	1.0×10^{-2}	1.99
亚硫酸	H_2SO_3 (SO_2+H_2O)	1.3×10^{-2} ($K_{a1}^{\ominus}$)	1.90
		6.3×10^{-8} ($K_{a2}^{\ominus}$)	7.20
偏硅酸	H_2SiO_3	1.7×10^{-10} ($K_{a1}^{\ominus}$)	9.77
		1.6×10^{-12} ($K_{a2}^{\ominus}$)	11.8
甲酸	$HCOOH$	1.8×10^{-4}	3.74
乙酸	CH_3COOH	1.8×10^{-5}	4.74

（续表）

物　质	分　子　式	$K_a^\ominus$	$pK_a^\ominus$
一氯乙酸	$CH_2ClCOOH$	1.4×10^{-3}	2.86
二氯乙酸	$CHCl_2COOH$	5.0×10^{-2}	1.30
三氯乙酸	CCl_3COOH	0.23	0.64
乳酸	$CH_3CHOHCOOH$	1.4×10^{-4}	3.86
氨基乙酸盐	$^+NH_3CH_2COOH$	4.5×10^{-3} ($K_{a1}^\ominus$)	2.35
	$^+NH_3CH_2COOH^-$	2.5×10^{-10} ($K_{a2}^\ominus$)	9.60
苯甲酸	C_5H_5COOH	6.2×10^{-5}	4.21
草酸	$H_2C_2O_4$	5.9×10^{-2} ($K_{a1}^\ominus$)	1.22
		6.4×10^{-5} ($K_{a2}^\ominus$)	4.19
d-酒石酸	CH(OH)COOH	9.1×10^{-4} ($K_{a1}^\ominus$)	3.04
	CH(OH)COOH	4.3×10^{-5} ($K_{a2}^\ominus$)	4.37
邻—苯二甲酸	C₆H₄(COOH)₂	1.1×10^{-3} ($K_{a1}^\ominus$)	2.95
		3.9×10^{-6} ($K_{a2}^\ominus$)	5.41
柠檬酸	CH_2COOH $C(OH)COOH$ CH_2COOH	7.4×10^{-4} ($K_{a1}^\ominus$)	3.13
		1.7×10^{-6} ($K_{a2}^\ominus$)	4.76
		4.0×10^{-7} ($K_{a3}^\ominus$)	6.40
苯酚	C_6H_6OH	1.1×10^{-19}	0.95
乙二胺四乙酸	H_6-EDTA^{2+}	0.1 ($K_{a1}^\ominus$)	0.9
	H_5-EDTA^+	3×10^{-2} ($K_{a2}^\ominus$)	1.6
	H_4-EDTA	1×10^{-2} ($K_{a3}^\ominus$)	2.0
	H_3-EDTA^-	2.1×10^{-3} ($K_{a4}^\ominus$)	2.67
	H_2-EDTA^{2-}	6.9×10^{-7} ($K_{a5}^\ominus$)	6.16
	$H-EDTA^{3-}$	5.5×10^{-11} ($K_{a6}^\ominus$)	10.26
氨水	NH_3	1.8×10^{-5}	4.74
联氨	H_2NNH_2	3.0×10^{-6} ($K_{b1}^\ominus$)	5.52
		7.6×10^{-15} ($K_{b2}^\ominus$)	14.12
羟氨	NH_2OH	9.1×10^{-9}	8.04
甲胺	CH_3NH_2	4.2×10^{-4}	3.38
乙胺	$C_2H_5NH_2$	5.6×10^{-4}	3.25
二甲胺	$(CH_3)_2NH$	1.2×10^{-4}	3.93
二乙胺	$(C_2H_5)_2NH$	1.3×10^{-8}	2.89
乙醇胺	$HOCH_2CH_2NH_2$	3.2×10^{-5}	4.50
六次甲基四胺	$(CH_2)_6N_4$	1.4×10	8.85
乙二胺	$H_2NCH_2CH_2NH_2$	8.5×10	4.07
		7.1×10	7.15
吡啶			8.77

附录四 实验室常用酸、碱的浓度

试剂名称	密度 (g·mL^{-1})	质量分数 (%)	物质的量浓度 (mol·L^{-1})
浓硫酸	1.84	98	18
稀硫酸	1.06	9	1
浓盐酸	1.19	38	12
稀盐酸	1.03	7	2
浓硝酸	1.40	67	15
稀硝酸	1.07	12	2
浓磷酸	1.70	85	15
稀磷酸	1.05	9	1
浓高氯酸	1.67	70	11.6
稀高氯酸	1.12	19	2
浓氢氟酸	1.13	40	23
氢溴酸	1.38	40	7
氢碘酸	1.70	57	7.5
冰醋酸	1.05	99~100	17.5
稀醋酸	1.04	30	5
稀醋酸	1.02	12	2
浓氢氧化钠	1.44	40	14.4
稀氢氧化钠	1.09	8	2
浓氨水	0.91	28	14.8
稀氨水	0.96	11	6
稀氨水	0.98	3.5	2

附录五 难溶化合物的溶度积

难溶化合物	$K_{sp}^{\ominus}$	$pK_{sp}^{\ominus}$	难溶化合物	$K_{sp}^{\ominus}$	$pK_{sp}^{\ominus}$
Al(OH)$_3$ 无定型	1.3 × 10	32.9	AgBr	5.0 × 10	12.30
Ag$_2$AsO$_4$	1 × 10	22.0	Ag$_2$CO$_3$	8.1 × 10	11.09
AgCl	1.8 × 10	9.75	CoCO$_3$	1.4 × 10	12.84
Ag$_2$CrO$_4$	2.0 × 10	11.71	Co$_2$[Fe(CN)$_6$]	1.8 × 10	14.74
AgCN	1.2 × 10	15.92	Co(OH)$_2$ 新析出	2 × 10	14.7
AgOH	2.0 × 10	7.71	Co(OH)$_3$	2 × 10	43.7
AgI	9.3 × 10	16.03	Co[Hg(SCN)$_4$]	1.5 × 10	5.82
Ag$_2$C$_2$O$_4$	3.5 × 10	10.46	α-CoS	4 × 10	20.4
Ag$_3$PO$_4$	1.4 × 10	15.84	β-CoS	2 × 10	24.7
Ag$_2$SO$_4$	1.4 × 10	4.84	Co$_3$(PO$_4$)$_2$	2 × 10	34.7
Ag$_2$S	2 × 10	48.7	Cr(OH)$_3$	6 × 10	30.2
AgSCN	1.0 × 10	12.00	CuBr	5.2 × 10	8.28
As$_2$S$_3$	2.1 × 10	21.68	CuCl	1.2 × 10	5.92
BaCO$_3$	5.1 × 10	8.29	CuCN	3.2 × 10	19.49
BaCrO$_4$	1.2 × 10	9.93	CuI	1.1 × 10	11.96
BaF$_2$	1 × 10	6.0	Cu(IO$_3$)$_2$	1.4 × 10	6.85
BaC$_2$O$_4$·H$_2$O	2.3 × 10	7.64	Cu$_2$S	2 × 10	47.7
BaSO$_4$	1.1 × 10	9.96	CuSCN	4.8 × 10	14.32
Bi(OH)$_3$	4 × 10	30.4	CuCO$_3$	1.4 × 10	9.86
BiOOH*	4 × 10	9.4	Cu(OH)$_2$	2.2 × 10	19.66
BiI$_3$	8.1 × 10	18.09	CuS	6 × 10	35.2
BiOCl	1.8 × 10	30.75	FeCO$_3$	3.2 × 10	10.50
BiPO$_4$	1.3 × 10	23.89	Fe(OH)$_2$	8 × 10	15.1
Bi$_2$S$_3$	1 × 10	97.0	FeS	6 × 10	17.2
CaCO$_3$	2.9 × 10	8.54	Fe(OH)$_3$	4 × 10	37.4
CaF$_2$	2.7 × 10	10.57	FePO$_4$	1.3 × 10	21.89
CaC$_2$O$_4$·H$_2$O	2.0 × 10	8.70	Hg$_2$Br$_2$**	5.8 × 10	22.24
Ca$_3$(PO$_4$)$_2$	2.0 × 10	28.70	Hg$_2$CO$_3$	8.9 × 10	16.05
CaSO$_4$	9.1 × 10	5.04	Hg$_2$Cl$_2$	1.3 × 10	17.88

(续表)

难溶化合物	$K_{sp}^{\ominus}$	$pK_{sp}^{\ominus}$	难溶化合物	$K_{sp}^{\ominus}$	$pK_{sp}^{\ominus}$
$CaWO_4$	8.7×10^{-9}	8.06	$Hg_2(OH)_2$	2×10^{-24}	23.7
$CdCO_3$	5.2×10^{-12}	11.28	Hg_2I_2	4.5×10^{-29}	28.35
$Cd_2[Fe(CN)_5]$	3.2×10^{-17}	16.49	Hg_2SO_4	7.4×10^{-7}	6.13
$Cd(OH)_2$ 新析出	2.5×10^{-14}	13.60	Hg_2S	1×10^{-47}	47.0
$CdC_2O_4 \cdot 3H_2O$	9.1×10^{-8}	7.04	$Hg(OH)_2$	3.0×10^{-26}	25.52
CdS	8×10^{-27}	26.1	HgS 红色	4×10^{-53}	52.4
CdS 黑色	2×10^{-52}	51.7	$PbSO_4$	1.6×10^{-8}	7.79
$MgNH_4PO_4$	2×10^{-13}	12.7	PbS	1×10^{-28}	27.9
$MgCO_3$	3.5×10^{-8}	7.46	$Pb(OH)_4$	3×10^{-66}	65.5
MgF_2	6.4×10^{-9}	8.19	$Sb(OH)_3$	4×10^{-42}	41.4
$Mg(OH)_2$	1.8×10^{-11}	10.74	Sb_2S_3	2×10^{-93}	92.8
$MnCO_3$	1.8×10^{-11}	10.74	$Sn(OH)_2$	1.4×10^{-28}	27.85
$Mn(OH)_2$	1.9×10^{-13}	12.72	SnS	1×10^{-25}	25.0
MnS 无定型	2×10^{-10}	9.7	$Sn(OH)_4$	1×10^{-56}	56.0
MnS 晶形	2×10^{-13}	12.7	SnS_2	2×10^{-27}	26.7
$NiCO_3$	6.6×10^{-9}	8.18	$SrCO_3$	1.1×10^{-10}	9.96
$Ni(OH)_2$ 新析出	2×10^{-15}	14.7	$SrCrO_4$	2.2×10^{-5}	4.65
$Ni_3(PO_4)_2$	5×10^{-31}	30.3	SrF_2	2.4×10^{-9}	8.61
α-NiS	3×10^{-19}	18.5	$SrC_2O_4 \cdot H_2O$	1.6×10^{-7}	6.80
β-NiS	1×10^{-24}	24.0	$Sr_3(PO_4)_2$	4.1×10^{-28}	27.39
γ-NiS	2×10^{-26}	25.7	$SrSO_4$	3.2×10^{-7}	6.49
$PbCO_3$	7.4×10^{-14}	13.13	$Ti(OH)_3$	1×10^{-40}	40.0
$PbCl_2$	1.6×10^{-5}	4.79	$TiO(OH)_2$ ***	1×10^{-29}	29.0
$PbClF$	2.4×10^{-9}	8.62	$ZnCO_3$	1.4×10^{-11}	10.84
$PbCrO_4$	2.8×10^{-13}	12.55	$Zn_2[Fe(CN)_6]$	4.1×10^{-16}	15.39
PbF_2	2.7×10^{-8}	7.57	$Zn(OH)_2$	1.2×10^{-17}	16.92
$Pb(OH)_2$	1.2×10^{-15}	14.93	$Zn_3(PO_4)_2$	9.1×10^{-33}	32.04
PbI_2	7.1×10^{-9}	8.15	α-ZnS	2×10^{-24}	23.7
$PbMoO_4$	1×10^{-13}	13.0	β-ZnS	2×10^{-22}	21.7
$Pb_3(PO_4)_2$	8.0×10^{-43}	42.10			

注：* $BiOOH$　$K_{sp}^{\ominus} = [BiO^+][OH^-]$

　　** $(Hg_2)_mX_n$　$K_{sp}^{\ominus} = [Hg_2^{2+}]^m[X^{-2m/n}]^n$

　　*** $TiO(OH)_2$　$K_{sp}^{\ominus} = [TiO^{2+}][OH^-]^2$

附录六　标准电极电势

酸性溶液	
半反应	$\varphi^{\ominus}/\text{V}$
$Li^+ + e^- \rightleftharpoons Li$	-3.045
$K^+ + e^- \rightleftharpoons K$	-2.925
$Ba^{2+} + 2e^- \rightleftharpoons Ba$	-2.906
$Sr^{2+} + 2e^- \rightleftharpoons Sr$	-2.888
$Ca^{2+} + 2e^- \rightleftharpoons Ca$	-2.866
$Na^+ + e^- \rightleftharpoons Na$	-2.714
$Mg^{2+} + 2e^- \rightleftharpoons Mg$	-2.363
$AlF_6^{3-} + 3e^- \rightleftharpoons Al + 6F^-$	-2.069
$Al^{3+} + 3e^- \rightleftharpoons Al$	-1.662
$SiF_6^{2-} + 4e^- \rightleftharpoons Si + 6F^-$	-1.24
$Mn^{2+} + 2e^- \rightleftharpoons Mn$	-1.180
$Zn^{2+} + 2e^- \rightleftharpoons Zn$	-0.7628
$Zn^{2+} + Hg + 2e^- \rightleftharpoons Zn(Hg)$	-0.7627
$Cr^{3+} + 3e^- \rightleftharpoons Cr$	-0.744
$Fe^{2+} + 2e^- \rightleftharpoons Fe$	-0.4402
$Cr^{3+} + e^- \rightleftharpoons Cr^{2+}$	-0.408
$Cd^{2+} + 2e^- \rightleftharpoons Cd$	-0.4029
$Ti^{3+} + e^- \rightleftharpoons Ti^{2+}$	-0.369
$PbSO_4 + 2e^- \rightleftharpoons Pb + SO_4^{2-}$	-0.3588
$Cd^{2+} + Hg + 2e^- \rightleftharpoons Cd(Hg)$	-0.3516
$PbSO_4 + Hg + 2e^- \rightleftharpoons Pb(Hg)$	-0.3505
$PbBr_2 + 2e^- \rightleftharpoons Pb + 2Br^-$	-0.284
$Co^{2+} + 2e^- \rightleftharpoons Co$	-0.277
$H_3PO_4(aq) + 2H^+ + 2e^- \rightleftharpoons H_3PO_3(aq) + H_2O$	-0.276
$PbCl_2 + 2e^- \rightleftharpoons Pb + 2Cl^-$	-0.268
$Ni^{2+} + 2e^- \rightleftharpoons Ni$	-0.250
$2SO_4^{2-} + 4H^+ + 2e^- \rightleftharpoons S_2O_6^{2-} + 2H_2O$	-0.22
$CuI + e^- \rightleftharpoons Cu + I^-$	-0.1852

(续表)

半 反 应	$\varphi^{\ominus}/V$
$AgI + e^- \rightleftharpoons Ag + I^-$	-0.1518
$Sn^{2+} + 2e^- \rightleftharpoons Sn\ (white)$	-0.136
$O_2 + H^+ + e^- \rightleftharpoons HO_2$	-0.13
$Pb^{2+} + 2e^- \rightleftharpoons Pb$	-0.126
$Hg_2I_2 + 2e^- \rightleftharpoons 2Hg + 2I^-$	-0.0405
$HgI_4^{2-} + 2e^- \rightleftharpoons Hg + 4I^-$	-0.038
$2H^+ + 2e^- \rightleftharpoons H_2$	0.0000
$Ag(S_2O_3)_2^{3-} + e^- \rightleftharpoons Ag + 2S_2O_3^{2-}$	$+0.017$
$CuBr + e^- \rightleftharpoons Cu + Br^-$	$+0.033$
$AgBr + e^- \rightleftharpoons Ag + Br^-$	$+0.0713$
$CuCl + e^- \rightleftharpoons Cu + Cl^-$	$+0.137$
$Hg_2Br_2 + 2e^- \rightleftharpoons 2Hg + 2Br^-$	$+0.1397$
$Sn^{4+} + 2e^- \rightleftharpoons Sn^{2+}$	$+0.15$
$Cu^{2+} + e^- \rightleftharpoons Cu^+$	$+0.153$
$SO_4^{2+} + 4H^+ + 2e^- \rightleftharpoons H_2SO_3 + H_2O$	$+0.172$
$AgCl + e^- \rightleftharpoons Ag + Cl^-$	$+0.2222$
$Hg_2Cl_2 + 2e^- \rightleftharpoons 2Hg + 2Cl^-$	$+0.2676$
$Cu^{2+} + 2e^- \rightleftharpoons Cu$	$+0.337$
$SO_4^{2-} + 8H^+ + 6e^- \rightleftharpoons S + 4H_2O$	$+0.3572$
$Fe(CN)_6^{3-} + e^- \rightleftharpoons Fe(CN)_6^{4-}$	$+0.36$
$2H_2SO_3 + 2H^+ + 4e^- \rightleftharpoons S_2O_3^{2-} + 3H_2O$	$+0.400$
$H_2SO_3 + 4H^+ + 4e^- \rightleftharpoons S + 3H_2O$	$+0.450$
$Ag_2CrO_4 + 2e^- \rightleftharpoons 2Ag + CrO_4^{2-}$	$+0.464$
$4H_2SO_3 + 4H^+ + 6e^- \rightleftharpoons S_4O_6^{2-} + 6H_2O$	$+0.51$
$Cu^{2+} + 2e^- \rightleftharpoons Cu$	$+0.521$
$I_2 + 2e^- \rightleftharpoons 2I^-$	$+0.5355$
$I_3^- + 2e^- \rightleftharpoons 3I^-$	$+0.536$
$Cu^{2+} + Cl^- + e^- \rightleftharpoons CuCl$	$+0.538$
$MnO_4^- + e^- \rightleftharpoons MnO_4^{2-}$	$+0.564$
$S_2O_6^{2-} + 4H^+ + 2e^- \rightleftharpoons 2H_2SO_3$	$+0.57$
$Cu^{2+} + Br^- + e^- \rightleftharpoons CuBr$	$+0.640$
$O_2(g) + 2H^+ + 2e^- \rightleftharpoons 2H_2O_2(aq)$	$+0.6824$
$Fe^{3+} + e^- \rightleftharpoons Fe^{2+}$	$+0.771$
$Hg_2^{2+} + 2e^- \rightleftharpoons 2Hg$	$+0.788$
$Ag^+ + e^- \rightleftharpoons Ag$	$+0.7991$

(续表)

半反应	$\varphi^{\ominus}/\text{V}$
$2NO_3^- + 4H^+ + 2e^- \rightleftharpoons N_2O_4(g) + 2H_2O$	+0.803
$Cu^{2+} + I^- + e^- \rightleftharpoons CuI$	+0.86
$2Hg^{2+} + 2e^- \rightleftharpoons Hg_2^{2+}$	+0.920
$NO_3^- + 3H^+ + 2e^- \rightleftharpoons HNO_2 + H_2O$	+0.94
$NO_3^- + 4H^+ + 3e^- \rightleftharpoons NO + 2H_2O$	+0.96
$HNO_2 + H^+ + e^- \rightleftharpoons NO + H_2O$	+1.00
$N_2O_4 + 4H^+ + 4e^- \rightleftharpoons 2NO + 2H_2O$	+1.03
$Br_2(l) + 2e^- \rightleftharpoons 2Br^-$	+1.0652
$Br_2(aq) + 2e^- \rightleftharpoons 2Br^-$	+1.087
$O_2 + 4H^+ + 4e^- \rightleftharpoons 2H_2O(g)$	+1.185
$IO_3^- + 6H^+ + 5e^- \rightleftharpoons 1/2\,I_2 + 3H_2O$	+1.196
$O_2 + 4H^+ + 4e^- \rightleftharpoons 2H_2O(l)$	+1.229
$MnO_2 + 4H^+ + 2e^- \rightleftharpoons Mn^{2+} + 2H_2O$	+1.23
$ClO_4^- + 2H^+ + 2e^- \rightleftharpoons ClO_3^- + H_2O$	+1.230
$2HNO_2(aq) + 4H^+ + 4e^- \rightleftharpoons N_2O(g) + 3H_2O$	+1.29
$Cr_2O_7^{2-} + 14H^+ + 6e^- \rightleftharpoons 2Cr^{3+} + 7H_2O$	+1.33
$Cl_2 + 2e^- \rightleftharpoons 2Cl^-$	+1.3595
$PbO_2 + 4H^+ + 2e^- \rightleftharpoons Pb^{2+} + 2H_2O$	+1.455
$Au^{3+} + 3e^- \rightleftharpoons Au$	+1.498
$Mn^{3+} + e^- \rightleftharpoons Mn^{2+}$	+1.51
$MnO_4^- + 8H^+ + 5e^- \rightleftharpoons Mn^{2+} + 4H_2O$	+1.51
$BrO_3^- + 6H^+ + 5e^- \rightleftharpoons 1/2\,Br_2(l) + 3H_2O$	+1.52
$HBrO + H^+ + e^- \rightleftharpoons 1/2\,Br_2(l) + H_2O$	+1.595
$Ce^{4+} + e^- \rightleftharpoons Ce^{3+}$	+1.61
$HClO + H^+ + e^- \rightleftharpoons 1/2\,Cl_2 + H_2O$	+1.63
$H_5IO_6 + H^+ + 2e^- \rightleftharpoons IO_3^- + 3H_2O$	+1.644
$HClO_2 + 2H^+ + 2e^- \rightleftharpoons HClO + H_2O$	+1.645
$PbO_2 + SO_4^{2-} + 4H^+ + 2e^- \rightleftharpoons PbSO_4 + 2H_2O$	+1.682
$MnO_4^- + 4H^+ + 3e^- \rightleftharpoons MnO_2 + 2H_2O$	+1.695
$BrO_4^- + 2H^+ + 2e^- \rightleftharpoons BrO_3^- + H_2O$	+1.763[a]
$H_2O_2 + 2H^+ + 2e^- \rightleftharpoons 2H_2O$	+1.776
$Co^{3+} + e^- \rightleftharpoons Co^{2+}$	+1.808
$S_2O_8^{2-} + 2e^- \rightleftharpoons 2SO_4^{2-}$	+2.01
$F_2(g) + 2e^- \rightleftharpoons 2F^-$	+2.87
$F_2(g) + 2H^+ + 2e^- \rightleftharpoons 2HF(aq)$	+3.06

(续表)

半 反 应	$\varphi^{\ominus}/\text{V}$
$H_2O + e^- \rightleftharpoons H(g) + OH^-$	-2.9345

碱性溶液

半 反 应	$\varphi^{\ominus}/\text{V}$
$H_2AlO_3^- + H_2O + 3e^- \rightleftharpoons Al + 4OH^-$	-2.33
$Al(OH)_3 + 3e^- \rightleftharpoons Al + 3OH^-$	-2.30
$SiO_3^{2-} + 3H_2O + 4e^- \rightleftharpoons Si + 6OH^-$	-1.697
$HPO_3^{2-} + 2H_2O + 2e^- \rightleftharpoons H_2PO_2^- + 3OH^-$	-1.565
$Mn(OH)_2 + 2e^- \rightleftharpoons Mn + 2OH^-$	-1.55
$MnCO_3(c) + 2e^- \rightleftharpoons Mn + CO_3^{2-}$	-1.50
$Zn(CN)_4^{2-} + 2e^- \rightleftharpoons Zn + 4CN^-$	-1.26
$Zn(OH)_2 + 2e^- \rightleftharpoons Zn + 2OH^-$	-1.245
$ZnO_2^{2-} + 2H_2O + 2e^- \rightleftharpoons Zn + 4OH^-$	-1.215
$PO_4^{3-} + 2H_2O + 2e^- \rightleftharpoons HPO_3^{2-} + 3OH^-$	-1.12
$2SO_3^{2-} + 2H_2O + 2e^- \rightleftharpoons S_2O_4^{2-} + 4OH^-$	-1.12
$ZnCO_3 + 2e^- \rightleftharpoons Zn + CO_3^{2-}$	-1.06
$Zn(NH_3)_4^{2+} + 2e^- \rightleftharpoons Zn + 4NH_3(aq)$	-1.04
$Cd(CN)_4^{2-} + 2e^- \rightleftharpoons Cd + 4CN^-$	-1.028
$FeS(\alpha) + 2e^- \rightleftharpoons Fe + S^{2-}$	-0.95
$PbS + 2e^- \rightleftharpoons Pb + S^{2-}$	-0.93
$Sn(OH)_5^- + 2e^- \rightleftharpoons HSnO_2^- + H_2O + 2OH^-$	-0.93
$SO_4^{2-} + H_2O + 2e^- \rightleftharpoons SO_3^{2-} + 2OH^-$	-0.93
$HSnO_2^- + H_2O + 2e^- \rightleftharpoons Sn + 3OH^-$	-0.909
$Cu_2S + 2e^- \rightleftharpoons 2Cu + S^{2-}$	-0.89
$P(white) + 3H_2O + 3e^- \rightleftharpoons PH_3 + 3OH^-$	-0.89
$Fe(OH)_2 + 2e^- \rightleftharpoons Fe + 2OH^-$	-0.877
$SnS + 2e^- \rightleftharpoons Sn + S^{2-}$	-0.87
$NiS(\alpha) + 2e^- \rightleftharpoons Ni + S^{2-}$	-0.830
$2H_2O + 2e^- \rightleftharpoons H_2 + 2OH^-$	-0.82806
$Cd(OH)_2 + 2e^- \rightleftharpoons Cd + 2OH^-$	-0.809
$AsO_4^{3-} + 2H_2O + 2e^- \rightleftharpoons AsO_2^- + 4OH^-$	-0.68
$Ag_2S(\alpha) + 2e^- \rightleftharpoons 2Ag + S^{2-}$	-0.66
$Cd(NH_3)_4^{2+} + 2e^- \rightleftharpoons Cd + 4NH_3(aq)$	-0.613
$2SO_3^{2-} + 3H_2O + 4e^- \rightleftharpoons S_2O_3^{2-} + 6OH^-$	-0.571
$Fe(OH)_3 + e^- \rightleftharpoons Fe(OH)_2 + OH^-$	-0.56
$S + 2e^- \rightleftharpoons S^{2-}$	-0.447
$Cu(CN)_2^- + e^- \rightleftharpoons Cu + 2CN^-$	-0.429

(续表)

半 反 应	$\varphi^{\ominus}/\text{V}$
$Hg(CN)_4^{2-} + 2e^- \rightleftharpoons Hg + 4CN^-$	-0.37
$Cu(CNS) + e^- \rightleftharpoons Cu + CNS^-$	-0.27
$HO_2^- + H_2O + e^- \rightleftharpoons OH(g) + 2OH^-$	-0.262
$HO_2^- + H_2O + e^- \rightleftharpoons OH(aq) + 2OH^-$	-0.245
$Cu(NH_3)_2^+ + e^- \rightleftharpoons Cu + 2NH_3$	-0.12
$2Cu(OH)_2 + 2e^- \rightleftharpoons Cu_2O + 2OH^- + H_2O$	-0.080
$O_2 + H_2O + 2e^- \rightleftharpoons HO_2^- + OH^-$	-0.076
$MnO_2 + 2H_2O + 2e^- \rightleftharpoons Mn(OH)_2 + 2OH^-$	-0.05
$AgCN + e^- \rightleftharpoons Ag + CN^-$	-0.017
$NO_3^- + H_2O + 2e^- \rightleftharpoons NO_2^- + 2OH^-$	$+0.01$
$S_4O_6^{2-} + 2e^- \rightleftharpoons 2S_2O_3^{2-}$	$+0.08$
$Co(NH_3)_6^{3+} + e^- \rightleftharpoons Co(NH_3)_6^{2+}$	$+0.108$
$Mn(OH)_3 + e^- \rightleftharpoons Mn(OH)_2 + OH^-$	$+0.15$
$Co(OH)_3 + e^- \rightleftharpoons Co(OH)_2 + OH^-$	$+0.17$
$PbO_2 + H_2O + 2e^- \rightleftharpoons PbO(r) + 2OH^-$	$+0.247$
$IO_3^- + 3H_2O + 6e^- \rightleftharpoons I^- + 6OH^-$	$+0.26$
$Ag(SO_3)_2^{3-} + e^- \rightleftharpoons Ag + 2SO_3^{2-}$	$+0.295$
$ClO_3^- + H_2O + 2e^- \rightleftharpoons ClO_2^- + 2OH^-$	$+0.33$
$Ag_2O + H_2O + 2e^- \rightleftharpoons 2Ag + 2OH^-$	$+0.345$
$Ag(NH_3)_2^+ + e^- \rightleftharpoons Ag + 2NH_3$	$+0.373$
$O_2 + 2H_2O + 4e^- \rightleftharpoons 4OH^-$	$+0.401$
$MnO_4^{2-} + 2H_2O + 2e^- \rightleftharpoons MnO_2 + 4OH^-$	$+0.60$
$2AgO + H_2O + 2e^- \rightleftharpoons Ag_2O + 2OH^-$	$+0.607$
$BrO_3^- + 3H_2O + 6e^- \rightleftharpoons Br^- + 6OH^-$	$+0.61$
$ClO_2^- + H_2O + 2e^- \rightleftharpoons ClO^- + 2OH^-$	$+0.66$
$H_3IO_6^{2-} + 2e^- \rightleftharpoons IO_3^- + 3OH^-$	$+0.7$
$BrO^- + H_2O + 2e^- \rightleftharpoons Br^- + 2OH^-$	$+0.761$
$HO_2^- + H_2O + 2e^- \rightleftharpoons 3OH^-$	$+0.878$
$ClO^- + H_2O + 2e^- \rightleftharpoons Cl^- + 2OH^-$	$+0.89$
$Cu^{2+} + 2CN^- + e^- \rightleftharpoons Cu(CN)_2^-$	$+1.103$
$ClO_2(g) + e^- \rightleftharpoons ClO_2^-$	$+1.16$

附录七 常用指示剂

一、酸碱指示剂（18~25℃）

指示剂名称	pH 变色范围	颜色变化	溶液配制方法
甲基紫 （第一变色范围）	0.1~0.5	黄—绿	0.1%或0.05%水溶液
苦味酸	0.0~1.3	无色—黄	0.1%水溶液
甲基绿	0.1~2.0	黄—绿—浅蓝	0.05%水溶液
孔雀绿 （第一变色范围）	0.1~2.0	黄—浅蓝—绿	0.1%水溶液
甲酚红 （第一变色范围）	0.2~0.8	红—黄	0.04g 指示剂溶于100mL质量分数 $\omega=0.50$ 的 C_2H_5OH 中
甲基紫 （第二变色范围）	1.0~1.5	绿—蓝	0.1%水溶液
百里酚蓝 （第一变色范围）	1.2~2.8	红—黄	0.10g 指示剂溶于100mL质量分数 $\omega=0.20$ 的 C_2H_5OH 中
甲基紫 （第三变色范围）	2.0~3.0	蓝—紫	0.1%水溶液
茜素黄 R （第一变色范围）	1.9~3.3	红—黄	0.1%水溶液
二甲基黄	2.9~4.0	红—黄	0.01g 指示剂溶于100mL质量分数 $\omega=0.20$ 的 C_2H_5OH 中
甲基橙	3.1~4.4	红—橙黄	0.1%水溶液
溴酚蓝	3.0~4.6	黄—蓝	0.10g 指示剂溶于100mL质量分数 $\omega=0.20$ 的 C_2H_5OH 中
刚果红	3.0~5.2	蓝紫—红	0.1%水溶液
茜素红 S （第一变色范围）	3.7~5.2	黄—紫	0.1%水溶液
溴甲酚绿	3.8~5.4	黄—蓝	0.10g 指示剂溶于100mL质量分数 $\omega=0.20$ 的 C_2H_5OH 中
甲基红	4.4~6.2	红—黄	0.10g 指示剂溶于100mL质量分数 $\omega=0.60$ 的 C_2H_5OH 中

(续表)

指示剂名称	pH 变色范围	颜色变化	溶液配制方法
溴酚红	5.0~6.8	黄—红	0.04g 指示剂溶于 100mL 质量分数 ω = 0.20 的 C_2H_5OH 中
溴甲酚紫	5.2~6.8	黄—紫红	0.10g 指示剂溶于 100mL 质量分数 ω = 0.20 的 C_2H_5OH 中
溴百里酚蓝	6.0~7.6	黄—蓝	0.05g 指示剂溶于 100mL 质量分数 ω = 0.20 的 C_2H_5OH 中
中性红	6.8~8.0	红—亮黄	0.10g 指示剂溶于 100mL 质量分数 ω = 0.60 的 C_2H_5OH 中
酚红	6.8~8.0	黄—红	0.10g 指示剂溶于 100mL 质量分数 ω = 0.20 的 C_2H_5OH 中
甲酚红	7.2~8.8	亮黄—紫红	0.10g 指示剂溶于 100mL 质量分数 ω = 0.50 的 C_2H_5OH 中
百里酚蓝（第二变色范围）	8.0~9.2	黄—蓝	0.10g 指示剂溶于 100mL 质量分数 ω = 0.20 的 C_2H_5OH 中
酚酞	8.2~10.0	无色—紫红	0.10g 指示剂溶于 100mL 质量分数 ω = 0.60 的 C_2H_5OH 中
百里酚酞	9.4~10.6	无色—蓝	0.10g 指示剂溶于 100mL 质量分数 ω = 0.90 的 C_2H_5OH 中
茜素红 S（第二变色范围）	10.0~12.0	紫—淡黄	0.1% 水溶液
茜素黄 R（第二变色范围）	10.1~12.1	黄—淡紫	0.1% 水溶液
孔雀绿（第二变色范围）	11.5~13.2	蓝绿—无色	0.1% 水溶液
达旦黄	12.0~13.0	黄—红	0.1% 水溶液

二、混合酸碱指示剂

指示剂溶液的组成	酸色（pH≤）	变色点 pH	碱色（pH≥）
一份质量分数为 0.001 甲基黄酒精溶液 一份质量分数为 0.001 次甲基蓝酒精溶液	蓝紫 3.2	3.3	绿 3.4
一份质量分数为 0.001 甲基橙水溶液 一份质量分数为 0.0025 靛蓝（二磺酸）水溶液	紫	4.1	黄绿
一份质量分数为 0.001 溴百里酚绿钠盐水溶液 一份质量分数为 0.002 甲基橙水溶液	黄	4.3	蓝绿
三份质量分数为 0.001 溴甲酚绿酒精溶液 一份质量分数为 0.002 甲基红酒精溶液	酒红	5.1	绿

(续表)

指示剂溶液的组成	酸色 (pH≤)	变色点 pH	碱色 (pH≥)
一份质量分数为 0.002 甲基红酒精溶液 一份质量分数为 0.001 次甲基蓝酒精溶液	红紫 5.2	暗蓝 5.4	绿 5.6
一份质量分数为 0.001 溴甲酚绿钠盐水溶液 一份质量分数为 0.001 氯酚红钠盐水溶液	蓝绿 5.4	蓝紫 6.1	蓝紫 6.2
一份质量分数为 0.001 溴甲酚紫钠盐水溶液 一份质量分数为 0.001 溴百里酚蓝钠盐水溶液	黄 6.2	黄紫 6.7	蓝紫 6.8
一份质量分数为 0.001 中性红酒精溶液 一份质量分数为 0.001 次甲基蓝酒精溶液	蓝紫	蓝紫 7.0	绿

三、金属离子指示剂

指示剂名称	离解平衡和颜色变化	溶液配制方法
铬黑 T (EBT)	$H_2In^- \xrightleftharpoons[]{pK_{a_2}=6.3} HIn^{2-} \xrightleftharpoons[]{pK_{a_3}=11.6} In^{3-}$ 紫红　　　　　蓝　　　　　橙	0.5% 水溶液
二甲酚橙 (XO)	$H_2In^{4-} \xrightleftharpoons[]{pK_{a_5}=6.3} HIn^{5-}$ 黄　　　　　红	0.2% 水溶液
K-B 指示剂	$H_2In \xrightleftharpoons[]{pK_{a_1}=8} HIn^- \xrightleftharpoons[]{pK_{a_2}=13} In^{2-}$ 黄　　　　　蓝　　　　　紫红	0.2g 酸性铬蓝 K 与 0.4g 萘酚绿 B 溶于 100mL 水中
钙指示剂	$H_2In^- \xrightleftharpoons[]{pK_{a_1}=7.4} HIn^{2-} \xrightleftharpoons[]{pK_{a_2}=13.5} In^{3-}$ 酒红　　　　　蓝　　　　　酒红	0.5% 酒精溶液
吡啶偶氮萘酚 (PAN)	$H_2In^+ \xrightleftharpoons[]{pK_{a_1}=1.9} HIn \xrightleftharpoons[]{pK_{a_2}=12.2} In^-$ 黄绿　　　　　黄　　　　　淡红	0.1% 酒精溶液
磺基水杨酸	$H_2In \xrightleftharpoons[]{pK_{a_2}=2.7} HIn^- \xrightleftharpoons[]{pK_{a_3}=13.1} In^{2-}$ 无色	1% 水溶液
钙镁试剂	$H_2In \xrightleftharpoons[]{pK_{a_2}=8.1} HIn^{2-} \xrightleftharpoons[]{pK_{a_3}=12.4} In^{3-}$ 红　　　　　蓝　　　　　红橙	0.5% 水溶液

EBT、钙指示剂、K-B 等在水溶液中稳定性较差，可以配成指示剂与氯化钠之比为 1:100 的固体粉末

四、氧化还原指示剂

指示剂名称	$[H^+]=1mol\cdot L^{-1}$ 时 $\varphi^\ominus/V$	氧化态颜色	还原态颜色	溶液配制方法
中性红	0.24	红	无色	0.05% C_2H_5OH（$\omega=0.60$）
次甲基蓝	0.36	蓝	无色	0.05%水溶液
变胺蓝	0.59（pH=2）	无色	蓝	0.05%水溶液
二苯胺	0.76	紫	无色	1%浓硫酸
二苯胺磺酸钠	0.85	紫红	无色	0.5%水溶液
邻二氮菲 Fe（Ⅱ）	1.06	浅蓝	红	1.485g 邻二氮菲加 0.695g $FeSO_4\cdot 7H_2O$ 于100mL水中
5-硝基邻二氮菲 Fe（Ⅱ）	1.25	浅蓝	紫红	1.608g 指示剂加 0.695g $FeSO_4\cdot 7H_2O$ 于100mL水中
N-邻苯氨基苯甲酸	1.08	紫红	无色	0.1g 指示剂加 20mL Na_2CO_3（$\omega=0.60$），加水至100mL

五、沉淀滴定吸附指示剂

指示剂	被测离子	滴定剂	滴定条件	配制方法
荧光黄	Cl^-	Ag^+	pH值 7~10	0.2%乙醇溶液
二氯荧光黄	Cl^-	Ag^+	pH值 4~10	0.1%水溶液
曙红	Br^-、I^-、SCN^-	Ag^+	pH值 2~10	0.5%水溶液
甲基紫	Ag^+	Cl^-	酸性溶液	0.1%水溶液

附录八 不同温度下水的饱和蒸汽压（kPa）

t/℃	0	1	2	3	4	5	6	7	8	9
0	0.611 3	0.657 2	0.706 0	0.758 1	0.813 6	0.872 6	0.935 4	1.002	1.073 0	1.148 2
10	1.228 1	1.312 9	1.402 7	1.497 9	1.598 8	1.705 6	1.818 5	1.938 0	2.064 4	2.197 8
20	2.338 8	2.487 7	2.644 7	2.810 4	2.985 0	3.169 0	3.362 9	3.567 0	3.781 8	4.007 8
30	4.245 5	4.495 3	4.757 8	5.033 5	5.322 9	5.626 7	5.945 3	6.279 5	6.629 8	6.996 9
40	7.381 4	7.784 0	8.205 4	8.646 3	9.107 5	9.589 8	10.094	10.620	11.171	11.745
50	12.344	12.970	13.623	14.303	15.012	15.752	16.522	17.324	18.159	19.028
60	19.932	20.873	21.851	22.868	23.925	25.022	26.163	27.347	28.576	29.852
70	31.176	32.549	33.972	35.448	36.978	38.563	40.205	41.905	43.665	45.487
80	47.373	49.324	51.342	53.428	55.585	57.815	60.119	62.499	64.958	67.496
90	70.117	72.823	75.614	78.494	81.465	84.529	87.688	90.945	94.301	97.759
100	101.32	104.99	108.77	112.66	116.67	120.79	125.03	129.39	133.88	138.50
110	143.24	148.12	153.13	158.29	163.58	169.02	174.61	180.34	186.23	192.28
120	198.48	204.85	211.38	218.09	224.96	232.01	239.24	246.66	254.25	262.04
130	270.02	278.20	286.57	295.15	303.93	312.93	322.14	331.57	341.22	351.09
140	361.19	371.53	382.11	392.92	403.98	415.29	426.85	438.67	450.75	463.10
150	475.72	488.61	501.78	515.23	528.96	542.99	557.32	571.94	586.87	602.11
160	617.66	633.53	649.73	666.25	683.10	700.29	717.84	735.70	753.94	772.52
170	791.47	810.78	830.47	850.53	870.98	891.80	913.03	934.64	956.66	979.09
180	1 001.9	1 025.2	1 048.9	1 073.0	1 097.5	1 122.5	1 147.9	1 173.8	1 200.1	1 226.9
190	1254.2	1 281.9	1 310.1	1 338.8	1 368.0	1 397.6	1 427.8	1 458.5	1 489.7	1 521.4
200	1 553.6	1 586.4	1 619.7	1 653.6	1 688.0	1 722.9	1 758.4	1 794.5	1 831.1	1 868.4
210	1 906.2	1 944.6	1 983.6	2 023.2	2 063.4	2 104.2	2 145.7	2 187.8	2 230.5	2 273.8
220	2 317.8	2 362.5	2 407.8	2 453.8	2 500.5	2 547.9	2 595.9	2 644.6	2 694.1	2 744.2

附录九　常用元素原子量表

元素名称	元素符号	原子量	元素名称	元素符号	原子量
银	Ag	107.87	镁	Mg	24.31
铝	Al	26.98	锰	Mn	54.938
钡	Ba	137.34	氮	N	14.007
溴	Br	79.909	钠	Na	22.99
碳	C	12.01	镍	Ni	58.71
钙	Ca	40.08	氧	O	15.999
氯	Cl	35.045	磷	P	30.97
铬	Cr	51.996	铅	Pb	207.19
铜	Cu	63.54	钯	Pd	106.4
氟	F	18.998	铂	Pt	195.09
铁	Fe	55.847	硫	S	32.064
氢	H	1.008	硅	Si	28.086
汞	Hg	200.59	锡	Sn	118.69
碘	I	126.904	锌	Zn	65.37
钾	K	39.10			

附录十 常用溶液的配制

(1) 硫酸锰溶液。溶解 480g 分析纯硫酸锰（$MnSO_4 \cdot 4H_2O$）溶于蒸馏水中，过滤后稀释成 1 000mL。（此溶液在酸性时，加入 KI 后，遇淀粉不变色。）

(2) 碱性碘化钾溶液。取 500g 分析纯氢氧化钠溶解于 300~400mL 蒸馏水中。另取 150g 碘化钾溶解于 200mL 蒸馏水中。将上述两种溶液合并，加蒸馏水稀释至 1 000mL。如有沉淀，静置 24h，倒出上层澄清液，贮于棕色瓶中。用橡皮塞塞紧，避光保存。此溶液酸化后，遇淀粉不产生蓝色。

(3) 淀粉溶液（1%）。称取 1g 可溶性淀粉，用少量水调成糊状，用刚煮沸的水冲稀至 100mL。冷却后，加入 0.1g 水杨酸或 0.4g $ZnCl_2$ 防腐。

(4) 重铬酸钾标准溶液（c（$1/6\ K_2Cr_2O_7$）$0.025mol \cdot L^{-1}$）。称取于 105~110℃烘干 2h 并冷却的 $K_2Cr_2O_7$ 1.225 8g，溶于水中，转移至 1 000mL 容量瓶中，用水稀释至标线，摇匀。

(5) 试亚铁灵指示液。称取 1.485g 邻菲罗啉（$C_{12}H_8N_2 \cdot H_2O$）、0.695g 硫酸亚铁（$FeSO_4 \cdot 7H_2O$）溶于水中，稀释至 100mL，贮于棕色瓶内。

(6) 硫酸-硫酸银溶液。于 500mL 浓硫酸中加入 5g 硫酸银。放置 1~2 天，不时摇动使其溶解。

(7) 硫酸汞。结晶或粉末。

(8) NaOH 溶液（0.2%）。称取 NaOH 1g，溶于 500mL 新煮沸放冷的水中。

(9) 氢氧化锌共沉淀剂。称取硫酸锌（$ZnSO_4 \cdot 7H_2O$）8g，溶于水并稀释至 100mL；称取 NaOH 2.4g，溶于新煮沸冷却水至 120mL。将以上两溶液混合。

(10) 尿素溶液（20%）。将尿素 20g 溶于水并稀释至 100mL。

(11) 亚硝酸钠溶液（2%）。将亚硝酸钠 2g 溶于水并稀释至 100mL。

(12) 二苯碳酰二肼溶液。称取二苯碳酰二肼（$C_{13}H_{14}N_4O$）0.2g，溶于 50mL 丙酮中，加水稀释至 100mL，摇匀，贮于棕色瓶内，置于冰箱中保存。颜色变深后不能再用。

(13) 无酚水。于 1L 中加入 0.2g 经 200℃ 活化 30min 的活性炭粉末，充分振摇后，放置过夜，用双层中速滤纸过滤。或加氢氧化钠使水呈强碱性，并滴加高锰酸钾溶液至紫红色，移入全玻璃蒸馏器中加热蒸馏，收集馏出液备用。滤出液贮于硬质玻璃瓶中备用，取用时，应避免与橡胶制品（橡皮塞或乳胶管等）接触。

(14) 硫酸铜溶液（10%）。称取 50g 硫酸铜（$CuSO_4 \cdot 5H_2O$）溶于水，稀释至 500mL。

(15) 磷酸溶液（1:9）。量取 10mL 85% 的磷酸用水稀释至 100mL。

(16) 溴酸钾-溴化钾溶液 [$c(1/6KBrO_3) = 0.1mol \cdot L^{-1}$]。称取2.784g溴酸钾（$KBrO_3$）溶于水，加入10g溴化钾（KBr），溶解后移入1 000mL容量瓶中，用水稀释至标线。

(17) 碘酸钾标准溶液 [$c(1/6 KIO_3) = 0.250mol \cdot L^{-1}$]。称取预先经180℃烘干的碘酸钾0.891 7g溶于水，移入1 000mL容量瓶中，稀释至标线。

(18) 淀粉溶液（1%）。称取1g可溶性淀粉，用少量水调成糊状，加沸水至100mL，冷却后，移入试剂瓶中，置冰箱内冷藏保存。

(19) 缓冲溶液（pH≈10）。称取20g氯化铵（NH_4Cl）溶于100mL氨水中，密塞，置于冰箱中保存。为避免氨的挥发所引起pH值的改变，应注意在低温下保存，且取用后立即加塞盖严，并根据使用情况适量配制。

(20) 4-氨基安替比林溶液（2%）。称取4-氨基安替比林2g溶于水，溶解后移入100mL容量瓶中，用水稀释至标线，置于冰箱内保存。可保存一周。

注：固体试剂易潮解、氧化，宜保存在干燥器中。

(21) 铁氰化钾溶液（$80g \cdot L^{-1}$）。称取8g铁氰化钾（$K_3[Fe(CN)_6]$）溶于水，溶解后移入100mL容量瓶中，用水稀释至标线，置于冰箱内保存。可保存一周。

(22) 4% HCl钼酸铵溶液。40g钼酸铵（A.R）溶于600mL浓HCl（密度1.19）中，慢慢加入400mL水，混匀。溶液中HCl的浓度为$7.2mol \cdot L^{-1}$。

(23) 2%抗坏血酸溶液。0.5g抗坏血酸（A.R）溶于25mL蒸馏水中（新配）。

(24) 0.5%氯化亚锡溶液。0.2g氯化亚锡（A.R）用浓盐酸溶解，加蒸馏水稀释至40mL（新配）。

(25) 标准磷溶液。准确称取KH_2PO_4（A.R）0.479 3g于100mL烧杯中，用少量蒸馏水溶解，定量移入250mL量瓶中，稀释至刻度，摇匀。此溶液每毫升含P_2O_5 1mg。吸取上述标准磷溶液5mL于250mL容量瓶中，稀释至刻度，摇匀。此溶液为含P_2O_5 ppm的标准磷溶液。复合肥试样。

(26) 林试剂甲。34.639g $CuSO_4 \cdot 5H_2O$（A.R）溶于少量水，转入500L容量瓶，用水定容。

林试剂乙：173g酒石酸钾钠（A.R）和50NaOH（A.R）溶于少量水，稀释至约500mL，用石棉垫漏斗过滤。

(27) 萄糖标准溶液。称取干燥的葡萄糖（A.R）0.200 0g用少量水溶解后，转移入100mL容量瓶中定容，此溶液含葡萄糖 $mg \cdot mL^{-1}$。

(38) 10%中性醋酸铅溶液。100g醋酸铅（$PbAc_2 \cdot 2H_2O$）溶于水中，过滤后稀释至1L。

附录十一　不同温度下水的表面张力 γ

t (℃)	$\gamma/10^{-3}$ N·m^{-1}	t (℃)	$\gamma/10^{-3}$ N·m^{-1}
0	75.64	21	72.59
5	74.92	22	72.44
10	74.22	23	72.28
11	74.07	24	72.13
12	73.93	25	71.97
13	73.78	26	71.82
14	73.64	27	71.66
15	73.49	28	71.50
16	73.34	29	71.35
17	73.19	30	71.18
18	73.05	35	70.38
19	72.90	40	69.56
20	72.75	45	68.74

附录十二 一些液体物质的饱和蒸气压与温度的关系

化合物	25℃时蒸气压	温度范围（℃）	A	B	C
丙酮	230.05		7.024 47	1 161.0	224
苯	95.18		6.905 65	1 211.033	220.790
溴	226.32		6.832 98	1 133.0	228.0
甲醇	126.40	−20～140	7.878 63	1 473.11	230.0
甲苯	28.45		6.954 64	1 344.80	219.482
醋酸	15.59	0～36	7.803 07	1 651.2	225
		36～170	7.188 07	1 416.7	211
氯仿	227.72	−30～150	6.903 28	1 163.03	227.4
四氯化碳	115.25		6.933 90	1 242.43	230.0
乙酸乙酯	94.29	−20～150	7.098 08	1 238.71	217.0
乙醇	56.31		8.044 94	1 554.3	222.65
乙醚	534.31		6.785 74	994.195	220.0
乙酸甲酯	213.43		7.202 11	1 232.83	228.0
环己烷		−20～142	6.844 98	1 203.526	222.86

附录十三 水的黏度（厘泊）

t（℃）	0	1	2	3	4	5	6	7	8	9
0	1.787	1.728	1.671	1.618	1.567	1.519	1.472	1.428	1.386	1.346
10	1.307	1.271	1.235	1.202	1.169	1.139	1.109	1.081	1.053	1.027
20	1.002	0.9779	0.9548	0.9325	0.9111	0.8904	0.8705	0.8513	0.8327	0.8148
30	0.7975	0.7808	0.7647	0.7491	0.7340	0.7194	0.7052	0.6915	0.6783	0.6654
40	0.6529	0.6408	0.6291	0.6178	0.6067	0.5960	0.5856	0.5755	0.5656	0.5561

注：1 厘泊 = 10^{-3} N·s/m²。

附录十四　甘汞电极的电极电势与温度的关系

甘汞电极	φ/V
饱和甘汞电极	$0.2412 - 6.61\times10^{-4}(t-25) - 1.75\times10^{-6}(t-25)^2 - 9\times10^{-10}(t-25)^3$
标准甘汞电极	$0.2801 - 2.75\times10^{-4}(t-25) - 2.50\times10^{-6}(t-25)^2 - 4\times10^{-9}(t-25)^3$
甘汞电极（$0.1\text{mol}\cdot\text{L}^{-1}$）	$0.3337 - 8.75\times10^{-5}(t-25) - 3\times10^{-6}(t-25)^2$

附录十五 不同温度下 KCl 在水中的溶解热

此溶解热是指 1mol KCl 溶于 200mol 的水。

t (℃)	$\Delta_{sol}H_m$/kJ	t (℃)	$\Delta_{sol}H_m$/kJ
10	19.895	20	18.297
11	19.795	21	18.146
12	19.623	22	17.995
13	19.598	23	17.682
14	19.276	24	17.703
15	19.100	25	17.556
16	18.933	26	17.414
17	18.765	27	17.272
18	18.602	28	17.138
19	18.443	29	17.004

附录十六　KCl 溶液的电导率

单位：S·cm^{-1}

t（℃）	c/mol·L^{-1}			
	1.000	0.100 0	0.020 0	0.010 0
0	0.065 41	0.007 15	0.001 521	0.000 776
5	0.074 14	0.008 22	0.001 752	0.000 896
10	0.083 19	0.009 33	0.001 994	0.001 020
15	0.092 52	0.010 48	0.002 243	0.001 147
16	0.094 41	0.010 72	0.002 294	0.001 173
17	0.096 31	0.010 95	0.002 345	0.001 199
18	0.098 22	0.011 19	0.002 397	0.001 225
19	0.100 14	0.011 43	0.002 449	0.001 251
20	0.102 07	0.011 67	0.002 501	0.001 278
21	0.104 00	0.011 91	0.002 553	0.001 305
22	0.105 94	0.012 15	0.002 606	0.001 332
23	0.107 89	0.012 39	0.002 659	0.001 359
24	0.109 84	0.012 64	0.002 712	0.001 386
25	0.111 80	0.012 88	0.002 765	0.001 413
26	0.113 77	0.013 13	0.002 819	0.001 441
27	0.115 74	0.013 37	0.002 873	0.001 468

附录十七 一些电解质水溶液的摩尔电导率

(25℃,S·cm^2·mol^{-1})

	无限稀	0.000 5	0.001	0.005	0.01	0.02	0.05	0.1
NaCl	126.39	124.44	123.68	120.59	118.45	115.70	111.01	106.69
KCl	149.79	147.74	146.88	143.48	141.20	138.27	133.30	128.90
HCl	425.95	422.53	421.15	415.59	411.80	407.04	398.89	391.13
NaAc	91.0	89.2	88.5	85.68	83.72	81.20	76.88	72.76
1/2H$_2$SO$_4$	429.6	413.1	399.5	369.4	336.4	—	272.6	250.8
HAc	390.7	67.7	49.2	22.9	16.3	7.4	—	—
NH$_4$Cl	149.6	—	146.7	134.4	141.21	138.25	133.22	128.69

附录十八 醋酸的标准电离平衡常数

T (℃)	$K_a^\ominus / \times 10^{-5}$	T (℃)	$K_a^\ominus / \times 10^{-5}$	T (℃)	$K_a^\ominus / \times 10^{-5}$
0	1.657	20	1.753	40	1.703
5	1.700	25	1.754	45	1.670
10	1.729	30	1.750	50	1.633
15	1.745	35	1.728		

参考文献

北京大学.1990. 有机化学实验 [M]. 北京：北京大学出版社.

陈长水，刘汉兰.1998. 微型有机化学实验 [M]. 北京：化学工业出版社.

大学化学实验改革课题组.1990. 大学化学新实验 [M]. 杭州：浙江大学出版社.

方渡.2003. 有机化学实验 [M]. 北京：学苑出版社.

谷亨杰.1991. 有机化学实验 [M]. 北京：高等教育出版社.

谷珉珉，贾韵仪，姚子鹏.1991. 有机化学实验 [M]. 上海：复旦大学出版社.

顾可权.1990. 半微量有机制备 [M]. 北京：高等教育出版社.

关烨第，葛树丰，李翠娟，等.1999. 小量—半微量有机化学实验 [M]. 北京：北京大学出版社.

国家职业资格培训教材编审委员会，凌昌都.2014. 化学检验工（中级）[M]. 第二版. 北京：机械工业出版社.

胡春，等.1990. 有机化学实验 [M]. 北京：中国医药科技出版社.

黄涛.1998. 有机化学实验 [M]. 第2版. 北京：高等教育出版社.

兰州大学，复旦大学.1994. 有机化学实验 [M]. 第2版. 北京：高等教育出版社.

李霁良.2003. 微型半微型有机化学实验 [M]. 北京：高等教育出版社.

李述文，范如霖.1981. 实用有机化学手册 [M]. 上海：上海科学技术出版社.

李晓霞，郭力.2003. Internet化学化工资源 [M]. 第2版. 北京：科学出版社.

李兆陇，阴金香，林天舒.2001. 有机化学实验 [M]. 北京：清华大学出版社.

刘玉美，马晨.1997. 微型有机化学实验 [M]. 济南：山东大学出版社.

麦禄根.2002. 有机合成实验 [M]. 北京：高等教育出版社.

米勒 JA，诺齐尔 FF..1987. 现代有机化学实验 [M]. 上海：上海翻译出版公司.

宁永成.1989. 有机化合物结构鉴定与有机波谱学 [M]. 北京：清华大学出版社.

《实用化学手册》编写组.2001. 实用化学手册 [M]. 北京：科学出版社.

王伯廉.2000. 综合化学实验 [M]. 南京：南京大学出版社.

吴世晖，周景尧，林子森.1986. 中级有机化学实验 [M]. 北京：高等教育出版社.

武汉大学.2004. 有机化学实验 [M]. 武汉：武汉大学出版社.

辛述元，等.2016. 无机及分析化学实验 [M]. 北京：化学工业出版社.

许遵乐，刘汉标.1988. 有机化学实验 [M]. 广州：中山大学出版社.

有机化学实验技术编写组.1978. 有机化学实验技术 [M]. 北京：科学出版社.

曾昭琼.2000. 有机化学实验 [M]. 第3版. 北京：高等教育出版社.

张小林，等.2006.化学实验教程［M］.北京：化学工业出版社.

周科衍，吕俊民.1999.有机化学实验［M］.第3版.北京：高等教育出版社.

周宁怀，王德琳.1999.微型有机化学实验［M］.北京：科学出版社.

Mary Fieser. 1990. Reagents for Organic Synthesis［M］. Now York：A Wiley – inter-science publication.

Vogel AI. 1989. Vogel's Textbook of Practical Organic Chemistry［M］. 5th edition. New York：Halstead Press.